山东大学机械工程教育 95 周年史

主 审　刘杰　万熠

主 编　刘玥　吕伟　贾存栋

山东大学出版社

SHANDONG UNIVERSITY PRESS

图书在版编目(CIP)数据

山东大学机械工程教育 95 周年史/刘玥,吕伟,贾
存栋主编.—济南:山东大学出版社,2021.9
ISBN 978-7-5607-7162-5

Ⅰ. ①山… Ⅱ. ①刘… ②吕… ③贾… Ⅲ. ①山东大
学—机械工程—教育史 Ⅳ. ①TH-4

中国版本图书馆 CIP 数据核字(2021)第 197118 号

责任编辑:李　港
封面设计:张　荔　王秋忆

出版发行:山东大学出版社
　　　　社　　址　山东省济南市山大南路 20 号
　　　　邮　　编　250100
　　　　电　　话　市场部(0531)88363008
经　　销:山东省新华书店
印　　刷:山东新华印务有限公司
规　　格:787 毫米×1092 毫米　1/16　65 插页
　　　　　32.5 印张　931 千字
版　　次:2021 年 9 月第 1 版
印　　次:2021 年 9 月第 1 次印刷
定　　价:95.00 元

《山东大学机械工程教育 95 周年史》
编委会

编写组成员

主　　审　　刘　杰　　　万　熠

主　　编　　刘　玥　　　吕　伟　　　贾存栋

副 主 编　　王忠山　　　宋小霞

编写成员　　（以姓氏笔画为序）

万　熠　　马丽林　　马毓轩　　王　勇

王忠山　　王黎明　　史振宇　　吕　伟

朱洪涛　　刘　杰　　刘　玥　　刘　燕(工设)

刘　燕(过控)　刘文平　　刘战强　　杜付鑫

李天泽　　李学勇　　李燕乐　　杨鑫哲

宋小霞　　宋清华　　张　敏　　张进生

张柏寒　　范志君　　周咏辉　　赵　军

姚　鹏　　贾存栋　　袁　凯　　葛培琪

薛　强

机械工程学院坐落在山东大学千佛山校区

山东大学中心校区校门

1926年机械工程系成立时的省立山东大学

1935年建成的国立山东大学工学馆

山东工专潍坊分校校门

早期的山东工学院校门

1951年7月9日，山东工学院命名典礼照片

原学院办公楼——千佛山校区6号教学楼（1957年建成）

学院办公楼——千佛山校区创新大厦(2017.12)

高效洁净机械制造教育部重点实验室所在的千佛山校区西配楼

学院部分教学科研单位所在的千佛山校区 8 号教学楼

学院本科学生所在的兴隆山校区

2005年春节前夕,山东省省长韩寓群看望艾兴院士

2016年1月22日,山东省委常委、常务副省长孙伟看望艾兴院士

2004 年 9 月 18 日，山东省副省长王军民参加学院承办的国际学术会议开幕式

2015 年 5 月，国家安监总局副局长李兆前参加学院博士生毕业论文答辩

2014 年 6 月 22 日，山东省副省长王随莲出席"艾兴院士从教六十五周年暨学术研讨会"

2016 年 1 月,山东省政协副主席雷建国看望艾兴院士

2005 年 3 月 22 日,原山东省委常委、宣传部部长,
山东大学党委书记朱正昌与艾兴院士交谈

2013 年 5 月 14 日，学校聘任卢秉恒院士为学院兼职特聘教授

2014 年 3 月 2 日，学校聘任谭建荣院士为学院兼职特聘教授

2018 年 4 月 9 日，学校聘任王国法院士为学院兼职讲席教授

2016 年 7 月，郭东明院士出席学院承办的第十五届全国
机械工程学院院长/系主任联席会议

2016 年 7 月，华中科技大学常务副校长邵新宇（2019 年当选中国工程院院士）
出席学院承办的第十五届全国机械工程学院院长/系主任联席会议

2010 年 1 月 10 日，华中科技大学丁汉教授（2013 年当选中国科学院院士）
参加学院教育部重点实验室学术年会

2014 年 3 月 2 日，卢秉恒院士、谭建荣院士、
朱获院士等出席教育部重点实验室学术委员会会议

2017 年 3 月 31 日，谭建荣院士、丁汉院士等出席教育部
重点实验室学术委员会会议

2018 年 6 月 16 日，谭建荣院士、郭东明院士等出席教育部
重点实验室学术委员会会议

2021 年 8 月 1 日，卢秉恒院士、郭东明院士、谭建荣院士、
朱荻院士、丁汉院士等出席教育部重点实验室学术委员会会议

2015 年 7 月 20 日，清华大学尤政院士出席学院举办的山东大学第一届
中国装备制造业发展高端论坛

2021 年 3 月 26 日，朱荻院士等出席学院"十四五"
发展规划暨山东省高等学校高水平学科建设任务论证会

2007 年 10 月,山东大学校长展涛参观学院国家级机械基础实验教学中心

2009 年 9 月,山东大学校长徐显明到学院调研

2013 年 1 月 24 日,山东大学校长张荣到学院调研

2020 年 9 月，山东大学党委书记郭新立视察学院迎新工作

2018 年 9 月，山东大学校长樊丽明指导学院迎新工作

2007 年，滨州活塞厂董事长李俊杰受聘为学院兼职教授

2010 年 4 月 26 日，学院"长汀奖学金"设立者邵建寅先生访问学院

2004 年 9 月 18 日，国家自然科学基金委机械学科主任雷源忠来学院
参加第十一届国际制造工程与管理会议

2015 年 1 月 18 日，山东大学党委常务副书记李建军出席山大海易
研究院揭牌仪式

2005 年 5 月 29 日，山东大学党委常务副书记尹薇参加 2001 级毕业晚会

2009 年 6 月，山东大学常务副校长王琪珑参加学院研讨活动

1995 年 6 月，山东工业大学副校长宋化远参加一机系组织的制图竞赛发奖大会

1988 年 11 月，山东工业大学副校长张体勤参加一机系组织的学习知识竞赛

2002 年 6 月，山东大学副校长李承俊参加学院工业设计毕业设计作品展

2005 年 5 月 19 日,山东大学副校长樊丽明参加学院承办的第一届
山东省高校机械工程学院院长联席会

2007 年 7 月 19 日,山东大学党委副书记方宏建参加山东大学—五征集团
社会实践基地签约揭牌仪式

2016 年 7 月 18 日,山东大学党委副书记仝兴华出席山大丰县
电动车关键技术研究院成立大会

2021年3月21日,山东大学党委副书记陈宏伟出席
山大章鼓高端装备制造研究院揭牌暨签约仪式

2021年5月9日,山东大学党委副书记王君松指导学院学生双创工作

2011年6月23日,山东大学副校长张永兵出席学院与山推股份全面合作签约仪式

2013 年 5 月 14 日,山东大学副校长娄红祥代表学校与哈尔滨工业大学、
西安交通大学签约共建协同创新中心

2016 年 3 月 31 日,山东大学副校长刘建亚参加学院教育部重点实验室
学术会议

2021 年 5 月 19 日,山东大学副校长李术才到学院调研龙山校区(创新港)
学科规划建设工作

2003 年 10 月 23 日，艾兴院士入选"香港 2003 年度内地杰出访问学人计划"

2021 年 7 月 31 日至 8 月 1 日，学院举办第十六届切削与先进制造技术学术会议
暨中国刀协切削先进技术研究分会成立四十周年庆祝大会

2018 年 8 月 16 日，学院主办第十三届设计与制造前沿国际会议

2016 年 7 月 20 日，学院承办的第十五届全国机械工程学院院长/系主任
联席会议开幕

2004 年 9 月 18 日，学院承办的国际学术会议 IMCC 开幕

1996 年，学院承办国家自然科学基金委第二届机械科技青年科学家学术研讨会

2015 年 8 月 9～10 日，山东大学承办全国高等学校制造自动化研究会联合学术年会

学院承办山东省大学生机电产品创新设计竞赛大会

2011 年 4 月 6 日，教育部重点实验室验收会

2004 年 3 月 31 日至 4 月 2 日，艾兴院士参加第一届高速切削加工国际学术会议

2013 年 9 月 20～22 日，学院主办高效微细精密加工泰山研讨会

2015 年 3 月 14 日，学院承办中国刀协切削先进技术研究会第八届第八次
常务理事（扩大）会议

2016 年 10 月 15 日,山东大学机械工程教育 90 周年庆典大会
在千佛山校区隆重举行

2016 年 10 月 15 日,山东大学机械工程学院校友会成立大会在千佛山校区举行

2016 年 10 月 15 日,山东大学机械工程教育基金成立大会在千佛山校区举行

2011 年 8 月 25 日，学院召开发展研讨会

2019 年 8 月，学院在淄博召开学院发展研讨会

2021 年 4 月 19 日，学院举办本科专业现代化建设规划研讨会

2018 年 12 月 5 日,学院举办艾兴院士先进事迹报告会

2015 年 6 月,机制 1979 级校友、豪迈科技公司董事长张恭运
在 2015 届学校毕业生毕业典礼上发言

2016 年 7 月,机制 1980 级校友、济南科明数码技术股份有限公司董事长陈清奎
在第十五届全国机械工程学院院长/系主任联席会议上作主题报告

2016 年 5 月 26 日，机制 1984 级校友考敏华到学院访问

2020 年 12 月 23 日，机械设计制造及其自动化 2007 级校友、深圳越疆科技有限公司董事长刘培超做客智海引航"机械学长说"

2021 年 5 月，第一机械系 1960 级校友郑广佐、机械制造工艺 1955 级校友王克昌到学院访问

1991年,张建华博士论文答辩会

2001年6月30日,李兆前教授指导学生

2001年6月30日,艾兴院士与博士生在一起

机械工程系组织的科技成果鉴定会

机械工程系举办的科技报告会

2013 年 6 月 19 日，机械设计制造及其自动化专业第三次通过国际工程教育专业认证

2012 年 9 月 15 日，山大临工国家级工程实践教育中心揭牌仪式在山东临工举行

学院教学实践基地揭牌仪式

1992 年 1 月，机械工程系实践基地被评为优秀社会实践基地

济南第一机床厂厂长易炜里为学院毕业生作专题报告

2013 年 6 月 25 日，学院举行 2013 届学生毕业典礼

2021 年 6 月 17 日，学院领导老师参加学生毕业活动

国外专家学者到学院交流访问

2015 年 11 月，英国皇家科学院、工程院院士 Robert Ainsworth 博士访问学院

国外专家学者到学院交流访问

2014 年 5 月 26～30 日,教育部"春晖计划"德国专家访问学院

2018 年 10 月,德克萨斯大学大河谷分校 Dennis Hart 一行访问机械学院

2013 年 10 月 24 日,非华裔外籍教师 Philip Mathew 受聘山大客座教授

一系召开工会代表大会

2007 年 3 月 31 日，学院首届一次教职工代表大会开幕

2014 年 12 月 4 日，学院召开党员大会

学院召开保持共产党员先进性教育动员大会

学院领导班子深入学习科学发展观

2014 年 3 月 6 日，学院举行党的群众路线教育实践活动动员大会

2016 年 3 月 14 日，学院召开"三严三实"领导班子民主生活会

2019 年 9 月 27 日，学院召开"不忘初心、牢记使命"主题教育动员部署大会

2021 年 3 月 11 日，学院召开新学期工作会议暨党史学习教育动员大会

2021年7月1日,学院组织庆祝建党100周年主题教育活动暨"两优一先"表彰大会

1996年,学院师生参观红军长征胜利60周年展览

学院教职工参观孔繁森纪念馆

2014年，学院学生创新作品在第二届全国大学生机械创新设计大赛决赛中获奖

学院学生在山东临工开展社会实践活动

学院学生到韩国中央大学第二校园经历（海外）

学院学生到华中科技大学第二校园经历(国内)

2004 年 3 月 14 日,学院承办的小树林文化论坛举行

1992 年 5 月 4 日,机械工程系学生参加建团 70 周年合唱比赛

1995 年 5 月 5 日,学院教职工参加爱国主义合唱比赛

2021 年 6 月,学院教职工参加山东大学庆祝建党 100 周年
暨建校 120 周年教职医务员工合唱比赛

学院丰富多彩的文化生活

2020 年 11 月，学院参加学校教职工广播体操比赛获得一等奖

2021 年 1 月 12 日，学院举行教职工之家挂牌仪式

2019 年 5 月，学院举办"五四"表彰大会

2000 年 7 月合校时的学院领导班子

学院领导班子（2004.1～2007.12）

学院领导班子（2012.12～2018.4）

学院领导班子（2018.4～2020.12）

学院领导班子（2020.12～2021.4）

学院领导班子（2021.4～ ）

2013 年 10 月 2 日，学院与海汇集团产学研合作签约仪式

2013 年 11 月 11 日，五征机械研究院举行研讨会

2012 年 11 月，山大天辰铝材装备研究中心成立

2013 年 7 月 7 日，山大永华高档数控机床研究中心成立

2013 年 4 月 13 日，山大润源智能化农业装备研发中心成立

2014 年 10 月，山大永华研究中心成立

2015 年 1 月 18 日,山大海易研究院揭牌成立

2016 年 1 月 6 日,山大中宇高端节能装备研究中心成立

2016 年 7 月 18 日,山大丰县电动车关键技术研究院揭牌

2018 年 6 月 1 日,山大临工研究院成立

2020 年 10 月 27 日,山大济宁市高端装备制造研究院揭牌

2021 年 7 月 7 日,山大章鼓研究生产教融合基地揭牌

2015 年 7 月 20 日，学院与济宁高新区全面合作签字仪式举行

2018 年 9 月 28 日，山东临工—山东大学奖教奖(助)学金捐赠仪式举行

2020 年 11 月，学院赴河南确山朗陵街道开展扶贫结对帮扶

前　言

山东大学机械工程教育有着悠久而辉煌的历史,最早可以追溯到1912年成立的山东公立工业专门学校。1914年,官立山东大学堂停办,相关教师、学生和财产转入山东公立工业专门学校。山东公立工业专门学校的办学宗旨是培养具有高等知识和技能并能从事工业的人才,专科部设立了机织科,预科部设立了金工科,开设了机械工程学大意、机纺机械、制图学等课程,为山东大学机械工程教育学科的设立奠定了坚实的基础。1926年,山东公立工业专门学校等6所专门学校合并重新组建省立山东大学,正式设立了机械系,开启了山东大学机械工程教育的先河。1949年11月,山东省立工业专科学校成立,1951年7月更名为山东工学院,1983年9月更名为山东工业大学,设立机械工程系,系主任是陈翼文。1952年,教育部对全国高等院校进行了院系调整,山东大学机械工程系的师资、设备、学生整体调入山东工学院机械工程系。这时的机械工程系大师云集,内燃机专家丁履德、力学专家刘先志等都在此任教,这也是山东大学机械工程学院的前身。今天的机械工程学院是2000年7月由原山东大学、山东医科大学、山东工业大学合并成立新山东大学后设立的,是山东大学具有代表性和基础性的工科学院之一。

100多年来,机械工程学院植根于中国机械工业发展、装备制造业振兴和中国经济迅速崛起的沃土,始终保持积极、开放的态势,在学科建设、人才培养、科学研究、师资队伍建设和社会服务等方面都取得了突出的成绩,综合办学实力和核心竞争力不断增强,办学质量和为国家、区域服务的能力逐渐提高,国内影响力和国际知名度明显提升,形成了自己的学科优势和特色。机械工程学科是国家"211工程"及"985工程"重点建设学科,是山东大学"双一流"建设学科(学科名称:材料与加工制造),工程学(含机械学科)ESI排名前0.34‰,2021年机械/航空制造学科QS排名251~300名。机械制造及其自动化是国家重点学科,机械电子工程、机械设计及理论和化工过程机械是山东省重点学科。

学院师资力量雄厚。学院拥有一支年龄结构、学缘结构、知识结构合理,思想素质高、学术造诣深、科研实力强的教师队伍。目前,全院在职教职工193人,其中教师144,有中国工程院院士3人(双聘)。中国工程院院士、机械制造与自动化领域著名科学家、西安交通大学卢秉恒教授,中国工程院院士、机械设计及理论领域著名专家、浙江大学谭建荣教授,中国工程院院士、煤炭开采技术与装备专家、中国煤炭科工集团(煤炭科学研究总院)首席科学家王国法研究员,受聘学院双聘院士。这支实力雄厚的教师队伍为学院的教学、科研及各项工作的开展提供了强有力的保障。

学院人才培养特色鲜明。学院已建立起"学士—硕士—博士—博士后"的完整人才培养体系,现有 1 个机械工程博士后流动站、1 个机械工程一级学科博士点、8 个二级学科博士点及机械工程博士点、8 个二级学科硕士点、4 个工程硕士点(机械工程、工业工程、车辆工程、工业设计工程)、3 个本科专业(机械设计制造及其自动化、智能制造工程、产品设计)。学院建立了机械工程大学生创新平台和 20 余个学生社会实践基地,先后与澳大利亚新南威尔士大学、美国弗吉尼亚理工大学签订了联合培养协议,与韩国斗山集团、德国采埃孚集团、广东核电集团等联合定向培养本科生,开设了全英文本科班。国家特色专业机械设计制造及其自动化入选国家级一流本科专业建设点,也是首批进行卓越工程师培养和通过国际工程教育专业认证的专业;智能制造工程是首批"新工科"专业;交叉前沿专业产品设计入选国家级一流本科专业建设点。学院毕业生具备较强的社会竞争力,深受用人单位的欢迎,许多毕业生已成为机械及相关行业的管理者、创业者和企业家。目前,学院在校本科生 1200 余人、研究生 800 余人,博士后在站人员 50 余人。

学院科学研究成果斐然。近年来,学院完成了包括国家重点研发、国家重大专项、国家基金等在内的科研项目 500 多项,出版了一批高水平的专著和教材,在国内外著名学术刊物上发表论文共计 2000 多篇,获得国家发明奖、科技进步奖等国家级、省部级奖励 40 多项。学院非常重视校企、校地合作与交流,先后与山东省淄博市和日照市、江苏省赣榆县等 10 余个县市区,合肥通用机械研究院、中国航天工业集团、广东核电集团、山推股份、山东临工、山东五征等 20 余家科研院所、知名企业建立全面合作关系,建立了山大日照智能制造研究院、山大淄博先进制造与人工智能研究院、山大临工研究院、山大五征机械研究院、山大海汇机械工程研究院、山大永华研究中心等 10 余个校地、校企合作研究机构。近三年,学院共获得科研经费超过 2.4 亿元。学院的许多研究成果已经广泛应用于"蛟龙号"、大洋科考船、"歼 10"、航空发动机、大飞机等高端装备制造和研究领域。

学院平台建设成效显著。学院拥有高速切削加工与刀具、磨粒水射流加工科技部创新团队,高效洁净机械制造教育部重点实验室,国家级机械基础实验教学示范中心,国家虚拟仿真实验教学中心,快速制造国家工程研究中心山东大学增材制造研究中心,山大临工国家级工程实践教育中心。学院设有 3 个系、8 个研究所、1 个实验中心,建设了高效切削加工、特种设备安全、CAD、石材、冶金设备数字化、智能制造与控制系统和绿色制造 7 个省级工程技术中心和生物质能清洁转化省工程实验室、绿色制造省高等学校重点实验室、山东省工业设计中心以及山东大学先进水射流工程技术等 10 余个校级研究中心。学院拥有基本满足从本科教学到博士生培养及科研所需要的各类高精尖科研实验仪器和设备,设备总值近亿元。

百年沧桑,弦歌不辍。振兴机械,强国梦想。在新的历史起点,学院将直面挑战、抢抓机遇,坚持走科学发展、内涵发展、特色发展之路,全面实施质量工程,瞄准国家重大战略需求,大力推进国际化,为建成国内一流、国际知名的机械工程学院而努力奋斗!

《山东大学机械工程教育 95 周年史》编委会
2021 年 9 月 1 日

目　录

第三篇　系所概况

附录

第一篇

机械工程教育大事记

第一章　山东大学时期(1926.8～1952.9)

1901年,山东大学堂成立。

1912年,青州府高密中等工业学堂、济南中等工业学堂成立。

1912年,高密中等工业学堂和济南中等工业学堂合并,次年山东第一中学并入,迁入第一中学尚志堂校舍,改称山东公立工业专门学校,设机织科,学制3年。许衍灼任校长。

1912年,留日学生叶春墀在济南南关设立学校,定名山东公立商业专门学校,校址皇华馆,学制3年。叶春墀、丁惟椽、朱五丹、朱正钧等先后任校长。

1914年,山东大学堂停办,师生并入六校。六校分别是山东公立法政专门学校、山东公立商业专门学校、山东公立农业专门学校、山东公立医学专门学校、山东公立矿业专门学校、山东公立工业专门学校。

1924年8月,私立青岛大学成立(1928年停办),高恩洪自任校长,设工科和商科,学制4年,工科设机械制造专业。当月中旬,学校在青岛、济南、北京、南京四个城市同时招生。革命活动家罗荣桓、彭明晶等系该校工学院学生。校董事会聘请学界名流梁启超、蔡元培、张伯苓、黄炎培等为名誉董事。选用德国人在青岛建造的俾斯麦兵营作校址。

1925年,直奉战争再起,直系军阀失败,高恩洪下野,学校濒于倒闭,校董会公推山东省议长宋传典接任校长,勉强维持。1928年北伐军进抵山东后,奉系败逃,学校因经费逐渐断绝而停办,学生按大学结业处理。

1926年6月30日,奉系军阀张宗昌督鲁,为顺应潮流,装扮开明,下令在省城济南重建山东大学。

1926年7月24日,山东省政府决定将六所山东公立专门学校合并为省立山东大学,并将山东省第一、第二、第六、第十中学高中部学生拨给学校作为附属中学学生,任命山东省教育厅厅长、清末状元王寿彭任校长。

【状元校长】王寿彭(1875～1929),字次篯,山东潍坊人,清末状元。光绪二十九年(1903年)中状元,授翰林院修撰。1905年随载泽、端方等五大臣赴日本考察,著有《考察录》。1910年出任湖北提学使,创办两湖优级师范学堂。民国初年任山东都督府秘书。1916年任北京总统府秘书。1925年任山东省教育厅厅长,次年任省立山东大学校长。擅长书法,时人以得其片纸只字为荣,当年"省立山东大学"校牌即其所书。

1926年8月5日,省立山东大学正式成立。学校设文、法、工、农、医5个学院和中国哲学、国文学、法律、政治经济、商学、机械、机织、应用化学、采矿、农学、林学、蚕学、医学

13 个系,学制 4～5 年。一年级学生 1088 人,其中工学院 220 人。工学院设机械、机织、应用化学、采矿 4 个系。

省立山东大学院系设置如下:

文学院:中国哲学系、国文学系,院址:尚志堂,即李清照故居。

工学院:机械系、机织系、应用化学系、采矿系,院址:趵突泉前街金线泉。

法学院:法律系、政治经济学系、商学系,院址:杆石桥街。

农学院:农、林、蚕三系,院址:现省农科院。

医学院:医学系,院址:皇华馆,现济南市立一院。

1926 年 9 月 5 日,王寿彭在开学典礼上讲话,发表了"读圣贤书,做圣贤事"的训词,学校随即正式上课。

各院院长是:文学院院长王宪五;法学院院长朱正钧,原商校校长;工学院院长汪公旭,原工业学校校长;农学院院长郭次璋(葆林),原农校校长;医学院院长周颂声,原医校校长。

赵涤之兼任机械工程系系主任。

1928 年 5 月,北伐革命军进抵山东,张宗昌败逃,私立青岛大学经费断绝,教师、学生散去大半,学校在不得已中停办。与此同时,日本帝国主义悍然出兵济南,对中国革命进行武装干涉,残杀中国外交官,打死、打伤中国军民数千人,制造了震惊中外的"五三"惨案。混乱中,省立山东大学师生星散,学校也陷于停顿状态。在这种情况下,1928 年 8 月,南京国民政府教育部根据山东省教育厅的报告,决定在已停办的省立山东大学的基础上筹建国立山东大学。

1929 年 6 月,国立山东大学筹备委员会奉令改为国立青岛大学筹备委员会,除接收省立山东大学外,并将私立青岛大学校产收用,筹备国立青岛大学。

1930 年 4 月,国民政府任命杨振声为校长。9 月 21 日,举行开学典礼,国立青岛大学正式成立。学校设文学院、理学院、教育学院 3 个学院,分为中国文学系、外国文学系、数学系、物理系、化学系、生物学系、教育行政系和乡村教育系 8 个系。

1932 年 9 月,南京国民政府行政院议决,将国立青岛大学改为国立山东大学。教育学院停办,学生大部分转入国立中央大学教育学院。同时增设工、农两学院,农学院设于济南,设研究、推广两部。工学院内设土木工程系和机械工程系,汪公旭任工学院院长。

1933 年,周承佑教授到校,担任机械工程系系主任。

1935 年,国立山东大学工学馆建成。

1936 年,周承佑教授辞职,由汪公旭教授继任机械工程系主任。

这一时期,共有师资约 20 人,张闻骏、伊格尔、金韶章、史久荣、杨寿百、李良训、叶芳哲、蒋君武、王超、赵仲敏、刘时荫等在机械工程系任教。在专任教师中,有周承佑、张闻骏、伊格尔、金韶章、汪公旭、史永荣、杨寿百等教授 7 人,李良训、叶芳哲、蒋君武等讲师 3 人,助教 7 人,另有兼任教授、讲师 3 人。

1937 年,发生"七七事变"。11 月,国立山东大学由青岛迁往安徽安庆,不久再迁往四川万县。图书、仪器、案卷分批运出,损失严重。

1938 年春,学校在万县复课,不久教育部下令"暂行停办"。师生分别转入国立中央大学,图书、仪器、机械分别暂交国立中央图书馆、国立中央大学、国立中央工业职业学校保管使用。

1945年9月27日,汤腾汉等校友要求呈请恢复国立山东大学意见书,致电国民政府。

1945年12月,国民政府教育部批准恢复国立山东大学。

1946年1月,国立山东大学在青岛复校,工学院也重新恢复,南京国民政府任命赵太侔为校长。学校设文、理、工、农、医5个学院,内设中国文学、历史学、外国文学、数学、物理学、化学、动物学、植物学、地质矿物学、土木工程学、机械工程学、电机工程学、农艺学、园艺学、水产15个系。一般学制4年,工学院五年,医学院六年。校址中,青岛鱼山路5号为校本部和文理学院,松山路日本第三小学为工、农两学院,城阳棉种场为实验农场。学校在北平、南京、上海、西安、成都、重庆、济南、青岛等地招生。共录取本科生518人。

工学院由杨肇廉任院长,下设土木工程学系(系主任许继曾)、机械工程学系(系主任丁履德)、电机工程学系(系主任樊翕)。

1946年10月25日,国立山东大学举行开学典礼。知名学者王统照、陆侃如、冯沅君、黄孝纾、丁山、赵纪彬、杨向奎、萧涤非、丁西林、杨肇、童第周、曾呈奎、王普、郭贻诚、王恒守、李先正、刘遵宪、朱树屏、严效复、杨宗翰、郑成坤、李士伟、沈福彭等应聘来校执教。学校整肃一新,雄风犹在,很快恢复元气。

1946年12月28日,举行国立山东大学复校庆典合影。

1949年6月2日,青岛解放,山东大学成立校务委员会,由丁西林任主任,工学院院长杨肇廉及赵纪彬任副主任,王哲、罗竹风、高剑秋率领军管小组进校,对学校进行接管整顿,山东大学从此进入新的时期。当时,国立山东大学全校有学生1132人、教师220人、职工489人。

1949年8月下旬,军管小组经过全面的调查研究,结合学校的实际,在组织、思想、教学三方面展开了初步的整顿工作。

1950年,杨肇廉代理校务委员会主任,丁履德任工学院院长,许继曾任土木工程系主任,陈基建任机械工程系主任,樊翕任电机工程系主任。

1951年3月,国立山东大学与华东大学合并成立山东大学。学校设有文学院、理学院、工学院、农学院、医学院,分中国文学、历史学、外国文学、数学、物理学、化学、动物学、植物学、地质矿物学、水产学、土木工程学、机械工程学、电机工程学、农艺学、园艺学、病虫害学、政治学、艺术学18个系,其中政治和艺术为直属系,盛况空前。青岛时期的山东大学是山东大学历史上最辉煌的时期之一,在华岗校长的领导下,学校重视教学、讲求学术、尊重学者、注重个性、突出特色,引领学术潮流,成为新中国成立初期高等教育的重镇。

1952年,全国高校进行院系调整。山东大学工学院、农学院、医学院和政治系、艺术系先后调出,在全国各地与其他院校合并组成新的大学。山东大学取消院一级建制,设中文、外文、历史、数学、物理、化学、生物、海洋、水产9个系和医学院。山东大学为中国高等教育的发展和繁荣作出了应有的贡献。

山东大学工学院机械系、电机系的学生、教师和设备整建制迁至济南,与山东工学院的机械系、电机系合并,组建新的机械系和电机系。

第二章 山东工专和山东工学院时期
（1949.11～1952.9）

1948 年 7 月 1 日,华东财办主任曾山指示华东财办工矿部副部长张协和组织筹备,开始创办工业学校,校址设在潍县南信街原华北烟草公司厂址。

1948 年 9 月,华东第二高级工业学校正式成立,张协和出任校长。

1949 年 1 月,学校改名为华东高级工业学校,一般简称为华东高工或潍坊高工。

1949 年 7～10 月,华东交通专科学校、华东交专徐州分校、华东高级工业学校、山东省人民政府生产部工业学校、生产部青岛高级工业学校、华东财办工矿部济南工业学校全部系科师资、设备等经过调整集中,组建成立了新中国成立后的山东省第一所工科高等院校——山东省立工业专科学校。总部设在济南,潍坊、青岛各设分校。济南设电机工程系和自动车系,青岛设土木、纺织 2 个高工科,潍坊设机械、应用化学 2 个系科。

1949 年 11 月 1 日,成立仪式在济南总部举行,张协和任校长。

1950 年 3 月,潍校应用化学科改为化学工程系。8 月,青校纺织科改为纺织工程系。经过调整,山东工专共设有电机工程、自动车工程、机械工程、化学工程、纺织工程和土木工程 6 个系。

1951 年 6 月 13 日,山东省人民政府发文决定将山东省立工业专科学校改为山东工学院,由工业厅厅长冯平任工学院院长,张协和任副院长和党组书记。山东工专潍坊分校改名为山东工学院潍坊分校。

1952 年 3 月,山东工学院潍坊分校迁入济南总部。

1952 年 9 月,院系调整,山东工学院土木工程系、纺织工程系调至青岛工学院;山东大学工学院机械系、电机系并入山东工学院。山东工学院设立机械工程系、电机工程系、化学工程系和自动车工程系,共有 11 个专业,其中机械工程系下设机械制造、金相热处理及其车间设备本科专业。学校师资力量增强,教育、教学质量提高,办学特色鲜明。

第三章 山东工学院和山东工业大学时期
（1952.9～2000.7）

1952 年,山东工学院机械系与山东大学工学院机械工程系合并成新的山东工学院机械系,设立机械制造、金相热处理及其车间设备本科专业。

1953 年,机械系设机械制造工艺(本科)、金属切削加工(专修科)、金属热处理(专修科)。

1955 年,机械系新设机床与刀具专业,成立夜大学部,设机制工艺、发电厂 2 个专业,制定了研究国产陶瓷刀具的计划,计划得到中国科学院机械电机研究所的认可。

1958 年,机械工程系中的热处理、压力加工、铸造专业划出,成立了金属工艺系,机械工程系更名为机械制造系。

1958 年 9 月,研制成功一台 400 周交流计算台、一台 C610-山工型无级变速车床和陀螺仪。

1958 年 10 月 18 日,试制成功程序控制机床,成果达到国家先进水平。

1958 年 11 月,中国科学院山东分院机械动力、自动化、力学 3 个研究所在山工成立。

第一对山工牌滚珠轴承试制成功;新建发电站经过试运转后正式供电;第一套平面光洁度样板光洁度达到最高级,即四花 14 级,达到国际先进水平;研制成功的无级变速车床送往罗马尼亚参加国际展览;圆柱形螺旋铣刀、铰刀和立铣刀试制成功。

1959 年,原机械制造系与金属工艺系合并为第一机械系,新增第二机械系。一台 6000kW 汽轮机试制成功;机械传动锤正式试制成功,电火花加工机试制成功。

1960 年,第一机械系设有机制、热处理、锻压、铸造、焊接 5 个本科专业。艾兴、李春阳与沈阳中捷友谊厂合作,研制成功我国第一台带有自动换刀装置的程序控制立钻。

1961 年,学校调整为 5 个系、20 个专业。这 5 个系分别是第一机械系(机械制造工艺及设备、金属学及热处理车间设备、金属压力加工工艺及设备、铸造工艺及设备、焊接工艺及设备)、第二机械系(精密机械仪器、内燃机、汽车拖拉机)、电机系、无线电系和数理系。

1962 年,学校下马了精密仪器、电真空技术、无线电部件与材料、应用物理、应用化学和计算数学 6 个专业,停办汽车拖拉机、工程力学专业,焊接工艺及设备专业暂不招生。最后全校保留 11 个专业,即机械制造工艺及设备、内燃机、热能动力装置、电厂电力网及电力系统、电机电器、工业企业电气化、无线电技术、焊接工艺及设备、热处理、铸造、锻压。

1963年,学校成立农业机械专业,同时开始招生。

1965年,学校首次招收研究生4名,担任研究生导师的是艾兴、孟繁杰、侯博渊。"文化大革命"开始后停止招收研究生。

研制成功第一台测量滚齿机传动精度的地震式传动精度测量仪;与潍坊华丰机器厂合作,研制成功我国第一条机体加工自动线——185F发动机机体加工自动线。

1966~1970年,学校停止招生,教学秩序混乱,各项事业遭到严重的挫折和损失。1971~1976年,学校连续招收6届学生,教学秩序逐渐得到恢复。

1975年,省革委教育局(75)鲁教发字9号文批复,同意将原第一机械系分成第一机械系和第二机械系,即:第一机械工程系(机制专业)、第二机械工程系(热处理、焊接、内燃机专业)、第三机械工程系(锻压、铸造专业)。

1977年夏季,国家恢复高校招生考试。

1977年11月,学校恢复基础课教学部和各系教研室。

1978年1月10日,教育部发出《关于高等学校1978年研究生招生工作安排意见》,机械制造和机械学专业恢复硕士研究生招生。这批硕士研究生10月5日报到,10月9日开学,是"文化大革命"以后第一次招收硕士研究生。机械制造和机械学专业是国务院学位委员会批准的首批拥有硕士学位授予权的专业之一。

学校进行专业调整,机械系增设工业管理工程专业。3月,第一机械工程系、第二机械工程系、第三机械系重新合并为第一机械工程系、第二机械工程系。内燃机专业划归第一机械工程系;热处理、锻压、铸造、焊接4个本科专业组建第二机械工程系。

1978年9月,学校增设机械设计、计算机、继电保护、数学4个专业。

1978年11月20日,经山东省教育厅批准,学校恢复成立力学研究室、精密机械加工研究室、液压气动研究室。

1981年6月20日,学校学位评定委员会成立,第一机械工程系艾兴教授为副主席。

1981年3月,学校被省政府确定为省属重点院校;9月,机械制造工艺及设备专业、电力系统及自动化专业2个专业被确定为省属高校重点专业。

1982年,为适应全省中等教育结构改革需要,招收机械工程师范班,机械制造(专修科)改为工业企业管理(专修科)。

1983年2月20日,开始招收函授机制专业(专修科)学生,招收夜大机械设计专业(专修科)学生。

1983年9月19日,山东省人民政府批准山东工学院更名为山东工业大学,从此,机械工程教育发展又掀开新的一页。

1983年11月1日,机械系研制的金属陶瓷刀片、组合陶瓷刀片参加了全国新产品展览会并评为优秀新产品,获得了优秀产品证书和奖牌。

1984年,山东工业大学被山东省确定为改革试点单位。学校及时调整工作思路,结合实际推出一系列改革措施,明确提出了"面向现代化,面向世界,面向未来"的改革指导思想和逐步建成一个培养本科生为主,研究生、专科生多层次的,以机电类为主,土、化、计算机多学科的,以工为主,理、工、管理多门类的,站在若干学科前沿、具有相当科研水平的综合性工业大学的奋斗目标。

1984 年 1 月 18 日,山东省委批准郭兴和任山东工业大学党委书记。

1984 年 1 月,首届夜大学生在机械设计专业毕业。

1984 年 3 月 28 日,山东省人民政府任命夏天起为山东工业大学校长。

1984 年 3 月,学校增设水利水电工程建筑、电气技术、机械设计与制造 3 个本科专业,并于当年招生。

1984 年 8 月 21 日,全校设 10 个系(部),除原有的第一机械工程系、第二机械工程系、电机工程系、电力工程系、电子工程系和基础课教学部以外,增设动力工程、计算机工程系、管理工程系、水利工程系。

1985 年,为了加快高层次人才培养,适应山东省经济飞速发展的形势,金属材料及热处理、工程热物理、内燃机、工业自动化、电力系统及其自动化、机械制造等专业开始招收研究生。

1985 年 5 月 2 日,增设无机化工、化工设备与机械 2 个本科专业。

1986 年 2 月,学校的机械制造工艺及设备、电力系统及其自动化、金属材料及热处理 3 个专业被省教育厅确定为省级重点学科专业,给予重点扶持。

1986 年 7 月 28 日,机械制造专业被批准为博士学位授予单位。艾兴教授为博士研究生指导教师,并于 1987 年开始招生。除机械制造专业具有博士学位授予权外,机械制造、机械学具有硕士学位授予权。

1987 年,第一机械工程系改称机械工程系,第二机械工程系改称材料工程系,电机工程系改称自动化工程系,水利工程系改称水利及土建工程系。

1987 年 3 月,第一机械工程系艾兴教授当选为济南市历下区第十一届人民代表大会代表。

1987 年 9 月,机械制造专业首次招收博士研究生。第一机械工程系被评为学校暑期社会实践建设活动先进单位。

1988 年 4 月,艾兴教授等合著的《切削用量手册》、制图教研室编写的《轴测投影学》、机械零件教研室参编的《机械零件习题集》获部级优秀教材奖,这是十多年来全国高等学校教材第一次评奖。

1988 年 10 月,机械制造工艺及设备专业圆满完成国家教委教学评估。在此促进下,该专业在教学资料建设、实验室改造、教风学风建设、教学过程管理以及教学改革等方面,都取得了较大进步。

1989 年,机械工程系设置了机制教研室、精密机械加工研究室、制图教研室、零件教研室、机设教研室。

1991 年 1 月 13 日,学校 4 个学科、3 个实验室被确定为省级重点学科、重点实验室。4 个重点学科分别是:机械制造、铸造、内燃机、工业自动化。3 个重点实验室分别是:材料工程实验室、电力系统动态模拟与数字仿真实验室、计算机辅助设计实验室。

1991 年 4 月 26 日,学校召开第一次科技工作会议。会议确立了科技工作在学校中的重要地位,明确提出了要把学校建设成为教学、科研两个中心,实现了办学思想的重大转变。

1991 年 11 月 13 日,机械制造、铸造、工业自动化学科被评为"八五"期间省属本科院校的省级重点学科。

1992 年 5 月 31 日,机械工程系萧虹博士获霍英东高等院校青年教师基金。

1992 年 8 月 1 日,机械工程系获山东省高等院校教学管理先进集体。

1992 年 9 月 24 日,机械类部分产品参加了经贸展。

1993 年 8 月 10 日,车辆工程专科专业开始招生。

1994 年 5 月 15 日,专科起点思想政治教育本科专业面向全省恢复招生。

1994 年 8 月 10 日,国家教委批准学校增设通信工程和机械电子工程专业,应用数学专业改为计算数学及应用软件专业,省教委批准学校增设制冷与冷藏技术、汽车制造与维修、供用电技术、城镇建设、文秘和国际贸易等 6 个专科专业,并于当年招生。

1995 年 1 月 6 日,省政府以鲁政字 1 号文致函国家教委,申请对山东工业大学进行"211 工程"部门预审。

1995 年 10 月 29 日,机械工程系改名为机械工程学院,材料工程系改名为材料科学与工程学院,电力工程系改名为电力工程学院。

1995 年 12 月 28 日,机械工程学院在教学六楼西门前举行揭牌仪式,校长刘玉柱和党委副书记杨廷法为机械工程学院院牌揭幕。

1996 年 1 月 30 日,省级重点学科机械制造通过省教委专家组的验收,被评为优秀。

1996 年 5 月 13 日,振动、冲击和噪声学科被批准为硕士学位授权学科。

1996 年 5 月 28~30 日,国家自然科学基金第二届机械科技青年科学家学术研讨会在山东工业大学举行。

1996 年 8 月 10 日,学校增设工业设计和国际企业管理 2 个本科专业。

1996 年 9 月,山东省教委以鲁教科字 42 号文向国家教委呈交《关于开展山东工业大学"211 工程"建设部门预审的补充报告》;10 月 2 日,国家教委同意山东省开展"211 工程"预审工作;11 月 26 日,预审开始;11 月 28 日,经专家组评议,10 位专家组成员"一致同意通过山东工业大学'211 工程'部门预审"。

1996 年 9 月,机械工程学院艾兴教授接受瑞士 Trans Tech 出版社的邀请,正式成为国际著名期刊《关键工程材料》(*Key Engineering Materials*)的顾问委员会委员。

1996 年 11 月 27 日,李兆前被批准为博士生指导教师。

1997 年 6 月 18 日,学校如期通过了"211 工程"建设项目可行性研究报告专家论证和立项审核。

1998 年,学院 CAD 工程技术中心建成山东省省级工程技术中心。

1998 年 6 月 22 日,学院机械制造及其自动化学科成为博士、硕士学位授权学科,机械设计及理论、动力机械及工程成为硕士学位授权学科。

1998 年 8 月,工业设计专业开始招收艺术类考生。

1998 年 12 月 7 日,获批建设山东工业大学建材与建设机械研究中心。

1998 年 12 月 24 日,省政府正式批准学校"211 工程"建设项目立项。

1998 年年底,根据教育部颁布的新专业目录,将原有 43 个老专业改造为 23 个宽口径新专业,并新建 4 个专业,新增辅修专业 23 个,新开必修课和选修课 100 余门。1999 年又对部分专业、学科和院系进行了调整,成立了管理学院、土建与水利工程学院、环境与化学工程学院。至此,山东工业大学逐步形成了文、理、工、管四大门类的综合性大学办学格局。

1999年初,学校新增机械工程、材料科学与工程2个博士后科研流动站,实现了博士后科研流动站零的突破。

1999年6月,山东省计划委员会转发《国家计委关于山东工业大学"211工程"建设项目可行性研究报告的批复》,根据国务院批准的《"211工程"总体建设规划》,正式同意山东工业大学作为"211工程"项目院校,在"九五"期间进行建设。至此,山东工业大学"211工程"建设进入正式实施阶段。围绕"211工程"建设,学校将机械制造及其自动化、材料加工工程、电力系统及其自动化、信息系统与控制工程、动力机械及工程热物理作为5个重点学科建设项目。艾兴教授的"先进陶瓷刀具材料的生产转化研究及推广应用"项目获资助20万元。

1999年12月27日,艾兴教授当选中国工程院院士,实现了山东工业大学院士零的突破。

2000年1月6日,学校隆重召开"庆祝艾兴教授当选为中国工程院院士"大会,山东工业大学校长邹增大主持会议并宣读了由中国工程院院长宋健签发的院士通知书。山东省政府办公厅副主任刘长允受山东省副省长邵桂芳委托发表了热情洋溢的讲话。中共济南市委副书记、副市长徐华东代表济南市人民政府,捐献院士楼建设资金50万元。校党委书记刘玉柱发表重要讲话。济南市及山东工业大学党政领导干部、教师、学生代表近400名参加了庆祝大会。学校奖励艾兴教授个人10万元,专项科研经费100万元。

2000年4月,中国工程院院士艾兴教授荣获全国先进工作者荣誉称号。

2000年6月,李兆前教授、张建华教授获得国家教育部首批高校骨干教师资助,资金为12万元。

第四章　新山东大学时期(2000.7～　　)

2000年7月22日,山东大学、山东医科大学、山东工业大学合并成立新的山东大学。从此,山东工业大学融入山东大学新的大家庭中,为创建世界一流的新山东大学继续发挥着重要作用。在这个大背景之下,机械工程学院也步入更好、更快的高速发展阶段。

2000年12月27日,国务院学位委员会第18次会议确定,在全国第八批学位授权审核中,学院新增列机械设计及理论博士点,车辆工程、化工过程机械硕士点。新增张承瑞、陈举华为机械制造及其自动化专业博士生指导教师,王志明、田茂诚、李剑峰为机械设计及理论专业博士生指导教师。

2001年1月,根据山东大学院系调整方案(山大字[2001]001号),环境与化工工程学院过程装备与控制工程专业并入机械工程学院,院址设在山东大学南校区。机械工程学院下设机械设计制造及其自动化、工业设计、工业设计(美术)、过程装备与控制工程本科专业,可培养研究生的学科、专业:机械制造及其自动化、机械设计及理论、机械电子工程、车辆工程、化工过程机械、机械工程硕士。

2001年2月16日,学校成立了山东大学学会管理办公室,挂靠科技处。挂靠学院的省级专业学会有2个,分别是山东振动工程学会、山东工程图学学会。

2001年,学院新增机械电子工程、车辆工程、化工过程机械博士点,王勇为机械制造及其自动化专业博士生指导教师,杨沛然(兼)、周慎杰、程林、潘继红为机械设计及理论专业博士生指导教师。

2001年,学院实到纵向经费237.5万元,位列全校第三位,张进生教授实到42万元,位列全校个人第十位。

2001年,机械工程学院获得山东大学各类先进表彰、奖励(校级及以上)人员:赵英新、刘和山、王震亚、刘琰。

2001年,机械工程学院荣获山东大学百年校庆工作组织奖。

2002年,物流工程技术研究中心从机械工程学院调出,并入控制工程学院。

2002年12月19日,由机械工程学院承办的第二届山东大学院长、书记论坛在南校区举行。校长展涛等校领导,学校有关部处室领导及各院、部党政主要负责人共50余人出席了本次论坛。

2002年,学院实到横向科研经费578.1万元,位列全校第一位。申请发明专利4项,实用新型专利4项,位列全校第四位。

2002年,学校共有3批48个项目获得"985工程"立项建设,机械工程、机械制造及其自动化批准立项。机械制造及机电集成列入"十五""211工程"进行重点建设。

2002年,机械工程学院党委被山东大学评为同"法轮功"邪教组织斗争先进集体,党委副书记李丽军被评为先进个人。

2003年,学院新增设机械工程一级学科博士点,其涵盖的机械电子工程、车辆工程增列为二级学科博士点。

2003年4月,机械工程学院党政领导班子和全院师生全力以赴贯彻执行学校防范"非典"工作方案和一系列防范措施,把防范"非典"工作作为一项最重要的工作,切实保障全院师生身体健康和生命安全,维护学校的稳定。

2003年4月28日,获批建设山东省石材工程技术研究中心。

2004年1月14日,为加强学校对特种设备安全保障与评价的研究,提高特种设备安全技术水平和管理水平,更好地服务于社会,经学校研究,决定成立山东大学特种设备安全保障与评价研究中心。中心挂靠机械工程学院,王威强教授任主任。

2004年1月16日,秦慧芳任机械工程学院党委书记,李剑峰任机械工程学院院长。1月18日,李丽军、仇道滨任机械工程学院党委副书记。张慧、黄传真、葛培琪任机械工程学院副院长,王中豫任学院办公室主任。

2004年3月1日,教育部教高函[2004]3号文批准了山东大学于2003年11月向教育部申请增设的7个本科专业。这7个专业是:金融工程、车辆工程、电子工程与管理、城市地下空间工程、物流管理、国际商务、文化产业管理。2004年开始正式招生。至此,山东大学经教育部批准设置的本科专业达103个。

2004年3月,霍英东教育基金会第九届高等院校青年教师基金评选完毕。机械工程学院刘战强教授申请的"高速切削加工的协同增强建模与仿真技术"获霍英东教育基金资助。

2004年4月9日下午,由校团委和机械工程学院联合主办的主题为"关注心理健康,塑造健全人格"的山东大学第十一期小树林文化论坛在南校区7号楼前举行。校长展涛、校团委书记曲明军、机械工程学院党委书记秦惠芳、学生工作部副部长夏晓虹等出席了论坛。

2004年4月19日,为进一步加强国内合作,更好地开展PLM研究,经学校研究,决定成立山东大学产品生命周期管理(PLM)技术研究中心。中心挂靠机械工程学院,李兆前任主任,高琦任副主任。

2004年4月27日上午,学院与济南重工共建实践教学基地协议签字与挂牌仪式在济南重工股份有限公司举行。济南市副市长张宗祥、山东大学副校长樊丽明、济南市经济委员会副主任魏篁、济南重工董事长兼总经理王伯之参加了签字与挂牌仪式。

2004年9月18~20日,学院在济南承办了第十一届国际制造工程与管理会议,近300人(其中境外约50人)参加了会议。山东省副省长王军民、国家自然科学基金委机械学科主任雷源忠、山东大学校长展涛出席会议。

2004年11月,山东大学有13个学科获准设立"泰山学者"特聘教授岗位,分别是:运筹与控制论、物理化学、凝聚态物理、文艺学、中国古代史、材料学、机械制造及其自动化、产业经济学、内科学、控制理论与控制工程、热能工程、外国哲学、法学理论。

2004 年 11 月 18 日,全国优秀博士学位论文评选揭晓。学院博士生陈元春的学位论文《粉末表面涂层陶瓷的硬质合金刀具材料的研制和性能研究》(导师艾兴院士)荣获全国优秀博士学位论文奖。

2004 年 11 月 27 日,学院 3 项科技成果:李兆前等承担的山东省优秀中青年科学家奖励基金项目"产品创新协同设计平台研究"、高琦等承担的"支持数字化企业的 CAD/CAPP/PDM 应用集成系统"和李兆前等承担的山东省高新技术专项课题"产品智能化快速开发系统",通过了山东省科技厅、山东省发展和改革委员会及山东省信息产业厅组织的技术鉴定。

2004 年 12 月 29 日,学院侯晓林教授承担的国家科技计划项目"客车生产中的大批量定制技术的应用研究"和山东省科技厅重点项目"产品全生命周期物理模型的研究和开发"通过由省教育厅主持的技术鉴定。

2005 年 3 月 22 日下午,校党委副书记尹薇到机械工程学院进行工作调研,与学院党政领导班子全体成员进行了交流,并参加了学院本学期第 5 次党政联席会。

2005 年 3 月 23 日,由学院艾兴院士承担的山东省自然科学基金重点资助项目"基于虚拟样机技术的机械产品结构设计系统的理论及其应用研究"和刘战强教授承担的山东省优秀中青年科学家科研奖励基金项目"面向对象的快速可重构生产线虚拟设计技术的研究与开发",通过由省教育厅主持的技术鉴定。

2005 年 4 月 11 日,据教育部教技函[2005]35 号文件通知,山东大学有 18 位博士入选教育部 2004 年度新世纪优秀人才支持计划,学院邓建新博士、刘战强博士入选。

2005 年 4 月 12 日,学院王威强教授负责承担的"农产品深加工工业化设备研制——超临界流体萃取与分离装置",通过由省教育厅主持的技术鉴定。

2005 年 5 月 14 日下午,学院 2003 级机械 3 班举行"生涯设计——把信心留给自己"主题班会,校党委副书记尹薇作为该班联系人参加了本次主题班会。

2005 年 5 月 19 日,学院承办的第一届山东省高校机械工程学院院长联谊会顺利召开。全省 15 所高校机械工程类院系的院长、系主任,以及学院党政领导班子成员等 30 余人参加了会议。

2005 年 8 月 23 日上午,学院召开党委扩大会议,动员部署开展保持共产党员先进性教育活动。党委书记秦惠芳传达了学校动员大会的精神,对学院开展教育活动作出了具体部署。

2005 年 9 月 15 日下午,学校党委副书记尹薇来到学院,与学生党员进行深层次的思想交流,畅谈保持共产党员先进性教育的重要性,为学生党员上了一堂别开生面的党课。

2005 年 9 月 24 日上午,由山东省教育厅主办、山东高校机械工程教学协作组和山东大学承办的山东省大学生机电产品创新设计竞赛在南校区主楼三层报告厅隆重开幕。

2005 年 10 月 25 日上午,教育部本科教学水平评估专家、西北工业大学副校长王润孝教授在教务处有关同志的陪同下考察了机械工程学院。

2005 年 11 月 22 日下午,校党委副书记方宏建到学院进行学生工作调研,与学院党委书记秦惠芳及党委副书记李丽军、仇道滨进行了座谈。

2005 年,学校积极开展机械制造及其自动化岗位特聘教授的选聘工作,推荐邓建新教授为学校机械制造及其自动化岗位"泰山学者"特聘教授候选人。

2005 年,学校下发了《关于认真做好兼职特聘(关键岗位)教授聘任工作的通知》,学校新增特聘(关键岗位)教授 5 名,机械工程学院申报的李鹤林院士入选。

2005 年 12 月 15 日下午,学院"长汀奖学金"颁奖大会在南校区 8 号楼 315 教室举行。院党委书记秦惠芳,机械制造研究所副所长、博士生导师王勇教授以及机械制造专业的研究生代表和部分本科生代表参加了颁奖大会。

2005 年,学校组织完成人事部全国博士后管委会对 2002 年 12 月 31 日前设立的博士后流动站的工作评估工作。学校共有生物学、物理学、化学、数学、中国语言文学、材料科学与工程、机械工程、临床医学、基础医学等 9 个流动站参加了评估。

2006 年,机械工程学院黄传真教授等 4 人获得国家自然科学基金委杰出青年基金资助。

2006 年 2 月 10 日,应新汶矿业集团邀请,学校校长助理、科技处处长贾磊率机械、化工、控制、能源与岩土地质结构等方面的专家教授一行 14 人赴新汶矿业集团,与新矿有关领导和科研人员一起就加强科研合作、落实具体合作项目等事宜进行专题对接和交流。

2006 年 3 月 28 日,据教育部教技函[2006]6 号文件通知,山东大学有 11 位博士入选教育部 2005 年度新世纪优秀人才支持计划,学院黄传真博士入选。

2006 年 3 月,学校表彰教学质量与评估优秀单位,机械工程学院获教学质量与评估优秀奖。

2006 年 4 月 9 日,中国石材工业协会在上海第十三届中国国际石材产品及石材技术装备展览会开幕之际,举行了隆重的颁奖仪式。本次评选共 21 人荣获"十五"期间中国石材行业杰出人物奖,学院张进生教授成为科研设计单位唯一当选的杰出人物。

2006 年 4 月 19 日下午,机械工程学院机械 2003 级 3 班在南校区召开学习"八荣八耻"主题班会。校党委副书记尹薇,学院党委书记秦惠芳、副书记仇道滨,博士生导师张勤河等参加了班会。

2006 年 4 月 29 日,学院工业设计研究所刘和山副教授指导的、工业设计 2002 级学生马鹏完成的毕业设计作品"新型家庭电子留言系统"入选台湾"光宝"创新设计大赛决赛,这是中国大陆地区入围的 7 件作品之一。

2006 年 6 月上旬,在山东省图书馆,机械工程学院工业设计专业 2006 届毕业生参加了山东大学 2006 年美术与设计专业学生毕业作品展。

2006 年 6 月 30 日下午,山东大学第一届大学生机电产品创新设计竞赛颁奖典礼在机械工程学院报告厅举行。中国工程院院士艾兴教授、教务处处长王仁卿、机械工程学院党委书记秦惠芳、国家机械基础课程指导委员会委员孙康宁教授、校团委相关负责人和大赛评委等参加了此次颁奖典礼。

2006 年 11 月 1 日,人事部、科技部、教育部、财政部、国家发改委、国家自然科学基金会及中国科协联合发文公布了 2006 年"新世纪百千万人才工程"国家级人选,山东大学有 2 人入选,学院黄传真教授名列其中。

2006 年,按照山东省教育厅关于开展全省高等学校品牌专业、特色专业建设工作的通知精神,学校机械设计制造及自动化申报品牌专业或特色专业。每个专业都精心准备了申报书,制作了介绍专业情况的视频材料,并制作了网站,将申报书的电子版、相关背景材料、视频材料放在网上。11 月 21 日,省教育厅在网上公示了评审结果,机械设计制造及自动化被评为品牌专业。

2007 年 1 月,山东省科技厅下发文件,山东大学申报的山东省磁力分选工程技术研究中心、山东省永磁电机工程技术研究中心、山东省高效切削加工工程技术研究中心和山东省特种设备安全工程技术研究中心获准立项建设。

2007 年 3 月 9 日,据教技函[2007]5 号文件通知,山东大学 16 位教师入选教育部 2006 年度新世纪优秀人才支持计划,学院赵军入选。

2007 年 3 月 31 日上午,学院首届一次教职工代表大会正式开幕。校党委副书记尹薇应邀出席了会议并讲话,校工会副主席扈春华,49 名教职工代表和作为特邀、列席代表的学院退休老领导、民主党派教师参加了会议。

2007 年 4 月 9 日,校长展涛到南新区机械工程学院学生教室听取课堂教学,与教师、学生交流,推动公开教学全面实施。

2007 年 4 月 23 日,山东省人民政府公布 2006 年度获得山东省有突出贡献的中青年专家荣誉称号的 100 位专家名单。山东大学 8 位教授榜上有名,学院黄传真入选。

2007 年 7 月 19 日上午,学院五征集团学生社会实践基地挂牌仪式在日照潮河五征工业园举行,山东大学党委副书记方宏建、日照市副市长徐清出席仪式。

2007 年 9 月 4 日,山东省教育厅正式发文公布 150 门 2007 年度山东省高等学校省级精品课程名单,山东大学有 12 门本科课程位列其中,学院赵军教授主持的机械制造技术基础入选。

2007 年 9 月 5 日,教育部公布新一轮国家重点学科名单(教研函[2007]4 号),机械制造及其自动化二级学科新增为国家重点学科。

2007 年 9 月 25 日,学院中秋晚会在南新区体育场举行。校党委副书记方宏建,军训团团长、济南军区驻山东大学选培办主任李德平,军训团政委、学生工作部部长张宇等出席了晚会。

2007 年 10 月 13~14 日,学院院长李剑峰、副院长葛培琪、党委副书记仇道滨赴潍坊和东营,与山东豪迈机械科技有限公司、山东科瑞控股集团有限公司签订了全面合作协议。

2007 年 10 月 31 日,学校 11 位教师入选教育部 2007 年度新世纪优秀人才支持计划,学院张勤河老师入选。

2007 年 11 月 19 日上午,机械工程专业认证工作汇报会在机械工程学院学术报告厅举行。教育部专业认证考察专家组一行 11 人听取了汇报,山东大学副校长樊丽明出席汇报会并致辞。

2007 年 11 月 21 日下午,机械工程专业认证考察意见反馈会在东校区新校办公楼一层会议厅举行。教育部专业认证考察专家组组长、上海交通大学机械与动力工程学院陈关龙教授,专家组全体成员,教育部高教司理工处副处长吴爱华等出席会议。山东大学校长展涛、副校长樊丽明参加会议。

2007年11月18～21日,机械工程专业认证考察意见反馈会举行。教育部专业认证考察专家组组长、上海交通大学机械与动力工程学院陈关龙教授,山东大学校长展涛、副校长樊丽明参加会议。考察报告对机械设计制造及其自动化专业给予了充分肯定。

2007年12月17日,在台湾地区第八届大学生创意实做竞赛中,学院机电工程专业本科生王永、生命科学学院硕士研究生王玉涛共同完成制作的"音控自动分类垃圾箱"获得最佳环境友好创意奖。

2007年,山东大学与重庆市科委进行了对接与交流,确定了汽车及零部件、物流工程、制造业信息化技术、岩土工程、军工技术、环保工程与技术等重点领域的合作。

2007年,山东大学加强博士后国际合作交流,机械工程学院青年教师王经坤博士申请到中韩青年科学家交流项目。

2007年,工科青年教师社会实践调研:为落实学校青年教师"三种经历"的培养目标,对学校工科学院进行了题为"工科青年教师社会实践"的调研活动。通过调研,拟定了学校工科青年教师社会实践实施办法草案,撰写了较为详尽的调研报告,为校领导决策提供参考。经过学院协商,拟定机械工程学院、信息学院作为工科青年教师社会实践试点单位,探索教师开展社会实践活动的途径和渠道。

2008年2月26日,教育部公布了2007年接受教育部组织的18所高校的工程教育专业认证结论,机械设计制造及其自动化专业结论为通过认证,有效期3年(2007年12月至2010年12月)。

2008年4月12日,院党员代表大会召开,教工党员及学生党员代表共计101人参加了大会,院党委书记黄传真代表上届党委作了题为《解放思想　求真务实　开创学院党的建设和思想政治工作新局面》的工作报告,会议由院党委副书记仇道滨主持。

2008年6月1日,学校与潍柴动力校企合作座谈会暨校企合作协议签字仪式在潍柴动力工业园科技大楼举行。校长展涛,潍柴动力股份有限公司党委书记、董事长谭旭光代表双方在协议书上签字。根据二期合作协议,潍柴每年向山东大学提供100万元的固定合作基金,用于奖学金发放和人才培养工作;科研项目和平台建设基金200万元,如工作需要,可以突破该金额。仪式由潍柴动力股份有限公司党委副书记张宝鼎主持,潍柴动力技术总经理孙少军,潍柴动力技术中心、战略发展部、人力资源部、政工部、再制造中心以及学校科研处、国内合作办、材料学院、机械工程学院、能动学院、管理学院等单位负责人参加了仪式。

2008年7月16日,学院与邹平县人民政府学生实践基地签约暨揭牌仪式在邹平黛溪会堂举行。校党委副书记方宏建与邹平县委书记魏克田共同为学生实践基地揭牌,学校团委书记王君松与邹平县委常委、常务副县长高立东签订了协议书。

2008年7月,机械基础实验教学示范中心以优异成绩成为2008年度省级实验教学示范中心。

2008年9月19日下午,美国得克萨斯理工大学Dr. James Li访问机械工程学院可持续制造研究中心,就该中心与美国得克萨斯理工大学、密歇根州立大学共同合作进行的工程设计国际网络课程的进展情况与学院师生进行了交流。

2008 年 10 月 31 日,教育部、财政部联合下发通知,公布了教育部第三批高等学校特色专业建设点的评审结果,学校英语、机械设计制造及其自动化、材料成型及控制工程、工商管理 4 个专业榜上有名。

2008 年 12 月 27 日,山大五征机械研究院揭牌仪式在山东五征集团汽车设计院举行。山东大学校长助理贾磊,日照市市长助理、市政府秘书长陈刚共同为山大五征机械研究院揭牌。仪式上双方还签署了《山东大学与山东五征集团公司共建机械研究院协议书》《山东大学与山东五征集团公司共建汽车联合实验室协议书》《山东大学机械工程学院与山东五征集团公司共建党员活动基地协议书》。

2008 年,国家重大、重点科技项目:机械工程学院刘战强教授申请的 2008 年度"十一五"国家科技支撑计划项目"高速高效刀具切削性能评价与设计技术"获得科技部立项资助,项目总经费 602 万元。

2008 年,大力推进博士后工作。在全省优秀博士后表彰暨博士后科研流动站评选中,机械工程学院博士后刘战强被评为山东省优秀博士后。

2008 年,机械工程学院刘延俊教授主编的《液压与气压传动》等 3 部由高等教育出版社出版的"十一五"国家级规划教材,被评为 2008 年度普通高等教育精品教材。

2008 年,科研支撑平台建设:学院申报的"高效与洁净机械制造"教育部重点实验室顺利通过专家论证和评审,获准立项建设。

2009 年 1 月 20 日,根据教育部、财政部联合发文(高教函[2009]5 号)通知,机械基础实验教学中心以优异成绩入选国家级实验教学示范中心建设行列。

2009 年 3 月 19 日下午,机械工程学院召开深入学习实践科学发展观活动动员大会。学院党政领导班子成员、全体教职工党员和学生党员代表参加了会议,学院民主党派负责人列席了会议。

2009 年 3 月 20 日,机制 1978 级校友、山东省副省长李兆前一行到山东大学就三维 CAD/CAM 集成系统的研究与应用和山东省重大新药创制平台规划进行专题调研。山东省科技厅厅长翟鲁宁主持调研会,山东大学副校长娄红祥作工作汇报。

2009 年 4 月 30 日,山东大学—永华滤清器制造有限公司学生社会实践基地签约揭牌仪式在沂源县举行。山东大学副校长陈炎,沂源县县委副书记、县长苏星出席仪式,共同为实践基地揭牌。

2009 年 6 月 2 日,山东省人民政府发出通报,授予李玉霞等 100 名专业技术人员山东省有突出贡献的中青年专家称号,学院张进生教授入选。

2009 年 6 月 20~21 日,全国工程图学青年骨干教师高级研修班在山东大学千佛山校区举办。中国工程院院士、教育部高等学校工程图学教学指导委员会主任、浙江大学谭建荣教授,国家教学名师、国家级工程图学教学团队负责人、教育部高等学校工程图学教学指导委员会秘书长、浙江大学陆国栋教授,国家教学名师、国家级工程图学精品课程负责人、教育部高等学校工程图学教学指导委员会副主任、北京理工大学焦永和教授,浙江省教学名师、浙江大学施岳定教授出席会议。

2009 年 8 月 20 日,由学院与斗山工程机械(中国)有限公司联合共建的青年就业创业见习基地在烟台举行签约暨揭牌仪式。山东大学党委副书记方宏建和斗山工程机械

(中国)有限公司总经理丁海益共同为山东大学—斗山工程机械(中国)有限公司青年就业创业见习基地揭牌。

2009年8月29日,山东省教育厅公布了152门2009年度山东省高等学校省级精品课程名单。山东大学组织申报的12门本科课程顺利入选其中,机械工程学院王勇教授主持的机械设计制造专业生产实习、刘和山教授主持的产品设计创新与开发入选。

2009年9月6日,教育部公布2008年度"长江学者"特聘教授、讲座教授人选名单,黄传真教授荣聘"长江学者"特聘教授。

2009年9月10日上午,"庆祝艾兴教授从教六十周年座谈会"在山东大学中心校区办公楼会议厅举行。山东省副省长李兆前,山东大学党委书记朱正昌、校长徐显明出席座谈会。座谈会由山东大学党委常务副书记尹薇主持。

2009年9月17日,山东省人民政府办公厅公布"泰山学者"特聘教授(专家)名单。山东大学新增4位"泰山学者"特聘教授,学院机械制造及其自动化岗位的邓建新入选。

2009年9月25日,校长徐显明到机械工程学院调研。徐显明一行实地考察了学院实验室,听取了学院领导班子成员的工作汇报。

2009年10月7日,学院李剑峰教授被评为山东省优秀教师。此次全省共有599名山东省优秀教师和99名山东省优秀教育工作者受到表彰。

2009年11月18日,教育部、国务院学位委员会正式下发了《关于批准2009年全国优秀博士学位论文的决定》,邹斌博士(导师黄传真教授)的学位论文被评为全国优秀博士学位论文提名论文。

2009年11月25日,科技部组织专家在北京对山东大学机械工程学院李剑峰、董玉平两位教授主持的国家高技术研究发展计划("863"计划)"基于热电冷联供的分布式生物质能源系统研究"进行了验收。验收专家组认为,该课题组已经圆满完成项目合同书中规定的各项任务指标,在分布式生物质能源系统的理论及应用方面取得了一系列国内领先、国际上有重要影响的研究成果,一致同意通过验收。

2009年12月13日,学院张进生教授等完成的"石材制品高效复合加工中心"和"新型自行式折叠臂高空作业平台"两个项目通过山东省科学技术厅技术鉴定。

2009年12月23日,山东大学机械工程学院、山东省特种设备检验研究院研究生实践基地签约揭牌仪式举行。山东大学副校长陈炎、山东省安检局纪检组长耿鲁建、山东省质监局副局长张健出席仪式并共同为实践基地揭牌。

2009年12月29日,学院李剑峰教授主持的国家"十一五"科技支撑计划项目"生物质全降解制品关键技术及成套装备"通过了省科技厅、省教育厅的验收和鉴定。

2010年1月5日,学院董玉平教授完成的2007年山东省自主创新成果转化重大专项子课题"下吸式固定床连续生物质气化反应炉研制"与"基于化学吸收的生物质燃气净化系统研制"通过了山东省科学技术厅和济南市科技局组织的成果鉴定。

2010年1月7日,机制1978级校友、山东省副省长李兆前一行到山东大学就国家综合性新药研究开发技术大平台建设进展情况进行视察并召开专题调研会。调研会由山东省科技厅厅长翟鲁宁主持,山东大学副校长娄红祥作了工作汇报。

2010年1月10日,山东大学高效洁净机械制造教育部重点实验室第一届学术委员会第一次会议暨 2009 年学术年会在千佛山校区举行。副校长张永兵出席会议,并向第一届学术委员会委员颁发了聘任证书。中国工程院院士、浙江大学谭建荣教授,中国工程院院士、山东大学艾兴教授等专家出席会议。

2010 年 1 月 19 日,在人力资源和社会保障部、科技部、教育部、财政部、国家发改委、国家自然科学基金委、中国科协联合发文公布的 2009 年“新世纪百千万人才工程”国家级人选中,机械工程学院博士生导师邓建新教授入选。

2010 年 3 月 24 日,经过各研究生培养单位自评、学校职能部门评议以及工作业绩的综合评议,学院研究生培养工作成绩突出,荣获 2009 年度研究生思想政治教育管理工作先进单位荣誉称号。

2010 年 4 月 12 日,经各有关单位推荐、学校组织公开述职和评审,共评选出山东大学 2009 年度优秀辅导员 10 人,机械工程学院宋小霞入选。

2010 年 5 月 13 日,学院召开全体教工党员大会,对创先争优活动进行动员部署。学院党委书记黄传真主持了大会,院长李剑峰及班子成员参加了会议。

2010 年 5 月 25 日,中国机械工业联合会组织专家在重庆市对重庆大学、山东大学、机械科学研究总院和中机生产力促进中心共同承担的“十一五”国家科技支撑计划“绿色制造关键技术及装备”重大项目“绿色制造共性技术研究及应用”课题进行了验收。

2010 年 5 月 25～26 日,2010 年山东省产学研(工业设计)展洽会在济南舜耕国际会展中心举行。山东省首批 19 家工业设计中心正式授牌,山东省工业设计中心落户学院。

2010 年 6 月 3 日,山东省教育厅公布了 2010 年度山东省高等学校省级精品课程评审结果。山东大学申报的 16 门课程被评定为山东省精品课程,学院唐委校教授主讲的过程装备设计入选。

2010 年 6 月 23 日,教育部卓越工程师教育培养计划启动会在天津大学召开,山东大学作为首批卓越工程师教育培养计划高校应邀参加会议。机械设计制造及其自动化专业获首批卓越工程师培养计划。

2010 年 9 月 4 日下午,内蒙古五原县县长丁凤玲、县招商局局长李雪琴与机械工程学院教师、挂职五原县副县长的王经坤来到机械工程学院就开展产学研合作进行座谈交流。学校合作发展部常务副部长井海明、人事处副处长王秀丽及机械工程学院党政领导参加了座谈会。

2010 年 11 月 2～3 日,全国工程教育专业认证专家委员会专家组对认证资格有效期延长申请专业山东大学机械设计制造及其自动化专业进行现场考察。专家组由上海交通大学机械与动力工程学院陈关龙教授、北京科技大学于晓红教授组成。副校长樊丽明会见了认证专家组一行。教务处处长王仁卿参加会见。

2010 年 11 月 9 日,学院 2010 年度山东大学“临工奖学金”颁奖仪式在千佛山校区举行。机械工程学院 30 名学生获得“临工奖学金”。机械工程学院院长李剑锋、山东临工工程机械有限公司副总经理韩军出席颁奖仪式并讲话。

2010 年 11 月 27 日,受山东省科技厅委托,山东省教育厅主持召开了山东大学机械工程学院李剑峰教授课题组完成的“钛合金高效加工关键技术研究”成果鉴定会。

2010 年 12 月 27 日,中组部确定引进海外高层次创新创业人才 318 人。山东大学共有 4 人入选,学院王军教授入选。

2011 年 4 月 6 日上午,山东大学高效洁净机械制造教育部重点实验室经过两年多的建设,顺利通过专家组验收。专家组组长、中国工程院院士、西安交通大学卢秉恒教授,山东大学副校长娄红祥参加有关活动。

2011 年 4 月 19 日下午,山东大学机械工程学院在山东蓝翔高级技工学校举行山东大学学生实践基地授牌仪式。仪式上,山东大学与山东蓝翔高级技工学校签约,同时宣布山东大学—山东蓝翔高级技工学校学生实践基地正式成立。山东大学党委副书记方宏建、山东蓝翔高级技工学校校长荣兰祥出席仪式并讲话。

2011 年 6 月 23 日,山东大学机械工程学院与山推工程机械股份有限公司全面合作协议签约仪式在邵馆举行。山东大学副校长张永兵、山推工程机械股份有限公司董事长张秀文出席签约仪式。

2011 年 7 月底至 8 月初,学院在沂南召开学院第三届发展研讨会。院长李剑峰出席会议,会议由学院党委书记黄传真主持。

2011 年 9 月 8 日下午,2011 年"大众报业杯"山东高校十大师德标兵表彰大会在山东建筑大学隆重举行。山东省委高校工委副书记齐秀生、大众报业集团副总编辑郝克远出席大会并讲话。山东省委高校工委副书记邢善萍主持表彰大会。学院黄传真教授获评山东高校十大师德标兵,并受表彰。

2011 年 9 月 27 日,山东大学"永华奖学金"捐赠仪式举行。山东大学党委副书记方宏建,沂源县委常委、常务副县长李明涛、淄博永华滤清器制造有限公司董事长李永华出席仪式并讲话。淄博永华滤清器制造有限公司依托机械工程学院捐款 50 万元在山东大学设立研究生奖学金。

2011 年 11 月 10 日上午,山东大学机械工程学院与山高刀具(上海有限公司)合作洽谈会在千佛山校区举行。

2011 年 11 月 16 日,第一届上银优秀机械博士论文奖颁奖典礼在武汉举行。机械工程学院刘战强教授指导的博士生邵芳的论文《难加工材料切削刀具磨损的热力学特征研究》及邓建新教授指导的博士生李彬的论文《原位反应自润滑陶瓷刀具的设计开发及其减摩机理研究》获佳作奖。

2011 年 12 月 29 日,山东大学 2011 年度永华、山推股份奖学金颁奖仪式先后在中心校区举行。本年度山东大学共有 36 名研究生获得永华奖学金,115 名师生获得山推股份奖(助)学、奖教金。山东大学党委副书记方宏建、淄博永华滤清器制造有限公司董事长李永华、山推工程机械股份有限公司董事长张秀文出席仪式并讲话。

2011 年,成功增设全国首批先进制造技术工程博士点。

2012 年 2 月 17 日,中组部公布"国家海外专家"引进人才名单。机械工程学院的闫鹏教授入选青年项目组。

2012 年 5 月 24 日上午,学院与章丘环卫局产学研基地挂牌仪式举行。机械工程学院副院长李方义与章丘市副市长王斌一起为产学研基地揭牌。

2012 年 5 月 24 日,山东省人民政府办公厅公布了"泰山学者"特聘专家教授名单。学院李剑峰教授当选绿色制造与再制造岗位"泰山学者"特聘教授。

2012 年 7 月 9 日上午,机械工程学院与韩国斗山集团院企合作协议签字仪式在韩国首尔斗山集团总部 25 层会议室举行。斗山集团董事兼总裁 Kim Yong-Sung 先生、机械工程学院副院长王勇、韩国中央大学工程学院院长 Lee Jae-eung 教授、韩国西江大学的研究事务主管 Kim Nak-soo 教授分别讲话。

2012 年 8 月 14～16 日,第五届高速加工国际研讨会在山东大学举行。山东大学副校长张永兵出席欢迎晚宴并致辞。“长江学者”特聘教授、大会主席黄传真教授在开幕式上致辞,大会组织委员会主席、山东大学刘战强教授主持开幕式。

2012 年 9 月 10 日,学校决定授予机械工程学院“山东大学人才队伍建设先进单位”。

2012 年 9 月 15 日上午,山东大学—山东临工国家级工程实践教育中心揭牌仪式在山东临沂举行。山东大学本科生院常务副院长胡金焱,山东临工工程机械有限公司董事长、首席执行官王志中出席会议并讲话,胡金焱与临沂经济技术开发区党工委副书记邹际国共同为山东大学—山东临工国家级工程实践教育中心揭牌。

2012 年 11 月 19 日,第二届上银优秀机械博士论文奖颁奖典礼在福州举行,黄传真教授指导的博士生崇学文的论文《碳热还原合成晶须增韧陶瓷刀具研究》获佳作奖。

2012 年 11 月 20 日上午,学院与江苏省赣榆海洋经济开发区全面合作协议签字仪式在千佛山校区举行。江苏省赣榆县委常委、组织部部长邵晓峰,学院副院长王勇等出席签字仪式并致辞。学院副院长李方义与赣榆海洋经济开发区管委会副主任韩祥善代表双方签署全面合作协议。

2012 年 12 月 3 日,教育部公布《关于印发第一批“十二五”普通高等教育本科国家级规划教材书目的通知》,山东大学 10 部教材入选,学院刘延俊教授主编的《液压与气压传动(第 2 版)》入选。

2012 年 12 月 3～5 日,受教育部委托,山东省教育厅组织 11 位专家对山东大学“十一五”期间获评的 6 个国家级实验教学示范中心(国家级机械基础实验示范中心)进行现场验收和实地考察。山东大学副校长张永兵出席现场验收会并讲话。

2012 年 12 月 11 日,经学校第八十五次党委常委会研究决定:仇道滨任机械工程学院党委书记,黄传真任机械工程学院院长,刘琰、吕伟任机械工程学院党委副书记,王勇、李方义、杨志宏、万熠任机械工程学院副院长,贾存栋任机械工程学院办公室主任,黄传真不再担任机械工程学院党委书记职务。

2012 年 12 月 23 日,山东大学高效洁净机械制造教育部重点实验室学术委员会年会在千佛山校区召开。学术委员会主任、中国工程院院士、西安交通大学卢秉恒教授,学术委员会副主任、中国工程院院士、山东大学艾兴教授,山东大学副校长娄红祥等出席会议。

2012 年,机械工程学院张建华教授主持承担的“高档数控机床与基础制造装备”科技重大专项课题“纤维增韧增强树脂矿物复合材料及其机器精密机床床身精度稳定性技术”获批立项,立项总经费 1641.56 万元,包括国拨经费 1221.56 万元。

2013 年 1 月,第二届全国高校优秀辅导员博客评选结果揭晓,山东大学经济学院辅导员蔡清香获得优秀博客奖,机械工程学院辅导员朱征军、医学院辅导员薛冰、信息科学与工程学院辅导员刘海龙获得优秀博文奖。

2013年1月8日,学校召开仿生科技创新——跨学科国际合作项目研讨会,机械工程学院的相关教师分别介绍了自己的研究领域以及未来在仿生领域的合作方向。

2013年1月11~12日,学院应邀到江苏省赣榆县考察,以推进与江苏省赣榆县全面合作。院党委书记仇道滨、副院长王勇等一行8人受邀前往。连云港市委常委、赣榆县委书记王加培会见了考察团一行,并参加了相关活动。赣榆县委常委、组织部部长邵晓峰,赣榆县委常委、青口镇党委书记毛太乐,赣榆县副县长赵希岳等出席座谈会并陪同考察。

2013年1月15日,山东大学举行2012年度精诚数控奖学金(依托机械工程学院设立)签约暨颁奖仪式,表彰获奖的5名博士生、10名硕士生以及20名本科生。山东大学党委副书记方宏建,机制1987级校友、山东精诚数控设备有限公司董事长兼总经理魏明涛出席仪式并致辞。

2013年3月21日下午,山东省社科联原副主席、党组副书记、正厅级巡视员、山东大学博士生导师包心鉴教授来到机械工程学院,为全院教职工作了题为《坚定三个自信,实现伟大梦想》的报告。

2013年5月14日上午,由山东大学、西安交通大学、哈尔滨工业大学联办的现代高效刀具系统及其智能装备协同创新中心成立仪式在中心校区明德楼会议厅举行。山东大学校长徐显明出席仪式并致辞。

2013年5月14日上午,卢秉恒院士受聘山东大学兼职特聘教授仪式在中心校区明德楼会议厅举行。快速制造国家工程研究中心山东大学增材制造研究中心同时成立。山东大学校长徐显明向卢秉恒院士颁发兼职特聘教授聘书并致辞。山东大学副校长娄红祥出席仪式。

2013年5月15日,2012年度山东大学机械工程学院"长汀奖学金"颁奖仪式在千佛山校区6号楼330教室举行。机械工程学院院长黄传真,党委书记仇道滨,党委副书记刘琰、吕伟以及机械设计制造及其自动化专业的研究生代表和本科生代表参加了颁奖大会。

2013年5月30日,山东大学机械工程学院与合肥通用机械研究院合作协议签约仪式在千佛山校区西配楼301教室举行。

2013年6月16~19日,根据《关于在山东大学机械设计制造及其自动化等13个专业开展工程教育认证现场考察工作的通知》,教育部专业认证联合专家组对山东大学机械设计制造及其自动化专业的教育认证进行现场考察。校党委副书记方宏建出席专业认证现场考察汇报会并致辞,副校长陈炎出席专业认证现场考察反馈会并讲话。

2013年6月25日上午,机械工程学院2013届学生毕业典礼暨学位授予仪式在千佛山校区举行。机械工程学院院长黄传真,院党委书记仇道滨,副院长杨志宏,党委副书记刘琰、吕伟以及办公室主任贾存栋等出席典礼仪式。

2013年6月17~19日,工程教育专业认证委员会组织了机械分委员会专家组一行5人对机械设计制造及其自动化专业进行了为期三天的现场考察。校党委副书记方宏建出席认证考察现场汇报会并致辞,副校长陈炎出席认证意见反馈会并讲话。此次认证通过后,有效期为6年。

2013 年 7 月 7 日上午,山大、永华校企合作签约揭牌仪式在山东兖州永华机械有限公司研发中心举行。山东大学校领导方宏建、兖州市委常委副市长陈立秋出席揭牌仪式并讲话,共同为山东大学—永华高档数控机床研究中心、山东大学学生实践基地揭牌。

2013 年 7 月 10 日,学院深入开展党的群众路线教育实践活动动员大会在千佛山校区举行。山东大学教育实践活动第三督导组组长、校党委统战部部长戴智章出席动员大会并讲话,院党委书记仇道滨作动员讲话,对学院开展群众路线教育实践活动进行动员部署,院长黄传真主持大会。

2013 年 7 月 11 日上午,机械工程学院、龙口龙泵学生实践基地签约暨揭牌仪式在龙口龙泵公司举行。龙口龙泵总裁钱力、技术部副总裁刘振良,院党委书记仇道滨等参加了签约仪式。

2013 年 8 月 13～16 日,学院承办的 2013 年全国优秀大学生夏令营在千佛山校区顺利举行。来自全国多所"985 工程""211 工程"高校的 31 名优秀本科生营员参加了此次夏令营活动。

2013 年 8 月 15～17 日,机械工程学院召开了以"聚人才,筑平台,促发展"为主题的学院暑期发展研讨会。院长黄传真致辞并作主题报告,院党委书记仇道滨主持了研讨会。

2013 年 9 月 11 日上午,株洲钻石刀具切削股份有限公司副总经理王社权博士受聘山东大学兼职教授。

2013 年 9 月 20～22 日,2013 年高效微细精密加工泰山研讨会在山东泰安举行。中国工程院院士、大连理工大学常务副校长郭东明,山东大学副校长娄红祥,国家自然科学基金委员会机械学科处处长王国彪出席开幕式并致辞。来自中国、日本、澳大利亚等境内外 40 余位国内外代表参加大会。本次研讨会由山东大学、中国机械工程学会生产分会、中国机械工程学会生产工程分会切削委员会共同主办,山东大学机械工程学院承办。

2013 年 10 月 2 日下午,学院与海汇集团产学研合作签约揭牌仪式在海汇集团举行。莒县县委书记刘守亮、学院院长黄传真共同为山东大学—海汇集团机械工程研究院揭牌,莒县工商联主席、海汇集团董事长于波涛,院党委书记仇道滨代表双方签署了产学研合作协议。

2013 年 10 月 17 日,山东临工奖学金颁发仪式在千佛山校区举行。机械工程学院院长黄传真,院党委副书记刘琰、吕伟,山东临工人力资源部部长宋晓颖等出席会议。

2013 年 10 月 21 日,济南二机床集团有限公司董事长张志刚为师生作了题为"汽车车身冲压生产线关键技术及发展趋势"的前沿学术报告。报告由院长黄传真教授主持。

2013 年 10 月 24 日,澳大利亚新南威尔士大学 Philip Mathew 教授受聘学校客座教授及专业外教仪式在千佛山校区举行。机械工程学院院长黄传真代表学校向 Philip Mathew 教授颁发了聘任证书。Philip Mathew 教授是机械工程学院历史上聘任的首位全职非华裔外籍教授。

2013 年 11 月 1 日上午,山东大学首届 FESTO(费斯托)奖学金颁发仪式在千佛山校区召开。院长黄传真,院党委书记仇道滨,副院长王勇、万熠,院党委副书记刘琰、吕伟出席仪式。FESTO 集团监事会副主席 Curt Michael Stoll、集团董事长 Claus Jessen 等到会。

2013 年 11 月 11 日,山大五征机械研究院第二届发展研讨会在山东大学机械工程学院召开,山东大学党委常务副书记李建军出席会议并讲话,山东五征集团公司董事长姜卫东,副总经理李瑞川、胡乃芹,山东大学机械工程学院院长黄传真、党委书记仇道滨出席会议。李建军、姜卫东共同为山大五征车辆实验室揭牌,会议由学校合作发展部部长王飞主持。

2013 年 11 月 15 日,山东大学机械工程学院与山东新华医疗器械股份有限公司共建研究生实践基地签约暨揭牌仪式在淄博市新华医疗公司总部园区举行。校领导方宏建,新华医疗党委副书记、副总裁王克旭在仪式上致辞,并共同为山东大学研究生实践基地揭牌。

2013 年 12 月 17 日上午,校长张荣来到机械工程学院进行工作调研。艾兴院士、机械工程学院党政领导班子参加了调研座谈会。

2013 年 12 月 29 日,学院张勤河教授和莱芜钢铁集团有限公司联合主持完成的山东省科技发展计划项目"大型构件多道次复杂成形过程数值仿真与质量控制"通过山东省科技成果鉴定,该项目达到了国际先进水平。

2014 年 1 月 8 日下午,机械工程学院领导班子党的群众路线教育实践活动专题民主生活会在千佛山校区举行。校领导方宏建参加会议并讲话。

2014 年 3 月 2 日,中国工程院院士谭建荣受聘山东大学兼职特聘教授仪式举行。山东大学副校长娄红祥向谭建荣院士颁发兼职特聘教授聘书并致辞。

2014 年 3 月 2 日,山东大学高效洁净机械制造教育部重点实验室(山东大学)学术委员会会议暨学术年会在千佛山校区召开。中国工程院院士、西安交通大学卢秉恒教授、浙江大学谭建荣教授、山东大学艾兴教授,山东大学副校长娄红祥等出席会议。

2014 年 3 月 19 日,机械工程学院举行改革与发展工作研讨会,专题布置学院"十三五"改革与发展规划编制工作。学院院长黄传真、党委书记仇道滨出席会议。

2014 年 3 月 21 日,山东航空集团有限公司党委副书记,山东航空股份有限公司党委书记、董事长于海田一行访问山东大学机械工程学院,座谈校企合作相关事宜。山东大学合作发展部副部长、校友办主任刘学祥,机械工程学院院长黄传真、党委书记仇道滨出席座谈会。

2014 年 4 月,国际电工委员会第 44 技术委员会针对 IEC 60204-1 第五版的最后一次修订工作组会议在佛罗里达 Clearwater Beach 结束。学院教师胡天亮全程参加了国际电工委员会第 44 技术委员 IEC 60204-1 第六版修订工作。

2014 年 4 月 26～27 日,第六届全国大学生机械创新设计大赛慧鱼组竞赛暨第八届全国慧鱼工程技术创新设计大赛在北京理工大学举行。学院创新作品"'换'梦课堂"获二等奖,作品"盲童快速学习阅读机"获三等奖。

2014 年 5 月 26～30 日,教育部"春晖计划访问团"全德华人机电工程学会的 5 位专家应邀在机械工程学院进行了为期五天的交流与访问。山东大学副校长张永兵会见了到访专家。

2014 年 6 月 12 日下午,机械工程学院第二届教职工代表大会第一次会议开幕。53名来自学院教学、科研、管理岗位上的教职代表参加会议,学院离退休老领导、民主党派教师代表列席会议。

2014 年 6 月 22 日，庆祝中国工程院院士、山东大学艾兴教授从教六十五周年暨高效精密加工学术研讨会在山东大学千佛山校区举行。山东省副省长王随莲、山东大学校长张荣出席大会并致辞。大会由山东大学党委常务副书记李建军主持。山西省委常委、省纪委书记李兆前委托机械工程学院院长黄传真敬献了书法作品，并宣读贺词，以此表达对恩师的感激和祝福。机械工程学院党委书记仇道滨代表学院发言，讲述了艾兴院士堪为世范的高尚人品。国家自然科学基金委员会机械学科原主任雷源忠研究员，山东大学国家"万人计划"学者王军教授，哈尔滨工业大学深圳研究生院院长姚英学教授，华侨大学副校长徐西鹏教授特别代表胡中伟博士，湖南省"芙蓉学者"、中国刀协切削先进技术研究会秘书长、上海交通大学陈明教授，教师代表、山东大学机械工程学院博士生导师张建华教授等与会嘉宾先后作了热情洋溢的讲话，纷纷表达了对艾兴院士为人、为师、为学的崇高敬意和诚挚祝福。艾兴院士的挚友、哈尔滨工业大学袁哲俊教授专门发来贺诗。座谈会上，艾兴院士的儿子艾力博士代表家属发言，深情回顾了父亲的往事，对学校的关心和支持表示感谢。大会还举行了艾兴院士学术论文集发行仪式。艾兴院士的学生、山东大学机械工程学院刘战强教授简要介绍文集出版情况。山东大学图书馆馆长李剑峰教授代表学校接受了艾兴院士文集赠送。另围绕高效精密加工领域前沿，与会嘉宾作了 5 场精彩学术报告。山东大学有关部门负责人、机械工程学院党政领导班子、师生代表以及艾兴院士的学生、家属代表参加了相关活动。

2014 年 8 月 3～5 日，机械工程学院组织学院博士生导师、二级教授、各单位负责人等一行到海汇集团机械制造相关企业参观考察，就校企合作发展进行研讨，同时举行学院发展研讨会。

2014 年 8 月，第六届全国大学生机械创新设计大赛现场决赛在沈阳东北大学举行。学院创新作品《多功能旋转轮换黑板》获得一等奖；《基于 Delta 机构熔融沉积式（FDM）3D 打印机》和《创新性凸轮设计组合实验仪器》获得二等奖。

2014 年 10 月 12 日下午，学院在兴隆山校区举办了以"中国梦，机械梦"为主题的新生开学典礼。院长黄传真，院党委书记仇道滨，副院长王勇、杨志宏，院党委副书记刘琰、吕伟，办公室主任贾存栋等院负责人参加典礼。

2014 年 10 月 13 日下午，学院在千佛山校区主楼三楼报告厅举办山东临工奖学金颁奖仪式暨山东临工 2015 年校园宣讲会。

2014 年 10 月，第三十五届精密与超精密加工技术交流会在济南召开。航天九院 13 所所长王巍院士等出席研讨会。此次会议加强了学科与国内航空、航天和核工业领域的企业的交流与联系，宣传和推广了学院在精密与超精密加工技术领域的学术研究和应用技术成果，提高了学院在该领域及机械工程学科的影响力。

2014 年 11 月 6 日，河海大学机电工程学院院长朱天宇、党委书记杨春伟一行 4 人访问山东大学机械工程学院。学院党委书记仇道滨，副院长杨志宏、万熠，副书记刘琰参加了交流座谈。

2014 年 11 月 27 日，经过国家自然科学基金委员会相关专家的通讯评审和二审答辩，学院刘战强教授获得 2014 年国家自然科学基金杰出青年基金资助。

2014年11月,由机械工程学院刘延俊教授主持建设的液压与气压传动网络课程,历经数月的精心建设和升级,成功入选第一批山东省成人高等教育精品资源共享课程。

2014年11月,学院赵军教授指导的博士生李安海的论文《基于钛合金高速铣削刀具失效演变的硬质合金涂层刀具设计与制造》荣获第四届上银优秀机械博士论文奖佳作奖。

2014年11月13~16日,院长黄传真、党委书记仇道滨等在江苏镇江参加第十三届全国机械工程学院院长/系主任联席会议。会上,山东大学联合济南大学、齐鲁工业大学获得了2016年第十五届全国机械工程学院院长/系主任联席会议承办权。

2014年12月4日,机械工程学院党员代表大会在千佛山校区举行。学院上届党委委员、全体教工党员及学生党员代表共计100人参加了大会。院党委书记仇道滨作工作报告,会议由院长黄传真主持,会议选举产生了新一届党委委员。

2014年12月5日,山东大学与永华集团合作共建山大永华研究中心签约揭牌仪式在淄博市沂源县经济开发区山东永华集团总部办公楼会议室隆重举行。沂源县副县长翟照伟与机械工程学院院长黄传真共同为山大永华研究中心揭牌,山东永华集团董事长兼总裁李永华与机械工程学院党委书记仇道滨代表双方签订合作共建协议。

2014年12月15日,机械工程学院与海易集团有限公司校企合作座谈会在千佛山校区举行。山东大学党委常务副书记李建军、海易集团有限公司董事长付崇文出席会议。

2014年,山东省人民政府办公厅发布2014年度山东省科学技术奖励的决定,学院王威强教授主持的"层板包扎高压容器剩余寿命评估技术与应用"获得山东省科学技术进步奖二等奖。另一项"典型承压设备失效分析与安全评定技术"获得2014年中国石油和化学工业联合会科学技术奖三等奖。

2015年1月18日,山东大学与海易集团全面合作暨山大海易研究院揭牌仪式在日照举行。山东大学党委常务副书记李建军、海易集团董事长付崇文等出席揭牌仪式。

2015年3月11日下午,机械工程学院在千佛山校区召开2014年度党员领导班子民主生活会。山东大学校长张荣出席会议并讲话,学校党委常务副书记李建军,组织部长王炳学,第三督导组组长、党委统战部部长戴智章出席会议。

2015年3月14日,中国机械工业金属切削刀具技术协会切削先进技术研究会第八届第八次常务理事(扩大)会议在山东大学机械工程学院召开,院党委书记仇道滨致辞,理事长、院长黄传真主持会议。

2015年3月15日,山东大学首位特聘研究员受聘仪式在千佛山校区教学6号楼举行。机械工程学院院长黄传真与山东省"泰山学者"海外特聘专家李苏同志签署工作协议,并为其颁发聘书。学院党委书记仇道滨主持聘任仪式。

2015年3月26日,由机制专1988级校友梁霞出资10万元设立的"机制专88助学金"颁奖仪式在兴隆山校区举行。机械工程学院党委书记仇道滨出席会议并为受助学生颁发证书。

2015年3月30日,山大永华研究中心学术研讨会议在机械工程学院举行。中心主任、山东永华集团董事长李永华先生,中心副主任、永华集团副总裁李栋先生,中心副主任、山东大学机械工程学院院长黄传真教授,中心专家技术委员会成员、博士生导师冯显英教授,中心专家技术委员会成员、工业设计研究所所长刘和山教授出席会议。会议由院党委书记仇道滨主持。

2015 年 4 月 23 日,为做好学院学科"十三五"发展规划,推动学院世界一流学科建设,学院召开学院学科"十三五"规划启动会议。院长黄传真讲话,院党委书记仇道滨主持会议。

2015 年,国家级虚拟仿真实验室"山东大学数字化设计与制造虚拟仿真实验教学中心"申报工作取得突破,以山东省第一名的成绩进入国家评审,并于 2016 年获批国家级虚拟仿真实验室。

2015 年,学院新增增材制造本科专业方向和机械电子工程专业全英文教学试点班。

2015 年 6 月 25 日,山东豪迈机械科技股份有限公司董事长张恭运访问机械工程学院,与教师代表座谈,并为师生作报告。

2015 年 6 月 26～27 日,山东大学 2015 年学生毕业典礼暨学位授予仪式在中心校区体育馆隆重举行,机制 1979 级校友张恭运代表校友讲话。

2015 年 7 月 2 日,机械工程学院召开"三严三实"专题教育动员会议。院党委书记仇道滨给全院科级以上干部、各系所室党政负责人、学科学位点负责人作了一场"三严三实"专题党课,正式启动了学院"三严三实"专题教育。

2015 年 7 月 9 日,学校公布文学与新闻传播学院李欣人等 54 名青年教师为首批"山东大学青年学者未来计划"培养人选,学院卢国梁、宋清华入选。

2015 年 7 月 19 日,机械工程学院暑期工作研讨会在济宁召开,会议以面向"中国制造 2025"为主题进行学习研讨。院长黄传真、党委书记仇道滨参加了研讨会。

2015 年 7 月 20 日,山东大学、济宁高新区全面合作签约仪式暨中国装备制造业发展高端论坛在济宁高新区人才联盟举行。济宁市委常委、济宁高新区党工委书记白山,山东大学校领导方宏建出席会议并讲话。

2015 年 8 月 9～10 日,全国高校制造自动化研究会联合学术年会在山东大学举行。全国高校制造自动化研究会理事长、国防科技大学范大鹏教授,华东分会理事长、合肥工业大学韩江教授出席会议。机械工程学院副院长王勇教授致欢迎辞。

2015 年 11 月 5 日,为推进学院与莒县的合作,山东大学、莒县人民政府全面战略合作协议签约仪式在莒县举行。山东大学党委副书记仝兴华,日照市委常委、副市长尹成基出席仪式并讲话。

2015 年 11 月 11～12 日,江苏省扬州市邗江科技局常务副局长孔庆春率扬州恒春电子有限公司、扬州驰城石油机械有限公司等一行 7 人访问机械工程学院,开展产学研对接活动。学院院长黄传真、党委书记仇道滨参加座谈交流。

2015 年 11 月 18 日,山东大学机械工程学院"产学研合作博山行"座谈会在淄博市博山区举行。淄博市科技局局长牛圣银,博山区委副书记、区长任书升,机械工程学院党委书记仇道滨参加座谈会,座谈会由博山区委书记许冰主持。

2015 年 11 月,学院黄传真教授指导的博士生殷增斌的论文《高速切削用陶瓷刀具多尺度设计理论与切削可靠性研究》荣获上银优秀机械博士论文奖优秀奖。

2015 年 12 月 1 日,机械工程学院"教授开放日"启动仪式在兴隆山校区举行,院长黄传真、党委书记仇道滨出席启动仪式。

2015 年 12 月 11～12 日,由山东大学机械工程学院、济宁市科学技术局、济宁市兖州区人民政府主办的兖州装备制造业专题产学研合作推进会议成功举行。济宁市科技局局长李新斗,兖州区委副书记、代区长王骁,山东大学机械工程学院党委书记仇道滨出席会议。会议由兖州区副区长李连习主持。

2015 年 12 月 19 日,学校召开"学科高峰计划"重点学科评审会议,会议确定了 3 个首批优势学科,机械工程学科为"学科高峰计划"首批 15 个特色学科之一。

2015 年 12 月 24 日,2015 年度山东大学 FESTO 奖学金颁奖仪式在千佛山校区举行。FESTO 集团总经理陈宏,学院副院长王勇、万熠,副书记刘琰、吕伟以及 FESTO 集团姜华、王彦汇、朱腾坤等出席仪式。

2015 年 12 月 28 日下午,机械工程学院为澳大利亚国家核科技组织研究员魏涛博士举行客座教授聘任仪式。院长黄传真及学院领导班子成员参加了聘任仪式,聘任仪式由院党委书记仇道滨主持。

2016 年 1 月 6 日,山东大学、龙口中宇热管理系统科技有限公司合作共建山大中宇高端节能装备研究中心暨共建大学生社会实践基地签约揭牌仪式在龙口市海岱汽车工业园龙口中宇公司举行。龙口市委常委、副市长姜开出席仪式,机械工程学院党委书记仇道滨与龙口中宇热管理系统科技有限公司总经理王兆宇为中心和基地揭牌,机械工程学院党委副书记吕伟与王兆宇签署共建协议。

2016 年 1 月 8 日,中共中央、国务院在北京召开 2015 年度国家科学技术奖励大会。中共中央总书记、国家主席、中央军委主席习近平等党和国家领导人出席奖励大会并为获奖人员颁奖。山东大学共获得 6 项国家科学技术奖。学院董玉平教授以第二完成人参与的"农林废弃物清洁热解气化多联产关键技术与装备"荣获国家科技进步二等奖。

2016 年 1 月 15 日,山东大学机械工程学院与淄博市产学研合作专场对接洽谈会在淄博举行。淄博市委副书记于海田,经济开发区党工委书记丛锡钢,淄博市委副秘书长陈保会、张承友,淄博市科技局局长牛圣银,机械工程学院院长黄传真、党委书记仇道滨出席座谈会,座谈会由牛圣银主持。

2016 年 2 月 27 日,教育部下发《教育部办公厅关于批准北京大学考古虚拟仿真实验教学中心等 100 个国家级虚拟仿真实验教学中心的通知》,学院数字化设计与制造虚拟仿真实验教学中心以优异成绩入选。

2016 年 3 月 14 日下午,机械工程学院召开领导班子"三严三实"专题民主生活会。山东大学学生就业创业指导中心主任朱德建出席会议并讲话。机械工程学院党委书记仇道滨主持会议,并代表学院领导班子进行对照检查。机械工程学院院长黄传真和学院领导班子成员参加会议。

2016 年 3 月 31 日,山东大学高效洁净机械制造教育部重点实验室学术委员会 2015 年度年会在千佛山校区举行。学术委员会主任、中国工程院院士、西安交通大学卢秉恒教授,中国科学院院士、南京航空航天大学朱获教授出席会议。山东大学副校长刘建亚出席会议并致辞。

2016 年 4 月 9 日,山东大学—中国重汽 2016 级工程硕士班开学典礼在中国重汽集团医院办公楼会议室举行。中国重汽集团副总经理童金根,人力资源部副总经理王建华,教育部"长江学者"、山东大学博士生导师、机械工程学院院长黄传真教授,院党委书记仇道滨教授等双方负责人及工程硕士班全体学员参加了开学典礼。典礼由中国重汽集团教培中心主任韩进臣主持。

2016 年 4 月 25 日,学院召开党委扩大会议,学习传达学校"两学一做"学习教育工作座谈会精神,部署学院"两学一做"学习教育具体方案。院长黄传真出席了会议,院党委书记仇道滨主持会议并讲话,学院相关人员参加了会议。

2016 年 4 月 27～28 日,学院党委书记仇道滨一行 6 人赴江苏省丰县,与丰县县委县政府领导、县委组织部、人事局、发改委、科技局等部门相关领导进行座谈交流,考察调研有关机械企业,推进校企校地合作。

2016 年 5 月 16 日,北京理工大学"973"首席科学家王西彬一行访问山东大学机械工程学院,双方就先进制造领域科研合作进行了研讨。山东大学机械工程学院院长黄传真、北京理工大学机械与车辆学院副院长刘检华等出席研讨会,院党委书记仇道滨主持研讨会。

2016 年 5 月 24 日,学校公布 53 名青年教师为第二批山东大学青年学者未来计划培养人选,机械工程学院杨富春入选。

2016 年 6 月 2 日,学院人才工作专题会议在千佛山校区举行,院长黄传真传达学校人才工作会议精神并讲话,会议由副院长王勇主持。黄传真传达了学校人才工作会议的精神,强调了学校和学院高度重视人事人才工作,介绍了学校近期出台的人事人才政策及工作思路,尤其在青年人才的培养和引进上出台了多项措施。

2016 年 6 月 8 日,学院召开智能制造技术研讨会。山东大学控制科学与工程学院教授、山大机器人研究中心主任李贻斌,机械工程学院副院长王勇参加会议,李方义主持研讨会。本次研讨会围绕山东大学机械工程学院即将成立的山东大学智能制造技术研究中心的建设目标、建设内容、总体思路与组织构架等几个方面展开交流与研讨。

2016 年 7 月 5 日,山东大学机械工程学院与淄博市博山区政府研究生实践基地签约及揭牌仪式在山东华成集团举行。山东大学党委副书记全兴华和博山区委书记许冰出席仪式并为山东大学研究生实践基地揭牌。

2016 年 7 月 11 日,经学校研究,决定成立山东大学核电安全级仪控装备工程技术研究中心。李苏任中心主任。该中心为依托于机械工程学院的非实体性科研机构。

2016 年 7 月 18 日,学院与丰县人民政府合作协议签约揭牌仪式在江苏省丰县人民政府举行。山东大学党委副书记全兴华和丰县人民政府县长王克华出席仪式并为山东大学—丰县电动车关键技术研究院揭牌。

2016 年 7 月 19～21 日,由山东大学、济南大学和齐鲁工业大学承办的第十五届全国机械工程学院院长/系主任联席会议在南郊宾馆举行。大会的主题是"创新创业人才培养与双一流学科建设"。大会主席、中国工程院院士、大连理工大学校长郭东明,大会共同主席、山东大学校长张荣出席会议并致辞。中国科学院院士、华中科技大学丁汉教授,北京机械科学研究总院副院长单忠德,华中科技大学常务副校长邵新宇,合肥工业大学副校长刘志峰,济南大学党委书记程新,齐鲁工业大学副校长王西奎,常州大学副校长丁建宁等出席会议。

2016年10月15日,山东大学机械工程教育90周年庆典大会在千佛山校区隆重举行。山东省副省长、机械学院1978级校友王随莲,山东大学党委书记李守信出席大会并致辞。山东大学党委副书记仝兴华主持庆典大会。山东大学机械工程教育基金成立大会暨第一届常务理事会议在千佛山校区举行。山东大学党委副书记仝兴华出席大会并致辞,为机械工程教育基金会理事长、副理事长颁发聘书。合作发展部部长王飞,机械工程学院院长黄传真、党委书记仇道滨等出席会议。山东大学机械工程学院校友会成立大会在千佛山校区举行,山东大学党委副书记仝兴华出席大会并致辞,为机械工程学院校友会会长、副会长颁发了聘书。机械工程学院院长黄传真、党委书记仇道滨等出席会议。山东大学、莒县人民政府全面合作推进会在千佛山校区举行。莒县县委常委、副县长马明成,莒县相关部门、企业负责人,机械工程学院院长黄传真、学院党委书记仇道滨及部分教授参加了会议。

2016年12月27日,山东大学与深圳市越疆科技股份有限公司全面合作签约仪式在中心校区举行。仪式前,山东大学校长张荣会见了深圳市越疆科技股份有限公司董事长刘培超校友一行。山东大学党委副书记仝兴华、副校长胡金焱出席校企合作座谈会及签约仪式。

2017年3月,为贯彻落实《共青团中央改革方案》有关精神,深入实施高校基层团支部"活力提升"工程,团中央面向全国高校开展了"活力团支部"创建遴选活动,学院可持续制造研究中心研究生实验室团支部获得了全国活力团支部荣誉称号。

2017年3月31日,高效洁净机械制造教育部重点实验室学术委员会会议暨学术年会在千佛山校区举行。重点实验室学术委员会副主任、中国工程院院士、浙江大学谭建荣教授,中国科学院院士、华中科技大学丁汉教授出席会议,山东大学副校长李术才出席会议并致辞。

2017年4月1日,从山东省教育厅《关于公布"十三五"山东省高等学校科研创新平台立项名单的通知》(鲁教科字[2017]4号)获知,由可持续制造研究中心组织申报的绿色制造实验室获"十三五"山东省高等学校重点实验室立项。

2017年11月13~14日,第七届上银优秀机械博士论文奖颁奖典礼在济南举行,山东大学机械工程学院刘战强教授指导的2016届博士毕业生王兵的学位论文《高速切削材料变形及断裂行为对切屑形成的影响机理研究》获得佳作奖,上银科技股份有限公司(HIWIN)董事长卓永财为王兵博士和刘战强教授颁奖。

2017年11月27日,中国工程院2017年院士增选结果公布。山东大学机械工程学院王国法校友当选中国工程院能源与矿业工程学部院士,李华军校友当选中国工程院土木、水利与建筑工程学部院士。

2017年12月,财政部发布《关于下达2017年工业转型升级(中国制造2025)资金工作指南的通知》,山东大学机械工程学院张承瑞教授作为项目负责人申报的国家智能制造重大专项"数控装备故障信息数据字典标准研制及试验验证"获批立项,项目总额2000万元,其中国拨资金1600万元。这是山东大学首次作为牵头单位获得国家智能制造专项的资助。

2018年3月15日,机械工程学院党委召开党支部书记抓党建述职评议会议,学院党委书记仇道滨主持会议并讲话,院长黄传真及学院党委委员、领导班子成员和各系所室负责人、教工党支部书记、科级以上干部 30 余人参加会议。

2018 年 4 月 7 日,我国著名教育家、机械工程专家、中国工程院院士、优秀的中国共产党党员、山东大学终身教授艾兴同志因病医治无效在济南逝世,享年 95 岁。

2018 年 5 月 12 日,由山东大学航空构件制造技术及装备研究中心主办的 2018 年航空制造高峰论坛在济南顺利举行。会议由机械工程学院院长黄传真主持,山东大学副校长李术才教授、航空工业成飞技术专家汤立民研究员和山东理工大学副校长魏修亭教授出席会议并分别致辞,来自全国各地高校、企业和研究机构的近 70 名专家学者出席高峰论坛并作了专题报告。

2018 年 5 月 18 日,山东大学与山东琦泉能源集团产学研合作共建山东省生物质能清洁转化工程实验室签约和揭牌仪式在山东琦泉能源集团举行。山东省经信委资源节约处处长王玉刚、科技处处长王岩等有关负责同志出席会议。

2018 年 6 月 1 日,山东大学临工研究院签约及揭牌仪式在济南市高新区临工集团济南重机有限公司隆重举行。山东临工总裁、临工集团济南重机有限公司董事长于孟生,临工集团济南重机有限公司总经理支开印、副总经理李连刚、山东临工工程机械有限公司总工程师迟峰、总经理助理宋晓颖,山东大学机械工程学院院长黄传真、党委书记仇道滨、副院长贾存栋、院长助理宋清华等参加仪式,临工重机副总经理李连刚主持会议。

2018 年 6 月 16 日,高效洁净机械制造教育部重点实验室学术委员会会议暨学术年会在山东大学千佛山校区举行。重点实验室学术委员会副主任、中国工程院院士、浙江大学谭建荣教授,中国工程院院士、大连理工大学校长郭东明教授,山东大学校长樊丽明、校党委副书记全兴华出席会议。

2018 年 6 月 24 日,山东大学机械工程学院新增智能制造工程"新工科"专业,并于 2019 年开始招生。

2018 年 8 月 16~17 日,由山东大学主办,济南大学、齐鲁工业大学协办的第十三届设计与制造前沿国际会议(ICFDM2018)在济南举行,来自美国、德国、英国、澳大利亚等多个国家的近千名海内外专家学者参加了会议。

2018 年 9 月 28 日,山东临工工程机械有限公司向山东大学捐赠签约仪式在千佛山校区举行。山东临工工程机械有限公司向山东大学捐赠 300 万元,设立山东临工—山东大学奖教奖(助)学金。山东大学常务副校长王琪珑接受捐赠,并向临工集团、山东临工工程机械有限公司董事长王志中颁发捐赠证书。山东大学党委学生工作部部长周作福主持仪式。

2018 年 10 月 17 日,德克萨斯大学大河谷分校副校长 Dennis Hart、国际合作办公室 Cynthia Yu 参观访问山东大学机械工程学院国家级基础实验示范中心。山东大学第三届齐鲁青年论坛——智能制造与共融机器人分论坛在千佛山校区举行。论坛由机械工程学院承办,来自英国牛津大学、英国卡迪夫大学、新加坡南洋理工大学、加拿大大不列颠哥伦比亚大学、新加坡国立大学和加拿大淡水资源有限公司的 6 位海外青年学者做客论坛并作学术报告。机械工程学院党委书记仇道滨出席论坛并讲话,院长助理宋清华主持论坛。

2018年10月24日,由山东大学机械工程学院刘战强教授申报的"面向航空发动机高温合金盘件长疲劳寿命的加工表面状态与性质演化及调控机制"获得2018年国家自然科学基金"航空发动机高温材料/先进制造及故障诊断科学基础"重大研究计划重点支持项目批复立项。

2018年12月19日,山东大学机械工程学院刘战强教授入选山东省有突出贡献中青年专家。

2018年12月28日,依托山东大学机械工程学院建设的机械工程国家级实验教学示范中心(山东大学)2018年度教学指导委员会在山东大学召开。山东大学副校长芦延华出席会议并致辞。教学指导委员会主任委员梅雪松教授、西北工业大学宁方立教授、湖南大学张屹教授、山东理工大学赵玉刚教授、五征集团李瑞川研究员、山东大学黄传真教授和姜兆亮教授出席会议。

2019年1月8日,依托山东大学机械工程学院建设的山东省绿色制造工程技术研究中心获批立项建设。

2019年1月17日,爱思唯尔(Elsevier)正式发布了2018年中国高被引学者(Chinese Most Cited Researchers)榜单,来自229个高校/科研单位/企业、分布在38个不同学术领域的1899位学者入选。机械工程学院教授周慎杰入选。

2019年1月28日,山大临工重机研究院揭牌暨首批合作项目启动仪式在千佛山校区举行。临工集团总裁、济南临工重机董事长于孟生,临工集团济南重机有限公司总经理支开印出席仪式,学院党委书记仇道滨、副院长贾存栋、副院长宋清华及博士生导师张进生教授、周军教授、王建明教授参加仪式。学院副院长宋清华主持仪式。

2019年4月24日,英国卡迪夫大学Setchi教授到访山东大学机械工程学院,并与学院领导进行座谈。机械工程学院院长黄传真、党委书记仇道滨和全体领导班子成员参加座谈。双方在人才培养、智能制造领域合作办学等方面达成合作意向。Setchi教授为学院师生作了题为《Industry 4.0:Think Big,Start Small,Learn Fast》的学术报告,并参观了学院实验平台。

2019年5月22日,山东大学机械工程学院黄传真教授牵头主持的国家重点研发计划"制造基础技术与关键部件"重点专项"高速、低温、清洁切削机理及其关键前沿技术研究"项目获科技部批准立项。

2019年5月23日下午,山东大学机械工程学院第二届青年学者育才学术论坛在千佛山校区举办。论坛邀请了超精密加工技术国家重点实验室及先进光学制造中心副主任、香港理工大学杜雪教授,国家杰出青年基金获得者、"长江学者"特聘教授、大连理工大学孙玉文教授,国家优秀青年科学基金获得者、东南大学刘磊教授,德国洪堡学者、海外杰出青年学者、南京理工大学朱志伟教授作了主题报告。

2019年5月29~30日,山东大学机械工程学院举办第一届山东大学教学学术周系列活动,并获得优秀组织单位奖和优秀论文一等奖。29日下午,学院在千佛山校区召开了以"重视教学研究,提升教学质量"为主题的2019年度教研及实验室建设项目立项评审会;30日上午,以"本科专业现代化工程和智能制造工程新工科专业建设"为主题,学院邀请天津大学顾佩华院士作"新工科"建设方案专题讲座,中午以"我教学,我快乐,我成长"为主题举办了机械工程学院 2019 年青年教师教学能力提升冷餐会,下午以"打造课堂教学的'青年梦之队'"为主题举办机械工程学院 2019 年青年教师讲课比赛。机械工程学院副院长宋清华主持上述系列活动。

2019 年 6 月 3 日上午,山东大学机械工程学院机械设计制造及其自动化专业认证现场考查见面会在千佛山校区举行,教育部专业认证考查专家组一行听取了汇报,山东大学党委副书记全兴华出席汇报会并致辞。6 月 5 日,专业认证考查专家组一行结束现场考查。12 月,机械设计制造及自动化专业顺利通过第 4 次国际工程教育认证,获得有效期 6 年认证。

2019 年 7 月 26 日,山东大学机械工程一流学科建设中期自评会议在千佛山校区举行。中国科学院院士、南京航空航天大学郭万林教授,中国工程院院士、中国海洋大学副校长李华军,教育部"长江学者"、中南大学段吉安教授,教育部"长江学者"、国家杰出青年科学基金获得者、华中科技大学熊蔡华教授,教育部"长江学者"、南京航空航天大学徐九华教授,教育部"长江学者"、国家杰出青年科学基金获得者、北京航空航天大学丁希仑教授,教育部"长江学者"、国家杰出青年科学基金获得者、浙江大学居冰峰教授,国家优青获得者、中组部青年拔尖人才、哈尔滨工业大学闫永达教授参加评审会。郭万林院士担任自评会议专家组组长并主持会议。山东大学常务副校长王琪珑出席会议并讲话。

2019 年 7 月 6~9 日,山东大学机械工程学院于千佛山校区举办了全国优秀大学生暑期夏令营活动。夏令营开营仪式由学院副院长姚鹏主持,学院院长、"长江学者"特聘教授、国家杰出青年科学基金获得者、国家"万人计划"科技创新领军人才黄传真致欢迎词,研究生院副院长万熠教授出席开营仪式并发言。

2019 年 7 月 8 日,山东大学机械工程学院车辆工程研究所与龙口中宇机械有限公司共建党支部揭牌仪式在龙口举行。学院党委书记仇道滨、龙口中宇机械有限公司董事长王学亮、龙口市人社局副局长王金光、龙口中宇机械有限公司人力资源总监李小霞、研究所所长谢宗法、研究所党支部书记李燕乐及部分师生和企业党员代表参加活动。

2019 年 8 月 17 日,2019 年度国家自然科学基金集中申报项目评审结果公布,机械工程学院共有 17 项获得立项,比 2018 年同期增加 5 项。其中,优秀青年科学基金项目 1 项,实现学院历史性突破。山东大学机械工程学院宋清华教授获得国家基金优秀青年基金项目资助。

2019 年 8 月 25 日,山东大学机械工程学院在千佛山校区举办山东省绿色制造工程技术研究中心专家指导委员会暨山东省高校绿色制造重点实验室学术委员会成立及学术年会。合肥工业大学副校长刘志峰,山东省机械设计研究院院长林江海,国家杰青、中国人民解放军装甲兵工程学院王海斗,中机生产力促进中心主任邱城,清华大学向东等专家出席会议。山东大学科学技术研究院副院长李勇,工程训练中心、可持续制造研究中心主任李剑峰,机械工程学院副院长宋清华,工程训练中心副主任刘新,以及机械工程学院、工程训练中心部分师生 50 余人出席会议。机械学院李方义教授主持会议。

2019 年 8 月 26~28 日,山东大学机械工程学院发展研讨会召开,会议围绕学院暑期学校各项工作会议精神传达落实及学院学术振兴计划的深入推进展开。学院党政领导班子、科级以上干部、系所负责人、学术委员会委员、学位委员会委员、教学指导委员会委员、二级教授、进入学校人才梯队的（讲席、特聘、山大杰青、齐鲁青年、青未学者）学术骨干人员 60 余人参加会议。院长黄传真代表学院作了题为《只争朝夕建一流，突破发展现成效》的专题报告。学院副院长姚鹏、宋清华、朱洪涛分别就一流学科建设和研究生教育现代化、科研国际国内合作、"新工科"建设等方面作了专题报告。学院党委副书记吕伟、刘玥立足学生培养和教育管理，重点汇报了"新工科"背景下"双创"在学生培养中的地位和作用以及学院"三全育人"工作。学院党委书记仇道滨主持会议。

2019 年 9 月 18 日，山东大学与淄博市人民政府签署战略合作框架协议，依托机械工程学院共建山东大学淄博先进制造与人工智能研究院。山东大学校长樊丽明、淄博市委书记江敦涛出席仪式并致辞，山东大学常务副校长王琪珑、副校长芦延华参加签约仪式，机械工程学院党委书记仇道滨、副院长宋清华参加相关活动。

2019 年 9 月 19 日，山东大学与日照市人民政府签署战略合作框架协议，依托机械工程学院共建山东大学日照智能制造研究院。山东大学常务副校长王琪珑、日照市委书记齐家滨出席签约仪式，机械工程学院党委书记仇道滨、副院长宋清华参加相关活动。

2019 年 9 月 26 日，机械工程学院召开"不忘初心、牢记使命"主题教育动员部署大会。山东大学"不忘初心、牢记使命"主题教育第三指导组副组长江红出席会议并讲话，机械工程学院党委书记仇道滨作动员部署。学院党委副书记吕伟主持会议。

2019 年 10 月 17 日，山东大学第四届齐鲁青年论坛——智能制造与共融机器人分论坛在千佛山校区举行。论坛由机械工程学院承办，来自加拿大创新研究院、埃因霍温理工大学、布里斯托大学的 3 位海外青年学者做客论坛并作学术报告。机械工程学院院长黄传真出席论坛并讲话，副院长宋清华主持论坛。

2019 年 10 月 31 日，山东大学机械工程学院在千佛山校区举办第三届青年学者育才学术论坛。论坛邀请青年"长江学者"、国家优秀青年基金获得者、浙江大学贺永教授，国家优秀青年基金获得者、湖南大学段辉高教授，国家青年杰出人才、兴辽英才计划青年人才、大连理工大学郭江教授，国家优秀青年科学基金获得者、清华大学吴军长副教授作了主题报告。机械工程学院院长黄传真出席会议并讲话，副院长宋清华主持论坛。

2019 年 12 月 24 日，教育部办公厅发布《关于公布 2019 年度国家级和省级一流本科专业建设点名单的通知》，学院的机械设计制造及其自动化专业获批国家级一流本科专业建设点。

2020 年 1 月 8 日上午，山东大学机械工程学院青年联合会成立大会在千佛山校区举行。

2020 年 1 月 13 日，山东大学机械工程学院"不忘初心、牢记使命"主题教育总结大会召开，学校第三指导组负责同志出席会议并指导。

2020 年 3 月 11 日，为应对新冠肺炎疫情影响，山东大学首场线上博士学位论文答辩举行，机械工程学院 2015 级博士研究生高翔的在线博士学位论文答辩获全票通过。

2020 年 6 月 30 日，山东大学与中国重汽集团有限公司科研项目合作对接会议在千佛山校区召开。中国重汽集团有限公司产品规划与战略部刘盛强研究员来校座谈。机械工程学院党委书记刘杰、副院长贾存栋，材料科学与工程学院副院长张存生，以及机械工程学院、材料科学与工程学院等 20 余位专家代表参加了研讨会。学院副院长宋清华主持研讨会。

2020 年 9 月 22 日,山东大学机械工程学院硕机制第一党支部获评山东大学研究生样板党支部,硕机制第一党支部书记张晓获评研究生党员标兵。

2020 年 9 月 25 日,为推动机械与医学的学科交叉,跨学科融合创新发展,促进科研合作和研究生培养的良性互动,机械工程学院和口腔医学院联合举办的"机械+"学科交叉学术论坛在千佛山校区召开。

2020 年 10 月 15 日,山东大学机械工程学院闫鹏教授入选国家"万人计划"领军人才。

2020 年 10 月 16 日下午,由机械工程学院承办的山东大学第五届齐鲁青年论坛——智能制造与共融机器人分论坛通过线上方式举行,来自 8 个国家的 13 所高校院所的学者作了系列讲座。机械工程学院院长黄传真参加论坛并讲话,学院副院长宋清华主持讲座。

2020 年 10 月 27 日,山东大学济宁市国资委全面战略合作签约暨高端装备制造研究院揭牌仪式在济宁举行。山东大学党委副书记仝兴华,济宁市委常委、常务副市长田和友,济宁市国资委党委书记、主任丰家雷出席,山东大学机械工程学院院长黄传真、学院党委书记刘杰参加。济宁市政府副秘书长、办公室主任马树华主持签约揭牌仪式。

2020 年 10 月 29 日,山东大学机械工程学院姜兆亮教授负责的题为"'智能+'多学科融合新工科教育组织模式研究与实践"的"新工科"综合改革类项目被认定为第二批"新工科"研究与实践项目。

2020 年 11 月 2~3 日,山东大学机械工程学院党委书记刘杰带队前往河南省确山县朗陵街道办事处调研对接定点扶贫工作。学校挂职副县长徐文忠、朗陵街道党工委书记祝道远、朗陵街道办主任李银河及相关负责同志陪同调研。

2020 年 11 月 26 日,由教育部支持、中国科学院发展基金会举办的第二届教学大师、杰出教育奖和创新创业英才奖颁奖典礼在华南理工大学举行。山东大学机械工程学院 2014 届毕业生、深圳市越疆科技有限公司董事长刘培超荣获创新创业英才奖。

2020 年 12 月 1 日,山东大学机械工程学院王兵教授入选 2020 年"泰山学者"青年专家。

2020 年 12 月 10 日下午,山东大学机械工程学院第四届青年学者育才学术论坛在千佛山校区举办。济南市委组织部人才处副处长吴俊围绕济南市人才政策作专题报告;国家优秀青年基金获得者、西安交通大学闫柯教授,国家优秀青年基金获得者、华中科技大学陈修国教授,教育部青年"长江学者"、浙江大学陈远流教授,国家优秀青年科学基金获得者、上海交通大学副研究员沈彬作学术报告。机械工程学院党委书记刘杰致开幕词,院长黄传真作总结讲话,副院长马毓轩出席会议,副院长宋清华主持论坛。

2020 年 12 月 17 日下午,为贯彻落实学校文化引领战略,山东大学机械工程学院邀请艺术学院党委书记、艺术学院(威海)院长李晓峰作题为《百廿学府与文化引领战略》的报告。

2020 年 12 月 31 日下午,山东大学机械工程学院党委根据中共山东大学委员会《关于做好 2020 年度党组织书记履行全面从严治党责任和抓基层党建设述职评议工作的通知》,召开了 2020 年度基层党支部书记党建设述职评议会暨党支部建设规范提升阶段总结会。

2021 年 1 月 3 日,在 2020 年人力资源和社会保障部、全国博士后管理委员会对博士后科研流动站和工作站的综合评估中,山东大学机械工程博士后科研流动站被确定为优秀等级。

2021 年 1 月 12 日,山东大学校工会主席曲波、机械工程学院党委书记刘杰共同为机械工程学院"职工之家"揭牌。

2021 年 2 月 10 日,教育部办公厅公布《关于公布 2020 年度国家级和省级一流本科专业建设点名单的通知》,学院产品设计专业获批国家级一流本科专业建设点。

2021 年 3 月 11 日下午,山东大学机械工程学院召开新学期全院教职工大会暨党史学习教育动员大会。院长黄传真、学院党委书记刘杰出席会议并讲话。

2021 年 3 月 20 日上午,山东大学与淄博华舜耐腐蚀真空泵有限公司举行校企合作海洋耐腐蚀材料联合实验室及高端海洋装备产学研合作基地签约暨揭牌仪式。淄博市博山区副区长盖强、山东大学科学技术研究院副主任王广昌、山东大学机械工程学院副院长宋清华出席会议。

2021 年 3 月 21 日,第十届上银优秀机械博士论文奖颁奖典礼在湖北武汉举行。山东大学机械工程学院赵军教授指导的博士毕业生孙加林的学位论文《石墨烯/WC 基梯度纳米复合刀具的微观结构调控及切削性能研究》获得佳作奖。

2021 年 3 月 22 日,山东大学机械工程学院王震亚教授入选 2020 年山东省高等学校教学名师。

2021 年 3 月 25 日,山东大学机械工程学院张进生教授主持制订的《石材工业用设备术语和分类及型号编制方法》(GB/T 39811—2021),由国家批准正式发布。

2021 年 3 月 26 日,山东大学机械工程学院"十四五"发展规划(2021～2025 年)暨山东省高等学校高水平学科建设任务论证会在千佛山校区举行。中国科学院院士、南京航空航天大学朱荻教授,西北工业大学苑伟政教授,西安交通大学陈雪峰教授,上海交通大学彭志科教授,大连理工大学王永青教授,通过网络会议的形式出席本次会议。朱荻院士担任论证会专家组组长。山东大学学科建设与发展规划部部长王志鹏出席会议并致辞。学院党委书记刘杰主持会议。

2021 年 3 月 31 日,山东大学与山东省章丘鼓风机股份有限公司举行山东大学章鼓高端装备制造研究院签字揭牌仪式。山东大学党委副书记陈宏伟,明水国家级经济技术开发区党工委副书记、管委会主任黄波出席活动并讲话。机械工程学院院长黄传真、山东章鼓副董事长方树鹏代表校企双方发言。陈宏伟和黄波为高端装备制造研究院揭牌,机械工程学院党委书记刘杰、方树鹏作为校企双方代表签订合作共建高端装备制造研究院协议书。

2021 年 6 月 11 日,山东大学机械工程学院举行第一次学生代表大会。机械工程学院党委副书记刘玥出席会议。

2021 年 7 月 1 日,机械工程学院在千佛山校区创新大厦 1103 会议室召开庆祝建党 100 周年主题活动暨"两优一先"表彰大会。

2021 年 7 月 30 日至 8 月 1 日,山东大学承办的第十六届切削与先进制造技术学术会议暨中国刀协切削先进技术研究分会成立四十周年庆祝大会在山东大厦举行。中国工程院院士、山东大学副校长李术才出席大会并致辞,研究分会理事长黄传真作四十周年庆祝大会报告。研究分会副理事长兼秘书长陈明主持会议开幕式。

2021 年 8 月 1 日,高效洁净机械制造教育部重点实验室学术委员会会议暨学术年会在山东大学千佛山校区创新大厦 1102 会议室线上/线下举行。出席会议的专家有重点实验室学术委员会主任卢秉恒院士、重点实验室学术委员会副主任谭建荣院士、郭东明院士、朱荻院士、丁汉院士、雷源忠研究员、黄田教授、徐西鹏教授、苑伟政教授、黄传真教授、李剑峰教授、刘战强教授。中国工程院院士、山东大学副校长李术才院士出席会议并讲话,科学技术研究院张希华副院长出席会议,机械学院常务副院长万熠及其他领导班子成员参加会议。

第二篇

机械工程教育发展史

第一章　起根发由：机械工程教育的发展
（1926.8～1952.9）

第一节　发展脉络

一、学科萌芽

　　山东大学是我国具有悠久历史的著名综合大学，是教育部直属的重点高等学校之一，其前身是清光绪二十七年（1901年）在济南创办的官立山东大学堂。建校以来，山东大学随着社会的变革，从晚清王朝、中华民国到共和国，经历了半殖民地半封建社会和社会主义社会两个历史阶段。其间曾几度更名，有过停办、重建、合校、搬迁的多次变革，曾在不同时期汇纳过各类大学，也曾分出过十多所高等院校。她在曲折前进的道路上和祖国同呼吸、共命运，培养了大批具有真才实学的人才，为国家高等教育的发展和各项建设事业作出了重要贡献，赢得了国内外良好的声誉。

1901年山东巡抚袁世凯上奏《山东试办大学堂暂行章程折稿》
及光绪皇帝的朱批

1901 年，山东巡抚袁世凯上奏《山东试办大学堂暂行章程折稿》，同时调蓬莱知县李于锴进行筹备。是年 10 月《折稿》获准，在济南泺源书院正式创办了官立山东大学堂。周学熙任管理总办（校长）。第一批招收学生 300 人，分专斋、正斋、备斋、分斋督课。聘请中西教习 50 余人，后增至 110 余人，美国人赫士为总教习。课程设置除经史子集外，还有社会科学、自然科学和外国语等 20 多门。学制初为 3 年，后改为 4 年。1904 年，学校迁入济南杆石桥新址，改为山东高等学堂。1911 年又改称山东高等学校。方燕年、陈恩焘、萧应椿、陈庆和、周学渊、魏业锐、陈恩畬、李豫同、李联璧、范之杰、黄国恩、丁维椽等先后出任校长。1912 年，国民政府实行全国设立大学区，各区中心城市设大学，各省设专门学校的体制，山东隶属中心城市北京，按章大学堂应予裁撤，因为等候正科两班结业，至 1914 年停办。师生分别转入法政、工业、农业、商业、矿业、医学 6 个专门学校，校长丁维椽继任商业专门学校校长，校舍由法政专门学校使用。山东大学堂在建校 14 年中，共培养毕业生 770 人，选送 59 人去欧美和日本留学。其中徐镜心、张伯言等人在日本参加同盟会，被孙中山先生委任为山东同盟会负责人。山东大学堂是山东省第一所官办的高等学校，也是山东大学历史的起点。

山东大学堂开校教职学员合影

山东大学机械工程教育始于 1926 年原山东大学设立的机械系，最早可以追溯到 1912 年由青州府高密中等工业学堂和济南中等工业学堂合并成立的山东公立工业专门学校所设立的机织科。

1912 年，高密中等工业学堂和济南中等工业学堂合并，次年山东第一中学并入，迁入第一中学尚志堂校舍，改称山东公立工业专门学校，设机织科，学制 3 年。许衍灼等任校长。1914 年，山东大学堂停办，师生并入六校。六校分别是山东公立法政专门学校、山东公立商业专门学校、山东公立农业专门学校、山东公立医学专门学校、山东公立矿业专门学校、山东公立工业专门学校。1924 年 8 月，私立青岛大学成立（1928 年停办），设工科机械制造。中旬，学校在青岛、济南、北京、南京四个城市同时招生。

1924年私立青岛大学开校典礼影（由中国海洋大学档案馆提供）

1924年私立青岛大学校门

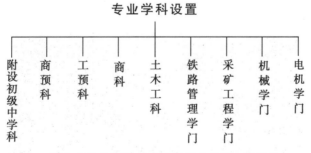

1924年专业学科设置（由中国海洋大学档案馆提供）

姓名	籍貫	年齡	肄業學校	家庭職業	通訊處
張亮	湖南長沙	十九歲	船山中學校	農	長沙東鄉領仙橋鄒局轉大海巷
李茂顯	山東榮城	二十二歲	濟南正誼中學校	農	榮城黃埠村
郯紹棠	廣東新會	二十歲	廣東培本中學校	商	大廣州河南岐興賢
張謚之	山東濰縣	二十歲	彭州瑞奉中學校	農	濰縣北鄉裏因民
范鈞	山西忻縣	二十歲	山西忻縣中學校	商	山西忻縣村所奇
李榮植	吉林延吉	二十二歲	吉林省城城文中學及北京弘達學校	農	吉林延吉成省六店道
李秀桐	湖南酆陵	二十歲	酆陵縣立中學校	商	湖南酆陵三區二校轉東
羅榮桓	湖南衡山	二十一歲	湖南長沙協為學校	商	土字南街湖南湘山

學生一覽表 工科學生一覽表

1924 年录取学生表（由中国海洋大学档案馆提供）

1926 年 6 月 30 日,奉系军阀张宗昌督鲁,为顺应潮流,装扮开明,下令在省城济南重建山东大学。1926 年 7 月 24 日,山东省政府决定将六所山东公立专门学校合并为省立山东大学,并将山东省第一、第二、第六、第十中学高中部学生拨给学校作为附属中学,任命山东省教育厅厅长、清末状元王寿彭任校长。8 月 5 日,省立山东大学正式成立。学校设文、法、工、农、医 5 个学院和中国哲学、国文学、法律、政治经济、商学、机械、机织、应用化学、采矿、农学、林学、蚕学、医学 13 个系,开启了山东大学机械工程教育的先河,当时机械工程教育学制 5 年。9 月 5 日,王寿彭开学典礼讲话,发表了"读圣贤书,做圣贤事"的训词,学校随即正式上课。

1926 年省立山东大学校门

1928 年 8 月,南京国民政府教育部根据山东省教育厅的报告,下令在省立山东大学的基础上筹建国立山东大学,并由何思源、魏宗晋、陈雪南、赵畸、王近信、彭百川、杨亮功、杨振声、杜光埙、傅斯年、孙学悟等 11 人组成国立山东大学筹备委员会,着手筹备工作。在筹备过程中,蔡元培先生力主将国立山东大学设在青岛,取得教育部部长蒋梦麟的同意。1929 年 6 月,国立山东大学筹备委员会奉令改为国立青岛大学筹备委员会,除接收省立山东大学外,并将私立青岛大学校产收用,筹备国立青岛大学。1930 年 4 月,国民党政府任命杨振声为校长,9 月 21 日,举行开学典礼,国立青岛大学正式成立。学校初设文、理、教育 3 个学院,分为中国文学系、外国文学系、数学系、物理系、化学系、生物学系、教育行政系和乡村教育系 8 个系。

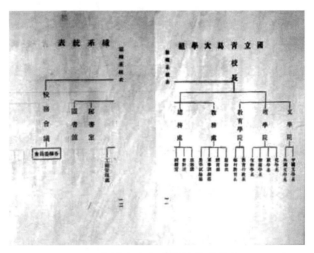

1930 年国立青岛大学组织系统表
(由中国海洋大学档案馆提供)

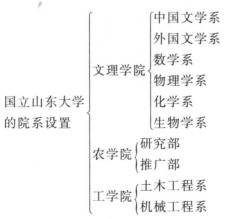

1930 年国立山东大学院系设置(由中国海洋大学档案馆提供)

1932 年 9 月,教育学院停办,学生大部分转入国立中央大学教育学院,同时增设工、农两学院。工学院设土木工程学系和机械工程学系。农学院设于济南,设研究、推广两部。不久,又将文、理两学院合并为文理学院。学校设校务会议,由校长、教务长、秘书长、各学院院长、各学系主任和教授代表组成,负责议决一切重大事项。校长杨振声思想进步,富有远见,效法北京大学"兼容并包""科学民主"的办学方针,广聘专家学者,如闻一多、黄敬思、黄际遇、任之恭、傅鹰、沈从文、梁实秋、闻宥、游国恩、曾省、汤腾汉等著名学者均在校任教。学校发展较快,声誉日隆,国立青岛大学由此崭露头角。1932 年行政院议决,将国立青岛大学改为国立山东大学,任命赵太侔(赵畸)接任校长。赵太侔原为国立青岛大学教务长,赞同杨振声的办学方针。接任后增聘老舍、洪深、张煦、丁山、王淦昌、童第周、曾呈奎等一批专家学者,师资阵营更为整齐,同时搏节行政费用,添购图书、仪器,先后建成科学馆、工学馆、体育馆、化学馆、水力实验室及实习工厂等,改善了办学条件。此时期由于外部环境相对稳定,校内人才荟萃、名流云集,师生勤奋教学,成就蜚然,成为学界仰重的国内知名高等学府。

国立山东大学校门

二、复校拓建

1937 年,"七七事变"发生。11 月,国立山东大学由青岛迁往安徽安庆,不久再迁四川万县。图书、仪器、案卷分批运出,损失严重。1938 年春,学校在万县复课,不久教育部下令"暂行停办"师生分别转入国立中央大学,图书、仪器、机械分别暂交国立中央图书馆、国立中央大学、国立中央工业职业学校保管使用。

抗战胜利后,以汤腾汉教授为代表的山东大学校友自动组成国立山东大学校友复校促进委员会,并请杨振声、赵太侔等前任校长及党政名流联名致电国民政府,请求在青岛迅速恢复山东大学建制。经过多方努力,国民政府教育部决定恢复山东大学,并于 1946

年 1 月委派教育司司长赵太侔再次担任山东大学校长,负责复校事宜。

(1)1945 年 9 月 27 日,汤腾汉等校友要求呈请恢复国立山东大学意见书,致电国民政府。

(2)1945 年 12 月,国民政府教育部批准恢复国立山东大学的代电。

(3)1946 年 2 月,南京政府教育部任命赵太侔为校长。

(4)1946 年 10 月 25 日,国立山东大学复校开学典礼。

(5)1946 年 12 月 28 日,举行国立山东大学复校庆典。

(6)校址:鱼山路 5 号为校本部和文理学院;泰山路日本第三小学为工、农两学院;武定路日本第一小学为医学院;城阳棉种场为实验农场。

(7)院系设置:5 院 14 系,增设医学院和高级护士职业学校。

试区	人数	文学院 中文系	外文系	理学院 数学系	物理系	化学系	动物系	植物系	地质系	工学院 机械系	电机系	土木系	农学院 农艺系	园艺系	水产系	医学院	共计	百分比
青岛	报考人数	107	113	3	8	35	2	2	11	104	65	42	76	42	80	238	928	
	录取人数	25	49	2	3	18		1	2	38	32	21	8	13	18	80	310	13%
济南	报考人数	57	33	3	1	33			2	41	47	31	40	11	17	148	480	
	录取人数	4	10	2		5		1	3	11	11	13	8	2	2	31	103	31%
北平	报考人数	41	50	3	1	6	8	2	19	36	34	19	39	22	43	150	473	
	录取人数	9	17	1	1	1			4	7	8	5	5	2	13	39	116	25%
重庆	报考人数	200	193	25	36	40	6	11	43	119	140	134	131	79	133	113	1403	
	录取人数	1	14	2	7		1		4	4	10	9			2		78	6%
成都	报考人数	58	47	6	3	14			10	25	35	20	37	24	33	31	343	
	录取人数	2		2		1			2	2	5				1	1	18	5%
西安	报考人数	231	149	23	11	11		6	21	79	115	64	64	65	95	210	1157	
	录取人数	6	14	4	1	1			8	20	18	10	1	2	5	10	106	9%
上海	报考人数	172	105	17	21	52	3	13	37	119	106	92	84	54	61	155	1091	
	录取人数	4	9	2	8	11			5	11	14	6	8		3	6	87	8%
总计	报考人数	866	690	80	81	198	29	36	153	523	542	402	471	297	462	1045	5875	
	录取人数	51	115	15	20	46	4	4	26	93	98	22		53		169	818	14%
备注		本表所列人数之外,尚有教育部分发先修班及复员青年军学生共 245 名,又南京区委托中央大学代办录取学生 85 名,及各指定中学遇审或成绩经审查及格录取者 61 名,总计全体收录学生总数为 1209 名																	

国立山东大学 1946 年度各区新生报考录取人数统计表

（由中国海洋大学档案馆提供）

1949 年 6 月 2 日,青岛解放,王哲、罗竹风、高剑秋率领军管小组进校,对学校进行接管整顿,山东大学进入新的发展时期。军管小组经过全面的调查研究,结合学校的实际,于 8 月下旬在组织、思想、教学三方面展开了初步的整顿工作。

1949 年青岛解放时,全校有学生 1132 人、教师 220 人、职工 489 人。当时工学院的院长是丁履德,机械系的系主任是陈基建。

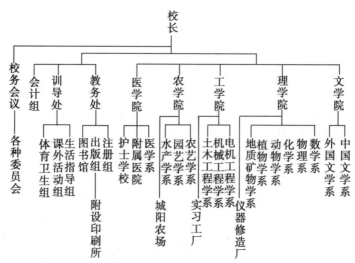

1948 年国立山东大学组织机构图(由中国海洋大学档案馆提供)

山东大学自 1946 年 2 月复校至 1951 年 3 月与华东大学合校,前后 5 年时间共招生 5 次,有毕业生 1 届。

机械工程学系的招生人数

年份	1946	1947	1948	1949	1950
招生人数	40	30	23	42	30

1951 年 3 月,国立山东大学与华东大学合并成立新的山东大学。学校设有文学院、理学院、工学院、农学院、医学院,分中国文学、历史学、外国文学、数学、物理学、化学、动物学、植物学、地质矿物学、水产学、土木工程学、机械工程学、电机工程学、农艺学、园艺学、病虫害学、政治学、艺术学 18 个系,其中政治和艺术为直属系,盛况空前。青岛时期的山东大学是山东大学历史上最辉煌的时期之一,在华岗校长的领导下,学校重视教学、讲求学术、尊重学者、注重个性、突出特色,引领学术潮流,成为新中国成立初期高等教育的重镇。

20 世纪 50 年代在青岛的山东大学

三、工专成立

1949 年 7～10 月，由华东交通专科学校、华东交专徐州分校、华东高级工业学校、山东省人民政府生产部工业学校、生产部青岛高级工业学校、华东财办工矿部济南工业学校全部系科师资设备等经过调整集中，组建成立了新中国成立后的山东省第一所工科高等院校——山东省立工业专科学校。总部设在济南，潍坊、青岛各设分校。11 月 1 日，成立仪式在济南总部举行，张协和任校长。

山东省立工业专科学校的机械学科起源于华东高级工业学校。1948 年 5 月 28 日，潍坊解放。7 月 1 日，华东财办主任曾山指示华东财办工矿部副部长张协和组织筹备处，开始创办工业学校。参加筹建的有张韩挺、殷续丰、陈哲平等 10 余人，另外吸收旧学校留用人员陈翼文、宋希天等参加。经多方勘察，最后校址设在潍县南信街（位于火车站附近）原华北烟草公司厂址，面积约 2 公顷（30 亩）。经过两个多月的努力，校舍整修、干部教师调聘、仪器图书购置等工作基本完成。1948 年 9 月，华东第二高级工业学校正式成立，招收第一届学生 197 人，后来增至 301 人，张协和出任校长。此前华东局财经办事处曾计划待山东全境解放后在济南、潍坊、青岛各办一所高级工业学校，按顺序以第一、第二、第三分别命名。1948 年潍坊率先解放，工业学校很快建成，所以校名为华东第二高级工业学校。因事实上只办了这一所，1949 年 1 月，正式改名为华东高级工业学校，一般简称为华东高工或潍坊高工。

学校最高行政领导机构是校务委员会，由各部门负责人、教师、学生代表组成，校长在校务委员会领导下，主持日常行政工作。学校机构设有教务处、庶务科、会计室、辅导科、机械实习工厂。专业设有机械工程、土木工程 2 个高工科，与实习厂一起统归教务处领导。学校成立党支部，不对外公开，不参与行政。全校专职教师 43 名，他们中许多人毕业于交通、复旦、同济、中央、北平、大同、北洋、齐鲁等大学，也有留学归国的知识分子，后来在学术上闻名全国的陈秉聪院士、王启承教授，就是华东高工机械科教师。

学校成立后一改昔日的办学模式，全面贯彻新民主主义办学方针，推崇"教、学、做"合一，注重理论联系实际，政治思想工作突出，一切服从国家需要，服从新民主主义政治大局，牢固树立为人民服务观念，把"人民的立场，科学的态度，创造的精神，实际的作风"作为校训大力弘扬。学校领导及大部分教职工多来自部队，根据地的优良传统在学校中得到继承和发扬。在教学及行政工作中，无学阀作风、门户之见，无官场习气、派系之争，干部平易近人，先生诲人不倦，学生勤奋好学，员工恪尽职守，全校师生团结一致，关系融洽，齐心协力，处处洋溢着民主气氛和革命大家庭的温暖。这些优良作风的保持不仅为学校战胜种种困难起到了至关重要的保证作用，而且为学校将来的发展打下了坚实的思想基础，成为山东大学宝贵的精神财富。

华东高工的培养目标是助理工程师，除要求学生具备扎实的理论功底之外，还非常重视学生的吃苦耐劳精神和动手能力、自主观念、自立意识等各方面素质的培养。学生每周业务课是 25 学时，政治课是 4 学时，国文、英文各是 2 学时，实习课是 16 学时。学校非常重视实习教学，在实习课上学生要亲自动手制作产品，实习成绩不及格不能升级。

学生上课之余,还要参加各种社会活动,包括当地土改、支前工作。学生会在学校工作中发挥着重要作用,学生会可以派代表参加校务委员会,各项事关学生的规章要经学生会讨论通过后才公布实施。一应社会活动,概由学生会接洽组织,校方只定可否。1949 年 5 月 25 日,学校成立新民主主义青年团,部分先进青年加入团组织,青年团在青年学生中有很高的威信。

华东高工是山东工专的重要组成部分,不仅为工专成立打下了组织基础、思想基础,而且华东高工的一些办学经验为工专所继承。山东工专成立后,该址为山东工专潍坊分校。济南解放后,接管原山东省立济南工业职业学校,改名为华东财办工矿部济南工业学校,校长为程望。设土木、电机、机械 3 科,1949 年 10 月并入山东工专。

1949 年夏,山东省人民政府决定将 6 所性质相同、学科相近、具有一定的办学水平、师资生源兼备的工科类中等专业学校:华东交通专科学校、华东交专徐州分校、华东高级工业学校、山东省人民政府生产部工业学校、生产部青岛高级工业学校、华东财办工矿部济南工业学校全部系科师资设备等合并,组建山东省立工业专科学校。1949 年 11 月 1 日,山东省立工业专科学校正式成立,总校部设在济南,潍坊、青岛各设分校。济南设电机工程系和自动车系,青岛设土木、纺织 2 个高工科,潍坊设机械、应用化学 2 个系科。

山东工专成立后,校部机关设置:总校设有秘书室、会计室、编译室、工程大队、生产管理委员会和其他委员会,各分校设教务处、总务处、会计室、生产管理委员会及各种委员会,学校下设 6 个系科,即机械工程系、电机工程系、自动车工程系、土木高工科、纺织高工科、应用化学高工科。

1950 年 3 月,潍校应用化学科改为化学工程系。8 月,青校纺织科改为纺织工程系。经过调整,全校共设有电机工程、自动车工程、机械工程、化学工程、纺织工程和土木工程 6 个系。详情如下:

1949 年:济南总校,电机工程系、自动车系、自动车科;潍坊分校,机械系、化工与应用化学科、机械科;青岛分校,土木系、纺织系、土木科、纺织科(科即高工科)。

1950 年:济南总校,电机工程系、自动车系、自动车科;潍坊分校,机械系、化工系、机械科;青岛分校,土木系、纺织系、土木科、纺织科。

1950 年 11 月 14 日,中央人民政府教育部批准山东工专改名为山东工学院。1951 年 6 月 13 日,山东省人民政府鲁(51)字第 326 号令:"接华东军政委员会指示,决定将山东省立工业专科学校改为山东工学院,并经本府委员会第六次会议通过,由本府工业厅冯平厅长任工学院院长,张协和任副院长。"学校改为山东工学院时领导关系为华东军政委员会教育部委托山东省文教厅、工业厅代管。由工业厅厅长冯平任工学院院长,张协和任副院长和党组书记。原山东工专潍坊分校改名为山东工学院潍坊分校,1952 年 3 月迁入济南总部,山东工学院实现了三校合一。

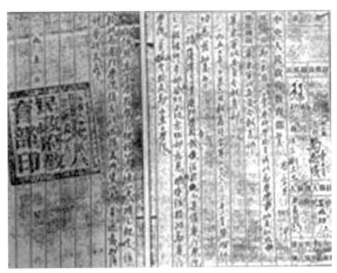

教育部 1950 年 11 月 14 日批复华东军政委员会同意山东工专改名为山东工学院

山东工专潍坊分校大门

山东工学院早期校门

四、院系调整

1952 年夏,中央教育部决定"以培养工业建设人才和师资为重点,发展专门学院,整顿和加强综合大学,以华北、东北、华东为重点,进行全国高等院校院系调整工作"。从下半年开始,中央教育部对全国高等院校进行了院系调整。根据方案要求,学校承担了建设 4 个系 11 个专业的任务:机械工程系设机械制造、金相热处理及其车间设备本科,金工、金相热处理(专修科);电机工程系设发电厂配电网及配电系统、无线电通信广播本科,发电厂电机、有线电工程(专修科);化学工程系设无机物工学本科;自动车工程系设拖拉机专业本科,汽车维护与检修(专修科)。山工的土木工程系、纺织工程系调至新成立的青岛工学院。与此同时,山东大学工学院机械、电机两系的师资、设备、学生调入机械工程系、电机工程系。这次调整使学校由 6 个系减为 4 个系,但调整后的教师队伍得到加强和充实,教师中有不少人曾在英、美、德、日、比等国留过学,获得各种学位,各有所长,各有所专,他们长期从事高等教育工作,教学经验丰富,颇受学生尊崇和欢迎。经过这次全国规模的院系调整,学校的师资水平达到了建校以来的鼎盛时期,社会声望也得到了显著提高。

20 世纪 50 年代的山东工学院

1953 年,山东工学院改由中央高教部直接领导。此时,正值国家"一五"计划第一年,中央鉴于大规模的、有计划的经济建设已经开始,为使高等学校院系分布进一步趋于合理,人力物力的使用更为集中,各类专门人才的培养目标更为明确,决定继续进行专业调整。8 月 7 日,中央高教部下达调整方案,山东工学院拖拉机专业改为汽车本科专业;无线电通信广播本科调入南京工学院;有线电(专修科)调入交通大学(上海交大);汽车维护与检修(专修科)停止招生;化工系停办,无机物工学本科调入华东化工学院;设在上海的华东交通专科学校撤销,该校机械科调入山东工学院金工(专修科)和热处理(专修科)。调整后,山东工学院设机械、电机、自动车 3 个系,设机械制造工艺本科、汽车制造本科、发电厂配电网及联合输电系统(本科和专修科兼有)、金属切削加工(专修科)、金属热处理(专修科)6 个专业。

山东大学调整院系	时间	院系迁往地点	归属或组建的学院
政治系	1952	济南	组建成山东省政治学校（后为山东省委党校）
艺术系戏剧组	1952	上海	与上海戏剧专科学校合并，组建中央戏剧学院华东分院（后为上海戏剧学院）
艺术系音乐、美术两组	1952	无锡	与上海美术专科学校、苏州美术专科学校合并成华东艺术专科学校（后为南京艺术学院）
工学院土木工程系	1952	武汉	与原山东工学院土木、纺织两系合并成立青岛工学院，后迁至武汉，与有关院系合成立武汉测绘科技大学
工学院机械、电机两系	1952	济南	与山东工学院合并为山东工业大学（现山东大学南区）
农学院农艺、园艺、植物病虫害三系	1952	济南	与原山东农学院合并，后为山东农业大学
理学院地质矿产系、采矿工程系	1952	长春	与有关院校的科系合并组建长春地质学院
海洋系	1952	留青岛	厦门大学海洋系理论组部分教师并入我校，与山大海洋研究所组建海洋系
医学院	1952	暂留青岛	1956年组建成青岛医学院
文理各系部分教师	1952-1956	郑州	援建郑州大学

1952～1956年山东大学院系调整情况表（由中国海洋大学档案馆提供）

总之，经过全国高等院校进行的院系调整，山东大学工学院机械系、山东工学院机械系、华东交通专科学校机械科共同组建山东工学院机械工程系，师资力量明显增强，教育、教学质量显著提高，办学特色十分鲜明。当时，山东工学院设立机械工程系、电机工程系、化学工程系和自动车工程系，共有11个专业，其中机械工程系下设机械制造本科、金相热处理及其车间设备本科。

1952年，随着全国高等院校院系调整工作的实施，山东大学机械系整体并入山东工学院机械制造系，起源发展的两条主线同源归一，山东大学机械工程教育全面进入了山东工学院时期，也就是开启了1949～2000年整整五十年的山东工业大学机械系蓬勃发展的重要时期。

第二节　师资队伍

一、国立(省立)山东大学时期

机械工程系成立之初，系主任由赵涤之教授兼任（赵涤之任土木系主任，兼机械系主任，分别主持各系的教学和科研工作）。1933年，周承佑教授到校，担任系主任。1936年周承佑教授辞职后，由汪公旭教授继任系主任。在此期间来系任教的专任教师中，有周承佑、张闻骏、伊格尔、金韬章、汪公旭、史永荣、杨寿百等教授7人，李良训、叶芳哲、蒋君武等讲师3人，另有王超、赵仲敏、刘时荫等在此任教。1937年"七七事变"后，国立山东大学11月在由青岛迁往安徽安庆，不久再迁四川万县。图书、仪器、案卷分批运出，损失严重。1938年春学校在万县复课，不久教育部下令"暂行停办"。1946年1月，国立山东大学在青岛复校，工学院也重新恢复，先后由丁履德、陈基建任机械工程系系主任，原师资纷纷返校，许多知名学者应邀来校任教。除有二级教授、内燃机专家丁履德外，还有金榜、蒋士禾、关廷栋教授，尹长吉教授北京大学毕业后留校任教，以后又来到当时在家乡青岛的山东大学，1952年全国高校院系调整，调至济南的山东工学院。还有一批年富力强、学有专长的中青年教师，如颜子平、孟繁杰、侯穆楷、栾吉三等年轻教师，组成了当时机械工程系的师资队伍。

国立山东大学师生合影

周承佑，原华东纺织工学院机械教授，江苏南京人。1921 年毕业于北京清华学校，1924 年毕业于美国麻省理工学院机械系。曾任北洋大学、西南联合大学教授，山东大学、浙江大学教授、系主任，私立上海纺织工业专科学校校长。新中国成立后历任华东纺织工学院副院长、分院院长。毕生从事教育事业，认真办学，提出"教育事业要走在生产发展的前面""教育结构要恰当，培养人才要层次配套"等主张。强调"高等教育的专业面要宽，学校以教学为主，学生以自学为主，以培养能力为主"。身体力行，进行教学改革，实行因材施教。

汪公旭，山东大学工学院院长，1936 年兼任机械工程系系主任，也是留学德国归来的宝贵人才。

丁履德(1912～1972)，又名丁骥甫，山东日照人，著名内燃机专家，二级教授。1920～1930 年，先后就读于青岛礼贤中学和南开大学。1934 年毕业于交通大学机械工程系，后留学意大利都灵大学航空研究院，1937 年获工学博士。1937 年回国，先后任国民党航空委员会航空机械学校教官，西北工学院、浙江大学、西南联合大学教授。1945 年 3 月赴美国耶鲁大学机械研究院学习，后至美国纽沃克工学院任教。1947 年回国，先后在厦门大学、山东大学任教，任机械工程学系系主任。1950 年被任命为山东大学工学院院长。1952 年秋，任

丁履德院长

山东工学院院长、教授。后历任第一届济南市政协副主席,第二届、第三届山东省政协副主席、省科协副主席、山东省中苏友好协会副会长等职。1953 年加入中国民主同盟,任民盟中央委员、民盟山东省第一届主任委员,曾当选为第一届、第二届、第三届全国人大代表。他"讲课逻辑严密,语言清晰,板书整洁,很得学生好评。丁履德教授任教三十多年,培养了大批学生,有不少学生后来成为有名的专家教授"。

叶芳哲,福建闽侯人,毕业于烟台水师学堂,光绪三十一年十月(1905 年 10 月)毕业,属于第一批毕业生,于 1909 年前往英国学习制造船炮。美国麻省理工大学造船科学士,先后在国立山东大学、国立武汉大学任教,任马尾造船所造舰主任兼海军飞潜学校教官、教授。

赵仲敏(1907~1993),男,浙江诸暨枫桥人,原浙江大学机械工程学系教授。1932 年毕业于南京中央大学机械系,先后在国立山东大学、江苏省立上海中学工科、国立中正大学、上海同济大学等校任教。1942 年至国立浙江大学龙泉分校,1945 年开始任教授。抗战胜利后随校回杭,并一直在机械系任教。1952 年,全国高校院系调整后,任机械系副系主任,直到 1975 年 11 月退休,仍积极工作,继续从事学术研究,为培养教育下一代做了大量工作。赵教授长期从事动力机械和机构运动学的研究,他曾主编《蒸汽机车学》《机构运动学》《机械原理》等浙大教材。他精通英语、德语,熟练掌握俄语,专业基础坚实,学术造诣深厚,曾荣获浙江省从事科技工作逾 40 年的表彰状。赵教授曾任中国机械工程学会常务理事、浙江省机械工程学会副理事长、浙江省机械工程学会顾问、机械设计分会名誉理事长等职。他生活简朴、平易近人、治学严谨、关心他人,在我国机械工程领域享有盛誉。

金榜(1909~1985),江苏江阴人,1935 年毕业于中央大学,入特别研究班学习,1939 年毕业留校任教,历任讲师、副教授。1948 年留学美国明尼苏达大学研究院。1951 年回国任山东大学机械系教授。1952 年任山东工学院自动车系教授。1983 年任山东工业大学机械系教授。

关廷栋(1916~2003),北京人,1934 年考入北京大学工学院,1937 年转入南京兵工专门学校战车工程学系。1941 年毕业于国立西北工学院机械系,任国民政府资源委员会甘肃油矿局工程师。1945 年后任兰州大学、新疆学院、河北工学院、山西大学讲师、副教授。1950 年任山东大学副教授、教授。1952 年任山东工学院机械系教授、副系主任。1983 年任山东工业大学教授。

二、山东工专和山东工学院(1952 年院系调整前)时期

山东省立工业专科学校的机械学科起源于 1948 年 9 月成立的华东高级工业学校,当时设有机械工程、土木工程 2 个高工科专业,全校专职教师 43 名,他们中的许多人毕业于交通、复旦、同济、中央、北平、大同、北洋、齐鲁等大学,也有留学归国的知识分子,在学术上闻名全国的陈秉聪院士就是华东高工机械科教师。济南解放后,接管原山东省立济南工业职业学校,改名为华东财办工矿部济南工业学校,校长为程望,设土木、电机、机械 3 科,1949 年 10 月整体并入山东工专。1949 年 11 月 1 日,山东省立工业专科学校正式成立,总校部设在济南,潍坊、青岛各设分校。济南设电机工程系和自动车系,青岛设土木、纺织 2 个高工科,潍坊设机械、应用化学 2 个系科。张协和担任校长兼党组负责人。学校下设 6 个系科,即机械工程系、电机工程系、自动车工程系、土木高工科、纺织高工科、应用化学高工科。张协和校长是著名机械工程专家,著名力学专家刘先志,张洪锡、陈翼文、王先礼、王一民、冯绍年、郑伯铭等在机械工程系任教。1952 年,毕业于上海同济大学机械工程系的夏守身到山东工学院机械工程系任教。当时的师资队伍中,有许多老师具有英、美、德、苏等国家的留学经历,具有很高的学术能力和水平,研有所专,教有所长,教学经验丰富,实践能力强,深受学生们喜爱。当时,山东工学院和机械工程系在社会上具有很大的影响。

陈秉聪(1921~2008),生于山东黄县,农业机械设计制造专家,拖拉机专家,教育家、中国工程院院士,我国地面车辆学术领域和汽车、拖拉机专业教育的开拓者。1936 年毕业于黄县县立初中,1937 年于青岛礼贤中学高一肄业,1939 年毕业于西北师范学院附属中学,考入西南联合大学,1943 年大学毕业,获机械工程学士学位。1944 年毕业于成都空军机械学校高级班,获航空工程师称号。1945 年 7 月,考取航空委员会提供的赴美留学资格。1948 年毕业于美国伊利诺斯大学航空系,获硕士学位。1949 年 6 月,山东全境解放,他应聘到潍坊市华东高级工业学校任教。不久,又调去济南协助张协和同志筹建山东工学院。当时基础课的物理学、应用力学,专业基础的热工学、机械原理,专业课的内燃机原理、柴油机原

陈秉聪院士

理、汽车理论与设计等课程请不到合适的人教,他就亲自编写教材讲授。1950 年,山东工学院成立,他担任自动车系副主任。1954 年,成立长春汽车拖拉机学院,陈秉聪又参加筹建工作,随山东工学院自动车系来到长春。1956 年加入九三学社,是九三学社第七届、第八届、第九届中央委员会委员,1995 年当选为中国工程院院士。开创了我国"仿生软地面行走机械"新领域,并奠定了该领域的理论基础,为我国水田机械化和农业机械化作出了重大贡献。

张协和,1920 年 3 月 20 日生于江苏省铜山县,原机械工业部机械科学研究院副院长,著名机械专家,是党内为数不多的享受副部级待遇的教授之一,在机械、材料、建筑、教育及医学领域均有广泛建树和突出贡献,是党的优秀领导干部。1937 年毕业于山东高等工业学校。1939 年到延安。1945 年加入中国共产党。1947 年调到中共华东局工作,曾任财办工矿部副部长,是原山东工业大学的开创者。1948 年任华东高级工业学校校长。1949 年 11 月,任山东工业专科学校校长。1951 年 6 月,任山东工学院党组书记兼副院长。他注重培养学员理论联系实际的品德和创业精神,培养了一大批新中国亟需的

专门人才,为中国的新型高等教育事业和山东的经济建设作出了重大贡献。1956 年调任一机部设计总局副局长、机械科学研究院副院长。1964 年,机械系成立张协和同志直属研究室,专门进行国防尖端项目的试验研究。先后主持了 100 多项科学研究,其中有8项获国家级奖励。

刘先志(1906~1990),字士心,山东高密人,著名工程力学家,教育家,一级教授。1930 年毕业于燕京大学数学系。1933 年到国立青岛大学做旁听生,学习机械工程。1934 年到德国先后在柏林工业大学机械系、哥廷根大学数理系学习,1939 年获特许工程师学位,1945 年获自然科学博士学位。曾任柏林工业大学理论力学研究所研究员、瑞士苏黎世约康透平机制造厂工程师。1946 年回国,历任上海工务局工程师,同济大学教授、教务长,无锡开源机械厂设计部主任,山东工学院教授、教务长、副院长,山东省工业厅副厅长、山东省副省长、山东省政协副主席,曾当选为全国第二届、第三届、第四届、第五届、第六届人大代表,中国力学学会常务理事,山东省力学学会名誉理事长,《力学学报》《应用数学和力学》编委。长期从事力学教学、研究和教学组织工作,在固体力学、流体力学、一般力学、振动力学、传热学、应用数学和机械工程研究等领域取得丰硕成果。著有《机械振动学导论》《刘先志论文集》等。

王先礼(1918~1992),山东博山人。1946 年毕业于武汉大学工学院,后到鞍山钢铁公司、株洲机车工厂任技术员。1949 年任武汉交通学院讲师。1951 年任山东工学院讲师、副教授。1985 年任山东工业大学第二机械系教授。

夏守身(1928~1998),浙江上虞人。1952 年毕业于上海同济大学机械工程系,到山东工学院任教,历任助教、讲师、副教授。1984 年任山东工业大学教务处长。1986 年晋升为教授。1989 年被评为山东省优秀教师。

第三节　学生培养

一、教育教学

山东大学自 1926 年设立机械系,至 1937 年“七七事变”爆发,1938 年被迫停办,先后招收 5 届学生。1926 年,省立山东大学设立机械系。1928 年,北伐军进抵山东,奉系军阀败逃,日本帝国主义借口保护侨民出兵济南,制造了“五三”惨案,在动乱中,学校经费无着,随即停办。1932 年 9 月,国立青岛大学增设机械工程学系。同年,国立青岛大学改名为国立山东大学。1937 年“七七事变”后,国立山东大学南迁。1938 年,国立山东大学停办。

历届毕业生人数统计（由中国海洋大学档案馆提供）

院系别＼性别及人数＼年		总数			1934 年			1935 年			1936 年			1937 年		
		合计	男	女	合计	男	女	合计	男	女	合计	男	女	合计	男	女
总数		260	237	23	53	47	6	87	82	5	53	47	6	67	61	6
文	合 计	111	99	12	29	24	5	48	46	2	2	1	1	32	28	4
	中国文学系	72	66	6	18	16	2	30	28	2				24	22	2
	外国文学系	39	33	6	11	8	3	18	18	0	2	1	1	8	6	2
理学院	合 计	111	101	10	24	23	1	39	36	3	32	28	4	16	14	2
	数学系	25	24	1	9	9	0	10	10	0	4	3	1	2	2	0
	物理学系	21	21	0	3	3	0	10	10	0	6	6	0	2	2	0
	化学系	37	32	5	8	7	1	10	8	2	14	12	2	5	5	0
	生物学系	28	24	4	4	4	0	9	8	1	8	7	1	7	5	2
工学院	合 计	38	37	1							19	18	1	19	19	0
	土木工程系	24	23	1							12	11	1	12	12	0
	机械工程系	14	14	0							7	7	0	7	7	0

机械工程系历年学生人数统计表

年份	1930	1931	1932	1933	1934	1935	1936
人数			15	20	37	48	64

学生淘汰率（工学院）

入学生		毕业生		淘汰率
年份	人数	年份	人数	
1932	32	1936	19	40.6％
1933	30	1937	19	36.7％

历届毕业生人数统计

	总数			1934 年			1935 年			1936 年			1937 年		
	合计	男	女	合计	男	女	合计	男	女	合计	男	女	合计	男	女
机械工程系	14	14	0							7	7	0	7	7	0

师生们欢送毕业生

1946 年 2 月复校至 1951 年 3 月与华东大学合校,前后 5 年时间,共招生 5 届,有毕业生 1 届。

机械工程学系招生人数

年份	1946	1947	1948	1949	1950
招生人数	40	30	23	42	30

山东工专和山东工学院(1952 年院系调整前)时期共招生 3 届。

国立山东大学工学院机械系毕业生

山东大学工学院规定:本院共同必修学分为 53 学分,各系必修学分不得少于应修学分的 2/3。

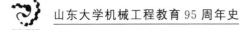

机械工程学系(1935 年)课程一览表

共同必修			必修本系						必修他系			选修	
课程名称	年级	学分	课程名称	年级	学分	课程名称	年级	学分	课程名称	年级	学分	年级	学分
国文	一	4	锻工实习	一	1	会计学	三	3	工程制图	一	2	四	
一年级英文	一	12	铸工实习	一	1	暑假工厂实习	三		一年级德文	二	8		
微积分 B	一	8	应用力学	二	5	热力工程(二)	四	3	平面测量	二	6		
普通物理 A	一	10	金工初步	二	1	热力工程试验	四	1	投影几何	二	2		
普通物理实验	一	2	机件学	二	3	汽轮机	四	3	材料力学	二	5		
普通化学	一	6	机件制图	二	1	原动力厂设计	四	1	水力学	二	3		
普通定性分析	一	2	机械制图(一)	二	1	工厂设计	四	4	二年级德文	三	8		
微分方程乙	二	3	机械制图(二)	二	1	工业管理	四	3	工程材料	三	3		
社会科学	二	6	木工实习	二	1	成本会计学	四	3					
			热机学	二	2	机车学	四	3					
			热力工程(一)	三	6	机车设计	四	3					
			簿计学	三	3	内燃机	四	3					
			热力工程实验	三	1	暖房及通风	四	3					
			机械设计原理	三	8	冷气工程	四	1					
			机械设计绘图	三	2	电机工程实验	四	1					
			电机工程	三	6	专门报告	四	1					
			金工实习	三	4	专门报告	四	1					
			应用机构学	三	2								
小计		53	小计		49	小计		38	小计		37	小计	6
总计						183							

山东工专和山东工学院时期教学计划如下:

专科班设机织、染色、应用化学、研究四科。预科部(又称讲习班)设金工、染织两科。

预科招收中学毕业生或同等学力者,学习期限一年,经考试合格升入专科。预科开设课程有修身、外语、数学、物理、化学等 11 门,以补足中学知识和打好基础为目的。专科学习期限三年,设普通科目、基础理论、专业及实习四类课程。机织科的专业课程主要有应用化学大意、机械工程学大意、机织及艺匠、织物整理、漂染法、防治法、机纺机械、电子学大意、工业经济、工厂管理、建筑学、工业簿记、制图学等。染色科的专业课程主要有应用化学、色素化学、染色学、染色制造法、机械工程学大意、纺物原理及机织、电工学大意、工业经理、工厂管理、簿记、化学分析及实验、实习等。讲习班招收在职人员和具有小学程度以上者,讲授工业方面的必要知识和技能,课程以专业科目和实习为主,学习期限也是一年。

机械工程系历年新生人数统计表(一)

年份	1950~1951	1951~1952	1952~1953
机械工程系	39	32	69

机械工程系历年新生人数统计表(二)

年份	1952~1953
金属切削加工(专修科)	96
金属热处理(专修科)	30

机械工程系历年在校人数统计表

年份	1949~1950	1950~1951	1951~1952	1952~1953
机械(专修科)		52	54	
机械科(高中部)	237	204	125	
机械工程系	46	80	97(1952年山大并入80人)	206

机械工程系历毕业人数统计表

年份	1949~1950	1950~1951	1951~1952	1952~1953
机械(专修科)			49	
机械科(高中部)	14	54	126	
机械工程系			36	71

二、学生实践及条件建设

作为工科专业的典型代表,机械专业一贯注重学生实践能力的培养,努力将学生的理论知识与生产实践联系起来。通过生产现场的细致观看和亲手实践,有利于学生对科学的理论知识加以验证、深化、巩固和充实,为后续的深入学习和理论运用打下坚实的基础。当时学生的实践活动主要包括生产实习和义务劳动。

1952 年学生参加教学 1 号楼的建设

学校也为学生实践实习和义务劳动提供了各种便利条件。早在 1912 年成立的山东公立工业专门学校期间,学校便在染色科设立实验及实习课程,以提升学生的实际操作能力。而且当时针对在职人员和具有小学文化程度以上者开办的讲习班,实习便是其主要课程。

1924 年,在私立青岛大学筹办阶段,青岛总商会在致驻青岛美国公使施尔曼函中写道:"青岛有种种专门设备,如码头工程、铁路工厂、农林实验室、轮船等,均可予学生以练习之机会。"由此可见机械专业始终将生产实践作为学生培养的重要组成部分。

学生们在校办工厂实习

1934 年省立山东大学期间,机械工程学系建成校内热力工程实验室机械实习工厂,其中包括铁工实习工厂、木工实验厂和翻砂厂。同时开设热力工程实验、锻工实习、铸工实习、木工实习、金工实习等专业,并在每年暑假期间组织三年级学生到相关工厂进行参观实习,这一传统一直延续至今。

1935 年,国立山东大学工学馆建成。

1935 年建成的工学馆(由中国海洋大学档案馆提供)

1947 年,国立山东大学购买 3 处工厂作为学生实习工厂。

1948 年 9 月,华东高级工业学校成立伊始,便设立了专门的机械实习工厂。

1949 年成立的山东工学院为了增强学生的实践能力,建立校内实习工厂,伴随着历史的发展,经历了实习厂、机械厂和工程训练中心三个发展阶段,发展成现在的山东大学工程训练中心。

第二章　两脉融合:机械工程教育的快速发展 (1952.9～2000.7)

1952 年 6～9 月,中华人民共和国政府大规模调整了全国高等学校的院系设置,把中华民国时期效仿英美式构建的高校体系改造成效仿苏联式的高校体系;大力发展独立建制的工科院校,综合性院校则明显减少;加强党对高校的领导;理工分家,专业设置狭窄;私立高校、教会高校退出历史舞台。在这次大规模的院系调整过程中,山东工学院机械系、山东大学工学院机械系、华东交通专科学校机械科共同组建山东工学院机械工程系,师资力量明显增强,教育、教学质量显著提高,办学特色十分鲜明,开创了两脉融合、快速发展的新纪元。

为了更好地展示 1952～2000 年这半个世纪以来机械工程教育发展的历史沿革和取得的巨大成绩,根据国民经济发展以及学科发展演变,以时间为序,分以下阶段展开介绍:第一阶段,山东工学院前期(1952～1965);第二阶段,"文化大革命"时期(1966～1976);第三阶段,改革开放初期(1977～1982);第四阶段,山东工业大学时期(1983～2000)。

第一节　山东工学院前期(1952～1965)

1949 年中华人民共和国成立以后,中央人民政府特别重视教育事业的发展,而且经济和社会的发展也迫切需要培养建设人才。机械工业是中国工业发展的基础,也是国民经济的主体。机械工业是实现国家工业化和改造国民经济的主要部门和主导产业。机器制造业是工业的心脏,是重工业的核心,是工业的神经中枢。机器制造工业的发展程度是一个国家生产技术发展水平与经济上是否能真正独立的标志。我国从 1953 年开始制定并实施第一个"五年计划",经过两个"五年计划"(1953～1965 年,除 1949 年 10 月至1952 年年底为中国国民经济恢复时期和 1963～1965 年为国民经济调整时期外),集中力量进行工业化建设。重工业的迅速发展使得工业化的初步基础得以建立,机械工业获得了巨大的发展,机械工程教育也进入快速发展的黄金时期。

对于山东工学院而言,1952～1965 年是山东工学院机械系和山东大学工学院机械系两脉融合发展的磨合期,也是实力显著增强、夯实发展基础的重要时期。这一时期,机械系教学紧紧围绕国民经济建设需要,全系自立自强,克服教学条件简陋、教材缺乏等重重困难,强化师资队伍建设,创设中国特色机械专业教育体系,不断完善体制机制,高度重视人才培养与实践教学,不断创新,有力地推动了机械工程教育的发展为国家机械工业的发展,尤其是山东省工业经济的发展输送大量专业人才。

当时机械系有三大特点:一是注重实践,实践与理论相结合;二是注重师资队伍的培养和教材的翻译编撰;三是面向全国招生,以华东地区学生为主。

一、体制机制

这一时期,学校的管理体制在不断发生变化。山东工专改为山东工学院时,领导关系为华东军政委员会教育部委托山东省文教厅、工业厅代管。学校设有党组,张协和任党组书记。1951年7月,山东工学院第一届工会委员会成立,机械工程系教师冯绍年任工会主席。1952年12月12日,山东工学院院务委员会成立,院务委员会是在院长领导下,由党政工团各方面主要负责人组成的全院最高机构,学院重大事项由院务委员会决定,经院长批准后执行。1953年1月成立共青团山东工学院委员会,11月27日,原山东工学院党组撤销,成立中共山东工学院委员会。学校的党政工团机构健全,日常管理逐渐走向规范化、制度化。校部机关设有院长办公室、教务处、总务处、会计室、工程队,1952~1956年设立政治辅导处。1958年,山东工学院重归山东省领导。1961年9月15日,根据《高校六十条》的有关规定,学校领导体制由以前的"党委领导的院务委员会负责制"改为"党委领导下的院长为首的院务委员会负责制"。

1951年年底,山东工学院下设6个系,其中机械工程系(科)分制造和动力2组,实行系主任负责制,系主任为陈翼文。1952年根据院系调整方案,山东工学院由6个系减少为3个系。机械工程系设机械制造、金相热处理及其车间设备本科,金工、金相热处理(专修科)。1963年机械系设置为第一、第二机械系,下设教研室;设有系主任、副主任,系党支部书记、办公室主任、教学秘书、科研秘书、生产秘书、行政秘书等管理干部。

机械工程系领导:

系主任:陈翼文(1949~1969)

党支部书记:刘连城(1954~1956)

刘敏(1956~1962)

白明(1962~1964)(刘敏改任副书记)

孙树桂(1964~1965)(白明参加搞"四清",由孙树桂代理)

机械工程学院(系)负责人名单

时间	院长(主任)	副院长(副主任)	书记	副书记	办公室主任	工会主席
1949~1969首任	陈翼文	关廷栋、颜子平	刘连城(1954~1956)、刘敏(1956~1962)	刘连城、潘明秀、马鼎斌、曲宝刚		

教研室 6 个：机械制造工艺教研室、机床刀具教研室、热处理教研室、机械零件教研室、制图教研室、力学教研室。

二、师资队伍

在院系调整前，山东工学院机械工程系和山东大学工学院机械系的师资在全国高校当中就有一定的声望。1951 年年底，山东工学院机械工程系（科）有教师 15 人，在当时的 6 个系科中，师资力量最强。其中包括著名力学专家刘先志，系主任陈翼文，老教师张洪锡、王先礼，中青年教师王一民、冯绍年、郑伯铭等。山东大学机械系教师中，除有二级教授内燃机专家丁履德外，还有金榜、蒋士禾、关廷栋教授；此外，还有一批年富力强、学有专长的中青年教师，如颜子平、孟繁杰、尹长吉、侯穆楷、栾吉三等。院系调整后，他们与原来山东工学院的教师一起，组成了一支具有相当实力的教师队伍。原潍坊分校时期机械系科的陈秉聪教授、崔引安教授等调入自动车系，1954 年 12 月参与组建并调入长春汽车拖拉机学院（吉林工业大学）。中国工程院院士、著名切削专家艾兴教授，1953 年从厦门大学调入山东工学院机械系工作。

1952 年院系调整使机械系的教师队伍得到加强和充实，学院的师资水平达到了建校以来的鼎盛时期，社会声望也得到显著提高。除此之外，机械系也非常重视自己师资力量的培养，重视教学，每年都选拔留校任教学生，同时选派优秀青年教师到清华等高校学习交流。

1952 年调整后的师资队伍（部分）：

机制教研室：艾兴、王炽鸿、马福昌、卫秉权、王怀骞、李春阳、曹光午、王敬言、马鼎斌。

制图教研室：郑伯铭、郑大锡、戴邦国、吴经纬、张玉南、马斌、张玉明。

金工教研室：孙乐文。

企业管理：翁思永。

零件教研室：尹长吉、侯穆楷、夏守身、栾吉三。

1963 年调整后的部分教师名单：

（1）机制工艺教研室

主任：蒋士龢。

工艺组：蒋士龢、王建琨、卜铬健、范跃祖、陈继棠、刘德林、施勋美、程韦德、田志仁。

夹具组：冯绍平、陈方荣、巩秀长。

自动化组：谢秉华、李维琨。

公差技术测量：何晓钟、许定奇、徐省三。

企业管理：初绪真、陈琪。

测试：徐元凯、孙维章、徐建东。

（2）机床刀具教研室

机床组：颜子平、王乃银、赵松年、李春阳、程德林、庄蕊之、陆乃公、汤兹忠、何祖诚、施孟贵、孙维章、宋宪春、刘文信。

原理和刀具：关廷栋、艾兴、王炽鸿、马福昌、卫秉权、叶国维、王怀骞。

名师简介:刘先志、丁履德、夏守身、郑大锡。

刘先志,博士毕业时,当时在国际上声望很高的著名科学大师、流体力学家 L.普朗特教授亲自为他主持博士论文答辩。在 L.普朗特教授的影响下,他对多种学科产生了浓厚的兴趣,学习了多门课程,并参加了教学与科研实践,为以后在多种学科领域开展科学研究奠定了坚实的基础。1946 年回国。1952 年春,作为国家一级教授的刘先志来到山东工学院。

在近 40 年的教学生涯中,他辛勤耕耘,忘我工作,倾心致力于人才培养和理论科学研究。1957 年,他主持举办了首届全国机械振动学讲习班,为我国振动力学的发展培养了人才,奠定了基础。他知识广博深湛,能熟练掌握英、德、法、俄四种外国语言,在力学、传热学、应用数学和机械工程基础研究各个领域都有着精深研究,是力学界具有国内外重要影响的大师级学者。早在留学期间,他发表的《理想流体在不等径管道里的自主振动》论文就引起有关专家的高度重视。他在柏林工业大学时提出的"关于复变函数处理的一个方法",由于计算新颖简便,轰动了德国学术界,被授予"计算方法和计算快速能手"称号。在国内外学术刊物上,刘先志发表了 60 余篇高水平有较大影响的理论文章,编著了《机械振动学导论》。他在 20 世纪 50 年代撰写的《平面曲轴八缸 V 型内燃机二阶往复惯性力分析平衡法》等论文,解决了我国内燃机工业长期以来十分棘手的难题。他把热传导与固体力学综合起来进行的热弹性方面的研究,填补了我国这一学术领域的空白,并使之跻身于世界先进行列。《弹性平板内的定常点型热源在该板里激起的应力和变形》一文纠正了国际著名力学家、波兰科学院院长诺瓦茨(W.Nowacki)在这一研究中的贻误。他在流体力学方面的研究成果也引起了国内外学者的注意,日本曾把刘先志这方面的三篇论文收入《非线性振动的新成就》一书里。《中国科学家辞典》评论他:"创立了三种平衡方案,各有千秋,堪称三项重要发明。"1978 年,他出席了全国第一次科学大会,受到高度评价,获得个人奖。1984 年,《刘先志论文集》出版。1987 年,《机械振动和热应力的若干问题》获国家教委科技进步二等奖。该项基础理论研究解决了机械工业设计上的一些重大课题,提出了新的见解,先后被瑞士、美国、西德、波兰、苏联、日本等国部分采用。

刘先志是山东工业大学历史上影响最大、最深、备受推崇的专家、教授,到山工后对山工师资力量的增强和科研工作的带动起到了重要作用。刘先志作为一名国内外著名的专家教授一生十分俭朴,其节约精神一般人难有,他的很多论文手稿都是在废弃的文件和来往信件的背面写成的。他终生勤奋学习,知识渊博,严谨治学,为人师表,孜孜不倦地进行科学研究探索,为他人和后人树立了永久的榜样。

丁履德,深谙飞机发动机理论,在我国航空界有一定影响,曾主讲飞行力学及设计、飞机发动机原理、应用空气动力学、流体力学、传热学、热工学、内燃机原理、内燃机动力学等课程。1960 年,他和其他同志一起做的内燃水泵和转子电机研究项目曾参加了山东省文教科技成果展览。他曾和裴烈钧教授合译过《热传导理论》一书(人民教育出版社出版)。同时,他还发表过不少具有较高学术价值的论文,如《螺旋桨叶素原理性能曲线直接积分法》(1948 年《科学世界·航空专号》)、《向度分析法与对数多座标图解法的结合运用》(《山东大学学报》第 1 卷第 1 期)、《二冲程内燃水泵工作原理初步探讨》(《山东工学院学报》1959 年第 6 期)、《内燃机水泵很难发展成为独立的原动机》(《山东工学院学报》

1959 年第 6 期)、《内燃水泵喷水推进式船舶推进原理浅说》(《山东工学院学报》1959 年第 6 期)、《内燃水泵深水提水的初步意见》(《山东工学院商报》1961 年 2 期)、《略论农田排灌柴油机改装柴油煤气机问题》(《山东工学院学报》1966 年第 2 期)。这些论文的发表,对于探讨上述科学研究领域的命题起到了积极的促进作用。

丁履德在担任山东工学院院长期间,主持了学校的专业设置、教育改革及建校等工作。同时,担任内燃机、力学等教研室教授,积极参加教学活动。他讲课逻辑严密、语言清晰、板书整洁,深得学生好评。丁履德教授从教 30 多年,为我国的高等教育事业作出了突出贡献,培养的学生有不少成为国家的栋梁之才和知名的专家教授。

夏守身,1975~1979 年主持系行政工作,1982~1984 年任系主任,1984 年任山东工业大学教务处处长。

郑大锡(1930~1989),教授,山东诸城人。1953 年毕业于山东工学院留机械系任教,历任助教、讲师、副教授。1985 年晋升为教授,并被评为省级优秀教师。

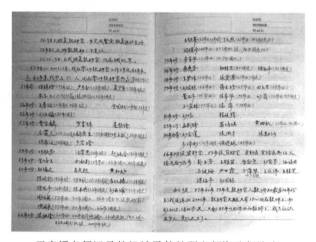

于宏缙老师记录的机械零件教研室师资队伍演变

三、学科布局

1952 年,山东工学院机械系与山东大学工学院机械工程系合并成新的山东工学院机械系。下半年,设立机械制造、金相热处理及其车间设备本科专业和金工、金相热处理(专修科)专业。1953 年,中央高教部下达调整方案,机械系设机械制造工艺(本科)、金属切削加工(专修科)、金属热处理(专修科)专业。1955 年,暑期学校新设机床与刀具专业。

1956 年,暑期学校增设金属压力加工及机器、铸造工艺及机器专业,金属热处理(专修科)改为本科,其他专修科停办。至此,全校共有 2 个系、7 个本科专业。其中机械工程系下设机械制造工艺、机床与刀具、金属热处理、金属压力加工及机器、铸造工艺及机器 5 个本科专业。学校还成立夜大学部,设机制工艺、发电厂 2 个专业,第一届招生 91 名。

1958 年,机械工程系中金属热处理、金属压力加工及机器、铸造工艺及机器专业划出,成立了金属工艺系,机械工程系更名为机械制造系。

1959 年初,原机械制造系与金属工艺系合并为第一机械系,新增第二机械系。

1960年，第一机械系设机制工艺及设备、机床设计、铸造工艺及设备、制图学专业，第二机械系设精密机械仪器、仪器制造工艺、内燃机、汽车拖拉机专业。

1961年4月，根据中共中央提出的八字方针"调整、巩固、充实、提高"和教育部的指示精神，山东工学院进行了专业调整，第一机械系设机械制造工艺及设备、金属学及热处理车间设备、金属压力加工工艺及设备、铸造工艺及设备、焊接工艺及设备专业，第二机械系设精密机械仪器、内燃机、汽车拖拉机专业。

1962年8月，学校再次进行了专业调整，机械系保留了6个专业，即机械制造工艺及设备、铸造工艺及设备、金属压力加工及设备、金属学及热处理车间设备、内燃机、焊接工艺及设备。

1963年9月，第二机械系立农业机械专业，同时开始招生。此时的第一机械系设机械制造工艺及设备、金属学及热处理车间设备、金属压力加工工艺及设备、铸造工艺及设备、焊接工艺及设备专业；第二机械系设内燃机、热能动力装置、农业机械专业，并设有机械制造工艺、机床刀具、压力加工、金属工艺、制图、公差、机械制造企业组织与计划、机械原理及零件等专门的工程教研室。

1965年，首次招收研究生4名，担任研究生导师的是艾兴、孟繁杰、侯博渊。"文化大革命"开始后停止招收研究生。

院系调整后合影

四、科研情况

1952～1965年，由于学科建设百废待兴，为适应国民经济大规模建设需要，坚决贯彻党的教育方针，使教育与生产、劳动相结合，注重理论联系实际，重视教学实践和工作能力培养。在完成为国家培养合格人才的同时，全体教师解放思想，积极开展科学研究和科技开发，直接为"四化"建设服务，深入进行学术研究，不断提高学术水平。

1955年11月，机械系金属切削教研组制定了研究国产陶瓷刀具的计划，计划得到中国科学院机械电机研究所的同意。这项研究工作为以后工业上逐步推广陶瓷刀提供了有参考价值的资料。

1958年8月22日，试制成功了第一对山工牌滚珠轴承，质量完全符合设计标准。同月，机制工艺教研室试制的学院第一套平面光洁度样板光洁度达到最高级，即四花14

级,达到国际水平;机床刀具教研室胜利完成 C618 床身简化任务,试制成功 C620-山工无级变速车床,并送往罗马尼亚参加国际展览。8 月 28 日,机械制造系新建发电站经过试运转后正式供电。机床刀具教研室在实习厂锻工间和热处理教研室的通力协作下,圆柱形螺旋铣刀、铰刀和立铣刀试制成功。

1959 年 12 月 19 日,一台 6000kW 汽轮机试制成功。当时机械制造系的任务是设计齿轮发电机组。汽轮机质量符合设计要求,成为当时全国高等学校中的一大创举。围绕汽轮机制造,有 6 位同学进行了毕业设计,写出了质量很好的毕业设计专题论文;5 位教师写出了 6 篇水平较高、对生产有贡献的学术论文;更有不少同志因参加试制而丰富了生产知识,提高了操作技术水平。丁履德院长 3 篇关于内燃水泵的论文,大大丰富了这一方面的理论探讨。青年助教何祖诚关于汽轮机叶轮超速实验的研究论文,引起了学术界的关注。

1959 年 12 月 24 日晚,机械传动锤正式试制成功,试车结果完全证实了原设计的正确性。

"大跃进"时期,第一机械系在党总支的直接领导下成立了设计公司,专门代外厂设计机器及全套的工艺设备,成立后的第一个任务就是为历城设计一个规模巨大的年产数千台机器的综合性的通用机械厂,最终提前半个月完成。

1960 年,与沈阳中捷友谊厂合作研制成功我国第一台程序控制立钻,带有自动换刀装置。

1965 年,研制成功我国第一台测量滚齿机传动精度的地震式传动精度测量仪。在陶瓷刀具切削加工、切削液、深锥孔铰削等方面的研究,均取得了较好成果,受到纺织工业部的奖励。此外,结合生产进行毕业设计和技术革新也取得了重大成果。

1965 年,与潍坊华丰机器厂合作,研制成功我国第一条机体加工自动线——185F 发动机机体加工自动线,投产后运转良好。在北京农业机械厂、济南汽车厂、山东拖拉机厂、开封农业机械厂、北镇活塞厂等工厂的设计中也都取得了较好效果。

1952 年设计制造的机床

师生制造的泰山牌拖拉机

五、人才培养

院系调整完成以后,学校各项工作百废待兴,教育教学和科研工作被提上了议事日程,并成为学校的中心工作。这一时期,主要的任务是学习苏联的人才培养模式。这一时期主要分两段:一是 1952～1957 年的教学改革;二是 1958 年以后"教育大跃进"、贯彻"八字方针"和《高校六十条》。围绕教育部"精雕细刻"的指示精神,机械工程系在人才培养方面做了大量卓有成效的工作。

1.教学工作方面

1951 年年底,机械工程系(科)共有学生 6 个班(其中高工科班 3 个),共计 222 人,教师 15 人。1952 年,学校对教学组织进行了改革,全校设立了 19 个教学小组,1956 年改组为 18 个教研组,后来又改建为 16 个教研组。按照所教课程相同或相近,机械工程系教师分为机械制造工艺、机床刀具、热处理、机械零件、制图、力学等 6 个教研室,主要讲授各种工作母机的制造及动力设计知识,通过集体讨论、集体备课、相互听课、组织试讲等形式,发挥集体优势,提高课堂教学质量。将苏联的 5 年制教学计划压缩为 4 年完成,每门课程制定统一的教学计划和教学大纲,要求教师按教学计划授课。

在选用苏联教材的基础上,加强了教材建设,注重教材内容的思想性,强化了专业理论基础,提高了理论水平。初期教材基本上是教师们自己根据苏联教材翻译过来的,在实际教学上,专业理论知识较差,但是与生产实践结合紧密。机制工艺学、公差、机床液压传动、公差与技术测量、夹具、机床概论、机床设计、切削原理、刀具等课程,很多都是教师自己编译的。在专业分类上也比较细致,"文革"之前分为两块:一是机床,主要包括刀具;二是工艺,包括公差与测量。当时的书本非常厚,基础学时也很多,手绘画图。1965 年,马福昌编写了《旋风切削螺纹结构设计实验研究和合理使用》一书,发表于中华人民共和国科技部第 5 期研究成果上。同时,教师注重亲身参加生产劳动,深入车间实习调研,掌握了许多实际知识,丰富了教学内容,课堂讲授质量大大提高。

实验教学、毕业设计和课程设计方面也有很大改进。贯彻了工学院党委提出的为政治服务、为农业机械化水利化服务的方针,实践教学的质量也有较大提高。实习厂在总校、本系各 1 处,分木工、铸工、锻工、钳工、机工等多个实习车间,有各种机床近 80 部,材料实验室有最新式油压万能材料实验机 1 部、最新式撞击实验机 1 部、疲劳实验机 1 部、硬度实验机 1 部、硬度仪 1 部及其他精密仪器多套。这一时期,共开设了包括 43 种实验的 5 门课程,实验内容丰富,实验水平较高。其中,机械原理及机械零件教研室设计制造装配了实验设备 14 项,开设 11 个实验。公差与精密测量实验室、金属切削实验室实验装备与实验项目均达到国内先进水平。到 1955 年,按照教学计划规定,机械制造工艺专业有 4 门课实行了课程设计。毕业设计是学校 1956 年教学改革的重点,机械制造工艺专业、发电厂专业最早开始毕业设计,共有学生 85 人参加,学校聘请了 10 位兄弟院校教师和 12 位厂矿企业工程师组成了 3 个答辩委员会,对 39 名同学进行了答辩(其余 46 人由本校教师和本市厂矿企业工程师答辩),70% 的同学获得优良的成绩,2 人被授予优秀毕业生。

1963 年 8 月,谢秉华、陈方荣、巩秀长、田志仁、沈雪荆翻译的
苏联教材《机器制造中夹具的计算与设计》

1972 年巩秀长编著的《工艺装备设计丛书》

2.专业劳动方面

这一阶段的人才培养受社会政治运动影响较大,1952年的"三反"和思想改造运动、1955年的"肃反"运动、1957年的整风运动等对学校正常的教学秩序造成了这样那样的影响。1958~1960年,教育领域出现了严重的盲目发展现象,掀起了一场教育大革命。这次改革的方针是教育与生产劳动、科学研究三结合。学校成立了专门的生产办公室,负责组织生产劳动。

1959年,在党委党总支的领导下,机制系师生员工深入开展了以学习和贯彻党的八届八中全会决议为中心的社会主义思想教育运动。通过"大鸣、大放、大字报、大辩论",初步统一了认识。20世纪60年代初,第一机械系提出"五边三结合"。五边是边学习、边设计、边劳动、边制造、边生产,三结合是学生、工人和教室相结合。在"五边三结合"思想的指导下,机械系机制、锻压、热处理专业百余名师生赴洛阳与国家农机部设计院的专家、农机部计划新建改建的全国53家农机厂的技术人员一起完成了这些企业的工厂和生产线设计。部分机制和铸造专业的师生还在北京农业机械厂参加了该厂的技术改造设计任务,为国家农业机械化作出了贡献,受到了农机部的好评。在8个月的工厂实践中,机械系的学生们除设计工作外,还进行了部分专业课学习,并深入工厂进行劳动和实习,人才培养方面取得了不错的成绩,获得了良好的社会声誉。

为了实现"学生即工人,学校即工厂"的目标,全面修订教学计划,将生产劳动列入了教学计划,安排了大量的生产劳动时间,甚至提出了以生产代替教学,机械系大量干部、教师下厂下乡,进行现场教学、参加生产劳动。改革学生的毕业设计,把毕业设计与生产实际紧密结合,学生参与工程项目的研究与设计,参与教学大纲制定和讲义教材编写。一至三年级学生899人参加了金工实习为时5周或6周的专业劳动,参加教学楼修建等生产劳动,机械系师生参加了锅驼机、C618机床、矿车斗、虎钳等20多种产品的制造,为国家创造财富达13余万元。同时,扩大了劳动基地,初步建成了木模及铸工车间,全系师生还普遍参加各项公益活动,取得了重大收获。

20世纪50年代师生参加建设校园的生产劳动

从 1961 年开始,学校贯彻"八字方针"和《高校六十条》,机械系细化教学计划,充实实践环节,开展青年教师培训与试讲,提出毕业设计与课程设计"假题真做",教学秩序、学术气氛、科研水平有了较大的改观。1965 年第一机械系首次招收硕士研究生,艾兴被遴选为硕士研究生导师。这一时期,机械系为国家培养大批硕士生、本科生、专科生,分配到全国各地,西至新疆、青海,北至哈尔滨,南到珠江流域。不少校友已成为工业战线、高等院校、科研机构和领导机关的专家、教授和主要技术骨干,有的担任主要领导工作。在山东省,本系学生更为普遍,培养的学生已成为各行业技术队伍的生力军。他们理论基础深厚,掌握新技术快,不少人已成为各单位的骨干力量,在生产、科研和技术领域作出了重要贡献,有的被送往国外进修。

机制学生在实验室做实验

机械制造工艺专业答辩会

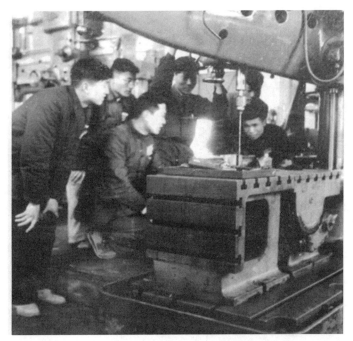

1955 年师生在济南第一机床厂

1958 届学生进行生产实习——从装配线出来的汽车

1957 年 7 月,机制 1958 届 3、4 班在长春第一汽车制造厂实习

1958 年,机制 1958 届在长春一汽生产实习,与国产第一辆"东风"汽车合影留念

3.学生思想政治工作

1952 年 5 月 31 日,学校成立了政治辅导处,下设组织、宣传、青年 3 个职能科室。机械工程系设政治辅导员 1 人,具体负责全系师生政治理论学习的组织检查,协助党支部进行政治思想教育。在学生中开设了马列主义基础、中国新民主主义革命史、政治经济学等课程,还通过多种途径有针对性地进行形势政策教育。

在学生的自我教育、自我管理方面,1957 年以前,学生班级中设有团支部(山东工学院最早的团组织于 1949 年 5 月 25 日在机械系科所在的华东高级工业学校成立,班级团支部是学校团委的基层组织,设团支书和其他委员)、班委会(学生会的基层组织,设有班主席和其他委员),还有学校行政任命的班长(副班长),分别代表团委、学生会和系行政行使职权,形成了"班三角",加强对学生的自我教育和自我管理。1957 年后,"班三角"被"社会主义教育领导小组"取代。后来逐渐演化为由党支部(党小组)、班委会、团支部组成的班级运行管理体制。从 1962 年下半年开始,在一年级设立班主任,由专业教师担任,主抓学生的学习和生产实践;1963 年开始设专职政治辅导员,李俊生为第一任专职辅导员,主抓学生的思想教育和日常管理。

1958 届毕业前夕党支部合影

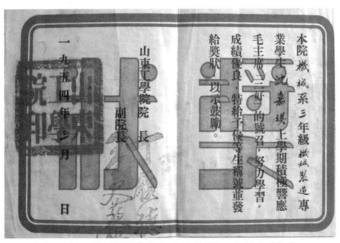

1954 年 3 月,沈嘉琪获山东工学院"三好学生"奖状

4.学生情况

1952～1965 年,机械系招生数量是逐渐增长的,尤其是 1956 年国家扩招,使在校生人数达到了前所未有的 743 人,是 1952 年的 3.8 倍。学生质量也有了显著的提升,在知识掌握和实践动手能力上都有长足的进步。这一时期学生克服各种生活学习困难条件,

自力更生,艰苦奋斗,利用课余时间参加各类劳动,用自己的双手参与到改善教学学习条件的活动中去。同时,由于国家经济发展需求,以及对知识的渴求和为国家奉献的精神推动,学生们的学习积极性普遍较高,学习主动性较强,为今后的工作打下了坚实的基础。

1952~1965 年历年新生、在校生、毕业生人数统计表(专修科)

年份	专业名称	新生(人)	在校生(人)	毕业生(人)
1952	机械(专修科)		54	49
	金属切削加工(专修科)	96	96	
	汽车维护与修理(专修科)	43	43	
1953	金属切削加工(专修科)	151	212	86
	汽车维护与修理(专修科)		37	37
1954	金属切削加工(专修科)	120	238	81
1955	金属切削加工(专修科)		134	112

1952~1965 年历年新生、在校生、毕业生人数统计表

年份	专业名称	新生(人)	在校生(人)	毕业生(人)
1952	机械工程系			71
	汽车制造	40	103	
	机械制造工艺及设备	69	206	
1953	汽车制造	70		
	机械制造工艺及设备	60	190	
1954	汽车制造	60	188	
	机械制造工艺及设备	120	310	61
1955	机械制造工艺及设备	250	524	61
1956	金属切削机床及工具	90	95	
	机械制造工艺及设备	210	648	67
1957	金属切削机床及工具	62	150	
	机械制造工艺及设备	181	711	
1958	金属切削机床及工具	60	204	
	机械制造工艺及设备	146	749	
1959	金属切削机床及工具	66	265	76
	机械制造工艺及设备	254	807	189

续表

年份	专业名称	新生(人)	在校生(人)	毕业生(人)
1960	机床设计	54	157	
	制图	28	28	
	精密机械仪器	30	64	
	仪器制造工艺	29	63	
	汽车拖拉机	58	105	
	机械制造工艺及设备	83	540	200
1961	精密机械仪器	30	159	25
	汽车拖拉机	51	198	10
	机械制造工艺及设备	83	627	72
1962	机械制造工艺及设备	92	632	79
	汽车拖拉机		7	7
1963	机械制造工艺及设备	91	627	189
	农业机械化	32	32	
1964	机械制造工艺及设备	91	529	161
	农业机械化	42	218	77
1965	机械制造工艺及设备	159	527	87
	农业机械化	42	184	68

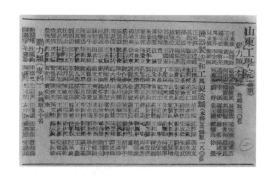

1954 年 8 月 15 日《解放日报》刊登山东工学院新生录取名单

20 世纪 50 年代山东大学机械系学生证

1956 年毕业答辩

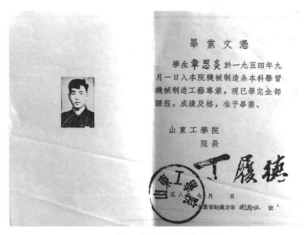

1958 年 7 月章思炎毕业证

六、条件建设及其他

时值中华人民共和国成立初期,百废待兴,国家极度困难,各项经费异常拮据,学校建设只能处处因陋就简,自力更生。当时的山东工学院只有 1 号楼和 2 号楼。图书馆楼是 1 号楼,现在的东配楼是在 2 号楼位置上新建的。正门在北边,进正门有一个桥,叫戴安桥。

这一时期学生的学习生活条件十分艰苦,在学校享受供给制待遇,每餐主食是玉米、小米、豆面混合做成的窝头,除重大节日外,一律吃青菜,绝无肉食。住的是木板搭成的通铺,门窗残缺不全。尽管条件如此困难,环境如此艰苦,全体师生毫无怨言,他们把参加劳动建校视为分内之事,并为自己成为创业者中的一员感到莫大光荣。每到课余饭后,自发组织的劳动大军就出现在校园的每个角落。建教室、宿舍所用的城砖都是师生们从 2 千米以外的旧城南门手搬肩扛回来的。学校成立后所建的学生宿舍,用的砖、石大部分是城墙、碉堡用料。

学校教学条件、教学科研环境也非常艰苦,没有计算机等辅助教学科研设备,完全靠板书教学。制图教师用萝卜作为教具,演示相贯线和相交线,没有模型,基本就靠教师的口述。教材沿用苏联的教材,主要是教师们利用空余时间翻译过来的。没有教材的课全靠教师的讲义进行讲解。后来的一些教材包括机床、高等数学都由教师们自编。

第二节　"文化大革命"时期(1966～1976)

1966 年 5 月至 1976 年 10 月,中国发生了长达 10 年的"文化大革命"。"文化大革命"的前五年,高等学校作为重灾区,遭受到严重的挫折和损失。从 1966 年"文化大革命"开始,整个学校完全处于一种混乱状态。1965 年开始招收第一届机械制造专业硕士生,后因"文革"中止招生,1978 年恢复招收硕士生。1971 年开始,学校连续招收 6 届学生,教学秩序逐渐得到恢复。"文革"中,机械系的正常教学科研工作虽受影响,但是在培养人才方面更加重视实践。在教学方面,部分教师仍在努力地坚持课程体系的完善和教学成果的深入研究。

一、"文革"前期

1966 年 5 月 21 日,中共山东工学院委员会召开常委扩大会议,传达中共山东省委扩大会议关于"文化大革命"问题的有关指示,至此,进入了长达十年的"文化大革命"时期,学校的正常教学秩序、日常管理被严重干扰和破坏。

山东工学院机械民兵团成立大会

山东工学院机械民兵团成立大会

山东工学院机械民兵团的基干队在进行训练

1967 年 10 月 14 日,中共中央、国务院、中央军委、"中央文革小组"联合发出《关于大、中、小学校复课闹革命的通知》,机械系师生积极响应。1970 年,老五届(1966～1970届)学生开始断续复课,直到基本完成大学阶段的基本教育环节并毕业,分配工作基本是到厂矿企业,在各行各业发挥了较大作用。

1968 年 11 月 7 日,工宣队指挥部、山东工学院革命委员会作出在全校开展"四好连队"运动的决定,将全校师生编入 5 个营,第一机械系为第一营。设立了正副营长,由工宣队队员担任;下设连,连的负责人由系革命委员会负责人担任,把教师编入专业连队。在这个时期,营连的中心工作是抓革命、促生产,学校与工厂、农村挂钩,在校内兴办工厂、在校外兴办农场,原有的教学组织、规章制度被否定,教学科研工作处于停滞状态。一批老专家、老教授和一些老同志遭到批判,大部分师生被下放到济南、泰安等地的工厂、农村进行"教育革命探索",接受再教育和帮助麦收,这种局面历时4年之久。

1970年12月,学校根据上级提出的"校办工厂,厂带专业"的要求,决定成立机械厂、自动化设备厂和电子仪器厂。其中,机械厂包括机械、锻压、铸造、热处理、焊接、内燃机等专业。采取"大队"管理模式,机械厂为一大队。直到1971年10月底,再次将大队改为系,在教学时间安排上,全年用于教学时间7个月,野营拉练1个月,政治教育2个月,劳动1个月,假期1个月。

在这一时期,1972年9月至1975年3月,第一机械系由孙荣文副主任主持工作;1975年3月至1979年5月,夏守身副主任主持工作;1965~1969年,白明任书记;1969~1972年,改为专业大队建制,孔翔滨任大队政委;1972~1976年,刘敏任书记。

从"文化大革命"开始到1971年的4年时间里,学校一直处于混乱状态。教师内部以及学生、教师之间,围绕"文化大革命"的辩论和批斗增多,影响了教学的正常进行。对教师的审查严格并力度加大,有的教师不得不中断了研究事业。第一机械系许多干部和知识分子受到冲击,教师被迫长期脱离教学和科研工作岗位,学生频繁下厂劳动,频繁参加政治运动,学校的教学科研无以为继。1966~1970年停止招生5年。

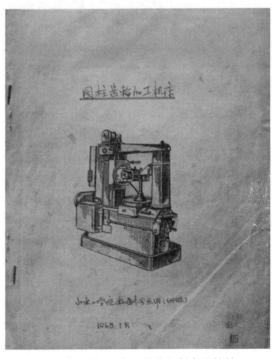

1968年1月,山东工学院机制专业教材
《圆柱齿轮加工机床》

1968 年马福昌编著的《旋风切削螺纹》

二、"文革"后期

1971 年,伴随着对极"左"思潮的批判,全国高校的教育教学工作开始出现转机。3 月,来自全省各地的 658 名工农兵学员入校,这是"文化大革命"开始以来,学校招收的第一批学生。也就是从这一年开始,学校的教学、科研、管理秩序逐渐得到恢复。

1972 年 9 月 11 日,根据《中共山东工学院委员会关于组织机构调整的意见》,学校实行了院系两级管理的体制,取消了大队和营连建制,成立了第一机械系党总支、团总支,机关按组、教师按教研室、学生按班成立相应的党支部和团支部。1973 年 1～3 月,第一机械系召开党员大会,选举产生了第一机械系总支委员会。3 月 8 日,经山东工学院革委会政治部核心小组(73)第一号文件批准,第一机械系成立党总支。行政建制为第一机械系,第一机械系机关按组建制,设党总支、系主任、系办公室、团总支等机构;教师按教研室建制,设机制教研室、制图教研室、金工教研室、企业管理教研室、零件教研室;学生按班建制,设学生党支部。

到 1972 年年底,学校设立 5 个系 16 个专业,第一机械系拥有机制、锻压、铸造 3 个专业。1975 年 3 月,为了响应教育要革命的号召,学校深入学习朝阳农学院的办学经验,落实中央"学朝农,开门办学"的指示精神,使学校能够更好地为工农业生产服务,决定将大系变小,把第一机械系一分为二,分为第一机械系和第三机械系,第一机械系设有机制专业,共有学生 6 个班,实行的是三年制学制。这时学生培养的特点:一是政治要求高。
1971～1976 年招收的 6 届工农兵学员,都是经过当地群众推荐、政府部门领导批准、学校
复审通过等严格程序层层选拔入校的,大都有很高的政治素质和生产实践经验,培养过
程中也延续了一些"教育革命"的做法,学校设立政治部,政治部的青年工作组是学生工
作的办事机构,系党总支由陈绪仁老师分管学生工作,按年级 100～150 人配备政治工作
人员 1 人。为了组织好学生的教学和科研工作,学校建立了班主任制度,由各教研室指
派教师担任。二是开门办学。1974 年 9 月 29 日,国务院科教文组与财政部联合发出通
知,认为"开门办学"是教育革命的新生事物,要以工农兵为师。一时间,全国各大中小学
都在学工、学农,兴起了"开门办学"的热潮。学校提出了"从点开始,着眼于面,服务全
省"的办学方针,确定了诸城和济宁 2 个教育基地和淄博辛店 30 万吨合成氨 1 个实践工
程,第一机械系的大部分师生来到了 2 个基地,边学习、边生产、边实践。

　　第一机械系的科研工作排除各种干扰,逐渐开展起来。机械专业的教师几年间在机
床刀具方面取得了 7 项科研成果,其中高效密齿端铣蜗杆可不用专业设备,提高功效
10 倍,其他几项成果也都有独到之处。特别值得一提的是"文革"期间,山东工学院的第
一本制图教材《机械制图》正式编写出版;1966 年,艾兴主编了中国第一部《切削用量手
册》,在全国得到广泛应用,产生了重大影响。第一机械系锻压专业的精锻新工艺生产齿
轮的研制、铸造专业从 1970 年开始的高铝耐热铸铁等都取得了显著成果,达到了国内甚
至国际先进水平。田志仁老师、朱世久老师参与了潍坊柴油机的自动化生产线设计。

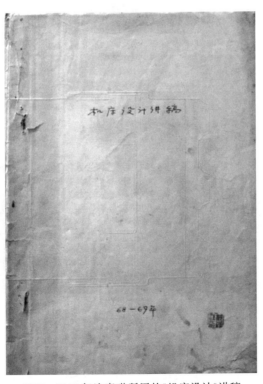

1968～1969 年沈嘉琪所用的《机床设计》讲稿

1971年沈嘉琪编著的《滚齿机设计》

1977年1月，机械系部分师生合影

机械工程学院(系)负责人名单

时间	院长(主任)	副院长(副主任)	书记	副书记	办公室负责人	工会主席
1969～1972	工宣队		白明(1962～1964)	刘敏		
			孙树桂(1964～1965)			
			白明(1965～1969)			
			孔翔滨(1969～1972)			
1972～1975		孙荣文主持	刘敏(1972～1976)	荆学俭、和福全、高天寿、王钦峰、王承伦		
1975～1979		夏守身主持	王钦峰(1976～1984)	陈绪仁	杨春园	

1.招生名单

1966～1976年历年新生、在校生、毕业生人数统计表

年份	专业名称	新生(人)	在校生(人)	毕业生(人)
1966	机械制造工艺及设备		440	98
	农业机械化		116	
1967	机械制造工艺及设备		342	91
	农业机械化		116	32
1968	机械制造工艺及设备		251	92
	农业机械化		84	42
1969	机械制造工艺及设备		159	159
	农业机械化		42	42
1971	机械制造工艺及设备	175	175	
1972	机械制造工艺及设备	86	261	
1973	机械制造工艺与设备	63	324	
1974	机械制造工艺与设备	80	229	175
1975	机械制造工艺与设备	70	213	86
1976	机械制造工艺与设备	79	229	63

2.杰出校友：王志中、李俊杰

王志中，男，汉族，山东省新泰市人，1974级学生，大学学历，高级经济师。1953年生,1969 年参加工作,现任山东临工工程机械有限公司董事长兼首席执行官、党委书记。当选全国第八届、第九届、第十届人大代表,全国劳动模范,全国机械工业优秀企业家,山东省优秀企业家,山东省专业技术拔尖人才。主要工作业绩:曾担任国家"七五"攻关两项子课题的负责人,曾获 1986 年国家教委科技进步二等奖。

李俊杰,男,1971 级学生,大学学历,工程技术应用研究员。1966 年参加工作,1968 年调入山东活塞厂工作,历任生产科副科长、科长、副厂长、总经理,1994 年被任命为山东活塞厂厂长,山东滨州渤海活塞股份有限公司董事长,2011 年 4 月退休,现任山东盟威集团董事长。在活塞行业的生产、技术、市场方面积累了丰富经验,先后荣获全国五一劳动奖章、山东省劳动模范、山东省富民兴鲁先进个人、山东机械专业技术拔尖人才、机械工业有突出贡献专家、全国机械工业质量管理小组卓越领导者、山东省技术创新先进个人、山东省优秀企业家、中国杰出质量人等多项荣誉称号。

1999 年山东工业大学 50 周年校庆时学院领导与 1971 级部分
校友合影

第三节　改革开放初期(1977～1982)

"文革"结束以后,学校的领导机构、系科组织、专业设置随着形势变化进行了相应的机构调整。1977 年 11 月,最后一批工宣队正式撤离学校,学校恢复基础课教学部和各系教研室。1978 年 3 月 20 日,经省文委批准,撤销学校政治部、教革部、后勤部,重设党委办公室、组织部、宣传部、统战部、人事处、教务处、科研处、生产处、保卫处、总务处、院工会。民盟、九三学社相继恢复组织活动。《山东工学院学报》《山东工学院院刊》相继复刊出版。机械系恢复了正常的教学科研秩序,教学条件进一步改善,教学和科研工作也进一步深入,机械系的发展进入一个新的大学建设阶段。

一、机制体制

"文革"后,第一机械系的教学、行政等各项工作处于调整恢复时期。主要任务是:根据学院(学校)党委的要求,深入揭批"四人帮",平反冤假错案,整顿、恢复教学科研秩序,狠抓教师的进修和提高,进一步落实知识分子政策,实现系工作重心的转移。第一机械系设立党总支、办公室、团总支。实行党总支委员会领导下的系主任分工负责制。系主任参加校务会议,讨论和处理学校的日常行政工作;系党总支领导全系的工作,贯彻执行学校党委的决议,做好思想政治工作;系正、副主任分工负责教学、科研、生产和生活管理等方面的工作。建立系务会议制度,由系主任召集副主任、教研室主任及有关人员参加讨论处理系里的行政方面的问题,重大问题提交系党总支委员会讨论决定,报学校党委批准后执行。

系主任:夏守身副主任,主持工作(1975.3~1979.5)

齐善铸主任(1979.5~1982.2)

夏守身主任(1982.2~1984.8)

书　记:王钦峰(1976.3~1984.8)

机械工程学院(系)负责人名单

时间	院长(主任)	副院长(副主任)	书记	副书记	办公室负责人	工会主席
1975~1979		夏守身主持	王钦峰(1976~1984)	陈绪仁	杨春园	
1979~1982	齐善铸		王钦峰	陈绪仁		
1982~1984	夏守身	王怀骞	王钦峰	陈绪仁		

二、师资队伍

当时的机械工程学科下设机制、机械设计2个专业教研室,分别承担机械制造工艺与设备本专科、机械设计及制造和师范专业的教学科研工作。机械原理与机械零件、机械制图2个基础课教研室,分别负责本系及全校有关专业该课程的教学工作。还设有以研究工作为主要任务的精密机械加工研究室。全系师资力量雄厚,教师中高级职称比例较高。在系、专业的发展过程中,在教学、科研的实践中,广大教工付出了艰辛的劳动。特别是一些老教授,不论是在顺利条件下还是在艰苦环境中,总是兢兢业业努力工作,在教学、科研、培养师资等方面都起了骨干作用,成为学术带头人。1980年,艾兴晋升为教授。艾兴教授是机制专业创建时期的元老之一,30多年来努力工作,为机制专业和全系的发展起了突出的作用。在他的带领下,机制专业全体同志艰苦奋斗,在科研方面取得了显著成绩。获省科技进步一等奖和三等奖各1项。参加5项国家标准的制定,并荣获部委二等奖。当时夏守身、尹长吉、王炽鸿、郑大锡、李春阳、马福昌、侯穆楷等一大批教师都在机械工程系执教,在国内有着极其重要的影响。中青年教师在努力完成教学工作的同时积极参加外语进修和新技术新知识的学习,教学、科研和学术水平有了很大提高。

1981 年,团中央在全国发起新长征突击队活动,山东省在全省范围选取先进集体,机械系制图教研室团支部被选为新长征突击队。

名师简介:艾兴、夏守身、尹长吉、王炽鸿、马福昌、侯穆楷、郑大锡、李春阳。

艾兴(1924～2018),教授,博士生导师,1948 年毕业于厦门大学机械专业,1953 年 9 月调入机械系,1980 年晋升为教授,1999 年当选为中国工程院院士。全国教育系统劳动模范,机械制造学科创建人之一。

夏守身(1928～1998),教授,1952 年毕业于上海同济大学机械工程系,到山东工学院任教,历任助教、讲师、副教授。1989 年被评为山东省优秀教师。

尹长吉,教授,摩擦学方面的著名专家,硕士生导师,曾任山东工业大学图书馆馆长兼山东省图书情报委员会主任,山东机械工程学会机械设计及传动专业委员会主任,机械原理及零件教研室的主要创始人之一。长期从事摩擦学方面的教学和研究工作,治学严谨,教学科研成果丰硕。

王炽鸿,教授,生于 1930 年 12 月,1952 年 6 月毕业于上海同济大学工学院机械系。1985 年晋升为教授,著名的切削专家,硕士生导师,机械设计教研室主任,兼任全国机械设计及制造专业教学指导委员会委员、教材编审委员会委员、山东兵工学会理事等职。

马福昌,教授,生于 1927 年 6 月 6 日,辽宁沈阳人,祖籍山东蓬莱。东北工学院大学毕业,哈尔滨工业大学金属切削专业研究生毕业。主要研究成果是密齿端铣刀研究、密齿端铣刀高速铣蜗杆研究、旋风铣削加工、可转位刀具研究。

侯穆楷,副教授,1919 年生,1949 年进入山东大学机械系机械原理与机械零件教研室任教。主要从事机械原理及机械传动方面的科学研究工作,在齿轮啮合原理特别是诺维科夫齿轮啮合原理与传动应用领域中有较高的学术造诣,曾任是中国机械工程学会传动分会山东省理事。

郑大锡(1930～1989),教授,著名图学专家,硕士生导师,机械制图教研室主任,兼任全国工程图学学会常务理事、技术绘图专业委员会主任、工程图学教材编审委员会委员、山东省工程图学学会理事长等职。

李春阳,教授,生于 1931 年 8 月,1957 年 6 月毕业于哈尔滨工业大学机床设计专业,获硕士学位,1986 年晋升为教授,是著名的机床专家,硕士生导师,机制教研室副主任,兼任全国生产工程学会理事。

三、学科布局

1977 年 11 月,学校恢复基础课教学部和各系教研室。次年 3 月,第一机械系、第二机械系、第三机械系合并重新划分为第一机械系、第二机械系。

1978年1月10日,教育部发出《关于高等学校1978年研究生招生工作安排意见》,机械制造和机械学专业恢复硕士招生。这批硕士生10月5日报到,10月9日开学,是"文革"以来第一次招收硕士研究生。机械制造和机械学专业是国务院学位委员会批准的首批拥有硕士学位授予权的专业之一。

1978年9月,经教育部批准第一机械系增设机械设计专业。1982年9月,为适应全省中学结构改革的需要,经教育厅批准,开始招收机械工程师范班,成立工业企业管理(专修科)。

1981年3月,山东工学院被省政府确定为省属重点院校。9月,机械制造工艺及设备专业被确定为省属高校重点专业,省政府及学校对该专业进行了经费、人力上的重点扶持。

1981年12月,山东工学院被国务院学位委员会批准为首批拥有学士学位授予权的学校之一。

1983年9月,山东工学院下设5个系(第一机械系、第二机械系、电机工程系、电力工程系、电子工程系)、1个基础部,20个专业,学生2138人,教师中有教授16人、副教授25人。

四、科研情况

1977年10月26日,学校制定了《关于贯彻落实中央通知和省委科技工作会议精神的意见》,把学校工作重心转移到教学科研上来,提出了38项向全国科学大会献礼的项目,确定恢复和筹建科研所、科研室,各系确定15%的专职科研人员。提出的38项向全国科学大会献礼的项目中,第一机械系有4项:马福昌的密齿端铣刀研究、可转位车刀研究、密齿端铣刀高速铣蜗杆研究和艾兴的精密镗头研究。其中,可转位车刀项目是国家科委、国家经委在全国重点推广的10个项目之一。

1978年11月20日,经山东省教育厅批准,学校恢复成立力学研究室、精密机械加工研究室、液压气动研究室。

1978年,全校有36项科研项目取得了阶段性成果,写出学术论文58篇。这一年3月召开的全国科学大会上,王建琨老师领导、周振华老师参与研制的电子束曝光机和周振华老师参与研制的短波终端机获奖。刘先志教授、马长贵副教授被评为先进个人。在1979年省科研成果授奖大会上,学校有20项科研成果获奖。1980~1981年,全校有14项科研成果通过鉴定,其中2项达到或接近当时国际水平,9项达到国内水平,3项填补省内空白,有13个科研项目获省级一、二、三等奖。1982年,8项科研成果获省部级奖励,14篇论文获得山东省自然科学优秀论文奖。1983年,34项科研成果获得各级奖励。

1978~1983年,机械系在国家恢复高等教育政策的影响下,重视教学和科研工作,科研工作取得了长足的进步。第一机械系注重省重点项目科技成果的推广应用工作,与淄博、济南、临沂等地的4家工厂联合成立了科研、生产联合体,新型陶瓷刀具已经进行中试生产,并生产出多种牌号的刀片。

1978～1983 年获市、厅(局)、省(部)、国家级科研成果奖项目一览表

序号	年份	成果名称	完成单位	主要研究人员	获奖类别	等级
1	1978	高速大进给端铣法及密齿端铣刀的研究	山东工学院、济南汽车专用设备厂、潍坊轻工机械厂、潍县齿轮箱厂	马福昌等	山东省科学大会奖	
2	1978	高速密齿端铣蜗杆及密齿旋风铣螺纹	山东工学院、济南第二机床厂、济南汽车专用设备厂	马福昌等	山东省科学大会奖	
3	1980～1981	电磁离合器性能分析试验台	山东工学院、济南铜件厂	于宏瑶、曹宝麟、黄和妙	山东省优秀科技成果奖	二
4	1980～1981	用密齿硬质合金端铣刀高速铣蜗杆螺纹的工艺研究	山东工学院	马福昌、王连杰、肖培峰	山东省优秀科技成果奖	三
5	1980～1981	《怎样看机械图》	山东工学院	制图教研室郑大锡等	新长征优秀科普作品奖	一
6	1982	SG4 和 LT55 陶瓷刀具材料的研制	山东工学院	潘敏元、艾兴等	山东省优秀科技成果奖	二
7	1982	新刀具材料加工淬硬钢的切削性能研究	山东工学院	艾兴、葛革、吴连富、李久立	山东省自然科学优秀学术论文奖	二
8	1983	干式多片电磁制动器	山东工学院、济南铜件厂	于宏瑶、曹宝麟、黄和妙	济南市优秀科技成果奖	三

注:本表所列获奖项目系"文革"后的科研成果。"文革"以前,由于资料不全、科研水平难以把握等历史原因,因此未作统计。表中所列各项,有的曾同时获得市、省、国家级科研奖,有所重叠。为了方便统计,奖项均按年份次序排列。

1980 年沈嘉琪在《组合机床》上发表论文

五、人才培养

1.教学

一是完善和修订新的教学计划和教学大纲。二是加强基础课教学,提高课堂教学质量。三是加强实验室建设,提高实验教学质量。1980 年年底,教学计划和教学大纲中的实验项目全部开出。四是加强教研室的建设。教研室 2 周开展一次教学活动,讨论教学重点难点、研讨教学方法,进行教学检查和期中期末教学检查。建立了《教师工作量制度》,用于规定及考评教师工作完成情况。

2.管理

1978 年 12 月 12 日,《山东工学院学生守则》《山东工学院课堂规则》《山东工学院学生学籍暂行规定》颁布,标志着教学和学生管理步入正轨。

为了加强学生的思想政治工作,1978 年 11 月,学校恢复建立政治辅导员队伍,主要配备在 1977 级和 1978 级,王秀珍、王明仁担任辅导员。1980 年 9 月,学校设立学生工作部,1981 年开始聘任任课教师担任班主任。

3.实验室建设

1980 年,学校成立了测试技术实验室,是机械工程学院机械设计与制造专业的专业实验室。

4.招生情况

1977～1982 年历年新生、在校生、毕业生人数统计表

年份	专业名称	新生（人）	在校生（人）	毕业生（人）
1977	机械制造工艺与设备	128	277	80
1978	机械制造工艺与设备	120	328	70
	机械设计（专修科）	117	117	
1979	机械制造工艺与设备	120	394	79
	机械设计（专修科）		115	
1980	机械制造工艺与设备	71	466	
	机械设计（专修科）	92	92	
	机械设计			114
1981	机械制造工艺与设备	61	527	140
	机械设计（专修科）		92	
1982	机械制造工艺与设备	90	346	131
	机械设计及制造（师范）	41	41	
	机械设计（专修科）		92	

山东工学院机制 1977 级新生相片册

5.杰出校友:赵正旭、李兆前、王随莲、张恭运、王振钦

赵正旭,男,青岛市人。1977年考入机械系机制工艺专业,获学士和硕士学位。教育部第四批"长江学者"特聘教授,博士生导师。曾任石家庄铁道大学校长助理,现任教于青岛理工大学。英国皇家学会工艺院院士(FRSA),英国 Derby 大学终身教授,山东大学兼职教授、博士生导师,东南大学兼职教授、博士生导师。中国北京航天飞行控制指挥中心特聘专家,中国人民解放军总装备部某部车辆试验研究所特聘顾问专家,中国国防科技实验室专家库成员,教育部科技发展中心专家库成员,中华全国归国华侨联合会特聘专家;河北省管优秀专家,河北省首批百人计划入选者,石家庄市华侨联谊会副会长。同时还是联合国开发署高级技术顾问、世界计算机学会技术委员会评审委员、世界电子电力工程师学会(IEEE)会员、美国高科技学会(AAAS)会员、英国计算机学会(BCS)会员、英国工程委注册工程师(CEng)、英国工程委注册计算机信息技术专家(CITP)、香港高校教育资助委员会特约国际评审员、加拿大国家自然基金委评审员、英国国家自然基金委评审员、英国虚拟现实特别工作组(UKVRSIG)成员等。留英学者自动化与计算机应用科学学会理事,并担任多家国际技术杂志的编辑和评审工作。

李兆前,男,汉族,1962年1月3日生,山东胶州人。1985年7月13日参加工作,1984年12月28日加入中国共产党,山东工业大学机械制造专业毕业,研究生学历,工学博士,教授,博士生导师。曾任山东工业大学教授、博士生导师,2000年后先后任山东省经贸委副主任,日照市市长、市委书记,山东省副省长,山西省委常委、省纪委书记等职务,现任全国工商联专职副主席、党组成员,中国民间商会副会长。

王随莲,女,汉族,1962年11月生,山东鄄城人。1982年7月参加工作,1997年9月加入九三学社。1982年7月山东工学院第一机械系机械制造与工艺设备专业本科毕业,2000年6月山东科技大学机械设计及理论专业在职研究生毕业,获工学硕士学位,2005年12月山东大学机械工程学院机械制造及其自动化专业在职研究生毕业,获博士学位。曾任山东大学研究生院招生办公室主任、山东省质量技术监督局副局长、山东省副省长等职务,现任山东省人大常委会副主任、九三学社山东省委主委、山东省工商联主席(兼)。

张恭运,男,1962年12月生,山东豪迈机械科技股份有限公司董事长、高密市人大常委会委员、市工商联副会长。成为10多家世界500强企业的合作伙伴,荣登《福布斯》2010年中国潜力企业榜第十名。他热心社会公益事业,积极带头参与捐资助学等社会慈善活动。2010年筹建了豪迈幼儿园和豪迈科技职业学校。他被授予富民兴鲁劳动奖章、高密市人民勋章。

王振钦,男,山东鄄城人,1962年10月生,1983年7月毕业于山东工学院内燃机专业,1987年10月加入中国共产党,工程技术应用研究员。历任定陶县副县长、成武县委副书记、曹县县委书记、菏泽市水利局局长、山东省淮河流域水利管理局副局长、山东水利技师学院党委书记等职务,现任水发集团党委书记、董事长。白手起家,带领水发集团发展成为拥有1500亿元资产、3万名员工、3家主板上市公司的大型企业集团。2020年,集团跻身中国企业500强,位居434位。先后荣获山东省担当作为好干部、全省改革尖兵、山东省行业领军企业家等称号,被省委记一等功。

第四节　山东工业大学时期(1983～2000)

　　山东工学院机械系在经历了山东工学院前期(1952～1965)、"文化大革命"时期(1966～1976)、改革开放初期(1977～1982)的融合演变和发展后,至 1983 年已经大体恢复了"文革"前的办学规模。1983 年 9 月山东工学院改名为山东工业大学,至此,机械工程学院与学科的发展也进入了大学建设时期。

　　此时期,虽然学校的办学规模已经渐渐恢复,但人才培养显然已滞后于经济发展。当时的山东省政府以"万人大学"为目标,加大了对学校的资金投入,以更好地服务山东的经济建设。因此,在整个 20 世纪 80 年代,学校的工作重点是加大基础设施投资力度,扩大办学规模,提高教学质量,提高办学水平。

　　在此指导思想下,机械工程系顺应时代潮流,以教学为中心,同时搞好科研和科技服务,不断改革奋进,在师资力量、办学条件、实验室建设方面均取得了重大进展。到 20 世纪 80 年代末 90 年代初,实验室面积达 2000 平方米,实验室固定资产 500 余万元,为实验教学提供了保障。学院下设机械制造工艺及设备、机械设计及其制造、机电一体化、车辆工程、工业设计、机械原理及零件、工程图学等 7 个教研室;拥有机电工程研究所,建材与建设机械研究中心,CAD 和工程陶瓷 2 个省级重点实验室;设有精密机械加工、计算机辅助设计、振动冲击与噪声控制、检测与控制、机械传动、工业设计、数控技术和 CIMS 等 8 个研究室,以及机械基础计算机辅助教学中心,先进制造技术中心校级重点实验室,金属切削、精密量具、液压与气动、测试技术、机电控制、工业设计和车辆工程等 6 个专业实验室。不仅在基础研究领域,而且在应用研究、对外联合开发及技术服务方面,都有较强的优势,特别是机电类专业,历史长、学科全、实力强、成果也较多,当时的机电类专业已处于国内领先地位或达到国际先进水平。机械制造专业为全校唯一一个博士学位点,艾兴为博士生导师。同时,学校各级重视思想政治工作,提出全校党政工团、教学一线、后勤服务各条战线上的工作人员树立德育观念,明确岗位育人责任,形成全院德育工作思路,打造专职思想政治工作人员队伍。学院设立分管学生党委副书记,设立辅导员,成立辅导员办公室,为创建和谐校园作出贡献。机械系党总支于 1986 年被学校党委评为先进党总支。

　　20 世纪 90 年代,国家沐浴着改革开放的春风,经济、社会发生了翻天覆地的变化,学院进入了飞速发展期,完成了在科研教学、人才培养、学科建设、发展机制、行政管理等众多方面的飞跃。1998 年,全院共有博士点 1 个、硕士点 3 个。同期,学校被列入国家"211工程"建设项目,这是学校发展史上的重要里程碑,同时也为机械学科发展注入动力。1999 年初,学院建成机械工程博士后科研流动站,实现了学校博士后科研流动站零的突破,建立起了"学士—硕士—博士—博士后"的完整人才培养体系。全院拥有可满足从本科教学到博士生培养所需要的实验仪器和设备。

　　至 1999 年,学院有教职工 140 余人,正教授 19 人(含博士生导师 6 人)、副高职称 40人,具有博士学位的 22 人。学院获得省部级及以上奖励 55 项,其中由艾兴、黄传真、邓建新、李兆前教授完成的"颗粒和晶须协同增韧陶瓷刀具材料及其工艺"项目 1997 年获得国家发明四等奖。承担了国家自然科学基金项目 12 项,国家重点攻关项目 2 项,

"863"高科技项目1项,省级课题和其他课题100多项。出版了35部教材或专著,发表了1000多篇论文。

一、体制机制

1983年9月19日,山东工学院改名为山东工业大学。1984年,山东工业大学被山东省确定为改革试点单位,学校及时调整工作思路,结合实际推出一系列改革措施,明确提出了"面向现代化,面向世界,面向未来"的改革指导思想和逐步建成一个培养本科生为主,研究生、专科生多层次的,以机电类为主,土、化、计算机多学科的,以工为主,理、工、管理多门类的,站在若干学科前沿具有相当科研水平的综合性工业大学的奋斗目标。

根据责权利一致的原则,第一机械系(机械工程系)为处系级单位,实施校系两级管理体制和党委领导下的系主任负责制,设系主任和党总支书记。1994年,机械工程系更名为机械工程学院,实行院长负责制,学院设院长和党总支书记。

1989年,机械工程系下设机制、机械设计两个专业教研室,设机械原理与机械零件、机械制图两个基础课教研室,还设有以科研工作为主的精密机械加工研究室。

1992年,机械工程系下设机械制造工艺及设备教研室、机械原理及机械零件教研室、机械设计及其制造教研室、机电一体化教研室、工业设计教研室、机械工程研究所和计算机辅助设计实验室等若干实验室(研究室),分别设教研室主任、所长、党支部书记等。学生管理方面,设分管学生工作党委副书记和辅导员,建立思想政治工作专职队伍和办公室,设本科教务、研究生培养、党委等各行政办公室。

各阶段院系领导任职:

1983～1984年(山东工业大学成立初期):夏守身(1982.2～1984.8)任系主任,王钦峰(1976.3～1984.8)任党总支书记。

1984～1987年:何祖诚(1984.8～1987)任系主任,郭立瑞(1984.8～1985.1)、田志仁(1985～1987年上半年任副书记主持工作,1987年下半年至1987年年底任书记)先后任党总支书记。

1987～1998年:田志仁(1987～1996.6)任系主任,1994年10月改名为机械工程学院后任院长至1996年6月,之后张洪安(1996.6～1998.12)任院长,韩宏(1987～1990.12)、王梦珠(1990.12～1993.3)先后任副书记主持工作,王梦珠(1993.3～1998.3)任书记。

1998～2000年:周以齐(1998.12～2001.1)任院长,秦惠芳(1998.3～2008.1)任书记。

机械工程学院(系)负责人名单

时间	院长 (主任)	副院长 (副主任)	书记	副书记	办公室 负责人	工会 主席
1984～1987	何祖诚	田志仁 (1984～1985)	郭立瑞 (1984～1985)	韩宏 (1984～1990)	杨春园	
			田志仁 (1987～1987)	田志仁主持 (1985～1987)		

续表

时间	院长（主任）	副院长（副主任）	书记	副书记	办公室负责人	工会主席
1987～1996	田志仁	孙维章（1984～1996）、柳忠海（1987～1992）、胡式武（1991～1992）、张洪安（1993～1996）、马建梅（1993～1998）		韩宏主持（1987～1990）、王梦珠（1990～1993）、潘国栋（1990～1993）	胡式武、马建梅	
1996～1998	张洪安	李兆前、周以齐、马建梅、张慧、潘国栋（兼）	王梦珠（1993～1998）	潘国栋（1993～1997）、李丽军（1997～1998）	马建梅	
1998	周以齐	李兆前、张慧、袁树喜、李丽军（兼）	秦惠芳	李丽军	袁树喜	

1999 年学院部分管理人员合影

二、师资队伍

20 世纪 80 年代初期，学校的办学目标是"万人大学"，要扩大办学规模，因此，扩招是主要途径。仅 1984 年和 1985 年的两次扩招，就使学校的在校人数几近翻了一番，机械工程学院也很快成了最庞大的院系。而当时的师资相对学生来讲是急缺的。1987 年，机制教研室和精密机械加工教研室仅有教授 4 人、副教授 12 人、讲师 6 人、助教 11 人。当时的学校层面通过以敬业爱生为主要内容的师德教育、对青年教师进行岗前培训、为部分中青年教师配备指导教师、选派青年教师到国外、校外进修等多种形式，调动教师的积极性和自觉性。但从 1988 年开始，由于种种原因，高校职称晋升工作冻结 4 年之久，使部分教师积极性受到压抑，影响了教师队伍的稳定。后经与省领导汇报协调，在 1992 年 6 月至 1994 年 1 月一年多的时间里，全校进行了 3 次专业技术职务评审工作，共有 1100 人次晋升了中级以上职称。机械系也在此过程中，通过加强培养、积极引进等一系列措施,建立了一支水平较高的师资队伍。1987～1990 年,学术梯队以补充硕士和博士生为主形成高级职称教师为学术带头人的 3 个学术梯队。1992 年,机械系全系已有教学人员近 150 人,其中教授 12 人、副教授 39 人、高级实验师 1 人、讲师 39 人,共培养本科生 1870 余人、专科生 460 余人。

1986 年沈嘉琪在纽约州立大学机械系 CAD 机房

中国工程院院士、博士生导师艾兴教授,1953 年调入机械系,1980 年晋升为教授, 1999 年当选为中国工程院院士,时任中国高校切削研究会副理事长兼华东分会理事长、 澳大利亚国家科研委员会重大科研资助项目评审专家、香港城市大学制造工程系和管理系兼职教授,是机械系也是山东工业大学第一批招收硕士和博士的导师。博士生导师宋孔杰教授,长期在振动噪声控制的研究方面形成了自己的特色和优势,许多重要成果的研究水平已居于国内前列。在此期间,以艾兴为首的诸多学科带头人为机械学科的蓬勃发展作出了突出贡献。

这一时期的机械学科学术带头人:艾兴教授,博士生导师,生于 1924 年 8 月,1948 年毕业于厦门大学机械专业,1953 年 9 月调入机械系,1980 年晋升为教授,1999 年当选为中国工程院院士。全国教育系统劳动模范,机械制造学科创建人之一。长期主攻切削加工和刀具材料、超硬材料加工技术、刀具可靠性理论、复杂曲面加工理论与技术、加工过程变形和齿轮齿动态变形的激光测量 技术等研究方向,承担国家和省科研课题 20 余项。开创了融合陶瓷刀具切削学与陶瓷刀具材料于一体的陶瓷刀具研究新体系,建立了陶瓷刀具破损与磨损理论和可靠性理论以及基于切削可靠性的陶瓷刀具材料设计理论与方法,开发了 6 个系列 12 个品种的新型陶瓷刀具材料,提出了超硬材料加工新理论,建立了复杂曲面重构与分解理论、切削刀具可靠性理论和预报技术,提出了切削过程刀头变形和齿轮齿动态变形的新方法——双脉冲激光器和外同步信号结合的全息散斑干涉法。

2000 年合校前退休或调离学院的教师有:

王炽鸿,获省科技进步一等奖和三等奖各 1 项。参加 5 项国家标准的制定,并荣获部委二等奖。

郑大锡,教授,1953 年毕业于山东工学院留机械系任教,历任助教、讲师、副教授,1985 年晋升为教授,著名图学专家,硕士生导师,机械制图教研室主任,兼任全国工程图学会常务理事等职务。

李春阳,教授,生于 1931 年 8 月,1957 年 6 月毕业于哈尔滨工业大学机床设计专业,获硕士学位,1986 年晋升为教授,著名的机床专家,硕士生导师,机制教研室副主任,兼任全国生产工程学会理事。从事机床设计与科研工作 40 余年,开创了精密检测与控制研究方向,提出了用差频细分方法解决感应同步器测量精度的理论和技术问题,研制了高精度检查仪;提出了大行程直线电磁驱动器和建模新思路,解决了传动链短周期误差补偿问题,从理论上解决了测量技术数字化问题,提出和构思了一些新颖测试方法,研究成果处于国内领先地位;开发出一系列测量仪器,解决了生产技术难题。

宋孔杰,教授,博士生导师,生于 1935 年 1 月,1956 年 7 月毕业于山东工学院机械系,1992 年晋升为教授。长期从事振动噪声控制的教学和科研工作,形成了自己的特色和优势,取得重要成果,研究水平居国内前列。在机械设备的隔振和结构噪声控制方面,最大的研究特色就是应用机械阻抗理论来研究机床和机械设备的隔振、隔冲和结构噪声控制,其创新之处在于引入了工程控制中的反馈控制理论和最优控制,将声学理论和振动诊断学的内容结合在一起,进行了复杂机械的中、早期故障机理及其振声反映的定量分析研究。

田志仁,教授,生于 1937 年 4 月,1958 年 7 月毕业于山东工学院机械系,1992 年晋升为教授。长期担任教学、科研和教学管理工作,其教改成果"以评估为动力,加强专业建设"荣获国家优秀教学成果奖。主要从事齿轮动力学、齿轮动态性能及其测试技术的研究工作,筹建了齿轮动态性能测试实验室。承担"齿轮轮齿动态变形测试理论与技术研究"等多项国家自然科学基金项目和省部级课题研究工作,在国内外学术刊物发表论文 10 余篇,获省科技进步奖理论成果 2 项。编著《机床传动精度》《机械制造工艺学》等教材。主审普通高等教育机电类规划教材《热能与动力机械制造工艺学》。

于宏瑨,教授,生于 1935 年 2 月,1957 年 7 月毕业于山东工学院机械系,1993 年晋升为教授。长期从事机械学领域的教学和科研工作,尤其在摩擦学及其应用技术方面很有建树,曾获得省教委优秀教学成果二等奖。主持完成了 10 余项科研成果和电磁离合器标准的制定。

张洪安,教授,生于 1939 年 10 月,1964 年 7 月毕业于山东工学院机械系,1995 年晋升为教授。长期从事基础课教学,2 次受聘中央广播电视大学担任《工程制图》电视机械片监听,参加制作《工程制图》电视教学片,并在全国播放。主编教材 1 部,参编教材2部。主持的"增强创新意识,提高学科教学水平"教学研究成果 1993 年荣获省高校教学成果一等奖和国家教委高校优秀成果二等奖。

郑家骧,教授,生于 1939 年 11 月,1964 年 7 月毕业于山东工学院机械系,1993 年晋升为教授。长期工作在基础教学第一线。负责承担科研项目8项,发表论文30余篇,主持成立了1个专业和1个实验室。获省高校优秀教学成果一等奖和国家教委优秀教学成果二等奖各1项,主编的《计算机辅助图形设计》获省教委科技进步三等奖。承担省面向21世纪教育改革重大项目"人机工程制图学"新课程体系研究。

刘镇昌,教授,博士生导师,生于1942年4月,1980年毕业于华中理工大学机械制造专业,获硕士学位,1988年获博士学位,1993年晋升为教授。曾多次赴日本、美国进修。主攻切削与磨削理论、切削液以及摩擦磨损与润滑等研究方向。研制成功金刚石刀具研磨加工及其自动化设备切削、磨削液,完成提高切削液综合性能及其评价等课题。

李兆前,教授,博士生导师,承担多项国家自然科学基金项目、省部级课题的研究工作,获得国家发明四等奖1项,省部级科技进步奖、省教委科技进步奖、专利多项。

黄克正,教授,博士生导师,生于1961年11月,1985年赴英国留学,获得考文垂大学计算机辅助工程专业硕士学位,1987年回校任教,1993年毕业于山东工业大学机械制造专业,获得博士学位,1996年晋升为教授。主持国家和省科研项目10余项,获省科技进步二等奖1项,省教委奖多项。其中,"功能表面的分解程度原理及其应用"项目是学校首次独立承接的国家"863"高科技项目,发表论文30余篇。兼任省CAD工程咨询专家组成员。

三、学科布局

学科是发展高新技术、培养高水平人才的依托和基地。经过多年坚持不懈的努力,学院的学科建设取得了长足进展,并在一些领域形成了自己的优势和特色。

1.专业和学位点建设

(1)本专科专业演变

①第一机械系

1983年9月山东工学院更名为山东工业大学,第一机械工程系下设机械制造工艺及设备、内燃机、工业企业管理工程、工业热能利用专业。

这一时期,学校坚持压缩长线专业招生,新上了一批短线紧缺专业。1984年3月,经国家教育部批准,学校增设机械制造本科专业,并于当年开始招生。1984年8月21日,学校进行了1次较大规模的系科调整,全校设10个系(部),第一机械系的内燃机专业调到新成立的动力工程系,工业企业管理专业调到新成立的管理工程系。

1985年学校增设无机化工、化工设备与机械等本科专业,1998年6月,改为过程装备与控制专业。

1986年2月,机械制造工艺及设备等3个学科被省教育厅确定为省级重点学科专业,给予重点扶持,机械学科成为学校的传统和优势学科。1991年1月13日,机械制造等4个学科被确定为山东省重点学科。

②机械工程系

1987年上半年,第一机械系改为机械工程系,第二机械系改为材料工程系。

1993 年 8 月 10 日,车辆工程专科专业开始招生。1994 年 8 月 10 日,国家教委批准学校增设机械电子工程专业,山东省教委批准增设汽车制造与维修专科专业,并于当年招生。

③机械工程学院

1994 年 10 月 29 日,学校下文公布,机械工程系更名为机械工程学院,材料工程系更名为材料工程学院,电力工程系更名为电力工程学院。

1996 年 8 月 10 日,国家教委批准增设工业设计本科专业;1998 年 8 月,经教育部批准,工业设计专业开始招收艺术类考生。

1997 年 6 月 18 日,学校又如期通过了"211 工程"建设项目可行性研究报告专家论证和立项审核。1998 年 12 月 24 日,省政府正式批准学校"211 工程"建设项目立项。1999 年 6 月,山东省计划委员会转发《国家计委关于山东工业大学"211 工程"建设项目可行性研究报告的批复》,根据国务院批准的《"211 工程"总体建设规划》,正式同意山东工业大学作为"211 工程"项目院校,在"九五"期间进行建设。至此,山东工业大学"211工程"建设进入正式实施阶段。围绕"211 工程"建设,学校将机械制造及其自动化、材料加工工程、电力系统及其自动化、信息系统与控制工程、动力机械及工程热物理作为 5 个重点学科建设项目。

1998 年年底,根据教育部颁布的新专业目录,学校将 43 个专业改造为 23 个宽口径新专业。

1999 年 9 月,学校专业调整,车辆工程专业从动力系并入机械工程学院。

2001 年 7 月,因合校专业调整,过程装备与控制专业从化工系调整并入机械工程学院。

(2)硕士、博士学位点演变

为了加快高层次人才培养,适应山东省经济建设的需要,1984 年 10 月 17 日,山东省教育厅、省计划委员会、省财政厅等批准机械制造等学科招收研究生。1985 年,机械制造学科开始招收研究生。

1986 年 7 月 28 日,经国务院学位委员会审核批准,机械制造专业拥有博士学位授予权,艾兴教授为博士研究生指导教师,机械制造专业成为学校第一个博士学位授予点,并于 1987 年开始招生。同时,机械制造、机械学 2 个学科拥有硕士学位授予权。

1990 年以前,机械工程系有博士点 1 个(机械制造)、硕士点 2 个(机械制造、机械学)。1996 年,振动、冲击和噪声被批准为硕士学位授权学科。1998 年 6 月,根据国务院学位委员会文件,学校原有博士、硕士学位授予学科、专业进行调整,博士、硕士授权学科为机械制造及其自动化,硕士学位授权学科为机械设计及理论、动力机械及工程。1999 年初,学院建成机械工程博士后科研流动站,实现了学校博士后科研流动站零的突破,建立起了"学士—硕士—博士—博士后"的完整人才培养体系。

(3)继续教育专业演变

1984 年 3 月 19 日,学校函授教育开学,本届共招收工业企业管理干部专修科学生

467人,函授站分设在济南、青岛、烟台、潍坊、枣庄、济宁等地市。同时,机械制造方向开办函授和夜大。

2.学科布局

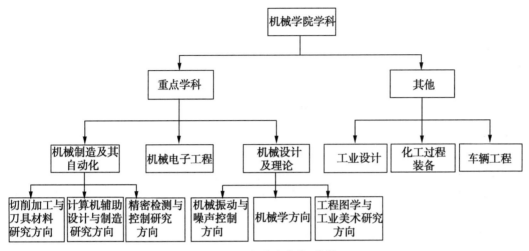

1983～2000年重点专业(学科)

(1)机械制造及其自动化学科

机械制造及其自动化学科是学校创建最早的专业学科之一。1981年8月获得硕士学位授予权,1986年8月获得博士学位授予权,1996年被评为省级重点学科。

该学科在科研方面始终坚持应用基础和科技开发相结合,立足本省,面向全国,走向世界。1986～2000年,承担各类科研项目100多项,其中国家自然科学基金资助项目12项、"863"课题1项、国家科委重点科技攻关课题2项。获得国家级优秀教学成果奖2项,国家科技进步三等奖1项,国家发明四等奖1项,省部级奖30多项。出版专著和教材共10部,发表论文共计405篇。

在此期间,该学科建有CAD省级重点实验室、先进制造技术校级重点实验室,与材料科学与工程学院共建省级重点工程陶瓷实验室。实验室拥有达到国内先进水平的仪器和设备,其中部分达到国际先进水平。

在职教师46人,其中教授10人、副教授14人,具有博士学位的11人,具有硕士学位的16人,青年教师占75%,已经形成合理的教师梯队。该学科当时有3个稳定并具有特色的研究方向。

切削加工与刀具材料研究方向:主要从事刀具材料及刀具可靠性、特种复合加工技术、切削磨削技术、冷却润滑液、生产加工系统的可靠性及预报、石材加工技术与设备、刀具CAD等方面的研究。在国内最早把陶瓷刀具切削加工基本理论研究、陶瓷刀具材料开发和陶瓷材料加工新技术融入一体,形成了一个比较完整的新体系。此期间完成了10余项国家和省部级科研课题,研究了4个系列的新型瓷刀具材料,开发了14个品牌的陶瓷刀具,其中有2个牌号属国际首创,达到国内领先和国际先进水平,填补了国内空白。20世纪90年代末,本方向以研究复相和复合陶瓷材料、切削加工可靠性和高难加工材料的加工新技术与设备为主线,开展基础研究和应用研究。

计算机辅助设计与制造研究方向:本研究方向"八五"期间开展了 CAD/CAPP/CAM 一体化技术、激光快速成形技术(CMM/CAD/RPM)、产品 CAD/CAE 集成技术、物流系统及仿真技术等的研究工作。共承担包括"863"高科技项目在内的各类科研项目 52 项,总经费 213 万元。发表论文 130 余篇,编写出版教材、专著 8 部。已通过鉴定项目 15 项,获国家科技进步三等奖 1 项,省科技进步一等奖 1 项、二等奖 4 项,部委三等奖 1 项。"九五"期间,集中精力在设计智能化和自动化理论与技术、CAD/CAM/CAPP 及其集成技术、快速智能制造系统、精密塑胶模设计与制造以及面向 CIMS 系统的产品数据管理方面进行深入研究,力争达到国内先进或领先水平。

精密检测与控制研究方向:该方向主要开展机械制造中的机械量、物理量的检测理论、技术、传感仪器设备以及加工过程的实时在线检测、精度控制、误差补偿技术和数控技术的研究开发。该研究方向拥有一支知识、年龄、职称结构较合理的教学科研队伍,其中许多人员具有多年开发机械电子工程技术和产品的经验,在 PLC、计算机数控技术(CNC)、CAD/CAM、测控技术、液压气动技术等方面具有较高水平。在测量和测试理论、齿轮动态测试以及动态过程仿真与特殊齿形齿轮加工理论、机电控制等方面取得创新性成果,提出了感应同步器差频细分理论,大幅度地提高了测量系统的分辨率,提出的陷波滤波器新方法在测量系统的信号预处理中获得应用,研制了 20 余台(套)设备和仪器。此期间承担了国家自然科学基金、国家教委、省基金、省科委、省教委和企业委托的研究项目 30 余项,为企业解决了许多生产技术难题。获山东省科技进步二等奖 2 项,省教委奖 3 项,发表论文 60 多篇。

(2)机械设计及理论学科

机械设计及理论学科是学校首批获硕士授权点的学科,1996 年振动、冲击和噪声又被批准为硕士授权点学科,1997 年专业调整时二者合并。1999 年有教授 8 人、副教授 14 人,其中有博士学位的 5 人。已招收博士研究生 8 人,硕士研究生 58 人。承担国家级、省级课题 12 项,获省部级奖励 4 项。该学科已经形成了 3 个稳定并具有特色的研究方向。

机械振动与噪声控制方向:该方向最大的研究特色就是在机械设备的隔振和结构噪声控制方面,应用机械阻抗理论来研究非对称、多支承柔性基础机床和机械设备的隔振、隔冲和结构噪声控制,创新之处在于引入了工程控制中的反馈控制理论和最优控制。考虑振源阻抗对振动、噪声控制的影响,利用功率流理论研究机器与基础结构的复杂耦合振动特性;通过将子结构导纳法和当量导纳技术相结合,揭示了功率流在复杂机械系统与柔性结构耦合情况下的能量传递规律和控制方法,实现了机械设备、基础结构和环境振动噪声的综合控制。将声学理论和振动诊断学的内容结合在一起,进行了复杂机械的中、早期故障机理及其振声反映的定量分析研究,提出了一整套非平稳动态诊断的思路和途径。发表了 100 多篇论文,研究成果有良好的经济和社会效益,获得了国内著名专家的赞赏和较高评价。进行了结合诊断技术的理论和应用研究,在机器状态预测、智能诊断及专家系统等方面进行了开拓性的应用研究。

机械学方向:该方向在弹流润滑领域主要研究高副接触区内,由于高压、高剪切率、高温而引起的润滑剂的流变特性和微观表面对弹流润滑的影响。在摩擦磨损领域以研究摩擦学应用技术为主攻方向,特别是在电磁离合器的性能分析和动态特性分析方面,已经取得了一系列具有突破性的成果,达到国际先进水平。在机构动力学领域主要研究内容包括:转子动力学、齿轮机构动力学、塔式起重机金属结构动态特性研究、大型立体仓库多层旋转货架动态特性研究以及液压挖掘机工作装置动力分析与优化设计;以齿轮强度、刚度和动平衡理论等机构动力学为基础,研究分析高速回转系统的动态特性,逐步使高速回转构件的平衡向自动化方向发展。机械学方向逐步发展、演化为两个颇具特色的研究方向:机构与机器人学、现代设计方法及理论,以满足传统机械向现代化、自动化、智能化过渡的需求和以系统工程的观点指导、解决困扰复杂机械系统设计的诸多难题。

工程图学与工业美术造型研究方向:工程图学方向主要研究从传统的三维空间到多维空间,从描述欧氏空间的几何元素、基本形体扩展到复杂曲面、变形形体,从以几何物体的形状描述发展到几何设计、图像识别以及抽象思维的形象化;研究计算机图形理论处理的新理论与技术,并进行有创新的计算机图形软件设计及应用开发。近几年来,在复杂曲面的定性、建模、造型、相交、展开等方面做了大量的研究工作,并取得一定研究成果。工业美术造型研究方向主要从事产品造型设计、人机工程、视觉传达、企业形象筹划设计等方面的研究,对改善我国机电产品的造型落后状况和树立名牌形象具有积极作用。该方向具有工业设计、视觉传达、纯美术专业方面的师资,科研开发能力较强,已承担完成产品造型设计、企业形象筹划设计、视觉传达品等多项任务,曾获得省广告设计、省油画学会等10余项奖励。

(3)机械电子工程学科

机械电子工程学科是集机械学、微电子学、控制理论及计算机应用于一体的新兴学科,是国家五大重点科技领域之一。该学科坚持科研为生产服务,先后完成了微机控制汽车发动机测试台、滚珠轴承滚子凸度轮廓检查仪等一批高科技项目,并应用于生产。开发出了智能伺服控制器、交流电机启动控制器、数控打字机、高精度砂轮平衡仪等一批具有良好应用前景的产品。该学科形成了老中青相结合的教学、科研队伍,一批掌握高新技术、具有博士学位的教师成为教学科研的中坚力量。此期间,完成了政府科技计划及生产单位委托课题20余项,其中亚微米级电子束曝光工作台等4项课题获山东省科技进步二等奖,10余项研究成果填补了国内空白。在国内外重要刊物上发表论文100余篇。

四、科研情况

20世纪80年代进入山东工业大学时期以来,全校上下的工作核心是办学,工作重点是扩大办学规模、提高办学水平。因此,整个80年代呈现出"重教学、轻科研,重办学质量、轻科技服务"的局面。这使得此时期学校在办学规模、教学条件、师资力量、基础设施、硬件条件等多方面较科研工作取得了更快速的发展。在此期间,机械系除了按照学校统一部署,大力抓教学,同时开设本科、夜大、函授教学以外,同时力争搞好科研和科技服务,涌现出了一批高精尖的科研成果,直接为"四化"建设服务。例如李春阳教授研制的YD-840I型机床传动链动态精度检测仪经鉴定达到国内外先进水平,获国家专利权、山东省第一届发明展览一等奖、1988年北京国际发明展览铜牌奖。王炽鸿教授研制的渐开线滚刀径向铲磨法解决了长期存在的生产关键问题,获山东省第一届发明展览二等奖、1988 年获北京国际发明展览铜牌奖。艾兴教授作为机制专业创建时期的元老,带领机制专业全体同志艰苦奋斗,1986 年该专业被评为省重点专业。他从事的陶瓷刀具性能和刀具破损机理研究成果居于国内领先,受到国内外同行的赞扬。到 1989 年,机械工程系在教学改革和科研成果等各方面,都作出了自己巨大的贡献,因而也在社会上赢得了声誉。

20 世纪 90 年代,学校明确提出要把学校办成教学、科研两个中心,把科技工作提高到了一个相当重要的位置。机械工程学院科技工作按照以应用研究为主,突出高新技术研究,稳定基础研究,加强科技成果推广应用的科技工作布局,坚持面向经济建设,与人才培养紧密结合的方针,不断深化科技体制改革,努力实施"科教兴鲁"战略,为山东工业大学的发展和山东省经济建设的进步作出了巨大贡献。与此同时,学院重视科研推动生产,大力开办机械厂。在此期间,机械系本着优势互补、互惠互利、共同发展的原则,先后与济宁、临沂等多个城市开展科技合作,积极探索运用市场经济手段,加速科技成果转化,通过技术转让或者采用科技股份形式、与企业联合创建科研基地、为企业一方面开展技术难题攻关等科技服务活动,进行厂校联合,建立校企合作新型机制,不仅促进了地市经济和社会发展,也促进了学校、院系自身建设。1984～1993 年的 10 年间,机械厂在保质保量地完成教学实习任务的同时,累计创利 3860 万元。

在这一期间,学院获得省部级及以上奖励 57 项,其中由艾兴、黄传真、邓建新、李兆前教授完成的"颗粒和晶须协同增韧陶瓷刀具材料及其工艺"项目 1997 年获得国家发明四等奖。承担了国家自然科学基金项目 12 项,国家重点攻关项目 2 项,"863"高科技项目 1 项,省级课题和其他课题 100 多项。出版了 35 部教材或专著,发表了 1000 多篇论文。

1990 年 12 月,王炽鸿获国家技术监督局
科学技术进步奖二等奖

1996年2月,刘国栋的科研项目获中国人民解放军
总参谋部二等奖

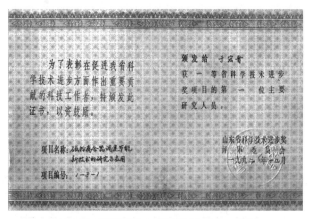

1992年,于宏瑨获山东省科技进步一等奖

1993年,于宏瑨获国际发明奖

1993 年与 1996 年，沈嘉琪两获山东省科技进步二等奖

1999 年，赵英新获建国 50 周年成就展省一等奖

1983～1998 年获市、厅（局）、省（部）、国家级科研成果奖项目一览表

序号	年份	成果名称	完成单位	主要研究人员	获奖类别	等级
1	1983	干式多片电磁制动器	山东工学院、济南铜件厂	于宏瑶、曹宝麟、黄和妙	济南市优秀科技成果奖	三
2	1985	花键高速铣削规律的研究	沂水拖拉机配件厂，协作：山东工业大学	马福昌等	山东省科学技术进步奖	三
3	1985	大型柴油机隔振试验台设计研制	山东工业大学、济南柴油机厂	宋孔杰、赵本礼、万德玉	省教育厅科技进步奖	三
4	1986	薄壁箱型井塔结构强度与稳定性试验研究	第二机械系	沈季敏、章思炎、艾兆亮、卢德明	省教育厅科技进步奖	二
5	1987	机械振动和热应力的若干问题（理论成果）	第二机械系	刘先志	国家教委科技进步奖	二

续表

序号	年份	成果名称	完成单位	主要研究人员	获奖类别	等级
6	1987	薄壁箱型井塔结构强度与稳定性试验研究	第二机械系协作:张家洼铁矿指挥部	沈季敏、章思炎、艾兆亮、卢德明	山东省科学技术进步奖	二
7	1987	渐开线蜗轮滚刀	第一机械系协作:新汶刀具厂	王炽鸿等	山东省科学技术进步奖	三
8	1987	山东沿海风力发电预测	第二机械系、省能源所、电机工程系	汪孝思、郑伯夷等	山东省科学技术进步奖	三
9	1987	YD8402型圆感应同步器式机床传动精度测量仪	第一机械系、电力工程系	李春阳、江彼得、张瑞敏、孙文浩、吴君玉	省教育厅科技进步奖	三
10	1988	《金属切削原理》	华中工学院等	陈日曜(主编),艾兴等参加编写	全国高等学校优秀教材奖	国家
11	1988	《切削用量手册》	山东工业大学、重庆大学	艾兴、肖诗纲	部委级优秀教材奖	二
12	1988	《轴测投影学》	山东工业大学	制图教研室郑大锡等	部委级优秀教材奖	二
13	1988	弹性夹紧硬质合金可转位细齿密尺面铣刀	淄川工具厂协作:山东工业大学	马福昌等	山东省科学技术进步奖	三
14	1988	渐开线滚刀径向铲磨技术	山东工业大学	王炽鸿、赵正旭、徐建东	北京国际发明展览奖	铜奖
15	1988	YD8402圆感应同步器式机床传动链动态精度测量仪	山东工业大学	李春阳、江彼得、张瑞敏、孙文浩、吴君玉	北京国际发明展览奖	铜奖
16	1988	YD8402圆感应同步器式机床传动链动态精度测量仪	山东工业大学	李春阳、江彼得、张瑞敏、孙文浩、吴君玉	山东省首届发明展览奖	一
17	1988	渐开线滚刀径向铲磨技术	山东工业大学	王炽鸿、赵正旭、徐建东	山东省首届发明展览奖	一

序号	年份	成果名称	完成单位	主要研究人员	获奖类别	等级
18	1988	密齿端铣刀高速铣蜗杆和螺纹工艺及设备	山东工业大学	马福昌、王连杰、刚守堂	山东省首届发明展览奖	二
19	1988	陶瓷刀具和硬质合金刀具的破损研究	山东工业大学	艾兴、萧虹、夏传波、李兆前、钮平章	山东省教育厅科技进步奖	一
20	1988	用时序预报技术对滚齿机传动误差控制补偿	山东工业大学	李春阳、岳明君	山东省教育厅科技进步奖	三
21	1990	高可靠性泥浆泵	机械工程系、山东省水利机械厂	王寿佑、孙景泽、吕一庆、董一平、刘鸣	广州国际专利、新技术新产品展览	银牌
22	1992	陶瓷刀具切削加工基础理论与应用研究	机械工程系	艾兴、萧虹、邓建新、何忠、钮平章	国家教委科学技术进步奖	三
23	1992	圆柱齿轮三维接触应力有限元计算分析软件研究	机械工程系	王寿佑、王建明、董玉平、张准、高向群	航空航天部科学技术进步奖	三
24	1992	YG 系列液体灌装机技术开发	山东夏津机械厂、机械工程系	赵中林等	山东省星火奖	二
25	1993	高速精密轴承及主轴系统的研究	机械工程系、德州机床厂	沈嘉琪、路长厚、胡毅刚、尹玉吉、张森权	山东省科学技术进步奖	二
26	1993	陶瓷刀具及硬质合金刀具破损的研究	机械工程系	艾兴、萧虹、李兆前、夏传波、牟建强	山东省科学技术进步奖	三
27	1995	复杂曲面 CAD/CAM 一体化技术	机械工程学院	王炽鸿、庄莅之、田良海、张强弩、罗冬梅、唐伟	山东省科学技术进步奖	一
28	1995	EBM-PC 系列可编程控制器	机械工程学院	张承瑞、李春阳、宋现春、钱福权、陈国民	山东省科学技术进步奖	二
29	1995	自动化切削加工系统中刀具 CAD 的智能化	机械工程学院	黄克正、艾兴、于慧君、姜建平、张松	山东省科学技术进步奖	二

续表

序号	年份	成果名称	完成单位	主要研究人员	获奖类别	等级
30	1995	提高切磨削液综合性能的基础研究	机械工程学院、华中理工大学	刘镇昌、黄德虎、葛培琪	山东省科学技术进步奖	三
31	1996	先进陶瓷刀具的研究	机械工程学院	艾兴、邓建新、黄传真、李兆前、赵军等	国家教委科学技术进步（甲类）奖	二
32	1997	颗粒和晶须协同增韧陶瓷刀具材料及其工艺	机械工程学院	艾兴	国家发明奖	四
33	1997	木鱼石器加工工艺及设备的开发研究	机械工程学院	刘延俊、路长厚、张建华、安平、张强	山东省科学技术进步奖	二
34	1997	感应同步器传动链精密检测系统	机械工程学院	宋现春、李春阳、张承瑞、岳明君	山东省科学技术进步奖	二
35	1998	小子样机械系统模糊可靠性分析	机械工程学院、莱芜钢铁股份有限公司	陈举华、于昌忠、辛有华、柳长林、柳中海等	山东省科学技术进步奖	二
36	1998	石材曲面加工工艺及数控机床	机械工程学院	张进生、王志、岳明君、张强、戚霄峰等	山东省科学技术进步奖	二
37	1998	添加 TIB2 的陶瓷刀具材料及其摩擦磨损行为研究	机械工程学院	邓建新、艾兴、李兆前、黄传真、赵军	山东省科学技术进步奖	二
38	1998	夹具 CAD 系统研究开发	机械工程学院	王兆辉、韩云鹏、刘增文、王长香、孙维章	山东省科学技术进步奖	三

注：表中所列各项，有的曾同时获得市、省、国家级科研奖，有所重叠。为了方便统计，奖项均按年份次序排列。

五、教学与人才培养

1.专业设置

1984 年与 1985 年的两次扩招，使得机械系学生数量急剧增加，这促使学院必须在师资力量、实验条件、教学以及其他办学条件等方面迅速到位，而当时学校的指导方针是"教学是唯一的中心工作，一切为教学让路，一切为教学服务"，因此，机械系按照学校要求全面修订教学计划，实施教师职务聘任制，为加强学生动手能力培养，增设实践教学环节，开设选修课等。坚持以教学为中心，同时努力搞好科研和科技服务。

机械系研讨教学科研工作

为了加快高层次人才培养,适应山东省经济飞速发展的形势,1985 年机械系开始招收化工设备与机械专业班。1985 年,机械制造学科招收研究生。同年,分别成立于 1980 年和 1982 年的工业管理工程专业(干部班,专科)、工业管理工程专业(本科)划出,成立管理工程系。1986 年 7 月 28 日,经国务院学位委员会审核批准学校机械制造专业为博士学位授予单位,艾兴教授为博士研究生指导教师,并于 1987 年开始招生。1987 年申请增设机械制造工程专科,1988 年开始招生,每届 40 人。1989~1990 年,机械系共有 17 个班,692 人,女生 128 人。此时,机械工程系已形成博士生、硕士生、本科生、专科生的完整办学层次。

第一机械系举行第三届教学经验交流会

机械制造工艺及设备专业是学校最早建立的专业,是省教育厅确定的重点专业,主要培养从事机械制造工艺及设备方面的设计、试验与研究的高级工程技术人才,学制 4 年。在校除学习政治、数学、物理、化学、外语、体育等基础课外,还学习工程力学、机械原理与零件、电工及电子学、机械制图、液压传动、公差与精密测量、切削原理与刀具设计、机床设计、机制工艺学及夹具设计、近代测试技术、控制工程基础、微机原理及应用等 31

门课程。学生毕业后具有制订机械加工及装配工艺规程,设计工艺装备和机械设备,检测和控制加工质量,研究开发新工艺及新技术,设计和研究自动化生产系统的能力。

1982年,增设机械设计及制造(师范)专业,学制4年,这是为适应迅速发展起来的职业教育对师资的迫切要求而建立起来的新专业。该专业主要培养既掌握机械制造方面的先进科学知识,又具备一定教学能力的高级工程师范人才。学生在校期间要完成工程师与人民教师的基本训练。除学习政治、数学、力学、机械原理、金属切削机床、机制工艺及工装设计等课程外,还要学习计算机辅助设计、现代精密测试技术、气液传动等先进科技知识,同时还要学习师范类专业的教育学与心理学等共31门课程。学生毕业后既能担负机械制造类工程师工作,又能胜任机械类学校技术基础课和专业课的教学工作。机械制造工艺及设备(师范)专业,1982年成立之初设在第二机械工程系,1983年划到第一机械工程系,直至1993年开始招收职业高中(或职业中专)的毕业学生,实行单独考试录取,1994年划为材料工程学院,并改成专科,考生生源和录取方式不变。

1984年,增设机械设计及制造专业,该专业培养掌握通用机械设计和制造基本理论与方法的高级工程技术人才,学制4年。学生除学习各种基础课外,还要学习机器实验技术、气液传动控制、优化设计、电子计算机辅助设计、机构综合和切削加工学等共34门课程。教学重点是以应用电子计算机为主要内容的各种先进设计方法和以运用现代电子仪器为手段的机器性能测试技术。学生毕业后,经过短期实际锻炼,可根据现场需要设计相应的机械、拟定必要的性能试验方法,也可从事改造现有设备与研制新型机械的工作。

1995年12月,国家正式批准成立工业设计专业(本科),1996年从机械制造及自动化专业挑选出24名学生组成1995级工业设计专业本科班,1996年招生计划单列,1998年开始招收部分艺术类考生。

这一时期各专业设置时段如下:机械制造工艺及设备(本科)专业为建校～1995年;机械设计及制造(本科)专业为1984～1995年;机械电子工程(本科)专业为1993～1995年;机械制造工艺及设备(专科)专业为1984～1994年;机械制造及自动化专业为1995年至今;工业设计(本科)专业为1996年至今。

20世纪80年代,硕士生培养目标是培养适合我国社会主义现代化建设需要的德、智、体全面发展的具有创新精神的机械工程技术和科学研究的高级专业人才。要求在本专业领域内,掌握坚实的基础理论和系统的专门知识,解决生产工程中的技术问题或从事教学工作的能力,掌握一门外语,能熟练地阅读本专业的文献资料和撰写论文摘要。

当时,机械工程系下设机制、机械设计两个专业教研室,分别负责机械制造工艺及设备本专科,机械设计及制造和师范专业的教学工作。设有机械原理与机械零件、机械制图两个基础课教研室,分别负责本系及全校有关专业的该门课程的教学工作。还设有以科研工作为主的精密加工研究室。全系师资力量雄厚,高级职称比例较高。1989年共有教师105人,其中副教授以上教师36人,讲师37人,助教32人。初步形成了老、中、青各占三分之一的较为合理的结构,专业教研室青年教师都达到了研究生的水平。

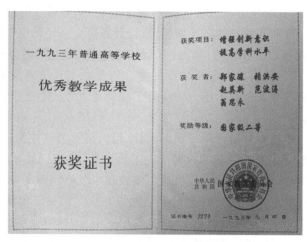

1993 年 9 月,郑家骧、张洪安、赵英新、范波涛、翁思永
获得国家优秀教学成果二等奖

2.课程设置

这一时期,机械工程学院开设约 200 门课程,除承担机械工程学院本科生、研究生教学任务外,还承担着全校部分基础课和部分技术基础课的教学任务。在近半个世纪的教学过程中,机械工程学院形成了良好的教风,涌现出了一批学术精湛、治学严谨、教学优秀的教师,创出了省级优秀课程画法几何及机械制图和校级优秀课程机械原理。在教学方面获得国家级优秀教学成果奖 2 项,省级优秀教学成果奖 2 项,12 人次被评为校级教学拔尖人才。

1993 年 2 月,巩秀长编著的教材《机床夹具设计原理》获校优秀教材一等奖

1988 级毕业设计课题统计表　　　　1989 级硕士毕业论文记录本

　　画法几何及机械制图,是工程图学教研室面向全校开设的一门重要的技术基础课,1989 年被评为校优秀课程,并于 1993 年、1996 年两次通过复审。工程图学教研室于 1988 年被评为教学质量信得过教研室,1995 年被评为教书育人先进单位。该教研室在坚持以教学工作为中心的前提下,不断进行教学改革和课程建设,坚持开拓、创新,在教学、师资、科研等方面均取得了较大的成绩。在教学中注重教学方法的研究,广泛采用模型、直观图、电化教学等教学手段,强化空间思维能力。为提高学生计算机绘图的能力,开设了不同层次的计算机绘图课程 10 余门,开发了 CAI 教学软件,编写了上机实验指导书,为实现"甩图板工程"迈出了坚实的一步。

1987 年工程图学全体教师合影

　　教研室在教育"传道、授业、解惑"的教学原则下,使传授知识、培养能力和道德教育始终如一地贯彻于教学的全过程。同时注重对青年教师的培养,采用以老带新的方式向青年教师传授教学方法,指导编写讲稿,并组织试讲。

1991 年,工程图学党支部获得山东省高校先进党支部称号。获得国家和省级优秀教学成果奖 4 项,校级优秀教学成果奖多项,其中 1993 年"增强创新意识,提高学科水平"教学成果获得国家教委教学成果二等奖和省教委教学成果一等奖。有省教学拔尖人才 1 人,校级教学拔尖人才 1 人,校优秀教师 18 人次。近 10 年来,编写教材 10 种,出版教学挂图 2 套,承担省教委和省科委课题 4 项,共撰写学术论文 150 余篇。

机械原理,是机械原理及机械零件教研室面向全校机械类专业本、专科学生开设的一门重要的技术基础课,1994 年 4 月被评为学校第二批优秀课程,1997 年通过复审。此期间该教学小组有教师 8 名(教授 2 名,副教授 4 名,讲师 2 名),其中,省科技拔尖人才 1 名,博士 1 名,硕士 2 名,形成了比较合理的教学与科研梯队。

1989 年巩秀长主编的《机床夹具设计原理》

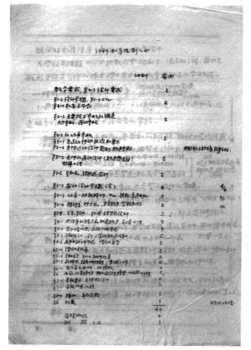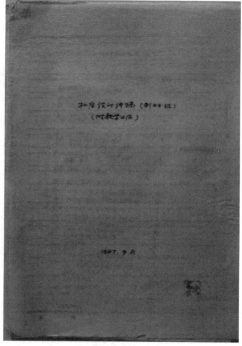

机床设计讲稿(机制 1984 级)目录及教学计划

　　机械原理教学小组成员通过多年的教学实践,不断加强课程建设,积累了丰富的教学经验,取得了较好的教学效果。该教学小组是华东地区机械原理教学研究会常务理事单位、省机械工程学会机械设计专业委员会主任委员单位,同时该小组成员还担任机械工程学会全国离合器专业委员会副主任、省机械原理教学研究会理事长等职务。机械原理课程教学小组不断深化课程体系改革,完善教学环节,出版教材3部,开发了CAI教学软件,建立了试题库等。同时加大实验改革力度,完善了与教学配套的实验、考试方法及制度建设。撰写科技论文120余篇、教学论文10余篇,完成科研项目10余项,其中获省级一等奖、二等奖各1项,其他奖励若干项。培养硕士研究生21名。

1996年10月,机械原理及零件教研室全体教师合影

2002年以前学院执行的机械设计制造及其自动化专业教学计划

附表一　工业设计(文科)专业课程设置及学时分配表

性质	类别	课程代码	课程名称	学分数	总学时	授课	实验上机	一学期	二学期	三学期	四学期	五学期	六学期	七学期	八学期	备注
	公共基础课	2801011620	马克思主义哲学原理	3	54	42	W12	3								
		2801811620	思想道德修养	2	51	27	W24									
		2801211620	毛泽东思想概论	2	36	27	W9			2						
		2802511620	马克思主义政治经济学原理	2	40	30	W10									
		2800511620	邓小平理论	3	70	54	W16					3				
		2800711620	法律基础	1	34	27	W7									
		0714741620	英语	16+4	380	228	172	4+1	4+1	4+1	4+1					
		2902141620	体育	4	144	144		2	2	2	2					
		6900111620	军事理论	2周	36	36		2								
		1301511620	计算机基础	3+1	90	54		36	3+1							
		0500411620	传统文学修养	2	36						3					
		0803211620	中华民族精神概论	3							4					
必修课	专业基础课	1607311621	机械制图与透视	4	72					4					
		1603811621	工业设计史	2	36					2					
		1612011621	图案设计	4	72				4						
		1607911621	基础素描	4	72			4							
		1611111621	设计速写	2	36			2							
		1607811621	基础色彩	4	72			4							
		1614611621	字体设计	3	54					3					
		1607711621	平面造型基础	3	54			3							
		1609211621	色彩造型基础	3	54				3						
		1610911621	立体造型基础	3	54				3						
		1602311621	创造学	2	36					2					
		1801511621	版式设计	4	72					4					
		1600611621	广告设计	4	72					4					
		1617111621	展示设计	3	54						3				
		1600111621	产品摄影	3	54						3				
		1600511621	包装装潢设计	4	72						4				
		1609411621	模型设计与制作	4	72					4					
		1000611621	人机工程学设计应用	3	54						3				
		1611211621	设计图表规范技法	3	54						3				
		1601711621	产品设计程序与方法	4	72						2				
		1609611621	平面设计软件应用	1	36						2				
		1610611621	三维设计软件应用	2	36							2			
		1614321621	市场调研与营销	2	36							2	2		
		1601811621	产品设计创新与开发	4	72							16			
选修课			专业课	16									16		
			学科任选课	4											
			综合素质任选课	4											
实践环节			金工实习+认识实习	4 1						4	1				
			生产实习	3								3			
			毕业实习、毕业设计	18									18		
合　计				179	2445			25	23	23	25	22	22	22	16	

附表二　工业设计(文科)专业实践教学计划

实践教学	学分	教学形式								
		一	二	三	四	五	六	七	八	
金工实习	4			4						集中进行
认识实习	1		1							分散进行
生产实习	3						3			集中进行
毕业实习	3								3	集中进行
毕业设计	15								15	集中进行
合　计	26									

附表三　工业设计(文科)专业课

	课程名称	学分	实验学时(上机)	开课学期
必修	1. 产品设计理念与实践	4		7
	2. 环境设计	4		7
	3. 样本设计	4		7
	4. CI 设计	4		7
选修课程	1. 信息产品开发与设计	3		7
	2. 设计管理	3		7
	3. 网页设计	3		7
	4. 概念设计	3		7
	5. 造型材料与工艺	3		7
	6. 影视广告设计	3		7
	7. 家具设计	3		7
	8. 多体设计应用	3		7
	9. 服装设计	3		7
	10. 室内设计	3		7
	11. 中西方美术史	3		7

附表一　工业设计(理科)专业课程设置及学时分配表

性质	类别	课程代码	课程名称	学分数	总学时	授课	实验上机	一学期	二学期	三学期	四学期	五学期	六学期	七学期	八学期	备注
	公共基础课	2801011620	马克思主义哲学原理	3	54	42	W12	3								
		2801811620	思想道德修养	2	51	27	W24									
		2801211620	毛泽东思想概论	2	36	27	W9			2						
		2802511620	马克思主义政治经济学原理	2	40	30	W10									
		2800511620	邓小平理论	3	70	54	W16					3				
		2800711620	法律基础	1	34	27	W7									
		0714741620	英语	16+4	360	228	172	4+1	4+1	4+1	4+1					
		2902141620	体育	4	144	144		2	2	2	2					
		6900111620	军事理论	2周	36	36	18	2								
		0903621620	高等数学	10	180			5	5							
		1301511620	计算机基础	3+1	90	54		36	3+1							
		1301511620	计算机C语言	3+1	90	54		36	3+1							
		0500411620	传统文学修养	2	36						3					
		0703211620	中华民族精神概论	3							4					
必修课	专业基础课	1607311621	机械制图与透视	4	72	72				4					
		1603811621	工业设计史	2	36	36				2					
		1612511621	先进制造理论	2	36	36			2						
		1607911621	基础素描	4	72	72		4							
		1611111621	设计速写	2	36			2							
		1607811621	基础色彩	4	72	72		4							
		1613611621	造型材料与工艺	3	54	54				3					
		1609711621	平面造型基础	3	54	54		3							
		1609111621	色彩造型基础	3	54	54			3						
		1609211621	立体造型基础	3	54	54			3						
		1602411621	创造学	2	36	36				2					
		1601611621	标志与字体设计	3	54	54				3					
		6606611621	机械与结构设计	4	72	72				4					
		1609411621	模型设计与制作	4	72	72				4					
		1610611621	人机工程学设计应用	3	54	54					3				
		1611211621	设计图表规范技法	3	54	54					3				
		1601711621	产品设计程序与方法	4	72	72					2				
		1601811621	产品设计创新与开发	4	72	72					2				
		1609611621	平面设计软件应用	1	36		36				2				
		1610611621	三维设计软件应用	1	36		36				2				
		1611611621	市场调研与营销	2	36	36					2				
		1614321621	专业英语	2	72	72					2				
选修课			专业课	16								4	12		
			学科任选课	4											
			综合素质任选课	4											
实践教学			金工实习+认识实习	4 1						4	1				
			生产实习	3											
			毕业实习、设计	18									18		
合　计				176	2400			22	24	23	24	24	22	21	16	

附表二　工业设计(理科)专业实践教学计划

实践教学	学分	教学形式								
		一	二	三	四	五	六	七	八	
金工实习	4			4						集中进行
认识实习	1		1							分散进行
生产实习	3						3			集中进行
毕业实习	3								3	集中进行
毕业设计	15								15	集中进行
合　计	26									

附表三　工业设计(理科)专业课

	课程名称	学分	实验学时(上机)	开课学期
必修	1. 产品设计理念与实践	4		7
	2. 广告与展示设计	4		6或7
	3. 包装装潢设计	4		7
	4. CI 设计	4		7
选修课程	1. 室内与环境设计	3		7
	2. 设计管理	3		7
	3. 网页设计	3		7
	4. 电子信息产品设计	3		7
	5. 中西方美术史	3		6或7
	6. 概念设计	3		7
	7. 家具设计	3		7
	8. 汽车设计初步	3		7
	9. 影视广告设计	3		7
	10. 多媒体设计应用	3		7
	11. 产品摄影	3		6或7

2002 年前学院工业设计(文、理)教学计划

附表一　过程装备与控制工程专业课程设置及学时分配表

性质	类别	课程代码	课程名称	学分数	总学时	授课	其他	一学期	二学期	三学期	四学期	五学期	六学期	七学期	八学期	备注
必修课	公共基础课	2801011630	马克思主义哲学原理	3	54	42	W12	3								
		2801811630	思想道德修养	2	36	36	W12									
		2801211630	毛泽东思想概论	2	36	36			2							
		2802511630	马克思主义政治经济学原理	2	36	30	W10			3						
		2800511630	邓小平理论	3	70	54	W16							3		
		2800711630	法律基础	1	34	27	W7		2							
		0714741630	英语	16+4	360	228	r72	4+1	4+1	4+1	4+1	4+1				
		2902141630	体育	4	144	144		2	2	2	2					
		6900111630	军事理论(训练3周)	3	54		W18	2								
		1302111630	计算机文化基础	3+1	90	54	J36	3+1								
		1301411630	计算机C语言	3+1	90	54	J36		3+1							
		0803211630	中华民族精神概论	3	36	36		3								
		0500411630	传统文化修养	2	36	36			2							
	专业基础课	0903621631	高等数学	10	180	180		5	5							
		0903011631	线性代数	3	54	54			3							
		0903011631	概率统计	2	36	36				2						
		1001311631	大学物理	5	90	90			3	2						
		1006211631	物理实验	1.5	54		S54		2	2						
		1607211631	机械制图	4	72			4								
		1608111631	机械制图学	2	36				2							
		1505111631	金属工艺学	2	44	28	j16		2							
		2009221631	理论力学、材料力学	7	137	117	J10+J8			4	3					
		2602521631	电工技术、电子技术	7	138	114	J12+J12			3	4					
		1606511631	机械设计基础	6	117	99	J16+J2					6				
		1603311631	工程材料(过程)	3	63	45	J18					3				
		1612311631	微机原理与应用	2.5	54	36	J18					3				
		1800511631	工程热力学	3	58	50	s8					3				
		1103911631	化工原理	5.5	108	90	s18						3	3		
		1800411631	工程流体力学	2	40	32	s8					2				
		1614521631	专业英语	4	72	72							2	2		
		6800211631	科技文献检索	2	40	32	J8						2			

性质	类别	课程代码	课程名称	学分数	总学时	授课	其他	一学期	二学期	三学期	四学期	五学期	六学期	七学期	八学期	备注
必修课	专业课	1615111632	过程装备控制技术	3.5	72	56	S16									
		1604611632	过程装备设计	4	72	72							2	2		
		1604221632	过程机械	3	54	54							2			
选修课	专业课	1604311633	过程装备CAD	2	36								2			任选6学分
		1604151633	过程装备焊接技术	2	36								(2)			
		1604411633	过程装备安全技术	2	36								(2)			
		1604911633	化工过程控制	2	36								2			
		1603011633	分离过程与机械	2	36								(2)			
		1614721633	过程装备制造技术	2	36								(2)			
	素质课	1614721634	综合素质课	8												
		1609011634	跨学科任选课程8学分									4				
			其它素质课见全校选修课程													
实践活动			课程设计	6	60					3	1	2				
			金工实习	4					4							
			认识实习	1						1						
			电工实习	1									3			
			生产实习	3										3		
			毕业设计、设计	16											16	
			合　计	171	2883			23	23	22	22	21	23	20	18	

附表二　过程装备与控制工程专业实践教学计划

实践教学	学分	一	二	三	四	五	六	七	八	教学形式
机械设计课程设计	3			3						集中进行
化工原理课程设计	1					1				集中进行
过程装备设计课程设计	2							2		集中进行
金工实习	4		4							集中进行
电工实习	1				1					集中进行
生产实习	3						3			集中进行
认识实习	1	1								分散进行
毕业实习	3								3	集中进行
毕业设计	13								13	集中进行
合计	31									

2002 年前学院执行的过程装备与控制工程专业教学计划

机械系建系至今,已为国家培养大批硕士生、本科生、专科生。他们分布在西至新疆、青海,北至哈尔滨,南到珠江流域。不少校友已成为工业战线、高等院校、科研机构和领导机关的专家、教授和主要技术骨干,有的已担任主要领导工作。在山东省本系学生更为普遍,在生产、科研和技术领域作出了重要贡献。近年来,培养的学生已成为各行业技术队伍的生力军,他们理论基础深厚,掌握新技术快,不少人已成为单位的骨干力量,有的被送往国外进修。

1983~1999 年历年新生统计表

年份	专业名称	新生（人）	年份	专业名称	新生（人）
1983	机械制造工艺与设备	95		机械制造工艺与设备	77
	机械设计及制造（师范）	40		机械设计及制造	40
1984	机械制造工艺与设备	97	1989	机械设计及制造（师范）	42
	机械设计及制造	34		机械制造工艺与设备（专科）	40
	机械设计及制造（师范）	42		机械工程	82
	机械制造工艺与设备（专修科）	39		化工机械	39

年份	专业名称	新生（人）	年份	专业名称	新生（人）
1985	机械制造工艺与设备	87	1990	机械制造工艺与设备	93
	机械设计及制造	41		机械设计及制造（师范）	41
	机械设计及制造（师范）	46		机械设计及制造	41
	机械制造工艺与设备（专修科）	45		机械制造工艺与设备（专科）	51
	化工机械	40		机械工程（专科）	74
	代培	24		化工机械	45
1986	机械制造工艺与设备	49	1991	机械制造工艺与设备	90
	机械设计及制造	50		机械设计及制造（师范）	43
	机械设计及制造（师范）	46		机械设计及制造	47
	机械制造工艺与设备（专修科）	57		机械制造工艺与设备（专科）	39
	化工机械	39		化工机械	41
1987	机械制造工艺与设备	63	1992	机械制造工艺与设备	87
	机械设计及制造	37		机械设计及制造（师范）	39
	机械设计及制造（师范）	42		机械设计及制造	46
	机械制造工艺与设备（专修科）	57		机械制造工艺与设备（专科）	40
	化工机械	37		化工机械	41
1994	机械制造工艺与设备	70	1997	机械制造工艺与设备	165
	机械设计及制造	58		化工机械	32
	机械电子工程	45		工业设计	26
	化工机械	36		车辆工程（专科）	44
	机械制造与设备（专科）	50	1998	机械工程及自动化	170
	车辆工程（专科）	39		化工机械	37
1995	机械制造工艺与设备	184		工业设计	32
	化工机械	38		机械设计及制造（汽车工程）	40
	工业设计	24			
	车辆工程（专科）	43	1999	机械工程及自动化	251
1996	机械制造工艺与设备	143		过程装备与控制	40
	化工机械	33		工业设计	39
	工业设计	28			
	车辆工程（专科）	39			

1993届毕业生毕业分配表

1992届硕士论文答辩

3.杰出校友:刘成良、轩福贞、陈清奎、黄克兴、考敏华、魏明涛

刘成良,男,生于1964年6月,山东省费县人。现任上海交通大学教育部"长江学者"特聘教授、博士生导师,九三学社上海市委员会副主任委员,九三学社上海交通大学委员会主任委员,上海交通大学机械与动力工程学院机电控制研究所所长,上海智能制造研究院副院长。1985山东工业大学机制专业本科毕业,1991年东南大学硕士毕业,1999年获东南大学博士学位,1985~1995年在山东农业大学工作,2001年3~12月赴美国密西根大学、美国威斯康星大学做高级访问学者。主要研究方向:机电控制、流体传动与控制、计算机网络监控及设备智能维护、智能农业装备。

轩福贞,男,生于1970年,华东理工大学教授、博士生导师。现任华东理工大学校长、党委副书记,教育部"长江学者"特聘教授,国家杰出青年科学基金获得者。1993年7月毕业于山东工业大学化机专业获学士学位,1996年7月在山东工业大学固体力学专业获硕士学位。2002年于华东理工大学获化工过程机械专业博士学位,毕业后留校从事科研和教学工作,2006年破格聘为博士生导师,同年9月破格晋升为教授。现任教育部承压系统安全科学重点实验室(华东理工大学)副主任、机械与动力工程学院院长、化工机械研究所副所长,国家自然科学基金委员会材料工程学部通讯评审专家,国家"十一五""863"先进制造领域评审专家,中国机械工程学会压力容器分会常务理事、副秘书长(兼),国际压力容器技术学会会员,中国力学学会会员,中国机械工程学会失效分析专家。主要从事先进过程装备设计理论和寿命可靠性技术研究,在过程装备的结构完整性原理、多材料结构的疲劳和蠕变失效机理、复杂结构的极限载荷分析、跨尺度寿命预测方法等方面有深入研究。

陈清奎,男,1963 年 11 月生,1984 年 7 月毕业于山东工业大学机制专业,获学士学位,1984 年 7 月至 1998 年 10 月就职于山东机械工业学校,自 1998 年 10 月于山东建筑大学任教。现任山东建筑大学机电工程学院教授、济南科明数码技术有限公司董事长,兼任济南动漫游戏协会副会长、虚拟现实专业委员会主任、山东新华电脑学院客座教授、上海世博会山东馆主题创作团队专家、网上世博山东馆专家等。主要从事虚拟现实技术、增强现实技术、机械产品虚拟设计与制造、多媒体展示系统开发等研究。目前,正致力于在开发的 365VR 教学云平台上汇集更多的 VR 教学资源,面向社会,把平台打造成全时空学习平台、没有"围墙"的大学。

黄克兴,男,1962 年 11 月生,高级工程师。1986 年 7 月毕业于山东工业大学机械工程系机械制造专业,获学士学位,同年进入青岛啤酒厂工作。1996 年任青岛啤酒工程有限公司总经理,2002 年任青岛啤酒公司战略发展总部部长,2007 年任青岛啤酒公司总裁助理兼战略投资管理总部部长,2009 年任青岛啤酒公司副总裁,2011 年任青岛啤酒集团有限公司副总裁兼青岛啤酒地产控股有限公司总经理、党委书记,2012 年任青岛啤酒股份有限公司总裁。现任青啤集团党委书记、董事长,青岛啤酒股份有限公司董事长。具有长期丰富的啤酒行业战略规划、投资并购及经营管理经验,多次统筹策划了青岛啤酒公司的重大资产重组和项目购并。2019 年 4 月,荣获全国五一劳动奖章。2020 年 11 月,荣获全国劳动模范。

考敏华,女,1988 年 7 月毕业于山东工业大学机制专业,获学士学位,现任潍坊青欣建设集团董事长。青欣建设集团是集公路工程施工、城市及道路照明工程专业承包、园林规划设计、园林工程施工、苗木生产销售、建筑工程主体结构检测、空气质量检测、房地产开发、商品房销售、建筑劳务分包、建筑室内外装饰、物业管理、西餐、客房、会议、酒店管理,以及从事融资租赁业务的综合性公司。集团下设潍坊青欣绿化工程有限公司、青欣建设集团有限公司、潍坊智博建设工程质量检测有限公司、潍坊青昊房地产开发有限公司、潍坊仁远建筑劳务有限公司、潍坊青昀装饰工程有限公司、潍坊青韵物业管理有限公司、潍坊铭喆酒店管理有限公司、山东三和融资租赁有限公司等九家分公司,总注册资本 3.1 亿元。

魏明涛,男,1991 年 7 月毕业于山东工业大学机制专业,获学士学位,现任山东精诚数控设备有限公司总经理。山东精诚数控设备有限公司是国内机床设备流通领域著名的营销企业之一,主要经销国内外各大机床企业的名优产品,并以数控设备、加工中心为主导。公司成立于 1998 年,经过多年的市场耕耘,销售年收入已达 3 亿元以上,在全国同行业中名列前茅。2011~2013 年,出资 40 万元在山大设立"山东大学精诚数控奖(助)学金"。

六、条件建设及其他

学校在扩大办学规模的同时,基础设施紧张的矛盾也突显出来,仅仅 1984 年和 1985 年两次扩招,就使在校生数量几乎翻了一番,学生数量剧增给学校带来了巨大压力。当时,无论师资力量、实验条件、教室宿舍食堂、体育场所、图书馆以及其他办学条件,远不具备容纳在校生 6000 人的能力,而这次扩招仅仅是现有人员、设备的最大限度的挖潜。当时校舍,特别是教工宿舍紧张的矛盾较为突出,这些问题不尽快解决,将严重制约学校的发展。为尽快解决基本建设方面所存在的困难,促进学校的快速发展,经多方面争取,山东省政府先后批准了一些基建项目。1983~1989 年年底,校舍建筑面积增加了近 14 万平方米,几乎相当于重建了一所山东工学院。

1983 年以来,机械系实验室建设发展迅速。1987 年,有机械原理及零件实验室、机械制图实验室、切削实验室、液压实验室、精密测量实验室、测试技术实验室、CAD 实验室等 7 个实验室。1987~1990 年,加强旧实验的改进,增开新实验;加强现有切削实验室、公差和技术测量实验室的设备并扩大实验室面积至 1500 平方米;成立液压气动实验室和自动化实验室。

到 1989 年时,机械工程系下设金属切削、液压与气动、精密测量、CAD、测试技术、机械原理与零件、图学等 7 个实验室,1 个资料室。仪器设备等固定资产 400 万元,基本满足了本科教学实验的需要,实验课开出率达 100%,并为研究生课题实验和教师开展科研工作提供了基本试验条件。1989 年,全系拥有 IBMPC/XT、TRS-80、APOLLO DN580、APOLLO DN3000、M68000、SUPER 兼容机等微机共 19 套,其中 M68000 机有 14 个终端,APOLLO 微机系统是先进的、供计算机辅助设计用的。这些微机基本满足了本系教师、研究生科研工作的需要,部分解决了本科生教学和设计等实践环节上机的需要。精密测量实验室拥有长度、圆度、粗糙度、齿轮、轮廓测量的全套仪器共 32 台。金属切削实验室拥有各种机床设备 40 台、主要电子仪器设备 32 台。测试技术实验室拥有各种仪器、设备 60 台。此期间,在增添先进仪器设备的同时,又集中对原有仪器设备进行技术改造,使多数实验实现动态测量和电测。专业课 75% 的实验实现了数据采集、处理、显示微机化。这就使学生通过实验不仅验证了所学理论,同时进行了电子仪器和微机应用的训练,提高了实验质量。实验室有一支能力素质较强的实验人员队伍,其中高级实验师 1 名,实验师、工程师 7 名,助理实验师、助理工程师、技术员 10 名,工人 14 名。

1991 年 1 月 13 日,机械制造被确定为省级重点学科,实验室建设也得到了加强。1992 年,机械工程系设有机械原理及零件实验室、机械制图实验室、切削实验室、液压实验室、精密测量实验室、测试技术实验室、CAD 实验室等 7 个实验室,和精密加工、计算机辅助设计与制造 2 个研究室。实验室面积达 2000 平方米,实验室固定资产 500 余万元。CAD/CAM 和工程陶瓷 2 个省级重点实验室。

1983～2000 年实验室(研究室)建设:

计算机辅助设计实验室(CAD 实验室),1986 年利用世界银行贷款,引进了具有 20 世纪 80 年代末期世界水平的美国 APOLLO 图形工作站组成 CAD 网络系统,并配有当时国外先进的图形软件、数控软件和有限元分析软件。"八五"期间该实验室建设共投资 230 万元。1991 年经省教委评估,被批准为省重点实验室。现有在职人员 12 名,其中教授 2 名,副教授 4 名,博士毕业生 4 名。

"八五"期间,从高技术应用基础研究、产品设计技术开发和 CAD 软件商品化 3 个层次,开展了产品 CAD、工装 CAD、优化设计等方面的设计自动化研究工作,以及 CAD/CAM 一体化技术、激光快速成形技术(CMM/CAD/RPM)、产品 CAD/CAE 集成技术、物流系统及仿真技术等研究工作。共承担各类科研项目 52 项,总经费 413 万元。通过鉴定项目 25 项,获奖 11 项,30 项成果被采用。发表论文 230 余篇,编写出版教材、专著 8 部。

"九五"期间承担国家"863"项目"功能表面分解重构原理及应用",在设计理论研究方面,争取达到国际先进水平,在概念设计软件开发方面,力争达到国内先进到领先水平;在快速制造系统、精密塑胶模设计与制造以及面向 CIMS 系统的产品数据管理方面进行深入研究,以跟踪世界先进集成制造技术的发展。

实验室拥有 20 世纪 90 年代中期先进水平的 CAD 工作站和计算机软硬件资源和环境,设备配置达到全国高校先进水平,已成为培养硕士生和博士生等高级 CAD/CAM 技术人才的基地。

1994 年经国家科委和省科委批准,建立全国 CAD 应用培训网络山东网点,为企业培养了各类 CAD 应用开发人才。1996 年与美国 EDS 公司合作,建立了美国 EDS 公司 UG 和 IMAN 软件培训中心。

机械工程学院实验中心,是根据国家教委实行校、院两级实验管理体制改革的要求,于 1997 年 11 月成立的,主要职能是统一管理全院的实验室和实验教学活动。目前,实验管理体制的改革仍在进行中。实验中心下设机械基础实验室和机械专业实验室,实行实验设备统一管理、实验经费统筹使用、实验人员工作业绩统一考核。

机制专业实验室包括原有的金属切削实验室、液压与气动实验室、测试技术实验室、机电一体化实验室。

金属切削实验室,成立于 1955 年,是机械工程学院骨干实验室,定编 8 人,具有高级职称的 3 人、中级职称的 4 人。实验用房面积 1800 平方米,实验室的设备仪器门类齐全,技术先进,许多机床及检测仪器国内高校少有,省内高校独有(数控镗铣中心、柔性加工中心、压电晶体车削及铣削测力仪、双频激光测量仪),设备仪器总值约 800 万元。实验室作为教学、科研的基地,主要承担本专科学生的实验教学工作,以及博士研究生和硕士研究生的课题实验工作,同时承担国家、省、部级及横向科研课题。自 1986 年以来,金属切削实验室通过了全国高校重点专业评估,参与进行了重点学科和博士点的建设,取得了较大发展。目前还面向社会承担机械行业的项目论证、方案设计、设备机械性能测试、机电一体化应用、计算机控制、加工制造等多项任务。

测试技术实验室,是机械工程学院机械设计与制造专业的专业实验室,成立于1980年,1985年利用世界银行贷款购置了价值近30万美元的先进测试仪器设备,实验室面积达120平方米,已成为教学科研及研究生培养的基地。可进行机械设备的振动及噪声的测试与分析、机械故障的诊断与分析、机械设备的计算机控制、计算机辅助测试及动态信号的分析与处理,以及常见机械量——应力、应变、位移、速度、加速度、机械效率、扭矩、功率、压力、流量、时间、转速、温度的测量与分析。

机电一体化实验室,主要承担机电一体化方面的教学和科研实验任务,自1993年招收首批机械电子工程专业本科生以来,已经培养毕业生多名。此期间,完成了政府科技计划及生产单位委托课题20余项,获省科技进步1等奖,10余项填补了国内空白。在国内外重要刊物上发表论文100余篇。

机械基础实验室,包含工程图学实验室、机械原理与零件实验室和公差与技术测量实验室。至1999年,有实验技术人员7名,其中高级实验师2名、中级实验师3名。实验室面积800平方米,设备总值200余万元。主要承担相关基础课和技术基础课的实验和教学任务,同时承担部分科研工作。

20世纪90年代末期,学院拥有可满足从本科教学到博士生培养所需要的实验仪器和设备,其中有工作站10余个、计算机近百台、数控机床等加工设备50余台、大型精密测量仪器40余台、各种试验台20余套、动态测试和电测仪器400多套。1998年年底,在学校机构改革方案中,实验室管理体制改革,对实验室实行校院(系)两级管理,学院对实验室进行合并调整。

七、党建与思想政治工作

1.院系党建工作

"文化大革命"时期,党的建设工作遭到重创;"文革"结束后,高校的教学、科研等办学秩序得到逐步的恢复和整顿。山东工业大学成立后,党建各方面的工作得到了加强,并取得了较大突破。此时期,学校党委不断加强党的思想建设和组织建设,坚决贯彻民主集中制和党委领导下的校长负责制,党内生活中坚持"三会一课"(党小组会、学习会、生活会、党课)制度。1984年12月,按照中央和省委要求,学校开始进行认真细致的整党工作。中央关于整党的决定明确指出:"这次整党的目的和要求,就是要在马克思列宁主义、毛泽东思想的指导下,依靠全党同志的革命自觉性,正确运用批评与自我批评的锐利武器,执行党的纪律,揭露和解决党内存在的思想、作风和组织严重不纯的问题,实现党风的根本好转,提高全党的思想水平和工作水平,更加密切党和人民群众的联系,努力把党建设成为领导社会主义现代化事业的坚强核心。"

根据党中央和中共山东省委的要求,学校党委提出了关于整党的安排意见,全面完成"统一思想,整顿作风,加强纪律,纯洁组织"的整党任务。整党工作共经历5个阶段,即学习文件、组织发动阶段,对照检查阶段,整改阶段,组织处理和党员登记阶段,总结验收阶段。机械系也按照学校要求,在认真学习文件、提高思想认识的基础上,通过批评和自我批评,分清是非,纠正错误,纯洁组织,就树立"三个面向"的办学指导思想;彻底否定"文化大革命";提高共产主义觉悟,振奋革命精神;认真纠正和查处官僚主义和以权谋私的不正之风;纯洁党的组织;加强领导班子和第三梯队的建设等问题进行了重点解决。在整个整党过程中,全校包括机械系在内的 13 个党总支、2 个直属支部、85 个基层支部、1074 名党员参加了整党,直到 1986 年 1 月 3 日,山东省委整党办公室批复山东工业大学整党工作总结报告,同意宣布整党结束。通过这次整党,全系上下彻底清除"文化大革命"对高校党建工作的影响,进一步端正业务指导思想,树立"三个面向"的指导方针,整顿党风,坚定理想,增强党性,加强组织建设,严明党纪,保持党组织的先进性和纯洁性,并通过整党对广大师生员工进行社会主义思想政治教育,加深对中央路线、方针、政策和经济体制改革的认识,提高在思想上、政治上和党中央保持一致的自觉性,增强搞好教育工作的事业心和责任感,以促进改革、推动各项工作的开展。还明确了以教学为中心,同时搞好科研和科技服务的工作方针。1984 年 11 月,按上级指示,学校组织专人对历史遗案、原定结论进行了认真的复查,重作了结论。1985 年年底,学校清退"文革"财物工作宣告结束。自此,全系的党建工作进入了一个崭新的发展阶段。

在新的社会形势和工作方针指导下,机械系坚持社会主义方向,坚持教育改革是提高教育质量的根本途径,积极进行了体制改革、教学管理改革,实行了专业技术职务聘任制,改革助学金和毕业生分配制度,机关工作推行了岗位责任制,积极改进和加强思想政治工作,建立了一支精干的思想政治工作队伍,调动积极因素,搞好教书育人、管理育人、服务育人。1987 年 3 月,一机系教授艾兴当选为济南市历下区第十一届人民代表大会代表。

1988 年 12 月中旬,学校第五次党代会全面肯定了全校和机械系的各项党建工作,并对未来三年的发展作出规划。在此期间,机械系不断完善党的思想、组织和领导干部廉政建设,制定完善各项规章制度,提供了制度支持和保障。组织全系师生员工政治学习,组织干部和教师参加培训,并于 1990 年对全体党员进行了重新登记,进一步坚定了广大党员的共产主义信念,增强了广大党员的宗旨观念、纪律观念,继承和发扬了我党理论联系实际、密切联系群众、批评与自我批评的优良传统和作风,保证了在政治上、思想上和行动上与党中央保持一致。与此同时,系党总支还制定了《关于教研室党支部工作办法》《关于学生党支部工作办法》等,组织 1985 年及其以后大学本科毕业的青年教师到济南、泰安、淄博等地郊区的工厂、学校中参加社会实践锻炼。

进入 20 世纪 90 年代,高校党建工作的重心发生了巨大变化。教育战线面临着新的形势、新的任务、新的挑战和新的选择。在各级党委的领导下,机械系党总支团结一致,拼搏进取,在各项工作中取得了显著成绩。制定和实施了干部廉洁自律的规定,认真坚持民主生活会制度,领导联系群众制度,定期向教师、民主党派老干部通报情况和征求意见制度,以"守土有责,甘当苦力"要求自己,带头倡导苦干实干作风。重视加强基层党组织建设,认真贯彻党总支、党支部工作条例,自觉用邓小平理论武装头脑,加强领导班子思想建设,保证领导班子在政治上坚强有力。1993 年,机械系隆重召开党代会,对当前机械系的党建工作总结研讨,明确了今后一个时期的奋斗目标,并选出了新一届党总支委员会,王梦珠任党总支书记、潘国栋任党总支副书记。1994 年机械系更名为机械工程学院,机械系党总支更名为机械工程学院党总支。

机械工程学院党总支在各级党组织的指导下,以成为山东省重要的高级工程技术人才培养基地和科学技术研究开发基地、更好地为山东经济发展和社会进步服务为目标,认真做好学院党建工作、深化管理体制改革、全面提高办学水平和办学效益、努力开创精神文明建设工作新局面为中心,将机械工程学院的党建工作推向了一个更高的台阶。

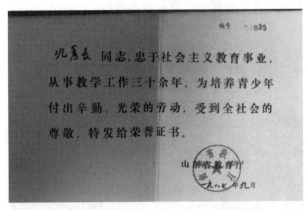

1987 年 9 月,巩秀长获山东省教育厅表彰

2.学生思想政治工作

高度重视和不断加强学生思想政治工作,是学院多年以来一贯保持的优良传统。20 世纪 80 年代以来,各种思潮涌入大学校园,一度造成大学生思想混乱,学校各级重视思想政治工作,提出全校全党政工团、教学一线、后勤服务各条战线上的工作人员树立德育观念,明确岗位育人责任,形成全院德育工作思路,打造专职思想政治工作人员队伍。1984 年 3 月 22 日,学校公布了《山东工业大学政治辅导员工作条例》。根据《条例》,当时的机械系选拔了一批工作能力强、政治业务好、忠诚党的教育事业、热心政治工作、品德高尚的青年教师任学生政治辅导员,设立分管学生党委副书记,成立辅导员办公室,建成了一支政治可靠、素质较高、作风过硬的专职思想政治工作人员队伍,迅速形成思想政治工作网络,为开展学生思想政治工作提供保障。

为贯彻落实中宣部、教育部《关于加强高等学校思想政治工作队伍建设的意见》精神,全面开创思想政治工作新局面,1985 年 4 月,学校颁布了《中共山东工业大学委员会关于加强学生思想政治工作队伍建设的意见》,对加强思想政治工作、提高政治工作人员素质提出了较高要求。1986 年 11 月,学校成立大学生成才导师团,省、市有关领导及老校长、离退休干部、现任校系领导、专家教授 76 人受聘为导师团成员,通过组织报告会、座谈会等形式,对学生发展成才标准、成才道路教育。1987 年,学校制定了《学生手册》,汇编了学生在校期间日常生活、学习、学籍管理、考试纪律等多项制度规章,并严格按规定执行。

为了使大学生走出校园,了解社会,丰富知识,增长才干,机械工程学院把组织师生参加社会实践活动作为改进思想政治工作、深化教学改革的方向性工作来抓。成立了领导小组,把社会实践活动列入教学计划。从 1984 年开始,每年假期都组织学生参加有针对性的社会实践活动,通过这些活动使学生开阔了眼界,了解了国情、省情,进一步提高了对改革开放、党和国家路线方针政策的认识和理解。在 1989 年 4 月中旬至 6 月中旬发生的那场政治风波中,学校虽未能幸免,但由于全体政工人员和教师在政治上、思想上始终与党中央保持一致,在校党委的领导组织下,旗帜鲜明,立场坚定,耐心细致地对学生做说服疏导工作,使学院各项工作得以迅速恢复,使损失减少到最低程度,进一步验证了学校党委加强思想政治工作队伍建设的做法是正确的。

1989 年 10 月,学院被评为学生工作先进单位

1999 年 9 月,学院被评为学生工作先进单位

20 世纪 90 年代以后,按照学校校系两级"三育人"工作的要求,学院严格遵守《山东工业大学教书育人、管理育人、服务育人暂行条例》和《山东工业大学德育大纲》的规定,建立了"两课、两校、两组"理论教育网络和学生工作"四考一评"体系,实施了"奖、贷、减、补、助、扶"为主要内容的助学工程,不断加强学院思想政治组织、制度、文化、工作队伍等各方面的建设,积极探索组织大学生参加社会实践活动,形成了具有"制度化、经常化、规

范化、基地化、形式内容多样化"特点的社会实践活动运行机制,有效地解决了学生参加活动的制度管理、目标导向问题,在基地建设、活动指导、产学研和育人结合方面获得了许多非常有价值的经验。

机械专业毕业生社会信誉较好,毕业生就业工作一直位于全校乃至全省前列。毕业生遍布全国各地,不少人成为有影响的专家、教授和部门、企业的领导。还有一些校友担任着国家电力、冶金、机械等行业的大中型企业领导职务。学院多次被评为各级党的建设与思想政治工作先进单位、德育工作先进单位、学生工作先进单位、先进团委、社会实践工作先进单位、学生科技创新工作先进单位等。

从山东工专、山东工学院到山东工业大学,51 年的光辉历程,经过几代人的奋力开拓,学校已发展成为学科门类比较齐全、规模较大、水平较高,在国内有一定影响的地方综合性工科大学。

2000 年 7 月 22 日,经国家教育部批准,山东大学、山东医科大学、山东工业大学三校共同组建新的山东大学,从此,山东工业大学融入山东大学新的大家庭中,为创建世界一流的新山东大学继续发挥着重要作用。在这个大背景之下,机械工程学院也步入更好、更快的发展阶段。

第三章　同源归一:机械工程教育的跨越发展（2000.7～　　）

为顺应世界高等教育和科技发展趋势,适应我国和山东省经济和社会发展需要,经教育部和山东省同意,2000 年 7 月 22 日,山东大学、山东医科大学、山东工业大学三校合并组建成新的山东大学,同时撤销原三校的建制,新的山东大学为教育部直属高校。新山东大学的诞生,为机械工程学院带来了新的发展机遇和建设了更高的发展平台,学院的办学实力得到了进一步增强,焕发出更为蓬勃的活力,实现了跨越式发展。

在新的历史起点上,学院提出了建设国际一流机械工程学科的奋斗目标。在学校创建世界一流大学办学目标指引下,学院以美国密歇根大学和上海交通大学的机械工程学科为标杆,吸收和借鉴国内外一流机械工程学科的发展经验,紧紧围绕学院中心工作,统一师生思想,提高认识,抓握机遇,明确方向,选准切入点,全面促进学院各项工作快速发展。在学科建设、教学改革、科研工作、师资队伍建设、人才培养、岗位聘任、岗位考核及职称评审等关系到学院发展及教职工切身利益的重大问题上,充分发挥党政联席会和各专门委员会的作用,集思广益,发扬民主,增强决策的科学性,逐步实行学院工作科学化、规范化、制度化。经过合校后 21 年的发展,机械工程学科已经成为山东大学工科中具有代表性和传统优势的学科,学院师资力量雄厚、人才培养特色鲜明、科学研究成果斐然、平台建设成效显著、国际国内合作硕果累累,综合办学实力和核心竞争力不断增强,办学质量和为国家、区域服务的能力逐渐提高,国内影响力和国际知名度明显提升,工程学(含机械工程学科)ESI 排名进入前 0.34‰,2019 年机械/航空制造学科 QS 排名 201～250 名(在大陆高校中排名第 8 位,在全校进入前 500 名的 15 个学科中排名第 7 位)。机械制造及其自动化学科达到了国际一流水平,机械电子工程、机械设计及理论、化工过程机械、车辆工程、产品设计等学科均达到了国内一流水平。

第一节　体制机制

一、领导机构

学院领导机构:党政联席会、党委会、学术委员会、教学指导委员会和工会委员会。

党政联席会由学院领导班子成员组成,党委会由学院党委委员组成,学术委员会由学院学术委员组成,教学指导委员会由学院教学指导委员组成,工会委员会由学院工会委员组成。

1.历任学院领导

历任学院领导

时间	院长	副院长	书记	副书记	办公室主任
2000.7～2003.12	李剑峰	周以齐、张慧、黄传真、葛培琪	秦惠芳	李丽军	袁树喜
2003.12～2007.12	李剑峰	张慧、黄传真、葛培琪、王铁英(兼)	秦惠芳	李丽军、仇道滨	王中豫
2008.1～2012.12	李剑峰	黄传真(兼)、葛培琪、王勇、李方义、杨志宏	黄传真	仇道滨、刘琰	王霞
2012.12～2018.4	黄传真	王勇、李方义、杨志宏(2012.12～2017.9)、万熠	仇道滨	刘琰、吕伟	贾存栋
2018.4～2019.12	黄传真	姚鹏、姜兆亮(2018.4～2019.7)、贾存栋、宋清华、朱洪涛(2019.7～)、林萍(挂职:2019.3～2020.3)	仇道滨	吕伟、刘玥	
2019.12～2021.4	黄传真	姚鹏、贾存栋、宋清华、朱洪涛、马毓轩(挂职:2020.8～2021.8)	刘杰	吕伟、刘玥	
2021.4～	万熠(常务副院长)	姚鹏、贾存栋、宋清华、朱洪涛、马毓轩(挂职:2020.8～2021.8)	刘杰	吕伟、刘玥	

党委书记:刘杰

常务副院长:万熠

2.历任学院党委委员

历任学院党委委员

时间	书记	副书记	委员(以姓氏笔画为序)
2000.7～2004.1	秦惠芳	李丽军	刘长安、李绍珍、李丽军、李剑峰、周以齐、秦惠芳、黄传真
2004.1～2008.4	秦惠芳	李丽军、仇道滨	仇道滨、刘长安、李绍珍、李丽军、李剑峰、秦惠芳、黄传真
2008.4～2012.12	黄传真	仇道滨、刘琰	仇道滨、刘鸣、刘琰、刘和山、李剑峰、黄传真、葛培琪
2012.12～2018.4	仇道滨	刘琰、吕伟	王勇、仇道滨、吕伟、刘琰、刘和山、张进生、周咏辉、贾存栋、黄传真
2018.4～2019.12	仇道滨	黄传真、吕伟、刘玥	仇道滨、吕伟、刘玥、宋清华、周咏辉、姜兆亮(2018.4～2019.7)、姚鹏、贾存栋、黄传真
2019.12～2021.4	刘杰	黄传真、吕伟、刘玥	刘杰、吕伟、刘玥、宋清华、周咏辉、姚鹏、贾存栋、黄传真
2021.4～	刘杰	吕伟、刘玥	刘杰、吕伟、刘玥、宋清华、周咏辉、姚鹏、贾存栋

3.历任学院学术委员会委员

历任学院学术委员会委员

时间	学术委员会主任	副主任	委员（排名不分先后,带有＊号者为校内其他单位委员,带有＊＊号者为校外特聘委员）
2001.5～2004.4	艾兴	李剑峰	艾兴、李剑峰、宋孔杰、路长厚、黄传真、张承瑞、黄克正、陈举华、王威强
2004.4～2008.4	艾兴	李剑峰	艾兴、李剑峰、刘长安、张建华、张承瑞、周以齐、周慎杰、黄传真、黄克正、葛培琪、路长厚、曾广周＊、王志明＊、卢秉恒＊＊、雷源忠＊＊
2008.4～2013.6	艾兴	李剑峰	艾兴、李剑峰、王勇、王增才、刘长安、刘和山、张承瑞、周以齐、周慎杰、黄传真、葛培琪、王志明＊、曾广周＊、丁汉＊＊黄田＊＊、郭东明＊＊
2013.6～2019.1	刘战强	黄传真	刘战强、黄传真、王勇、王增才、刘长安、刘和山、李剑峰、陈颂英、张勤河、周以齐、赵军、葛培琪、廖希亮
2019.1～2021.5	刘战强	黄传真	陈颂英、高琦、黄传真、姜兆亮、李方义、刘含莲、刘日良、刘燕、刘战强、谢宗法、张勤河、邹斌、闫鹏
2021.5～	刘战强	万熠	陈颂英、高琦、万熠、姜兆亮、李方义、刘含莲、刘日良、刘燕、刘战强、谢宗法、张勤河、邹斌、闫鹏

4.历任学院教学指导委员会委员

历任学院教学指导委员会委员

时间	教学指导委员会主任	副主任	委员（以姓氏笔画为序）
2000.5～2008.4	李剑峰	张慧	王增才、刘长安、李剑峰、张慧、张承瑞、周以齐、赵英新、唐委校、葛培琪、廖希亮
2008.4～2014.5	李剑峰	王勇（常务）、唐委校	王勇、王增才、刘和山、李剑峰、孟剑锋、张慧、周以齐、赵军、赵英新、高琦、唐委校、葛培琪、廖希亮
2014.5～2018.6	黄传真	王勇	万熠、王勇、王志中（山东临工集团董事长）、王震亚、刘日良、李增勇、孟剑锋、陈淑江、宋清华、赵军、姜兆亮、高琦、黄传真
2018.6～2019.9	黄传真	姜兆亮	曲延鹏、朱洪涛、刘刚、刘燕（工设）、孙玲玲、李瑞川（校外）、邹斌、宋清华、张磊、陈淑江、周咏辉、姜兆亮、姚鹏、贾存栋、黄传真
2019.9～2019.11	黄传真	姜兆亮、朱洪涛	曲延鹏、朱洪涛、刘刚、刘燕（工设）、孙玲玲、李瑞川（校外）、邹斌、宋清华、张磊、陈淑江、周咏辉、姜兆亮、姚鹏、贾存栋、黄传真

续表

时间	教学指导委员会主任	副主任	委员（以姓氏笔画为序）
2019.11～2020.9	黄传真	姜兆亮、朱洪涛	卢国梁、史振宇、曲延鹏、朱洪涛、刘刚、刘燕（工设）、李瑞川（校外）、李燕乐、邹斌、宋清华、张磊、周咏辉、姜兆亮、姚鹏、贾存栋、黄传真
2020.9～2021.1	黄传真	姜兆亮、朱洪涛	卢国梁、史振宇、曲延鹏、朱洪涛、刘刚、刘燕（工设）、李瑞川（校外）、李燕乐、邹斌、宋清华、岳晓明、周咏辉、姜兆亮、姚鹏、贾存栋、黄传真
2021.1～2021.8	黄传真	姜兆亮、朱洪涛	卢国梁、史振宇、曲延鹏、朱洪涛、朱向前、刘刚、刘燕（工设）、李瑞川（校外）、邹斌、宋清华、岳晓明、周咏辉、姜兆亮、姚鹏、贾存栋、黄传真

5.历任学院工会委员会委员

历任学院工会委员会委员

时间	工会主席	副主席	委员（以姓氏笔画为序）
2001.3～2008.5	秦惠芳	刘鸣、王志	王志、刘鸣、刘含莲、朱海荣、吴净、张建川、沈楠、郑雯、查黎敏、袁泉、彭伟利、霍志璞
2008.5～2018.11	刘鸣	王志、霍志璞	王志、刘鸣、刘含莲、朱海荣、张建川、沈楠、郑雯、杨春凤、查黎敏、袁泉、彭伟利、霍志璞
2018.11～	贾存栋	霍志璞、董华勇	刘含莲、袁泉、韩伟、彭伟利、马嵩华、杨春凤、杨锋苓、朱海荣

二、机关设置

学院机关由学院党委、学院办公室、本科教务办公室、研究生培养办公室、继续教育办公室、团委与学生工作办公室组成。

机关设置

学院机关	人员组成
学院党委	吴春丽（2000.7～2002.2）、刘玥（2002.2～2018.4）、魏宏（2018.4～2021.1）、袁凯（2021.2～　）
学院办公室	孙绍平（2000.7～2016.5）、李建勇（2002.9～2018.4）、董华勇（2018.11～　）、马丽林（2019.9～　）、刘雪飞（兼职：2017.7～2018.7）、梁西昌（兼职：2018.7～2019.7）、杜宜聪（兼职：2019.7～2020.7）、魏枫展（兼职：2020.7～2021.7）、王鑫峰（兼职：2021.7～　）、王有新（兼职：2021.7～　）

学院机关	人员组成
本科教务办公室	沈楠(1987.3～2007.12)、朱优县(2003.7～2007.3)、陈芝(2007.10～2018.11)、韩伟(2008.10～　)、薛强(2018.11～　)
研究生教务办公室	张树生(2000.7～2004.4)、王霞(2002.9～2008.1)、沈楠(2008.1～2018.4)、苑国强(2008.7～　)、陈芝(2018.11～　)、查黎敏(2018.4～　)
继续教育办公室	王中豫(2008.1～2018.4)、吕巧娜(2014.6～　)、许蕴梅(2016.3～　)、沈楠(2018.4～　)、廖希亮(2021.5～　)
团委与学生工作办公室	于珍(1994.7～2011.9)、曾斌(1995.7～2002.4)、黄波(1997.7～2001.7)、刘琰(1996.7～2008.1)、刘玥(2001.7～2002.9)、朱征军(2001.7～2018.6)、汤煜春(2002.7～2004.7)、于方杰(2002.7～2004.7)、谢文韬(2003.7～2005.7)、于超(2004.7～2006.7)、徐文文(2004.7～2006.7)、宋小霞(2005.7～　)、王园伟(2006.7～2008.7)、孙平(2006.7～2008.7)、刘琳(2007.7～2009.7)、孙大勇(2007.7～2009.7)、魏宏(2008.7～2018.4)、许德涛(2008.7～2010.7)、胡玉翠(2009.7～2017.5)、陈诚(2010.7～2012.7)、王忠山(2011.7～　)、刘璐(兼职:2015.7～2017.7)、梁慧(2016.7～2017.7)、李淑颖(兼职:2017.7～2019.7)、张柏寒(2017.7～　)、李国英(2018.7～2019.7)、邹雪倩(兼职:2018.7～2020.7)、李官梒(2019.7～2020.9)、魏进红(2019.7～2020.9)、杨鑫哲(2020.9～　)、李天泽(2020.7～2021.7)、刘西华(2021.3～　)、翟一鸣(2021.7～　)、隋仲阳(2021.7～　)

三、系所设置

2000年合校后,学院重新进行了系所调整,下设机械制造工艺及设备、机械设计及制造、机电一体化、机械原理与机械零件、工程图学、工业设计和车辆工程7个教研室,CAD和工程陶瓷2个省级重点实验室,先进制造技术1个校级重点实验室,刀具材料制备与测试、数控技术与设备、精密测量、切削加工与液压控制、特种加工、机电工程、车辆工程、智能检测、CAD/CAM、机械原理及机械设计、过程装备与控制、工业设计综合11个实验室,振动冲击与噪声控制、建材与建设机械、CIMS、秸秆气化4个研究室,机械CAI、数控技术研究、物流工程技术研究和CAD 4个中心。

2001年1月,随新山东大学专业合并调整,原山东工业大学环境与化工工程学院过程装备与控制工程专业调整并入机械工程学院,学院设立了机械制造工程系和机械设计工程系两个系,设立机械制造及其自动化、CAD/CAM、机电与车辆工程、过程装备与控制、现代工业设计、机械设计及理论和工程图学7个研究所,学院拥有CAD和工程陶瓷2个省级重点实验室、山东省CAD工程技术中心和山东省物流工程技术中心2个省级工程技术中心及1个实验管理中心。

2002年,物流工程技术研究中心从机械工程学院调入山东大学控制工程学院。

2004年,学院进一步完善系所设置,下设制造工程系、设计工程系、车辆工程系、工业设计系、装备与控制工程系5个系,机械制造及其自动化、CAD/CAM、机电工程、车辆工程、过程装备与控制工程、现代工业设计、机械设计与理论、工程图学 8 个研究所，CAD 省级重点实验室及山东省 CAD 工程技术中心、山东省石材工程技术研究中心、山东省冶金设备数字化工程技术中心 3 个省级工程中心和 1 个实验管理中心等单位。2005 年，新增 1 个省级工程技术研究中心——山东省生物质能源工程技术研究中心。2006 年，又新增山东省高效切削加工工程技术研究中心、山东省特种设备安全工程技术研究中心 2 个省级工程技术研究中心。

2008～2011 年，学院下设制造科学与工程系、机械设计系、车辆工程系、过程装备工程系、设计艺术系 5 个系；机械制造及其自动化、CAD/CAM、机电工程、车辆工程、过程装备与控制工程、现代工业设计、机械设计及理论、数字化设计 8 个研究所，精密制造技术与装备、计算机辅助设计 2 个省级重点实验室，山东省 CAD 工程技术研究中心、山东省石材工程技术研究中心、山东省冶金设备及工艺数字化工程技术研究中心、山东省高效切削加工工程技术研究中心、山东省特种设备安全工程技术研究中心、山东省生物质能源工程技术研究中心 6 个省级工程技术研究中心和学院实验示范中心等单位。

2012～2015 年，学院设有制造工程、车辆工程、装备与控制工程、设计艺术系 4 个系和机械设计及理论、数字化技术 2 个研究所。制造工程系下设机械制造及其自动化、CAD/CAM、机电工程 3 个研究所，车辆工程系下设车辆工程研究所，装备与控制工程系下设过程装备与控制工程研究所，设计艺术系下设现代工业设计研究所。学院还拥有高效洁净机械制造教育部重点实验室，精密制造技术与装备、CAD 2 个省级重点实验室，高效切削加工、特种设备安全、生物质能源、CAD、石材、冶金设备数字化等 6 个省级工程技术中心和 1 个省级工业设计中心，先进制造技术、可持续制造技术、先进射流工程技术、虚拟工程、建材与建设机械、数控技术、特种设备安全保障与评价、产品生命周期管理（PLM）技术等 10 余个校级研究中心，振动冲击与噪声控制研究室、CIMS 研究室、生物质能源技术开发中心、制造业信息化研究中心、数字化制造技术研究中心等科研室。学院机械基础实验教学示范中心为国家级机械基础实验教学示范中心，下设机械设计制造及其自动化专业实验室、过程装备与控制工程专业实验室、工业设计专业实验室、机械基础实验室、机械工程创新综合实验室、切削实验室、机电工程实验室、车辆工程实验室、CAD/CAM 实验室、智能检测实验室、机械 CAI 中心等实验室。

2016～2017 年，学院设有制造工程、车辆工程、装备与控制工程、设计艺术 4 个系和机械设计及理论、数字化技术 2 个研究所。制造工程系下设机械制造及其自动化、CAD/CAM、机电工程 3 个研究所，车辆工程系下设车辆工程研究所，装备与控制工程系下设过程装备与控制工程研究所，设计艺术系下设现代工业设计研究所。学院拥有高效洁净机械制造教育部重点实验室，精密制造技术与装备、CAD 共 2 个省级重点实验室，高效切削加工、特种设备安全、生物质能源、CAD、石材、冶金设备数字化等 6 个省级工程技术中心和 1 个省级工业设计中心，先进制造技术、可持续制造技术、先进射流工程技术、虚拟工程、建材与建设机械、数控技术、特种设备安全保障与评价、产品生命周期管理（PLM）技术等 10 余个校级研究中心，振动冲击与噪声控制研究室、CIMS 研究室、生物质能源技术开发中心、制造业信息化研究中心、数字化制造技术研究中心等科研室。学院机械基础实验教学示范中心是国家级机械基础实验教学示范中心，下设机械设计制造及其自动化专业实验室、过程装备与控制工程专业实验室、工业设计专业实验室、机械基础实验室、机械工程创新综合实验室、切削实验室、机电工程实验室、车辆工程实验室、CAD/CAM实验室、智能检测实验室、机械CAI中心等。数字化设计与制造虚拟仿真实验教学中心为国家级虚拟仿真实验教学中心。此外,学院还拥有山大临工国家级工程实践教育中心。

2018年,学院有机械设计制造及其自动化、车辆工程、过程装备与控制工程、产品设计、智能制造工程5个本科专业,拥有高速切削加工与刀具、磨粒水射流加工科技部创新团队、高效洁净机械制造教育部重点实验室、国家级机械基础实验教学示范中心、国家虚拟仿真实验教学中心。学院设有6个系、8个研究所、1个实验中心,建设了精密制造技术与装备、CAD 2个省级重点实验室,建设了高效切削加工、特种设备安全、生物质能源、CAD、石材、冶金设备数字化、智能制造与控制系统和绿色制造8个省级工程技术中心,建成了山东省工业设计中心、现代高效刀具系统及其智能装备协同创新中心和10余个校级研究中心。

2019年,学院拥有全国首批国家级一流本科专业、全国首批通过国际工程教育认证专业、全国首批卓越工程师教育培养专业、全国首批国家级特色专业"机械设计制造及其自动化",首批新工科特色专业"智能制造工程",交叉前沿专业"产品设计"3个本科专业。学院拥有高速切削加工与刀具、磨粒水射流加工科技部创新团队、高效洁净机械制造教育部重点实验室、国家级机械基础实验教学示范中心、国家虚拟仿真实验教学中心、快速制造国家工程研究中心、山东大学增材制造研究中心和山大临工国家级工程实践教育中心。学院设有6个系、8个研究所、1个实验中心、1个机关服务管理中心,建设了精密制造技术与装备、CAD 2个省级重点实验室,建设了高效切削加工、特种设备安全、生物质能源、CAD、石材、冶金设备数字化、智能制造与控制系统和绿色制造8个省级工程技术中心,建设了山东省工业设计中心、现代高效刀具系统及其智能装备协同创新中心和10余个校级研究中心。

2020年,学院拥有1个机械工程博士后科研流动站、1个机械工程一级学科博士点、8个二级学科博士点及先进制造工程博士点、8个二级学科硕士点及4个工程硕士点,拥有全国首批国家级一流本科专业、全国首批通过国际工程教育认证专业、全国首批卓越工程师教育培养专业、全国首批国家级特色专业、全国首批国家级一流本科专业建设点专业"机械设计制造及其自动化",首批新工科特色专业"智能制造工程",交叉前沿专业"产品设计"3个本科专业。学院拥有高速切削加工与刀具、磨粒水射流加工科技部创新团队、高效洁净机械制造教育部重点实验室、国家级机械基础实验教学示范中心、国家虚拟仿真实验教学中心、快速制造国家工程研究中心山东大学增材制造研究中心和山大临工国家级工程实践教育中心。学院设有3个系、8个研究所、1个实验中心,建设了高效切削加工、特种设备安全、CAD、石材、冶金设备数字化、智能制造与控制系统和绿色制造7个省级工程技术中心,建设了生物质能清洁转化省工程实验室、绿色制造省高等学校重点实验室、山东省工业设计中心以及山东大学先进射流工程技术研究中心等10余个校级研究中心。

学院系所演变

年份	教研室	研究室	研究中心	实验室	系	研究所
2000	1.机械制造工艺及设备 2.机械设计及制造 3.机电一体化 4.机械原理与机械零件 5.工程图学 6.工业设计 7.车辆工程	1.振动冲击与噪声控制 2.建材与建设机械 3.CIMS 4.秸秆气化	1.机械CAI 2.数控技术 3.物流工程 4.CAD	1.先进制造技术(校) 2.CAD(省) 3.工程陶瓷(省) 4.刀具材料制备与测试 5.数控技术与设备 6.精密测量 7.切削加工与液压控制 8.特种加工 9.机电工程 10.车辆工程 11.智能检测 12.CAD/CAM 13.机械原理及机械设计 14.过程装备与控制 15.工业设计		
2001			1.CAD(省) 2.物流(省)	1.实验管理中心 2.CAD 3.工程陶瓷	1.机械制造工程系 2.机械设计工程系	1.机械制造及其自动化 2.CAD/CAM 3.机电与车辆工程 4.过程装备与控制 5.现代工业设计 6.机械设计及理论 7.工程图学
2002～2003			1.CAD(省)	1.实验管理中心 2.CAD 3.工程陶瓷	1.机械制造工程系 2.机械设计工程系	1.机械制造及其自动化 2.CAD/CAM 3.机电与车辆工程 4.过程装备与控制 5.现代工业设计 6.机械设计及理论 7.工程图学
2004			1.CAD(省) 2.石材(省) 3.冶金设备数字化(省)	实验管理中心 CAD	1.制造工程系 2.设计工程系 3.车辆工程系 4.工业设计系 5.装备与控制工程系	1.机械制造及其自动化 2.CAD/CAM 3.机电工程 4.车辆工程 5.过程装备与控制工程 6.现代工业设计 7.机械设计与理论 8.工程图学

续表

年份	教研室	研究室	研究中心	实验室	系	研究所
2005			1.CAD(省) 2.石材(省) 3.冶金设备数字化(省) 4.生物质能源(省)	实验管理中心CAD	1.制造工程系 2.设计工程系 3.车辆工程系 4.工业设计系 5.装备与控制工程系	1.机械制造及其自动化 2.CAD/CAM 3.机电工程 4.车辆工程 5.过程装备与控制工程 6.现代工业设计 7.机械设计与理论 8.工程图学
2006			1.CAD(省) 2.石材(省) 3.冶金设备数字化(省) 4.生物质能源(省) 5.高效切削加工(省) 6.特种设备安全(省)	实验管理中心CAD	1.制造工程系 2.设计工程系 3.车辆工程系 4.工业设计系 5.装备与控制工程系	1.机械制造及其自动化 2.CAD/CAM 3.机电工程 4.车辆工程 5.过程装备与控制工程 6.现代工业设计 7.机械设计与理论 8.工程图学
2008～2011			1.CAD(省) 2.石材 3.冶金设备及工艺数字化 4.高效切削加工 5.特种设备安全 6.生物质能源	1.学院实验示范中心 2.精密制造技术与装备 3.计算机辅助设计	1.制造科学与工程系 2.机械设计系 3.车辆工程系 4.过程装备工程系 5.设计艺术系	1.机械制造及其自动化 2.CAD/CAM 3.机电工程 4.车辆工程 5.过程装备与控制工程 6.现代工业设计 7.机械设计及理论 8.数字化设计

续表

年份	教研室	研究室	研究中心	实验室	系	研究所
2012~2018			快速制造国家工程研究中心 山东大学增材制造研究中心 省级研究中心： 1.山东省高效切削工程研究中心 2.山东省特种设备安全工程研究中心 3.山东省生物质能清洁转化工程研究中心 4.山东省工业设计中心 5.山东省石材工程研究中心 6.山东省冶金设备数字化工程研究中心 7.山东省绿色制造工程技术研究中心 8.山东省智能制造与控制系统工程技术研究中心 山东大学校级研究中心： 1.先进制造技术 2.可持续制造技术 3.先进射流工程技术 4.虚拟工程 5.建材与建设机械 6.数控技术 7.特种设备安全保障与评价 8.产品生命周期管理(PLM)技术	1.国家级机械基础实验教学示范中心 2.数字化设计与制造国家级虚拟仿真实验教学师范中心 3.国家级山东大学—山东临工集团工程实践教育中心 4.高效洁净机械制造教育部重点实验室 5.精密制造技术与装备 6.CAD省级实验中心 7.绿色制造重点实验室	1.制造科学与工程系 2.车辆工程系 3.过程装备与控制工程系 4.工业设计系 5.机器人系（2018年设立，2020年撤销） 6.智能制造系（2018年设立）	1.机械制造及其自动化研究所 2.CAD/CAM研究所 3.机电工程研究所 4.车辆工程研究所 5.过程装备与控制工程研究所 6.现代工业设计研究所 7.机械设计及理论研究所 8.数字化技术研究所

续表

年份	教研室	研究室	研究中心	实验室	系	研究所
2019～			快速制造国家工程研究中心 山东大学增材制造研究中心 省级研究中心: 1.山东省高效切削工程研究中心 2.山东省特种设备安全工程研究中心 3.山东省生物质能清洁转化工程研究中心 4.山东省工业设计中心 5.山东省石材工程研究中心 6.山东省冶金设备数字化工程研究中心 7.山东省绿色制造工程技术研究中心 8.山东省智能制造与控制系统工程技术研究中心 山东大学校级研究中心: 1.先进制造技术 2.可持续制造技术 3.先进射流工程技术 4.虚拟工程 5.建材与建设机械 6.数控技术 7.特种设备安全保障与评价 8.产品生命周期管理(PLM)技术	1.国家级机械基础实验教学示范中心 2.数字化设计与制造国家级虚拟仿真实验教学师范中心 3.国家级山东大学—山东临工集团工程实践教育中心 4.高效洁净机械制造教育部重点实验室 5.精密制造技术与装备 6.CAD省级实验中心 7.绿色制造重点实验室	1.制造科学与工程系 2.工业设计系 3.智能制造系	1.机械制造及其自动化研究所 2.CAD/CAM研究所 3.机电工程研究所 4.车辆工程研究所 5.过程装备与控制工程研究所 6.现代工业设计研究所 7.机械设计及理论研究所 8.数字化技术研究所

系所负责人一览表

时间	系所	所长/系主任	副所长/副主任	支部书记	学科学位点负责人
2001.9～2008.3	机械制造及其自动化研究所	张建华	张进生、王勇	张进生	
	机械设计及理论研究所	孙家林	黄珊秋、葛培琪、张勤河	张勤河	
	机电与车辆研究所	路长厚	张小印、唐伟	张小印	
	CAD/CAM 研究所	刘长安	韩云鹏	韩云鹏	
	工程图学研究所	廖希亮	李绍珍	李绍珍	
	过程装备与控制工程研究所	周慎杰	唐委校	周慎杰	
	工业设计研究所	刘和山	王震亚	刘和山	
	制造科学与工程系	张建华			
	设计工程系	孙家林			
2008.3～2013.4	机械制造及其自动化研究所	赵军	刘战强 姜兆亮	张进生	
	机械设计及理论研究所	张洪才	孟剑锋	刘 鸣	
	机械电子工程研究所	周以齐	陈淑江	李建美	
	车辆工程研究所	王增才	谢宗法		
	CAD/CAM 研究所	刘长安	王兆辉、高琦	韩云鹏	
	数字化研究所	廖希亮	周咏辉	周咏辉	
	过程装备与控制工程研究所	周慎杰	陈颂英	刘燕	
	工业设计研究所	刘和山	王震亚	刘和山	
	制造科学与工程系	赵军	陈淑江、高琦		
	车辆工程系	王增才	谢宗法		
	过程装备与控制工程系	唐委校			
	工业设计系	刘和山	王震亚		

续表

时间	系所	所长/系主任	副所长/副主任	支部书记	学科学位点负责人
2013.4～2018.5	机械制造及其自动化研究所	赵军	刘战强、姜兆亮	张进生	刘战强(2015～)
	机械设计及理论研究所	孟剑锋	张磊	刘鸣	张勤河
	机械电子工程研究所	王爱群	陈淑江	李建美	闫鹏
	车辆工程研究所	王增才	谢宗法	谢宗法	王增才
	CAD/CAM研究所	刘长安	王兆辉、李沛刚、刘刚	韩云鹏	高琦
	数字化研究所	廖希亮	周咏辉	周咏辉	廖希亮
	过程装备与控制工程研究所	陈颂英	杨锋苓	刘燕	陈颂英
	工业设计研究所	刘和山	刘燕、范志君	刘燕	宋方昊
	制造科学与工程系	姜兆亮	陈淑江、刘刚		
	车辆工程系	李增勇	谢宗法		
	过程装备与控制工程系	宋清华			
	工业设计系	王震亚			
2018.5～	机械制造及其自动化研究所	邹斌	史振宇、王继来、张成鹏(2020.4～)	史振宇	刘战强
	机械设计及理论研究所	张勤河	杨富春、高玉飞	刘文平	张勤河
	机械电子工程研究所	闫鹏	李建美、卢国梁	李学勇	闫鹏
	车辆工程研究所	谢宗法	李燕乐(2018～2021.4)、王亚楠(2021.4～)、朱向前(2021.1～)	李燕乐	谢宗法
	CAD/CAM研究所	高琦	王兆辉、李沛刚、刘刚	王黎明	高琦
	数字化技术研究所	刘日良	周咏辉、张敏、谢玉东	张敏	刘日良
	过程装备与控制工程研究所	陈颂英	刘燕、杨锋苓	刘燕(2018.6～2021.6)、杨锋苓(2021.6～)	陈颂英
	工业设计研究所	宋方昊	范志君、刘燕、闫东宁	范志君	宋方昊
	制造科学与工程系	朱洪涛(2018～2019.7)、史振宇(2019.7～)	陈淑江、刘刚、		
	智能制造工程系	周咏辉	岳晓明(2020.9～)		
	工业设计系	刘燕			
	机器人系	张磊(～2020)			
	车辆工程系	孙玲玲(2018～2020)			
	过程装备与控制工程系	曲延鹏(2018～2020)			

学院召开系所负责人会议

第二节　师资队伍

一、师资队伍的变化情况

2000 年 7 月，新成立的山东大学机械工程学院有在职教工 142 人，其中中国工程院院士 1 人，博士生导师 13 人，教授 21 人，副教授 47 人，高级实验师 5 人，具有博士学位者 27 人、硕士学位者 61 人。

2000 年机械工程学院教职工人员名单（2000 年 12 月 31 日）

序号	单位	姓名	性别	职称	备注
1	CAD	黄克正	男	教授	
2	机电	路长厚	男	教授	
3	机制	张承瑞	男	教授	
4	机制	邓建新	男	教授	
5	机制	张建华	男	教授	
6	机制	刘镇昌	男	教授	
7	机制	宋孔杰	男	教授	
8	机制	沈嘉琪	男	教授	
9	机制	艾兴	男	教授	
10	机制	王勇	男	教授	
11	制图	郑家骧	男	教授	
12	制图	李绍珍	女	教授	

续表

序号	单位	姓名	性别	职称	备注
13	零件	侯晓林	男	教授	
14	零件	于宏瑨	男	教授	
15	零件	陈举华	女	教授	
16	零件	黄珊秋	女	教授	
17	零件	董玉平	男	教授	
18	机关	秦惠芳	女	教授	
19	机关	周以齐	男	教授	
20	机关	李剑峰	男	教授	
21	机制	黄传真	男	教授	
22	CAD	徐志刚	男	副教授	
23	CAD	王兆辉	男	副教授	
24	CAD	吴耀华	男	副教授	
25	CAD	张强	男	副教授	
26	CAD	项辉宇	男	副教授	
27	机电	霍孟友	男	副教授	
28	机电	唐伟	男	副教授	
29	机设	韩云鹏	男	副教授	
30	机设	马金奎	男	副教授	
31	机设	刘长安	男	副教授	
32	机设	高琦	女	副教授	
33	机设	王建明	男	副教授	
34	机制	岳明君	男	副教授	
35	机制	刘延俊	男	副教授	
36	机制	冯显英	男	副教授	
37	机制	王志	男	副教授	
38	机制	李凯岭	男	副教授	
39	机制	张进生	男	副教授	
40	机制	宋现春	男	副教授	
41	机制	贾秀杰	男	副教授	
42	机制	骆艳洁	女	副教授	
43	机制	刘战强	男	副教授	

序号	单位	姓名	性别	职称	备注
44	机制	朱传敏	男	副教授	
45	机制	于同辉	男	副教授	出国
46	机制	赵军	男	副教授	出国
47	制图	范波涛	男	副教授	
48	制图	廖希亮	男	副教授	
49	制图	邵淑玲	女	副教授	
50	制图	陈桂英	女	副教授	
51	制图	陶金珏	男	副教授	
52	制图	于惠君	女	副教授	
53	制图	胡义刚	男	副教授	
54	制图	张明	男	副教授	
55	制图	苑国强	男	副教授	
56	零件	陆萍	女	副教授	
57	零件	孙家林	男	副教授	
58	零件	田玉兰	女	副教授	
59	零件	孟剑锋	女	副教授	
60	零件	刘鸣	男	副教授	
61	零件	张勤河	男	副教授	
62	零件	葛培琪	男	副教授	
63	车辆	张小印	男	副教授	
64	工设	赵英新	男	副教授	
65	工设	王金军	男	副教授	
66	工设	刘和山	男	副教授	
67	机关	张慧	女	副教授	
68	机关	张树生	男	副教授	
69	CAD	肖际伟	男	讲师	
70	CAD	钟佩思	男	讲师	
71	CAD	霍志璞	男	讲师	
72	CAD	王莹	女	讲师	离岗
73	机电	陈淑江	男	讲师	
74	机电	王爱群	女	讲师	

序号	单位	姓名	性别	职称	备注
75	机电	高峰	男	讲师	
76	机电	袭著燕	女	讲师	
77	机设	杨志宏	女	讲师	
78	机设	田良海	男	讲师	
79	机设	马宗利	男	讲师	
80	机设	谭晶	女	讲师	
81	机设	李方义	男	讲师	
82	机制	吴筱坚	男	讲师	
83	机制	孙建国	男	讲师	
84	机制	孙乃坤	男	讲师	
85	机制	毛映红	女	讲师	
86	机制	刘守斌	男	讲师	在香港
87	制图	吴风芳	女	讲师	
88	制图	周咏辉	男	讲师	
89	制图	刘素萍	女	讲师	
90	制图	袁泉	男	讲师	
91	制图	刘日良	男	讲师	
92	制图	武志军	男	讲师	
93	制图	张敏	女	讲师	
94	零件	刘含莲	女	讲师	
95	零件	张洪才	男	讲师	
96	车辆	孙玲玲	女	讲师	
97	车辆	王均效	男	讲师	
98	车辆	阎伟	男	讲师	
99	车辆	谭培强	男	讲师	
100	机关	于珍	女	讲师	
101	机关	吴春丽	女	讲师	
102	机关	曾斌	男	讲师	
103	机电	李建美	女	助教	
104	机设	查黎敏	女	助教	
105	机制	王经坤	男	助教	

序号	单位	姓名	性别	职称	备注
106	制图	赵梅	女	助教	
107	车辆	高滨	男	助教	
108	工设	王震亚	男	助教	
109	工设	王海燕	女	助教	
110	工设	刘燕	女	助教	
111	工设	任贤义	男	助教	
112	工设	宋方昊	男	助教	
113	机关	刘琰	女	助教	
114	机关	黄波	男	助教	
115	工设	解孝峰	男	见习	
116	机关	袁树喜	男	副研究馆员	
117	切削	王晓晨	男	高级工程师	
118	基础试验室	程建辉	男	高级工程师	
119	切削	钮平章	男	高级实验师	
120	切削	栾之云	女	高级实验师	
121	基础试验室	尹世霞	女	高级实验师	
122	CAD	崔龙江	男	工程师	
123	机设	朱振杰	男	工程师	
124	基础试验室	吴静	女	工程师	
125	基础试验室	李慧	女	工程师	
126	切削	孙静娴	女	工人、实验员	
127	基础试验室	朱海荣	男	工人、实验员	
128	切削	刘大志	男	实验师	
129	切削	许蕴梅	女	实验师	
130	切削	王豫	男	实验师	
131	切削	安平	男	实验师	
132	切削	王景海	男	实验师	
133	机电	张建川	男	实验师	
134	基础试验室	姜新建	男	实验师	
135	基础试验室	吴敏	女	实验师	
136	机关	孙绍平	男	研究实习员	

序号	单位	姓名	性别	职称	备注
137	CAD	王长香	女	助理实验师	
138	CAD	高洪锋	男	助理实验师	
139	机设	马征	男	助理实验师	
140	机关	赵海英	女	助理研究员	
141	机关	沈楠	女	助理研究员	
142	机关	李丽军	女	助理研究员	

2001年,在学校首次岗位评聘中,艾兴、黄传真、黄克正和张建华4人受聘校关键岗位,15人受聘校重要岗位。学院针对博士点、硕士点及本科专业的实际情况,把工作重点放在选好学术带头人、学科带头人,以此为基础,组织学术团队,抓学术梯队建设。在积极联系引进高层次人才的同时,通过鼓励青年教师攻读博士学位、鼓励具备条件的教师与国内外专家搞合作研究等,进一步提高现有师资队伍的总体水平。

学院召开全院教职工大会

2008年,学院制定了《机械工程学院人才年实施细则》,组织召开了5次以青年教师为主体的座谈会,征求意见,开展了有针对性的专题讲座,进一步加强了学院与青年教师的沟通和了解。积极采取措施,推动学院人才引进和新聘教师工作。修订完善《机械工程学院新进教师选拔聘任办法》,起草《机械工程学院鼓励引进高层次人才暂行办法》,进一步扩大学院选聘人才的视野,召开引进人才专题座谈会,积极开展"泰山学者"和"长江学者"的推荐工作。截至2008年年底,引进教师3人(其中海外博士1人,重点高校博士1人,本校博士1人),管理人员3人(其中军转干1人,保资留校2人);有23名教师分别在国内知名高校攻读博士学位。2008年,学院有8名教师获得国家留学基金委、山东省和学校的资助,并先后派出5名教师去美国和中国香港等国家和地区进行合作研究。

2008 年,学院在职教职工 157 人,其中中国工程院院士 1 人,博士生导师 24 人,教授 45 人,副教授 38 人,高级工程师、实验师 6 人,具有博士学位者 54 人、硕士学位者 58 人。2012 年,学院在职教职工 156 人,专任教师 118 人,其中中国工程院院士 1 人、国家海外专家学者 1 人、"长江学者"特聘教授 1 人、国家杰出青年基金(A 类)获得者 1 人、"泰山学者"特聘教授 2 人、国家海外青年专家学者 1 人、"新世纪百千万人才工程"国家级人选 2 人、国务院政府特殊津贴专家 4 人、山东省有突出贡献的中青年专家 4 人和教育部新世纪优秀人才支持计划 6 人,博士生导师 31 人,教授 50 人,副教授 36 人,高级工程师、实验师 6 人,具有博士学位者 80 人、硕士学位者 35 人。引进副教授 1 人,师资博士后 2 人。派出 6 名教师去美国和英国等国家地区进行合作研究。组织开展短期专家交流访问项目 8 人次;流动岗特聘教师项目 1 人;研究生公派出国留学 11 人。与韩国斗山集团签署院企合作协议,根据协议成功派出 8 名本科生到韩国西江大学和中央大学访学一年。主办 3 个国际会议,参会人数 400 余人。

学院教师中的巾帼英雄

2008 年,黄传真教授当选教育部"长江学者"特聘教授。张进生教授当选山东省有突出贡献的中青年专家。2009 年,邓建新教授被评为山东省"泰山学者"特聘教授,同时入选"新世纪百千万人才工程"国家级人选。2010 年,李剑峰教授被评为政府特殊津贴享受人员。2011 年,成功引进国家海外专家学者王军教授,李剑峰教授当选 2011 年度山东省有突出贡献的中青年专家和济南市拔尖人才。2012 年,引进国家海外青年专家学者闫鹏教授,李剑峰教授被评为山东省"泰山学者"特聘教授。2013 年,卢秉恒教授被聘为山东大学双聘院士,刘战强教授被评为山东省"泰山学者"特聘教授。2014 年,谭建荣教授被聘为山东大学双聘院士,刘战强教授受国家杰出青年基金(A 类)资助,新增山东省"泰山学者"海外专家李苏研究员。

2015 年,学院在职教职工 160 人,引进副研究员 2 人,助理研究员 2 人,其中 3 人为国外博士。派出 5 名教师去美国等国进行合作研究。组织开展短期专家交流访问项目 10 余人次,流动岗特聘教师项目 1 人,聘请外籍教师 5 人。继续开展美国弗吉尼亚理工大学"3+2"项目、德国采埃孚"3+1"项目、韩国斗山"3+1"项目。

2016 年,学院在职教职工 160 人,其中专任教师 125 人,有中国工程院院士 3 人(兼职 2 人)、国家海外特聘专家 2 人、"长江学者"特聘教授 2 人、国家杰出青年基金(A 类)获得者 2 人、山东省"泰山学者"特聘教授 4 人、国家海外青年专家 1 人、"新世纪百千万人才工程"国家级人选 2 人、享受国务院政府特殊津贴专家 5 人、山东省有突出贡献的中青年专家 4 人和教育部新世纪优秀人才支持计划 7 人,博士生导师 40 人,教授 54 人,副教授 42 人,具有博士学位者 103 人、硕士学位者 46 人。学院新增山大青未计划 1 人、教授 3 人、副教授 4 人;博导 4 人;实验岗 1 人,辅导员 1 人。拟引进副研究员 3 人、助理研究员 2 人。派出 7 名教师去美国等国进行合作研究。短期专家访问 10 余人次,作学术报告 15 场左右。继续开展美国弗吉尼亚理工大学"3+2"项目、德国采埃孚"3+1"项目、韩国斗山"3+1"项目,推进联合培养本科生项目的建设。

2017 年,学院在职教职工 159 人,其中专任教师 122 人,有中国工程院院士 3 人(兼职 2 人)、国家海外特聘专家 2 人、"长江学者"特聘教授 2 人、国家杰出青年基金(A 类)获得者 2 人、山东省"泰山学者"特聘教授 5 人、国家海外青年专家 1 人、"新世纪百千万人才工程"国家级人选 2 人、享受国务院政府特殊津贴专家 5 人、山东省有突出贡献的中青年专家 4 人和教育部"新世纪优秀人才支持计划"7 人,博士生导师 40 人,教授 53 人,副教授 45 人,具有博士学位者 103 人、硕士学位者 52 人。黄传真教授当选第三批国家"万人计划"科技创新领军人才,张松教授受聘山东省"泰山学者"特聘教授。学院新增教授 1 人、副教授 3 人、副研究员 2 人、助理研究员 2 人,实验岗教师 2 人,辅导员 1 人。派出 4 名教师去美国、新加坡等国进行合作研究。短期专家访问 10 余人次,作学术报告 20 场左右。

2018 年,学院在职教职工 168 人,其中专任教师 128 人,有中国工程院院士 3 人(双聘)、国家杰出青年基金获得者 A 类 2 人、B 类 2 人,"长江学者"特聘教授 1 人、兼职 1 人,海外领军人才 1 人、兼职 1 人,国家青年杰出人才 1 人,"万人计划"领军人才 1 人,"新世纪百千万人才工程"国家级人选 2 人,新世纪优秀人才支持计划 7 人,山东省"泰山学者"5 人、兼职泰山 1 人,山东省杰出青年基金获得者 4 人,山东大学齐鲁青年学者 8 人,青年未来学者 10 人。实施人才强院战略,大力引育师资。恢复海外招聘工作,举办悉尼、多伦多、英国等多个海外人才招聘会。承办第三届齐鲁学者论坛智能制造与共融机器人分论坛,举办首届青年学者育才学术论坛,完善《机械杰青培育计划》,先后资助 11 人次,完成对首批杰青培育计划的中期检查。学院人才队伍实现新突破,新增"万人计划"领军人才 1 人、省杰青 1 人、省突出贡献中青年专家 1 人、山大青未学者 6 人、齐鲁学者 8 人、研究员 2 人、副研究员 8 人、助理研究员 2 人、实验岗教师 2 人、保资辅导员 1 人。引进特别资助博士后 1 人,重点资助博士后 1 人。派出 4 名教师去美国、新加坡等国进行合作研究。短期专家访问 30 余人次,举办学术报告 50 余场。

2019 年,全院在职教职工 183 人,其中专任教师 140 人,有中国工程院院士 3 人(双聘)、海外领军人才 1 人、兼职 1 人,"长江学者"特聘教授 1 人、兼职 1 人,国家杰出青年基金获得者 A 类 2 人、B 类 2 人,国家"万人计划"领军人才 1 人,国家优秀青年基金获得者 1 人,"新世纪百千万人才工程"国家级人选 2 人,新世纪优秀人才 7 人,山东省"泰山学者"5 人、兼职泰山 1 人,山东省杰出青年基金获得者 4 人,山东大学齐鲁青年学者 8 人、青年未来学者 19 人。2019 年系统实施学院教职工能力提升计划,举办两届青年学者育才学术论坛,承办第四届齐鲁学者论坛智能制造与共融机器人分论坛,继续实施学院杰青培育计划。加强海外招聘,举办日本、英国、新加坡等多地招聘会。学院人才队伍实现新突破,新增国家"万人计划"1 人、国家优青 1 人、中国高被引科学家 1 人、省杰青 1 人、山大特聘教授 1 人、山大杰青 1 人,获批山大青未学者 9 人,新增齐鲁学者 6 人、外籍教师 2 人、副研究员 4 人、助理研究员 2 人、实验岗教师 1 人、管理岗 1 人、保资辅导员 2 人。引进外籍博士后 2 人、外籍兼职特聘教授 1 人。派出 7 名教师去美国、新加坡等国进行合作研究。

2020 年,全院在职教职工 186 人,其中专任教师 142 人,有中国工程院院士 3 人(双聘),海外领军人才 1 人、兼职 1 人,"长江学者"特聘教授 1 人、兼职 1 人,国家杰出青年基金获得者 A 类 2 人、B 类 2 人,国家"万人计划"领军人才 2 人,科技部中青年科技创新领军人才 1 人,国家优秀青年基金获得者 1 人,"新世纪百千万人才工程"国家级人选 2 人,新世纪优秀人才 7 人,山东省"泰山学者"6 人、兼职泰山 1 人,山东省杰出青年基金获得者 4 人,山东省优秀青年基金获得者 1 人,山东大学齐鲁青年学者 10 人、青年未来学者 23 人。继续系统实施学院教职工能力提升计划、杰青培育计划,举办第四届青年学者育才学术论坛,承办第五届齐鲁学者论坛智能制造与共融机器人分论坛。加强海外招聘,举办日本、英国、新加坡等多地招聘会。2020 年学院人才队伍实现新突破,新增科技部中青年科技创新领军人才 1 人、中国高被引科学家 3 人、省优青 1 人、山大荣聘教授 1 人,获批山大青未学者 4 人,新增齐鲁学者 2 人、外籍教师 1 人、助理研究员 2 人、实验岗教师 1 人、专职辅导员 1 人、保资辅导员 2 人。引进兼职特聘教授 1 人,派出 1 名教师去美国进行合作研究。

2020 年 12 月 10 日,学院举办第四届青年学者育才学术论坛

2000～2021 年学院教职工队伍人数变化情况

年份	学院总人数	教师	教授	副教授	讲师	实验人员	管理人员	博士	硕士
2000	142	115	21	47	34	22	5	27	61
2001	151	118	22	48	37	23	10	27	61
2007	153	117	45	38	34	20	16	47	60
2008	157	120	47	37	36	20	17	54	52
2009	156	118	47	36	35	20	18	55	60
2010	152	115	49	35	31	19	18	55	60
2011	153	116	49	35	32	20	17	74	56
2012	153	116	40	35	31	20	17	75	56
2013	157	118	53	35	30	21	18	82	53
2014	158	121	53	38	31	19	18	91	49
2015	162	125	55	43	37	20	17	98	43
2016	160	125	55	43	37	20	17	98	43
2017	159	123	54	45	24	20	17	101	52
2018	168	128	59	41	28	24	14	100	52
2019	183	140	62	54	24	25	17	127	40
2020	186	142	66	53	23	26	17	131	41
2021	193	144	66	53	28	26	17	138	41

1998～2021 年人员职称变动情况

年份	晋升教授	晋升副教授	晋升讲师	晋升助教	晋升副研究员	晋升助理研究员	晋升应用研究员	晋升高级工程(实验)师	晋升工程(实验)师	晋升助理工程(实验)师
1998	辛有华、路长厚、陈举华、周以齐、李剑峰	冯显英、唐伟、孟剑锋、王志、李凯岭、赵军、陈颂英	刘日良					王晓晨	吴敏、王景海、王豫	

年份	晋升教授	晋升副教授	晋升讲师	晋升助教	晋升副研究员	晋升助理研究员	晋升应用研究员	晋升高级工程(实验)师	晋升工程(实验)师	晋升助理工程(实验)师
1999	蒋玉珍、李绍珍、李久立、周慎杰、侯晓林	于惠君、张勤河、张树生、贾秀杰、廖希亮、徐志刚、高琦、张强	刘含莲、周咏辉、毛映红、杨志宏、陈淑江、肖际伟、王莹、于珍						张建川、朱振杰	
2000	秦惠芳、王勇、董玉平、黄珊秋、唐委校	项辉宇、霍孟友、骆艳洁、张明、刘和山、苑国强、孙乃坤、刘战强	武志军、刘素萍、王经坤、孙建国、袭著燕、霍志璞、曾斌			赵海英		栾芝云	崔龙江	
2001	陆萍、张进生、孙家林、刘长安、范波涛、葛培琪、吴耀华	孙玲玲、吴春丽、张洪才、吴凤芳	刘琰						高洪峰	
2002	张慧、刘延俊、岳明君、宋现春、刘战强	吴筱坚、马宗利、袁泉、刘燕(过控)	李建美、李沛刚、任贤义、刘文平、曲延鹏			孙绍平			马征	
2003	赵军、王建明、冯显英、赵英新、张勤河	王爱群、刘日良	刘燕(工设)、宋方昊、张晓晴		李丽军		程建辉			

年份	晋升教授	晋升副教授	晋升讲师	晋升助教	晋升副研究员	晋升助理研究员	晋升应用研究员	晋升高级工程(实验)师	晋升工程(实验)师	晋升助理工程(实验)师
2004	韩云鹏、陈颂英	孙杰、刘含莲、李方义、杨志宏	周军、姜兆亮、范志军	谢文韬	王霞					杨春凤
2005	张强、高琦、徐志刚、刘鸣	张松、牛军川、龚著燕、王经坤、于珍	赵晓峰、李学勇、皇攀凌、解孝峰					朱振杰、郑雯		
2006	刘和山、霍孟友、孙杰	兰红波、张敏、周军	刘维民、刘刚、万熠、李建中、张磊		沈楠	刘玥		刘大志		朱优县、毕文波
2007	孟剑锋、孙玲玲、刘含莲	姜兆亮、李增勇、霍志璞	朱征军、朱洪涛	王园伟、孙平				刘增文	李建勇	朱海荣
2008	李凯岭、王金军、廖希亮、李方义	王震亚、万熠、陈淑江、纪琳	杨勇、宋小霞、曹印妮、邹斌、王艳东	刘琳、孙大永					彭伟利	
2009	刘日良、张松	朱洪涛、李建美、刘琰（思政）	胡天亮	许德涛、魏宏					毕文波	
2010			宋清华、高玉飞	胡玉翠						
2011	仇道滨（思政）、袁泉、姜兆亮	李沛刚、李学勇、姚鹏	于奎刚、王亚楠、杨富春							

续表

年份	晋升教授	晋升副教授	晋升讲师	晋升助教	晋升副研究员	晋升助理研究员	晋升应用研究员	晋升高级工程(实验)师	晋升工程(实验)师	晋升助理工程(实验)师
2012	牛军川、王经坤	刘燕(工设)、邹斌、周咏辉								
2013	李增勇	宋方昊、刘文平			卢国梁			李建勇	任小平、朱海荣	
2014	纪琳	胡天亮、皇攀凌、张磊				马嵩华				
2015	谢宗法	宋清华、杨富春			王黎明、李燕乐				李慧	
2016	万熠、邹斌						刘增文			辛倩倩
2017	周军	潘伟、李安海、高玉飞、谢玉东、范志君	张柏寒		王继来、曹阳	李取浩				李淑颖、刘雪飞
2018	刘燕、王震亚、黄俊、刘继凯	李建中、史振宇、杨锋苓			王贵超、岳晓明、孙逊、张成鹏、马赛		朱向前、田广东	毕文波	梁西昌、刘璐、辛倩倩	邹雪倩
2019	宋清华、韩泉泉、蔡玉奎、马海峰、裴英华、朱洪涛、姚鹏	马嵩华、张纪群、赵晓峰、王黎明、卢国梁、李燕乐	张柏寒		满佳、李磊、刘盾、姬丽		刘杰	杜付鑫	李淑颖、刘雪飞	杜宜聪
2020	宋方昊、贾秀杰、胡天亮	国凯、张晓晴、王亚楠	王忠山			董华勇、玄晓旭			马金平、邹雪倩	

二、师资队伍现状

经过 95 年的发展,机械工程学院拥有了一支年龄结构、学缘结构、知识结构合理,思想素质好、学术造诣深、科研实力强的教师队伍。目前,全院在职教职工 193 人,专任教师 144 人,其中中国工程院院士 3 人(双聘),国家海外特聘专家 2 人,"长江学者奖励计划"特聘教授 2 人,国家杰出青年科学基金获得者 A 类 2 人、B 类 2 人,"万人计划"科技创新领军人才 2 人,科技部中青年科技领军人才 1 人,国家优秀青年科学基金获得者 1 人,享受国务院政府特殊津贴专家 5 人,国家海外青年专家 1 人,"新世纪百千万人才工程"国家级人选 2 人,"泰山学者"特聘教授 5 人,"泰山学者"青年专家 1 人,山东省有突出贡献中青年专家 4 人,教育部新世纪优秀人才支持计划入选者 7 人,山东省杰出青年科学基金获得者 4 人;山东大学齐鲁青年学者 10 人、山东大学未来计划学者 23 人。这支实力雄厚的教师队伍为学院的教学、科研及各项工作的开展提供了强有力的保障。

著名切削加工专家、中国工程院院士艾兴教授,是中国机械工业金属切削刀具技术协会名誉理事长、中国刀协切削先进技术研究会名誉理事长,在切削加工和刀具材料、超硬材料加工和复杂曲面加工等领域的研究均有很深的学术造诣,是我国该领域的开拓者。中国工程院院士、机械制造与自动化领域著名科学家、西安交通大学卢秉恒教授,中国工程院院士、机械设计及理论领域著名专家、浙江大学谭建荣教授,中国工程院院士、煤炭开采技术与装备专家、中国煤炭科工集团(煤炭科学研究总院)首席科学家王国法,受聘学院双聘院士。教育部"长江学者"、国家杰出青年科学基金获得者黄传真教授,教育部"长江学者"赵正旭教授,国家杰出青年科学基金获得者、"泰山学者"刘战强教授,国家"万人计划"领军人才闫鹏教授,"泰山学者"邓建新教授、李剑峰教授、张松教授、李瑞川教授等在国内外机械设计制造及其自动化领域都享有很高的学术声誉。外籍教师 Prof. Philip Mathew,Prof. Ningsheng Feng,Prof. Andrew Kurdila 等受聘学院,常年为本科生、研究生开设全英文课程。以教育部"新世纪优秀人才支持计划"入选者万熠教授、邹斌教授以及国家优秀青年科学基金获得者宋清华教授等为代表的青年教师正脱颖而出。

2021 年 7 月机械工程学院师资队伍列表

机械制造及其自动化				学科带头人	艾兴、黄传真
序号	姓名	出生年月	职称	最高学位	获得学位单位	人才类别
1	黄传真	1966.11	教授	博士	山东工业大学	"长江学者"(2008 年)、国家杰出青年基金获得者(2006 年)、"百千万工程"入选者(2005 年)、教育部新世纪人才(2005 年)、国家"万人计划"领军人才(2017 年)

山东大学机械工程教育 95 周年史

续表

机械制造及其自动化				学科带头人	艾兴、黄传真
2	刘战强	1969.12	教授	博士	香港城市大学	国家杰出青年基金获得者（2014 年）、"泰山学者"特聘教授（2013 年）、教育部新世纪人才（2004 年）
3	邓建新	1966.8	教授	博士	山东工业大学	"百千万工程"入选者、"泰山学者"特聘教授、教育部新世纪人才（2004 年）
4	李剑峰	1963.1	教授	博士	山东工业大学	"泰山学者"特聘教授（2012 年）
5	赵军	1967.11	教授	博士	山东大学	全国优秀博士论文获得者、教育部新世纪人才（2006 年）
6	冯显英	1965.10	教授	博士	山东工业大学	
7	姜兆亮	1971.10	教授	博士	山东大学	
8	林明星	1966.3	教授	博士	中国矿业大学	
9	刘延俊	1965.7	教授	博士	山东大学	
10	孙杰	1967.3	教授	博士	浙江大学	
11	王勇	1963.5	教授	博士	香港城市大学	
12	王经坤	1972.2	教授	博士	山东大学	
13	岳明君	1962.11	教授	硕士	山东大学	
14	张松	1969.3	教授	博士	山东大学	"泰山学者"特聘教授（2017 年）
15	张承瑞	1957.7	教授	博士	山东大学	
16	张建华	1964.12	教授	博士	山东大学	
17	张进生	1962.7	教授	硕士	河北工业大学	
18	万熠	1977.4	教授	博士	山东大学	教育部新世纪人才（2011 年）
19	邹斌	1978.11	教授	博士	山东大学	教育部新世纪人才（2013 年）
20	贾秀杰	1963.5	教授	博士	山东大学	
21	吴筱坚	1965.6	副教授	硕士	山东大学	
22	朱洪涛	1970.6	教授	博士	山东大学	
23	周军	1975.12	教授	博士	山东大学	
24	姚鹏	1979.7	教授	博士	日本东北大学	
25	皇攀凌	1974.4	副教授	博士	山东大学	

续表

机械制造及其自动化			学科带头人		艾兴、黄传真
26	刘维民	1970.6	讲师	博士	山东大学	
27	孙建国	1971.1	讲师	硕士	浙江大学	
28	李安海	1984.12	副教授	博士	山东大学	
29	史振宇	1984.1	副教授	博士	山东大学	
30	王继来	1986.5	副研究员	博士	香港理工大学	
31	马赛	1986.1	副研究员	博士	南京航空航天大学	
32	满佳	1991.3	副研究员	博士	清华大学	
33	李磊	1988.6	副研究员	博士	加拿大阿尔伯塔大学	
34	张成鹏	1988.12	副研究员	博士	上海交通大学	
35	刘盾	1986.7	副研究员	博士	山东大学	
36	蔡玉奎	1987.10	教授	博士	英国思克莱德大学	
37	裴英华	1986.7	教授	博士	东南大学	
38	马海峰	1989.1	教授	博士	上海交通大学	
39	黄俊	1988.9	教授	博士	加拿大阿尔伯塔大学	
40	王兵	1990.7	教授	博士	山东大学	"泰山学者"青年专家（2020年）
41	褚东凯	1991.1	助理研究员	博士	中南大学	
42	张恒	1989.12	助理研究员	博士	山东大学	
43	屈硕硕	1991.2	助理研究员	博士	东北大学	

机械设计及理论			学科带头人		张勤河
序号	姓名	出生年月	职称	最高学位	获得学位单位	人才类别
1	张勤河	1968.3	教授	博士	山东大学	教育部新世纪人才（2007年）
2	葛培琪	1963.5	教授	博士	哈尔滨工业大学	
3	刘含莲	1970.8	教授	博士	山东大学	
4	孟剑峰	1965.12	教授	博士	山东大学	
5	牛军川	1974.3	教授	博士	山东大学	
6	张洪才	1963.1	副教授	博士	山东大学	
7	刘文平	1973.5	副教授	博士	山东大学	
8	张磊	1978.1	副教授	博士	山东大学	

机械设计及理论				学科带头人		张勤河
9	高玉飞	1981.3	副教授	博士	山东大学	
10	杨富春	1981.5	副教授	博士	浙江大学	
11	陈龙	1988.10	助理研究员	博士	北京航空航天大学	
12	岳晓明	1988.3	副研究员	博士	哈尔滨工业大学	
机械电子工程				学科带头人		闫鹏
序号	姓名	出生年月	职称	最高学位	获得学位单位	人才类别
1	闫鹏	1975.1	教授	博士	美国俄亥俄州立大学	国家海外青年专家（2012年）、国家"万人计划"领军人才（2020年）
2	路长厚	1960.1	教授	博士	山东工业大学	
3	周以齐	1957.1	教授	博士	山东大学	
4	霍睿	1967.7	教授	博士	山东工业大学	
5	霍孟友	1964.9	教授	博士	山东工业大学	
6	陈淑江	1969.7	副教授	博士	山东大学	
7	李建美	1974.5	副教授	博士	山东大学	
8	李学勇	1974.2	副教授	博士	山东大学	
9	唐伟	1962.1	副教授	硕士	清华大学	
10	王爱群	1968.5	副教授	博士	山东大学	
11	胡天亮	1981.2	教授	博士	山东大学	
12	卢国梁	1982.4	副教授	博士	日本北海道大学	
13	潘伟	1976.11	副教授	博士	山东大学	
14	国凯	1990.10	副教授	博士	浙江大学	
车辆工程				学科带头人		谢宗法
序号	姓名	出生年月	职称	最高学位	获得学位单位	人才类别
1	王增才	1964.3	教授	博士	中国矿业大学	
2	孙玲玲	1967.12	教授	博士	山东大学	
3	张强	1966.10	教授	博士	山东大学	
4	谢宗法	1963.06	教授	博士	山东大学	
5	常英杰	1964.12	副教授	博士	山东大学	

车辆工程					学科带头人	谢宗法
6	李燕乐	1989.05	副教授	博士	澳洲昆士兰大学	
7	王亚楠	1981.06	副教授	博士	清华大学	
8	于奎刚	1974.4	讲师	博士	上海交通大学	
9	仲英济	1976.4	副教授	博士	山东大学	
10	朱向前	1987.9	研究员	博士	韩国釜山国立大学	
11	张洪浩	1992.1	助理研究员	博士	中南大学	
机械制造工业工程					学科带头人	高琦
序号	姓名	出生年月	职称	最高学位	获得学位单位	人才类别
1	高琦	1970.11	教授	博士	浙江大学	
2	韩云鹏	1962.8	教授	硕士	山东工业大学	
3	李方义	1969.12	教授	博士	清华大学	
4	王建明	1962.5	教授	博士	天津大学	
5	徐志刚	1965.5	教授	博士	山东大学	
6	霍志璞	1972.11	副教授	博士	山东大学	
7	李沛刚	1973.3	副教授	博士	山东大学	
8	马金奎	1962.10	副教授	博士	山东大学	
9	马宗利	1966.12	副教授	硕士	山东大学	
10	王兆辉	1965.12	副教授	硕士	山东大学	
11	于珍	1970.12	副教授	博士	山东大学	
12	王黎明	1986.11	副教授	博士	加拿大康克迪亚大学	
13	查黎敏	1974.5	讲师	硕士	山东大学	
14	刘刚	1978.1	讲师	博士	山东大学	
15	马嵩华	1985.12	副教授	博士	清华大学	
16	田良海	1963.11	讲师	硕士	山东大学	
17	田广东	1980.2	研究员	博士	吉林大学	
18	王丽乔	1991.4	助理研究员	博士	英国卡迪夫大学	

化工过程机械					学科带头人	陈颂英
序号	姓名	出生年月	职称	最高学位	获得学位单位	人才类别
1	陈颂英	1966.10	教授	博士	浙江大学	
2	周慎杰	1958.11	教授	博士	山东大学	
3	王威强	1959.8	教授	博士	华东理工大学	
4	唐委校	1956.10	教授	博士	山东大学	
5	刘燕	1967.3	副教授	博士	山东大学	
6	曲延鹏	1975.11	讲师	博士	山东大学	
7	宋清华	1982.7	教授	博士	山东大学	国家优秀青年基金获得者（2019 年）
8	王卫国	1970.1	讲师	硕士	山东大学	
9	杨锋苓	1979.10	副教授	博士	山东大学	
10	曹阳	1986.3	副研究员	博士	日本京都大学	
11	魏雪松	1990.2	助理研究员	博士	浙江大学	
12	王贵超	1987.10	副研究员	博士	英国纽卡斯尔大学	
13	刘竞婷	1991.3	助理研究员	博士	浙江大学	
14	孙逊	1989.11	副研究员	博士	韩国汉阳大学	
15	姬丽	1989.2	副研究员	博士	澳大利亚蒙那什大学	
16	彭程	1988.11	教授	博士	美国特拉华大学	
17	玄晓旭	1992.10	助理研究员	博士	浙江大学	
工业设计					学科带头人	宋方昊
序号	姓名	出生年月	职称	最高学位	获得学位单位	人才类别
1	刘和山	1966.8	教授	博士	山东大学	

续表

	工业设计			学科带头人		宋方昊
2	王金军	1962.12	教授	硕士	山东工业大学	
3	刘燕	1976.4	教授	博士	山东大学	
4	王震亚	1974.6	教授	博士	山东大学	
5	宋方昊	1974.11	教授	博士	山东大学	
6	范志君	1978.3	副教授	博士	山东大学	
7	解孝峰	1975.7	讲师	硕士	清华大学	
8	李建中	1976.2	副教授	硕士	江西师范大学	
9	鹿宽	1971.3	讲师	硕士	湖北美术学院	
10	王艳东	1979.1	讲师	博士	山东大学	
11	张纪群	1971.10	副教授	硕士	江南大学	
12	张晓晴	1973.12	副教授	博士	山东大学	
13	郝松	1982.2	讲师	博士	山东大学	
14	闫东宁	1986.7	讲师	博士	意大利米兰理工大学	
15	于钊	1991.1	助理研究员	博士	上海交通大学	
	机械产品数字化设计			学科带头人		刘日良
序号	姓名	出生年月	职称	最高学位	获得学位单位	人才类别
1	廖希亮	1962.9	教授	博士	上海大学	
2	刘日良	1968.7	教授	博士	山东大学	
3	袁泉	1966.9	教授	博士	山东大学	
4	吴凤芳	1966.2	副教授	博士	山东大学	
5	于慧君	1963.7	副教授	博士	山东大学	
6	苑国强	1964.9	副教授	硕士	山东大学	
7	张敏	1971.10	副教授	博士	山东大学	
8	张明	1963.4	副教授	硕士	山东大学	
9	周咏辉	1973.7	副教授	博士	山东大学	
10	赵晓峰	1977.10	副教授	博士	山东大学	
11	刘素萍	1971.5	讲师	硕士	山东大学	
12	薛强	1976.3	讲师	硕士	山东大学	

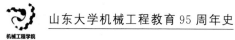

续表

		机械产品数字化设计		学科带头人		刘日良
13	谢玉东	1981.6	副教授	博士	山东大学	
14	李取浩	1991.1	助理研究员	博士	大连理工大学	
15	刘继凯	1987.6	教授	博士	加拿大阿尔伯塔大学	
16	韩泉泉	1989.10	教授	博士	英国卡迪夫大学	

2000～2021 年学院离退休教工人员名单

单位	人员名单	备注
机制	马福昌、沈嘉琪、于复曾、赵中林、巩秀长、李春阳、俞惠芬、刚淑慧、朱世久、李久立、矫培山、刘镇昌、孙乃坤、陈希文、李永仁、孙静娴、姜新建、钮平章、安平、吴敏、栾芝云、王景海、李凯岭、许蕴梅	
设计理论	张耀荣、曹宝麟、金培玉、罗书锦、湛锡淦、杨福文、黄和妙、刘国栋、蒋玉珍、于宏瑁、尹世霞、田玉兰、侯晓林、孙家林、黄珊秋、陈举华、陆萍、董玉平、刘鸣	
制图	戴邦国、翁思永、吴经纬、王香云、崔美杜、郑家骧、陈桂英、李绍珍、张慧、陶金珏	
机关	亓春英、陈绪仁、田志仁、王梦珠、张洪安、马建梅、赵海英、秦惠芳、王中豫、孙绍平、沈楠	
CAD/CAM	周伯英、李维琨、王忠信、庄莅之、刘长安	
机电	周振华、刘文信	
示范中心	程建辉、吴净	
工设	范波涛、赵英新	
化机	章思炎、郑雯	
车辆	张小印	
其他	李国才(2001.7)、王乃银(2002.3)、张祖隆(2007.7)、曹光午(2008.3)、张觉凛(2009.1)、汪孝思(2009.8)、孙文浩(2009.10)、张玉明(2010.6)、胡式武(2012.10)、邵淑玲(2012.10)、卫秉权(2014.7)、王志(2016.8)、艾兴(2018.4)、吕先起(2019.3)、辛有华(2019.4)、宋孔杰(2019.11) 注:括号内为去世时间。	

2016 年教师队伍总体情况

专业	教师总数	现有人才情况			年龄结构			职称结构			学缘结构		
		杰出人才	高层次人才	优秀中青年人才	35岁以下	35~45岁	45岁以上	教授	副教授	讲师	校外博士	海外博士	外籍教师
一级学科总计	147	4	3	5	38	28	81	65	52	30	38	21	1
机械制造及其自动化	44	4	2	3	15	6	23	28	11	5	9	7	1
机械设计及理论	12	0	0	1	2	3	7	5	6	1	4	0	0
机械电子工程	14	0	1	1	1	4	9	6	8	0	1	2	0
车辆工程	12	0	0	0	4	2	6	5	4	3	5	2	0
机械制造工业工程	18	0	0	0	3	2	13	6	7	5	5	2	0
化工过程机械	16	0	0	0	8	2	6	5	6	5	7	5	0
工业设计	15	0	0	0	2	6	7	5	3	7	5	1	0
机械产品数字化设计	16	0	0	0	3	3	10	5	7	4	2	2	0

杰出学者——院士：艾兴、卢秉恒、谭建荣、王国法

艾兴，1953 年至 2018 年 4 月，历任山东工业大学、山东大学机械工程学院副教授、教授。1999 年当选为中国工程院院士。培养硕士生 40 多名，博士生和博士后 30 多名。长期致力于切削加工和刀具材料、超硬材料加工、复杂曲面加工、齿轮轮齿动态变形测量等机械加工工程领域的理论与技术研究及其应用，是我国切削加工研究领域开拓者之一。20 世纪五六十年代，主要研究硬质合金刀具高速切削、大走刀切削、孔加工技术、切削液和陶瓷刀具切削性能等。针对当时生产实际提出的电锭转子轴深锥孔加工问题，研制成功专用铰刀和切削液，解决了重大关键技术问题，保证了产品及时出口，受到国家纺织部嘉奖。作为我国切削加工研究领域开拓者之一，首创融合切削学与陶瓷学于一体的陶瓷刀具研究和设计的理论新体系，先后开发成功 6 种陶瓷刀具，其中 3 种属国际首创。创建了超声与断续磨——间隙脉冲放电复合加工理论和技术，开发了专用直流电源和砂轮，研制了专用数控机床。首创复杂表面分解重构理论，并开发了相应软件系统。研究成果被广泛推广应用，创造了重大经济收益和社会效益。获国家发明奖和省部级科技进步奖 10 项，国家级优秀教学成果奖 1 项，国家级和部级优秀教材奖各 1 项，专利 5 项。发表论文 350 多篇，著书 7 部。

卢秉恒，1945 年 2 月生，中国工程院院士，山东大学双聘院士，现任西安交通大学教授、博士生导师、先进制造技术研究所所长，担任快速制造国家工程研究中心主任、教育部及陕西省快速成型工程研究中心主任。1967 年合肥工业大学本科毕业，1986 年获西安交通大学工学博士学位。曾作为高级访问学者赴美国 Michigan 大学进行客座研究。卢秉恒教授任"十五"国家"863"计划先进制造技术与自动化领域专家委员会专家，国家自然科学基金委员会第一届、第二届专家咨询委员会委员，国务院学位委员会机械学科评议组召集人，教育部高等学校机械设计制造及其自动化专业教学指导委员会副主任委员，中国机械工程学会理事，中国机械工程学会生物制造分会副理事长，全国机械工艺协会快速成形分会理事长，全国高校先进制造技术与数控研究会理事长等学术职务。卢秉恒教授在国内倡导、开拓了快速成形制造、生物制造工程、农业节水灌水器件快速开发、微压印光刻制造等技术领域的研究。近年来，领导主持国家重点科技攻关、"863"计划、国家自然科学基金、"973"计划及省市科技攻关等项目 30 余项，其中重大重点项目 11 项。主持完成的"快速成型制造的若干关键技术及其设备"获 2000 年国家科技进步二等奖，"滴灌灌水器基于迷宫流道流动特性的抗堵设计及一体化开发方法"获 2005 年技术发明二等奖。2001 年获全国五一劳动奖章及科技部"九五"国家重点科技攻关计划突出贡献者表彰，同时获香港蒋氏基金会科技成就奖。发表论文 300 多篇，授权发明专利 12 项。

谭建荣，男，1954 年 10 月生，浙江湖州人，中国工程院院士，机械工程专家，国家"973"项目首席科学家，浙江大学求是特聘教授、博士生导师，担任浙江大学机械工程学系主任、浙江大学工程与计算机图形学研究所所长、浙江大学流体动力与机电系统国家重点实验室学术委员会副主任、浙江大学 CAD&CG 国家重点实验室学术委员会委员、中国机械工程学会副理事长、中国工程图学学会副理事长、教育部工程图学教学指导委员会主任，兼任中国矿业大学机电工程学院院长、教授、博士生导师，大连交通大学现代轨道交通研究院特聘教授，2007 年当选中国工程院院士，山东大学双聘院士，主要从事机械设计及理论、计算机辅助设计与图形学、数字化设计与制造等领域的研究。获国家科技进步二等奖 4 项，省部级科技进步一等奖 7 项，教学成果获国家级优秀教学成果奖 3 项，其中一等奖 1 项，二等奖 2 项。将提出的技术固化在软件中，开发并获得计算机软件著作登记权 12 项。研究成果被国家自然科学基金委员会工程与材料科学部和中国机械工程学会列为 2004 年机械工业科学技术 9 项重大进展之一，在包括一批装备行业大型骨干企业在内的多家有影响的制造企业得到成功的应用，有效地支撑和支持了国产重大装备的设计与创新，推进了装备制造企业的技术进步和数字化设计与制造技术的发展。先后获首届国家杰出青年科学基金、中青年图形科技跨世纪人才、国务院政府特殊津贴、浙江省重点学科带头人、浙江省"151"人才工程第一层次、浙江省新世纪重点培养人才、国家"863"计划自动化领域 CIMS 主题设计自动化专题专家、国家"百千万人才第一二层次"、科技部"十五""863"先进个人、科技部"十一五"国家科技计划执行突出贡献奖等荣誉和称号。在国内外重要学术期刊发表的高水平论文 185 篇,其中 SCI、EI 检索 142 篇,引用 1600 多次,出版学术专著 9 部,在国内外学术界产生重要影响。

王国法,男,1960 年 8 月 1 日生,山东文登人,中国工程院院士,煤炭开采技术与装备专家,现任中国煤炭科工集团(煤炭科学研究总院)首席科学家。1982 年 1 月参加工作,1996 年 7 月加入中国共产党。1978 年 3 月至 1981 年 12 月在山东大学(山东工学院)机械系学习,1983 年 9 月至 1985 年 11 月在东北大学(东北工学院)机械系攻读硕士学位。1985 年 12 月至 1986 年 10 月在开采所矿压室工作;1986 年 11 月至 2007 年 2 月在开采所液压支架室工作;1991 年首批破格晋升为高级工程师,1995 年破格晋升为煤炭工业部首批研究员;1996 年 1 月至 2007 年 2 月任开采所液压支架室研究员/副主任、主任;2007 年 3 月至今任开采设计研究分院开采装备研究所所长。2000 年起任煤炭科学研究总院首席科学家、博士生导师。王国法是煤矿开采领域综采技术与装备方面的科技领军者,对提高我国煤矿综采技术与装备水平作出了突出贡献。截至 2018 年 4 月,他主持和参与完成了国家"973"项目、"863"项目、国家科技支撑计划项目、国家自然科学基金项目以及省部级项目等共计 60 余项,其中 1 项成果获国家科技进步一等奖,4 项成果获国家科技进步二等奖,1 项成果获国家科技进步三等奖,30 余项成果获省部级科技奖励;出版学术专著 6 部,发表论文 110 余篇,获国家发明专利 20 余项。

杰出学者——"长江学者"、杰青:黄传真、刘战强

黄传真,1966 年 11 月生,博士,教授,博士生导师。教育部"长江学者"特聘教授、国家杰出青年科学基金获得者、国家"万人计划"领军人才、"新世纪百千万人才工程"国家级人选、教育部新世纪优秀人才支持计划获得者、国务院政府特殊津贴专家、教育部优秀青年教师资助计划获得者、山东省中青年突出贡献专家。兼任国际磨粒技术委员会常务委员,中国刀协副理事长、中国刀协切削先进技术研究会理事长。天津大学先进陶瓷与加工技术教育部重点实验室学术委员会委员。浙江工业大学特种装备制造与先进加工技术教育部重点实验室学术委员会委员。山东省科学技术协会委员会委员。中国机械工程学会生产工程分会委员、切削加工专业委员会副主任委员、磨粒加工和青年工作委员会委员。中国机械工程学会高级会员。山东省机械工程学会生产工程分会副理事长。山东省特种设备协会常务理事。山东省机械工业科学技术专家委员会委员。国际杂志《材料加工科学与技术》(*Materials Processing Science and Technology*)主编,国际杂志《磨料技术国际期刊》(*International Journal of Abrasive Technology*)副主编,《纳米颗粒国际期刊》(*International Journal of Nanoparticles*)编委等。主要从事高效精密加工技术、结构陶瓷材料研制及应用、新材料加工技术等方面的科学研究工作。先后承担 30 余项国家自然科学基金、省部级研究项目和国际合作研究项目,曾获国家发明四等奖 1 项、省部级奖 9 项,授权国家发明专利 30 项、计算机软件著作权 10 项;在国内外学术期刊上发表 SCI、EI 收录论文 400 余篇。

刘战强,1969 年 12 月生,博士,教授,博士生导师。国家杰出青年科学基金获得者,享受国务院政府特殊津贴专家,山东省"泰山学者"特聘教授,宝钢优秀教师获得者,山东省有突出贡献的中青年专家,教育部新世纪优秀人才,山东省杰出青年科学基金、霍英东教育基金会高等院校青年教师基金获得者。入选 2019 年、2020 年爱思唯尔中国高被引学者。学术期刊《航空学报》(*Chinese Journal of Aeronautics*)《航空学报》《振动工程学报》《中国机械工程》等编委,中国金属切削刀具协会常务理事,ASME、IEEE 会员,中国航空协会、中国机械工程学会等高级会员。主要从事切削加工理论、刀具技术、表面工程等方面的研究。承担国家自然基金、"973"项目、国家科技支撑计划、国家科技重大专项、国家重点研发计划、国防预研、军民融合等项目课题。获山东省科技进步奖、国防科技进步奖等,发表论文 300 余篇,授权发明专利 50 余项。

杰出学者——"万人计划"领军人才:黄传真、闫鹏

闫鹏,1975 年 1 月生,博士,教授,博士生导师。机械电子工程学科带头人,机械工程学院机械电子研究所所长,山东大学智能制造技术与装备中心主任,先后入选国家"万人计划"领军人才、科技部"创新推进计划"中青年领军人才和国家海外高层次人才等。担任机电领域顶级期刊《IEEE/ASME 机电一体化交易记录》(*IEEE/ASME Trans on Mechatronics*)编委、机械领域 SCI 期刊《机械科学》(*Mechanical Sciences*)编委、中国工程院院刊《工程》(*Engineering*)青年通讯专家等。主要研究方向为柔性纳米运动系统设计和超精密伺服理论。近年来,在领域内顶级期刊发表 SCI 学术论文 80 余篇;先后 6 次获得控制与机电领域国际会议论文奖或提名奖;授权中国发明专利 50 余项,美国发明专利 4 项,其他国际发明专利 3 项;相关技术在我国制造装备企业、国家大科学装置以及航空航天等领域获得重要应用。

杰出学者——国务院特贴专家:邓建新、黄传真、李剑峰、刘战强、张建华

邓建新,1966 年 8 月生,博士,教授,博士生导师,山东大学二级教授。"新世纪百千万人才工程"国家级人选、山东省"泰山学者"特聘教授、山东省泰山产业领军人才、湖南省"芙蓉学者"特聘教授、享受政府特殊津贴专家、教育部新世纪优秀人才、山东省有突出贡献的中青年专家、山东省杰出青年基金获得者、山东省青年科技奖获得者。曾任美国堪萨斯州立大学和香港理工大学访问教授。主要从事高效精密制造、涂层技术、切削刀具、微织构技术、工程陶瓷、摩擦磨损等方面的研究工作。作为项目负责人和主要研究者先后主持和承担国家、省部、军工和国际合作等科研课题 50 余项。获省部级以上科技奖励 13 项,授权国家发明专利 30 多项。在国际学术期刊上发表 SCI 收录论文 170 余篇,入选中国高被引学者,主持出版学术著作 5 部。

李剑峰,1963 年 1 月生,博士,教授,博士生导师。曾赴美国密西根理工大学和伍斯特工学院等进行合作研究和访问。山东省"泰山学者"特聘教授、享受政府特殊津贴专家、山东省有突出贡献中青年专家、山东省优秀教师和济南市专业技术拔尖人才。曾兼任教育部高校机械学科教指委分委会委员,现为教育部实验室建设与实验教学指导委员会委员,是多个重要学术组织成员。《机械工程学报》等多个期刊的编委和国际期刊审稿人。主要从事再制造、绿色制造关键共性技术与装备、机械加工基础工艺理论和难加工材料高效加工等方面的科学研究工作。作为项目负责人和主要研究者先后主持和承担国家"973"项目、"863"项目、国家重点研发计划、国家自然科学基金重点项目、国家科技支撑计划、国家自然科学基金和山东省重大科技攻关项目等国家、省部级研究项目 32 项

（主持 14 项）。曾获省部级科技进步一等奖 4 项、二等奖 7 项（其中首位 2 项）、三等奖 1 项，自然科学三等奖 1 项（首位），省级技术发明二等奖 1 项。在国际学术期刊上发表论文 100 余篇，其中 70 余篇被 SCI、EI 收录。

张建华，1964 年 12 月生，博士，教授，博士生导师。曾于 2006 年赴美国卡耐基—梅隆大学进行访问学者研究工作，多次应邀赴香港理工大学进行合作科学研究工作。国务院颁发的政府特殊津贴获得者。兼任中国机械工程学会特种加工分会常务理事、中国刀协先进切削技术研究会常务理事、山东机械工程学会特种加工专业委员会主任委员。主要研究方向为高效精密复合加工技术及数控装备、硬脆材料加工及表面改性和强化技术等。作为项目负责人承担国家自然科学基金、国家科技重大专项、教育部、山东省以及企业等资助的科研项目，出版《复合加工技术》《精密与特种加工技术》，发表论文 100 多篇，授权中国发明专利和实用新型专利 20 多项。

杰出学者——国家优青：宋清华

宋清华，1982 年 7 月生，博士，教授，博士生导师，机械工程学院副院长。高效洁净机械制造教育部重点实验室副主任、山东大学淄博先进制造与人工智能研究院副院长。兼任中国刀协切削先进技术研究会理事、中国机械工程学会生产工程分会委员、多种期刊编委等职务。主要从事高性能制造、微细制造等方面的研究。先后承担国家优秀青年基金等国家级科研项目 6 项、山东省杰出青年基金等省部级科研项目 13 项，参与国家级、省部级科研项目 16 项，发表 SCI 论文 80 余篇，授权发明专利 30 余项，登记软件著作权 7 项，获省部级科研奖励 1 项；承担省级、校级教研项目 10 余项，发表教研论文 10 余篇，获省级教学成果奖 1 项。

杰出学者——"泰山学者"：邓建新、李剑峰、刘战强、张松、王兵

张松，1969 年 3 月生，博士，教授，博士生导师。山东省"泰山学者"特聘教授，兼任山东计量测试学会副理事长、国家自然科学基金通讯评议专家、国家科技奖励评审专家、国家标准技术审评专家以及多个国际期刊同行评议专家。主要从事高效切削机理及加工表面完整性、数控机床优化设计及精度保持性、复杂曲面数控编程及加工仿真等研究工作。主持和参与国家自然科学基金面上项目、"高档数控机床与基础制造装备"国家科技重大专项、国家新材料生产应用示范平台建设项目、教育部博士学科点专项科研基金、山东省自然科学基金等科研项目 20 余项。获得中国机械工业科学技术二等奖 1 项、中国机械工程学会优秀论文奖 1 项、山东省科技进步二等奖 2 项。授权发明专利 8 项，发表学术论文 100 余篇。

王兵，1990 年 7 月生，博士，教授，博士生导师。山东省"泰山学者"青年专家、山东大学齐鲁青年学者、美国佐治亚理工学院博士后。兼任国际期刊《Ann Eng》和《J Prod Syst Manuf Sci》编委、中国刀协可转位刀具专委会副主任委员、美国机械工程师学会（ASME）会员、中国机械工程学会高级会员和中国航空学会会员。主要从事难加工材料高质高效切削加工和先进刀具技术研究。主持或参与国家级及省部级项目 10 余项，授权国家发明专利 30 余项，曾获上银优秀机械博士论文奖和山东省优秀博士学位论文，入选国家博士后国际交流计划派出项目，主要研究成果获得山东省高等学校科学技术奖等奖励。近年来，在《国际机床与制造杂志》（*International Journal of Machine Tools &*

Manufacture）和《Ann CRIP》等制造领域权威期刊发表 SCI 论文 50 余篇,且多篇论文入选高被引论文、研究热点、最高下载排行榜单和国际科技媒体报道。

杰出学者——省突贡专家:邓建新、黄传真、李剑峰、刘战强、张进生

张进生,1962 年 6 月生,教授,博士生导师。山东大学建材与建设机械研究中心主任、山东省石材工程技术研究中心主任、山东大学日照智能制造研究院院长、山东省高校中青年学术骨干、山东省有突出贡献的中青年专家、泰山产业领军人才。兼任全国石材标准化技术委员会专用机械分技术委员会主任委员、中国石材协会机械与工具专委会专家组组长、山东省石材行业协会会长、山东省石材产业技术创新战略联盟理事长、山东省石材标准化技术委员会主任委员、山东省建设机械协会专家委员会副主任委员、山东省农业机械标准化技术委员会副主任委员、山东省建筑门窗标准化委员会副主任委员,《石材》《金刚石磨料磨具工程》杂志编委。研究服务领域:先进制造技术与智能化装备、石材工程技术与装备、工程机械、建设机械、环保机械、专用车辆、智慧矿山等。研究成果与技术:轴类、盘套类零件智能化生产线、石材绿色智能化生产技术与成套装备、高端圆锯片、石材制品高效复合加工中心及系列设备、石材污水自动化处理技术与设备、伸缩臂/曲臂/剪叉式系列化升降作业机械、小/微型挖掘机、滑移装载机、防汛抢险机械、工程/建筑机械优化设计技术、铝合金结构件数控高效复合加工技术与系列设备。获省部级科技进步一等奖 1 项、二等奖 5 项、三等奖、专利创新奖及其他奖项 15 项,授权专利 60 余项,其中发明专利 40 余项。

杰出学者——新世纪优秀人才:邓建新、黄传真、刘战强、万熠、赵军、张勤河、邹斌

万熠,1977 年 4 月生,博士,教授,博士生导师,机械工程学院常务副院长。国家教育部新世纪优秀人才计划 入选者。英国布鲁内尔大学访问学者。国家自然基金委项目函评专家;《先进制造技术国际期刊》（*International Journal of Advanced Manufacturing Technology*）《材料科学与工程 C》（*Materials Science & Engineering C*）、《机械系统与信号处理》（*Mechanical Systems and Signal Processing*）《华南理工大学学报》（自然版）《南航学报》等国内外期刊审稿专家;中国机械工程学会《中国机械工程发展路线图》编写组委员。主要从事智能制造、特种机器人、先进加工理论与技术、增材制造及生物医学工程等研究工作。先后主持承担“973”项目、国家重大专项、国家自然科学基金、教育部博士学科点专项科研基金、山东省自然科学基金等科研项目。获得浙江省科学技术一等奖 1 项、国防科学技术进步二等奖 1 项。已发表学术论文 60 余篇,授权发明专利 8 项。

赵军,1967 年 11 月生,博士,教授,博士生导师。2006 年入选教育部新世纪优秀人才支持计划。曾先后于 2000 年和 2005 年应邀分别赴新加坡和德国进行合作研究。中国机械工程学会高级会员、国家自然科学基金项目函评专家、多个省市科研项目函评专家、多个省市科学技术奖励函评专家。主要研究方向为高效切削加工技术及数控刀具技术、复杂构件智能加工及抗疲劳加工技术。作为负责人承担国家“973”项目、国家自然科学基金、教育部及山东省科技厅等省部级以上课题 20 余项及多项横向课题。获得全国优秀博士学位论文奖（2002 年）、教育部自然科学二等奖（2006 年,第 1 位）、教育部提名国家科技进步一等奖（2004 年,第 3 位）、国家发明四等奖（1999 年,第 6 位）、山东省科技进步二等奖（3 次）等各种奖励 10 余项。在国内外发表论文 300 余篇,出版专著 6 部,授权专利20余项。

张勤河,1968年3月生,博士,教授,博士生导师。教育部新世纪优秀人才计划入选者。机械工程学院机械设计及理论研究所所长,机械设计及理论学科负责人,中国机械工程学会特种加工分会委员,中国机械工程学会机械工业自动化分会委员,国家肿瘤微创治疗产业技术创新战略联盟头颈专业委员会副主任委员,中国机械工程学会高级会员,山东机械工程学会特种加工专业委员会副主任委员、秘书长,山东省模具工业协会理事,华东地区机械原理教学研究会副理事长。主要从事非传统加工技术及设备、产品数字化设计与虚拟样机技术、生物组织切削理论及医疗装备设计开发等领域的研究。主持多项国家重点研发计划、国家科技重大专项、国家自然科学基金,以及教育部、国家留学基金委、山东省科技厅资助项目。作为第一研究人员获山东省科技进步二等奖、三等奖各1项;作为主要研究人员获国家科技进步二等奖1项,获山东省技术发明二等奖1项、山东省科技进步二等奖3项;授权发明专利15项。在国内外学术期刊上发表论文200余篇,其中被SCI、EI收录90余篇。

邹斌,1978年11月生,博士,教授,博士生导师。教育部新世纪优秀人才支持计划入选者、山东省杰出青年基金获得者。中机学会生产工程分会切削专业委员会委员,中机学会增材制造技术分会委员,中国刀协切削先进技术研究会理事,SCI英文期刊《Coating》编委,科技部"高效切削加工与刀具、磨料水射流加工"重点领域创新团队核心成员,教育部高效洁净机械制造重点实验室学术骨干。主要从事高效精密加工技术、3D打印技术、增—减材料复合加工技术研究。获教育部高等学校优秀科研成果技术发明一等奖1项(第2位)、中国机械工业科学技术奖技术发明二等奖1项(第2位)。主持国家重点研发计划课题、国家自然科学基金面上、山东省自然科学基金重大基础研究计划等省部级和企业项目20项,研究成果在上海精密机械研究所、上海航天设备制造总厂、成都飞机设计院—凯迪精工和山大第二医院等单位得到了推广应用。共发表SCI学术论文156篇[近五年SCI收录论文60篇,SCI他引1229次,4篇论文入选ESI高被引论文,单篇最高他引122次(2017.1～2021.1)],授权发明专利和软件著作权24项(已转化3项,产生经济效益5000余万元)。

杰出学者——博士生导师(以姓氏拼音字母为序)

蔡玉奎,1987年10月生,博士,教授,博士生导师。2016年8月至2019年8月任职于英国思克莱德大学超精密制造研究中心,欧盟玛丽居里学者,先后获得山东大学和英国思克莱德大学的博士学位。主要从事流体动力学与精密微细制造技术与应用基础研究,开展了微喷嘴的"设计—制造—性能"一体化系统研究,开创性地开发了激光—化学复合制造理论与核心技术、超疏水表面的富碳氛围下激光制备理论与技术。在机械领域顶级期刊发表学术论文43篇(含第一作者12篇、通讯作者2篇,SCI收录31篇,中文核心期刊8篇,谷歌学术统计被引次数295次),授权中国发明专利10项,申请美国专利2项。

陈颂英,1966年10月生,博士,教授,博士生导师。机械工程学院过程装备与控制工程研究所所长、教育部过程装备与控制工程专业教学指导委员会委员、国家自然科学基金评审专家、全国喷射设备标准化技术委员会委员、全国过控专业创新创业大赛评委,以及《中南大学学报》(*Journal of Central South University*)等审稿专家。主要研究方向为过程流体机械内流分析及结构优化,计算流、固体力学,金属材料腐蚀,曾获浙江省科技进步二等奖(首位),在新型水力空化及低压空化水射流基础理论及应用方面取得了突出的进展。

冯显英,1965 年 10 月生,博士,教授,博士生导师。中国机械工程学会高级会员、中国机器人分会委员,国家科技部、国家自然科学基金委等各级专家库成员。山东省西部经济引进紧缺人才,济南市新旧动能转换重大工程智库首批专家、首批专家工作站专家,青岛市橡塑机械专家工作站首席专家,第 3 批"泉城学者"建设工程首席专家,徐州市"双创计划"创新人才,潍坊市"鸢都学者"创新人才等。研究方向为智能检测与控制、超精密加工、微纳操控、机器智能理论与技术、智能机电装备开发等。近年来,先后主持和参研完成国家自然科学基金、国家重点研发计划等国家级项目 8 项,省重大创新工程等省部级项目 6 项,授权专利 50 余项,其中发明专利 20 余项。完成企业委托项目 50 余项。其中多项课题均已产业化,为企业和社会带来了良好的经济效益和社会效益。出版专著《微纳运动实现技术》1 部,主编、合著《自然科学向导系列丛书——机械制造》《高速切削加工技术》《新编机械加工工艺人员手册》等论著 5 部。获省部级科技进步二等奖、三等奖及市级奖励多项。先后在《机械系统与信号处理》(*Mechanical Systems and Signal Processing*)《先进制造技术》(*Advanced Manufacturing Technology*)、机械工程学报》等国际、国内著名杂志发表论文 100 余篇,其中 SCI、EI 收录 50 余篇。

高琦,1970 年 11 月生,博士,教授,博士生导师。曾先后赴美国密西根大学、德克萨斯大学阿灵顿分校访问交流。主要研究领域包括产品生命周期管理、智能设计、知识工程、产品服务系统、工业机器人等。先后承担和参与了数十项国家重点研发计划、自然科学基金、"863"计划、科技支撑计划、省部级科研课题和企业应用课题。获教育部科技进步二等奖 1 项、山东省科技进步奖 4 项、山东省计算机应用优秀成果二等奖 1 项,授权发明专利 17 项,在国内外核心杂志及国际会议上发表学术论文 80 余篇。

高玉飞,1981 年 3 月生,博士,副教授,博士生导师。国家自然科学基金同行专家评议人、教育部研究生学位论文评审专家、山东省科技计划项目评审专家、山东省基金项目结题评审专家、国际太阳能协会(ISES)专业会员、青岛市研发矿用接链环专家工作站首席专家、30 余个国际国内期刊审稿人。主要研究领域为数字化与仿真、精密加工、金刚石线锯切片、电镀金刚石线制备、智能制造、装备结构性能分析与开发、护理机器人。作为负责人主持承担国家自然科学基金、国家重点研发计划子课题、省部级科研项目及企业课题 18 项。获评为山东省优秀硕士学位论文指导教师、山东大学优秀硕士学位论文指导教师、大学生机电产品创新设计竞赛优秀指导教师等。以第一或通讯作者发表学术论文 50 余篇,其中 SCI、EI 收录 30 余篇。授权发明专利 8 项、实用新型专利 15 项、软件著作权 3 项。

葛培琪,1963 年 5 月生,博士,教授,博士生导师。山东大学二级教授。毕业于哈尔滨工业大学机电工程学院机械学专业,获工学博士学位,山东大学机械工程博士后。中国机械工程学会机械设计分会委员、光整加工专业委员会委员、山东省冶金设备及工艺数字化工程技术研究中心主任。主要从事金刚石线锯技术、控形控性磨削技术、流体诱导振动、摩擦学及机械端面密封等研究。主持完成国家重点基础研究发展计划（"973"计划）课题、国家自然科学基金、国防预研、山东省重大科技创新工程、山东省重点研发计划、山东省自然科学基金、企业委托等项目。

韩泉泉，1989 年 10 月生，博士，教授，博士生导师。山东大学齐鲁青年学者，英国卡迪夫大学博士和博士后。兼任国家自然科学基金机械学科同行评议专家、中国机械工程学会高级会员。《物质行为》(*Acta Materialia*)《复合材料 B》(*Composites Part B*)《添加剂制造》(*Additive Manufacturing*) 等 20 余个国际期刊审稿人。主要研究方向包括金属材料(含多材料、复合材料)增材制造技术、机器学习、4D 打印技术等。先后主持欧盟区域发展基金课题、国家自然科学基金青年基金、深圳市优秀科技创新人才项目等省部级以上科研项目，先后跟欧洲知名航空和汽车领域研发机构(Airbus、Continental、Sandvik Osprey 等)开展科研合作。曾作为优秀留学生代表受到习近平总书记的亲切接见(2015 年)，获得英国南威尔士工程师协会颁发的 David Douglas 奖(2017 年)，研究成果参加首届山东省新材料产业创新创业大赛获得山东省三等奖(2020 年)。已发表高水平 SCI 学术论文 30 余篇，其中第一作者或通讯作者 20 余篇，授权国家发明专利 2 项。

胡天亮，1981 年 6 月生，博士，教授，博士生导师。山东大学齐鲁青年学者，山东省智能制造与控制系统工程技术研究中心副主任。积极从事制造业标准化工作，现担任 IEC/ISO 标准专家、国标委 SAC/TC22 国际标准化工作委员会副主任委员、SAC/TC159/SC1 副秘书长和 SAC/TC22/IWG4 国际标准工作组组长，参与制定国际、国家和行业标准多项，获中国标准创新贡献奖一等奖 1 项。主要从事智能制造、数字孪生、数控技术、机器人技术等方面的基础及应用研究。近年来承担国家自然科学基金、国家重点研发计划课题、国家科技重大专项课题/子课题、工信部等国家级、省部级和企业课题 20 余项。获国家科学技术进步奖二等奖 1 项、山东省科学技术发明奖一等奖 1 项、机械工业科学技术奖一等奖 4 项、山东省高等学校科学技术奖一等奖 1 项。在国内外期刊以第一作者或通信作者发表高水平论文 30 余篇，授权发明专利 9 项，合著专著 2 部，成果在多个重点行业得到转化应用。

黄俊，1988 年 9 月生，博士，教授，博士生导师。中国机械工程学会增材制造分会委员、加拿大化工学会会员，山东省优秀青年基金获得者，山东大学齐鲁学者。主要从事功能表面的制备及摩擦润滑机理研究、软物质增材制造技术与应用、表面界面力学、水下粘结材料开发与粘结机理方面的研究。主持和参与 6 项省部级以上科研项目，主持军工项目 3 项、企业横向 1 项，授权国家发明专利 2 项，发表 SCI 学术论文 61 篇，论文总引用 1500 余次。

姜兆亮，1971 年 10 月生，博士，教授，博士生导师。兼任中国图学学会数字化设计制造专业委员会委员等职务。2014 年 7 月至 2015 年 7 月，在美国伊利诺伊大学芝加哥分校机械工程学院做访问学者，从事制造系统节能控制技术研究。2007 年 12 月至 2008 年 12 月，在美国密西根大学机械工程学院做访问学者，从事微米制造中的精密夹具设计与制造研究。主要从事智能制造和增材制造等研究工作。先后主持承担国家科技支撑计划、国家自然科学基金、中美国际合作项目、山东省重大创新工程、山东省中青年科学家奖励基金、山东省博士后创新基金项目、教育部博士后基金等科研项目。获山东省科技进步二等奖 2 项、三等奖 1 项，山东省教育成果二等奖 2 项、已发表学术论文 70 余篇，授权发明专利 7 项、计算机软件著作版权 11 项。

李方义，1969 年 12 月生，博士，教授，博士生导师。中国绿色制造标准化技术委员会副主任委员、中国内燃机协会再制造分委会副理事长、《中国机械工程》学科主编、国家科技奖励评审专家。主要从事机电产品绿色设计、绿色制造和再制造研究工作。主持承担科研项目 29 项，包括国家"973"项目 1 项、国家"863"项目 1 项、国家自然科学基金 4 项、国家科技支撑重大项目 2 项以及省自然科学基金、国家发明专利 1 项、国家实用新型专利 8 项、制定国家标准 1 项、市重大专项和校企合作等 21 项。获山东省科技进步二等奖 1 项、山东省软科学优秀成果二等奖 1 项、三等奖 1 项，发表论文 70 余篇，SCI、EI 收录 30 余篇。

李燕乐，1989 年 5 月生，博士，副教授，博士生导师。澳大利亚工程师协会认定机械工程师、山东大学青年未来学者、山东大学特色学科杰出青年师资、内燃机再制造专业委员会副秘书长、国家自然科学基金委同行评议专家、教育部学位中心通讯评议专家、徐州市科技计划项目评审专家。《Int J Mach Tool & Manu》《Materials & Design》和《Int J Mech. Sci.》等 10 余个国际期刊审稿人，《Int J Mater. Sci.& App.》客座编辑。主要从事柔性先进成形技术、绿色制造及再制造等领域研究工作。近年来主持国家重点研发计划子课题、国家自然基金面上、青年基金等项目 10 余项，出版专著 1 部，发表学术论文 54 篇，申请国际 PCT 专利 9 项，授权中国发明专利 20 余项，研究成果获机械工业科学技术二等奖 1 项。

林明星，1966 年 3 月 10 日生，博士，教授，博士生导师。2007～2008 年美国西北大学访问学者。兼任全国高校机械工程测试技术研究会常务理事、在线检测技术分会副理事长、中国振动工程学会动态测试专业委员会常务委员、中国计量测试学会在线检测技术与智能制造专业委员会委员、中国人工智能学会智能制造专业委员会委员、《机械科学与技术》(Journal of Mechanical Science and Technology)副主编。主要研究领域为机器人与数控技术、智能检测与控制、机器视觉等。主持参与了国家自然科学基金、科技部重大专项、山东省重大科技创新工程、山东省重点研发计划(产业关键技术)、山东省自然科学基金、山东省科技发展计划、济南市科技发展计划等以及企业委托多项科技项目。主编"十三五"国家重点出版物出版规划项目——现代机械工程系列精品教材、普通高等教育"十一"国家级规划教材《电气控制及可编程序控制器》。在国内外知名期刊和国内外学术会议上上发表相关论文 100 余篇，其中 SCI、EI 收录 50 多篇。授权发明专利 20 项、实用新型专利 40 项、软件著作权 15 项。

刘含莲，女，1970 年 8 月生，博士，教授，博士生导师。兼任中国刀协切削先进技术研究分会常务理事、山东大学先进射流工程技术研究中心副主任、国家自然科学基金同行专家评议人、山东省科技计划项目评审专家。主要致力于新型高性能陶瓷刀具以及难加工材料的高效切削加工技术等方面的研究。主持了国家重点研发计划课题 1 项、国家自然科学基金 4 项，已结题国家和省部级科研项目 10 余项；并作为主要研究者参与完成了国家杰出青年基金 1 项、国家科技重大专项 1 项、"973"计划子课题 1 项。相关研究成果曾获得教育部提名国家自然科学二等奖、教育部技术发明一等奖、山东省科技进步二等奖等。多年来与团队成员合作发表中英文论文 130 余篇,其中 SCI、EI 收录 80 多篇。授权国家发明专利 20 余项、软件著作权 8 项。

刘继凯,1987 年 6 月生,博士,教授,博士生导师。山东大学齐鲁青年学者。担任《机械工程前沿》(*Frontiers in Mechanical Engineering*)《当代中国计算机科学》(*Current Chinese Computer Science*)编委,担任《国际计算机集成制造》(*International Journal of Computer Integrated Manufacturing*)《数学生物科学与工程》(*Mathematical Biosciences and Engineering*)客座编辑,多次担任世界计算力学大会(WCCM)、美国计算力学大会(USNCCM)分会场主席。曾受邀前往加拿大滑铁卢大学、香港中文大学等世界知名高校作专题学术报告。主要研究方向包括结构拓扑优化、金属增材制造、增减材复合制造。近年来承担及参与山东省自然科学基金重大基础研究项目、山东省工研院增材制造协同创新中心共建项目等 10 余项横纵向课题。至今以第一作者或通讯作者身份发表 SCI 检索论文 34 篇(其中第一作者 28 篇,ESI 高被引 5 篇),谷歌学术引用超过 1300 次。

刘日良,1968 年 7 月生,博士,教授,博士生导师。机械工程学院数字化技术研究所所长、产品数字化设计学位点负责人。兼任教育部高等学校工程图学课程教学指导分委员会华东地区工作委员会副主任委员、山东工程图学学会理事长。2004 年 11 月至 2005 年 11 月英国拉夫堡大学访问学者,2008 年 8 月至 12 月美国加州大学访问学者。近年来主要从事复杂产品数字化设计与制造技术、数控加工技术、计算机图形学及智能制造技术方面的研究。发表相关论文 100 余篇,授权发明专利 10 余项。

刘燕,女,1976 年 4 月生,博士,教授,博士生导师,工业设计系主任。中国民间文艺家协会中国农民画研究中心主任、山东省民间文艺家协会理事、中国机械工程学会工业设计学会高级会员。主要研究方向为产品设计、设计人类学和设计美学。主持参与国家社科基金重大项目、国家社科基金青年项目、山东省社科基金重点项目、山东省社科基金一般项目、国家自然基金青年项目及企业委托课题 10 余项。设计作品、科研成果获国家文化部主办的第十届全国美展、山东省文化厅主办的建国五十五周年山东作品展、山东省文化艺术科学优秀成果二等奖、山东省高等教育教学成果二等奖等教学科研奖励近10 项。发表包括 CSSCI、SCI、EI 检索在内的国内外学术期刊及国际会议论文 30 余篇,出版学术专著 4 部。

刘延俊,1965 年 7 月生,博士,教授,博士生导师。自然资源部海洋工程协会深海技术与装备分会理事、机床与液压编委。指导博士 15 人、硕士 80 余人。主要从事机电液气一体化、深海技术与装备、海浪能技术及其装备的教学与科研工作。研制的振荡浮子式液压海浪发电装置已成功进行海试验证,相关技术正在推广应用。研制的 4000 米深海自持式智能 ARGO 浮标、3000 米级海底底质声学现场探测设备等,为我国海洋高端仪器装备自主创新研究提供了重要支持,提高了我国海洋装备的国际竞争力。承担国家级、省部级项目 20 余项,企业委托课题 30 余项,授权国家专利 20 余项,省部级奖励 10 余项。发表论文 100 余篇,出版专著 7 部、教材 8 部。

路长厚,1960 年 1 月生,博士,教授,博士生导师。1997~2007 年,担任机械电子工程研究所所长、机械电子博士点负责人;2003~2008 年,担任山东大学工程学部学术委员会委员、机械工程学院学术委员会委员。分别在 1983 年、1988 年、1996 年获得山东工业大学学士、硕士和博士学位。分别从 1983 年、1991 年、1993 年、1998 年起为助教、讲师、副教授、教授。1999 年,评为博士生导师。2008 年 4 月至 2009 年 4 月赴美国明尼苏达大学开展访问研究。主要研究领域:①机电系统的检测、诊断与控制——机电系统的精密测量,信号处理与故障诊断;运动系统的精密定位检测与控制;高速机械的运动控制、振动控制与轨迹控制。②计算机视觉与传感器技术:光学图像的处理技术、融合技术与重建技术;基于图像的目标检测与识别技术;基于光学和生物医学的传感技术及其传感器开发。③高速、超高速装备与润滑技术:高速旋转界面的摩擦行为描述与分析,润滑介质与界面的热特性及相互作用机理;提高速度的有效途径与新型轴承技术;高速机械的稳定性及控制技术。④精密机械与仪器——传感器,控制器、驱动器及机电应用系统的设计开发;工程化应用软件与机电一体化产品开发研制。

马海峰,1988 年 12 月生,博士,教授,博士生导师。国家"香江学者"、山东省高层次人才、山东大学齐鲁青年学者、中国自动化学会非连续控制学组委员、国家自然科学基金通讯评议专家。研究方向为精密机电系统建模和控制。近四年来以第一作者和通讯作者发表 SCI 论文 21 篇,包括 JCR 1 区论文 11 篇。主持国家自然科学基金、山东省重点研发计划(重大科技创新工程)、企业横向项目等。

牛军川,1973 年 5 月生,博士,教授,博士生导师。2003 年于山东大学获工学博士学位,2003~2006 年于山东大学从事博士后研究工作,2009~2010 年于伦敦帝国理工学院从事博士后研究工作。2003 年以来以研究员等身份多次赴香港城市大学进行合作研究,2015 年赴美国弗吉尼亚理工大学进行学术访问。兼任中国振动工程学会振动与噪声控制专业委员会理事、国际声学与振动学会(IIAV)会员、山东省声学学会理事、济南应用力学学会副理事长兼秘书长、香港应用力学学会会员、《声音与振动》(*Journal of Sound and Vibration*)等十几种学术期刊审稿人、国家自然基金和国家奖励等评审专家。主要从事振动噪声控制、机械动力学、机器人学等方面的研究工作。作为项目负责人主持和承担国家自然科学基金、国家重点研发计划、科学院战略计划先导项目和工业界项目 30 余项,在相关领域发表期刊和会议论文 100 余篇,授权专利 5 项,获得省部级科技奖励 3 项。

裴英华,1986 年 7 月生,博士,教授,博士生导师。山东大学齐鲁青年学者、美国生物物理学会会员、美国机械工程师学会会员,担任多个国际期刊(*Journal of Physical Chemistry*/*ACS sensors*/*Langmuir*;*Small*/*Electrophoresis*;*Physics Letters A* 等)审稿人。主要研究领域为受限空间内物质输运和微纳流体传感。主持和参加省部级以上科研项目、美国 NSF 和 NIH 项目等 10 余项。已发表 SCI 学术论文 28 篇,其中第一作者或通讯作者 SCI 论文 20 篇,包括在《美国化学学会纳米杂志》(*ACS Nano*,3 篇)《分析化学》(*Analytical Chemistry*,4 篇),《纳米尺度》(*Nanoscale*,1 篇),《物理化学通讯》(*Journal of Physical Chemistry Letters*,1 篇),《电源》(*Journal of Power Sources*,1 篇)等影响因子 6.5 以上的期刊论文 10 篇,文章他引总次数 350 多次。授权发明专利 2 项,其中美国发明专利 1 项。

史振宇,1984 年 1 月生,博士,副教授,博士生导师。山东大学未来计划学者、制造科学与工程系主任、机械制造及其自动化所党支部书记。担任 SCI 收录的《材料与设计》(*Ma-*

terials & Design)《应用表面科学》(*Applied Surface Science*)等国际期刊审稿人,研究成果在航天九院、拓展纤维有限公司、济南市口腔医院等企事业单位得到了广泛推广应用。主要研究领域为复合材料加工技术、微细切削加工技术、高速切削加工技术、智能制造技术。主持国家自然科学基金面上项目、国家自然科学青年基金项目、国家博士后科学基金面上项目、山东省重点研究计划项目、教育部博士点专项科研基金项目、山东省优秀中青年科学家奖励基金项目等国家、省部级项目 10 余项。共发表论文 49 篇,其中 SCI、EI 收录论文 39 篇,第一作者和通讯作者论文 19 篇,论文他引 380 余次。授权发明专利 42 项。

宋方昊,1974 年 11 月生,博士,教授,博士生导师。机械工程学院工业设计研究所所长、设计学学科负责人、中国工业设计协会信息与交互设计专业委员会委员、中国机械工程学会工业设计学会高级会员、山东省版画家协会理事。主要研究方向为产品设计、交互设计和设计认知。主持参与国家社科基金青年项目、山东省社科基金一般项目、教育部基地重大项目、山东省社科基金重点项目、山东省教育教学改革项目、教育部产学合作协同育人项目及政府、企业委托项目 20 余项。学术成果及作品获山东省优秀博士学位论文奖、山东省文化艺术科学优秀成果奖、山东大学研究生教学成果奖及省部级以上美术设计作品展等教学科研奖励 20 余项。发表包括 CSSCI、SCI、EI 检索在内的国内外学术期刊及国际会议论文 20 余篇,论文被《新华文摘》和国务院发展研究中心转载;出版学术专著 3 部。

孙杰,1967 年 3 月生,博士,教授,博士生导师。泉城产业领军人才、山东大学航空构件制造技术及装备研究中心主任、国防科技工业树脂基结构复合材料技术应用创新中心理事、《激光杂志》编辑委员会委员。主要研究方向为增材制造工艺与装备、智能制造技术与装备、难加工材料高效加工与刀具技术。承担国家"863"领域重点项目、国家科技重大专项、国家自然科学基金等科研项目 30 余项。在国内外学术期刊发表论文 180 余篇,其中 SCI 收录 50 余篇。出版专著 1 部,授权专利 40 余项、软件著作权 10 余项。获山东省科技进步二等奖 3 项,其中排名第 1 位、第 2 位各 1 项。

唐委校,1956 年 10 月生,博士,教授,博士生导师。兼任教育部机械工程学科过程装备与控制工程专业教学委员会委员(2006～2012)年、中国机械工程学会高级会员,山东省特种设备专业委员会副主任委员,国家自然科学基金同行专家评议人,科技部国际科技合作计划项目、教育部科技项目、山东省自然科学基金、科技攻关计划项目及科技奖等评审专家,多个国内外期刊审稿人。主要研究领域为过程设备高效技术、非线性动力学、振动利用与控制。作为项目负责人主持完成国家重点基础理论研究发展计划项目子课题 1 项、教育部高校博士学科点专项基金(博导类)1 项、山东省重点研发计划项目 4 项、山东省自然科学基金面上项目 5 项;作为主要研究者先后参加了国家"九五"科技攻关计划、国家高技术研究发展计划、国家自然科学基金重点项目和面上项目、国家科技支撑计划等多项国家及省部级科研课题及企业合作研究项目;主持山东省高校精品课程 1 项。出版专著 3 部,发表学术论文百余篇,授权国家专利 30 余项。

田广东,1980 年 2 月生,博士,研究员,博士生导师。省高端创新人才千人计划、省博士后青年英才计划,任中国计算机学会 Petri 网专委会委员、中国运筹学会不确定系统分会理事。主要研究方向为可持续设计与制造、废旧产品回收及再制造、制造系统智能优化及决策。主持国家自然科学基金项目、中国博士后特别资助项目等项目 20 余项。发表学术论文 100 余篇,其中 SCI 论文 85 篇,撰写中文专著 2 部(科学出版社 1 部),参编教材 2 部。授权专利 21 项,获中国公路学会科技二等奖。

王黎明,1986 年 11 月生,博士,副教授,博士生导师。中国机械工程学会环境保护与绿色制造技术分会第五届委员会委员、山东大学青年未来计划学者。担任《中国机械工程》《计算机集成制造》《国际先进制造技术》(*IJAMT*)《应用面》(*Applied Surface*)《机械原理》(*Mechanism and Machine Theory*)等审稿专家。主要研究方向为绿色设计与制造、生命周期评价、复杂刀具 CAD/CAM、智能优化算法。先后主持国家重点研发计划、国家自然科学基金项目、山东省重点研发计划等 10 项。在国内外学术期刊及会议发表相关论文 30 余篇,其中 SCI、EI 收录 26 篇,出版专著 1 项,授权国家发明专利 6 项。

王威强,1959 年 8 月生,博士,教授,博士生导师。山东大学荣聘教授、山东省特种设备安全工程技术研究中心主任。兼任中国机械工程学会失效分析分会失效分析专家、中国机械工程学会压力容器分会和失效分析分会理事、中国化工学会超临界流体专业委员会委员、山东省特种设备协会副理事长、山东省石油化工设备管理协会常务理事、山东机械工程学会失效分析专业委员会主任委员和压力容器专业委员会荣誉主任委员等。主要研究方向为失效与安全服役理论和技术、亚/超临界流体技术。负责完成和为主参与国家"863"计划、"973"计划、科技支撑计划、重点研发计划、国家自然科学基金和省级课题及子题项目近 20 项;大中型企业设备事故及失效分析和剩余寿命评估等项目百余项。获省部级科技进步奖近 10 项.发表论文 350 余篇,一半以上被 EI 和 SCI 收录。授权发明专利 50 余项,培养博士 20 余名、硕士近 60 名。出版著作 2 部。

王勇,1963 年 5 月生,博士,教授,博士生导师。曾赴香港城市大学攻读博士学位和加拿大萨卡彻温大学进行合作研究。中国机械工程学会高级会员、中国机械制造自动化研究会理事、全国齿轮专业委员会委员、《山东大学学报》工学版编委、《机构与机器理论》(*Mechanism and Machine Theory*)特约审稿人。主要从事机械动力学、流体控制技术、新能源设备等方面的研究工作。承担"863"计划项目、国家自然科学基金、山东省自然科学基金、省科技攻关、企业课题等科研项目 40 余项。在国内外学术期刊上发表学术论文 170 余篇,其中 SCI、EI 收录 100 余篇。授权国家专利 30 余项。获省部级科技奖 7 项、教学成果奖励 9 项。

王增才,1964 年 3 月生,博士,教授,博士生导师。兼任山东省汽车学会评审专家、山东省机械工程学会液压与气动专业委员会副主任委员等职务。主要研究方向为汽车高级辅助驾驶、机电液系统动态分析与集成等。承担国家自然科学基金、国家发改委、省级及企业委托科研项目 60 多项。已在国内外学术刊物上发表论文 160 多篇,被 SCI、EI 收录 40 多篇,出版专著 1 部,主编教材 1 部、参编 2 部,授权发明专利 3 项,获山东省科技进步二等奖 1 项、省部级科技进步三等奖 3 项。

谢玉东,1981 年 6 月生,博士,副教授,博士生导师。入选江苏省双创人才计划、中国自动化学会会员、《机电液工程学报》编委、《应用能量》(*Applied Energy*)审稿专家、国家自然科学基金通讯评审专家。研究领域为机电液一体化技术、海洋能及海洋装备、机器人。曾获山东省机械工业科技进步奖一等奖 1 项、山东省高等学校优秀科研成果奖一等奖 1 项和二等奖 1 项、"赢在济宁"高层次人才赛二等奖、第十四届全国多媒体课件大赛二等奖、2015~2016年山东大学课堂教学比赛一等奖、2017~2018年山东大学青年教师教学比赛一等奖、山东大学第八届青年教学能手。

谢宗法,1963年6月生,博士,教授,博士生导师。清华大学汽车安全与节能国家重点实验室访问学者、国家自然科学基金项目评审专家、《内燃机学报》特约审稿人、中国内燃机学会委员、山东内燃机学会理事、烟台市"双百计划"创新人才。研究领域为汽车发动机智能进排气管理系统研究、气门机构动力学性能研究、车用发动机全可变液压气门机构研究等。先后主持国家级项目3项、省部级项目和企业委托项目多项。授权国家发明专利8项、国际发明专利5项。获中国机械工业科技进步特等奖、山东省自然科学创新奖和科技进步奖等。发表学术论文50余篇。

杨富春,1981年5月生,博士,副教授、博士生导师。山东大学青年未来学者。担任国家自然科学基金评审专家、教育部学位论文评审专家、10余种国内外期刊审稿人。2000~2004年在浙江大学攻读学生学位,2004~2009年在浙江大学机械系攻读博士学位,2009~2011年在浙江大学化工机械研究所进行博士后研究。主要研究方向为复合传动、机电系统与机器人技术。主持和参与国家级项目6项、省部级及企业项目10余项。发表学术论文40余篇,其中SCI、EI收录论文30余篇。授权发明专利20余项,其中国际发明专利3项。

姚鹏,1979年7月生,博士,教授,博士生导师,机械工程学院副院长。担任国际磨粒技术委员会青年委员、中国机械工程学会生产工程分会磨粒技术专业委员会和精密加工与微纳制造专业委员会委员。主要从事难加工材料的多能场辅助高效精密加工理论和技术研究。近年来主持了国家智能机器人重点专项、国家数控重大专项、国家自然科学基金面上和青年项目等国家级项目,山东省自然科学基金重大基础研究和面上项目等省部级科研项目,通过多项委托研究课题参与我国航空航天重大科技项目的研究。获教育部技术发明一等奖、机械工业协会二等奖、上银优秀机械博士论文奖指导教师。在国内外学术期刊及会议发表相关论文70余篇,拥有15项第一申请人授权发明专利,出版译著1部,参编教材1部。

张承瑞,1957年7月生,博士,教授,博士生导师。山东大学荣聘教授。担任山东省智能制造与控制系统工程技术研究中心主任、山东省济南机器人与高端装备产业协会专家委员会主任,入选2019年山东省泰山产业科技创业领军人才。一直从事智能制造系统、控制系统和机器人控制理论和应用的研究与教学工作。承担了国家智能制造专项、04高档数控机床专项、国家科技支撑计划和山东省重大创新项目等10多项。自主研发了EtherMAC实时工业以太网技术,在软件定义机器控制器开放平台方面取得了创新性成果。近五年作为第一完成人获山东省科学技术奖发明奖1项,作为主要完成人获得省部级科技进步一等奖2项,授权发明专利13多项,发表论文30多篇。

周军,1975年12月生,博士,教授,博士生导师。2011年1月至2012年1月赴新加坡国立大学Neurosensors实验室做访问学者。山东科技发明协会会长,获济南市泉城产业领军人才、山东省泰山产业领军人才等称号,2020年获中国机械工业科学技术奖科技进步奖二等奖、山东省技术市场协会科技金桥奖个人奖。目前任山东大学齐鲁高新区智能制造技术中心主任、山东省机器人协同创新中心副主任、山东省工业技术研究院人工智能装备系统协同创新中心主任,兼任国家自然科学基金通信评议专家、山东省自然基金评审专家、山东省科技攻关项目评审专家、《国际计算机技术应用》(*International Journal Computer Application in Technology*)《清洁生产》(*Journal of Cleaner Production*)《生物力学》(*Journal of Biomechanics*)《机械工程进展》(*Advances in Mechanical Engineering*)《机电工程》《光学精密工程》等期刊审稿人。主要从事智能控制系统、室内机器人定位与导航、工业互联网与智能制造及智能检测技术等方面研究工作。近五年来先后主持和承担国家科技支撑、"863"项目、国家重点研发计划、国家自然基金、国防科技及省部级相关科技基金和企业横向委托项目 40 余项。在国内外学术期刊发表论文 70 余篇,被 SCI、EI、ISTP 检索 20 余次,获得山东省科技进步二等奖奖励 3 项,授权发明专利 20 多项,在审发明专利 24 项,软件著作权 14 项。

周慎杰,1958 年 11 月生,博士,教授,博士生导师。兼任中国力学学会第九届、第十届及第十一届理事会理事,山东力学学会副理事长,《应用与计算力学》(*Journal of Applied and Computational Mechanics*)和《计算力学学报》编委,国家自然科学奖会评专家。主要研究方向为微结构力电耦合理论及其尺寸效应、复杂机械装备数值模拟技术、过程设备高效技术。主持完成国家自然科学基金、国家重点研发计划、教育部博士点基金、山东省科技攻关计划、山东省自然科学基金等项目 14 项及企业委托技术开发项目 20 余项。提出了全应变梯度弹性理论及挠曲电理论,最先开展了微结构力学尺寸效应研究,引发了国际上的广泛研究。发表学术论文 160 余篇,连续入选 2014～2020 年度 Elsevier 中国高被引学者,获山东省科技进步奖 2 项、国家电网公司科技进步奖 1 项、山东省优秀博士论文和山东大学优秀博士论文指导教师。

周以齐,1957 年 1 月生,博士,教授,博士生导师。曾在全国机电一化应用协会、机械工程学会自动化分委员会、电子学会电子机械分会、工程机械协会挖掘机分委员会等学术机构担任委员或理事。担任中国自然科学基金、中国博士后基金、学位论文质量监测平台、山东省工信厅专家库等评审专家。担任《内燃机学报》《机械工程》(*Journal of Mechanical Engineering*)等杂志编委,以及多家国内外杂志审稿人。长期从事机电一体化教育和工程实践,组建机电工程专业及其学科方向,科研与工程实践主要在机电伺服控制、虚拟仿真、NVH 控制等领域,承担多项国家、军队、地方和企业课题。曾获山东省科技进步二等奖、中国高校科技进步二等奖、中国人民解放军科技进步二等奖和三等奖。

朱洪涛,1970 年 6 月生,博士,教授,博士生导师,机械工程学院副院长。中国机械工程学会高级会员,全国机械制造教学研究会理事,国际磨料技术委员会(ICAT)准成员,国际期刊《材料加工技术》(*Journal of Materials Processing Tehnology*)《先进制造技术》(*Advanced Manufacturing Technology*)等审稿专家。主要研究方向为磨料水射流精密加工技术、微细切磨削加工技术、微纳刻蚀加工技术。先后主持国家自然科学基金项目、山东省自然科学基金重大基础研究项目等 9 项,参研国家重点研发计划重点专项项目等 8 项。在国内外学术期刊及会议发表相关论文 85 篇,其中 SCI、EI 收录 77 篇,授权国家发明专利 30 余项。

彭程,1988 年 11 月生,博士,教授,博士生导师。山东大学齐鲁青年学者、中国力学学会会员、美国物理学会会员,国际期刊《计算物理》(*Journal of Computational Phys-*

ics)《国际传热传质杂志》(*International Journal of Heat and Mass Transfer*)等审稿专家。主要研究方向为计算流体动力学、颗粒湍流、多相流的直接数值模拟、气体动理论方法。在国内外学术期刊发表相关论文 28 篇,其中 SCI 收录 28 篇,获得 2019 年国际介观尺度方法会议颁发的 ICMMES-CSRC 奖励。

2000~2021 年山东大学机械工程学院新增博士生指导教师名单

年份	专业	人员名单
2000	机械制造及其自动化	张承瑞、陈举华
	机械设计及理论	王志明、田茂诚、李剑峰
2001	机械制造及其自动化	王勇
2002	机械制造及其自动化	周以齐
	机械设计及理论	葛培琪
2003	机械电子工程	刘战强、宋现春
2004	机械制造及其自动化	赵军
	机械设计及理论	王增才、张勤河
2006	机械制造及其自动化	许崇海
	机械电子工程	冯显英
2007	机械设计及理论	董玉平
	机械制造及其自动化	张进生
2012	机械电子工程	闫鹏
2013	机械工程	刘延俊、李方义
2015	机械制造及其自动化	万熠、邹斌、姜兆亮
	化工过程机械	陈颂英
	数字化设计与制造	刘日良
2016	数字化设计与制造	纪琳
	机械制造及其自动化	周军
	机械电子工程	胡天亮
	机械设计及理论	牛军川
2017	机械制造及其自动化	刘含莲
	化工过程机械	宋清华
	工业设计	宋方昊

年份	专业	人员名单
2018	机械制造及其自动化	姚鹏、朱洪涛
	工业设计	刘燕
	数字化设计与制造	谢玉东
2019	车辆工程	谢宗法
	数字化设计与制造	韩泉泉、刘继凯、
	机械设计及理论	高玉飞、杨富春
	机械制造及其自动化	黄俊
2020	机械制造及其自动化	史振宇、马海峰、王兵
	化工过程机械	彭程
	车辆工程	李燕乐
	CAD/CAM	王黎明

第三节　人才培养

学院的人才培养特色十分鲜明,经过 95 年的发展,学院已建立起"学士—硕士—博士—博士后"的完整人才培养体系,现有 1 个机械工程博士后流动站、1 个机械工程一级学科博士点、8 个二级学科博士点及先进制造工程博士点、8 个二级学科硕士点、4 个工程硕士点(机械工程、工业工程、车辆工程、工业设计工程)、3 个本科专业点(机械设计制造及其自动化、智能制造工程、产品设计),建立了机械工程大学生创新平台和 20 余个学生社会实践基地,先后与澳大利亚新南威尔士大学、美国弗吉尼亚理工大学签订了联合培养协议,与韩国斗山集团、德国采埃孚集团、广东核电集团等联合定向培养本科生,开设了全英文本科班。机械设计制造及其自动化是国家特色专业,也是首批进行卓越工程师培养和通过国际工程教育专业认证的专业。学院毕业生具备较强的社会竞争力,深受用人单位的欢迎,许多毕业生已成为机械及相关行业的管理者、创业者和企业家。目前,学院在校本科生 1191 人、硕士研究生 503 人、工程硕士 472 人、博士研究生 187 人、博士后在站人员 59 人。

一、学生规模

2000 年,新山东大学成立之初,学院当年招生 440 人,其中本科生 312 人、专科生 65 人、硕士生 52 人、博士生 11 人。当时,学院在校本科生 1142 人、硕士生 126 人、博士生

32人、博士后科研人员8人。2001年,学校取消全日制专科招生,本科生和研究生招生规模扩大,共招生464人,其中本科生371人、硕士生72人、博士生21人。截至2008年年底,学院有博士后科研人员16人,在校博士生65人,硕士生248人,工程硕士59人,本专科生1505人。截至2020年年底,学院有博士后科研人员59人,在校博士生187人,硕士生503人、工程硕士472人,本科生1191人。

2000~2020年山东大学机械工程学院招生情况一览表

年份	专科（人）	本科（人）	硕士（人）	博士（人）	同等学力（人）	工硕（人）	工博（人）
2000	65	312	52	11			
2001	0	371	72	21	38	30	
2002	0	341	118	21	40	29	
2003	45	284	89	37	6		
2004	80	385	98	42	7	48	
2005		382	127	41	31＋4	12	
2006		387	129	31	19	18	
2007		374	125	32	14＋2	20	
2008		390	131	35	11	21	
2009		412	172	32		51	
2010		360	164	36		26	
2011		331	160	32		67	
2012		370	154	35		187	2
2013		330	160	32		101	3
2014		348	150	31		180	3
2015		320	175	34		114	2
2016		322	166	33		178	2
2017		314	156	43		124	2
2018		314	158	43	129	111	10
2019		337	168	42	20	105	12
2020		337	174	41	13	107	13
2021					200		

注:带"＋"号的,前为高校教师在职申请学位,后为同等学力人员在职申请学位。

二、人才培养改革

2000年,学院积极推进教学改革,扩大专业口径,修订了专业目录,调整了课程设置,优化辅修课模块。加强先进制造技术基础理论和设计理论教学,突出了用信息技术改造传统机械专业培养体系,把电子技术、数控技术、测控技术、机器人技术融入机械专业培养体系中。优化教学体系,设置学科群点,注重通才教育,培养自学能力,拓宽专业基础,加强实验教学,提高科研素质,鼓励学科交叉和创新意识的培养,对优秀本科生实行导师制。学院立足以一流大学的目标,修订制定了教学管理规章制度,出台了教学奖励实施办法。2000 年,有 3 项教学成果获校级优秀教学成果奖,参加了教育部教学管理立项课题;正式出版教材 3 部,发表教学研究论文 21 篇。学院获教学工作优秀奖和考试工作先进单位奖。

2001 年,学院进一步推进教学改革,制定了新的专业目录,修订了教学管理规章制度,设计开发了教学管理信息系统,基本建立起适应研究生教学管理工作的制度和规则,完成了学科点培养方案的修订(共 9 种培养方案)。学院坚持开展教学效果评价工作,并与职称评审和年终考核挂钩。85% 以上的教授、副教授坚持面向本科生教学,努力提高教学优秀率。90% 以上的教师主持或参加教学、科研项目,取得了良好的成绩。学院获省级优秀教学成果一等奖 1 项、二等奖 1 项,2 人获校优秀 CAI 二等奖,学院被评为山东大学教学管理先进单位。完成省级、校级教学研究项目 2 项,正式出版教材 5 部,发表教学研究论文 20 余篇。学院牵头,共同启动了山东省高校机械类规划教材的编写工作,确立了学校机械类专业在山东省高校的主导地位。

2002 年,学院教学工作的指导思想是贯彻落实《山东大学加强本科教学工作、全面提高教学质量行动计划》和《山东大学教育创新举措》精神,以本科教学评估工作为重点,以评促建,制定了切实可行的自评方案。通过对课程建设规划、实验室管理规章制度、学院督导组听课制度、教学效果问卷调查等措施的检查完善,建立了教学质量监督信息库。以齐全的教学文件和教学参考资料、规范的管理,圆满完成了自评工作,在初评中获本科教学评估工作优秀组织奖。组织申报学校名牌专业、名牌课程、试题库建设等教学研究项目。本年度有 3 部教材获优秀教材奖,其中一等奖 2 部、二等奖 1 部;共发表教学研究论文 20 余篇,其中核心期刊 4 篇,12 篇收入山大《新世纪教学论丛》。为适应社会需求,在传统专业基础上新增机械工程信息化方向,2002 年该方向开始培养本科生。大力推进现代化教育手段的实施,有 15 门课程采用多媒体授课,7 门课程教案上网,开设了双语授课课程,新增一个实践教学基地。

2003 年,学院加强了在研校级教学项目建设的监督指导,对名牌专业建设、名牌课程建设、出版基金建设落到实处,年底实施全面检查,其中 3 门上网的课程教案获学校奖励。设立了学院的教学改革研究启动基金,将专业主干课作为资助重点,教改立项 8 项,给予启动资费资助,及时指导并督促。启动了机械设计大赛项目,高年级优秀本科生全部加入该项目,在导师指导下组成团队,提前进入了毕业课题,提高了学生学习专业的积极性和开展创新设计的主动性。进行了专业结构调整,增设车辆工程本科专业。积极开展国内学生交流工作,接收厦门大学学生来学院学习。

2004 年,学院成立了新的教学指导委员会。重新修订了符合学校的新定位和学院发展的教学规划,在传统学科专业基础上形成新特色的本科生培养方案。制定了教学研究项目管理办法、课程负责人制实施办法等一系列规章制度。学院又有两位教师分别被评为校级教学名师和青年教学能手。至此,共有学校教学名师和青年教学能手 5 名,位于各学院前列。出版教材 8 部,其中国家"十五"规划教材 1 部,工程制图课被评为省级精品课程,获得学校教学成果奖 4 项:一等奖 2 项、二等奖 1 项,优秀奖 1 项。《工业设计专业建设》一项获省级优秀教学成果二等奖。争取到教研经费约 15 万元,其中省级教学研究项目 3 项、校级教学研究项目 8 项。发表教学研究论文 30 余篇。学院成功组织实施了山东省大学生机械设计大赛,积极联系本科生参与学校的"三种经历"实践,实施了香港理工大学暑期学校实践;接收厦门大学学生来学院学习一年;第一次派出国内交流学生共 13 人前往国内重点高校。新开一门开放型、综合性、设计型实验课——机械系统运动方案和结构综合设计。新增 2 个实践教学基地:山东大学济南重工股份有限公司教学实习基地和山东大学济南天鹅股份有限公司教学实习基地。在本科教学综合评比中,学院的综合成绩在 29 个院部中排名第二。2004 年,艾兴教授指导的博士研究生陈元春的博士学位论文《粉末表面涂层陶瓷的硬质合金刀具材料的研制和性能研究》荣获全国优秀博士学位论文奖(山东大学仅有 2 篇博士论文获此殊荣),张建华教授指导的博士研究生张勤河的博士学位论文《超声振动辅助气中放电加工技术及其机理研究》获山东大学优秀博士学位论文奖,黄传真教授指导的硕士研究生张蕾的硕士学位论文《陶瓷轴承套圈材料仿真设计及应用基础研究》获山东大学优秀硕士论文奖。

2005 年是学校教学质量年,全院统一了思想,制定了提高本科教学质量年的系列活动规划,圆满完成本科评估工作任务。通过本科评估,总结并提炼了学院的办学特色,梳理了存在的问题,制定了学院 2005～2007 年教育创新计划。学院获得学校颁发的教学质量与评估优秀奖。学院将学生创新能力的培养作为教学组织的重要目标,在基础课程中进行实验课试点、实施开放式综合性实验,在专业课程中以教师科研成果为产品案例进行设计并尝试了团队教学法。在全国第九届"挑战杯"竞赛中,学院获得国家级三等奖和省级特等奖。学院承办了山东省教育厅主办的山东省大学生机电产品创新设计竞赛决赛。学院制定了新的青年教师培养计划,旨在引导青年教师积极主动进行课程改革、实验改革、双语教学、教材建设,逐渐成为学院教学改革主力军。修订了《机械工程学院教研项目立项及管理办法》,结合研究型教学新立了 8 项院级教学研究项目,并争取到省级重点项目 1 项、校级项目 1 项,共新增教研项目 10 项。工程制图和机械设计两门课程被省教育厅确定为省级精品课程,现代产品设计为校级精品建设课程。一项合作的教研项目获省级优秀教学成果三等奖。2005 年度教学研究及奖励经费增加,学院各类教学奖励合计约 15 万元,发表教学研究论文 20 余篇,出版教材 9 部。2005 年,由出版社支持学院共申报了 13 部国家"十一五"规划教材,申报数列学校前三名。教学管理进一步规范,规章制度不断完善,完善了"学院教学指导委员会→专业建设小组→课程负责人→教师"的教学管理体系。建立了科学、规范的教学管理制度,重要决策和教学规划及目标的制定、评审和论证,要经教指委和教师讨论及专家论证。制定了宽口径、厚基础、重实践的新培养方案,审定了主干课程大纲。进行了教学项目和教学成果的评审。修订了学院教学竞赛实施办法、教学研究立项及管理办法、青年教师教学水平全面提升方案、教学会议资助办法等教学管理文件。黄传真教授指导的博士生何林的博士论文《新型陶瓷轴承套圈的研制及其应用基础研究》获省级优秀博士学位论文奖,李剑峰教授指导的博士研究生丁泽良的博士论文《新型组合式陶瓷水煤浆喷嘴的设计开发及其损坏机理研究》获山东大学优秀博士论文奖。

2006 年,学院围绕专业建设主题,开展了包含新培养方案的落实、课程建设、教材建设、教学方法、教学手段改革等,取得了新的进展。教学研究重点突出逐步深入,学院的精品建设重点,已经由课程、教材、方法手段等各个单项改革向学院专业建设和整体水平提高延伸。在新的面向一线教师的教研项目申报中,学院又获得机械设计系列课程新型实践体系的构建等 2 项新的校级教研项目。专业建设注重内涵,品牌建设卓有成效,学院的机械制造及自动化专业获得山东省品牌专业称号。上半年,机械工程学院共有《液压与气压传动》等 7 部教材入选教育部公布的国家"十一五"规划教材名单。加强实习指导教师队伍建设,学院调整了生产实习指导教师队伍结构,队伍中既有专业课教师,又有基础课教师;既有实际工程经验比较丰富的中老年教师,又有博士学位的年轻教师。实践证明,组成的团队既能圆满完成实习指导任务,又能对欠缺实际工程经验的青年教师提供培养工程实践能力的机会,为教师队伍建设打下了良好的基础。学院新增 10 余门暑期学校课程,充分落实了学院"紧追学术前沿、强化实践环节、培养创新能力、提高专项技能"的改革指导思想。学院实施了 4 项大型活动:一是联合组织实施了山东大学大学生机电产品创新设计竞赛,使科技活动逐渐纳入正常的知识培育体系中。二是组织全国大学生机械创新设计竞赛的山东省大学生机电产品创新设计竞赛预赛工作,学校的参赛项目获得了山东省一等奖 6 项、二等奖 8 项,学校获得优秀组织单位奖,刘鸣等指导教师荣获优秀指导教师奖。三是代表山东大学参加了全国大学生机械创新设计竞赛,张勤河老师指导的作品获得全国二等奖,并获得优秀组织奖。四是组织实施了工程测绘及三维造型项目,在全国三维数字建模大赛中获得全国二等奖 2 人、全国三等奖 4 人。参加山东赛区的获省级一等奖 1 人、省级二等奖 4 人。学院高职飞机检测与维修专业的学生,以"准员工"的身份到山东太古飞机工程有限公司进行为期一年的毕业实习,为学校"订单式"培养的成功尝试。完成了教育部学位与研究生教育发展中心启动的一级学科整体水平评估工作。李剑峰教授指导的博士研究生丁泽良的博士论文《新型组合式陶瓷水煤浆喷嘴的设计开发及其损坏机理研究》获山东省优秀博士论文奖。

2007 年,全院共同努力,顺利通过了机械设计制造及其自动化专业认证试点。认证专家组肯定了专业的办学成果、优势与特色,也客观地指出了存在的问题,提出了切实、中肯的建议,为今后的专业建设指明了方向。学院实施了以重点学科为支撑的专业建设,机械设计制造及其自动化专业 2006 年获得品牌专业称号后,按照新的目标进行了机械大类专业课程体系的构建,在精品课程建设、优秀教材建设、青年教师培养、鼓励引导学生自主性研究型学习等方面有了明显进步,形成了专业的优势与特色。本年度新增一门机械制造技术基础省级精品课程,新增一门产品设计校级精品课程。继续实施学院青年教师培养计划,青年教师工作积极主动,配备的指导教师认真负责,不仅指导如何授课,还指导如何写讲稿,为造就教学过硬的师资后备力量作出了贡献。学院注重实践教学过程的质量监督,组成了专业课教师和基础课教师相互融合、实际工程经验比较丰富的中老年教师和青年教师互相补充的实习指导队伍,组织教师赴实习基地对生产实习和认识实习进行中期检查。"三种经历"逐步推广,并更加深入,创造条件使学生较早参加科研和创新活动。利用导师制吸引优秀学生参与到教师的科研工作中,扩大教师参与指导科技活动的范围。学院连续三年获得暑期学校项目二等奖。充分落实了学院"紧追学术前沿,强化实践环节,培养创新能力"的指导思想。本年度校际交流人数为 40 余人。实施了三项大型活动:与教务处和团委联合组织实施了山东大学第二届大学生机电产品创新设计竞赛,将该活动扩展到控制学院和能动学院,扩大了教师与学生的参与面。学院完成了山东大学机械工程学院机械工程学科博士学位论文的纵向比较评阅意见综述和山东大学机械工程学院机械工程学科博士学位论文的中外比较评阅意见综述(山东大学只选取了 4 个博士生培养工作做得较好的学院)。艾兴院士担当这项工作的总指挥并亲自撰稿,黄传真、赵军、葛培琪、张建华、邓建新、周以齐、王勇、孙家林等都担任了部分撰写工作。按照要求,学院按时、高质量地完成了博士质量调查工作。由黄传真教授指导的博士研究生邹斌的博士学位论文《新型自增韧氮化硅基复合陶瓷刀具及性能研究》获山东大学优秀博士论文奖。

2008 年,学院机械制造及其自动化成功申报国家级特色专业,填补了学院国家级特色专业建设的空白。狠抓教学工作的各个环节,组织各教研室进行示范教学。认真落实学院领导、院教学委员会参加公开教学课,对主讲教师进行面对面研讨,改进教学质量。加强青年教师的培养,提高教学技能。学院重视青年教师培养,通过多种形式来促进和提高青年教师的教学技能,以老带新,丰富青年教师的教学经验,提高教学质量,涌现出校级教学能手 1 名。重视教学研究工作,积极组织校级教学成果申报,推荐 7 个项目参加评选,获得校级一等奖 2 项、二等奖 4 项。学院派出 8 人次参加各类教学研讨会。监督指导毕业设计工作。毕业设计是最重要的教学环节。学院重视对毕业设计各个环节的检查指导,包括选题、开题、答辩等。起草一系列旨在提高毕业设计质量的文件。组织大学生机电产品科技创新活动。2008 年暑期,约 300 人、50 余项作品参加了机械工程学院机电产品科技创新大赛,其中 18 项参加山东省大学生机电产品科技创新。2008 年招收硕士 131 人、博士 35 人,其中通过积极争取,硕士招生名额增补 6 人、博士增补 2 人;招收2009 级推免生 40 人,其中通过审核考察,录取校外推免 3 人,校内跨专业推免生 1 人;组织选拔 2007 级硕博连续培养研究生转博工作,保留优秀的硕士生作为博士生生源。落实《山东大学研究生培养机制改革方案》。制定了《关于加强博士研究生培养过程和节点管理的实施意见》《关于加强硕士研究生培养过程和节点管理的实施意见》《关于硕士研究生在攻读学位期间发表论文的规定》。有 1 篇论文参选全国优秀博士论文评选。推进研究生培养模式创新:开展了合作导师的遴选工作、研究生国际联合培养工作,合作导师博导 1 位、硕导 3 位;研究生国际联合培养 7 位。2008 年上岗招生博导 24 位,新增硕士生导师 7 位。认真组织了预答辩、论文盲审、答辩等环节的毕业工作。毕业人数:硕士学位 124 人,博士学位 29 人,在职研究生 35 人。

2009 年,机械设计制造及其自动化专业成功申报第二类国家级特色专业,填补了空白。涌现出校级教学能手 1 名。学院重视教学研究工作,积极组织教学成果申报,推荐9 个项目参加评选,获得省级一等奖 2 项。2009 年暑期,约 200 人、60 余项作品参加了机械工程学院机电产品科技创新大赛,其中 14 项参加山东省大学生机电产品科技创新。2009 年招收硕士 172 人、博士 32 人,招收 2010 级推免生 44 人。组织实施研究生"质量工程",成效显著。积极申报学校和省级研究生项目立项和成果奖:获批山东省研究生教育创新计划项目 2 项、山东大学研究生精品课程建设 1 项,获批山东大学研究生教育创新计划项目 1 项,申报了山东研究生教学成果项目 2 项;积极推进研究生培养模式创新和开展研究生国际联合培养工作,研究生国际联合培养 5 位,研究生出国参加学术会议 1 位;获得山东大学优秀硕士论文 2 篇。2009 年上岗招生博导 24 位,新增硕士生导师 3 位。毕业人数:硕士学位 123 人,博士学位 17 人,在职研究生 9 人。

2010 年,机械设计制造及其自动化专业获批为教育部卓越工程师试点建设专业,获批校级精品课程 3 门,获批省级精品课程 2 门,获批校级教学团队 1 个。组织规划、实施了 2010 年机械工程学院实验室建设项目,软件建设项目 3 项。完成 2009 年机械工程学院实验中心实验室建设项目,软件建设项目 1 项,已通过专家验收。争取到教育部 2010 年修购专项基金,组织制定了 2011 年实验室建设规划及经费预算方案。2010 年招收博士 36 人、硕士 164 人(其中专业学位 38 人)、在职工程硕士 18 人。组织开展研究生培养方案修订工作。首次对毕业前没有发表论文的硕士生学位论文进行学院抽查盲审。3 名研究生被评为山东大学 2010 年优秀硕士学位论文获得者。国家留学基金委资助出国攻读博士学位 2 人,国际联合培养项目 5 人。毕业博士 20 人、硕士 105 人、工程硕士 33 人。成功申请增设了工业设计工程专业,并且当年开始招生。学院继续教育、网络教育获得了大的发展,取得了良好的成绩,招收成教 1280 人(其中函授 319 人、自考 64 人、网络 897 人)。与小松、临工等企业已达成新建研究生课程班的合作意向,充分发挥了高校为企业人才培养的优势作用。

2011 年,机械设计制造及其自动化专业认证成功延期,认证有效期至 2013 年。学院申报校级教研项目 10 项,申报教学团队 1 个。举办机械工程学院青年教师讲课比赛,一等奖 1 名,二等奖 2 名,三等奖 3 名。暑期,约 300 人参加了机械工程学院机电产品科技创新大赛,参赛作品 70 余项。16 项参加山东省大学生机电产品科技创新。推进落实教育部卓越工程师计划实验班工作。实验班已招收三届,已逐步实现规范化选择、教学,并已制定完善实验班教学计划和教学大纲。2011 年招收博士 32 人、硕士 160 人(其中专业学位 47 人)、在职工程硕士 67 人。招收推免生 47 人(其中专业学位 18 人)、直博生 1 人。成功开设 3 门研究生全英文课程。1 人获得 2011 年山东省优秀博士论文和山东大学优秀博士论文。3 人获得学校研究生自主创新基金资助,3 人获得学校优秀生源奖励基金资助。积极支持研究生国际交流活动,其中国家留学基金委资助出国攻读博士学位 1 人、联合培养博士生 6 人、校际交流 2 人。获得山东省研究生教育创新计划项目立项 2 项。组织研究生创新实验中心建设工作,研究生公共工作环境和条件得到进一步改善。成功增设先进制造工程博士点。毕业博士 36 人、硕士 111 人、工程硕士 30 人,其中高校教师 9 人。学院继续教育、网络教育获得了大的发展,取得了良好的成绩,招收成教 1810 人(其中函授 282 人、自考 238 人、网络 1290 人)。

2012 年,围绕卓越工程师培育计划实验班,推进各专业的教学内容、教学模式、考试方法等的改革。派出 8~10 人次参加各类教学研讨会。积极组织校级、省级教研项目申报,申报校级教研项目 10 项。举办学院青年教师讲课比赛。招收博士 35 人、硕士 152 人、工程硕士 187 人。毕业博士 37 人、硕士 192 人、工程硕士 37 人。成功开设 9 门研究生全英文课程。2 人获校优秀硕士学位论文,1 人获校优秀博士论文,1 人获上银优秀机械博士论文佳作奖。自设工业设计、机械制造工业工程博士点以及机械产品数字化设计硕士点。组织参加了教育部第三轮学科评估工作。招收成教 1751 人(其中函授 298 人、网络 1453 人)。

2013 年,机械设计制造及其自动化专业通过教育部专业认证考察,顺利加入华盛顿协议。推进卓越实验班和国家级工程实践教育中心的建设。启动了 2013 级全英语教学试点班。启动了学院《国家级教学质量工程培育计划实施方案》。获山东大学教学成果一等奖 2 项、二等奖 2 项、优秀奖 2 项。获山东大学教研项目重点项目 3 项、一般项目 2 项、自筹项目 5 项。启动全国优秀博士论文培育计划和研究生生源拓展计划。开设 9 门研究生全英文课程。1 人获省优博,1 人获省优硕,1 人获博士研究生学术新人奖。新增校级研究生教育创新计划立项 1 项,校级研究生教学成果三等奖 1 项。制定新增学位点培养方案。社会服务成效显著,实际招收成教学生 2115 人。

2014 年,学院推进各专业的教学改革,完成了 4 个专业、5 个专业方向的教学计划修订。强化实践和毕业设计环节,促进国家级工程实践教育中心的建设。推进机械设计制造及其自动化专业的国际化建设,13 名教授参加了授课示范性讲课。遴选了 6 名本科生赴美、2 名本科生赴德、6 名本科生赴韩交流学习。加强与美国弗吉尼亚理工大学的"3+2"合作培养。培育教学名师。确定 2 门课程进行 MOOC 课的试点工作。启动了车辆工程和化工机械专业的国际工程专业认证工作。1 人获省优秀本科毕业论文奖。启动博、硕士培养过程质量控制实施方案。1 人获省优博,2 人获博士研究生学术新人奖。新增山东省研究生教育创新计划自筹经费项目立项 1 项。制定并实施学院 2015 年度硕导申请审核工作实施办法。新拓展走访企业 20 余家,工程硕士新增 180 人。

2015 年,学院新增增材制造本科专业方向和机械电子工程专业全英文教学试点班。完成了部分专业教学大纲的修订工作。推进了机械设计制造及其自动化卓越工程师计划实验班建设。加强专业国际化建设,立项资助 16 门全英语课程,选派 2 名教师赴美国美国弗吉尼亚理工大学参加全英语教学培训。获得 2014 年度省级教学成果奖二等奖 1 项、三等奖 2 项。推进了 MOOC 课建设。修订了学院优秀博士论文培育计划实施方案。制定学院招收博士生人员审核认定科研基本要求。1 人评为校优秀研究生指导教师,1 人获上银优博,1 人获省优博,1 人获省优硕。新增省研究生优秀创新成果奖 2 项,山东大学示范性研究生学位课程建设项目 2 项。新拓展走访企业 10 余家,工程硕士新增 114 人。

2016 年,在本科教育方面,学院加入中国机械行业卓越工程师教育联盟。本科留学生取得突破,国际班 20 人,立项资助 16 门全英语课程。与德国费斯托公司奖学金再签 3 年。增材制造方向学生 40 人。实施创新、创业教育和"互联网+"教学,推进慕课建设。5 名青年教师参加学校讲课比赛。在研究生培养方面,实施研究生全面质量提升计划,盲审质量提高。获得教育部直属高校外籍文教专家年度聘请计划学校特色项目 1 项。修订 2016 年各类研究生培养方案。获省优秀博士论文 2 人,省研究生优秀科技创新成果二等奖 1 项。省研究生教育联合培养基地建设项目推荐项目 4 项。校专业学位研究生案例教学建设建设项目 1 项,省专业学位研究生案例教学建设建设项目 1 项。本校直博生和国际化比例扩大,留学生 6 人。举办 2016 年全国优秀大学生暑期夏令营。推行《本科生学业导师制实施办法(试行)》。在社会服务、继续教育和培训工作中,新拓展走访企业 20 余家,工程硕士新增 180 余人。

2017 年,学院完成了本科教育审核自评估工作,迎接教育部审核评估。制定了 2017 版教学计划,补充修订 2014 版教学计划。2017 级专业分流,国际班 20 人。推进全英语课程教学,立项资助 18 门全英语课程。推进推荐增材制造专业方向的建设和管理。资助 2 门慕课进行试点。获山东大学教改 4 项。山东大学教学成果一等奖 2 项。山东省教学成果一等奖 1 项、二等奖 1 项。1 名教师获推荐参加省讲课比赛。完成了研究生学位点合格自评估工作,实施研究生全面质量提升计划,盲审质量提高。完成 2017 级研究生招生以及 2018 级博士生部分招生工作。进一步落实《本科生学业导师制实施办法(试行)》。在社会服务、继续教育和培训工作方面,新拓展走访企业 50 余家。

2018 年,学院与英国卡迪夫大学联合培养项目,落实 2019 年暑期学校项目合作,初步达成了"3+1"(山东大学本科)、"3+1+1"(山东大学本科+卡迪夫本科)、"3+3"(山东大学本科+卡迪夫博士)联合培养模式。组织申报暑期学校项目 11 项,其中国际项目 2 项。联合所有工科学院,启动了中日特色班建设。撰写了机械设计制造及其自动化专业认证复审申请书,并顺利通过认证协会审核。重新设计了教学大纲、考试大纲规范。明确了课程负责人,颁布了助课管理办法。智能制造工程专业获国家批准通过,并于 2019 年招生。围绕专业现代化建设,鼓励支持教师进行教学改革。经过指南撰写、项目申请、答辩等环节,从 29 项申请项目中优选了 17 项,共出资 130 万元进行资助。围绕新工科建设,已经初步落实 8 门 3D 版规划教材编写。在科创比赛方面,本科生获得科创方面国家级奖项 30 项、省级奖项 36 项、校级奖项 69 项。重新按一级学科制定了研究生招生简章。进行了教育部学位与研究生教育发展中心启动的学位点合格评估工作。4～6 月,重新修订了学院研究生培养方案,其中包括 8 个学术型博士学科、1 个专业博士学科、8 个学术硕士学科和 4 个专业硕士学科,共计 37 套研究生培养方案,2018 级新生全面启用新的培养方案。获得 2019 年博导资格人员 36 人、硕导资格人员 67 人。学院研究生获上银优秀博士论文奖 2 人,获校友博士论文 1 人、硕士论文 2 人。研究生参加校级及以上各类科技大赛获奖共计 36 项,其中国家级 8 项、省部级 18 项、校级 10 项。

2019 年,"新工科"专业智能制造工程正式招生,同时停招过程装备与控制工程、车辆工程、工业设计 3 个专业。机械类招生 292 人,产品设计专业招生 41 人,本科国际留学生 4 人,毕业 300 人。学院推进教学改革,机械设计制造及自动化专业顺利通过第 4 次国际工程教育认证,获得有效期 6 年认证。获山东省一流本科课程 1 门,成功申报航空超精密加工、医学植入体增材制造和智能网联汽车 3 个微专业。获校级教学成果奖获一等奖 2 项、教育教学改革研究项目 21 项,山东大学教学学术周优秀论文一等奖 1 篇,出版"十三五"国家重点出版物出版规划教材 2 部。获得校级实习工作先进单位、山东大学第一届学术周优秀组织单位、2019 年度暑期学校优秀组织奖等荣誉称号。注重师资培养,学院教师获得教学优秀奖 1 名,山东大学 2019 年度优秀"课程思政"教学设计案例比赛一等奖 1 名,三等奖 2 名,2019 年青年教师讲课比赛二等奖 2 名。重新按一级学科制定了研究生招生简章,对研究生培养方案进行了修订和完善,制定了一整套基于一级学科机械工程(0802)的学术研究生培养方案和面向交叉学科研究生的培养方案,首次制定了课程模块化的管理体系,新开 5 门全英文课程。获得 2020 年博导资格人员 43 人、硕导资格人员 101 人。学院参评山东大学优秀学术成果奖,共获得二等奖 2 项、三等奖 5 项;获

2019 年山东大学优秀博士研究生创新能力提升计划 1 人;获 2019 年山东大学优秀博士学位论文 2 人、优秀硕士学位论文 3 人。研究生共毕业 166 人,其中博士生 19 人、硕士生 147 人。

2020 年,学院获国家级一流本科专业建设点立项 1 项、首批国家级一流课程 4 门。校级教研课题立项 30 项,校级际化课程建设项目立项 34 项,获省级教学名师 1 人,课程思政优秀教学案例比赛中获二等奖 1 项、三等奖 1 项。在首届山东大学教师教学创新大赛中,获二等奖 1 项、三等奖 2 项。获 2020 年度山东大学本科教学优秀奖 1 项、校青年教师讲课比赛三等奖 3 项。获暑期学校课程优秀组织单位奖。获校级教育拓展优秀单位奖、优秀个人 1 人,获实习教学工作先进单位。本科生 2020 年度校长奖获得者 1 人。毕业生获上银优博佳作奖 1 项、汽车工程学会优博提名奖 1 项、山大研究生学术之星 1 人、省优博论文 1 篇、省优硕论文 2 篇、省研究生优秀成果奖 2 人。获山东大学优秀博士论文 1 篇和优秀硕士论文 3 篇,山东大学优秀学术成果奖 2 项。研究生共毕业 217 人,其中博士生 25 人、硕士生 192 人。

2002～2020 年优秀研究生论文名单

类别	年份	姓名	导师姓名	论文题目
全国优秀博士论文	2002	赵军	艾兴	新型梯度功能陶瓷刀具材料的设计制造及其切削性能研究
全国优秀博士论文	2004	陈元春	艾兴	粉末表面涂层陶瓷的硬质合金刀具材料的研制和性能研究
全国优秀博士论文提名	2009	邹斌	黄传真	新型自增韧氮化硅基纳米复合陶瓷刀具及性能研究
山东省优秀博士学位论文	2002	宋现春	艾兴	精密滚珠丝杠磨削误差及其激光反馈补偿系统研究
山东省优秀硕士学位论文	2002	周军	邓建新	陶瓷喷嘴的开发与应用
山东省优秀硕士学位论文	2003	张蕾	黄传真	陶瓷轴承套圈材料的方阵设计及应用基础研究
山东省优秀博士学位论文	2004	何林	黄传真	新型陶瓷轴承套圈的研制及其应用基础研究
山东省优秀博士学位论文	2005	丁泽良	李剑峰	新型组合式陶瓷水煤浆喷嘴的设计开发及其损坏机理研究
山东省优秀博士学位论文	2008	刘长霞	张建华	三氧化铝基大型结构陶瓷导轨材料及其摩擦磨碎性能研究

类别	年份	姓名	导师姓名	论文题目
山东省优秀硕士学位论文	2010	卢国梁	路长厚	低质量可见光图像的处理技术研究
山东省优秀博士学位论文	2011	李彬	邓建新	原位反应自润滑陶瓷刀具的设计开发及其减摩机理研究
第一届上银优秀机械博士论文奖佳作奖	2011	邵芳	刘战强	难加工材料切削刀具磨损的热力学特性研究
第一届上银优秀机械博士论文奖佳作奖	2011	李彬	邓建新	原位反应自润滑陶瓷刀具的设计开发及其减摩机理研究
第二届上银优秀机械博士论文奖佳作奖	2012	崇学文	黄传真	碳热还原合成晶须增韧陶瓷刀具研究
山东省优秀博士学位论文	2013	闫柯	葛培琪	换热器内锥螺旋弹性管束振动与传热特性研究
山东省优秀硕士学位论文	2013	王启东	刘战强	整体立铣刀瞬态切削力理论预报及应用研究
山东省优秀博士学位论文	2014	吉春辉	刘战强	高速面铣刀气动噪声产生机理的研究
第四届上银优秀机械博士论文奖佳作奖	2014	李安海	赵军	基于钛合金高速铣削刀具失效演变的硬质合金涂层刀具设计与制造
山东省优秀硕士学位论文	2015	周辉军	黄传真	低缺陷 Ti(C,N)基金属陶瓷刀具的研制及切削性能研究
山东省优秀博士学位论文	2015	徐亮	黄传真	原位一体化制备棒晶增韧陶瓷刀具及其磨损可靠性研究
第五届上银优秀机械博士论文奖优秀奖	2015	殷增斌	黄传真	高速切削用陶瓷刀具多尺度设计理论与切削可靠性研究
山东省优秀博士论文	2016	赵国龙	黄传真	原位生长 TiB2 棒晶增韧陶瓷刀具及其磨损可靠性评价研究
山东省研究生优秀科技创新成果奖三等奖	2016	徐庆钟	艾兴	基于性能驱动设计的 Ti(C,N)基金属陶瓷刀具研制及其切削性能研究

续表

类别	年份	姓名	导师姓名	论文题目
山东省研究生优秀科技创新成果奖二等奖	2016	王兵	刘战强	超高速切削切屑形成机理及工件材料的变形与失效行为研究
山东省优秀博士论文	2017	李安庆	周慎杰	含应变梯度效应的弹性理论及其应用研究
上银优秀机械博士论文佳作奖	2017	王兵	刘战强	高速切削材料变形及断裂行为对切屑形成的影响机理研究
山东省优秀博士论文	2018	王兵	刘战强	高速切削材料变形及断裂行为对切屑形成的影响机理研究
上银优秀机械博士论文佳作奖	2018	张克栋	邓建新	基体表面织构化 TiAlN 涂层刀具的制备与应用的基础研究
上银优秀机械博士论文优秀奖	2018	王伟	王军、姚鹏	石英玻璃的高效可控精密磨削机理研究
山东省研究生优秀科技创新成果奖三等奖	2018	张传伟	李方义、李剑峰	全降解生物质缓冲包装制品
山东省研究生优秀科技创新成果奖一等奖	2018	孙加林	赵军	石墨烯强韧化梯度功能纳米硬质合金研究
山东省优秀博士论文	2019	张培荣	刘战强	Cr/Ni 合金激光熔覆层车-滚复合加工表面完整性及耐腐蚀性研究
山东省优秀博士论文	2019	刘鹏博	闫鹏	面向纳米扫描的柔性微动平台建模与跟踪控制
山东省优秀硕士论文	2019	王桂森	万熠	纯钛植入体表面微纳结构化及其生物相容性研究
山东省优秀硕士论文	2019	李明爽	黄传真	裂纹自愈合陶瓷刀具的研制
山东省优秀硕士论文	2019	高桢	卢国梁	时间序列变化点检测算法研究及应用
山东省研究生优秀科技创新成果奖三等奖	2019	马鹏磊、谢玉东、孙光	王勇	基于液压联动系统振荡翼的捕能机理及水动力特性研究

续表

类别	年份	姓名	导师姓名	论文题目
山东省研究生优秀科技创新成果奖三等奖	2019	赵金富、蔡玉奎、胡健睿	刘战强	涂层传热及其影响切削温度的机理、高效刀具涂层设计和切削温度测试技术
山东省优秀博士论文	2020	孙加林	赵军	石墨烯/WC 基梯度纳米复合刀具的微观结构调控及其切削性能研究
山东省优秀硕士论文	2020	王腾	卢国梁	基于图的旋转机械健康状态评估与早期故障诊断技术研究
山东省优秀硕士论文	2020	李新颖	高玉飞	电镀金刚石线锯切割光伏多晶硅表面/亚表面特性研究
上银优秀机械博士论文佳作奖	2020	孙加林	赵军	石墨烯/WC 基梯度纳米复合刀具的微观结构调控及其切削性能研究
中国汽车工程学会优秀博士学位论文提名奖	2020	孙加林	赵军	石墨烯/WC 基梯度纳米复合刀具的微观结构调控及其切削性能研究
山东省研究生优秀科技创新成果奖三等奖	2020	李学木	邓建新	仿生织构基体表面电流体喷射沉积软涂层刀具制备与应用的基础研究
山东省研究生优秀科技创新成果奖三等奖	2020	夏岩	万熠	长悬伸变截面减振铣刀的设计与研究
山东省研究生优秀科技创新成果奖三等奖（专业学位）	2020	侯正金	陈颂英	Experiment research on fatigue characteristics of X12Cr13 stainless steel

部分教学成果奖

年份	项目	获奖人	获奖等次
2019	产学合作、协同育人——打造产学深度融合的机械类人才新型培养模式	张进生、姜兆亮、朱洪涛、史振宇、吕伟、刘玥	山东大学教学成果一等奖
2019	新工科人才创新实践能力培养模式的探索与实践	李建勇、姜兆亮、朱振杰、毕文波、马金平、宋清华、霍志璞、周咏辉	山东大学教学成果一等奖
2018	课赛结合 iCAN+iSTAR 任务驱动创新工程实践慕客空间协同育人新模式	邢建平、张海霞、王卿璞、陈江、王震亚、马金平、尚俊杰、陈桂友、黄文彬、孟令国、陈言俊、王洪君、朱瑞富、张熙、邢梅萍、范继辉	国家级教学成果奖二等奖
2018	推进基础课与实践教学协同创新致力知识与能力深度融合	孙康宁、梁延德、傅水根、于化东、张景德、罗阳、林建平、朱华炳、童幸生、刘会霞、韩建海、邢忠文、付铁、朱瑞富、张远明、李爱民、毕见强、杨莲红、韦相贵	山东省教学成果奖特等奖
2018	艺术类在线课程开放式建设、共享式教学的改革与创新	王震亚、安宁、张强、江南、赵鹏、张雨滋、张炜、宋瑞波、王莹、栾莹、王皓、刘浩	山东省教学成果奖一等奖
2018	构建自动化专业多元培养体系，着力培育理工融合拔尖人才	张承慧、段彬、李珂、李岩、陈阿莲、高瑞、陈桂友、姚福安、刘甜甜、刘锦波、李可、柴锦	山东省教学成果奖一等奖
2018	智能制造背景下机械类专业国际化、工程化与信息化的人才培养机制	王勇、黄传真、杨志宏、姜兆亮、霍志璞、陈淑江、刘刚	山东省教学成果奖二等奖
2014	校企互动的机械专业创新型人才培养模式探索与实践	王勇、王震亚、杨志宏、黄传真、赵军、姜兆亮、李剑峰、张慧、廖希亮	山东省教学成果奖二等奖
2014	突出过程工业特色的过控专业创新实践能力培养体系及其有效性提升途径与措施	唐委校、宋清华、陈颂英	山东省教学成果奖三等奖

续表

年份	项目	获奖人	获奖等次
2014	完善创新实践教育与竞赛体系、提升大学生创新创业能力	张进生、王志、刘延利、孙芹、王勇、王经坤、张慧	山东省教学成果奖三等奖
2009	综合、开放、研究环境下的机械专业创新人才培养体系	李剑峰、张慧、王勇、艾兴、黄珊秋	山东省教学成果奖一等奖
2005	工业设计专业特色教学体系改革与实践	刘和山、王震亚、范志君、刘燕、解孝峰	山东省教学成果奖二等奖
2012	校企互动的机械专业创新型人才培养模式探索与实践	王勇、王震亚、杨志宏、黄传真、赵军、姜兆亮、李剑峰、张慧、廖希亮	山东大学教学成果奖一等奖
2012	突出过程工业特色的过控专业创新实践能力培养体系及其有效性提升途径与措施	唐委校、宋清华、陈颂英	山东大学教学成果奖一等奖
2012	完善创新实践教育与竞赛体系，提升大学生创新创业能力	张进生、王勇、葛培琪、王志、王经坤	山东大学教学成果奖二等奖
2012	工科专业毕业设计过程管理模式探索与实践	王震亚、王勇、赵军、李增勇、高琦	山东大学教学成果奖二等奖
2012	基于卓越工程师计划的工程制图课程建设与实践	廖希亮、张慧、刘日良、周咏辉	山东大学教学成果奖优秀奖
2008	机械类创新人才培养体系的建构与实践	王勇、李剑峰、张慧、赵军、艾兴	山东大学教学成果奖一等奖
2008	机械设计制造及其自动化专业工程素质和实践能力培养的研究与实践	张慧、李凯岭、李绍珍、刘鸣、唐伟	山东大学教学成果奖一等奖
2008	山东大学教学成果奖二等奖	葛培琪、路长厚、黄珊秋、孟剑峰、仇道滨	《机械创新与综合实验》团队教学理论与实践
2008	工业设计专业开放式教学体系研究	刘和山、王震亚、仇道滨、范志君、赵英新	山东大学教学成果奖二等奖
2008	液压与气压传动课程体系改革与立体化教材建设	刘延俊、周军、吴筱坚、王增才、刘维民	山东大学教学成果奖二等奖
2008	提高创新实践能力，强化专业理论基础的一体化本科专业教学	李凯岭、赵军、刘长安、王志、李剑峰	山东大学教学成果奖二等奖

教研项目、成果信息汇总

年份	种类	名称	负责人
2004	山东大学精品课程	工程制图	李绍珍、廖希亮
2007	山东大学精品课程	机械制造技术基础	李凯岭
2009	山东省高等教育教学成果一等奖	综合、开放、研究环境下的机械专业创新人才培养体系	李剑峰
2009	山东省高等学校教学改革立项项目	校企互动的机械专业创新型人才培养模式探索与实践	王勇
2009	山东省高等学校教学改革立项项目	完善创新实践教育与竞赛体系 提升大学生创新创业能力	张进生
2009	山东大学精品课程	过程装备设计	唐委校
2009	山东大学精品课程	机械设计	刘鸣
2009	山东大学精品课程	产品设计创新与开发	刘和山
2009	山东大学精品课程	机制专业生产实习	李凯岭
2009	山东大学精品课程	过程装备设计	唐委校
2012	山东大学教学成果奖	突出过程工业特色的过控专业创新实践能力培养体系及其有效性提升途径与措施	唐委校
2012	山东大学教学成果奖	校企互动的机械专业创新型人才培养模式探索与实践	王勇
2012	山东大学教学成果奖	完善创新实践教育与竞赛体系，提升大学生创新创业能力	张进生
2012	山东大学教学成果奖	工科专业毕业设计过程管理模式探索与实践	王震亚
2012	山东大学教学成果奖	基于卓越工程师计划的工程制图课程建设与实践	廖希亮
2012	山东大学精品课程	液压与气压传动	刘延俊
2017	国家级一流课程（2020年认定一流课程）	人人爱设计	王震亚
2018	国家级一流课程（2020年认定一流课程）	超高速切削加工虚拟仿真实验	姜兆亮
2018	国家级一流课程（2020年认定一流课程）	设计创意生活	王震亚
2019	国家级一流本科专业建设项目	机械设计制造及其自动化	黄传真

续表

年份	种类	名称	负责人
2019	省级一流课程	超高速切削加工虚拟仿真实验	姜兆亮
2020	国家级一流课程	工业设计史	王震亚
2020	教育部新工科项目	"智能＋"多学科融合新工科教育组织模式研究与实践	姜兆亮
2020	国家级一流本科专业建设项目	产品设计	黄传真

教学名师和教学能手名单

年份	称号	获奖者
2003	山东大学教学名师	李绍珍
2004	山东大学教学名师	范波涛
2004	山东大学青年教学能手	张明
2008	山东大学教学能手	苑国强
2009	山东省优秀教师、山东大学优秀教师	李剑峰
2010	山东大学教学能手	刘文平
2011	山东高校十大师德标兵、山东大学优秀教师	黄传真
2012	山东大学教学能手	刘文平
2013	山东大学优秀教师	王勇
2015	山东省优秀教师、山东大学优秀教师	刘战强
2018	山东大学教学能手	谢玉东
2018	山东大学"我心目中的好导师"	高琦
2018	山东大学"学生最喜爱的老师"	徐志刚
2018	宝钢优秀教师奖、山东大学优秀教师	刘战强
2019	山东省优秀研究生指导教师、山东大学教书育人楷模	刘战强
2019	山东大学本科教学优秀奖	唐委校
2020	山东大学本科教学优秀奖	廖希亮
2020	山东大学教师教学创新大赛二等奖	刘竞婷
2020	山东大学教师教学创新大赛三等奖	刘延俊
2020	山东大学教师教学创新大赛三等奖	陈淑江

机械工程研究生全英语教学系列课程设置

序号	课程中英文名称	负责人	开课时间
1	工程断裂力学 Engineering Fracture Mechanics	王军	2014.9
2	计算机控制技术 Digital Control System Analysis and Design	周以齐	2011.9
3	先进制造技术 Advanced Manufacturing Technology	黄传真	2014.9
4	快速响应设计和制造 International Networked Teams for Engineering Design（INTEnD）	李方义	2012.9
5	有限元法 Finite Element Method	王建明	2013.9
6	金属切削原理与刀具技术 Metal Cutting Principles and Cutting Tool Technology	刘战强	2012.2
7	现代数控技术 Modern CNC Technology	胡天亮	2012.9
8	弹塑性力学 Elasticity and Plasticity	周慎杰	2013.9
9	制造系统建模与仿真 Modeling and Simulation of Manufacturing System	王爱群	2014.9
10	绿色设计制造和再制造： Green Manufacturing and Remanufacturing	李方义	2012.3
11	先进光学制造 Advanced Optical Fabrication	姚鹏	2012.9
12	高等材料力学性能 Advanced Mechanical Behavior of Materials	孙杰	2012.9
13	计算机辅助概念设计与 CAD 软件系统构造 CAGD	徐志刚	2015.9
14	湍动力学 Turbulence Dynamics	王贵超	2018.9
15	结构拓扑优化理论与应用 Structural Topology Optimization：Theory and Application	刘继凯	2020.9
16	摩擦学原理 Principles of Tribology	黄俊	2020.9

续表

序号	课程中英文名称	负责人	开课时间
17	多相流基础 Fundamentals of Multiphase Flow	孙逊	2020.9
18	热传导 Heat Conduction	李磊	2020.9
19	应用动力学 Applied Dynamics	朱向前	2020.9
20	人工智能 Artificial Intelligence	仲英济	2020.9
21	国际化背景下团队快速创新和工程设计 International Networked Teams for Engineering Design and Fast Innovation	李燕乐	
22	高等流体力学 Advanced Fluid Mechanics	曹阳	

三、人才培养特色

1.专业认证

机械设计制造及其自动化专业工程教育认证的培养目标:培养掌握宽厚的基础理论、专业基本知识和基本技能,在工程科学、技术方面具有较强的综合创新意识、独立工作能力和团队精神,胜任机械产品的设计制造、研究开发、营销管理等方面的工作和跨学科的合作任务,具备较高的文化素质、良好的职业道德、高度的社会责任感与国际视野、过硬的社会竞争力、创造力、个性与人格健全发展的高级工程人才。学院机械工程专业已通过了 4 次工程专业认证。

第一次:2007 年 11 月 19 日上午,山东大学机械工程专业认证工作汇报会在机械工程学院学术报告厅举行,教育部专业认证考察专家组一行 11 人听取了汇报,山东大学副校长樊丽明出席汇报会并致辞。专家组组长、上海交通大学机械与动力工程学院陈关龙教授介绍了专业认证工作的背景、目标、意义以及本次现场考察工作的程序。机械工程学院院长李剑峰从专业概况、人才培养目标体系与模式、学生综合能力培养、教学管理与质量评价、培养效果、存在问题与努力方向等 6 个方面对机械设计制造及其自动化专业建设情况作了详细汇报,并回答了专家组的提问。汇报会分两个阶段,第一阶段由教务处处长王仁卿主持,第二阶段由陈关龙教授主持。学校各有关职能部门、工程教育专业有关学院和机械工程学院负责人、教师及学生代表等 90 余人参加了汇报会。19～21 日,专家组还对教师、管理人员、学生、校友进行访谈,并随堂听课,审阅教学材料、学生毕业设计、试卷、课程设计、实验报告等材料,实地考察学校机械工程专业的实习基地等,形成现场考察报告。2008年2月27日,教育部公布了2007年接受教育部组织的18所高校的工程教育专业认证结论,山东大学机械设计制造及其自动化专业结论为通过认证,有效期3年(2007年12月至2010年12月)。

2007年11月5日,认证专家召开教师代表座谈会

2007年11月5日,认证专家召开学生代表座谈会

第二次:2010年11月3~5日,全国工程教育专业认证专家委员会专家组对认证资格有效期延长申请专业山东大学机械设计制造及其自动化专业进行现场考察。专家组由上海交通大学机械与动力工程学院陈关龙教授、北京科技大学于晓红教授组成。专家组现场考察该专业建设情况后,将提交全国工程教育专业认证专家委员会,以确定是否延长专业认证有效期。山东大学副校长樊丽明会见了认证专家组一行。教务处处长王仁卿参加会见。3日上午,在千佛山校区机械工程学院由机械工程学院院长李剑峰主持召开专业认证汇报会。教学副院长王勇从毕业设计、实验室情况、教学管理三方面作了

汇报,并详细回答了复查专家的提问。学院党委书记黄传真、教务处有关负责人和相关系所负责人等参加了汇报会。汇报结束后,专家组实地考察了机械工程学院教学实验室、工程训练中心实验室等地,随机调阅了部分学生毕业设计、实验报告、生产实习报告、教学管理记录等材料,并与任课教师、教学管理人员、学生进行了座谈。山东大学机械设计制造及其自动化专业结论为通过认证,有效期 3 年(2010 年 12 月至 2013 年 12 月)。

第三次:2013 年 6 月 17～19 日,工程教育专业认证委员会组织了机械分委员会专家组一行 5 人对机械设计制造及其自动化专业进行了为期三天的现场考察。6 月 17 日上午,专业认证现场考察汇报会在山东大学学府酒店会议室举行。山东大学党委副书记方宏建出席会议并致辞。教育部认证专家组大组长、北京工业大学蒋宗礼教授在讲话中充分肯定了山东大学在工程教育专业认证准备及学校的发展建设等方面作出的努力和取得成绩,并简要介绍了此次认证的基本情况和此次考察的目的。机械工程学院院长黄传真作了《专业认证自评报告补充说明》的汇报。汇报结束后,专家组成员还就专业建设的一些具体问题向与参会人员提问交流。6 月 17 日下午至 18 日,认证专家组一行对机械设计制造及其自动化专业进行了细致而全面的考察。6 月 19 日上午 11 点,评估意见反馈会在山东大学学府酒店会议室召开。山东大学副校长陈炎出席会议并讲话。认证专家组机械组组长于晓红宣读了专业认证的初步意见,专家组对学校机械设计制造及其自动化专业给予了较高评价,同时对专业建设中出现的问题和不足提出了宝贵意见和建议。本科生院副院长与教学促进与教师发展中心主任张树永主持了汇报会和评估意见反馈会。此次认证通过后,有效期为 6 年。

2013 年 6 月 17 日,专业认证现场考察汇报会

第四次:2019 年 6 月 2～5 日,教育部工程教育认证联合专家组一行 9 人对山东大学机械设计制造及其自动化和无机非金属材料工程和两个工程教育专业进行了专业认证现场考查。山东大学党委副书记全兴华出席专家见面会和认证意见反馈会并讲话。此次联合认证由首都信息发展股份有限公司原董事长陈信祥教授担任联合专家组组长,下设无机非金属材料工程专业和机械设计制造及其自动化专业两个专家组。吉林大学高青教授担任机械设计制造及其自动化专家组组长,成员包括中国汽车工程学会张宁、长安新能源汽车科技有限公司副总工程师康大为,秘书为华东理工大学范圣法。

在专家见面会上,仝兴华简要介绍了山东大学的基本情况和学校近年来进行专业布局调整,加强专业转型升级,强化专业认证和一流专业建设,不断提升专业建设水平和人才培养能力的思路和举措。他希望专家组通过认证,更好地指导和支持专业又好又快发展。陈信祥介绍了专家组的工作目标,主持了专业汇报和现场提问环节并进行了总结。机械设计制造及其自动化专业负责人、机械工程学院院长黄传真教授对工程教育认证自评报告进行了补充说明。认证专家就生源质量、校内实习安排、学习的形成性评价、质量持续改进、学校专业认证安排、学院和专业质量保障机制、毕业生社会评价、毕业标准落实、企业专家和兼职教师参与教学等方面进行了提问。学校相关职能部门负责人、学院和专业负责人现场回答了专家的提问。

见面会后,专家组实地考查了山东大学工程训练中心、工程类专业实验教学平台、机械工程国家级实验教学示范中心、数字化设计与制造国家级虚拟仿真实验教学示范中心、图书馆等。现场听课 6 门,与 69 名本科生、16 位用人单位代表、22 位毕业生代表进行了座谈;访谈教师和管理人员 51 人次;调阅课程教学大纲、教案、作业、实验报告、试卷、课程设计和毕业论文(设计)等相关资料 651 份;查阅学校和学院教学管理文件、毕业生用人单位调查问卷、质量监控记录等材料。在对专业办学情况进行了全面细致考查的基础上,拟定了反馈意见。学院机械设计制造及自动化专业顺利通过第 4 次国际工程教育认证,获得认证有效期 6 年(有条件)。

2019 年 6 月 4 日,专业认证现场考察见面会

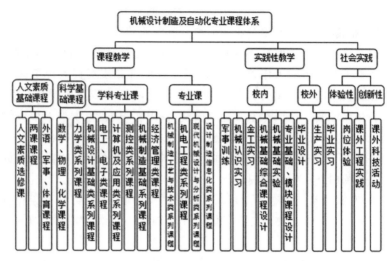

机械设计制造及自动化专业课程体系

认证证书

2.卓越工程师培养

机械工程学院卓越工程师计划实验班强调校企合作在卓越工程教学中的核心作用,把学生的学习分为校内和企业两部分,在校内围绕培养目标重新建构课程体系,优化课程设置,加强研究性学习方法为主的教学改革,开展国际化合作交流;在企业中参与技术创新和工程开发,强化实践教学的作用,提高教师工程素养,并结合生产实际做毕业设计。

学院从 2009 年开始,机械设计制造及其自动化培养卓越工程师,是国家首批进行卓越工程师培养试点的学科和专业。旨在借鉴世界先进的应用学科人才培养的成功经验,创建中国特色应用学科人才教育模式,通过教育和行业、高校和企业的密切合作,着力提高学生的实践能力,培养造就创新能力强、适应社会发展需要的优秀应用型人才。实验班实行淘汰制,自由退出,进入需条件。优先选拔推荐实验班学生参加长短期海外学习经历或国内知名高校学习,每年约 30％的优秀学生获得推荐免试攻读硕士研究生资格。

3.国家特色专业

面向社会发展需求,瞄准专业发展前沿,对课程体系进行改革和重组,实现优化及创新。教学大纲突出实践教学。专业培养目标具体化,课程或教学环节能够与知识能力相衔接。教学大纲能够反映当代工程科学技术发展前沿的最新水平,强调新技术、新方法和新工艺的学习与实践。教学内容突出工程问题、工程案例和工程项目,能够达到实用性、前沿性要求。新教学大纲内容丰富,讲课与课后阅读资料比例为 1∶3,同时将能力要素具体化,并进一步突出工程案例。具体措施为:

(1)培养目标的具体化。将培养标准细化,使课程或教学环节能够与知识能力相衔接,推进通过课程和教学环节实现培养标准。已建立知识能力、素质和课程或教学环节之间培养标准实现矩阵。标准实现矩阵是实施专业培养方案的重要工具。为了评价本专业毕业要求和培养目标、课程目标以与认证标准中毕业要求的关联程度,将专业毕业要求进行分解,制定了毕业要求的三级 KAQ 指标体系。

(2)瞄准专业发展前沿,面向经济社会发展需求,对课程体系进行改革与重组,实现优化及创新。详细调查研究专业发展前景和当前工业的发展需要来设置课程,实现机械工程、管理工程、创新工程等多学科交叉,以适应培养知识面宽、基础扎实、弹性大、综合能力强的复合型人才的需要。细化培养标准,针对知识能力各要素,设计获得相应的知识、能力和素质所需要开设的相关课程和教学环节。在专业培养方案制定过程中,广泛听取课程负责人、任课教师、实验技术人员、企事业和科研机构人员、行业专家、在校学生和毕业生的意见。

(3)更新教学内容。在对课程体系进行改革和重组的同时,做好课程教学内容的设计与更新,由此来进一步落实知识能力大纲中的各要素。在教学内容选择上要注重知识的长效性、新颖性和不可替代性,在教学内容的组织上按照工程问题、工程案例和工程项目进行。

(4)细化企业培养方案。企业学习阶段是卓越计划人才培养模式改革的重点,因此,相应的企业培养方案应该成为专业培养方案的重要组成部分。由于企业培养方案是在企业实施,学生在企业学习阶段的各项培养内容的考核和培养质量的评价要单独进行。重点落实在企业的培养计划、师资配备等内容,以实现在企业的培养目标。

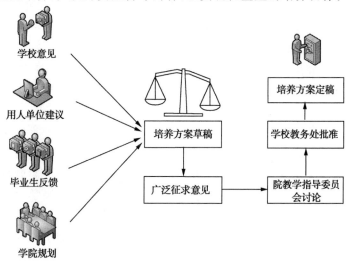

培养方案的制定程序

4.全英文国际班

全英文国际班站在国际大视野和国际前沿的角度组合专业教育资源,培养具备国际视野的人才过程与定位;专业的信息化是指专业教育资源数字化、网络化;专业的工程化是指专业教育资源具有适用性和可操作性,能够直接指导和运用于实际工作的规范模式与过程。专业的国际化、信息化与工程化互相制约、相互促进。

重点推进专业课程的系列化全英语课程教学。机械专业确定了首批 16 门全英文课程。2015 年初,机械专业举行了全英文授课教学研讨交流会。目前已有 6 门可以实现英语授课(不包括外教课程):机械振动力学、控制理论、机械设计、先进制造技术、流体力学等。2020 年,学院承担学校委托的工科平台基础课程群、通识教育课程群、机械设计制造及其自动化专业课程群等国际化英文课程建设项目 34 项,将全英文国际班升级为国际化课程培养计划。

5.国际化人才培养

推进人才培养的国际化合作战略,开拓人才的双向培养模式,与国际名校开展"2＋2""3＋1""3＋2"模式办学,吸收国外优秀办学经验与成果,多种组合形式灵活办学,充分实现国内与国外的先进教育接轨,让学生融合外国文化,适应国际市场的需求,提升学生的文化素养和跨文化交际能力。

与美国弗吉尼亚理工大学建立了学生交流的"3＋2"合作模式(3 年在山东大学本科学习授学士学位,2 年在弗吉尼亚理工大学硕士学习授硕士学位)。2014 年 6 名学生赴美国弗吉尼亚理工大学,2015 年 5 名学生赴美国弗吉尼亚理工大学。

同时也加强与德国、韩国的"3＋1"合作。德国博世公司每年在机械专业选拔 2～3人,四年级在德国阿伦大学学习 1 年,2014 年、2015 年分别有 2 名学生已赴德国。韩国"3＋1"培养项目日趋成功,韩国斗山集团每年在机械专业选拔 5～10 人,四年级在韩国中央大学和西江大学学习 1 年,2012 年 9 名、2013 年 5 名、2014 年 6 名学生分别赴韩国学习一年。

6.优秀博士论文培育计划

优秀博士论文(全国优秀博士论文、上银奖优秀博士论文、山东省优秀博士论文、山东大学优秀博士论文等)是研究生培养质量的重要评价指标之一。为培养和激励在学研究生的创新精神,提升学院在人才培养、学科建设等方面的综合实力,充分调动学院研究生导师和研究生对学位论文科研工作的积极性和主动性,促进高层次创造性人才脱颖而出,学院开展选拔优秀博士论文培养对象工作,对入选的培养对象进行重点培养。

根据各级优秀博士学位论文评选办法的规定,对论文性质属非涉密学位论文的学院全日制在读博士研究生、已获博士学位不满一年的博士,凡具备完成高水平学位论文的潜质和能力;或论文课题研究已取得突破性成果或重大进展,并可望取得重大的创造性成果;或在论文课题研究中已经取得创造性成果,并在本学科顶级学术刊物上发表多篇学术论文的博士研究生和已毕业不满一年的博士,按照优博选育计划、优博培育计划、优博追育计划 3 个阶段进行划分,依照"好中选优、宁缺毋滥"的原则,学院分别进行重点扶持和资助。

　　优博选育计划在学院各学科全日制博一、博二研究生（包括直博生）中进行遴选。优博培育计划资助对象原则上为已入选学院优博选育计划的博三、博四、博五（针对直博生）研究生，对于优秀的、非优博选育计划的学生，导师可以给予推荐。优博追育计划对象原则上为已获得学院优博培育计划项目立项资助、获得博士学位未满一年的博士（包括已完成学位论文，正在准备论文答辩的博士研究生）。论文课题研究已取得重大的创造性成果，并已在本学科顶级学术刊物上发表了 SCI 收录论文 7 篇以上（含 7 篇）。已基本具备冲击全国优博或上银优博标准，并且承诺在博士毕业 1 年内申报全国优博或上银优博。对入选优博计划的学生，学院有管理与考核环节。

　　7.研究生培养过程质量控制

　　研究生培养质量是研究生教育的生命线。为提高硕士研究生培养质量和加强规范化管理，经学院学位评定分委员会和学院党政联席会议研究决定，在学校、学院相关文件的基础上，制定了学院研究生培养过程质量控制实施方案。从招生环节、培养计划环节、课程学习环节、文献综述环节、开题环节、中期检查、论文发表、专业实践、学位论文查重、盲审及评阅意见的处理、毕业答辩环节分别提出了质量控制点及质量控制措施。比如提高推免生及硕博连读比例；要求课题题目在制定培养计划时就确定，督促学生尽早进入课题调研阶段；教学秩序的监督和督导；文献综述备案；公开及集中开题；学位论文查重自查等。

第四节　学科发展

　　学院机械工程学科是国家"211 工程"及"985 工程"重点建设学科。机械制造及其自动化是国家重点学科，机械电子工程、机械设计及理论和化工过程机械是山东省重点学科。现有机械工程博士后流动站，机械工程一级学科博士点，8 个二级学科博士点及先进制造工程博士点，8 个二级学科硕士点及机械工程、工业工程、车辆工程、工业设计工程等 4 个工程硕士点以及机械设计制造及其自动化、智能制造工程、产品设计 3 个本科专业。

一、学科发展演变

　　2001 年，新成立的山东大学机械工程学院设有机械工程博士后流动工作站 1 个，机械制造及其自动化和机械设计及理论博士点 2 个，机械制造及其自动化、机械电子工程、机械设计及理论、车辆工程、化工过程机械和机械工程工程硕士硕士点 6 个，机械设计制造及其自动化、工业设计和过程装备与控制工程 3 个本科专业。机械制造及其自动化学科是"211 工程"重点建设学科和山东省重点学科，2001 年完成投资 960 万元。

　　在"211 工程"一期建设的基础上，学院坚持优化结构、突出重点、系统推进、以人为本、促进交叉、强化创新的思想，2002 年组织了学院"十五""211 工程"二期建设规划论证。

　　2003 年，学院新增设机械工程一级学科博士点，二级学科博士点新增设机械电子工程及车辆工程 2 个博士点，硕士点新增设制造系统信息工程及设计艺术学 2 个硕士点，本科专业由 3 个增至 4 个，即机械设计制造及其自动化、工业设计、过程装备与控制工程和车辆工程。机械工程一级学科博士点、机械电子工程及车辆工程 2 个二级学科博士点、制造系统信息工程及设计艺术学 2 个硕士点和车辆工程本科专业的增设,对学院学科发展建设具有重大意义。

2004 年,学院继续抓好"985 工程"一期建设项目的落实和执行,积极认真做好"985工程"二期建设项目的准备工作。学院开始构思科研创新团队的组建和实施方案,以进一步提高承接大项目的能力和提升团队合作精神。

2005 年,新增制造系统信息工程、机电产品创新设计与虚拟制造、过程装备工程 3 个自设学科博士点。二级学科中有机械制造及其自动化、机械电子工程、机械设计及理论、车辆工程、过程装备与控制工程、设计艺术学、制造系统信息工程 7 个硕士点和机械工程、工业工程 2 个工程硕士点。学院顺利通过"985 工程"一期学科建设项目检查验收。组织了"十五""211 工程"中期检查。组织力量整合撰写了国家级重点学科申报材料。在"211 工程""985 工程"一期建设的基础上,坚持优化结构、突出重点、系统推进、以人为本、促进交叉、强化创新的思想,组织了学院"985 工程"二期建设规划论证和实施。申报的高效精密制造技术与装备学科建设平台获得批准,总建设经费 2800 万元。凝练出平台建设的 3 个优先发展方向:高效精密微细加工技术及装备、机电集成控制技术及装备、机械制造数字化技术。

2006 年,学院取消制造系统信息工程硕士点。

2007 年,学院拥有机械工程一级学科博士点 1 个,机械制造及其自动化、机械设计及理论、机械电子工程、车辆工程、制造信息系统、虚拟工程、过控 7 个二级学科博士点,机械制造及其自动化、机械电子工程、机械设计及理论、车辆工程、化工过程机械、设计艺术学、工业工程和机械工程工程硕士点 8 个,机械设计制造及其自动化、过程装备与控制工程、车辆工程和工业设计 4 个本科专业。

2008 年,学院设有机械工程博士后流动工作站 1 个。机械工程一级学科博士点 1 个,机械制造及其自动化、机械设计及理论、机械电子工程、车辆工程、制造系统信息工程、虚拟工程、过控 7 个二级学科博士点,机械制造及其自动化、机械电子工程、机械设计及理论、车辆工程、化工过程机械、设计艺术学、工业工程和机械工程工程硕士点 8 个,机械设计制造及其自动化、过程装备与控制工程、车辆工程和工业设计 4 个本科专业。

2008 年,做好教育部重点实验室的评审工作,学院高效与清洁机械制造教育部重点实验室已被列入教育部建设指南,并顺利进行了有关申报工作。重点建设和发展机械制造及其自动化二级学科国家重点学科;继续做好"985 工程"二期 2008 年度建设的各项工作及 2009 年度预算和建设工作,在通过山东省"十一五"省级重点学科中期评估的基础上,做好"十一五""211 工程"立项工作;加强学院各学位点的建设,各二级学科负责人带领学科骨干,进一步研究凝练学科发展的内涵。

2009 年,学院围绕建设和发展机械制造及其自动化二级学科国家重点学科,做好"985 工程"二期建设的验收材料起草工作,做好"985 工程"三期建设论证、计划制定及2010 年度预算和建设工作;做好"十一五""211 工程"三期设备论证、建设计划制定以及2009 年度、2010 年度的预算工作;加强学院各学位点的建设,各二级学科负责人带领学科骨干,进一步研究凝练学科发展的内涵。高效洁净机械制造教育部重点实验室顺利通过立项论证,2009 年正式进入立项建设阶段。积极开展服务山东和服务地方工作,与日照五征集团共建山大五征机械研究院等。

2010 年,学院围绕建设和发展机械制造及其自动化二级学科国家重点学科,做好"985 工程"二期验收工作。积极推进"211 工程"三期和"985 工程"2010 年度的建设和2011 年度的预算规划工作;加强学院各学位点的建设,各二级学科负责人带领学科骨干,进一步研究凝练学科发展的内涵。2010 年 1 月顺利召开教育部重点实验室学术工作会议。积极开展服务山东和地方工作。配合卓越工程师培养,推进建立企业工程实践中心工作。

2011 年,学院顺利通过了高效洁净机械制造教育部重点实验室验收工作。围绕建设和发展机械制造及其自动化二级学科国家重点学科,做好"211 工程"三期和"985 工程"2011 年度的建设执行工作。

2012 年,高效洁净机械制造教育部重点实验室学术委员会年会顺利召开。加强学院各学科和学位点的建设工作。积极开展服务地方工作。

2013 年,新增快速制造国家工程研究中心山东大学增材制造研究中心和高效刀具系统及智能装备协同创新中心。

2014 年,学院制定了"十三五"规划,参与学校海洋装备学科建设规划。成功举行艾兴院士从教六十五周年暨学术研讨会,承办了第三十五届航天精密加工技术交流会,成功申办 2016 年全国机械工程学院院长联席会议和 2018 年第十三届设计与制造前沿国际会议。

2015 年,学院制定了机械工程一级学科"十三五"规划和学科对比报告,申报了学校学科高峰计划。制定了研究所负责人、学科和学位点负责人及系主任的职责及管理暂行办法。

2016 年,学院制定了"十三五"发展规划,筹备学科高峰计划新兴交叉学科的申报工作,完成了"学科高峰计划"特色学科建设 2016 年预算工作和五年规划,完成了国防特色学科计划申报工作。特色学科建设竞争性经费和自主经费到账 1870 万元。顺利完成了第 4 次学科评估材料的整理工作。推进高效洁净机械制造教育部重点实验室建设。成功承办了第十五届全国机械工程学院院长/系主任联席会议、第二届高端制造装备高峰论坛暨山东大学机械工程教育 90 年庆典、第二届先进制造泰山学术论坛暨山东大学机械制造及其自动化博士点教育 30 周年庆典和智能制造研讨会等重要活动。承接 2018 年第十三届设计与制造前沿国际会议。

2017 年,学院完成了山东大学学科高峰计划特色学科建设 2017 年预算工作和执行工作。获批科技部创新团队,持续推进高效洁净机械制造教育部重点实验室建设。开展2018 年第十三届设计与制造前沿国际会议筹备工作。绿色设计与制造实验室获"十三五"山东省高等学校重点实验室立项,获批山东大学航空制造研究中心。

2018 年,工程学(含机械工程学科)ESI 排名进入前 1‰。制定了机械工程一级学位点研究生招生方案,2019 年按照一级学位点招生录取硕士生和博士生。6 月,对本科专业进行整合和调整,将车辆工程、过程装备与控制工程并入机械设计制造及其自动化,调整后的本科专业包括机械设计制造及其自动化、产品设计、智能制造工程(新工科)3 个本科专业。8 月 15～17 日,学院组织承办了第十三届设计与制造前沿国际会议 (ICFDM2018)。本次会议的主题是"基础　前沿　探索　创新",会议涵盖了设计与制造科学的前沿领域与热点研究方向。来自美国、德国、英国、澳大利亚等多个国家的近千名海内外专家学者参加了会议。本次会议邀请了 4 位国际知名学者分别作了 4 场大会主题报告,邀请了 20 位国内外知名学者分 5 个会场平行作了 20 场大会邀请报告,举行了 45 项优秀基金结题项目报告。30 篇会议论文和近 200 项基金项目成果墙报按领域展示了主要研究成果。

2019 年,工程学(含机械)进入 ESI 排名前 0.74‰,机械/航空制造学科 QS 排名 201～250 名。2019 年度实施学术振兴行动计划,加快推进一流学科建设,推动实施《机械工程学院学术振兴行动计划(2019～2021 年)》"1＋N"方案,配套出台 13 项制度。完成机械设计制造及其自动化专业国际工程教育第四次认证,获评 6 年有效期(2019～2024 年)。

2020 年,工程学(含机械)进入 ESI 排名前 0.34‰,机械/航空制造学科 QS 排名 201～250 名(在大陆高校中排名第 8 位,在全校进入前 500 名的 15 个学科中排名第 7 位)。机械制造及其自动化学科达到了国际一流水平,机械电子工程、机械设计及理论、化工过程机械、车辆工程、产品设计等学科均达到了国内一流水平。11 月 26 日,学院在创新大厦 1103 会议室召开全院教职工大会,对"十三五"进行总结,全面部署"十四五"规划暨第五轮学科评估和 95 周年院庆工作,院长黄传真及学院领导班子成员参加会议,会议由党委副书记吕伟主持。院长黄传真作了题为《机械工程学院"十三五"建设成效与"十四五"规划》的报告,围绕人才培养质量、师资队伍与平台资源、科学研究水平、社会服务与学科声誉几个方面全面深入地总结了学院"十三五"建设成效,客观分析了存在的问题与瓶颈。姚鹏副院长介绍了学院第五轮学科评估工作。贾存栋副院长介绍了 95 周年院庆和社会筹资工作。学院全体教职工参加会议。

2021 年 3 月 26 日,山东大学机械工程学院"十四五"发展规划(2021～2025 年)暨山东省高等学校高水平学科建设任务论证会在千佛山校区举行。中国科学院院士、南京航空航天大学朱获教授,"长江学者"特聘教授、西北工业大学苑伟政教授,国家杰出青年科学基金获得者、西安交通大学陈雪峰教授,"长江学者"特聘教授、国家杰出青年科学基金获得者、上海交通大学彭志科教授,"长江学者"特聘教授、大连理工大学王永青教授,在百忙之中通过网络会议的形式出席本次会议,朱获院士担任论证会专家组组长。会议由机械工程学院党委书记刘杰主持,学科建设与发展规划部王志鹏部长介绍了山东大学的基本情况、整体学科布局和机械工程学科发展战略,恳请各位专家为加快机械工程学科发展给予大力支持并提供宝贵建议。机械工程学院院长黄传真围绕党的建设、研究方向、学科团队、科研平台、人才培养、科技创新、成果转化与社会服务、国际交流与合作等方面,就现有学院学科现状、举措和成效进行了汇报。对标第四轮学科评估 A 和 A＋档机械工程学科,提出了面向重大需求,研究重大装备,实现团队运作,建立高层次科研平台,到 2025 年实现 A 及以上评估结果的跨越式发展总体建设目标,并提出了"十四五"期间的建设目标和方案,进一步凝练学科方向,加强交叉研究方向建设,强化产学研合作,实现科研经费持续增幅,改革工科创新创业人才培养模式。

2019 年 3 月，学院召开学术振兴行动计划动员大会

学院学科发展演变

年份	博士后流动工作站	博士点	硕士点	本科专业	
2001～2002	机械工程	1.机械制造及其自动化 2.机械设计及理论	1.机械制造及其自动化 2.机械电子工程 3.机械设计及理论 4.车辆工程 5.化工过程机械 6.机械工程	1.机械设计制造及其自动化 2.工业设计 3.过程装备与控制工程	
年份	博士后流动工作站	一级博士点	二级博士点	硕士点	本科专业
2003～2004	机械工程	机械工程	1.机械制造及其自动化 2.机械设计及理论 3.机械电子工程 4.车辆工程	1.机械制造及其自动化 2.机械电子工程 3.机械设计及理论 4.车辆工程 5.化工过程机械 6.机械工程 7.制造系统信息工程 8.设计艺术学	1.机械设计制造及其自动化 2.工业设计 3.过程装备与控制工程 4.车辆工程

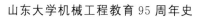

续表

年份	博士后流动工作站	博士点	硕士点	本科专业	
2005	机械工程	机械工程	1.机械制造及其自动化 2.机械设计及理论 3.机械电子工程 4.车辆工程 5.制造系统信息工程 6.机电产品创新设计与虚拟制造 7.过程装备工程	1.机械制造及其自动化 2.机械电子工程 3.机械设计及理论 4.车辆工程 5.过程装备与控制工程 6.设计艺术学 7.制造系统信息工程	1.机械工程 2.工业工程	1.机械设计制造及其自动化 2.工业设计 3.过程装备与控制工程 4.车辆工程
2006	机械工程	机械工程	1.机械制造及其自动化 2.机械设计及理论 3.机械电子工程 4.车辆工程 5.制造系统信息工程 6.机电产品创新设计与虚拟制造 7.过程装备工程	1.机械制造及其自动化 2.机械电子工程 3.机械设计及理论 4.车辆工程 5.过程装备与控制工程 6.设计艺术学	1.机械工程 2.工业工程	1.机械设计制造及其自动化 2.工业设计 3.过程装备与控制工程 4.车辆工程

年份	博士后流动工作站	一级博士点	二级博士点	硕士点	本科专业	
2007～2009	机械工程	机械工程	1.机械制造及其自动化 2.机械设计及理论 3.机械电子工程 4.车辆工程 5.制造系统信息工程 6.机电产品创新设计与虚拟制造 7.过程装备工程	1.机械制造及其自动化 2.机械电子工程 3.机械设计及理论 4.车辆工程 5.过程装备与控制工程 6.设计艺术学 7.机械工程 8.工业工程	1.机械设计制造及其自动化 2.工业设计 3.过程装备与控制工程 4.车辆工程	

续表

年份	博士后流动工作站	一级博士点	二级博士点	硕士点	工程硕士点	本科专业
2009～2011	机械工程	机械工程	1.机械制造及其自动化 2.机械设计及理论 3.机械电子工程 4.车辆工程 5.制造系统信息工程 6.机电产品创新设计与虚拟制造 7.过程装备工程	1.机械制造及其自动化 2.机械电子工程 3.机械设计及理论 4.车辆工程 5.过程装备与控制工程 6.设计艺术学	1.机械工程 2.工业工程	1.机械设计制造及其自动化 2.工业设计 3.过程装备与控制工程 4.车辆工程

年份	博士后流动工作站	一级博士点	二级博士点	硕士点	工程硕士点	工程博士点	本科专业
2011～2018	机械工程	机械工程	1.机械制造及其自动化 2.机械设计及理论 3.机械电子工程 4.车辆工程 5.制造系统信息工程(机械制造工业工程) 6.机电产品创新设计与虚拟制造(取消) 7.机械制造工业设计工程 8.数字化设计与制造 9.过程装备工程	1.机械制造及其自动化 2.机械电子工程 3.机械设计及理论 4.车辆工程 5.过程装备与控制工程 6.设计学 7.机械制造工业工程 8.数字化设计与制造	1.机械工程 2.工业工程 3.车辆工程 4.工业设计工程	先进制造	1.机械设计制造及其自动化 2.工业设计 3.过程装备与控制工程 4.车辆工程

续表

年份	博士后流动工作站	一级博士点	二级博士点	硕士点	工程硕士点	工程博士点	本科专业
2018~2020	机械工程	机械工程	1.机械制造及其自动化 2.机械设计及理论 3.机械电子工程 4.车辆工程 5.机械制造工业工程 6.机械制造工业设计工程 7.数字化设计与制造 8.过程装备工程	1.机械制造及其自动化 2.机械电子工程 3.机械设计及理论 4.车辆工程 5.过程装备与控制工程 6.设计学 7.机械制造工业工程 8.数字化设计与制造	1.机械工程 2.工业工程 3.车辆工程 4.工业设计工程	先进制造	1.机械设计制造及其自动化 2.产品设计 3.智能制造工程
年份	博士后流动工作站	一级博士点	二级博士点	硕士点	工程硕士点	工程博士点	本科专业
2020~	机械工程	机械工程	1.机械制造及其自动化 2.机械设计及理论 3.机械电子工程 4.车辆工程 5.机械制造工业工程 6.机械制造工业设计工程 7.数字化设计与制造 8.过程装备工程	1.机械制造及其自动化 2.机械电子工程 3.机械设计及理论 4.车辆工程 5.过程装备与控制工程 6.设计学 7.机械制造工业工程 8.数字化设计与制造	机械	机械	1.机械设计制造及其自动化 2.产品设计 3.智能制造工程

二、学科高峰计划

为了提升学科竞争力和学术影响力,在国家推进世界一流大学和一流学科建设的背景下,2015 年年底,山东大学开启了"双一流"建设的征程,提出了"学科高峰计划":要在"十三五"期间,重点建设 5 个左右的优势学科,冲击世界一流水平;重点发展 15 个左右的主流特色学科,打造国内一流的学术高地;重点扶持一批新兴交叉学科,培育新的学科增长点。2016 年 1 月 4 日,机械工程学科被学校确定为首批特色学科,作为山东大学"双一流"建设项目进行重点建设。据此,学院制定了《山东大学学科高峰计划重点学科项目建设计划任务书》。

1. 学科总体建设目标

面向国家和山东省经济社会发展重大战略需求,面向重大基础与应用基础研究、战略性高技术、重大战略性装备,对标学科国际发展前沿,结合《中国制造 2025 发展规划》,进一步整合凝练研究方向,提高自主创新能力,提升本学科的国内外学术竞争力,将机械工程学科建成世界一流学科。以学科建设为龙头,以师资队伍建设为核心,以创新人才培养为根本,以制度创新和平台建设为保障,使科学研究、社会服务、国际学术交流与合作等各项工作实现跨越式协调发展。

加快引进和造就杰出人才,促进青年学术骨干迅速成长,在高效、精密、洁净、智能设计制造与控制领域,形成具有重要国际影响力的学术团队。以提高人才培养质量为目标,进一步完善培养模式和课程体系,强化实践和创业创新教学,提高学生素质和创新创业能力,改进教学评价体系,建成适应经济社会发展需要的高素质专门人才培养基地。加强产学研结合,不断提高科技成果产业化水平和服务地方、行业和社会的能力,为支撑国家和山东省经济社会可持续发展作出重要贡献。加大对外开放和开展高水平国际交流与合作力度,进一步提高学科的国际影响力。在高速超高速加工机理、精密微细磨料水射流与多能场耦合加工理论、高可靠性陶瓷刀具、机电产品绿色设计方法、生物质源转化理论、中频振动理论、微纳操控理论、核电安全级仪控理论与技术、深海探测技术等领域达到世界一流水平。

2. 重点建设学科方向

学院"学科高峰计划"中确定了 3 个重点建设学科方向,分别是高效精密加工与装备、绿色设计与制造和微纳操控与机电控制。

重点学科建设方向

方向名称	高效精密加工与装备	带头人	艾兴/黄传真

方向一

方向简介：

　　面向"中国制造 2025"、航空航天、舰船、核电、汽车等国家重大需求和国际学术前沿，瞄准高效率、高精度、特种复合加工技术，大型化、微型化、复合化加工技术，创新高速/超高速高效高精加工的新原理、新方法和新技术，研究高速高效加工刀具及工具系统、精密微细磨料水射流加工理论、水射流－特种激光多能场耦合加工理论、超声波和电火花特种加工理论、面向大口径光电子晶体精密加工和控性精密磨削、新型超硬刀具与陶瓷刀具设计制造理论、高速/超高速切削理论、超高速机床设计理论与装备、石材高效加工、增材制造技术、面向功能零件制造－组织－结构一体化制造。巩固国内领先地位，在高速超高速加工机理、精密微细磨料水射流与多能场耦合加工理论、高可靠性陶瓷刀具等领域达到世界一流水平。

队伍规模	40 人

队伍人员名单：

　　教授 18 人：艾兴、卢秉恒、王军、黄传真、刘战强、邓建新、张建华、赵军、张勤河、葛培琪、姜兆亮、刘含莲、孟剑峰、孙杰、唐委校、张进生、张松、周慎杰

　　副教授 13 人：万熠、邹斌、贾秀杰、李燕乐、刘文平、吴凤芳、姚鹏、王志、于慧君、张敏、张磊、周咏辉、朱洪涛

　　讲师 9 人：宋清华、高玉飞、郝松、李安海、刘维民、马嵩华、史振宇、孙建国、薛强

方向名称	绿色设计与制造	带头人	李剑峰

方向二

方向简介：

　　面向高端制造的绿色化发展趋势，研究机械产品绿色工艺技术、零部件再制造技术、制造过程质量控制、生物质清洁转化和高效利用、生物质能源化机械及装备系统，产品生命周期数据、过程、知识管理理论，大数据驱动的产品创新设计与制造服务，支持虚拟产品开发全过程的集成化系统，制造信息集成与检测研究，高速列车和舰船巨系统领域涉及的振动噪声，基于网格重构技术的有限单元分析技术、计算机辅助分析设计技术，大批量定制技术，人机交互设计和产品造型设计理论，过程设备失效与安全服役理论和技术、高效过程设备及模拟技术、过程流体机械动态特性及优化技术。在机电产品绿色设计方法、生物质能源转化理论、中频振动理论等领域达到世界一流水平。

队伍规模	52 人

队伍人员名单：

　　教授 22 人：谭建荣、李剑峰、仇道滨、李方义、董玉平、陈颂英、高琦、韩云鹏、纪琳、廖希亮、刘长安、刘和山、刘鸣、牛军川、孙玲玲、王威强、王建明、王金军、王经坤、徐志刚、袁泉、张强

　　副教授 13 人：常英杰、霍志璞、刘燕（工设）、刘燕（化机）、马宗利、宋方昊、陶金珏、王兆辉、王震亚、王黎明、谢宗法、杨志宏、于珍

　　讲师 17 人：范志君、高滨、皇攀凌、李建中、刘刚、刘素萍、鹿宽、曲延鹏、田良海、王卫国、王艳东、解孝峰、杨锋苓、闫东宁、于奎刚、张纪群、张晓晴

续表

方向名称	微纳操控与机电控制	带头人		闫鹏

	方向简介：
方向三	面向微机电系统和光机电集成系统的国家重大需求和国际学术前沿,研究从材料制备、机构优化到系统集成等层面的微纳操控系统设计方法与优化理论,智能和鲁棒的伺服理论,多维大跨度复杂操控任务的纳米伺服系统的控制理论和方法;研究高档数控机床和机器人,数控技术与嵌入式控制,智能监控技术与设备,海洋工程与发电装备,深海探测和资源开发利用专用设备,节能与新能源汽车,核电装备,核电系统监测与控制技术,复杂机械系统与机电液系统集成技术,机电系统动力学分析与仿真,车辆电子,汽车人机工程与驾驶疲劳检测。在微纳操控理论、核电安全级仪控理论与技术、深海探测技术等领域达到世界一流水平。

队伍规模	37 人

队伍人员名单：
教授 16 人:闫鹏、李苏、王勇、冯显英、霍孟友、霍睿、李凯岭、李增勇、林明星、刘日良、刘延俊、路长厚、王增才、岳明君、张承瑞、周以齐 　　副教授 14 人:陈淑江、胡天亮、李建美、李沛刚、李学勇、卢国梁、马金奎、唐伟、王爱群、吴筱坚、苑国强、张洪才、张明、周军 　　讲师 7 人:国凯、潘伟、王亚楠、谢玉东、杨富春、赵晓峰、查黎敏

3.学科具体建设目标

学院"学科高峰计划"从学科资源与学术影响力、队伍建设、科学研究、人才培养和国际合作 5 个方面量化了具体建设目标。

学科具体建设目标

1.学科资源与学术影响力						
			"十三五" 建设目标	分重点方向 建设目标		
				方向一	方向二	方向三
主要 量化 指标	学科基地	新增国家重点实验室、中心(个)	1			
		新增教育部重点实验室、中心、基地(个)	2		1	1
	教育部学科评估	评估排名	9			
		相对排名	8%			
	ESI 排名	有关 ESI 学科排名	1%			

续表

其他目标概述	(上述主要量化指标无法涵盖的建设目标和发展指标)
	建设好高效洁净机械制造教育部重点实验室和快速制造国家工程研究中心山东大学增材制造研究中心,使高效精密微细加工技术及装备等方向达到国际先进水平,使机电集成控制技术和机械制造数字化技术等方向达到国内领先水平,支持新兴、交叉学科发展及其平台建设,力争申报成功国家级工程实验室或工程(技术)研究中心。

2.队伍建设

主要量化指标	人才队伍	新增杰出人才(人)	5～7			
		新增高层次人才(人)	4～6			
		新增优秀青年人才(人)	7～8			
		选留海外博士教师(人)	22			
	创新团队	新增国家级创新团队(个)	2			

其他目标概述	(上述主要量化指标无法涵盖的建设目标和发展指标)
	5 年内引进或培养 1～2 名全职院士,新增杰出人才("长江学者"、杰出青年基金获得者、国家海外专家特聘教授)4～5 人,高层次人才(百千万工程入选者、科技部领军人才、"泰山学者")4～6 人,优秀青年人才(优秀青年基金获得者、中组部青年拔尖人才、国家海外青年专家、教育部新世纪优秀人才、青年"泰山学者"、齐鲁青年学者)7～8 人,选留海外博士教师 22 人。新增国家级创新团队(科技部国家创新人才推进计划重点领域创新团队、教育部"长江学者"和创新团队发展计划创新团队)2 个。
	具有博士学位的教师占专任教师总数的比例达 95%。选派教师出国进修和合作研究,力争 5 年后有一年以上海外经历的教师占专任教师数量的 60% 以上。加强实验室师资队伍建设,努力建设一支爱岗敬业、管理水平高、业务能力强的实验教学队伍。

3.科学研究

主要量化指标	奖励	国家级科研奖励(项)	2			
		国家级重大项目(项)	5			
	项目	国家级重大项目(项)	4			
	经费	到位科研经费(万元)	35000			
	专利与专著	授权发明专利(件)	300			
		专著(部)	10			
	论文	SCI、EI、ISTP、SSCI、A&HCI(篇)	2000			
		人均 SCI、EI、ISTP、SSCI、A&HCI 论文(篇/人)	16			
		CSSCI 论文(篇)				
		人均 CSSCI 论文(篇/人)				
		ESI 高被引用论文(篇)	10			

4.人才培养

主要量化指标	教学成果	国家级教学成果奖(项)	1		
	质量工程	国家级规划教材、国家(虚拟)实验教学中心等质量工程项目(项)	15+1		

	(上述主要量化指标无法涵盖的建设目标和发展指标)
其他目标概述	进一步加强先进制造平台和大学生机电产品创新设计平台建设,提高学生实践能力和创新意识;建设好数字化设计与制造国家级虚拟仿真实验中心。 　　探索机械工程教育发展的新思路,构建工科创业创新人才培养模式,使本专业学生能够胜任机械产品的设计制造、研究开发、生产管理等方面的工作和跨学科的合作任务,具备较高的科学素养、文化素质和良好的职业道德。建成新型工科创业创新人才培养模式与教学体系。力争新增1~2名省级教学名师,1~2名省级教学名师,2~3名校级教学能手。申报4~5门国家级规划教材。开设5~8门全英文授课课程。引进2~3名海外高水平专任教师,增派4~5名教师到海外学习英文。建设2~3门省级精品课程、1~2门国家级视频公开课课程。建设好增材制造专业模块和机电全英语教学试点班,建设5~7个优秀校外实践基地。 　　提高研究生生源质量和优化学缘结构。强化研究生培养过程管理,稳步提高培养质量。力争新增2~3篇全国上银奖优秀博士学位论文奖。培养研究生掌握坚实的基础理论、系统的专门知识和实践技能,熟悉学科发展方向及国际学术研究前沿,具有独立从事科研工作或独立担负专门技术工作的能力,具备严谨求实的科学态度和作风,能解决本学科领域的前沿科学问题与重大工程技术问题,具备较强的创新能力。可胜任本学科或相近学科的教学、科研和工程技术工作。

5.国际合作

主要量化指标	师资队伍	引进国家海外专家(人)	1		
		外籍教师(人)	10		
		送出教师国境外研修(人)	25		
	科学研究	与国境外合作伙伴共同申请研究项目数(个)	7		
	合作办学	与国境外合作伙伴共同建设的办学机构(个)	2		
		与国境外合作伙伴共同开设的双学位项目(个)	3		
	人才培养	赴国(境)外学生(人)	230		
		招收国际学历生人数(人)	150		
		开设国际化课程专业(个)	2		

其他目标概述	（上述主要量化指标无法涵盖的建设目标和发展指标，如国际联系科研平台的数量、经费和联合发表高水平论文情况等，外籍教师分普通外籍教师数、学术类专家数和领域内世界知名学科分别介绍，人才培养的指标按本科、硕士、博士分别介绍） 　　加大国际交流与合作力度，提升学院国际化水平。与 2～3 所国外著名大学机械工程学院、系建立长期稳定的国际合作关系，在学生培养、科研合作、师资交流等方面提升合作水平。力争 15～20 名教师出国学习深造，聘请 10 名左右外籍专家来学院任教。每年邀请境外学者 15～20 人次来校讲学、授课或开展合作研究。每年派出 15～20 名学生（包括博士生）到海外进行一个学期以上的学习交流。完善学院英文网站，举办高水平国际会议 2～3 次。

4. 内容与措施

学科高峰计划内容与措施

类别	建设内容与建设措施	完成时间	责任人
队伍建设	引进或培养 1～2 人全职院士，制定并启动院士培育与引进计划及方案	2019	黄传真、仇道滨
	新增杰出人才（"长江学者"、杰出青年基金获得者、国家海外专家特聘教授）4～5 人	2020	黄传真、仇道滨
	新增高层次人才（百千万工程入选者、科技部领军人才、"泰山学者"）4～6 人	2020	黄传真、仇道滨
	新增优秀青年人才（优秀青年基金获得者、中组部青年拔尖人才、国家海外青年专家、教育部新世纪优秀人才、青年"泰山学者"、齐鲁青年学者）7～8 人。继续实施学院杰出青年教师提升计划，预算配套专款培育与引进优秀青年人才等	2020	黄传真、仇道滨
	选留海外博士教师 22 人	2020	黄传真、仇道滨
	新增国家级创新团队（科技部国家创新人才推进计划重点领域创新团队、教育部"长江学者"和创新团队发展计划创新团队）2 个，选育创新团队，采取条件和经费倾斜政策重点支持培育	2020	黄传真、仇道滨
科学研究	国家级科研奖励 2 项，省部级一等奖 5 项，继续实施学院科技成果奖励政策	2020	李方义
	国家级重大项目 4 项，到位科研经费 35000 万元，授权发明专利 300 件继续实施学院科研经费倍增计划与方案	2020	李方义
	专著 10 部，设立学院出版基金资助高水平专著出版	2020	李方义
	SCI、EI、ISTP、SSCI、A&HCI 论文 2000 篇	2020	李方义
	人均 SCI、EI、ISTP、SSCI、A&HCI 论文 16 篇	2020	李方义
	ESI 高被引用论文 10 篇设立学院 ESI 高被引用论文奖励基金	2020	李方义

续表

类别	建设内容与建设措施	完成时间	责任人
人才培养	国家(虚拟)实验教学中心等质量工程项目1项	2020	万熠
	国家级规划教材15部	2017	王勇
学科平台与支撑条件	国家工程实验室或国家工程技术研究中心或教育部2011协同创新中心1个	2020	李方义
	教育部重点实验室、中心、基地2个	2020	李方义
	教育部学科评估评估排名9,相对排名8%	2020	万熠
	ESI学科排名1‰	2020	万熠
国际合作	引进国家海外专家1人,外籍教师10人,送出教师国境外研修25人	2020	杨志宏
	与国境外合作伙伴共同申请研究项目数7个	2020	杨志宏
	与国境外合作伙伴共同建设的办学机构2个,与国境外合作伙伴共同开设的双学位项目3个	2020	杨志宏
	赴国(境)外学生230人,招收国际学历生人数150人	2020	王勇
	开设国际化课程专业2个	2020	王勇

重点学科项目建设小组人员组成情况

	姓名	出生年月	所属二级学科	学术头衔
组长	黄传真	1966.11	机械制造及其自动化	国家杰青、"长江学者"
成员	艾兴	1924.8	机械制造及其自动化	院士
	仇道滨	1969.1	工业设计	教授
	刘战强	1969.12	机械制造及其自动化	国家杰青、"泰山学者"
	闫鹏	1975.1	机械电子工程	国家海外青年专家
	李剑峰	1963.1	机械制造及其自动化	"泰山学者"
	王勇	1963.5	机械制造及其自动化	教授
	万熠	1977.4	机械制造及其自动化	新世纪百千万人才
	李方义	1969.12	机械工程学院	教授
	杨志宏	1970.4	机械制造工业工程	副教授

	姓名	出生年月	所属二级学科	学术头衔
成员	张勤河	1968.3	机械设计及理论	新世纪百千万人才
	陈颂英	1966.10	化工机械	教授
	王增才	1964.3	车辆工程	教授
	廖希亮	1963.9	数字化设计与制造	教授
	高琦	1970.11	机械制造工业工程	教授
	宋方昊	1974.11	工业设计	副教授

第五节　科学研究

学院高度重视科研平台的建设,拥有高效洁净机械制造教育部重点实验室、快速制造国家工程研究中心山东大学增材制造研究中心和现代高效刀具系统及其智能装备协同创新中心,设立了机械制造及其自动化、机械设计及理论、CAD/CAM、机电工程、车辆工程、过程装备与控制工程、数字化技术、现代工业设计等 8 个研究所,建设了高效切削加工、特种设备安全、CAD、石材、冶金设备数字化、智能制造与控制系统和绿色制造等 7 个省级工程技术中心和生物质能清洁转化省工程实验室、山东省工业设计中心及 10 余个校级研究中心,为广大师生从事科研创造条件。

一、科研状况

近五年来,学院科学研究成果斐然,完成了包括国家重点研发计划、国家重大专项等科研项目 500 多项。出版了一批高水平的专著和教材,在国内外著名学术刊物上发表论文共计 2000 多篇,获得国家发明奖、科技进步奖等国家级、省部级奖励 40 多项。学院非常重视校企、校地合作与交流,先后与山东省淄博市和日照市、江苏省赣榆县等 10 余个县市区,合肥通用机械研究院、中国航天工业集团、广东核电集团、山推股份、山东临工、山东五征等 20 余家科研院所、知名企业建立全面合作关系,建立了山大淄博先进制造与人工智能研究院、山大日照智能制造研究院、山大临工研究院、山大五征机械研究院、山大海汇机械工程研究院、山大永华研究中心等 10 余个校地、校企合作研究机构,近三年共获得科研经费超过 3 亿元。学院的许多研究成果已经广泛应用于"蛟龙号"、大洋科考船、"歼 10"、航空发动机、大飞机等高端装备制造和研究领域。

二、科研组织和管理

2000 年,学院在认真贯彻执行学校科研管理条例的同时,制定了适合学院特点的科研实施细则。学院对在研科研项目进行严格督查,每半年对所有项目进行一次自查,发现问题及时纠正;对已完成且具有市场开发前景的项目成果,积极扶持,加速成果转化;对到期未完成项目进行督促,并采取一定措施促使其尽快完成。学院获省科技进步二等奖 3 项,省科技进步三等奖 4 项,其他奖 2 项;新增科研项目 18 项,科研经费达 349.6 万元,其中国家自然科学基金课题 1 项,省级课题 10 项,横向课题 8 项;鉴定项目 9 项,获得实用新型专利 1 项。全院共发表论文 130 篇,其中被 SCI、EI 收录 25 篇,全校排名第 6 位。

2001 年,学院制定了科研实施细则。新增科研项目 37 项,研究经费 674.6 万元,其中国家自然科学基金课题 4 项,"863"项目 1 项,省部级课题 10 项,横向课题 50 项;鉴定项目 15 项,获中国高校科技进步二等奖 1 项,省部级科技进步二等奖 3 项,省科技进步三等奖 3 项;获得实用新型专利 3 项;发表论文 184 篇,其中被 SCI、EI 收录 19 篇,全校排名第 6 位。2001 年 5 月,机械制造及其自动化学科以优异成绩顺利通过教育部组织的"211 工程"一期建设验收。同时,山东省物流工程技术中心在学院挂牌成立。

2002 年,学院科研工作取得了较大突破,科研经费达 1033 万元,全校排名第二位,其中新增科研项目经费约 610 万元。2002 年新增项目 47 项,其中有包括国家"863"、国家自然科学基金项目在内的国家级 10 项,省级 21 项,横向 11 项,校级 5 项。学院共鉴定科技成果 10 项,获中国高校科技进步一等奖 1 项,山东省科技进步一等奖 1 项、二等奖 3 项、三等奖 2 项,山东省科技发明二等奖 1 项,山东省自然科学二等奖 1 项,山东省高校科技进步一等奖 2 项、二等奖 2 项,山东省实验成果三等奖 1 项。全国优秀博士论文 1 篇,山东省青年科技奖 2 项,授权专利 7 项,其中发明专利 4 项,实用新型专利 3 项。学院有 17 篇论文被 SCI 收录,14 篇论文被 EI 收录,有 4 篇论文被 ISTP 收录;在国内外期刊发表论文 162 篇,位居全校前六位。建立了校级科研基地——山东大学—山东渤海活塞集团博士后联合科研基地和莱芜煤炭机械厂山东大学科研基地。

2003 年,学院科研工作又取得新进展。全院当年新增课题 69 项,其中国家级 6 项,包括国家杰出青年基金 B 类 1 项,国家基金 4 项,全国优秀博士论文专项基金 1 项。到 2003 年 12 月,在研项目 85 项(不含 2003 年的新增项目),包括国家级 11 项,教育部 6 项,军工 1 项,省级 33 项,其他 6 项,横向 28 项,经费为 1067.7 万元。学院科研项目获奖共计 11 项,其中中国高校自然科学二等奖 2 项,中国高校科技进步二等奖 1 项,山东省科技进步二等奖 5 项、三等奖 3 项。鉴定科技成果 11 项。申报专利 15 项,其中国家发明 4 项。学院教学科研人员共计发表论文 283 篇,其中国际杂志 31 篇,国内杂志 234 篇,国际会议论文 7 篇,国内会议论文 11 篇。被 SCI(23 篇)和 EI(54 篇)收录 77 篇,ISTP 收录 2 篇。出版著作 3 部、教材 1 部。新建省级工程中心 2 个:山东省石材工程技术中心、山东省冶金设备数字化工程技术中心。新建校级研究中心 2 个:可持续制造技术研究中心、先进射流工程技术研究中心。新建企业科研基地 2 处:青岛铸机公司制造业信息化科研基地、滕州市威达机床有限公司科研基地。

2004 年,全院新增课题 72 项(国家级 6 项、省部级 30 项、其他 11 项、横向 25 项),新增经费约 1050 万元;截至 2004 年年底,在研项目 77 项(国家级 6 项,教育部 6 项,军工 1 项,省级 33 项,其他 6 项,横向 25 项),不含 2004 年新增课题,在研总经费约 1310 万元,比 2003 年增加 23%。获奖 7 项,其中教育部科技进步一等奖 1 项,教育部自然科学二等奖 1 项,教育部科技进步二等奖 2 项,省高校二等奖 1 项,省科技进步二等奖 1 项,省自然科学三等奖 1 项。共鉴定科技成果 15 项,申报专利 10 项,其中国家发明 8 项。共发表论文 358 篇,其中在国际期刊发表 97 篇,在国内期刊发表 234 篇,发表国际会议论文 19 篇,国内会议论文 8 篇,被 SCI 收录 88 篇,被 EI 收录 121 篇,被 ISTP 收录 4 篇;出版著作 8 部。建立校级研究中心 1 个:山东大学车辆工程技术研究中心;院级研究中心 2 个:山东大学机械工程学院数字化设计制造技术研究中心和山东大学机械工程学院将军品牌战略研究中心。2004 年,学院制定了科研管理办法和学院青年科研基金管理办法,启动第 1 批 9 项资助项目。启动学术报告会制度,先后举办 8 次学术报告会。26 个项目参加了山东省民营企业洽谈会参展。召开学院科研、服务山东行动和国际交流与合作工作座谈会,积极争取参入丁肇中 AMS 项目等工作。

2005 年,全院当年新增课题 101 项(军工项目 3 项、国家级 8 项、省部级 30 项、其他 27 项、横向 33 项,新增经费约 1360 万元。获奖 4 项,其中教育部提名国家自然科学二等奖 2 项,省科技进步二等奖 1 项,省科技进步三等奖 1 项。共鉴定科技成果 7 项。申报专利 18 项,其中国家发明 8 项。共发表论文 329 篇,其中在国际期刊发表 69 篇,被 SCI 收录 44 篇,被 EI 收录 51 篇,被 ISTP 收录 4 篇。出版著作 5 部。组织申报国家工程技术研究中心;起草和实施学院科研用房有偿使用办法;积极带领学科带头人联系横向课题(先后联系 5 个地市的十几个企业,达成合作意向课题近 30 余项);检查第 1 批学院青年科研基金(9 项),启动第 2 批学院青年科研基金(8 项);举办学术报告会 15 次,其中校内专家报告会 9 次,国外专家报告会 6 次。

2006 年,学院科研工作取得了较大突破。全院当年新增课题 72 项("863"项目 5 项,"973"子课题 1 项,杰出 A 类 1 项,军工项目 2 项,国家基金 3 项,省中青年基金 3 项,省部级 20 项,其他 11 项,横向 20 项),新增立项经费约 2423.81 万元。发表论文 410 篇,其中国际期刊 167 篇,被 SCI、EI 收录 164 篇(比 2003 年增加 172%),ISTP 收录 4 篇。著作和教材 20 部。获奖 8 项,其中省部级二等奖 5 项,省部级三等奖 3 项。共鉴定科技成果 13 项。申报专利 30 项,其中国家发明 20 项。新增山东省高效切削加工工程技术研究中心、山东省特种设备安全工程技术研究中心 2 个省工程技术中心,联合成都飞机公司申报国防国家工程应用中心;起草济南国家信息通信国际创新园信息通信技术研究院制造业信息化建设规划;修改学院科研用房使用办法;建立仪器资源网上查询系统;启动学院资源信息平台建设;建立山东炊具有限公司产学研合作基地。

2007 年,学院抓住国家建设制造业强国的历史机遇,加强与国家科研管理部门的沟通和协调,有重点地组织部分重点科研项目进行申报,取得了显著的效果。学院科研经费有了大幅度的增长,国家"十一五"支撑计划、"863"项目和国防重点项目增幅较大,省部级资助课题经费和横向课题经费有了大幅度增长。新增课题 56 项(其中国家科技支撑计划子课题 4 项,"863"项目 2 项,军工项目 1 项,科技部重大课题 1 项,农业部重大课题 1 项,国家基金 3 项,教育部新世纪优秀人才 1 项,国家中小企业创新基金 1 项),新增立项经费约 6034.95 万元,其中新增项目当年到位经费约 863.5 万元,原在研项目当年到位经费约 723.02 万元,总计当年到位经费 1586.52 万元(不包括往年节余经费)。获奖 2

项(二等奖 2 项),鉴定成果 6 项,申报专利 30 项(其中国家发明 16 项)。发表论文 291 篇,其中国际期刊 67 篇,被 SCI、EI 和 ISTP 收录 111 篇。出版教材和著作 16 部。

2008 年,学院科研工作又取得了新进展。全院当年新增各类课题 143 项,其中"973"项目子课题 4 项、"863"项目 1 项、国家杰出青年基金 B 类 1 项、国家自然科学基金 5 项,军工项目 3 项、省部级 3 项、其他(含横向)126 项。新增科研经费(已到账)总计 2877 万元,其中纵向项目经费 891 万元,横向项目经费 1986 万元。学院科研项目获省科技进步二等奖 1 项;鉴定科技成果 6 项;申报专利 30 项。学院教学科研人员共计发表论文 290 篇,其中国际期刊 60 篇,国内期刊 230 篇,被 SCI、EI、ISTP 收录 150 篇。出版著作 4 部、教材 2 部。

2009 年,学院发表论文 250 余篇,其中被 EI、SCI、ISTP 检索收录 120 余篇。新批准立项各类国家级及省部级课题 40 项,立项经费达 1840 万元,到位经费 1010 万元;横向课题 70 项,到位经费达 700 余万元;在研课题 46 项,到位经费 930 万元。结题、鉴定的课题 14 项。省高校优秀科研成果奖自然科学一等奖 1 项,省高等学校优秀教材 2 项。省优秀教学成果一等奖 1 项,2009 年全国优秀博士论文提名奖 1 项。申请专利 25 项,授权专利 23 项。出版专著 2 部,编著及主编教材 9 部。

2010 年,学院发表论文 310 余篇,其中被 EI、SCI、ISTP 检索收录 202 篇。新批准立项各类国家级及省部级纵向课题 55 项,立项经费达 1423 万元,到位经费 1136 万元;横向课题 43 项,到位经费达 322 余万元;在研课题 59 项,到位经费 813.5 万元。结题、鉴定的课题 10 项。省科技进步二等奖 1 项,省高校优秀科研成果奖三等奖 1 项,申请专利 29 项,授权专利 26 项。出版专著 3 部,编著及主编教材 4 部。

2011 年,学院发表论文 310 余篇,其中被 EI、SCI、ISTP 检索收录 202 篇。新批准立项各类国家级及省部级纵向课题 37 项,立项经费达 1973 余万元,到位经费 1256 余万元;横向课题 49 项,到位经费达 548 余万元;在研课题 27 项,到位经费 320 余万元。省科技进步一等奖 1 项、二等奖 2 项,省高校优秀科研成果奖三等奖 1 项,申请专利 29 项,授权专利 26 项。出版专著 3 部,编著及主编教材 4 部。

2012 年,学院发表论文 251 篇,其中 SCI 收录 29 篇,EI 收录 171 篇。新批国家自然科学基金 7 项,省部级及其他项目 50 余项,新立项经费达 1800 余万元,实到各类科研经费总额为 3404 万元。获省科技进步三等奖 1 项,授权发明专利 55 项。

2013 年,学院发表论文 277 篇,其中被 SCI 收录 57 篇,EI 收录 108 篇。新批国家自然科学基金 18 项。1 人获 2012～2013 年度山东大学重大学术贡献奖。学院实到各类科研经费 3939 万元。获国家科技进步二等奖 1 项(第二位),教育部自然科学二等奖一项,授权发明专利 29 项。

2014 年,学院发表论文 319 篇,其中被 SCI 收录 91 篇,EI 收录 146 篇。新批国家自然科学基金 13 项,其中国家杰青(A 类)1 项。学院实到各类科研经费 3422 万元。获省科技进步二等奖 1 项、三等奖 1 项,授权发明专利 31 项。

2015 年,学院出台多项科研工作制度、办法,配合学校进行了 2015 年科研经费审计及财经大检查自查自纠等工作。新批国家自然科学基金 7 项。学院实到科研经费 3314 万元。获国家科技进步二等奖 1 项(第二位),授权发明专利 59 项。

2016 年,学院成功申报黄传真教授为带头人的科技部创新团队,获批山东大学核电安全级仪控装备工程技术研究中心。学院完善科研奖励规章,成立科研经费管理小组;进行 2016 年科研经费自查自纠工作;组织筹建山东大学智能制造研究中心;落实与北京理工大学军工项目的对接合作;筹建智能制造科研团队。申报国家基金项目 34 项,获得资助 9 项;实到经费约 3000 万元。同苏州、余姚、德州、济阳等地市进行对接;组织与小松、五征等多个企业的科研项目合作。

2017 年,学院获得新立项各类科研项目 95 项,其中基金类项目 17 项,高新技术类项目 28 项,横向课题 50 项。各类科研项目新立项经费总额 4459.15 万元,其中基金类项目立项经费 628.72 万元,高新技术类项目立项经费 2963.3 万元,横向课题立项经费 867.13 万元。各类科研项目实到经费总额 4250.84 万元,其中基金类项目实到经费 704.94 万元,高新技术类项目实到经费 3045.15 万元,横向课题实到经费 500.75 万元。发表论文 328 篇,其中 SCIE 收录论文 164 篇,EI 收录论文 36 篇(与 SCIE 收录论文不重复计算),CSSCI 论文 1 篇,其他论文 127 篇;出版专著 5 部;以第一申报单位获得省部级科学技术奖 4 项。授权专利 119 项,其中发明专利 71 项,PCT 或国外申请专利 3 项,实用新型专利 45 项。

2018 年,学院获得新立项各类科研项目 108 项,其中基金类项目 25 项,高新技术类项目 28 项,横向课题 55 项。各类科研项目新立项经费总额 4669.59 万元,其中基金类项目立项经费 2283 万元,高新技术类项目立项经费 1506.34 万元,横向课题立项经费 880.25 万元。各类科研项目实到经费总额 4221.85 万元,其中基金类项目实到经费为 1583.4988 万元,高新技术类项目实到经费为 1251.1561 万元,横向课题实到经费 927.2754 万元,国防军工项目实到经费 459.92 万元,成果转化到位经费 20.36 万元。授权专利 114 项,其中发明专利 64 项,实用新型专利 50 项。发表论文 395 篇,其中 SCIE 收录论文 176 篇,EI 收录论文 81 篇(与 SCIE 收录论文不重复计算),CSSCI 论文 7 篇,其他论文 131 篇,其中与国外合作发表论文 14 篇;出版专著 3 本。以第一申报单位获得山东省科技进步二等奖 1 项。获批山东省绿色制造工程技术研究中心。

2019 年,学院实施学术振兴行动计划。学院获得新立项各类科研项目 161 项,其中纵向项目 76 项,横向项目 71 项,军工 14 项。各类科研项目新立项经费总额 8444.28 万,其中纵向经费 5136.38 万元,横向经费 2211.50 万元,军工经费 1096.4 万元。学院到账经费 7111.82 万元,转化 6 项科技成果,技术交易价格总计 100 余万元。学院获得国内授权专利 150 项,其中发明授权 85 项,实用新型 64 项,外观设计 1 项;获得国外授权专利 6 项。发表论文 412 篇,其中 SCI 收录论文 229 篇,EI 收录论文 55 篇(与 SCI 收录论文不重复计算),CSSCI 论文 5 篇,其他论文 123 篇,其中与国外合作发表论文 27 篇。获得国家自然科学基金优秀青年基金项目 1 项。

2020 年,学院获得新立项各类科研项目 178 项,其中基金类项目 20 项,高新技术类项目 51 项,横向课题 107 项。各类科研项目新立项经费总额 6700 万元,其中基金类项目立项经费 660 万元,高新技术类项目立项经费 3025 万元,横向课题立项经费 4100 万元。各类科研项目实到经费总额 6400 万元,其中基金类项目实到经费 997 万元,高新技术类项目实到经费 3025 万,横向课题实到经费 2050 万元,国防军工项目实到经费 340 万元;

科技成果转化 4 项,技术交易价格总值 348.5 万元。授权专利 230 项,其中发明专利 160 项,实用新型专利 70 项。发表论文 463 篇,其中 SCIE 收录论文 326 篇,EI 收录论文 56 篇(与 SCIE 收录论文不重复计算),CSSCI 论文 5 篇;出版教材和专著 3 部;以第一申报单位获得国家级和省级科技进步奖 4 项。

代表性科研项目

项目类型	项目名称	负责人	项目经费（万元）
重大专项	航空航天、汽车和发电装备典型零件难加工材料的高速切削工艺研究	黄传真	871
重大专项	纤维增韧增强树脂矿物复合材料及其精密机床床身精度稳定性技术	张建华	1221.56
重大专项	基于长服役寿命的航空发动机典型难加工材料零件高性能切削技术	刘战强	1569.96
重大专项	数控装备故障信息数据字典标准研制及试验验证（总负责人）	张承瑞	1530
重大专项	大功率汽车柴油发动机关键零件加工线成套刀具的应用验证与示范	张松	219
重大专项	产品生命周期评价技术及软件工具开发与应用	李方义	162
重大专项	汽车发动机缸体缸盖生产用超硬刀具国产化示范工程	宋清华	120
重大专项	ISO23218 国际标准推进及数控系统安全国际标准培育研究	胡天亮	119
重大专项	高性能伺服驱动及电机智能制造新模式应用	胡天亮	100
"973"课题	多场耦合强作用下超高速加工的切削学行为	刘战强	514
"973"课题	超高速切削刀具的跨尺度设计理论	赵军	394
"973"课题	换热器内流体诱导振动	葛培琪	437
"973"课题	再制造对象的多强场、跨尺度损伤行为与机理,可再制造的临界阈值	李剑峰	256
"973"课题	再制造毛坯的键合/嵌合机理与实现	李方义	81
国家自然基金重点项目	基于多重尺度效应耦合的超硬微铣刀设计理论和制造技术	刘战强	200
国家自然基金重大研究计划	面向航空发动机高温合金盘件长疲劳寿命的加工表面状态与性质演化及调控机制研究（总负责人）	刘战强	300

续表

项目类型	项目名称	负责人	项目经费（万元）
国家重点研发计划课题	高速、低温、清洁切削机理及其关键前沿技术研究（总负责人）	黄传真	951
国家重点研发计划课题	高速干切工艺使能关键技术及基础数据库	刘战强	311
国家重点研发计划课题	复杂构件内部通道高效电解加工技术	张建华	265
国家重点研发计划课题	清洁切削加工综合性能评价及检测技术	邹斌	206
国家重点研发计划课题	产品设计/制造/服务集成管理关键技术研究	高琦	200
国家重点研发计划课题	热处理工艺资源环境负荷数据采集与环境影响评价	李方义	170
国家重点研发计划课题	高性能加工的形貌快速检测、精度评价与工艺控制	刘含莲	120
优秀青年科学基金项目	高性能切削加工技术	宋清华	120
国家海洋局	漂浮式波浪能独立电力系统项目	刘延俊	770
国家海洋局	横轴转子水轮机波浪发电系统装置	刘延俊	230
国家海洋局	120kW 漂浮式液压海浪发电站中试	刘延俊	300
军工"863"	空间×××研究	路长厚	365
国防科工局	驱动机构负载干扰工况模拟试验系统	张承瑞	348
总装预研	大口径 KDP 晶体×××技术及装备	高玉飞	130
总装预研	绳×××运行状态监测与控制	路长厚	80
教育部武器装备预研	××××××××××加工技术	刘战强	50
成飞公司	GF 难加工材料××××研究	孙杰	42
装备预先研究项目	高强韧××××技术	孙杰	200
装备预先研究项目	形状记忆××××研究	陈龙	110
前沿创新计划项目	2019 机械××××技术	孙杰	60
装备预先研究项目	飞机××××研究	陈龙	50

注：××代表涉密项目。

代表性论文

序号	论文题目	作者	发表期刊	类型
1	THE SIZE-DEPENDENT NATURAL FREQUENCY OF BERNOULLI-EULER MICRO-BEAMS	KONG SL；ZHOU SJ；NIE ZF；WANG K	*INT J ENG SCI*，（2008）46（5），pp.427-437	ESI 高被引论文，165 次
2	STATIC AND DYNAMIC ANALYSIS OF MICRO BEAMS BASED ON STRAIN GRADIENT ELASTICITY THEORY	KONG SL；ZHOU SJ；NIE ZF；WANG K	*INT J ENG SCI*，（2009）47（4），pp.487-498	ESI 高被引论文，154 次
3	A MICRO SCALE TIMOSHENKO BEAM MODEL BASED ON STRAIN GRADIENT ELASTICITY THEORY	WANG BL；ZHAO JF；ZHOU SJ	*EUR J MECH A-SOLID*，（2010）29（4），pp.591-599	ESI 高被引论文，105 次
4	TOOL LIFE AND CUTTING FORCES IN END MILLING INCONEL 718 UNDER DRY AND MINIMUM QUANTITY COOLING LUBRICATION CUTTING CONDITIONS	ZHANG S；LI JF；WANG YW	*J CLEAN PROD*，（2012）32，pp.81-87	ESI 高被引论文 31 次，切削加工
5	DEVELOPMENT OF ADVANCED COMPOSITE CERAMIC TOOL MATERIAL	CHUANZHEN H.，XING A.	*MATERIALS RESEARCH BULLETIN*，（1996）31（8），pp.951-956	陶瓷刀具，被引 18 次
6	MECHANICAL PROPERTIES AND MICROSTRUCTURE OF TIB 2-TIC COMPOSITE CERAMIC CUTTING TOOL MATERIAL	ZOU B.，HUANG C.，SONG J.，LIU Z.，	*INTERNATIONAL JOURNAL OF REFRACTORY METALS AND HARD MATERIALS*，（2012）35，pp.1-9	陶瓷刀具，被引 12 次
7	STUDY ON IN-SITU SYNTHESIS OF ZRB2 WHISKERS IN ZRB 2-ZRC MATRIX POWDER FOR CERAMIC CUTTING TOOLS	XU L.，HUANG C.，LIU H.，ZOU B.，WANG J.	*INTERNATIONAL JOURNAL OF REFRACTORY METALS AND HARD MATERIALS*，（2013）37，pp.98-105	陶瓷刀具，被引 21 次

序号	论文题目	作者	发表期刊	类型
8	EXPERIMENTAL STUDY ON ABRASIVE WATERJET POLISHING FOR HARD-BRITTLE MATERIALS	ZHU H. T.; HUANG C. Z.; WANG J.; LI Q. L.; CHE C.L.	INTERNATIONAL JOURNAL OF MACHINE TOOLS AND MANUFACTURE，（2009）49（7-8），pp.569-578	磨料水射流，被引21次
9	EFFECT OF CUTTING SPEED ON SURFACE INTEGRITY AND CHIP MORPHOLOGY IN HIGH-SPEED MACHINING OF PM NICKEL-BASED SUPERALLOY FGH95	JIN DU, ZHANQIANG LIU	INT J ADV MANUF TECHNOL（2012）60，pp.893－899	高速切削，被引16次
10	WEAR CHARACTERISTICS OF NANO TIALN-COATED CARBIDE TOOLS IN ULTRA-HIGH SPEED MACHINING OF AERMET100	G SU，Z LIU	WEAR，（2012）289，pp.124－131	高速切削，被引14次
11	CHARACTERISTICS OF CHIP EVOLUTION WITH ELEVATING CUTTING SPEED FROM LOW TO VERY HIGH	Z LIU，G SU	INT J MACH TOOLS MANUF，（2012）（54-55），pp.82－85	高速切削，被引6次

主要获奖奖项

年份	获奖人	获奖名称	获奖等级	位次
2015	董玉平	农林废弃物清洁热解气化多联产关键技术与装备	国家科技进步二等奖	第二位
2013	张建华	大型高效柔性全自动冲压生产线	国家科技进步二等奖	第七位
2019	黄传真	陶瓷刀具的高性能设计理论与主动调控制备技术	教育部技术发明一等奖	第一位
2020	张承瑞	EtherMAC 网络化运动控制关键技术及系列装备	山东省技术发明一等奖	第一位

续表

年份	获奖人	获奖名称	获奖等级	位次
2020	张承瑞	机械装备控制系统实时通信关键技术标准及其测试装置	中国机械工业科学技术进步一等奖	第一位
2019	黄传真	陶瓷刀具增韧补强设计理论与方法、制备关键技术及应用	中国机械工业技术发明二等奖	第一位
2019	李方义	机械装备高效绿色再制造关键技术及应用	山东省科学技术进步二等奖	第一位
2014	王威强	层板包扎高压容器剩余寿命评估技术与应用	山东省科学技术进步二等奖	第一位
2014	冯显英	DTS-2000型高效节能连续式灭菌生产线	山东省科技进步三等奖	第一位
2014	王威强	典型承压设备失效分析与安全评定技术	中国石油和化学工业联合科学技术奖三等奖	第一位
2013	邓建新	面向干切削的自润滑刀具的设计制备及其润滑机制研究	教育部高等学校科学研究优秀成果奖（自然科学二等奖）	第一位
2012	张勤河	新型车用高强宽板闭式数控冲压生产线技术及产业化应用	山东省科技进步三等奖	第一位
2011	李剑峰	钛合金高效加工关键技术研究	山东省科技进步二等奖	第一位
2011	董玉平	规模化固定床生物质热解气化技术开发及其产业化	山东省科技进步一等奖	第一位
2011	张进生	石材制品高效复合加工中心	山东省科技进步二等奖	第一位
2010	李剑峰	生物质全降解制品关键技术及生产装备研究	山东省科技进步二等奖	第一位
2008	刘战强	基于多Agent的可重构生产线虚拟仿真研究与应用	山东省科技进步奖二等奖	第一位
2006	赵军	基于高抗热震性的高速切削陶瓷刀具设计制造及切削性能研究	教育部自然科学二等奖	第一位

续表

年份	获奖人	获奖名称	获奖等级	位次
2006	邓建新	高性能长寿命陶瓷喷嘴关键技术的研究及其应用	山东省技术发明二等奖	第一位
2005	黄传真	新型陶瓷刀具和陶瓷结构件设计方法与制造关键技术基础研究	教育部自然科学二等奖	第一位
2004	张建华	超声振动—磨削—间隙脉冲放电复合加工新技术研究及设备开发	山东省科技进步二等奖	第一位
2004	邓建新	新型陶瓷喷嘴的研制开发及其冲蚀磨损机理研究	教育部科技进步一等奖	第一位
2004	高琦	WIT-PDM 开发与产业化	教育部科技进步二等奖	第一位
2003	黄传真	新型协同增韧补强多相陶瓷材料的计算机仿真设计和开发应用研究	山东省科技进步二等奖	第一位
2003	艾兴	基于切削可靠性的陶瓷刀具设计理论研究	教育部自然科学奖二等奖	第一位
2003	艾兴	新型梯度功能陶瓷工具材料的研制及其切削性能研究	山东省科技进步二等奖	第一位
2003	李剑峰	齿轮轮齿瞬时啮合刚度理论研究	山东省自然科学三等奖	第一位
2002	周以齐	新型造纸精奖机恒功率控制技术及装置研究	山东省科技进步二等奖	第一位
2002	路长厚	YP2-60 新型系列数控标牌打印机	中国高校（教育部）科技进步二等奖	第一位
2002	邓建新	基于切削可靠性的复相陶瓷刀具材料的设计与开发研究	山东省自然科学二等奖	第一位
2002	张建华	硬脆材料成型加工及表面改性和强化技术	山东省技术发明二等奖	第一位
1998	邓建新	硼化钛增强陶瓷刀具材料及其摩擦磨损行为研究	山东省科技进步二等奖	第一位
1997	艾兴	颗粒和晶须协同增韧陶瓷刀具材料及其工艺	国家发明四等奖	第一位
1996	路长厚	CXLY6232 系列螺纹车床开发研制	山东省科技进步二等奖	第一位

第六节　条件建设

学院一直高度重视条件资源建设,以支撑教学科研中心工作。学院拥有高效洁净机械制造教育部重点实验室、国家级机械基础实验教学示范中心、数字化设计与制造国家级虚拟仿真实验教学中心和山大临工国家级工程实践教育中心,以及山东大学校级公共技术平台——先进材料测试与制造平台(机械);先后建设了高效切削加工、特种设备安全、生物质能源、CAD、石材、冶金设备数字化、绿色制造等13个省级工程技术研究中心、山东省重点实验室,以及机械设计制造及其自动化、过程装备与控制工程、车辆工程实验室、工业设计(产品设计)等专业实验室;通过校企合作,建立了山大五征车辆实验室、山大数控技术华宝隆共建实验室、山大越疆智能制造实验室等校企合作实验室。学院拥有基本满足从本科教学到博士生培养及科研所需要的各类高精尖科研实验仪器和设备,其中10万元以上大型精密贵重仪器设备共249台件,价值1.208亿元(截至2021年6月)。学院拥有教学、科研、办公用房面积约19328平方米,主要分布在千佛山校区创新大厦、8号楼、6号楼以及兴隆山校区综合实验楼。

2000年,学院调整了实验室建设和管理思路,将实验室建设和学科发展紧密结合起来,进行了实验室体系的重新划分与核定,从组织上基本理顺了实验、教学、科研的关系,启动了本科教学优秀评估的基础教学实验立项,较好地完成了实验立项的前期准备工作。

2001年,学院实验管理中心进一步理顺了实验室建制,下设先进制造技术校级重点实验室、刀具材料制备与测试实验室、数控技术与设备实验室、精密测量实验室、切削加工与液压控制实验室、特种加工实验室、机电工程实验室、车辆工程实验室、智能检测实验室、CAD/CAM实验室、建材与建设机械研究室、数控技术研究中心、物流工程技术研究中心、机械原理及机械设计实验室、过程装备与控制实验室、工业设计综合实验室、机械CAI中心、振动冲击与噪声控制研究室、CIMS研究室、秸秆气化研究室、创新综合实验室等教学科研实验室和CAD、物流两个省级工程中心。投资150万元更新了教学仪器设备。学院有多媒体教室2个,微机120台,实验设备台2178架,仪器设备总值2015余万元;图书资料400多种、1万多册。

2004年,学院通过了学校专家组组织的2003年实验室立项中期检查,对主楼实验室、机房进行了改造装修。通过了学校组织的国内高水平专家对机械基础课实验教学示范中心的检查指导。完成示范中心及专业实验室建设经费400万元。实验室建设立项达300万元。教学实验室软件建设立项共8项,达4万元,其中省厅立项3项,学校立项5项。进行了南新区实验室建设的规划工作。获山东大学实验教学及实验技术成果一等奖1项,山东大学实验技术创新研究论文一等奖1项,三等奖1项。

2005年,顺利通过"985工程"一期学科建设项目检查验收。组织了"十五""211工程"中期检查。组织力量整合撰写了国家级重点学科申报材料。在"211工程""985工程"一期建设的基础上,坚持优化结构、突出重点、系统推进、以人为本,促进交叉、强化创新的思想,组织了学院"985 工程"二期建设规划论证和实施。申报的高效精密制造技术与装备学科建设平台获得批准,总建设经费 2800 万元。凝练出平台建设的 3 个优先发展方向:高效精密微细加工技术及装备,主要包括高速切削加工技术、高性能工具材料研究开发及其应用、精密微细加工技术、摩擦磨损润滑理论及应用技术;机电集成控制技术及装备,主要包括机电液集成系统研究、开放式数控系统、生物机械电子技术、运动系统智能控制、节能设备;机械制造数字化技术,主要包括机械产品创新设计自动化理论研究及应用、工艺设计数字化工具开发、产品绿色设计和绿色制造技术、制造系统数字化集成技术、虚拟工程、制造过程物流技术。为迎接教育部本科生教学水平评估工作,实验室进行了评估材料准备、文化氛围建设、创新开放实验项目开发等工作,完成了实验室评估工作。

2005 年,完成实验示范中心及过控专业实验室建设经费 300 万元;实验室软件建设立项项目 4 项通过验收;机械实验教学示范中心和专业实验室建设立项到位经费 89 万元;新增实验室软件建设立项项目共 12 项,其中省级 3 项,到位经费 5.4 万元。学院进行了实验室搬迁与整合工作。结合教学八楼的启用,将具备条件的实验室、实验教学人员进行了整合,成立了学院实验中心。学院实验中心承担了 2005 级本科生的认知实习工作。组织申报高效精密制造技术与装备省级强化建设重点实验室,并获得批准。

2006 年,学院申报成功山东省高效精密制造技术与装备重点实验室,组织申报国家工程实验室和教育部重点实验室。学院完成了南外环校区实验室进一步规划工作,进一步加强了实验室网站建设和完善工作。

2007 年,学院新增加教学设备 58 台,总价值 5458859 元,新增加科研设备 72 台,总价值 588128.02 元,进一步完善实验教学体系、理念、内容,形成了"四个模块、三个层次、两个结合"的实验教学体系,并得到了教育部认证专家的认可。完成了机械设计制造及其自动化专业认证实验室部分工作,完善了实验中心文化环境建设及管理档案、认证材料的整理等工作。进一步改革实验教学内容,提高了开放创新性试验比例。全年完成常规实验教学内容共计 18699 人时数,开放创新实验学时数共计 10900 人时数。

2008 年,学院高效与清洁机械制造教育部重点实验室已被列入教育部建设指南,并顺利进行了有关申报工作。申报并通过了省级、国家级机械基础实验教学示范中心,填补了学院历史上的又一项空白。建立了实验教学项目、设备、开出情况及设备利用情况档案,并进一步充实了实验中心网站内容。初步建立了实验教学工作日志,进一步规范了实验教学的日常工作管理。全年完成常规实验教学内容共计 20499 人时数,开放创新实验学时数共计 10900 人时数。

2009 年,建立了实验教学项目、设备、开出情况及设备利用情况档案,并进一步充实了实验中心网站内容。初步建立了实验教学工作日志,进一步规范了实验教学的日常工作管理。完成了 2008 年机械工程学院实验中心实验室建设项目规划,规划 80 万元,实到经费 60 万元。组织落实了国家级机械基础实验教学示范中心的综合设计及研究创新型实验教学项目立项申报工作。实验中心联合组织了码垛机器人机构创新设计大赛。完善实验教学项目、设备、开出情况及设备利用情况档案,并进一步充实实验中心网站内容。完善实验教学工作日志,进一步规范了实验教学的日常工作管理。全年完成常规实验教学内容共计 20380 人时数,开放创新实验学时数共计 10900 人时数。

2010 年,机械基础实验示范中心开展综合设计及研究创新型实验教学项目研究工作,所资助 15 个项目已全部完成。组织青年教师参加机械基础课教学论坛。参加机械学科国家级示范中心建设汇报交流会,组织参加了教育部举办的国家级示范中心成果展示会及高校实验室工作论坛,示范中心建设成果收集到机械学科国家级示范中心建设成果集。对兴隆山校区综合实验楼实验室进行了详细规划,制订了搬迁计划,并按计划逐步落实搬迁工作。联合组织并举办了首届研究生码垛机器人机构创新设计大赛。按照全国工程教育专业认证专家对实验室建设的要求和存在的问题,完成了实验室建设的认证检查准备工作。实验教学人员全年共完成实验教学内容 18699 人时数。新增加实验设备 190 台,总价值 275 万元。

2011 年,组织规划、实施了 2011 年机械工程学院实验室建设项目,软件建设项目 3 项。完成 2009 年机械工程学院实验中心实验室建设项目,软件建设项目 1 项,并通过专家验收。争取到教育部 2010 年修购专项基金,组织制定了 2011 年实验室建设规划及经费预算方案。

2012 年,完成 2012 年机械基础实验教学示范中心立项建设项目。实验室软件建设立项 4 项。全年完成总实验学时 10 多万人学时。

2013 年,完成国家虚拟仿真实验教学中心的申报工作,完成国家级机械基础教学试验示范中心的 2013 年度硬件和软件建设。5 月 14 日,快速制造国家工程研究中心山东大学增材制造研究中心成立。

2014 年,完成国家教学实验示范中心软硬件年度建设,完成先进制造共享平台部分硬件建设,完成国家级虚拟仿真示范中心的申报工作。

2015 年,国家级虚拟仿真实验室山东大学数字化设计与制造虚拟仿真实验教学中心申报工作取得突破,以山东省第一名的成绩进入国家评审。《学院先进制造共享平台大型仪器设备使用管理办法》正式实施。实验室软硬件建设顺利推进。

2016 年,推进国家虚拟中心建设,完成了固定资产清查工作,制定了用房用电有偿使用管理暂定办法。

2017 年,学校成立大型仪器公共技术平台——先进材料测试与制造共享平台,完成先进平台的设备论证工作;完成实验室硬件建设 54 万元,软件建设 3 项。学院初步完成搬迁至创新大厦(七号楼)工作。

2018 年,学院举行了机械工程国家级实验教学示范中心(山东大学)教育指导委员会成立大会暨第一次全体会议。结合学院换届工作,学院进行了机构改革,成立了实验教学中心,将实验教学中心独立建制。独立开设 VR 技术应用于实践课程 1 门,独立开设创新训练综合实验课 1 门,独立设置实验课程总数达到 8 门。示范中心共完成实验工作量 16 万人时数。规划超高速切削加工虚拟仿真实验项目 1 项,经学校、省教育厅两级评审推荐申报了国家级虚拟仿真实验教学项目。完成了 2018 年实验室建设项目 5 项,总经费 154 万元。

2019 年,学院与深圳越疆公司校企合作,建成验收智能制造科学馆的一期工程——智能制造实训实验室;建立了山东大学机械实验中心网站、机械工程实验教学示范中心网站、虚拟仿真实验教学中心网站。示范中心获批教育部校企协同育人项目 9 项、国家级在线精品课程 1 门,完成校级实验室研究项目 2 项,立项校级实验室研究项目 3 项。针对"新工科"教学体系改革申报院级教学项目 29 项,增设 VR 技术应用与实践、机械基础综合实验和综合创新实验课程实验项目 10 余项,开设总实验项目数 128 个,独立开设实验课程 8 门,完成实验人时数约 34 万。完成实验室建设项目 5 项,到位经费 146.034 万元。立项"双一流"实验室建设项目 1 项,经费 330 万元。3 月,姜兆亮教授主持的"超高速切削加工虚拟仿真实验"虚拟仿真实验教学项目入选国家虚拟仿真实验教学项目。

2020 年,学院实验教学示范中心获批建设项目经费 269.945 万元、"双一流"建设经费 320 万元(含学院配套 50 万元),主要用于机械工程国家级实验教学示范中心、数字化设计与制造国家级虚拟仿真实验中心、实验室信息化、智能制造及机器人专业实验室(智能制造科学馆)建设。立项暑期学校海外师资项目和暑期精品项目 7 项,实验室建设与管理研究项目 3 项(其中重点项目 1 项、一般项目 2 项),教育教学改革研究项目 30 项,课程思政项目 2 项,国际化课程改革重点项目 2 项,一般项目 32 项,在研教育部协同育人项目 10 余项。

高效洁净机械制造教育部重点实验室:该实验室是 2009 年教育部批准立项建设的重点实验室。实验室主任为黄传真教授,实验室副主任为刘战强教授和宋清华教授,学术委员会主任为中国工程院院士卢秉恒教授。实验室固定人员主要有:教育部"长江学者"特聘教授 2 人,国家杰出青年科学基金获得者 2 人,"新世纪百千万人才工程"国家级人选 2 人,山东省"泰山学者"特聘教授 4 人,教育部新世纪优秀人才 7 人,山东省有突出贡献中青年专家 4 人,山东省杰出青年科学基金获得者 2 人。博士生导师 24 人,教授 38 人,副教授 14 人,讲师 6 人,具有博士学位的比例达 91%。现有在校博士生 80 人、硕士生 200 人、博士后 20 人。形成了一支基础较强、梯队健全、知识和年龄结构合理的教师队伍和研究生科研队伍。实验室所依托的机械制造及其自动化学科是国家重点学科、国家"211 工程"和"985 工程"重点建设学科。科技成果转化和产业化成效显著。

国家级机械基础实验教学示范中心:前身是山东工业大学机械工程学院机械制图、机械原理、机械设计及机械制造基础等实验室,始建于 20 世纪 50 年代。1998 年年底,按照国家标准化实验室的建设标准,整合机械制图、机械原理、机械设计、机械电子工程、机械制造基础实验室,合并为由校、院二级管理的机械工程学院实验管理中心。2002 年 4 月,经山大资字[2002]5 号文件批准,正式成立机械工程学院实验中心,下设机械设计中心实验室、机械制造中心实验室、先进制造技术实验室、机械工程创新综合实验室。2003 年 9 月,经山大资字 [2003]10 号文件批准,正式成立机械工程学院实验中心,下设机械基础实验室、机械创新综合实验室、机械设计制造及其自动化专业实验室、工业设计专业实验室、过程设备与控制工程专业实验室、车辆工程专业实验室。2003 年 11 月,被列入山东省实验教学示范中心建设项目。2008 年,山东大学机械基础实验教学示范中心被评为国家级实验教学示范中心建设单位。机械工程国家级实验教学示范中心于 2012 年 12 月顺利通过教育部验收。2014~2020 年,示范中心利用学校实验室建设经费、"双一流"建设经费多次投入建设,建成国内一流的国家级机械基础实验教学示范中心。

学院教师到国家级机械基础实验教学示范中心参观

国家级虚拟仿真实验教学示范中心——数字化设计与制造虚拟仿真实验教学中心：2003 年，依托机械工程学院实验中心成立了机械工程虚拟仿真实验教学中心。初步建设了一批虚拟仿真实验教学资源，对虚拟仿真技术的实践教学方法与手段改革进行了探索。2009 年，依托机械基础国家级实验教学示范中心，成立了数字化设计与制造虚拟仿真实验教学中心，按照"支撑实验教学，面向先进制造，实现虚实结合，提高实践能力"的指导方针进行规划建设。2013 年，在国家级虚拟仿真实验教学中心建设带动下，通过学校大力支持以及与企业深度合作，中心软硬件环境得到极大改善，实验教学体系进一步完善。重点针对高危险、大型综合、高成本等类型的实验建设了系列虚拟仿真实验资源。2015 年，数字化设计与制造虚拟仿真实验教学中心获批为国家级虚拟仿真实验教学示范中心。2016～2020 年，利用学校实验室建设经费、"双一流"学科建设经费多次投入建设，初步建成国内一流的虚拟仿真实验教学示范中心。

国家级工程实践教育中心——山东大学—山东临工工程机械有限公司工程实践教育中心：2012 年 6 月，教育部等 23 个部门联合下文（教高[2012]8 号）批准，由山东大学依托山东临工工程机械有限公司，建立卓越工程师教育培养计划的工程实践教学基地，以促进学校、企业形成卓越工程师教育培养联合体。该中心每年接纳实习学生 100 人，在企业完成项目设计（毕业设计）数量 30 人，并逐年增加接纳学生的数量，三年内使接纳在企业完成项目设计（毕业设计）数量达到 60～80 人。

先进材料测试与制造平台：山东大学加快建设和发展"新工科"及服务"智造山东"战略的高端仪器装备基地，为新材料研发、智能制造等前沿研究提供"材料研究—表征—制备—测试—成形工艺—产品加工—成果孵化—成果转化"等综合性技术服务，涵盖物理学、材料科学、机械工程、动力与电气工程等学科领域。该平台规划建设五大功能模块：形貌表征与成分分析，涵盖宏观与微观形貌检测；结构与物性分析，包括材料热、物理性能等测试；力学性能测试，涉及动、静态力学性能检测；精密制造与加工，以 3D 打印为主导的智能化制造；新能源测试，面向新能源技术与性能测试。2017～2021 年，利用山东大学"双一流"学科建设经费，涉及机械学科共购置 12 台、2868 万元的大型精密规章仪器设备,主要安置在千佛山校区创新大厦地下二层、一层和二层。目前,有 8 位教授、2 位副教授服务平台,实验员 5 人,其中副高 2 人、中级 3 人。

2021 年机械学院实验技术人员列表

序号	单位	姓名	性别	参加工作时间	学历	学位	聘任专业技术职务名称	聘任起始时间
1	实验中心	毕文波	男	2001.8.1	博士研究生	博士	高级实验师	2018.9.1
2	实验中心	杜付鑫	男	2010.7.16	博士研究生	博士	高级实验师	2019.9.1
3	实验中心	李慧	女	1988.7.1	大学毕业	学士	高级实验师	2015.9.1
4	机制所	刘大志	男	1985.7.1	夜大大专		高级实验师	2006.9.1
5	机制所	刘逢时	男	1985.7.1	网络本科		工程师	1997.12.1
6	机制所	刘增文	男	1988.7.1	博士研究生	博士	应用研究员	2016.9.1
7	实验中心	吕巧娜	女	1994.7.1	硕士研究生	硕士	工程师	2005.8.1
8	实验中心	马征	男	1993.7.1	大学毕业	学士	工程师	2002.9.1
9	车辆所	彭伟利	男	2002.7.16	硕士研究生	硕士	工程师	2008.9.1
10	机制所	任小平	女	2010.7.16	博士研究生	博士	工程师	2014.1.1
11	机制所	王豫	男	1981.12.1	夜大大专		实验师	1998.12.1
12	机制	王晓晨	男	1984.7.1	大学毕业	学士	高级工程师	1999.9.1
13	实验中心	杨春凤	女	2003.7.16	硕士研究生	硕士	工程师	2014.9.1
14	机电所	张建川	男	1993.9.1	硕士研究生	硕士	工程师	1999.12.1
15	工设所	朱海荣	男	1988.12.1	夜大大专		助理实验师	2007.9.1
16	实验中心	朱振杰	男	1993.7.1	硕士研究生	硕士	高级工程师	2005.9.1
17	实验中心	刘璐	女	2015.7.30	硕士研究生	硕士	实验师	2018.9.1
18	实验中心	辛倩倩	女	2016.7.1	硕士研究生	硕士	实验师	2018.9.1
19	实验中心	马金平	男	2009.7.1	硕士研究生	硕士	实验师	2020.9.1
20	实验中心	李建勇	男	2002.7.1	硕士研究生	硕士	高级工程师	2013.9.1
21	实验中心	魏枫展	男	2020.9.1	硕士研究生	硕士	助理实验师	2020.9.1
22	实验中心	邹雪倩	女	2018.8.3	硕士研究生	硕士	实验师	2020.9.1
23	实验中心	杜宜聪	男	2019.7.15	硕士研究生	硕士	助理实验师	2019.7.15
24	实验中心	刘雪飞	女	2017.8.2	硕士研究生	硕士	实验师	2019.9.1
25	实验中心	李淑颖	女	2017.7.26	硕士研究生	硕士	实验师	2019.9.1
26	实验中心	梁西昌	男	2018.8.6	博士研究生	博士	实验师	2018.8.1
27	实验中心	马金平	男	2009.7.1	硕士研究生	硕士	实验师	2020.9.1
28	实验中心	魏枫展	男	2020.7.1	硕士研究生	硕士		

机械工程学科评估统计国家级教学科研平台支撑平台

序号	平台类别	平台名称	批准部门（与批文公章一致）	批准年月	参与单位数	本单位参与学科数
1	国家级实验教学示范中心	机械工程国家级实验教学示范中心（山东大学）	教育部、财政部	2009.1	1(1)	1(100%)
2	国家级虚拟仿真实验教学中心	数字化设计与制造国家级虚拟仿真实验教学中心（山东大学）	教育部	2016.1	1(1)	1(100%)
3	国家级工程实践教育中心	山东大学—山东临工工程机械有限公司国家级工程实践教育中心	教育部等23个部门	2012.6	2(1)	1(100%)
4	教育部重点实验室	高效洁净机械制造教育部重点实验室	教育部	2009.3	1(1)	1(100%)
5	省级工程技术研究中心	山东省高效切削加工示范工程技术研究中心	山东省科技厅	2002.9	1(1)	1(100%)
6	省级工程技术研究中心	山东省CAD工程技术研究中心	山东省科技厅	1997.1	1(1)	1(100%)
7	省级工程技术研究中心	山东省冶金设备与工艺数字化工程技术研究中心	山东省科技厅	2003.1	1(1)	1(100%)
8	省级工程技术研究中心	山东省石材工程技术研究中心	山东省科技厅	2003.1	1(1)	1(100%)
9	省级工程技术研究中心	山东省特种设备安全工程技术研究中心	山东省科技厅	2006.1	1(1)	1(100%)
10	省级工程技术研究中心	山东省智能制造与控制系统工程技术研究中心	山东省科技厅	2014.1	1(1)	1(100%)
11	省级工程技术研究中心	山东省绿色制造工程技术研究中心	山东省科技厅	2018.1	1(1)	1(100%)
12	省级工程实验室	山东省生物质能清洁转化工程实验室	山东省科技厅	2010.1	1(1)	1(100%)
13	省级工业设计中心	山东大学工业设计研究院工业设计中心	山东省教育厅	2010.1	1(1)	1(100%)

续表

序号	平台类别	平台名称	批准部门(与批文公章一致)	批准年月	参与单位数	本单位参与学科数
14	省级重点实验室	山东省绿色制造重点实验室	山东省教育厅	2010.1	1(1)	1(100%)
15	山东省重点实验室	高效精密制造技术与装备	山东省发改委	2006.6	1(1)	1(100%)
16	山东省重点实验室	计算机辅助设计	山东省发改委	1995.8	1(1)	1(100%)
17	山东省工程实验室	山东省生物质能清洁转化工程实验室	山东省发改委	2010.12	1(1)	1(100%)

注:本表仅填写2020年12月31日前获批的重点实验室、基地、中心。

2017～2020年先进材料测试与制造平台设备购置统计表

设备名称	设备型号	价格(元)	存放地点
金属3D打印系统	3DSystemsProXDMP320	61.1万美元	创新大厦208室
陶瓷3D打印系统	法国3DCERAMCeramaker R900	305万	创新大厦203室
高温维氏硬度试验系统	阿基米德HTV PHS30	102万	创新大厦202室
精密金刚石线锯床及检测系统	梅耶博格 RTD6800、HE-EIM-02	43.4万美元	创新大厦101室
光学轮廓仪	Veeco NT9300	96.7万	创新大厦213
X射线应力分析仪	Stresstech Oy公司 XSTRESS3000X	156.6万	创新大厦232室
X射线三维超精密维纳结构检测仪	nanoVoxel3502E	376万	创新大厦235室
激光增减材复合加工机床	LASERTEC 65 3D	647万	6号楼东侧原后勤公司办公楼1楼
卷对卷高效维纳压印实验系统	CTP EB 300UVD	18万美元	创新大厦101室
超高速摄像机	Kirana 05M	310万	创新大厦202室
旋转式切削力测量系统	KISTLER 9171A	160万	创新大厦202室
摩擦紫外流变仪	AntonPaar MCR302	78万	创新大厦1204室
合计		2868万	

注:本表统计至2020年12月31日。

第七节 国际交流与合作

2002 年,学院组织制定了中短期国内外专家访问计划,邀请美国、澳大利亚、英国和中国香港等专家教授来院讲学,并同澳大利亚斯文本理工大学签订全面合作协议。

2003 年,为确保 2004 年第十一届国际制造工程与管理会议会议的顺利召开,学院成立了会议督导委员会、会议学术委员会及会议组织委员会。各委员会成员主动联系国家基金委、滨州渤海活塞集团等单位赞助;向学校及山东省外事办递交申办会议报告;拟定、修改、发送中英文会议通知,设计和印刷会议中英文通知、信封及会议的各种中英文宣传资料;申请建立会议网站,与参会的国内外专家及时联系交流,并建立代表数据库等,为会议的顺利举办做好各项前期准备工作。组织制定学院中短期专家访问计划,邀请澳大利亚和日本教授 3 人来学院讲学,聘请国外客座教授 3 人。

2004 年,学院承办的 IMCC 会议顺利召开,扩大了学院的影响力。学院邀请澳大利亚、日本、美国和中国香港地区教授 6 人来学院讲学,聘请国外客座教授 3 人。芬兰拉彭兰塔大学校长及夫人来访,达成互派二年级和四年级大学生(免学费)、共同培养研究生、互派访问学者等协议。

2005 年,学院积极组织国际合作和交流,编印了新版学院中英文画册,邀请了澳大利亚、英国、日本学者来学院讲学,共接待国际来访专家 8 人次,并组织制定了学院中短期专家访问计划。

2006 年,学院邀请美国、澳大利亚、新西兰学者来学院讲学。接待国际来访专家 9 人次。启动中澳"2＋2"合作办学项目。筹备第四届"智能自动化、计算与制造"国际研讨会。

2007 年,学院接待了英国龙比亚大学代表团。签订意大利马恩大学定单培养本科生协议。日本专家山中康夫应聘流动岗位教授,讲课 2 周。邀请美国、澳大利亚、新西兰学者来学院讲学。

2008 年,深化国际合作渠道,采取多种形式邀请外国专家来访,其中教育部外国专家重点项目专家 2 人,境外短期专家 6 名,流动岗位特聘教师 2 名。推进本科生中外联合培养工作,学院与澳大利亚新南威尔士大学签署了"2＋2"联合培养协议,与美国普渡大学 Calumet 分校草签了 ETIE 访学项目。鼓励研究生拥有海外经历,联合培养研究生 6 人,出国攻读博士学位 1 人。与 University of Texas(Pan American)联合进行 International Networked Teams for Engineering Design and Design for Mass Customization 课程教育,学院有 6 名研究生参加并顺利通过课程学习和团队项目工作。

2009 年,学院采取多种形式邀请外国专家来访,其中境外短期专家 6 名,流动岗位特聘教师 2 名。鼓励研究生拥有海外经历,联合培养研究生 5 人,出国攻读博士学位 1 人。推进研究生中外联合培养工作:由 University of Texas (Pan American 分校)和学院中美国际合作教学项目(International Networked Teams for Engineering Design,简称 IN-TEnD)正式上课。

2010 年,学院组织开展短期专家交流访问项目 10 次。成功申请学校长期外教项目立项。制定外教岗位说明,并积极物色外教。与美国波特兰大学工程学院签署合作协议,合作内容包括学生短期访学、"2+2"联合培养以及教师互访等。

2011 年,学院组织开展短期专家交流访问项目 8 次。积极开展本科生参加山大与澳大利亚新南威尔士大学"2+2"联合培养项目。

2012 年,学院组织开展短期专家交流访问项目 8 人次。流动岗特聘教师项目 1 人。研究生公派出国留学 11 人。与韩国斗山集团签署院企合作协议,根据协议成功派出 8 名本科生到韩国西江大学和中央大学访学一年。主办 3 个国际会议,参会人数 400 余人。

2013 年,学院派出 8 名教师去美国和英国等国家地区进行合作研究。组织开展短期专家交流访问项目 10 人次。流动岗特聘教师项目 2 人。聘请非华裔外籍教师 1 人。签署 2 项国际合作协议。

2014 年,学院派出 6 名教师去美国等国进行合作研究。组织开展短期专家交流访问项目 10 余人次。接待"春晖计划"德国学者团体来访。流动岗特聘教师项目 1 人。聘请外籍教师 2 人。与美国亚利桑那大学工业设计系达成联合培养意向。

2015 年,学院派出 5 名教师去美国等国进行合作研究。组织开展短期专家交流访问项目 10 余人次。流动岗特聘教师项目 1 人。聘请外籍教师 5 人。继续开展美国弗吉尼亚理工大学"3+2"项目、德国采埃孚"3+1"项目、韩国斗山"3+1"项目。

2016 年,学院派出 7 名教师去美国等国进行合作研究。组织开展短期专家访问 10 余人次,作学术报告 15 场左右。继续开展美国弗吉尼亚理工大学"3+2"项目、德国采埃孚"3+1"项目、韩国斗山"3+1"项目,推进联合培养本科生项目的建设。

2017 年,学院派出 4 名教师去美国、新加坡等国进行合作研究。组织开展短期专家访问 10 余人次,作学术报告 20 场左右。

2018 年,学院派出 4 名教师去美国、新加坡等国进行合作研究。组织开展短期专家访问 30 余人次,作学术报告 50 场左右。11 月,学院派出 1 名教师和 2 名研究生赴日本,参加日本熊本大学的学术年会活动。12 月,学院派出 2 名教师赴英国,围绕人才培养、师资引进、科研合作等方面的工作与布里斯托大学和卡迪夫大学进行访问交流。

2019 年,按照学校印发的《山东大学国际化战略规划(2018~2025)》的通知要求,学院制定并实施了《机械工程学院国际化战略规划(2018~2025)》,以期提高学院国际影响力和国际竞争力,全面提升学院服务国家"一带一路"倡议的能力。按照学校《山东大学新时期推进国际学生教育规范管理提高质量的意见》等相关政策文件要求,为切实做好学院国际学生管理工作,学院制定了《机械工程学院国际学生教育管理工作方案》。学院派出 4 名教师去美国、新加坡等国进行合作研究。邀请 7 位老师作为短期境外专家到访学院,为学生举办讲座,洽谈教学及科研项目合作。学院迎来一位全职外籍师资 Vinothkumar,在国际化师资方面取得突破。聘请澳大利亚新南威尔士大学 Feng Ningsheng 教授为本科生授课一学期,并开展了研究工作。2 月,学院派出 1 名教师参与国际事务部组织的德国访问活动。6 月,学院派出 1 名教师参与本科生院组织的尼泊尔招生宣传活动。9 月,尼泊尔学生代表团参观学院,了解学院在教学及科学研究方面的情况,为后续尼泊尔本科生招生项目的顺利实施打下了坚实基础。学院开展墨西哥硕士招生面试工作,向着学院研究生教育国际化迈出坚实一步。学院制定了一系列管理培养方案,为下一步的国际化发展以及留学生的趋同化管理指明了方向,进一步推进学院的研究生国际化建设。

2020 年,由于新冠肺炎疫情原因,国际交流与合作受到了严重影响,但是学院从疫情防控入手,始终坚持高标准做好服务工作。在国际学生方面,学院根据教育部国际司对国际学生工作的指导意见,协同学院归口部门认真履行职责,设立相应的工作机制保障留学生疫情防控工作。针对留学生返校所面临的签证和入境等问题,与归口部门合作,掌握学生动态,提供必要支持。在外籍师资方面,按照山东省教育厅和济南市公安局出入境管理局要求,向学校国际事务部上报外籍教师 Vinoth Kumar 以及 2 名外籍博士后 Munish Gupta、Reza Teimoori 的情况,并向三名外籍人员积极宣传英文版的疫情说明,深入了解其在生活中是否遇到困难,体现学院的人文关怀。协助学院新进外籍教师 Khan 熟悉入职工作,做好在疫情下的政策解读并提供相应的帮助。持续推进暑期学校工作,开设 4 门暑期学校课程,分别由 Krishnan Venkatarishnan、Tan Bo、Hans Juergen Grotepass、YOO Wan Suk 担任主讲教师。4 门课程在 2019 年开设过,均受到学生的好评,并与授课教师建立了良好关系。尽管在 2020 年暑期再次开设是在线开展,但是也得到了授课教师的大力支持。学院在国际学生的招生宣传、签证办理、教学提升、趋同化管理等方面的服务进一步加强。同时,在非国际生的海外视野拓展方面,学院积极推行"国际学分"计划和宣传山东大学的海外经历项目并做好服务工作。推荐 3 名工业设计专业学生参加日本千叶大学未来中国高铁站服务设计在线培养项目。

第八节 在职教育

2000 年 7 月新山东大学成立以前,机械工程学院在职教育工作就已经开始起步,主要开展本专科在职教育和非全日制工程硕士培养工作,招生规模不大。新山东大学成立后,学院领导班子高度重视在职教育工作,并取得了极大成绩,为社会和企业培养了大量专业技术和管理人才,同时也有力地支撑了学院各项事业的快速发展。

一、组织机构

2001~2004 年,院长李剑峰分管对外办学,研究生秘书张树生协助,办公室主任袁树喜兼职管理。

2004~2008 年,院长李剑峰、党委书记秦惠芳分管对外办学,办公室主任王中豫兼职管理。

2008~2012 年,学院成立在职教育工作领导小组,李剑峰任组长,黄传真任副组长。同时成立学院在职教育中心,学院党委副书记仇道滨兼任主任,王中豫任副主任兼办公室主任,孙家林任副主任。学院设继续教育办公室,王中豫任主任。

2013~2019 年,学院党委书记仇道滨分管在职教育工作,办公室主任贾存栋兼任在职教育中心主任,王中豫任副主任兼办公室主任,研究生办公室主任苑国强兼任副主任。2018 年成立山东大学智造管理与技术培训中心。

2020 年后,学院党委书记刘杰分管服务山东和在职教育工作,副院长贾存栋兼任在职教育中心主任,廖希亮 2021 年 6 月起任副主任兼办公室主任,研究生办公室主任苑国强兼任副主任。

二、机械学院在职教育中心(山东大学智造管理与技术中心)主要业务

机械学院在职教育中心(山东大学智造管理与技术中心)依托机械工程学院而建,主要组织和管理智能制造类学历学位教育和非学位学历培训教育。在职教育分三个层面:在职研究生教育、在职本专科教育和非学历培训教育。

1.在职研究生教育

在职研究生教育(不脱产)包括两种类型。

(1)在职研究生

①2017 年之前

工程硕士(非全日制工程硕士研究生):设有机械工程、车辆工程、工业工程、工业设计 4 个专业。

研究生课程班:设有机械工程、车辆工程、工业工程 3 个专业领域。2011 年以后,停办研究生课程班。

②2017 年至今

同等学力申请硕士学位:设有机械工程专业,授予科学学位(单证)。

(2)工程博士

设有先进制造技术专业,授予全日制专业学位。

2.在职本专科教育

(1)2019 年之前

成人高等教育(函授、夜大学):专升本科设有机械电子工程专业,高起专科设有机电一体化技术专业、汽车检测与维修技术专业。

网络教育:专升本科设有机械电子工程专业、矿山机电专业、机械设计制造及其自动化(机电方向)专业、机械设计制造及其自动化专业、车辆工程专业,高起专科设有机电一体化技术专业。团体办班的企业管理人员可通过课程置换学习工业工程本专科专业。

网络自考助学班:本科和专科均设有机电一体化工程、计算机信息管理、工商企业管理 3 个专业。2012 年起停止招生。

培训加网络学历教育:与网络教育所设专业相同。

(2)2019 年至今

仅设有机械设计制造及其自动化专业网络教育专业。山东大学继续教育学院取消了各类专升本网络教育专业。学院不再举办成人高等教育(函授)、网络自考助学班等。

3.非学历培训教育

①山东大学装备制造业先进技术高级研修班(总师班)。

②山东大学装备制造业高层管理人员研修班(高管班)。

③山东大学装备制造业先进技术高级培训班(高工班)。

④山东大学装备制造业中层管理人员研修班(中管班)。

⑤山东大学县域党政经(企)管理干部高级研修班。

⑥其他专题培训(技术技能类、质量安全类、软件应用类)。

三、招生数量

1. 在职研究生教育

工程博士:自 2011 年开始招生,每年 2~3 人。学员来自山东临工、济南二机床、沈阳机床、天润曲轴等大型企业。自 2018 年起,逐步扩招至每年 10 人左右。

工程硕士(同力硕士):自 2000 年以来,合计招生非全日制工程硕士 1000 余人,已毕业 600 余人,在读 400 余人。2018 年以来,招收中国重汽、深圳研究院(比亚迪)、海阳核电等同等学力申请硕士学位学生约为 330 人。

2008 年以来合作企业举办工程硕士班统计表

年级	合作单位	专业	人数(人)	备注
2008 级	歌尔声学股份有限公司	机械工程	13	
2009 级	山东临工工程机械有限公司	机械工程	21	
2011 级	小松山推工程机械有限公司	机械工程	20	
2011 级	山东临工工程机械有限公司	工业工程	20	
2012 级	山东建设机械股份有限公司	机械工程	38	
2012 级	山东胜利钢管有限公司	机械工程	36	
2012 级	山东五征集团有限公司	机械工程	36	
2012 级	山推工程机械股份有限公司	机械工程	42	
2012 级	山推工程机械股份有限公司	工业工程	35	
2013 级	淄博柴油机总公司	机械、车辆工程	30	
2014 级	盛瑞传动股份有限公司	工业工程	25	
2014 级	山东五征集团有限公司	机械工程	44	
2014 级	山东蓬翔汽车有限公司	机械、车辆工程	36	
2014 级	济宁国家高新技术产业开发区	机械工程	25	
2014 级	淄博柴油机总公司	机械、工业工程	20	
2015 级	山东华鲁恒升集团公司	机械工程	37	
2015 级	山东常林集团有限公司	机械工程	18	
2015 级	山东海汇集团有限公司	机械、工业工程	15	
2016 级	中国重汽集团有限公司	工业工程	67	
2016 级	济南炼化有限公司	机械工程	18	
2016 级	济宁国家高新技术产业开发区	机械、工业工程	30	

年级	合作单位	专业	人数（人）	备注
2018 级	中国重汽集团有限公司	机械工程	125	同力硕士
2019 级	临工重机有限公司及散报人员	机械工程	22	同力硕士
2021 级	中国重汽集团有限公司	机械工程	90	同力硕士
2021 级	深圳研究院（比亚迪）	机械工程（车辆工程）、设计学	65	同力硕士
2021 级	海阳核电及散报人员	机械工程	25	同力硕士

研究生课程班具体数据如下：

与企业合作举办研究生课程班统计表

时间	合作单位	专业	人数（人）	备注
2002	山推股份有限公司	机械电子工程	17	
2003	山推股份有限公司	机制及其自动化	22	
2005	山推股份有限公司	工业工程	29	
2007	山推股份有限公司	机制及其自动化	37	
2008	山东明水汽车配件有限公司	机械工程	40	
2009	山推股份有限公司	工业工程	32	
2009	沂水县机械产业提升办	高层管理研修班	40	
2009	章丘市经济贸易局	高层管理研修班	40	
2010	山东五征集团有限公司	机械工程	40	
2010	山东中际装备股份有限公司	机械工程	40	

2011 年以后，停办研究生课程班。

2. 本专科在职教育

（1）成人高等教育（函授、夜大学）

校本部招生数量统计表

年级	专业	层次	人数（人）	备注
2001 级	机械电子工程	专升本	24	
2002 级	机械电子工程	专升本	26	
2004 级	机械电子工程	专升本	44	
2004 级	机电一体化技术	高起专	89	
2005 级	机械电子工程	专升本	38	

年级	专业	层次	人数（人）	备注
2005 级	机电一体化技术	高起专	102	
2006 级	机械电子工程	专升本	51	
2006 级	机电一体化技术	高起专	24	
2007 级	机械电子工程	专升本	46	
2007 级	机电一体化技术	高起专	17	
2008 级	机械电子工程	专升本	47	
2008 级	机电一体化技术	高起专	19	
2009 级	机械电子工程	专升本	39	
2009 级	机电一体化技术	高起专	14	
2010 级	机械电子工程	专升本	41	
2010 级	机电一体化技术	高起专	7	
2011 级	机械电子工程	专升本	16	
2011 级	机电一体化技术	高起专	6	
2012 级	机械电子工程	专升本	20	
2012 级	机电一体化技术	高起专	7	
2013 级	机械电子工程	专升本	11	
2013 级	机电一体化技术	高起专	3	
2014 级	机械电子工程	专升本	75	
2014 级	机电一体化技术	高起专	0	

2001～2014 年，校本部共招生 766 人。

校外班招生数量统计表

年级	专业	层次	人数（人）	备注
2007 级	机械电子工程	专升本	6	
2007 级	机电一体化技术	高起专	171	
2008 级	机械电子工程	专升本	26	
2008 级	机电一体化技术	高起专	268	
2009 级	机械电子工程	专升本	71	
2009 级	机电一体化技术	高起专	335	
2010 级	机械电子工程	专升本	26	
2010 级	机电一体化技术	高起专	237	

续表

年级	专业	层次	人数（人）	备注
2010 级	汽车检测与维修技术	高起专	8	
2011 级	机械电子工程	专升本	20	
2011 级	机电一体化技术	高起专	179	
2011 级	汽车检测与维修技术	高起专	61	
2012 级	机械电子工程	专升本	66	
2012 级	机电一体化技术	高起专	128	
2012 级	汽车检测与维修技术	高起专	77	
2013 级	机械电子工程	专升本	31	
2013 级	机电一体化技术	高起专	189	
2013 级	汽车检测与维修技术	高起专	122	
2014 级	机械电子工程	专升本	28	
2014 级	机电一体化技术	高起专	205	
2014 级	汽车检测与维修技术	高起专	58	
2015 级	机械电子工程	专升本	30	
2015 级	机电一体化技术	高起专	72	
2015 级	汽车检测与维修技术	高起专	13	

校外班共招生 2327 人。2015 年后，由学校统一招生、管理，后期未作详细统计。

（2）网络教育

网络教育招生数量统计表

年级	专业	层次	人数（人）	备注
2007 级	机械电子工程	专升本	11	
2007 级	机电一体化技术	高起专	97	
2008 级	机械电子工程	专升本	93	
2008 级	机电一体化技术	高起专	412	
2009 级	机械电子工程	专升本	296	
2009 级	机电一体化技术	高起专	555	
2010 级	机械电子工程	专升本	159	
2010 级	机电一体化技术	高起专	714	
2011 级	机械电子工程	专升本	150	
2011 级	矿山机电	专升本	48	

续表

年级	专业	层次	人数（人）	备注
2011 级	机电一体化技术	高起专	1019	
2012 级	机械电子工程	专升本	216	
2012 级	矿山机电	专升本	44	
2012 级	机电一体化技术	高起专	1193	
2013 级	机械电子工程	专升本	238	
2013 级	矿山机电	专升本	27	
2013 级	机电一体化技术	高起专	1494	
2014 级	机械电子工程	专升本	299	
2014 级	矿山机电	专升本	22	
2014 级	机电一体化技术	高起专	1673	
2015 级	机械电子工程	专升本	208＋99	不全
2015 级	矿山机电	专升本	8＋6	不全
2015 级	机电一体化技术	高起专	1081＋456	不全
2016 级	机械电子工程	专升本	264	
2016 级	矿山机电	专升本	4	
2016 级	机电一体化技术	高起专	1076	
2017 级	机械电子工程	专升本	288	
2017 级	矿山机电	专升本	4	
2017 级	机电一体化技术	高起专	2347	
2018 级	机械设计制造及其自动化（机电方向）	专升本	275	
2018 级	车辆工程	专升本	48	
2018 级	机电一体化技术	高起专	1852	
2019 级	机械设计制造及其自动化	专升本	283	
2019 级	车辆工程	专升本	60	
2019 级	机电一体化技术	高起专	2378	
2020 级	机械设计制造及其自动化	专升本	109	

自 2007 年开始学校统一招生，至 2020 年共招生 19619 人。

2009 年,成立直属学习中心,面向企业直接招生,共招生 435 人。2018 年面向企业招生 31 人,已毕业 18 人。

学院直属学习中心招生数量统计表

年级	合作单位	专业	人数(人)	备注
2009 级	华特公司	机电一体化技术	24	
2010 级	华特公司	机电一体化技术	16	
2010 级	华特公司	机械电子工程	8	
2011 级	太古公司	机电一体化技术	40	
2011 级	太古公司	机械电子工程	6	
2011 级	永华集团	机电一体化技术	27	
2012 级	华特公司	机电一体化技术	1	
2012 级	华特公司	机械电子工程	15	
2014 级	海汇集团	机电一体化技术	68	
2014 级	海汇集团	机械电子工程	35	
2014 级	永华集团	机电一体化技术	20	
2014 级	永华集团	机械电子工程	20	
2014 级	华兴公司	机械电子工程	34	
2016 级	蒙沃公司	机电一体化技术	36	
2016 级	蒙沃公司	机械电子工程	20	
2016 级	中宇公司	机电一体化技术	18	
2016 级	中宇公司	机械电子工程	16	
2018 级	永华集团	机械设计制造及其自动化(机电方向)	17	
2018 级	永华集团	机电一体化技术	14	

(3)网络自考助学班

本科和专科均设有机电一体化工程、计算机信息管理、工商企业管理 3 个专业。2006 年招生 297 人,2007 年招生 109 人,2008 年招生 240 人,2009 年招生 102 人,2010 年招生 64 人,2011 年招生 238 人,2012 年起停止招生。

(4)培训加网络学历教育

① 临朐县山东华特磁电科技股份有限公司:2008 年招收高中毕业生先送到山大脱产一年,学习网络教育机电一体化技术专科两年的课程,一年后回到企业边工作边进行生产实习和毕业设计,于 2011 年获得山东大学专科学历。这批学员继续报考机械电子工程专升本学习,于 2014 年获得山东大学本科学历。

② 平邑县山东蒙沃变速器有限公司组织 70 名企业员工参加机械设计制造及其自动

化专业技术培训班,由山大机械工程学院教师到企业授课,学习时间为两年。其中20人获得山东大学网络教育本科学历,36人获得山东大学网络教育专科学历。

3.非学历培训教育

与企业联合举办培训班统计表

时间	合作企业	培训内容	人数(人)
2002	邹平县粮食局	粮食生产中的机械技术难题解决	20
2005	山推股份有限公司	行走机械匹配	30
2008	山推股份有限公司	生产组织与管理	80
2008	山东华特磁电科技股份有限公司	机电一体化技术岗前培训班	24
2009	明水经济开发区	管理人员全员培训	50
2012	中石化济南分公司	设备失效分析与防护技术培训班	20
2013	山东润源实业有限公司	企业高管人员现代工业工程研修班	50
2013	山东泰汽投资控股有限公司	企业中层管理干部工业工程培训班和基层班组长骨干培训班	130
2014	山东菏泽华星油泵油嘴有限公司	机械设计与制造技术培训班	20
2015	小松山推工程机械有限公司	品质管理统计手法技术培训班	50
2015	滨州盟威戴卡轮毂有限公司	铝合金车轮生产制造技术培训班	80
2015	龙口中宇机械有限公司	制造业高端技术培训班	40
2015	山东蒙沃变速器有限公司	机制及其自动化专业技术培训班	70
2016	龙口海盟机械公司	机械制造技术提升培训班	50
2016	费斯托气动有限公司	工业工程专业培训班	20
2016	丰县发展改革与经济委员会	企业管理技术提升培训班	50
2016	中国重汽集团有限公司	企业生产现场主管"以信息化、数字化为支撑的智能生产"培训班	40
2016	中国重汽集团有限公司	企业生产现场班组长"智能制造下的职业技能提升"培训班	60
2017	中共泰州市高港区委组织部	山东大学—泰州高港区科技企业家研修班	50
2017	丰县发展改革与经济委员会	山东大学—丰县第二期企业家培训班	50
2017	山东省人力资源和社会保障厅	山东大学高端装备制造技术高级研修班	92

续表

时间	合作企业	培训内容	人数(人)
2017	泰安市重点建设项目办公室	山东大学—泰安市科技企业高管研修班	40
2017	中国重汽教育培训中心	山东大学—中国重汽集团研修班	120
2018	中国重汽集团	山东大学—中国重汽技术人员英语培训	150
2018	中国重汽集团	山东大学—中国重汽生产、管理、营销主管级人员 2018 年培训	300
2018	山东省人力资源和社会保障厅	山东省装备制造业新旧动能转换高级研修班	59
2019	小松(山东)工程机械有限公司	山东大学品质管理统计手法高级研修班	50
2019	扬州市工业和信息化局	山东大学—扬州市"传统制造业高质量发展"专题研修班	48
2020	中国重汽集团国际有限公司	中国重汽国际"营销管理与实战创新"专题研修班	70

四、社会筹资

近年来,为鼓励山东大学机械工程学院优秀学生和家庭经济困难学生勤奋学习、健康成长,支持机械工程学院的学科建设和改革发展,诸多企业和个人捐资助学。自 2013 年机械工程学院设立"机械工程教育基金"留本基金以来,累计积累留本基金约 700 万元,有力支撑了学院的快速发展。

2010 年以来,山推工程机械股份有限公司、山东临工工程机械有限公司、山东永华集团有限公司、山东精诚数控设备有限公司、山东豪迈机械科技股份有限公司、费斯托(中国济南)公司、济南科明数码技术有限公司、山东五征集团有限公司、机制 1984 级校友、潍坊青欣建设集团有限公司、龙口中宇机械有限公司、费斯托气动有限公司、山东海汇集团公司、深圳市越疆科技有限公司、滨州盟威戴卡轮毂有限公司、沈阳奥拓福科技有限公司等出资设立奖助教学金,奖励学院品学兼优的学生和教师。

山东泰汽新能源有限公司出资设立专门基金资助山东省机电产品创新设计竞赛,海易集团有限公司设立专门基金支持山大海易研究院建设,山东永华集团有限公司设立专门基金支持山大永华研究中心建设。山东临工工程机械有限公司、济南科明数码技术有限公司设立基金支持机械工程学院的建设和发展。

机制专 1988 级校友梁霞个人出资 100 余万元设立"机制专 88"助学金留本基金,这是学院第一个以个人出资、以班级命名设立的助学金,用于资助家庭经济困难的学院本科生和研究生完成学业。

2018 年,机械工程学院杰出校友王志中董事长所在的山东临工工程机械有限公司捐资 300 万元作为留本基金,设立山东临工—山东大学奖教奖(助)学金,用于奖励山东大学师德师风高尚、教学科研成果丰硕的优秀教师和品学兼优、创新能力强的研究生和本科生,鼓励他们努力学习、刻苦钻研,促进全面发展和健康成长。

2013 年,机械工程学院出台了《山东大学机械工程学院社会筹资工作实施办法》,成立机械工程学院社会筹资领导小组和工作小组。

2016 年 10 月 15 日上午,山东大学机械工程教育 90 周年庆典大会在千佛山校区隆重举行,山东省副省长、机械学院 1978 级校友王随莲,山东大学党委书记李守信出席大会并致辞,山东大学党委副书记仝兴华主持庆典大会。在庆典大会上,举行了《山东大学机械工程教育 90 周年史》发行仪式和机械工程教育基金捐赠仪式。同期举行了机械工程教育基金成立大会,讨论通过了《山东大学机械工程教育基金章程》。大会选举黄传真为山东大学机械工程教育基金会第一届理事长,于波涛、王兆宇、王志中、仇道滨、付崇文、考敏华、李永华、陈清奎、姜卫东、梁霞、魏明涛为副理事长,刘琰为秘书长。同期还举行了校友会成立大会,讨论通过了《山东大学机械工程学院校友会章程》。大会推举黄传真为山东大学机械工程学院校友会第一届会长,王立新、王兆连、王志中、王哲堂、仇道滨、刘志峰、考敏华、李剑峰、李瑞川、张恭运、轩福贞、董刚为副会长。

2020 年 10 月,为迎接山东大学 120 周年庆、机械工程学院 95 周年庆,学院又修订了《山东大学机械工程学院校友与社会筹资工作实施办法》,进一步促进社会筹资工作制度化、规范化。

2010 年以来学院社会筹资情况统计表(10 万元及以上)

时间	单位	金额(万元)	用途	备注
2010	山东豪迈机械科技股份有限公司	10	奖学金	
2011~2013	山推工程机械股份有限公司	60	奖学金	
2011~2013	山东永华集团有限公司	30	奖学金	
2011~2013	山东精诚数控设备有限公司	40	奖学金	
2011~2014	山东临工工程机械有限公司	40	奖学金	
2013~2015	山东泰汽新能源有限公司	60	竞赛	
2014~2015	梁霞(制专 1988 级校友)	25	助学金	
2015	山东永华集团有限公司	20	共建	
2016	海易集团有限公司	60	共建	
2014~2016	费斯托(中国济南)公司	25	奖学金	
2016	济南科明数码技术有限公司	10	奖学金	
		10	共建	
2016	山东临工工程机械有限公司	10	共建	
2016	海汇集团有限公司	10	奖助教学金	

续表

时间	单位	金额(万元)	用途	备注
2016	豪迈集团董事长、杰出校友张恭运	20	共建	
2017	龙口中宇热管理系统科技有限公司	10	共建	
2018	山东临工工程机械有限公司	300	奖助教学金	
2018	滨州盟威戴卡轮毂有限公司	10	奖学金	
2019	深圳市越疆科技有限公司	10	奖学金	
2019	淄博永华滤清器制造有限公司	20	奖学金、共建	
2019	沈阳奥拓福科技股份有限公司	10	奖学金	

第九节　党建与思想政治工作

学院党委以邓小平理论、"三个代表"重要思想、科学发展观和习近平新时代中国特色社会主义思想为指导,认真贯彻落实党的十八大、十九大、十九届五中全会精神,紧密围绕学院中心工作,以立德树人为根本,以全面加强党的建设和思想政治工作为保证,以继续深化改革和不断创新为动力,切实发挥学院党委的政治核心和保证监督作用、党支部的战斗堡垒作用和党员的先锋模范作用,促进学院科学发展、快速发展。

一、经常性党建与思想政治工作

2000 年,学院党政领导班子围绕学校中心工作,结合学院实际,实行党政联席会制度,学院党委注重发挥政治核心和保证监督作用,积极促进教学、科研、学科建设,在党员、干部中倡导服务奉献精神、团结协作精神,增强了党组织的凝聚力、战斗力,促进了学院各项工作健康发展。学院认真组织教职工进行政治学习,重点学习"三个代表"重要思想。在学科建设、教学改革、科研工作、人才培养及职称评审等关系到学院发展及教职工切身利益的重大问题上,充分发挥各专门委员会作用,集思广益,发扬民主,增强了决策的科学性,得到了广大教职工的理解和支持。学院结合专业特点和学生情况,注重学生素质教育,积极开展科技创新活动、社会实践活动和青年志愿者活动,营造宽松和谐的育人环境。学院团总支获校科技创新先进单位荣誉称号和教书育人先进单位奖,学生管理办公室获校宿舍管理先进单位荣誉称号。在全国"挑战杯"创业大赛中,有 1 项创业计划获铜奖;在省级创业比赛中,有 2 项作品获得省级一等奖。荣获全国先进班集体 1 个,省级先进班集体 1 个,省级三好学生 2 人,省级优秀青年志愿者 1 人;获校十佳团支部 1 个,校级先进班集体 2 个,校长奖学金 2 人,校优秀共青团员 87 人,校优秀学生干部 59 人。2000 年毕业学生 171 人,一次性就业率达 94%。

2001 年,学院党政领导班子紧紧围绕学校的中心工作,进一步提高认识,把握机遇,明确方向,选准切入点,全面促进学院各项工作快速发展。在教职工中开展了职业道德教育和"三育人"活动。借山大百年校庆之契机,广泛联系校友,向校友发邀请函 8000 余封,走访校友 239 人,接待校友回访 124 人,洽谈项目 30 余项,签约 17 项。学院加强了党组织建设,获省高校工委先进党支部 1 个、学校先进党支部 1 个,省高校工委优秀党员 1 人,学校优秀党员 3 人。学院分团委荣获山东大学社会实践先进单位、科技创新先进单位称号,学生工作办公室获山东大学宿舍管理先进单位称号。在全国诺基亚"实现可能"设计大赛中,2 人获二等奖、1 人获三等奖。获"迎校庆冬季越野赛"男子第一名,获百年山大校史知识竞赛团体三等奖。在校课外学术科技作品大赛中,获特等奖 1 项、一等奖 1 项、三等奖 3 项。获省级先进班集体 1 个,省级优秀学生干部 1 人,校级先进班集体 4 个,校级先进团支部 2 个,校长奖学金 2 人,校"十佳"共青团员 1 人,校优秀共青团员 40 人,校社会实践活动积极分子 15 人。2001 年毕业学生 191 人,一次性就业率达 95%。

2002 年,学院党委以实施"聚心工程"为重点,努力营造积极、宽容、和谐的工作学习环境。落实学院党政领导联系各系、所和学生班级的制度,及时了解、切实解决好师生中的热点、难点问题。继续在教职工中开展师德教育,提高教职工为人师表、教书育人、服务育人、管理育人的意识。重点加强毕业生的毕业教育和就业指导,在毕业生中开展"毕业思源,立业思进"主题教育活动,做好引导工作,使 2002 届毕业生的一次就业率达 90% 以上。

2003 年,对春夏之际突如其来的"非典"疫情,机械工程学院党政领导班子高度重视,把防范"非典"工作作为一项最重要、最紧迫的工作,迅速、认真地贯彻落实学校党政防范"非典"工作的方案及各项预防措施。在第一时间成立了学院防范"非典"工作小组和监测小组,召开会议,制定、落实学院具体防范方案,学院的防范工作紧张有序。在"非典"这场重大灾害面前,机械工程学院党政领导班子和全院师生齐心协力,切实做到了"教师不离岗,学生不停学,师生不离校",圆满完成了防范"非典"的任务。学院有 7 名教职工、38 名学生被评为学校"防非"工作先进个人,学院学生会和机信本科 2002 级 1 班获学校"防非"工作先进集体称号。全院教职工为防止"非典"工作积极捐献钱物,共计捐款 1.021 万元。

2004 年,学院党委紧紧抓住学生党员的建设、学风建设、制度建设和学生干部队伍建设 4 个重点,积极探索学生工作的新形式、新途径,拓展学生德育工作的新内涵。根据学生的需求和特长,组织学生参加了全国大学生机械设计大赛、第四届"挑战杯"全国大学生创业计划竞赛及学校举办的各项活动;组织研究生参加各类学术前沿讲座,举办心理健康讲座、就业指导讲座、研究生生活讲座、学习经验交流报告会等。首次参加并登上了学校"海右"博士生论坛。2004 年度,学院团委被学校评为先进团委。1 个班级被评为省级先进班集体,2 个班级被评为校级先进班集体,1 个团支部被评为学校"十佳"团支部,2 个团支部被评为校级先进团支部。研究生就业率达 100%。本科生毕业率和获学位率分别为 95% 和 93%,初次就业率达 94%。

2005 年,学院党委开展以实践"三个代表"重要思想为主要内容的保持共产党员先进性教育活动。学院党委开展了"牢记使命,担承责任——重温入党誓词"的主题教育活动,并分别制定了学院总体实施方案及每一阶段的具体工作日程,建立了相应的学习、例会等制度,确实做到"两不误,两促进"。在教育活动的各阶段,按照要求,以适时组织学习交流、读书笔记展评、知识竞赛、演讲比赛、参观及开展"三比一创""保持党员先进性,成长成材做先锋"等活动。在各阶段进行的党内外师生民主测评中,基本满意和满意率达到了 100%。按照学生工作的目标,制定了《机械工程学院 2005 年学生思想教育活动方案》《学院加强学风建设的实施意见》,落实了《机械工程学院关于开展师生互动活动的实施计划》,组织了本科学生导师制、名师报告会、志愿者服务、师生对抗赛等活动;加强学生中党的建设工作,建立 8 个本科学生党支部,发展本科学生党员 103 名;按照《机械工程学院关于配备本科学生兼职班主任的实施办法》和《机械工程学院本科学生兼职班主任助理的管理办法》的要求,进行班级班主任配备。1 个班级获省级优秀班集体荣誉称号,2 个班级获校级先进班集体荣誉称号,1 个团支部被评为校十佳团支部,6 个团支部荣获校级先进团支部。学院党委定期召开党支部书记例会,加强对党支部工作的协调与指导,严格组织生活。修订了《机械工程学院研究生(硕士、博士)德育考核细则》。有 8 篇论文入选全国博士生论坛。2005 年毕业研究生 109 人(硕士 103 人、博士 6 人),就业率为 98.2%。

2006 年,学院贯彻学校第十二次党代会精神,制定并实施《两个规划》,以学习贯彻和落实学校第十二次党代会精神为起点,组织全院教职工在学习《山东大学 2006~2010 年党的建设规划纲要》和《山东大学"十一五"事业发展规划》基础上,制定了《机械工程学院党委贯彻〈山东大学 2006~2010 年党的建设规划纲要〉实施方案》和《机械工程学院"十一五"事业发展规划》,并实施。学院党委在全院党员中开展"三比一创"主题实践活动,把"一个党员一面旗帜"的活动落到实处。以学习孟二冬先进事迹为契机,在全院组织开展"我身边的教学、科研、管理优秀教师"的讨论活动。学院团委被评为校先进团委,1 个班级获省级优秀班集体,2 个班级获校级先进班集体,6 个团支部荣获校级先进团支部。主办了山东大学第 32 期"海右"博士生学术论坛。举办了研究生创新活动交流报告会。有 3 篇论文入选全国博士生论坛。

2007 年,学院党委以作风建设为重点,加强领导班子、骨干队伍建设。执行党风廉政建设责任制及廉洁自律的各项规定,进一步完善了《机械工程学院党风廉政建设规定》《机械工程学院党政联席会议制度》《院务公开制度》,继续坚持了学院民主生活会制度促进了院务公开,加强了学院师生员工对学院领导班子及学院党政管理工作的考核与监督。学院党委以"提高构建和谐学院的能力"为主题,在学院科级以上干部中,开展了干部教育培训工作。2007 年 3 月,学院胜利召开首届一次教代会,对推进学院的院务公开、民主管理,实现学院的和谐发展与可持续发展,起到了推动作用。

2008 年,学院党委健全完善了学院理论学习中心组学习制度,认真落实科学发展观,认真执行学院领导班子廉政建设责任制和廉洁自律的有关规定,落实《机械工程学院党风廉政建设规定》《机械工程学院领导班子成员联系学生年级和研究所的制度》和《院务公开制度》,召开了民主生活会,调整了系所负责人。学院党委继续开展了"党支部活动立项""主题党日活动"。在学校党委组织部的统一部署下,成功召开了学院第一次党员代表大会,选举出了新一届学院党委;成功进行了学院基层党支部的换届选举工作,选好配强了党支部书记和支委会人选;举办了教职工和学生党支部书记培训班,全体师生积极为汶川地震灾区捐款近 20 万元。召开了学院一届二次教代会,调整了工会领导班子,积极开展各种文体活动,被评为山东大学 2008 年度工会工作先进集体。围绕学校 2008

年"山东大学人才年"的整体部署和工作要求,学生工作抓住纪念改革开放30周年、举办北京奥运会、迎接团的十六大召开等重大契机,开展了一系列面向学院全体学生的活动,极大地提升了同学们关注时政、学习政治理论的热情,为促进广大同学全面成长成才,健全学生的人格,配合山东大学人才年工作的开展起到积极的推动作用。本科2006级机械6班团支部被评为省级先进班集体,本科2005级刘来春同学被评为2008年山东大学十佳团员,本科2006级苏翔同学被评为省级优秀学生干部,研究生2007级李军乐和本科2006级苏翔、李端松同学被评为校优秀团干部。

2009年,按照学校党委的部署安排,学院党委认真开展了深入学习实践科学发展观活动。学院把"三服务、三关注"作为学院学习实践活动的着力点,切实做到两手抓、两不误、两促进。结合建党88周年,开展了系列教育活动。6月,学院召开了一届三次教代会。为了纪念建国六十周年,结合迎接泉城全运等时代主题,开展了"感怀体验六十辉煌,学习实践科学发展;培养提升道德修养,锻造青春励志成长"为主题的学生系列思想教育活动。为促进专业教师参与学生人格培育,在本科生2007级正式启动了"人生导师制"。学生诚信教育成效显著,被评为国家贷款先进单位。学院学生参加国家级、省级以及校级的各类大赛均取得了优异的成绩,其中国家级奖项4项、省级奖项若干。学院学生代表山东大学参加的"高教杯"全国大学生先进图形技能与创新大赛获机械类团体一等奖,参加全国大学生工程训练综合能力竞赛获全国一等奖。学院辅导员7人均积极参与工作课题研究(共计6项),形成了课题论文研究成果(共计9篇),获得省级立项结项评比优秀1项。

2010年,学院党委以实现学院高水平发展为目标,扎实开展创先争优活动。结合学院工作实际,学院党委制定了《机械工程学院创先争优活动实施方案》和《机械工程学院创先争优活动内容安排表》。进一步加强了党风廉政建设,先后制定和完善了《机械工程学院落实"三重一大"制度实施办法》《机械工程学院信息公开制度与指南》《机械工程学院财务制度》等一系列规章制度,并整理成《机械工程学院制度汇编》,使学院管理进一步规范化、科学化。验收了2009年"党支部活动立项"学校立项的4项、学院立项的4项,其中1项获得学校一等奖,1项获学校三等奖。学院共有3项支部立项获得学校党委的资助,另有3项教工支部立项得到学院党委资助。为纪念建党89周年,各党支部召开专题组织生活会。学院共发展党员167名,其中教师党员1名。学院团委被评为志愿服务优秀组织单位。继续举办博士论坛和研究生"大家讲坛",加强了研究生学风建设。确保了学生工作的安全和稳定。举行了"聚焦两会,关注国事"系列活动、红色读书月、"我与祖国共奋进"征文、学习十七届五中全会精神、学习《七个"怎么看"》和《划分"四个重大界限"教育读本》等活动。开创"朝阳论坛",搭建学习交流平台,对团支部书记和委员系统进行团的工作培训和团队领导力培训,并且组织推荐和联系落实社会实践岗位拓展青年骨干的综合素质,共有6名青年骨干参加了暑期"齐鲁耀泉城"的岗位体验活动,涌现出了一批优秀的青年学生骨干,本科2007级刘培超同学获校十佳团员提名奖,研究生2010级汤杰同学被评为校十佳志愿者。

2011年,学院党委以隆重庆祝建党90周年和山东大学建校110周年为契机,深入开展创先争优活动,贯彻落实科学发展观,实现了《2008～2011年机械工程学院党委工作目标》,推动了学院各项工作的顺利开展。4 月,学院以"创先争优迎党庆,振奋精神谋发展"为主题召开了一届五次教代会。学院共发展党员 164 名,教工党员比例达到 62%,本科生党员比例达到 18.3%,研究生党员比例达到 59.8%。党委被评为山东大学先进基层党委,学院 4 个党支部被评为山东大学先进基层党支部,4 名同志被评为山东大学优秀共产党员,1 名同志被评为山东省高校优秀党务工作者。学院被评为就业工作先进单位。开展制造业创新论坛、名师报告会等学术讲座沙龙系列活动,营造浓厚的学术氛围;举行挑战杯、机电产品创新设计等科技竞赛的宣传组织交流等活动;全方位开展以专业素质拓展为主的社会实践活动,新建立了蓝翔技校校级社会实践基地,暑假组织了 50 多支社会实践团队进行实践拓展;注重树立典型,开展了"十大卓越之星"评选等学习榜样系列活动。组织了面向研究生的 8 期"稷下风"学术讲坛,承办了 5 期山东大学"海右"博士生论坛,举办了独具学院特色的"创新讲坛",在培养研究生创新性思维方面提供了指导性教育。2008 级机械 3 班被评为校十佳团支部。涌现出了一批优秀的青年学生骨干,2008 级郑一豪被评为校十佳团员和山东省优秀学生,2009 级韩甦担任校学生会副主席并获山东省优秀共青团员和山东省优秀学生干部称号。

2012 年,学院党委扎实开展组织建设年活动。制定了《机械工程学院党委关于在创先争优活动中开展基层组织建设年活动的实施细则》,对各支部进行了分类定级和工作提升指导。开展了"信仰、信念、信心"教育活动,举行了党支部书记暨科级干部培训班,邀请王韶兴教授作了《对当好支部书记(党员)的几点认识》的专题报告。加强了青年教工和青年干部的师德和思想行为建设。学院举行了青年教师"成才、成功"系列研讨会,采取了系列措施来促进青年教师成才和成功。配合学校工作,实现学院领导班子顺利换届。深入学习中央政治局关于改进工作作风、密切联系群众的"八项规定",结合学院工作实际,制定六项措施贯彻中央"八项规定"。做好安全稳定工作,构建和谐学院。多次召开安全稳定会议,对系所、实验室进行安全检查,落实安全工作责任制,确保了学院安全稳定。制定了《山东大学机械工程学院关于加强学生学风建设的意见》《山东大学机械工程学院本科学生班主任工作的实施办法》,并完善补充了《机械工程学院本科生综合素质测评办法实施细则》。2009 级卓越班被评为省级先进班集体,工业工程班获山东大学十佳团支部提名,2010 级王滕担任校学生会副主席,2012 级褚皓宇担任山东大学第一期学生骨干培训班班委,2009 级韩甦被评为省级优秀学生干部,2009 级康凯灿被评为优秀学生,2010 级孙华霄、王滕被评为省级社会实践先进个人,2010 级傅国东被评为山东大学十佳志愿者。

2013 年,学院党委深入开展了党的群众路线教育实践活动;加强了基层组织建设,学院党委开展了学习贯彻党的十八大精神主题实践活动党支部立项活动,加强了党员的教育管理,开展了党支部考核,发展党员 122 名;做好安全稳定、校友、离退休、工会等工作,为学院发展创造良好的环境,促进学院科学发展、和谐发展。学生工作以健全学生人格发展和提升学生社会竞争力为根本立足点,以凝聚共识和激发共同梦想为重点,注重发挥培养教育学生的合力作用,加强学生工作队伍建设,尤其是极大调动了班主任工作的积极主动性,进行了"啮合青春 领航未来"系列学生骨干领导力培训,着力激发学生组织的活力、领导力和创造力。结合"中国梦·山大梦"活动,组织了"制造强国梦"系列活动,开展了"Three teams,One dream"学院学生组织工作论坛,开展"情系山大,智造中国"系列活动,组织各团支部观看《大国重器》系列纪录片,举办"制高点"制造前沿系列学术讲座论坛,继续强化学院学生工作的专业性和品牌性。邀请机械工程学院特聘教授Philip Mathew、英国布鲁内尔大学杨清平博士举行报告和宣讲会,开展了德国"ZF"宣讲会等一系列活动,提升学院学生工作的创新性和国际性。开展了系列团队协作培训项目,辅导员利用工作博客、微信平台增强了网络思想引领的力度,朱征军的博文被评为第三届全国高校辅导员优秀博文。2010级卓越班被评为山东大学十佳团支部,学生在各类科技创新竞赛中获得国家级奖项超过10项,省级奖项超过20项,2010级孙华霄同学赴美国参加Intel Globol Challenging Compitition比赛获得了优秀奖。

2014年,学院党委制定实施了群众路线教育实践活动"一方案两计划",制度建设框架已基本形成,领导班子建设得到了加强;开展了党支部立项活动,发展党员85名,其中青年教师1名;深入宣传贯彻党的十八大和十八届三中、四中全会精神;构建完善学生人格培育体系,加强了学风建设,制定实施了学生创新实践、班主任、新入职青年教师担任辅导员等实施办法,完善了研究生培养节点管理;做好安全稳定等工作,召开学院二届一次教代会;拓展学院发展空间,启动了学院校友理事会、教育基金的筹备和院史的编撰工作,实施了学院社会捐赠管理办法。学生工作着力加强学生社会主义核心价值观树立、团队领导力提升和专业学风建设,举办了"红色火苗温暖梦想,机械情怀智海领航"系列活动,通过"红色大通关"大型知识竞赛、"我的中国梦·青春梦想汇"主题团日活动、"培育和践行社会主义核心价值观"新生征文演讲大赛,让党的理论知识的学习形式更加新颖活泼;举行了"微启机械2014"活动创意比赛、"啮合青春 领航未来"系列学生骨干领导力培训,开展了"I—A—A Plan"(Ideas—Approach—Action Plan)"制存高远,潜力无限"系列团队协作培训项目;举办多期"制高点"制造前沿系列学术讲座论坛,邀请路长厚、赵军、邓建新、姜兆亮、张建华等多名教授,以及卡特彼勒王海霞、广州英钛胡斌平、上海纤科侯志平、台湾科技大学陈建雄教授、北京国信灵通网络科技有限公司部门主管殷悦等多名行业专家讲述行业发展前沿问题;举办"智造中国 笃行人生"制造先锋成长论坛,邀请专业老师王震亚、张建华,制造业领袖精英秦工国际贸易集团总裁秦长岭、副董事孟凡杰讲述他们的分享成长经历;开展"制林寻踪""学林漫谈""制造风云""制胜法宝""未来工程师设计师""制胜法宝 职场先锋"等系列活动,帮助学生加深了对专业的认知和认同,了解了专业行业发展的历史、现状和未来趋势,明确了专业学习目的和职业生涯规划目标、路径和方法。成立学院新闻中心,加强新闻宣传工作,并开始建设"山大魂 机械梦"微信公共号。学院团委被评为山东大学红旗团委,2011级卓越班被评为山东大学十佳团支部。在各类科技创新竞赛中成绩优异,仅全国大学生机械创新设计赛一项,就获国家级奖项3项,省级奖项10项。

2015年,学院党委开展了"三严三实"专题教育活动,聚焦不严不实的突出问题,开展了"师德教风建设年"活动。加强党支部建设和党员教育管理,开展了党支部立项活动,组织党员到焦裕禄纪念馆、沂蒙革命纪念馆等参观,发展党员60名。把教职工思想政治工作融入日常教学科研的全过程,开展了师德教风专题教育,深入宣传贯彻党的十八大和十八届三中、四中和五中全会精神。构建完善学生人格培育体系,加强了对学生的思想教育、事务管理和成长指导,通过加强师德教风督导,设立教授开放日,实施本科学生导师制、班主任、本硕联动培养计划、新入职青年教师担任辅导员等措施,把立德树人这一根本任务落到实处。拓展学院发展空间,做好在职教育和社会服务工作,启动了学院校友会、机械工程教育基金的筹备和院史的编撰工作。学院团委再次被评为山东大学红旗团委。

2016 年,学院主要开展了六项工作。一是开展"两学一做"学习教育,明确了 20 项具体任务。二是加强党支部建设和党员教育管理,严格了"三会一课"制度,开展了党支部书记培训、党支部立项活动,完成了党员组织关系排查、党费补缴和教工党支部换届,发展党员 59 名。三是加强了教职工理论学习和思想政治工作,把教职工思想政治工作融入日常教学科研的全过程,继续开展师德教风专题教育,深入宣传贯彻党的十八大和十八届六中全会精神。四是构建完善的学生人格培育体系,加强了对学生的思想教育、事务管理和成长指导,推进"双创人才"培养,通过加强师德教风督导,实施教授开放日、本科学生导师制、本硕联动培养计划、新入职青年教师担任辅导员等措施,把立德树人落到实处。五是拓展学院发展空间,做好在职教育和社会服务工作,完成了《机械工程教育 90 周年史》的编撰,成立了学院校友理事会、机械工程教育基金理事会。六是推进依法治院,召开了学院二届二次教代会。

2017 年,学院主要开展了六项工作。一是推进"两学一做"学习教育常态化、制度化,制定并实施了学院具体方案。二是完成了中央巡视整改工作任务,全面加强了意识形态领域工作。三是贯彻学校党风廉政建设会议精神,落实好党风廉政建设工作任务,做好党风廉政建设关键部位和环节的自查自纠工作。四是切实抓好师生党支部建设,开展党支部书记培训、党支部立项活动,督导了"三会一课",开展了党员民主评议,发展党员 56 名。五是加强了中心组、党员和教职工三个层面的理论武装,深入学习贯彻全国高校思政会议精神和党的十九大精神。六是构建全方位育人体系,加强了对学生的思想教育、事务管理和成长指导,推进"双创人才"培养。学院获评山东大学红旗团委。

2018 年,学院主要开展了四项工作。一是进一步强化了党政领导班子的建设。4 月,学校对学院领导班子进行了换届;12 月 20 日,学院召开全体党员大会,选举产生了学院新一届党委会。对系所行政负责人进行了调整,对 5 个教工党支部进行了换届,细化分解了学院的任期目标和发展规划,与系所负责人签订了任期目标责任书。2018 年度,学院党风廉政建设考核为优秀。二是进一步强化了党建主体责任。坚持"书记抓、抓书记",每月召开一次党委会和党支部书记例会,强化师生党支部书记第一身份、第一责任。坚持"班子抓、抓班子",建立健全党建工作责任清单。建立了"每周有学习教育,每月有党日活动,每学期有组织生活,每年有民主评议"的党员教育管理体系,开展了党支部书记抓党建述职考核和党支部工作考核。三是进一步强化了政治把关和思想引领,制定了《关于教师队伍建设及教学科研活动中加强政治把关的实施办法》,落实把握好教师党支部的政治关、师德关以及工作职责和工作机制。四是进一步强化了支部工作指导。以"加强师德师风建设"为主题,支持 10 个项目,获山东大学立项活动评选一等奖 1 项、三等奖 1 项。5 个党支部在进行改选的过程中,有 4 位"青未计划"学者担任双带头人支部书记或副书记,每个党支部都把党建工作融入日常教学科研管理中,实现党建与教学研有机的结合。5个教工党支部先后和10余个企业同时与研究生、本科生共建"三全育人",成效明显。学院开展"我心目中的好党员"等评选活动,并获得山东大学2018年优秀思政课程教学设计案例评选获一等奖、二等奖、三等奖6项,获得山东大学红旗团委、阳光体育文化节先进单位、道德风尚建设先进单位、社会实践先进单位等奖项。

2019年,学院主要开展了五项工作。一是进一步强化了党政领导班子的建设,重点围绕"不忘初心、牢记使命"主题教育开展6次学习研讨;召开23次党政联席会、10次党委会;对系所行政负责人进行了调整,对4个教工党支部进行了换届。二是进一步强化了党建主体责任,坚持"书记抓、抓书记",制定了《机械工程学院党建主体责任和监督责任清单》;深化"一岗双责",坚持"班子抓、抓班子",制定党委副书记、副院长党建工作责任清单;建立了"每月调度安排、期末督查汇报、年终考核述职"的党支部工作推进机制;开展了党支部书记抓党建述职考核和党支部工作考核。三是进一步强化了政治把关和思想引领,建立了意识形态工作台账,严格意识形态工作责任制;7月,被确定为山东省2018年度学校院系党委书记抓基层党建突破项目。四是进一步强化了支部工作指导,以"党建工作引领和助推学院学术振兴"为主题,开展立项活动,支持建设10个党支部立项项目;加强示范带动,立项建设了3个党支部书记工作室,开展"一个党员一面旗帜"和"我心目中的好党员"评选活动;加强共建互动,优化了研究生党支部设置,依托专业设立了12个研究生党支部,重点支持了5个教工党支部与研究生、本科生共建党支部,聘任14位教工党支部书记和优秀党员为学生党建导师,重点支持了6个教工党支部与10余个企业共建党支部。五是进一步强化了思想政治工作,组织春游、教工运动会、瑜伽时光等活动,建成启动"教工之家";做好离退休老同志、民主党派的工作,做好领导班子与统战对象的联谊交友工作。学院获得山东大学红旗团委、"山东大学学生军训工作先进连队＋十佳方队"、山东大学学生就业工作先进单位、山东大学创新创业工作先进集体、山东大学十佳团支部等荣誉。

2020年,学院主要开展了五项工作。一是进一步强化了党政领导班子的建设,全年召开10次党委会和8次党支部书记例会,研究、部署全面从严治党工作。召开3次全院大会进行疫情防控、强院兴校、"十四五"规划、校庆院庆、学科评估等动员、部署工作。二是进一步推进政治思想建设,围绕抗击新冠肺炎疫情、脱贫攻坚、"四史"学习教育、党的十九届五中全会精神等专题,组织开展集中学习,不断夯实党员干部的理论基础和思想根基,系统梳理学院工作制度体系,制定规范化发展党员流程,促进了党建工作标准化、规范化。深入实施文化引领战略,举办专家报告会、学习研讨、主题党日及各类文化活动10余场。三是进一步加强纪律作风建设,营造风清气正良好氛围,学院党委会和党政联席会每学期至少1次专题研究讨论党风廉政建设工作,并认真落实党风廉政建设责任制有关规定,班子成员之间定期开展谈话谈心活动,相互之间进行岗位风险提示和岗位廉政警示。四是进一步夯实意识形态工作责任,2020年度学院党委会、党政联席会专题研究意识形态和安全稳定工作7次,进行了宗教排查,建立了宗教工作自查自纠台账,成立了学院青年教师联合会,团结党内外青年教师,建立了加强师德教风建设的长效机制,每学期初第一周学院领导班子全体到课堂听课,学院领导、系所负责人不定期听课、不定期向学生了解课堂情况,坚决杜绝教师在任何场合发表任何不当言论。五是走在前列、靠前指挥,打赢疫情防控阻击战,面对突如其来的新冠疫情的考验,学院党委领导班子和广大教职员工政治站位高、应急反应快,第一时间挺身而出、英勇奋战、扎实工作、接受考验,书记、院长靠前指挥,挺在前面,形成了班子成员、教工支部书记、导师队伍、班主任、辅导员、学生干部以及宿舍舍长为主体的"横到边、竖到底"的网格化疫情防控体系,充分发挥党支部的战斗堡垒作用和党员的先锋表率作用,以支部为平台教育引导师生教职员工落实防护措施,在最困难时期让学生体会到了学校、学院的最温暖守护。

二、三次党代会、三届教代会和一次青年联合会

1. 党员代表大会

山东大学机械工程学院于 2008 年、2014 年和 2018 年召开三次党员大代表会进行党委换届选举,学院党员代表大会严格按照学校党委关于基层党组织换届选举工作的有关部署和要求进行,充分体现了基层民主、党内民主,为今后学院党委工作的开展打下了坚实的基础。

(1)2008 年 4 月 12 日上午,机械工程学院党员代表大会在学院学术报告厅召开。学院上届党委委员、全体教工党员及学生党员代表共计 101 人参加了大会。会议由学院党委副书记仇道滨主持。大会在庄严的国歌声中开幕。学院党委书记黄传真代表上届学院党委作了题为《解放思想 求真务实 开创学院党的建设和思想政治工作新局面》的工作报告。回顾了学院党委过去四年的工作和经验,分析了学院发展面临的机遇和挑战,展望了学院党委今后四年的任务和目标。号召全院党员以邓小平理论和"三个代表"重要思想为指导,深入落实科学发展观,解放思想,改革创新,扎实工作,为机械工程学院的强大,为山东大学的科学发展、和谐发展、开放发展而努力奋斗。学院党委副书记刘琰对四年来学院党费收缴使用情况进行了说明。会议审议通过了《中国共产党山东大学机械工程学院党员代表大会选举办法》并选出仇道滨、刘鸣、刘琰、刘和山、李剑峰、黄传真、葛培琪(以姓氏笔画为序)为新一届党委委员,通过了《中国共产党山东大学机械工程学院委员会工作报告决议》。会议在雄壮的国际歌中闭幕。会后,学院新一届党委委员召开了第一次会议,选举黄传真为机械工程学院党委书记,仇道滨、刘琰为党委副书记。

机械工程学院党委上届委员　　　　　　　　代表们通过党委工作报告

机械工程学院党委书记黄传真
代表上届党委作党委工作报告

热烈庆祝机械工程学院党员
代表大会胜利召开

(2)2014年12月4日下午,机械工程学院党员大会在千佛山校区8号楼学院报告厅召开。学院上届党委委员、全体教工党员及学生党员代表共计100人参加了大会。会议由学院院长黄传真主持。

大会在庄严的国歌声中开幕。学院党委书记仇道滨代表上届学院党委作了题为《开拓进取 勇于担当 开创学院党的建设和思想政治工作新局面》的工作报告。回顾了学院党委过去七年来的工作和经验,分析了学院发展面临的机遇和挑战,展望了学院党委今后的任务和目标。号召全院党员以邓小平理论、"三个代表"重要思想、科学发展观为指导,深入贯彻落实党的十八大,十八届三中、四中全会和学校第十三次党代会精神,深化党的群众路线教育实践活动成果,筑平台、聚人才、促发展,开创学院党的建设与思想政治工作新局面,为促进学院快速发展,为建设国内一流、国际知名的机械工程学院而努力奋斗。学院党委副书记刘琰对学院党费收缴使用情况进行了说明。在分组讨论中,大家充分肯定了学院党委取得的成绩,一致认为,学院上届党委认真贯彻上级党委一系列重大决策部署,凝心聚力抓党建,一心一意谋发展,团结带领全院师生员工,解放思想,抢抓机遇,深化改革,锐意进取,学院综合办学实力和核心竞争力不断增强,办学质量和为国家、区域服务的能力逐渐提高,国内影响力和国际知名度明显提升,形成了自己的优势和特色。

党员大会(一)

党员大会(二)

会议审议通过了《中国共产党山东大学机械工程学院党员代表大会选举办法》并选出王勇、仇道滨、吕伟、刘琰、刘和山、张进生、周咏辉、贾存栋、黄传真(以姓氏笔画为序)为新一届党委委员,通过了《中国共产党山东大学机械工程学院委员会工作报告决议》。会议在雄壮的国际歌中闭幕。会后,学院新一届党委委员召开了第一次会议,选举仇道滨为机械工程学院党委书记,刘琰、吕伟为党委副书记。

(3)2018 年 12 月 20 日,机械工程学院召开党员大会。全体教职工党员、学生党员代表参加会议。会议由机械工程学院党委副书记、院长黄传真主持。

机械工程学院党委书记仇道滨代表上一届学院党委向大会作了报告。报告以习近平新时代中国特色社会主义思想和党的十九大精神为指导,深入贯彻学校第十四次党代会精神,聚焦全面从严治党和学院事业发展目标,实事求是地总结了学院上届党委的工作,提出了新一届党委的奋斗目标,明确了未来学院党的建设重点任务。报告指出,上届学院党委在学校党委的正确领导和大力支持下,带领全体党员和师生员工,解放思想、与时俱进,以改革创新的精神加强学院党的建设和思想政治工作,很好地发挥了学院党委的引领和支撑保障作用、党支部的战斗堡垒作用和党员的先锋模范作用。学院党委通过一系列举措,进一步强化了领导班子建设、党建主体责任、政治把关和思想引领、支部工作指导、思想政治工作。报告明确了新形势下学院党委要落实好学习宣传党的十九大精神、用习近平新时代中国特色社会主义思想武装头脑这个首要政治任务;要全面落实学校第十四次党代会精神,鼓足学院师生追求卓越"精气神";要积极开展学院的党建"双创"工作,增强学院党支部的组织力;要认真落实全国高校思政会议精神,扎实开展师生思想政治工作;要大力推进学院改革创新,营造风清气正的良好氛围。

大会审议通过了学院党委会工作报告的决议、学院党费收缴使用情况的报告,选举产生了仇道滨、吕伟、刘玥、朱洪涛、宋清华、周咏辉、姜兆亮、贾存栋、黄传真为新一届学院党委委员,选举仇道滨为机械工程学院党委书记,吕伟、刘玥为党委副书记。

党员大会

2. 教职工代表大会

学院教职工代表大会的召开是学院政治生活中的一件大事，自 2007 年 3 月学院首届一次教代会召开至 2020 年年底，学院共召开 3 届 7 次教代会。学院教代会是学院统一思想、发扬民主、汇聚民智、共谋发展的大会，是学院凝聚人心、鼓舞激情、构建和谐、推进发展的大会，开好教代会，必将推动学院又好又快的发展。

（1）一届一次教代会。2007 年 3 月 31 日上午 9 点，在雄壮的国歌声中，机械工程学院首届一次教职工代表大会正式开幕。49 名来自学院教学、科研、管理岗位上的教职工代表和作为特邀、列席代表的学院退休老领导、民主党派教师参加了会议，校党委副书记尹薇、校工会副主席扈春华应邀出席了会议。尹薇发表了热情诚挚的讲话。她首先代表学校党政向会议的胜利召开表示热烈的祝贺，并通过代表向在教学、科研、管理一线上为学校建设发展作出贡献的机械工程学院全体教职员工致以崇高的敬意。尹薇指出学校建立二级教代会制度意义深远，作用重大，指出学院教代会制度的建立，必将推进学院进一步形成团结、民主、和谐的风气；必将促使民主管理依法治院的氛围更加浓厚；必将促使教职工对学院工作的知情权、参与权、决策权和监督权越来越得到保障。她要求代表们增强使命感、责任感和荣誉感,共建学院美好家园。扈春华代表学校工会、学校全体工会会员和全体教职工发表了讲话,热烈祝贺会议召开,预祝会议圆满成功。学院党委书记秦惠芳在致词中说,学院教代会的召开是学院政治生活中的一件大事,开好本次大会,必将推动学院今后又快又好的发展。她要求把会议开成统一思想、抢抓机遇、正视困难、直面挑战、共谋发展的大会;开成发扬民主、建言献策、汇聚民智、谋划改革、寻求发展的大会;开成团结务实、凝聚人心、鼓舞激情、构建和谐、推进发展的大会。院长李剑峰作学院工作报告暨关于《机械工程学院"十一五"发展规划》修改的说明。报告实事求是地回顾了学院 2006 年的工作,科学客观地提出 2007 年工作的要点,并对学院"十一五"发展规划的修改作了说明。报告既肯定了工作中的成绩,也分析了存在的不足,指出了具体措施,明确了奋斗目标。报告体现了从实际出发、直面挑战、抓住机遇、寻求发展的精神,对进一步激发和调动全院教职工积极参与学院的发展建设的热情和创造性,实现学院的和谐发展与可持续发展,起到了推动作用。代表们认真听取了报告,在分组讨论中,充分肯定了学院取得的成绩,对学院下一步发展建设,提出了许多建设性的意见建议。大会要求教代会主席团及学院工会委员会会后认真调研分析,做好督促落实工作,建立并完善相关制度,推进学院的院务公开、民主管理工作。最后,全体代表一致通过了机械工程学院首届一次教代会决议,大会圆满闭幕。会议期间,主席团还向全体代表传达了学校一届五次教代会精神。会前,对代表就教代会的相关基础知识进行了学习培训。

一届一次教代会(一)

一届一次教代会(二)

(2)一届二次教代会。2008 年 4 月 25 日下午,学院一届二次教职工代表大会开幕,55 名来自学院教学、科研、管理岗位上的教职工代表和作为特邀、列席代表的学院退休老领导、民主党派教师参加了会议。学院党委书记黄传真在致词中说:“2008 年是全面贯彻落实党的十七大精神的第一年,是新一届政府的起步之年,是北京奥运会的举办之年,是学校建设高水平研究型大学进程中的关键一年,同时也是学院新一届领导班子任期的第一年,做好今年的工作,关系重大。当前,学院处在又一个新的发展起点上,面临许多重大机遇,也面临着更为艰巨和繁重的任务。我们必须进一步增强责任感和紧迫感,以良好的精神状态和饱满的工作热情,创新务实地做好 2008 年的各项工作。”院长李剑峰作学院工作报告,报告实事求是地回顾了学院 2007 年的工作,2008 年工作从认真实施教育创新与人才战略、扎实推进学科建设和大力提升科研服务水平、继续深化内部管理改革、不断增强学院发展后劲 4 个部分进行了报告。副院长王铁英作学院“人才年”实施细则解释。代表们认真听取了报告,进行了分组讨论中,最后全体代表一致通过了机械工程学院一届二次教代会决议,大会圆满闭幕。大会前召开了预备会议,学院党委书记黄传真作关于调整大会主席团成员名单、代表资格审查组名单和增补代表的情况说明,学院党委副书记刘琰作教代会筹备及代表资格审查情况报告,通过大会议题。

一届二次教代会

(3)一届三次教代会。2009 年 6 月 4 日下午,机械工程学院在千佛山校区 6 号楼召开了学院一届三次教职工代表大会。学院 10 个基层单位的 45 名教职工代表参加了大会,学院离退休老领导、民主党派负责人应邀参加了会议。大会听取了院长李剑峰工作报告和党委书记黄传真关于学院领导班子学习实践科学发展观分析检查报告。代表们在进行分组讨论中,围绕着学院中心工作,从学院发展大局出发,对学院下一步的改革和发展提出了许多宝贵的意见和建议。代表们认为,学院工作报告是在充分分析学院发展面临的机遇和挑战的基础上提出的,体现了从实际出发、直面挑战、抓住机遇、寻求发展的精神,符合学院发展的要求。学院领导班子学习实践科学发展观分析检查报告充分反映了学院学习落实科学发展观的总体情况。报告简要概述取得的成效,全面梳理存在的问题,实事求是分析存在问题的主客观原因,提出了学习贯彻落实科学发展观、推动学院改革发展的总体思路和主要举措,以及加强领导班子自身建设的具体措施,为实现学院的科学发展、和谐发展与开放发展奠定了基础。大会号召全院教职工要牢牢把握"发展"这一主题,与时俱进,开拓创新,爱岗敬业,振奋精神,以高度的热情投身到学院的改革和发展之中,按照"三个代表"重要思想的要求,学习落实科学发展观,为推进学院又好又快发展,为实现学校"山大特色、中国一流、世界水平"的奋斗目标作出应有的贡献。

一届三次教代会

(4)一届四次教代会。2010 年 4 月 8 日上午,机械工程学院一届四次教职工代表大会在七星台宾馆中东会议厅隆重开幕。43 名来自学院教学、科研、管理岗位上的教职工代表和作为特邀、列席代表的校工会有关老师、学院民主党派教师参加了会议,校工会主席李红、副主席李惠苏应邀出席了会议。李红发表了热情诚挚的讲话。她首先代表学校工会、学校全体工会会员和全体教职工对会议的胜利召开表示热烈的祝贺,并向各位代表致以崇高的敬意。李红指出,在《国家中长期教育改革规划发展纲要》颁布的新形势下,学校建设"山大特色、中国一流、世界知名"高水平大学的进程也必将进入崭新的发展阶段,更加需要广大教职工增强主人翁意识,以高度的责任感、饱满的热情为学校的稳定、改革和发展出谋献策,贡献力量。学院教代会制度是学校民主政治体系建设的重要组成部分,是落实教职工民主权利的重要一环,她坚信此次会议必将是一次鼓舞士气、凝聚人心、团结奋进的大会,必将为学院乃至学校的和谐、稳定、改革、发展起到积极的促进作用! 学院党委书记黄传真在致词中说:"2010 年是《国家中长期教育改革和发展规划纲要》颁布实施之年,是下一阶段'985 工程'建设的启动之年,学院处在又一个新的发展起点上,面临继往开来、快速发展的重要机遇,也面临着更为艰巨和繁重的任务,我们必须进一步增强责任感和紧迫感,要集中精力开好本次大会,全面理解和把握学院今年的工作部署,为加快推进学院实现高水平发展的目标畅所欲言,献计献策,作出新的贡献!"李剑峰院长作学院工作报告。报告回顾了学院 2009 年的工作,并提出学院要坚持抓机遇促发展,做好下一阶段"985 工程"建设发展规划;坚持强化质量和特色,提升科研水平;坚持引进和培养并举,加强师资队伍建设;坚持加大国际交流与合作的力度,营造国际化氛围;坚持特色上水平,完善人才培养体系;坚持以管理增效益,全面提高管理服务水平作为 2010 年和今后学院的工作重点。学院工会副主席王志作学院工会工作报告;副院长李方义作学院科研用房使用办法和科研团队组建办法报告。代表们认真听取了报告,在分组讨论中,充分肯定了学院各方面工作取得的成绩,对学院下一步发展建设,提出了许多建设性的意见建议。大会要求教代会主席团及学院工会委员会会后认真调研分析,做好督促落实工作。最后,全体代表一致通过了机械工程学院一届四次教代会决议,大会圆满闭幕。

一届四次教代会

(5)一届五次教代会。2011 年 4 月 21 日下午,机械工程学院一届五次教职工代表大会在千佛山校区 6 号楼 318 会议室胜利开幕。来自学院教学、科研、管理岗位上的 41 名教职工代表参加了大会,学院离退休老领导、民主党派负责人应邀参加了会议。学院党委书记黄传真在致词中说:"2011 年是中国共产党成立 90 周年,是'十二五'规划实施的开局之年,是山东大学建校 110 周年,学院正处在又一个新的发展起点上,面临着改革创新、跨越发展的重要机遇,面临着更为艰巨和繁重的发展任务。我们必须进一步增强责任感和紧迫感,以良好的精神状态和饱满的工作热情,创新务实地做好 2011 年的各项工作。学院党委殷切希望全体与会代表,深刻认识学院所面临的新形势和新任务,进一步认识到自己肩负的重大历史责任,把共建共享学院良好发展环境的追求化为促进学院改革发展的动力,集中精力开好本次大会,全面理解和把握学院今年的工作部署,为学院'十二五'时期开好局、起好步奠定坚实的基础。"院长李剑峰作学院工作暨学院"十二五"

事业发展规划报告。报告回顾了学院 2010 年的工作，提出了 2011 年工作设想，在学科建设与科研工作、师资队伍和国际合作、教育创新与人才培养、办学条件与服务支撑四方面重点开展工作。学院"十二五"发展规划总结了学院在"十一五"期间的发展成就和存在的问题，提出了学院在"十二五"期间建设发展的总体目标、发展规划、具体措施。院工会主席刘鸣作学院工会工作报告。在分组讨论中，代表们充分肯定了学院各方面工作取得的成绩，对学院下一步发展建设，提出了许多建设性的意见建议。大会号召，学院全体教职工要认真学习党的十七大、十七届四中、五中全会精神，学习邓小平理论和"三个代表"的重要思想，深入贯彻落实科学发展观，创先争优，更新观念，同心同德，真抓实干，加快实现学院的科学发展、和谐发展和高水平发展！为实现学院 2011 年和"十二五"时期的建设目标而努力奋斗！全体代表一致通过了机械工程学院一届五次教代会决议，大会圆满闭幕。

一届五次教代会

（6）二届一次教代会。2014 年 6 月 12 日下午，学院第二届教职工代表大会第一次会议开幕。53 名来自学院教学、科研、管理岗位上的教职工代表参加会议，学院离退休老领导、民主党派教师代表列席会议。学院党委书记仇道滨致开幕词。他在致词中指出，学院广大教职工是学院改革和发展的主力军，只有广大教职工积极参与到学院的改革和发展中，学院的发展目标才能够实现，他希望全体与会代表，深刻认识学院发展所面临的新形势和新任务，进一步明确自己肩负的重要责任，把共建共享学院良好发展环境的追求化为促进学院改革发展的动力，集中精力开好本次大会，把会议开成统一思想、凝聚人心、抢抓机遇、共谋发展的大会。院长黄传真作学院工作报告。报告回顾了学院 2012～2013 年的工作，从加强学科建设与科研工作、抓好人才队伍建设和国际合作工作、创新人才培养模式、加强办学条件与服务支撑四方面对 2014 年重点工作进行了部署，号召全院师生以奋发有为的状态，以改革创新的勇气，以抓铁有痕的劲头，解放思想，开拓创新，聚焦目标，真抓实干，增强紧迫感和责任感，推动学院实现又好又快发展，为山东大学早日建成世界一流大学贡献学院的力量。副院长王勇受黄传真委托，作《机械工程学院改革与发展规划》说明。代表们认真听取了报告和规划，在分组讨论中，充分肯定了学院取得的成绩，对学院下一步发展建设提出了许多建设性的意见建议。大会要求教代会主席团及学院工会委员会会后认真调研分析，做好督促落实工作，建立完善相关制度，大力推进学院的院务公开和民主管理工作。

二届一次教代会

（7）二届二次教代会。2016年12月1日,机械工程学院召开第二届教职工代表大会第二次会议。41名来自学院教学、科研、管理岗位上的教职工代表参加了会议。学院党委书记仇道滨致开幕词。他在致词中指出,学院广大教职工是学院改革和发展的主力军,只有广大教职工积极参与到学院的改革和发展中,学院的发展目标才能够实现。他希望全体与会代表,深刻认识学院发展所面临的新形势和新任务,进一步明确自己肩负的重要责任,把共建共享学院良好发展环境的追求变为促进学院改革发展的动力,集中精力开好本次大会,把会议开成统一思想、凝聚人心、抢抓机遇、共谋发展的大会,为学院"十三五"规划目标和学科高峰计划建设目标的实现奠定坚实的基础。院长黄传真作学院工作报告。报告回顾了学院2015～2016年的工作,并从继续推进一流学科建设与科研工作、加强师资队伍建设和国际合作、加强教育创新与人才培养、加强办学条件与服务支撑四个方面聚焦瓶颈、突出重点、抢抓机遇,对2017年重点工作进行了部署。号召全院师生以奋发有为的状态,以改革创新的勇气,以抓铁有痕的劲头,解放思想、开拓创新、聚焦目标、真抓实干,增强紧迫感和责任感,实施好特色学科建设计划,为建设世界一流大学和世界一流学科而努力奋斗。副院长杨志宏受黄传真委托,作《机械工程学院杰出人才体系建设方案》报告。代表们认真听取了报告和方案,在分组讨论中,充分肯定了学院取得的成绩,对学院下一步的发展建设提出了建设性的意见。会议同时责成本届教代会主席团及学院工会委员会认真调研分析,融合到2017年学院的工作计划和《机械工程学院杰出人才体系建设方案》之中。

二届二次教代会

（8）三届一次教代会。2018 年 11 月 29 日下午，机械工程学院召开第三届教职工代表大会第一次会议会暨工会会员代表大会。大会在庄严的国歌声中开幕，学院党委书记仇道滨致开幕词，院长黄传真作学院工作报告，副院长、工会主席贾存栋作工会工作报告，大会由副院长姜兆亮主持。仇道滨在致辞中说，2018 年是机械工程学院新一届学院领导班子实施任期目标、按照"筑平台、聚人才、促发展"的要求、开启学院世界一流学科建设的第一年，学院处在又一个新的发展起点上，面临着改革创新、跨越发展的重要机遇，也面临着更为艰巨和繁重的发展任务。他希望全体与会代表，深刻认识学院"双一流"建设所面临的新形势和新任务，进一步认识到自己肩负的重大历史责任，进一步增强紧迫感和使命感，以担当有为、追求卓越的精神状态和只争朝夕、舍我其谁的工作热情，创造性地做好学院的各项工作，为学院的世界一流学科作出自己应有的贡献。黄传真代表学院党政领导班子作了以《积极担当 主动作为 奋力推动学院跨越发展》为题的学院工作报告，实事求是地回顾了上届教代会以来的工作，并从大力实施人才强院战略、推进本科教育和研究生教育现代化工程、深入实施学术兴院战略、显著提升学院国际化水平、积极推进服务山东和文化传承创新等方面，对 2018～2021 年学院发展重点工作进行了部署。他强调指出，学院发展"机遇大于挑战，办法多于困难，自信强于自卑"，要求全院师生员工同心同德、振奋精神、积极担当、主动作为，继续开创学院一流建设新局面，奋力推动学院跨越发展。副院长、工会主席贾存栋作了以《服务大局 和谐发展 助推世界一流机械学科发展》为题的工会工作报告。报告回顾了自二届一次教代会及工代会以来的工会工作。学院工会在校工会和学院党委的领导下，认真履行工会的职责，紧紧围绕教学科研中心开展工作，积极维护教职工的权益，关心教职工的生活，开展了丰富多彩的文体活动，报告还对今后学院工会工作进行了规划。大会正式开始前进行了预备会议。党委副书记吕伟作了教代会筹备及代表资格审查情况报告。确定了经全院教职工选举产生的 54 名教代会代表，54 名代表是学院教学、科研、管理方面的骨干，具有较广泛的代表性和先进性，其代表的资格全部有效。预备会议一致通过了会议主席团成员名单以及本次大会主要议题。教代会正式代表、列席代表 50 余人参加了教代会。大会还对机械工程学院工会委员会进行了换届选举。

三届一次教代会（一）

三届一次教代会(二)

3.青年联合会成立

2020 年 1 月 8 日,机械工程学院青年联合会成立大会在千佛山校区举行。山东大学团委书记张熙出席会议并讲话,机械工程学院党委书记刘杰、院长黄传真出席会议。学院党委副书记吕伟主持会议。

张熙在致辞中介绍了山东大学青年联合会的情况。他表示,机械工程学院青年联合会是学校工科第一个院级青年联合会,青年联合会要成为学校、学院与老师、青年教师之间、校内校外沟通交流的平台,致力于在学科建设、人才培养、交叉融合方面发挥作用。

黄传真在讲话中对青年联合会提出了几点要求:坚定坚持中国共产党的领导,坚持习近平新时代中国特色社会主义思想指导;青年教师结合学院中心工作开展活动,将学院青年联合会建成青年教师的思想交流之家、学术碰撞之家、团结协作之家和共同发展之家;青年教师要有师德师范、要有宏微的梦想、要有昂扬的斗志。

刘杰在总结讲话中希望青年联合会能提高政治站位和理论水平,构建育人新模式,努力打造青年教师干事创业平台,发挥支撑保障作用,在人才培养、科研发展方面加强协同配合,青年教师要坚持科研初心,为学校双一流建设作出更大贡献。

学院领导班子成员以及学院青年教师参加会议。

青年联合会成立大会

会前,学院召开了预备会议,学院党委副书记刘玥作青年联合会筹备情况报告,会议表决通过了青年联合会主席团成员名单和大会议题。在会议期间,大会讨论通过了组织工作细则,选举了青年联合会委员,选举了青年联合会主席团、常务委员。

三、九次主题教育和实践活动

1.“三讲”教育

根据中央关于开展“三讲”教育的指示精神和学校党委的统一部署,学院党委在学院领导干部中集中开展了“三讲”教育活动。“三讲”教育经历了“思想发动,学习提高;自我剖析,听取意见;交流思想,开展批评;认真整改,巩固成果”4 个阶段。在学校党委的部署下,在全院师生的关心支持下,学院“三讲”教育圆满完成了各个阶段的主要任务,基本达到了预期目的,收到了良好的效果。

2.保持共产党员先进性教育活动

根据《山东大学开展保持共产党员先进性教育活动工作实施方案及实施意见》的要求,机械工程学院 2005 年 8 月 22 日至 12 月 22 日完成了学习动员、分析评议、整改提高等 3 个阶段的教育任务。在保持共产党员先进性教育活动中,学院党委以邓小平理论和“三个代表”重要思想为指导,紧密联系学院改革和发展的实际,做到了“两不误、两促进”,保持共产党员先进性教育活动达到了预期的效果。学院党委认真制定了《山东大学机械工程学院关于保持共产党员先进性教育活动的实施方案》以及每个阶段的具体安排,按照学习动员抓基础、分析评议重质量、整改提高求实效的要求,精心组织,分步实施,扎扎实实做好各个阶段的工作。这次党员先进性教育活动涉及学院的 31 个党支部、431 名党员。学院党委成立了学院先进性教育活动领导小组和工作小组,由学院党委书记任组长,同时作为第一责任人,负责全院的先进性教育活动;明确了各党支部书记为直接责任人,对本支部的先进性教育活动全面负责。学院先进性教育活动工作小组,分工具体,责任明确,实行责任追究,一级抓一级,层层抓落实;指定了学院联系人,负责对先进性教育活动中的各项具体工作的协调、落实;各党支部书记为本支部联系人,负责支部的具体工作。学院党员先进性教育活动领导小组先后召开 6 次会议,研究先进性教育活动;先后召开 7 次工作小组会议,安排先进性教育活动的有关工作;先后召开 15 次党支部书记会议,部署先进性教育活动;先后召开了 3 次教育活动动员,2 次转段动员大会,2 次民主测评会。分别制定了保持共产党员先进性教育活动实施方案,做到了每个支部、每个党员都充分认识开展这项活动的重大意义、指导思想、工作目标、具体过程和要求。各支部、全体党员对本次活动也非常重视,大家普遍认为在当前情况下开展共产党员先进性教育活动是十分必要的,在党的历史上将是一次具有重大意义的活动,一定要抓住这次机会全面加强自身建设,按照上级党委的要求扎扎实实地开展好这次活动。全院431 名党员通过不同方式全部参加了教育活动。学习动员阶段做到了“同岗同要求”“离校不离学”“层层有人抓”,分析评议阶段做到了“抓基础,重过程,务实效”,整改提高阶段做到了“两不误、两促进”,教育活动达到了预期的效果。有的党支部教育活动常常安排在晚上或者休息时间;有的党员有病在身,需天天治疗,但从未耽误过教育活动;许多教师党员为参加教育活动,克服困难,牺牲休息时间,自觉调整自己的教学、科研、外出等工作;许多党员在集体收看理论辅导报告后,将学习光盘借回,自己刻盘,深入学习。学院读书笔记撰写数量多、质量好,党支部书记撰写读书笔记最多的达到 3.6 万字,学生党员的读书笔记最多的达到 3.9 万字;党性分析材料剖析深刻、措施得当,有的党员的党性分析材料达到 5000 字;整改方案责任明确、可操作性强。学院开展的保持共产党员先进性教育活动在入党积极分子中产生了强烈反响,许多入党积极分子在党员先进性教育活动中,自觉学习"三个代表"重要思想,主动学习党员先进性教育活动的有关材料,有的还写了读书笔记,有的入党积极分子则直接向学院党委要求参加先进性教育活动。他们表示:要严格要求自己,"未进党的门,先做党的人",加强思想政治修养,努力学习政治业务知识,以实际行动争取早日加入党组织。学院党委认真落实学校党委的部署,加强领导、明确要求、强化督导、稳步推进,保证了先进性教育活动的顺利进行。各支部在教育活动中,统一要求、保证时间、保证质量,很好地完成了教育活动各阶段的任务。制造自动化党支部支委一班人注重发挥支委一班人的作用,扎实有效完成了分析评议阶段的工作,对全院顺利完成分析评议阶段的工作起到了促进作用;本科学生 2002 级等党支部,贴近学生实际,开展演讲、座谈、知识竞赛、参观等多种行之有效的学习活动,得到了学生的响应,达到了学习要求。在教育活动中,全体党员服从安排,自觉认真,积极主动,表现出了很强的牺牲奉献精神。中国工程院院士、八十岁高龄的艾兴教授,以一个普通党员的身份,严格要求自己,积极认真参加教育活动,撰写了近 4 万字的读书笔记,用自己的实际行动,充分体现了一位老共产党员本色;博 2002 级支部学生党员王素玉,是山科大教授、高三学生的妈妈,工作、学习、家庭一肩挑,集体学习和活动从不耽误,读书笔记记得十分认真工整;过控支部教师党员唐委校同志以"求真务实,做新时期的优秀党员"为题,撰写的自己的党性分析材料,内容实在、贴切,对自己的党性分析比较到位,整改措施、努力方向结合自己的岗位职责较为切实可行,她的党性分析材料"真、准、深、像";机电党支部书记李建美同志,作为一位年轻的支部书记,以对工作负责的精神,用心动脑,在本支部党员骨干的支持协助下,较好地组织了支部各阶段的各项工作,达到了学院党委的要求;周以齐同志在支部活动中,严格要求自己,对青年党员起到了传帮带的作用,体现了党员的本色。教工支部的许多老党员、党员骨干在学习讨论中也充分发挥了模范带头作用,为提高学习实效做出了努力。学院党委还加大了对先进性教育活动的宣传力度,在学院网站开辟了"党员先进性教育"专栏,及时宣传报道学院先进性教育活动的动态,主办了 2 期先进性教育活动专栏,在学校"新闻在线"发表稿件 53 篇,在"山大先锋网"发表稿件 48 篇,学校先进性教育活动《工作简报》19 次报道学院的先进性教育活动;学院还在办公楼悬挂了"开展共产党员先进性教育必须坚持'三个代表'重要思想""坚定理想信念,提高政治业务素质,永葆共产党员先进性"和"保持共产党员先进性,努力培养高素质人才" 3 条有引导意义的横幅,烘托了教育活动的氛围。及时沟通了信息,营造了浓厚的舆论氛围,极大地增强了先进性教育活动的感染力和吸引力,有效地促进了工作。按照学校的统一安排,学院先后 2 次对阶段先进性教育活动进行了群众满意度测评,学院全体教工党员、学生党员代表、民主党派、无党派人士代表参加了测评。在学习动员阶段"回头看"进行的群众满意度测评中,参评的党员、民主党派和党外师生代表总计 139 人,满意和基本满意率为 99.3%;在分析评议阶段"回头看"进行的民主测评中,参评的党员、民主党派和党外师生代表总计 131 人,满意和基本满意率为 100％。

保持共产党员先进性教育活动

3. 学习实践科学发展观活动

在学校学习实践科学发展观活动领导小组的统一部署下,学院深入学习实践科学发展观活动自 2009 年 3 月 9 日正式启动,至 2009 年 8 月底学习实践活动各阶段工作基本结束。学院依托"建平台,引人才,谋发展"这一实践载体,广泛发动,周密安排,狠抓落实,严格遵循每个阶段工作程序,在求实效上下工夫,扎扎实实开展活动,取得了一定的效果。学院学习实践活动依托"建平台,引人才,谋发展"这一载体,牢牢把握学习与实践相结合的要求,坚持边学习边实践,边谋事,边干事,把"三服务、三关注"作为学院学习实践活动的着力点,切实做到"两手抓,两不误,两促进",取得了一定成效。学院先后召开了 4 次党委(扩大)会议、2 次党支部书记会议,专题研究和布置学院的学习实践活动,举办了 2 次党员骨干专题培训,分教工和学生两个层面召开了学习实践科学发展观活动动员大会;组织召开学院理论中心组专题学习 3 次,学院领导班子专题组织生活会和解放思想大讨论 2 次,组织专题辅导报告 4 次,组织集中学习和自学各 1 次;组织主题实践活动 6 次,支部专题组织生活会和解放思想大讨论 3 次;确立了影响和制约学校发展的 6 个方面的问题,组织各类调研座谈会 6 次,参加师生 200 余人次,发放调查问卷 500 份,征求意见和建议 100 多条,学院撰写调研报告 1 份;编写了 9 期工作简报,开办了 6 期宣传专栏,举行了以"学习实践科学发展观"为主题的征文比赛和书画比赛。2009 年 5 月 8 日,学院党内、党外、民主党派教师代表 15 人和学生代表 2 人对机械工程学院领导班子贯彻落实科学发展观情况分析检查报告进行了不记名评议,评议结果如下:88.2%的群众代表(15 人)认为学院领导班子对科学发展观的认识程度深刻,11.8%的群众代表(2 人)认为较深刻。94.1%的群众代表(16 人)认为学院领导班子在分析检查报告中查找的问题准确,5.9%的群众代表(1 人)认为较准确。88.2%的群众代表(15 人)认为学院领导班子在分析检查报告中对主要问题的原因分析透彻,11.8%的群众代表(2 人)认为较透彻。88.2%的群众代表(15 人)认为学院领导班子进一步贯彻落实科学发展观的思路清晰,11.8%的群众代表(2 人)认为较清晰。82.4%的群众代表(14 人)认为学院领导班子提出的促进学院进一步科学发展的工作举措有力,17.6%的群众代表(3 人)认为较有力。82.4%的群众代表(14 人)认为学院领导班子自身建设的具体措施针对性的可操作性强,17.6%的群众代表(3 人)认为较强。群众代表对学院领导班子分析检查报告进行总体评价:94.1%(16 人)认为好,5.9%(1 人)认为较好。

按照"明确整改项目,明确整改目标和时限,明确整改措施,明确整改责任"的总体要求,将学院领导班子学习实践科学发展观情况分析检查报告查找出来的突出问题的整改任务进行细化分解,研究制定了整改方案。整改方案明确了要着力解决的 26 个问题(本科生培养质量提高方面、研究生培养机制创新问题、杰出师资引进和培养问题、学科发展与科学研究不平衡问题、"985 工程"创新平台和重点实验室建设问题、管理创新、党建工作、支撑条件及创收问题等)。学院在整改工作中,坚持"四明确一承诺",明确整改落实项目,明确整改落实目标和时限要求,明确整改落实措施,明确整改落实责任,做出整改落实的公开承诺。学院抓住师生员工关注的、影响学院科学发展的突出问题立改立行,有些问题按照近期、中期、长期的完成目标对各项任务进行细化分解,逐步形成长效工作机制,确保各项任务落到实处。

4. 创先争优活动

按照学校党委的安排部署,2010 年 5 月至 2012 年 7 月,学院党委在全院党支部和党员中深入开展了创先争优活动。自开展创先争优活动以来,全院党支部和党员扎实推进各项工作,认真贯彻落实学校党委《关于在全校党的基层组织和党员中深入开展创先争优活动的实施方案》《中共山东大学委员会关于进一步深入推进创先争优活动的意见》要求,以"加快实现学院高水平发展"为学院活动主题,以饱满的热情有效地推动创先争优活动,实现了开展活动与推进工作"两不误、两促进"。

学习实践科学发展观活动(一)

学习实践科学发展观活动(二)

在创先争优活动中,学院抓好了三个结合。一是密切结合学院学习实践科学发展观整改方案开展"创先争优",学院党委进一步对照学习实践科学发展观整改方案,逐一检查方案中提出的 6 个方面问题的落实情况,及时向全院教职工通报。二是密切结合学院党委建设学习型党组织开展"创先争优",鼓励和倡导师生进行理论研究,组织教职工撰写创先争优研讨论文和"山东大学思想政治教育研究会纪念建党 90 周年专题研讨会"研讨论文,为丰富和发展党的建设理论作出贡献。三是密切结合"使命·责任·奉献"主题实践活动开展"创先争优",结合学校党委组织部在全校党员中开展"使命·责任·奉献"主题实践活动,学院党委要求教工党员在学院专业认证复查工作、卓越工程师计划、"985工程"规划和教育部重点实验室验收、"十二五"规划实施、学院 2011 年创新协同计划和重点学科申报等重大工作和各项具体工作中发挥先锋模范作用。

学院党委分教工和学生两类支部在师生中开展"四比"活动:教工支部,以"党旗引领创先进,岗位奉献争优秀"为主题,开展了比教学、比科研、比服务、比奉献活动。在教学、科研、教育部重点实验室建设、学生实习、学生社会实践、服务工作中作表率,争优秀。学生支部,以"迎党庆,做奉献,创先进,争优秀"为主题,开展了比学风、比学习、比创新、比社会实践活动。教工支部和学生支部通过召开座谈会等方式,在两类支部之间开展交流和互动。

为使创先争优活动不流于形式,取得实效,学院党委将创先争优活动贯穿到学院六项中心工作中。教学工作:学院顺利通过教育部机械工程教育专业认证复查,在前期准备工作中,学院机械制造及其自动化研究所党支部承担了大量的材料整理工作,党员教师加班加点,无私奉献。学院数字化技术研究所党支部以"深化工程图学教学改革,提高学生工程素养"为题进行支部立项,在教学内容、教学方法和实践教学等方面探索改革。在青年教师讲课比赛活动中,学院一、二等奖获得者均为青年党员教师,其中一名党员教师获得学校讲课比赛二等奖,在青年教师中起到了表率作用。科研工作:在创先争优的目标指引下,学院纵向科研项目立项取得较大进展。申报国家基金 33 项,批准 9 项,立项经费达 344 万元,分别比去年增加 7 项和 269 万元。申报立项比例达 27.3%,高于学校的申报立项比例(25.2%)。获得包括山东省自然科学基金、山东省中青年科学家奖励基金、山东省科技计划项目等在内的各类省级科研项目 13 项,立项经费总额 90 万元,分别较去年增加 5 项和38 万元。学科建设:科学制定了学院"中长期学术发展目标",提出了力争 2020 年前,将机械工程学科总体水平和学术影响力大幅度提升,建成国内一流、世界知名的国家一级重点学科的争创目标。围绕高效洁净机械制造教育部重点实验室工作,提出了 3~5 年内,使现有的教育部重点实验室达到国家重点实验室的水平的争创目标。师资队伍建设:以创先争优为契机,学院进一步加强了师资队伍建设。教育部重点实验室开放基金为青年教师培养提供了支持。支持学院教师出国深造、参加国际学术会议,进一步提高现有教师整体学术水平。为促进师德建设,学院党委邀请专家为教职工作师德教育报告,开展了"机械工程学院师德模范十佳教师"评选活动,争创师德模范。人才培养:完善了卓越工程师计划。过程控制研究所党支部以"探讨大学教师培养学生创新能力的方法"为题进行支部立项,CAD/CAM 研究所党支部以"紧密结合工业工程新专业的开办,提高学生培养质量"为题进行立项,积极探索人才培养模式。为激发学生的专业兴趣,各研究所党支部组织了多次研究所师生见面会,悉心回答同学们关心的问题,培养学生的专业认同感和自豪感。面向学生举办了系列学术报告,党员教师还为同学作了专题讲座,受到了学生们的欢迎。服务管理:学院整理汇编了各项规章制度,着力构建科学管理体系。召开了学院一届四次教代会,促进了学院建设与发展。学院机关党支部把开展创先争优活动与加强机关作风建设结合起来,强化服务意识,开展了"党员管理服务标兵"等活动,进一步提升了工作质量和效率。

2012 年 2 月,学院 41 个党支部和 742 名党员按照学院党委的部署,围绕"五个好""五带头"的内容,教工和学生党支部分别结合工作实际,对开展创先争优活动情况进行了自查。通过电话、电子邮件、走访、调查问卷的形式,接受了党外群众和民主党派教师的评议,同时党员之间进行了互评。对党支部的评议主要包括以下内容:组织开展创先争优活动情况,推动中心工作和重点任务完成情况,为师生群众办实事、做好事、解难事情况,加强党支部和党员队伍建设情况。对党员的评议主要包括以下内容:参加创先争优活动情况,立足本职岗位履职尽责情况,联系和服务师生群众、教育和培养学生情况和其他各方面发挥党员先进性情况。所有参加评议的人员对学院各党支部和党员的工作均给予了肯定及较高的评价。认为学院各党支部按照学院党委部署积极开展创先争优活动,组织党员在本职岗位上创先争优,将创先争优活动贯穿于教学、科研、人才培养、师资队伍建设等学院中心工作中,取得了较好的效果,促进了学院加快实现高水平发展,发挥了党支部的战斗堡垒作用。大家认为,学院党员教师在思想上能够时刻保持创先争优意识、忧患意识,能够积极改进教学方法、积极进行科研创新,特别是在专业建设方面发挥了先锋模范作用。大家普遍认为,师生党员具有服务意识和模范带头意识,在研究所和班级的日常工作中工作积极,主动地完成一些类似外地指导学生实习、信件收发、为离退休老教师服务等学院中心工作和服务性工作。党员师生具有学习意识,积极进行理论和业务的学习,不断提高自己的思想和业务水平。

创先争优活动

5. 党的群众路线教育实践活动

按照中央部署,学校深入开展党的群众路线教育实践活动,自 2013 年 7 月初开始,按照集中教育时间不少于 3 个月的要求来进行。在学校第 3 督导组指导下,机械工程学院党的群众路线教育实践活动按照"照镜子、正衣冠、洗洗澡、治治病"总要求,以领导班子和领导干部为重点,以落实中央八项规定精神为切入点,坚持为民务实清廉,坚持教育实践并重,打牢学习教育和查摆问题 2 个基础,抓住整改落实和建章立制 2 个关键,顺利完成学校规定的各项工作任务。

机械工程学院坚持把学习教育贯穿活动始终,把思想理论武装摆在首位。学院领导班子成员在认真自学基础上,通过学习讨论会、座谈会、专题报告会等方式,重点学习了中国特色社会主义理论、党章、党的十八大精神和习近平总书记一系列重要讲话精神,认真研读了中央指定的必读书目,进一步增强了马克思主义群众观点和党的宗旨意识,提高了贯彻党的群众路线的思想自觉和行动自觉。切实把思想统一到中央的要求和部署上来,为搞好教育实践活动的各个环节打下了坚实的思想基础。

学院以"聚人才，筑平台，促发展"为载体，以"打造更高水平的机械工程学院"为任务，以促进学院科学发展、跨越发展为目标，对照"建章立制，依法治院""人才培养，质量为本""师资队伍，强院之魂""平台建设，兴院之基""科研倍增，强院之本""服务地方，民生大计"等6个方面学院重点工作的要求，检查对照学院领导班子在形式主义、官僚主义、享乐主义和奢靡之风方面存在的主要问题；认真查摆制约学院发展的瓶颈问题；着力找出师生员工亟待解决的突出问题。党的群众路线教育实践活动开展以来，学院党委采取发放征求意见表、召开座谈会、调研走访、设立意见箱及电子信箱、开通专线电话等方式，广泛听取党员干部和师生员工的意见建议，深入查找学院在"四风"方面存在的问题。2013年8月15～17日，结合党的群众路线教育实践活动，学院召开了发展研讨会，9月1～10日，学院组织了2次党政领导班子专题学习讨论会，9月5日至10月15日学院先后召开了研究所、学生代表、离退休代表、实验员队伍共13个座谈会，发放征求意见表300余份，走访谈话150余人次，征求各种意见和建议200余条。在征求意见基础上，学院党政联席会召开专题会议，对"四风"问题及具体表现进行了深入分析、集体会诊，把征求到的意见逐条落实到班子或班子成员身上，明确了牵头责任人。在此基础上，班子及成员紧密联系思想和工作实际，主动查找"四风"方面的突出问题。同时，学校督导组向学院领导班子反馈了他们征求到的对班子的意见建议，并对班子成员进行了个别谈话提醒。针对这些意见建议，学院认真研究分析，逐一梳理排查，领导班子共查摆出14个突出问题，其中形式主义5个、官僚主义2个、享乐主义3个、奢靡之风4个。学院党员领导班子每位同志也结合思想工作实际深入查找个人在"四风"方面存在的突出问题，平均都在10个左右，为民主生活会上有针对性地开展批评和自我批评奠定了基础。

为高质量开好学院领导班子专题民主生活会，按照学校督导组要求，班子成员之间进行了深入的谈心交心，党员领导干部诚恳接受了批评，虚心听取对个人的意见建议。在此基础上，班子成员从理想信念、宗旨意识、党性修养等方面深刻剖析了思想根源。每个人自己动手认真撰写对照检查材料，反复修改，数易其稿。在对照检查材料的形成过程中，班子成员思想认识不断深化，经历了由浅入深、由表及里、触及灵魂的思想过程，明确了努力方向和改进措施。学院班子的对照检查材料通过专题会议研讨，做到字斟句酌、反复推敲。本着批评和自我批评的原则，学院于2014年1月8日召开了领导班子专题民主生活会。学院党委书记仇道滨代表学院作了对照检查，每位班子成员逐一作了个人对照检查。大家既从工作中找差距，又从思想上、党性上找差距，既从分管工作上查摆剖析问题，又积极分担班子问题的责任。每位同志对照检查后，班子成员都对其进行了批评帮助，在民主生活会上真正红了脸、出了汗，坦诚相见，讲原则不讲面子，讲党性不徇私情，会议气氛严肃、坦诚，达到了预期的目的。学校督导组对专题民主生活会给予了充分肯定，评价这次专题民主生活会氛围很好，大家直面问题，敞开心扉，畅所欲言，是严肃认真的，富有成效的，是一次成功的民主生活会。方宏建同志代表学校党委在会上作了重要讲话，对这次会议给予了充分肯定，并对学院工作提出了期望。

按照活动安排和要求，学院党委于2014年1月16日召开了由学院教授、各系、所、实验室负责人和民主党派代表参加的专题民主生活会情况通报会，通报了学院班子专题民主生活会准备情况、召开情况、开展批评和自我批评情况，对可以立即整改问题的整改情况,报告了领导班子今后的努力方向和下一步的整改措施。

学院党委对"四风"问题及具体表现逐项梳理分析,制定了整改方案,逐条落实到班子或班子成员身上,明确了具体责任人和整改落实时间。班子着力在解决问题、务求实效上下工夫,从具体事情抓起,从师生反映最强烈的问题改起,确定了 16 项整治任务,明确责任人、整改时限和标准,落实整治措施,力求以重点突破带动作风全面好转。坚持边学边查边改,逐条逐项整改,一件一件落实。做到能改的马上改,能做的立即做,让师生员工及时看到变化、见到成效。针对师生反映强烈的教学和办公环境等问题,如,办公实验楼房掉墙皮等问题,学院已进行了修缮,并对西配楼地下室进行了改造;对于卫生间异味、卫生等问题,学院积极联系物业公司和后勤监管部门进行了整修和清洗;针对研究所提出的备课电脑老旧、公共房间空调问题、引进人才的家具等问题,学院已尽全力解决。针对研究所提出的学院学科发展规划和顶层设计的问题,学院已于 3 月 17 日召开党政联席会议专题研究部署了学院发展规划工作。3 月 19 日召开了各研究所、实验室负责人会议,正式启动了学院、研究所、实验室改革与发展规划的制定工作。学院于 5 月下旬召开教职工代表大会,学院制定的发展规划由教职工代表大会讨论通过后实施。关于学院教风、学风方面存在的主要问题。学院制定了《改进教风学风专项整治方案》,按照方案的要求,在研究生的培养方面,已出台了《机械工程学院全国优秀博士论文培育计划实施方案(试行)》《机械工程学院硕士研究生培养过程质量控制实施方案》《机械工程学院博士研究生培养过程质量控制实施方案》等。关于依法治院方面,学院已完成对近十年来出台的 26 项规章制度的梳理,根据学院发展的需要,已经新出台了 15 项制度、办法和管理规定。关于实验室设备共享等问题,学院分管副院长组织专人进行了大量调研,建设了学校先进制造共享平台,并以建立融教学和科研于一体的实验室大平台,消除各类实验室之间的空间壁垒和管理壁垒为实验室改革目标,建设实验大平台和仪器有偿使用共享平台,有关制度办法正在制定中。近期,学院率先对机关办公用房进行全面清理、调整,腾出约 70 平方米用房,作为引进人才的预留用房。学院制定了厉行节约、反对铺张浪费、严格经费管理等方面的有关规定,规范学院公务接待、公务出差、公车使用、会议管理和办公用品管理,压减年度行政消耗性开支,遏制铺张浪费现象。

学院贯彻习近平总书记"收尾不收场"指示精神,以啃硬骨头精神、锲而不舍抓整改落实,确保教育实践活动善始善终。学院充分吸收这次活动形成的实践成果、理论成果和制度成果,把这些成果真正运用到党建工作之中,更好地服务人才培养、科学研究和服务社会等工作。特别是要认真总结教育实践活动在查摆问题、解决问题、开好专题民主生活会等方面的成功做法,健全党员领导干部民主生活会制度,完善贯彻民主集中制的有效办法,把批评和自我批评的优良传统发扬下去,把党内生活严肃认真的良好氛围恢复起来,不断提高党内生活质量。进一步强化班子成员的进取意识,抓住影响学院发展的关键问题,攻坚克难,破解难题。做到推进改革不畏难、创新政策不惜力、狠抓落实不放松,使学院领导班子真正把心思用在推动学院科学发展上,把精力用在为师生员工造福上,把智慧用在干好自己的本职工作上,在有限的任期内把机械工程学院建设好、发展好、呵护好。

党的群众路线教育实践活动

6."三严三实"专题教育实践活动

根据校党委《关于在全校处级以上领导干部中开展"三严三实"专题教育的实施方案》的通知要求，机械工程学院党委高度重视，积极行动，认真贯彻落实校党委关于"三严三实"专题教育活动的有关部署。2015年7月2日下午，机械工程学院召开"三严三实"专题教育动员会议，党委书记仇道滨给全院科级以上干部、各系所室党政负责人、学科学位点负责人作了一场"三严三实"专题党课，正式启动了学院"三严三实"专题教育，院长黄传真出席并主持了会议。

学院领导班子成员按照《机械工程学院"三严三实"专题教育工作方案》规定的学习

时间和内容要求,采取自学和集体学习研讨相结合的方式完成了"严以修身""严于律己"和"严以用权"3 个专题的学习内容。学院党委分别在本科学生和各系所室负责人中召开了 2 场座谈会,查找"不严不实"问题,并召开党政联席会议专题研究,建立了整改台账。

学院党委把开展"三严三实"专题教育活动与做好学院改革发展稳定各项工作结合起来,具体到学院学科规划、学科学位点负责人调整、师德学风建设等实际工作中,认真查摆和解决"不严不实"问题,使"三严三实"成为学院干事创业的行为准则,真正把学习教育过程变为凝聚人心、奋发实干的过程,加快了迈向世界一流机械工程学科建设的步伐。根据学校党委关于开好中层领导班子"三严三实"专题民主生活会的通知要求,机械工程学院领导班子以强烈的担当精神和严肃的工作态度,紧扣民主生活会主题,于 2016 年 3 月 14 日召开了专题民主生活会。专题民主生活会从下午 2 点开始,到 5 点结束,历时 3 个小时。山东大学学生就业创业指导中心主任朱德建出席会议并讲话,学院领导班子全体成员参加会议。机械工程学院党委书记仇道滨主持会议,并代表学院领导班子进行对照检查。学院党员领导班子成员逐一作了对照检查,查摆"不严不实"问题,剖析问题原因,明确努力方向,提出了改进措施。班子成员相互之间也开展了诚恳善意的批评,会场气氛严肃团结。通过思想交流,达到了提高认识、增进团结、促进工作的目的。民主生活后,学院领导班子召开党政联席会议,针对党员干部群众反映的问题和民主生活会上开展的批评情况,对查摆出来的问题进行了认真研究,明确了整改重点,结合民主生活会与教育实践活动尚未整改到位的"四风"问题、教育部巡视回访检查指出的问题和财政部专项检查发现的问题,以及学校内控审计查找的问题等,一并纳入整改内容,建立整改台账,实行一把手负责制,可以马上解决的,立行立改;需要一段时间加以解决的,制定持续改进的具体措施,推动践行"三严三实"要求制度化、常态化、长效化。

"三严三实"专题教育实践活动

7."两学一做"教育

根据学校党委《关于在全校党员中开展"学党规、学系列讲话,做合格党员"学习教育实施方案》的要求,2016 年 4 月 25 日下午,机械工程学院召开党委扩大会议,学习传达学校"两学一做"学习教育工作座谈会精神,部署学院"两学一做"学习教育具体方案,正式启动学院"两学一做"学习教育。院党委书记仇道滨主持会议并讲话,院长黄传真及学院党委委员、教工党支部书记参加了会议。4 月 21 日和 26 日,学院分管副书记又分别在研究生和本科生党员中召开了"两学一做"学习教育动员大会。结合学院工作实际,学院党委制定了《机械工程学院"两学一做"学习教育具体方案》《机械工程学院党员领导干部"两学一做"学习教育任务清单》和《机械工程学院党员"两学一做"学习教育任务清单》。

5月4日,学院党委书记仇道滨在兴隆山校区为学生党员及入党积极分子作了题为"五四精神与社会主义核心价值观"的专题党课。5月中旬,各教工党支部组织党员分别学习了《中国共产党章程》《中国共产党廉洁自律准则》《中国共产党纪律处分条例》和《习近平总书记系列重要讲话读本》等;学院召开本科毕业生党员动员教育大会,学生党支部召开多次专题学习会议,要求大家对照党章和系列讲话找差距、找问题,做到深学悟透,融会贯通,真正做到把党章的要求内化于心,做合格党员。

学院党委对各党支部的组织建设和工作情况进行了排查梳理,学院34个党支部组织建设健全、管理规范、工作良好。5月,学院各党支部结合"两学一做"学习教育,以"立足岗位、履职尽责、积极工作"为主题进行了党支部活动立项。5月19日下午,学院党委对教工党支部书记进行了"两学一做"专题培训,学院党委书记仇道滨主持培训会并讲话,副书记刘琰、吕伟及学院教工党支部书记参加了培训会。各党支部结合研究所工作实际和党员队伍情况,研究制定了各党支部"两学一做"学习教育任务清单。学院又分别对研究生、本科生党支部书记和学生骨干进行了工作培训。学生党支部开展了形式多样的教育活动。研究生党支部开展了专题讨论、观看纪录片、党员代表谈心得等理论学习活动,开展了"我心目中的好党员"评选活动。本科生党支部举行了辩论赛、邀请专家讲座等活动。5月17日下午,学院举行了研究生党支部"两学一做"阶段学习交流会,各党支部分别展示了学习成果。

"两学一做"教育

6月15日下午,学院党委召开了"两学一做"学习教育中心组专题学习会,重点学习了习近平总书记在全国科技创新大会、两院院士大会、中国科协第九次全国代表大会上的讲话和《习近平总书记重要讲话文章选编》中关于从严治党的论述。

山东大学机械工程学院"两学一做"学习教育任务清单

序号	时间	任务	内容要求	形式	备注
1	3月	对党支部现状进行认真梳理	夯实组织基础,完善党内组织生活制度,重点是"三会一课"制度,为"两学一做"学习教育奠定基础	党支部自查	
2	4月下旬	研讨部署学院"两学一做"学习教育工作	加大网络、宣传栏等宣传力度,认真学习学校"两学一做"学习教育实施方案,制定学院学习教育具体方案。从教工、研究生、本科生三个层面进行安排部署	学院党委扩大会议和学生党支部书记会议	
3	5月上旬	党支部"学习党章党规和系列讲话"专题学习讨论	原原本本学习党章和党规,加强分类指导,从党员领导干部、教工党员、学生党员三个层面组织安排	理论中心组和党支部会议	
4	5月上旬	党委书记带头为学生党员讲授党课	在"五四"青年节前后,学院党委书记仇道滨在兴隆山校区为本科学生党员讲授"五四精神与社会主义核心价值观"专题党课	学生党员会议,时间、地点由学生党支部确定	
5	5月中旬	党支部书记专题培训	对如何搞好专题学习讨论、如何讲好党课、如何召开专题组织生活会、如何开展民主评议、如何立足岗位作贡献等进行了专题辅导	党支部书记会议	
6	5月下旬	学习习近平系列讲话精神,开展党员领导干部"带头坚定理想信念"专题学习讨论	认真学习领会贯穿其中的马克思主义立场观点方法,学习掌握科学工作方法和领导艺术,学习掌握其中蕴含的政治纪律和政治规矩。从党员领导干部、教工党员、学生党员三个层面组织安排	理论中心组和党支部会议	仇道滨、黄传真重点发言
7	5~6月	党支部"立足岗位作贡献"专题学习讨论	党支部专题学习讨论,强化政治意识,保持政治本色,坚定理想信念,开展"一岗双锋"竞赛活动,做讲政治、有信念,讲规矩、有纪律,讲道德、有品质,讲奉献、有作为的模范	党支部会议	

续表

序号	时间	任务	内容要求	形式	备注
8	5～11月	党员领导干部、党支部书记、党员讲党课	三个层面讲党课、实现党课全覆盖。党员领导干部、党委委员到所联系党支部和联系单位党支部讲党课（党委书记、院长面向全院教工和学生党员讲党课），党支部书记在本党支部讲党课，党员在课题组给老师和学生讲党课	党支部会议	
9	5～11月	组织开展"两学一做"党支部立项活动	结合"两学一做"学习教育，重点支持10项党支部立项活动，促进党团共建、师生共建、校企共建，引导党员立足岗位，履职尽责，积极工作	党支部活动	
10	5～11月	开展主题实践活动	围绕"两学一做"，各党支部开展座谈交流、知识竞赛、合唱比赛、"我心目中的好党员"评选、辩论赛、演讲比赛、专家讲座等丰富多彩的活动	党支部活动	
11	6月下旬	新党员宣誓、老党员重温入党誓词活动	组织学院新、老党员开展主题党日活动，进行入党宣誓	新发展党员宣誓大会	
12	6月下旬	党内表彰	结合开展纪念建党95周年活动和表彰活动，评选表彰优秀共产党员、优秀党务工作者、先进基层党支部	召开党员大会	
13	6～8月	党支部书记培训	加强理论教育、强化典型引领，开展主题实践、规范党内生活，切实加强基层党支部建设	党支部书记会议	
14	9～12月	开展"五检查五促进"活动	引导党支部和党员检查党内各项组织生活制度坚持情况，促进党支部组织生活规范化；检查党员个人党的政治纪律和政治规矩遵守情况，促进党员模范作用发挥经常化；检查学院各项规章制度执行情况，促进依法治院常态化；检查学院各项发展举措落实情况，促进学院发展科学化；检查学院师德教风建设推进情况，促进学院院风学风长效化。切实促进双一流学科建设和双创人才培养	党支部会议	

序号	时间	任务	内容要求	形式	备注
15	10 月	开展"带头严守政治纪律和政治规矩"专题学习讨论	保持对党绝对忠诚的政治品格,坚决维护党中央权威,维护党的团结统一,做政治上的明白人。从党员领导干部、教工党员、学生党员三个层面组织安排	理论中心组、党支部会议	刘琰、吕伟重点发言
16	11 月	开展主动"攻坚克难,敢于担当"专题学习讨论	坚持求真务实,主动攻坚克难、敢于担当,提升精气神,增长新本领,展现新作为,促进学院快速发展。从党员领导干部、教工党员、学生党员三个层面组织安排	理论中心组、党支部会议	王勇、万熠、贾存栋重点发言
17	12 月	党支部专题组织生活会	按照"五检查五促进"的要求,召开党支部专题组织生活会,认真查摆在思想、组织、作风、纪律等方面存在的突出问题,深入进行党性分析,撰写简要发言提纲,开展批评和自我批评,并有针对性制定整改措施,认真抓好落实	党支部会议	
18	12 月	开展民主评议党员	根据"一岗双锋"的要求,按个人自评、党员互评、民主测评、组织评定的程序开展党员民主评议	党支部会议	
19	12 月	召开党员领导干部专题民主生活会	以"两学一做"为主题,班子成员要把自己摆进去,查找存在的问题,抓好整改落实	学院领导班子会议	
20	12 月	"两学一做"经验交流研讨活动	党支部书记交流各支部组织开展学习教育情况、解决的问题和取得的效果	党支部书记会	

8."不忘初心、牢记使命"主题教育

2019 年 9～12 月,按照学校党委统一部署,机械工程学院深入开展第二批"不忘初心、牢记使命"主题教育,先后成立了以仇道滨同志、刘杰同志为组长的主题教育领导小组,制定了实施方案,9 月 26 日召开动员大会,12 月 9 日召开专题民主生活会,2020 年 1 月 13 日召开总结会议。

机械工程学院在学校第三指导组的指导下,坚持重点抓好学院党政领导班子和系所负责人,坚持学习教育全面覆盖、调查研究贯穿始终、检视问题突出重点、整改落实注重实效、组织领导谋划到位,确保主题教育取得实效。共制定主题教育方案 1 个,党委研讨、支部学习、党员教育工作计划 3 个,集中学习研讨 6 次,开展面上调研、集中调研、专题调研 33 次,搜集意见建议 102 条,形成初步问题清单,推进工作报告,领导班子专题民主生活会方案,主题教育活动整改方案,班子成员整改报告、整改台账、对照检视分析、调研成果报告等各类汇报材料49项;召开3次党委会专题研究检视问题清单、班子调研报告等,先后召开主题教育动员大会、党支部书记培训会、调研成果交流会、对照党章党规检视分析会、整改落实推进会、专题民主生活会,主编工作简报6期,形成集中学习研讨汇编、调研成果交流汇编、对照检视分析材料汇编、整改工作材料汇编、专题民主生活会材料汇编、主题教育成果汇编等12册。新制定和修订关于作风建设、教育管理、学术振兴等方面的制度办法7项。

通过"不忘初心、牢记使命"主题教育,学院领导班子理论学习有了收获,思想政治受了洗礼,干事创业有了劲头,为民服务有了情怀,清正廉洁有了自觉,真正把思想和行动统一到了习近平总书记重要指示批示精神和主题教育的部署要求上来,为推进"强院兴校"和一流机械工程学科建设奠定了坚实的基础。

"不忘初心、牢记使命"主题教育

9.党史学习主题教育

2021年,按照学校党委统一部署,学院深入开展党史学习教育。3月11日下午,学院召开全院教职工大会,学院党委书记刘杰对在全院开展党史学习教育进行了全面部署。党史学习教育集中学习研讨贯穿全年,结合学院党委理论中心组、教职工年度学习计划,通过上下联动、师生互动、典型带动,形成"自主学习、集中学习、联合学习、实地研学"的四位一体学习样式。整体分为三个阶段,并以时间为主线,以"精神"为副线,划分为7个专题。第一阶段是从动员大会到"七一"庆祝中国共产党成立100周年大会,本阶段主要分4个专题,按照新民主主义革命时期历史、社会主义革命和建设时期历史、改革开放新时期历史、党的十八大以来的历史四个阶段系统学习党的历史。第二阶段从"七一"庆祝大会到党的十九届六中全会,本阶段通过专题读书班形式,紧密结合中国共产党成立100年庆祝活动,重点学习习近平总书记在庆祝中国共产党成立100周年大会上的重要讲话精神。第三阶段从党的十九届六中全会到总结大会,本阶段主要是 2 个专题,全面学习贯彻党的十九届六中全会神和习近平总书记在党史学习教育总结大会上的重要讲话精,深入巩固党史学习教育成果。

学院按照《中共山东大学委员会关于在全校开展党史学习教育的实施方案》精神,落实学校《党史学习教育集中学习研讨工作方案》部署,结合学院建设实际,制定并印发了《机械工程学院党委党史学习教育实施方案》,明确了全年党史学习工作实施计划,并每两周针对 34 个党支部进行党史学习教育开展情况和工作计划的统计,切实推进党史学习教育落实落细。

党史学习主题教育

第三篇

系所概况

第一章 研究所概况

第一节 制造自动化研究所

1952年,山东大学机械工程系与山东工学院机械系合并,组成新的山东工学院机械系,设机械制造工艺及设备专业(本科)。艾兴教授1952年来学校工作。承担该专业教学的是制造自动化研究所的前身:机床刀具教研室和机制工艺教研室。1960年后,两个教研室合并为机制教研室。

1982年,由机制教研室抽调部分教师成立了机设教研室,同时设立机械设计及制造专业(师范本科)并招生,1983年设立机械设计及制造专业(本科)并招生。

1992年,由机设教研室和机制教研室抽调部分教师成立了机电教研室,1993年设立机械电子工程专业(本科)并招生。

2000年,三校合并,成立新的山东大学,机械工程学院按教育部本科专业目录设立了机械设计制造及其自动化专业,原有的机械制造工艺及设备、机械设计及制造和机械电子工程3个专业被撤销,而变为3个专业方向,后又增设了工业工程专业方向。

2001年,在原有机制教研室基础上成立了制造自动化研究所,并成立了制造工程系(负责制造自动化、CAD/CAM和机械电子工程3个研究所的本科教学工作)。

一、学位点建设

1926年,机械系机械本科。

1952年,机械制造工艺及设备本科。

1978年,机械制造硕士学位授予权。

1986年,机械制造博士学位授予权。

1996年,机械制造及其自动化评为山东省优秀重点学科。

1998年,博士后科研流动站。

2003年,机械工程获批一级学科博士点。

2007年,机械制造及其自动化获批国家重点学科。

2011年,工程博士学位授予权。

本科生培养方面:2006年,机械设计制造及其自动化专业被评为山东省首批品牌专业,2007年、2010年和2013年通过全国工程教育专业认证,于2008年被教育部确定为高等学校第一类特色专业建设点,2010年获批第一批卓越工程师教育培养计划。

研究生培养方面:获得2篇全国优秀博士学位论文奖、2篇全国优秀博士学位论文提名奖、2篇上银优秀机械博士论文优秀奖、7篇上银优秀机械博士论文佳作奖,以及多篇山东省优秀博士、硕士学位论文奖,培养了大批高素质人才。

1995年,艾兴院士参加邓建新博士学位论文答辩会

二、研究队伍

制造自动化研究所拥有一支年龄、学历、学缘、知识和学科结构较合理、学术造诣深的教师队伍,现有教职工46人,其中教师41人(博士生导师29人,教授28人、副教授10人、讲师3人)、实验人员5人(副高级2人、中级3人)。

教师队伍中有1名院士、1名"长江学者"、2名国家杰出青年基金获得者、2名"新世纪百千万人才工程"国家级人选、3名"泰山学者"、6名新世纪优秀人才、4名山东省突出贡献中青年专家、2名山东省杰出青年基金获得者。教师中,具有博士学位比例达81%,具有国外学术背景比例达66%。2013年,西安交通大学卢秉恒院士受聘山东大学兼职特聘教授。

制造自动化研究所研究队伍一览表

姓名	性别	学历/学位	职称/职务	研究方向
黄传真	男	博士	教授	高效精密加工技术、结构陶瓷材料研制及应用、新材料加工技术
刘战强	男	博士	教授	切削加工理论与刀具技术等方面
王军	男	博士	教授	高效精密加工技术、
李剑峰	男	博士	教授	绿色制造关键共性技术与装备
王勇	男	博士	教授	新能源设备及智能控制

姓名	性别	学历/学位	职称/职务	研究方向
赵军	男	博士	教授	高速切削加工技术及数控刀具技术、复杂曲面多轴数控加工技术
张进生	男	硕士	教授	先进制造技术与智能化装备、石材行业智能绿色高效生产技术与装备、工程机械、建设与建材机械、环保机械、创新设计方法
张建华	男	博士	教授	高效精密加工技术及数控装备、硬脆性材料表面改性及强化技术
张松	男	博士	教授	高效切削机理及加工表面完整性、数控机床动态特性分析与优化设计、数控机床误差建模与补偿、生物材料表面改性及生物力学等
林明星	男	博士	教授	智能检测与控制、机器视觉、康复机器人
姜兆亮	男	博士	教授	数字化制造、装夹方案优化
冯显英	男	博士	教授	智能检测与数控技术、数字化制造技术与理论等机电一体化技术与理论、棉花加工智能化技术
邓建新	男	博士	教授	高效切削加工、刀具材料、自润滑刀具、刀具涂层技术、摩擦磨损、陶瓷喷嘴及其冲蚀磨损、工程陶瓷产品的研究开发与应用等
孙杰	男	博士	教授	航空制造、智能制造、增材制造与再制造
刘延俊	男	博士	教授	海洋能开发利用技术及装备；深海探测取样技术与装备；海洋机电装备与材料；液压气动比例伺服系统设计、开发、建模、仿真及控制
王经坤	男	博士	教授	机械制造及其自动化、虚拟设计与制造、深海养殖工程研究、建材与建设机械研究开发、机器人理论与应用、工程软件研究
张承瑞	男	博士	教授	机电控制基础理论和应用技术，先进制造技术等方面的研究

姓名	性别	学历/学位	职称/职务	研究方向
岳明君	男	硕士	教授	机电控制基础理论和应用技术,先进制造技术等方面的研究
贾秀杰	男	博士	教授	自动化制造自动化、制造信息化、CAPP、绿色设计与绿色制造
周军	男	博士	教授	智能控制技术、工业自动化/机器人、信号分析与处理技术、生物医学工程
皇攀凌	女	博士	副教授	切削加工
朱洪涛	男	博士	教授	磨料射流精密加工及其仿真技术研究、微纳刻蚀加工技术研究、微细切削加工技术研究
万熠	男	博士	教授	智能制造、特种机器人、先进加工理论与技术、增材制造及生物医学工程等
邹斌	男	博士	教授/所长	3D打印技术,高效精密加工技术,机器人加工技术
姚鹏	男	博士	教授	磨削与超精密加工技术、高效精密加工技术、多能场复合精密加工技术
吴筱坚	男	硕士	副教授	液压与气压传动、机械工程控制
刘维民	男	博士	讲师	刀具材料
史振宇	女	博士	副教授/党支部书记、系主任	复合材料加工技术;微细切削加工技术;高速切削加工技术;智能制造技术
李安海	男	博士	副教授	智能精密制造、高效绿色切削加工工艺、数控刀具技术
王继来	男	博士	副教授/副所长	微尺度塑性变形、金属损伤与韧性断裂、微成形中不合理流动及应力所产生的缺陷机理、预测及预防方法研究
张成鹏	男	博士	副教授/副所长	先进制造技术、微纳功能器件制造、仿生结构,功能性表面技术
蔡玉奎	男	博士	教授	激光与化学复合微纳加工技术开发及其应用基础研究、仿生微纳结构设计与调控工艺

姓名	性别	学历/学位	职称/职务	研究方向
满佳	男	博士	副教授	微流控芯片、微米级功能零部件制备技术;绿色制造、医用生物可降解制品制备技术、载药微胶囊制备技术;植介入医疗器械设计与制造及表面改性等;机电产品设计制备
李磊	男	博士	副教授	计算流体力学、人工智能、优化设计、增减材复合制造
裘英华	男	博士	教授	微纳米流体传感器、微纳米流体动力学、面向工程应用的微纳米界面研究、新型海水淡化装置、微纳米气泡发生器
马海峰	男	博士	教授	压电驱动精密机电系统设计、建模与控制;复杂动力学系统的鲁棒控制和抗干扰控制
王兵	男	博士	教授	难加工材料高质高效切削加工、先进刀具技术、智能制造、材料动态性能
褚东凯	男	博士	助理研究员	超快激光微纳制造;仿生吸波功能性表面制备
黄俊	男	博士	教授	功能表面的制备及摩擦润滑机理研究、软物质增材制造技术与应用、表面界面力学、水下粘结材料开发与粘结机理的研究
刘盾	男	博士	副教授	难加工材料的磨料水射流加工机理、加工过程中的摩擦学、超高速冲击时材料的响应、冲蚀与磨损机理
孙建国	男	硕士	讲师	先进制造技术
屈硕硕	男	博士	助理研究员	难加工材料高质高效切削加工、先进刀具技术

三、研究方向

本学科素以切削加工见长,经过长期发展形成了高效精密加工技术及工具系统、特种加工技术及数控装备、绿色制造与再制造技术、机电液集成控制技术及装备、建设/建材机械、海洋工程与发电装备、增材制造等 7 个特色鲜明的研究方向,其中高效精密加工技术及工具系统研究方向处于国内领先水平,在国际上也享有很高的声誉。

近年来承担国家"973"计划、"863"计划、国家科技重大专项、国家科技支撑计划、国家杰出青年科学基金、国家海洋局、国家自然科学基金重点项目等在内的国家级和省部级科研项目,年均经费 4000 余万元。研究成果、开发的技术与装备已广泛应用于航空航天、能源动力、汽车、工程机械、海洋、环保等领域,取得了巨大经济效益和社会效益。

2001 年 6 月 30 日,机制教师一起交流研讨

四、研究条件

2009 年 1 月,机械基础教学实验室被评为国家级机械基础实验教学示范中心。结合国家特色专业、卓越工程师培养计划,加强实践教学硬件建设,投入建设经费 700 多万元,新增实验设备 1400 多台套,加强实验教学软件建设,新建创新综合实验项目 25 项,校级实验软件立项 10 余项。

构建了"四个平台、三个层次、两个结合和一项训练"实验教学体系。将实验教学建设在机械设计、机械制造、机电测控和机械综合创新 4 个平台之上,将实验项目分为基础型、综合型、创新型 3 个层次,将实验教学与科研及科技创新活动相结合,通过 1 项综合性的工程实践训练项目使学生学习专业基础知识,增强工程意识和创新精神。紧密结合卓越工程师计划,2012 年教育部批准建设山东大学—山东临工集团国家级工程实践教育中心。

本研究所是高效洁净机械制造教育部重点实验室的主要依托单位之一,拥有精密制造技术与装备山东省高校重点实验室,高效切削加工、石材加工 2 个山东省工程技术研究中心,以及射流加工中心、可持续制造和数控技术 3 个校级研究中心。2013 年 5 月,成立了快速制造国家工程研究中心山东大学增材制造研究中心和现代高效刀具系统及其智能装备协同创新中心。

五、标志性成果

1.艾兴,"晶须与颗粒协同增韧陶瓷刀具材料及其工艺",1999 年获国家发明四等奖。

2.艾兴,"先进陶瓷刀具的研究",1997 年获国家教委科技进步(甲类)二等奖。

3.艾兴,"新型梯度功能陶瓷刀具材料的研制及其切削性能研究",2003 年获山东省科技进步二等奖。

4.黄传真,"新型协同增韧补强多相陶瓷材料的计算机仿真设计和开发应用研究",2003 年获山东省科技进步二等奖。

5.艾兴,"基于切削可靠性的陶瓷刀具设计理论研究",2003 年获教育部提名国家自然科学二等奖。

6.黄传真,"新型陶瓷刀具和陶瓷结构件设计方法与制造关键技术基础研究",2005 年获教育部提名国家自然科学二等奖。

7.李兆前,"陶瓷—硬质合金复合刀片材料及其工艺",1999 年获山东省科技进步二等奖。

8.赵军,"基于高抗热震性的高速切削陶瓷刀具设计制造及切削性能研究",2006 年获教育部高等学校自然科学二等奖。

9.邓建新,"新型陶瓷喷嘴的研制开发及其冲蚀磨损机理研究",2004 年获教育部提名国家科技进步一等奖。

10.邓建新,"高性能长寿命陶瓷喷嘴关键技术的研究及其应用",2007 年获山东省技术发明二等奖。

11.邓建新,"基于切削可靠性的复相陶瓷刀具材料的设计与开发研究",2002 年获山东省自然科学二等奖。

12.邓建新,"添加 TiB_2 的陶瓷刀具材料的摩擦磨损行为研究",1998 年获山东省科技进步(理论成果)二等奖。

13.刘战强,"基于多 Agent 的可重构生产线虚拟仿真研究与应用",2008 年获山东省科技进步二等奖。

14.李剑峰,"钛合金高效加工关键技术研究",2011 年获山东省科技进步二等奖。

15.张进生,"新型石材复合高效加工中心",2011 年获山东省科技进步二等奖。

16.张进生,"直列四缸柴油机二级平衡机构研发及产业化实施",2007 年获山东省科技进步二等奖。

17.张进生,"废弃湿混凝土清洗分离回收站开发及其推广应用",2004 年获教育部提名国家科技进步二等奖。

18.张进生,"石材异型面加工技术与数控成套设备开发",2002 年获教育部提名国家科技进步一等奖。

19.张建华,"硬脆材料成型加工及表面改性和强化技术",2003 年获山东省科技发明二等奖。

20.张建华,"超声振动磨削间隙脉冲放电复合加工新技术研究及设备开发",2004 年获山东省科技进步二等奖。

第二节　机械电子工程研究所

机械电子工程研究所主要培养具备多学科的专业知识,能从事综合性设计、制造与研发工作的高等工程技术人才。毕业生既具备机械设计制造方面的基础理论和专业知识,同时又具备电气控制、信息处理和计算机应用方面的实际技能,毕业后能够从事机电产品的设计制造、新产品的研发、机电设备的检测和技术管理工作。

一、学位点建设

机械电子工程研究所始建于 1992 年,1997 年获得硕士学位授予权,2003 年获得二级学科博士学位授予权。机械电子工程研究所在人才培养、学术研究和技术开发等方面形成了完备的科学体系,建立起一支结构合理、业务水平高、具有创新意识、富有朝气的学术梯队。这个队伍中,既有学术造诣深、教学科研经验丰富的学术带头人,又有一批具有博士学位的中青年学术骨干,为本科生教育、研究生培养和科研工作奠定了坚实的基础,为国家及山东省的经济发展作出了重要贡献。2006 年,机械电子工程学科被山东省教育厅批准为山东省重点学科。

二、研究队伍

机械电子工程研究所现有教职工 16 人,其中教师 14 人,博士后 1 人,实验人员 1 人。国家"万人计划"领军人才 1 人,国家海外高层次人才入选者 1 人,山东大学齐鲁青年学者 1 人,山东大学未来计划学者 1 人。教授 6 人,副教授 8 人,博士后 1 人。15 人具有博士学位,13 人具有国外学术背景。

近五年来,研究所承担了国家级和省部级纵向课题及横向课题 50 多项,取得了一批有代表的理论成果,在包括 Automatica、IEEE TCST、IEEE TMECH、IEEE TIE 等国际机电领域顶级期刊在内的著名刊物上发表 100 余篇高水平论文。授权发明专利 100 余项,有效服务于航空航天、国防军工、国家大科学装置等领域的国家重大战略科技需求,并与大族激光、山重建机有限公司、山推工程机械股份有限公司、三一重机有限公司、豪迈集团等多家公司建立了良好的合作关系,帮助企业解决了多项技术难题与挑战,形成了良好的产学研合作模式,取得了可观的经济与社会效益。

从事机械电子工程专业研究相关人员情况

学术队伍	教授				副教授				"长江学者"特聘教授	国家杰出青年基金获得者	国家"万人计划"领军人才
	总数	其中40岁以下人数	具有国外学术背景人数	具有博士学位人数	总数	其中35岁以下人数	具有国外学术背景人数	具有博士学位人数			
	6	1	6	6	8	1	7	7	0	0	1

科学研究（2011.1～2020.12）	科研经费（万元）	发表论文总数	科研获奖		出版专著教材数	三大检索系统收录论文数	国家、省自然、社科基金项目	部委、省政府级国防重大项目	其他/企事业委托项目	国际合作项目	科研成果转化项目	发明、专利数
			国家级	省部级								
	3650	168	0	3	1	145	20	15	19	0	1	128

机械电子工程研究所研究队伍一览表

姓名	性别	学历/学位	职称/职务	研究方向
闫鹏	男	博士	教授/所长	微纳智能系统
路长厚	男	博士	教授	机电系统的检测、诊断与控制
周以齐	男	博士	教授	机电系统动力学
霍睿	男	博士	教授	机械动力学、振动噪声控制
霍孟友	男	博士	教授	智能控制、机器识别
胡天亮	男	博士	教授	智能制造、数字孪生
陈淑江	男	博士	副教授	机电系统检测诊断与控制、精密机械与智能仪器、润滑理论
李建美	女	博士	副教授	机器视觉与机器学习、激光加工与检测
李学勇	男	博士	副教授/党支部书记	机器人技术、光学检测技术
唐伟	男	硕士	副教授	数控技术、机器人
王爱群	女	博士	副教授/副所长、系副主任	智能检测与控制、信息识别及其自动化控制
卢国梁	男	博士	副教授	动态系统建模与智能云监测、微纳视觉观测与测量
潘伟	男	硕士	副教授	最优控制技术、主动润滑技术
国凯	男	博士	副教授	机器人技术
王海鹏	男	博士	博士后	激光微纳制造与智能操作

三、研究方向

1.微纳操控及纳米制造技术

研究内容：微纳米精度机电系统的测量，伺服控制及操控方法；跨尺度纳米运动控制技术，面向纳米测量，装配和制造的系统设计，分析和集成技术；显微视觉伺服系统中的图像处理，反馈和控制方法；微纳激光制造技术及微纳精度真空沉积技术，面向生物及医疗检测，量子与纳米器件等交叉学科的纳米操作系统和精密科学仪器等。

闫鹏教授 团队

闫鹏，山东大学机械工程学院教授，博士导师，机电研究所所长，国家"万人计划"科技领军人才，科技部中青年科技创新领军人才，国家海外青年特聘专家，国家标准委员会委员，IEEE Transactions on Mechatronics，Mechanical Sciences等国际期刊编委

研究方向：纳米机电系统设计/控制与应用

主要经历：1999-2003　美亥俄立大学，电机与计算机工程系，博士
　　　　　2004-2005　美国俄亥俄州立大学机械工程系，博士后研究员
　　　　　2005-2010　希捷科技，Senior Staff Servo Engineer
　　　　　2010-2012　美国联合技术公司研究中心，Staff Scientist

卢国梁，山东大学机械工程学院副教授，博士导师，山东大学齐鲁青年学者未来计划、特色学科齐鲁杰出师资培育计划、中国振动工程学会转子动力学专委会理事、中国计算机学会计算机视觉专委会理事、ICPHM、PHM、SDPC等重要国际会议组委会委员及Journal of Prognostics and Health Management编委

研究方向：(微)机电系统PHM及可靠性：微纳视觉观测与测量；时序数据挖掘与应用

主要经历：2002.09-2009.07，山东大学，机械电子工程，本硕
　　　　　2009.10-2013.03，日本北海道大学，信息科学研究科，博士
　　　　　2013.02-2013.03，日本北海道大学，信息科学研究科，研究助理
　　　　　2013.09-至今，山东大学，机械工程学院，副教授/硕士生导师

闫鹏教授团队

2.数字孪生与智能控制系统

研究内容：制造系统与医疗系统的数字孪生系统构建方法，包括虚实映射机制、数字孪生机理模型建模方法、孪生数据模型构建方法以及基于数字孪生系统的智能决策机制；云—雾—边缘协同的智能控制系统运行机制，包括云—雾—边缘协同决策机制、安全运行策略以及边缘个性化自适应决策方法；工业以太网总线技术，包括分布式从站实时同步机制、安全冗余通信控制方法以及总线测试技术。

3.智能机器人技术

研究内容：机器人机构动态优化设计理论与方法，刚—柔—软机器人构型设计与刚度调控机制；多传感器信息融合的机器人轨迹规划，状态感知和智能控制；机器人环境多模态感知，自主学习和人机共融；康复/护理/医疗机器人原理、设计、交互控制与人机智能融合；面向智能制造的复杂机器人与机电系统集成技术。

4.精密机械与智能仪器

研究内容：超精密机械及零部件的设计、制造原理与方法；误差测试与精度分析理论、方法及技术；传感器与视觉处理，机电设备的标识、信息识别及其自动化控制；微纳级视觉观测与测量及新型智能光学检测技术；大数据及精密机械可靠性；动态系统建模、预测及智能云监测技术。

胡天亮 教授

学术兼职

山东省智能制造与控制系统工程技术研究中心 **副主任**
山大苏州研究院-苏州逸美德智能制造联合实验室 **主任**
国家标准化管理委员会SAC/TC159/SC1 **副秘书长**
IEC/TC44/PT 60204-34 标准工作组**副组长**
ISO/TC184/SC1/WG10 标准工作组**副组长**
国家标准化管理委员会SAC/TC39、SAC/TC231 **国际标准工作组专家**

胡天亮 博士

教授，博导
齐鲁青年学者

山大机械工程学院
tlhu@sdu.edu.cn
18615187670

个人教育工作经历

1999.09~2003.06	山东大学机械工程学院，机械设计制造及其自动化专业，本科
2003.09~2008.12	山东大学机械工程学院，机械电子工程专业，博士研究生（直博）
2007.02~2008.02	IMS laboratory, University of California, 联合培养
2009.01~2014.08	山东大学 讲师
2014.09~2019.12	山东大学 副教授
2020.01~至今	山东大学 教授

胡天亮教授

5.机电系统检测、诊断与控制

研究内容：机电运动系统的动态检测与建模技术，非线性摩擦的精密测量与补偿控制；复杂机电耦合系统的振动、噪声控制，基于振声检测原理的系统故障诊断理论与技术；机电伺服系统的精密控制，如数控工作台精密定位控制、高速精密主轴系统的预定轨迹控制技术。

6.面向空间操作与探测任务的机电系统设计与控制技术

研究内容：空间柔性机构设计与分析、空间微纳与智能操作、航天器最优变轨控制技术、空间绑体的运动状态监控技术。

7.远程监控技术

研究内容：基于以太网、无线通信网络、电子标签、卫星定位、图像网络摄取及各类别传感器等，研究以嵌入式智能检测对移动物品、设备及人员远程监控管理的技术方法。

8.机电系统虚拟工程

研究内容：虚拟现实技术在机电系统及其产品的设计、分析、控制和性能仿真方面的应用，具体包括复杂机电系统的控制技术及性能仿真、工程机械减振降噪（NVH）、工艺过程的虚拟现实应用、CFD分析及可视化、虚拟工程环境、分布交互式虚拟仿真技术等。

四、研究条件

机电研究所购置了英国雷尼绍激光干涉仪、Cohenrent脉冲激光、德国激光动态测量仪、高速精密滑动轴承试验台、激光微加工设备等一批先进的科研仪器与设备，强化了实验室管理，提高了设备的利用率和使用效益。研究所在教书育人和人才培养方面成果显著，近五年来共培养毕业博士研究生30余人、硕士研究生100余人。

五、标志性成果

1. 路长厚，"CXLY6232系列螺纹车床开发研制"，1996年获山东省科技进步二等奖。

2. 路长厚,"木鱼石器皿切削加工工艺与设备",1997 年获山东省科技进步二等奖。

3. 路长厚,"YP2-60 新型系列数控标牌打印机",2002 年获中国高校(教育部)科技进步二等奖。

4. 路长厚,"新型系列数控标牌打印机",2002 年获教育部提名国家科技进步(推广)二等奖。

5. 周以齐,"新型造纸精浆机恒功率控制技术及装置研究",2002 年获山东省科技进步二等奖。

6. 胡天亮,"面向复杂数控装备的检测评估关键技术及标准体系",2020 年获国家科学技术进步奖二等奖。

7. 胡天亮,"EtherMAC 网络化运动控制关键技术及系列装备",2020 年获山东省科学技术发明奖一等奖。

8. 胡天亮,"机械装备控制系统实时通信关键标准及其测试装置",2020 年获中国机械工业科学技术奖科技进步一等奖。

9. 胡天亮,"数控机床电气设备及系统安全国际标准(IEC TS 60204-34:2016)",2019 年获中国机械工业科学技术奖科技进步一等奖。

10. 胡天亮,"面向数控装备的智能物联数据监测处理关键技术及标准",2018 年获中国机械工业科学技术奖科技进步一等奖。

11. 胡天亮,"高档数控系统标准体系框架研究及关键技术标准制定与应用",2017 年获中国机械工业科学技术奖科技进步一等奖。

12. 胡天亮,"网络化运动控制平台自主关键技术研究及其应用",获山东省高等学校科学技术奖一等奖,第 3 位。

13. 闫鹏,2019 年获评山东省优秀博士论文指导教师。

14. 卢国梁,2019 年获评山东省优秀硕士论文指导教师。

第三节 机械设计及理论研究所

机械设计及理论研究所前身为机械原理及机械零件教研室(组),始建于 1952 年。依托机械设计及理论研究所,2018 年 5 月批准成立"新工科"专业智能机器人与智能装备。机械设计及理论学科及智能机器人与智能装备"新工科"专业主要面向国家和山东省经济社会发展需求,培养具有坚实的基础理论、系统的专门知识和必要的实践技能,能从事机械综合设计、制造与检测,智能机器人设计、制造与研发工作的高等工程技术人才。

一、学位点建设

所在的机械设计及理论学科于 1981 年 8 月首批获得硕士学位授予权,2000 年 12 月获得二级学科博士学位授予权。研究所强化机械专业基础课程教学的中心地位,深化教学改革,加强教学建设,创新人才培养模式,突出课程专业内涵和特色发展,全面提高本科生教学质量和研究生的培养质量,培养出一批富有创新意识的高水平的博士生、硕士生和本科生。现有硕士研究生 30 余人,博士研究生 10 余人。近年获教育部研究生学术新人奖 1 项,获批山东省优秀博士学位论文奖 1 篇、山东大学优秀博士学位论文奖 1 篇和山东大学优秀硕士学位论文奖 6 篇。

二、研究队伍

现有专任教师 12 人,其中教授 5 人、副教授 5 人、副研究员 1 人、助理研究员 1 人,12 人具有博士学位,9 人具有国外学术背景,1 人入选新世纪优秀人才计划。研究所建设了年龄和知识结构合理、富有献身精神、思想素质好、学术造诣深、教学水平高,以中青年博士生导师、教授为骨干,以年轻博士为主体的高水平学术梯队。营造了宽松学术环境,发挥教学科研人员积极性,按照研究方向配备和设置关键学术岗位,优化主要学术骨干知识结构。通过有计划地选派教师出国进修和合作研究,以及制订特殊政策、创造良好的工作条件等措施,培养和引进优秀的青年学术带头人和学术骨干,形成了一支求真务实、学术思想活跃、知识和年龄结构合理的学术队伍。

研究所教师在进行座谈交流

研究所教师学习考察活动

机械设计及理论研究所研究队伍列表

姓名	性别	学历/学位	职称/职务	研究方向
张勤河	男	博士研究生	教授/所长	1.非传统加工技术及设备 2.产品数字化设计制造与虚拟样机技术 3.组织切削理论及医疗装备设计开发
葛培琪	男	博士研究生	教授	1.高性能滚动轴承基础研究 2.晶体材料固结磨料线锯精密切割技术 3.磨削加工理论与应用技术 4.换热器内流体诱导振动强化换热 5.摩擦学及机械动密封
孟剑锋	女	博士研究生	教授	1.晶体材料加工技术与机理研究 2.虚拟现实、三维可视化、数字样机技术 3.机械动力学
刘含莲	女	博士研究生	教授	1.新型高性能陶瓷刀具 2.难加工材料的高效切削 3.刀具磨损、破损可靠性、切削仿真
牛军川	男	博士研究生	教授	1.振动噪声控制 2.机械动力学 3.机器人学 4.智能材料和结构 5.机械设备的故障诊断
张洪才	男	博士研究生	副教授	机械可靠性
刘文平	男	博士研究生	副教授/书记	1.产品数字化设计技术 2.制造系统建模与仿真
张磊	男	博士研究生	副教授/副所长	1.可控磨削与磨削强化技术 2.磨削液润滑与冷却 3.制造加工过程数值模拟与仿真
杨富春	男	博士研究生	副教授/副书记	1.机械动力学 2.机电一体化 3.检测与试验技术 4.仿生
高玉飞	男	博士研究生	副教授/副所长	1.晶体线锯切割理论与技术 2.精密超精密加工理论 3.超硬磨料磨具制造技术
岳晓明	男	博士研究生	副研究员/系主任	1.电火花/电化学加工理论及技术
陈龙	男	博士研究生	助理研究员/研究所秘书	1.复合材料结构设计与分析 2.石墨烯改性技术研究 3.形状记忆材料研究 4.低能耗防/除冰技术研究

三、研究方向

机械设计及理论研究所长期以来形成了现代设计方法及理论,数字化设计及虚拟样机技术,机械振动噪声分析、监测与控制,新能源转换技术与设备节能设计理论四个主要研究方向,承担了多项国家科技重大专项、"973"计划、"863"计划、国家自然科学基金项目、国防预研项目、教育部及山东省和企业等资助的重大课题。其中部分项目通过科技成果转化,创造了良好的经济和社会效益,主要研究方向达到国内领先水平,部分达到国际先进水平。

四、研究条件

机械设计及理论学科2011年6月批准为山东省重点学科,拥有2个山东省工程技术研究中心,即生物质能源工程技术研究中心和冶金设备与工艺数字化工程技术研究中心。学科近年来承担国家"973"计划、国家"863"计划、国家科技支撑计划、国家自然科学基金、山东省科技发展项目等多项研究课题。现有重大仪器多台,价值约210万元。

五、标志性成果

获国家科技进步二等奖1项,山东省科技进步一等奖2项,山东省科技进步二等奖、三等奖、山东高等学校优秀科研成果奖、济南市科技进步奖多项。

标志性成果

序号	项目名称	项目完成人	获奖时间	获奖名称、等级
1	农林废弃物清洁热解气化多联产关键技术与装备	董玉平	2015.12	国家科技进步二等奖
2	规模化固定床生物质热解气化技术开发及其产业化	董玉平	2011.12	山东省科技进步奖一等奖
3	无料钟炉顶溜槽传动装置的研制	陈举华	2002.09	山东省科技进步奖一等奖

部分获奖证书

第四节　计算机辅助设计与制造(CAD/CAM)研究所

计算机辅助设计与制造(CAD/CAM)研究所承担机械设计及其自动化和工业工程 2 个本科方向的教学和人才培养,负责机械制造工业工程学位点的建设和研究生教学与培养。在人才培养、学术研究和技术开发等方面形成了完备的科学体系,拥有山东省绿色制造工程技术中心、CAD 省级重点实验室,以及 CAD 省级工程技术中心、产品生命周期管理技术和可持续制造校级研究中心。具有一支年龄、学历、学缘、知识结构合理和学术造诣深的教师队伍,现有教师 17 人。

一、学位点建设

2004 年获批制造系统信息工程博士、硕士学位授予权,2014 年更名为机械制造工业工程。每年招收研究生 20 人左右。

二、研究队伍

具有一支年龄、学历、学缘、知识结构合理和学术造诣深的教师队伍。现有教师 17 人,其中教授(含研究员)6 人、副教授 8 人、讲师 3 人,12 人具有博士学位,8 人具有国外学术背景。教师中具有博士学位的比例达 70%,具有国外学术背景的比例达 47%。

教师情况

姓名	性别	学历/学位	职称/职务	研究方向
高琦	女	博士	教授/所长	产品生命周期管理、智能设计
王建明	男	博士	教授	无网格法、有限元法
徐志刚	男	博士	教授	技术创新 triz 理论与软件、智能 CAD
李方义	男	博士	教授	绿色设计、绿色制造
韩云鹏	男	硕士	教授	虚拟现实、三维可视化、数字样机
田广东	男	博士	研究员	汽车智能拆解、优化算法
马金奎	男	博士	副教授	流体动力润滑、振动、噪声测试与诊断
于珍	女	博士	副教授	创新系统与管理、供应链与产业集群
霍志璞	男	博士	副教授	人因工程、精益生产
李沛刚	男	博士	副教授/副所长	创新设计、数字化制造与自动化控制
王黎明	男	博士	副教授/党支部书记	刀具 CAD/CAM、绿色设计
王兆辉	男	硕士	副教授/副所长	生产系统建模仿真优化、CAD/CAM
马宗利	男	硕士	副教授	机器人
马嵩华	女	博士	副教授	产品设计理论、知识工程
刘刚	男	博士	讲师/副所长、系副主任	制造业信息化
田良海	男	硕士	讲师	CAD/CAM/CAE
查黎敏	女	硕士	讲师	CAD/CAM/CAE

三、研究方向

机械制造工业工程是以机械制造系统为研究对象,依赖机械工程、计算机与微电子工程、信息工程、管理工程等多学科知识的综合和支持,应用数学、物理和社会科学的专门知识与技能,并且使用工程分析的原理和方法,进行系统的研究、规划、设计、制造、试验、管理和运筹,对系统可能取得的成果予以阐述、预测和评价。该学科属工程技术与管理技术交叉的复合型工程领域,是唯一的一门以系统效率和效益为目标的工程技术。经过长期发展,形成了 4 个主要的研究方向。

1.制造系统优化与仿真

基于系统论、信息论和控制论,对制造系统物质流、能量流和信息流三方面综合考虑,探索制造系统新的组织结构与管理方式;以装备制造生产过程为对象,研究生产过程控制与优化,基于知识的制造系统的调度,实时优化调度,质量控制与成本控制的理论与方法。

动车载水箱强度分析

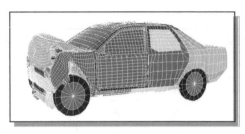

车辆碰撞仿真分析

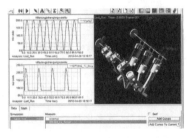

基于 SPH 法的水射流加工数值模拟

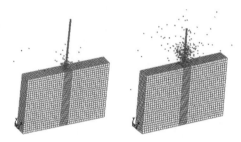

6 缸发动机动力学仿真

2.制造信息集成技术

研究产品生命周期相关数据和过程的管理理念及方法,支持虚拟产品开发全过程的集成化系统。重点研究支持产品创新的知识管理和流程优化,虚拟产品建模、分析、仿真、优化,分布式计算和服务等理论、方法及应用。

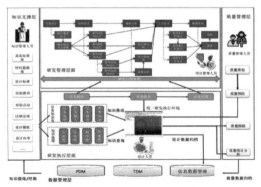

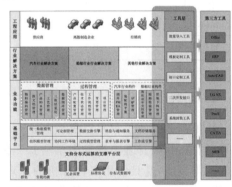

产品创新的数据管理、知识管理和流程优化

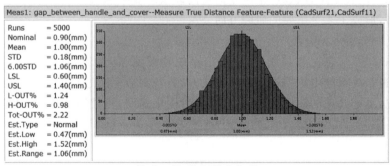

尺寸工程、装配精度仿真

3.绿色制造与再制造

综合考虑环境影响和资源消耗的现代制造模式,其目标是使得产品从设计、制造、包装、运输、使用到报废处理的整个生命周期中,对环境负面影响最小,资源利用率最高,并使企业经济效益和社会效益协调优化。

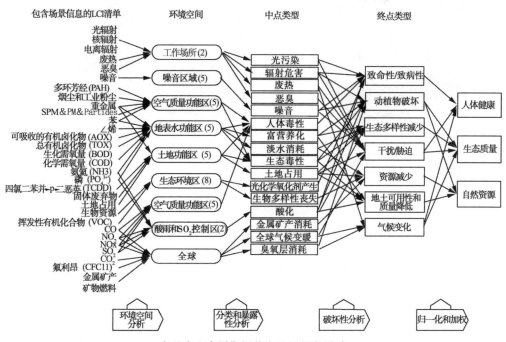

产品全生命周期评价方法及绿色设计

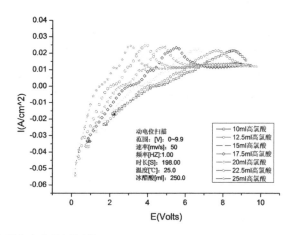

再制造剩余寿命检测评估

4.制造系统信息检测与分析技术

重点研究机电产品动态设计与性能分析技术、机器视觉、智能检测、智能诊断与监控技术、虚拟仪器与虚拟检测在机械产品制造和使用过程中的应用。

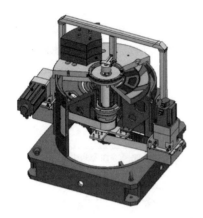

新型动静压差动转台

四、研究条件

CAD/CAM 研究所拥有山东省绿色制造工程技术中心、CAD 省级重点实验室,CAD 省级工程技术中心、产品生命周期管理技术和可持续制造校级研究中心,设有工程软件实验室、工业工程专业实验室。拥有先进的 CAD/CAPP/CAM/CAE 数字化设计分析系统,PDM、ERP 等数字化管理系统,工业工程系统软件,可重组精益制造系统实训平台等软硬件环境,能满足教学、实验、科研的需求。

五、标志性成果

近年来,CAD/CAM 研究所在科研方面取得了丰硕的研究成果。承担多项国家重点研发计划、"973"计划、"863"计划、国家科技重大专项、国家科技支撑计划、国家自然科学基金等在内的国家级和省部级科研项目、企业合作项目,授权专利 50 余项,获得山东省科技进步奖、中国机械工业科学技术奖等 5 项。研究成果、开发的技术与装备已广泛应用于航空航天、汽车、工程机械、通用机械、建筑等领域,取得了巨大的经济效益和社会效益,为国家及山东省的经济发展作出了重要的贡献。

第五节　车辆工程研究所

山东大学车辆工程专业成立于 1993 年。车辆工程专业具有学士、硕士、博士授予权,在人才培养、学术研究和技术开发等方面形成了完备的科学体系。车辆工程研究所注重校企合作,先后成立了山大五征汽车工程技术研究中心、山大福田汽车工程研究中心、国机智骏山东大学新能源汽车技术研究中心、山大中宇高端节能装备研究中心、山大丰县电动车关键技术研究院等多个校企联合研发平台。

一、学位点建设

车辆工程学科于 2002 年获得硕士学位授予权,2003 年获得博士学位授予权。多年来,学位点始终以培养车辆工程及相关领域高层次创新型工程人才为目标,面向国家及地区汽车产业发展需求,跟踪汽车先进技术发展动向,以服务地方汽车及相关产业发展为专业应用背景,提出高素质、创新型工程技术人才培养目标,建立了具有专业特色的研究生课程体系,重视师资队伍建设和人才培养体系建设,形成了经验丰富的专业教学以及科学研究梯队,建设了国家级、省部级及校级专业实验平台,构建了人才培养反馈机制。已培养车辆工程专业全日制硕士、博士研究生210余人。很多毕业的学生已成为中国一汽研究院、中国重汽集团等国有大型汽车企业管理、技术中坚力量。近年来与中国重汽集团、北汽福田、潍柴动力、山东五征、山东临工集团等20多家企业进行产学研合作,为企业培养了大批工程硕士研究生,为国家及山东省的经济发展作出了巨大贡献。

二、研究队伍

车辆工程研究所共有教师15人,其中博导5人(兼职博导2人),教授(含研究员)、副教授12人,具有博士学位14人,获得国外博士学位3人,具有海外、出国经历人员5人,是一支优秀的专业师资队伍。

教师情况

姓名	性别	学历/学位	职称/职务	研究方向
谢宗法	男	工学博士	教授/所长	发动机
王增才	男	工学博士	教授	车辆工程
张强	男	工学博士	教授	车辆工程
孙玲玲	女	工学博士	教授	振动噪声控制
宋现春	男	工学博士	教授	机械制造
李瑞川	男	工学博士	研究员	车辆工程
胡伟	男	工学博士	教授	新能源汽车
朱向前	男	工学博士	研究员/系主任	车辆工程
常英杰	男	工学博士	副教授	发动机
李燕乐	男	工学博士	副教授/支部书记	车辆工程
仲英济	男	工学博士	副教授	车联网
王亚楠	男	工学博士	副教授	新能源汽车
于奎刚	男	工学博士	讲师	车辆工程
张洪浩	男	工学博士	助理研究员	车辆工程
彭伟利	男	硕士	工程师	车辆工程

三、研究方向

1. 智能车辆控制技术

该方向应用机器视觉、深度学习、信号处理和压电振动等基本理论和方法,进行汽车高级辅助驾驶系统的研究与开发,包括驾驶员疲劳检测、车道线检测、智能换挡控制策略、振动能量转换系统、车载定位和自主导航等关键技术,提高驾驶的安全性和舒适性。

该研究方向具有惯性导航测试系统、车道偏离监测系统、汽车路况振动模拟试验台、脑氧检测仪、图像开发系统等软硬件设备。

 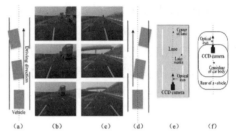

惯性导航测试系统　　　　　　　　　车道偏离监测系统

2. 汽车节能减排与新能源技术

该方向通过全可变气门技术实现阿特金森循环或米勒循环,优化匹配混合动力等新能源汽车的车用动力;研究汽车动力电池分析与管理技术、电池与热管理系统设计方法、电动汽车快速充电技术等,探索车用动力节能减排的新途径。

该研究方向具有完善的发动机试验台检测及控制系统、汽车动力电池充放电测试系统。

 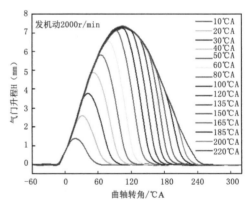

全可变液压气门机构的整体布置　　　　转速 2000r/min 实测气门升程

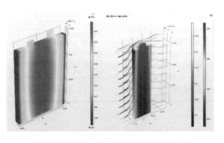 

电池单体热—结构耦合建模分析　　　　电池组热—结构耦合建模分析

3.汽车系统动力学与控制

该方向应用汽车系统动力学理论、振动与噪声分析理论、现代控制理论与设计方法，进行汽车系统结构 NVH 性能分析与研究、车辆底盘集成控制系统设计等。

该研究方向具有汽车电子控制开发系统、自动变速器试验台等软硬件设备。

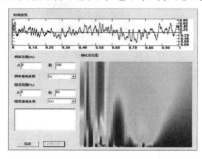 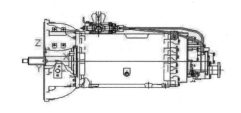

车辆动力学系统控制测试　　　　　　车辆动力学系统控制系统

4. 车身先进成形及装配质量控制技术该方向主要研究车身薄板先进成形工艺研发、成形工艺数值仿真与机理研究、参数优化及装备研发；研究薄板装配制造系统分析与研发、薄板产品数字化设计技术、检测数据分析及偏差诊断方法等。

该研究方向具有数控柔性板材成形设备、三维应变光学测量系统、三维柔性组合工装夹具系统等。

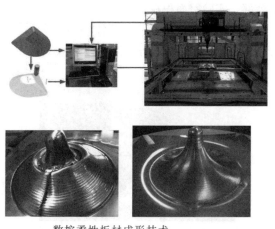 

数控柔性板材成形技术　　　　　　车身装配质量控制技术

5. 物流工程

该方向主要研究内容包括汽车制造业供应链物流系统规划；物流园区、配送中心规划；区域物流业发展战略以及物流技术和设备。

6. 轻量化设计

该方向依托柔性多体动力学理论，借助计算机仿真和物理试验，分析乘用车、商用车、履带工程车辆在多种驾驶工况下，其悬架、车架、曲轴连杆、履带板、销轴等关键零部件的动载荷动应力，进而优化设计部件结构，使其在满足刚度、强度和疲劳寿命基础上，降低零部件质量，平衡零部件的耐久性设计和轻量化设计。

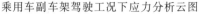

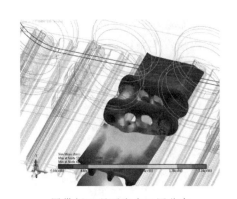

乘用车副车架驾驶工况下应力分析云图	履带板工况下应力云图分布

　　另外，研究所还积极开展对外合作，先后与中国香港理工大学、英国伯明翰大学、澳大利亚阿德莱德大学、澳大利亚昆士兰大学、韩国釜山大学、德国莱布尼茨大学等高校以及科研机构展开合作研究。

四、研究条件

　　车辆工程实验室是山东大学专业实验室之一，具有 300 多万元的实验设备，能完成汽车道路试验、汽车台架试验、汽车排放试验、车用发动机性能试验、汽车操纵性试验、人机工程学试验、汽车道路模拟振动、动力电池性能测试与分析等试验项目。另外，还有汽车拆装实习用的轿车、实习驾驶汽车以及科研用车 10 余部。实验室面积在 400 平方米左右。

　　自成立以来，车辆研究所已培养车辆工程专业本专科学生 950 多名，车辆工程专业硕士、博士研究生 210 余人。很多毕业的学生已成为中国一汽研究院、中国重汽集团等国有大型汽车企业的管理、技术中坚力量。

学生在中国重汽、东风集团等实习

五、标志性成果

在科研方面,车辆工程学科取得了丰硕的研究成绩。近年来,承担国家重点研发计划课题、国家"973"专项、国家自然科学基金、省部级以及企业合作项目 50 多项,发表 SCI、EI 论文 300 多篇,授权发明专利 30 余项。

第六节　过程装备与控制工程研究所

机械工程学院过程装备与控制工程研究所是培养过程装备与控制工程本科专业和化工过程机械研究生专业的教学科研单位,本科招生始于 1985 年,硕士研究生招生始于 1995 年,现有教职工 17 人。教师队伍中,具有国外学术背景比例达 75%。研究所具有山东省特种设备安全工程技术、振动与噪声控制工程技术2 个省级工程技术研究中心,以及山大鲁南超临界流体研究所和山东大学特种设备安全保障与评价研究中心。

一、学位点建设

化工过程机械为山东省重点学科,建立了从本科到博士的完整人才培养体系,具有博士、硕士、学士学位授予权。专业建设 35 年来,二级学科化工过程机械博士点、硕士点已完整培养 200 多名研究生,1600 多名过程装备与控制工程本科毕业生。毕业生声誉良好,为国家社会经济建设和人才培养作出了重要贡献。

二、研究队伍

教授:陈颂英、宋清华、王威强、周慎杰、唐委校、彭程。
副教授:刘燕、杨锋苓、曹阳、王贵超、孙逊、姬丽。
讲师:曲延鹏、王卫国、魏雪松、刘竞婷、玄晓旭。

过程装备与控制工程研究所教师寄语 2020 届毕业生留念

过程装备与控制工程研究队伍一览表

姓名	性别	学历/学位	职称/职务	研究方向
陈颂英	男	博士研究生	教授/过控所所长	流体机械内流分析及结构优化、计算流体力学、金属材料流动腐蚀
宋清华	男	博士研究生	教授/学院副院长	高性能制造、微细制造、生物医用器械
王威强	男	博士研究生	教授	失效与安全服役理论和技术、高效过程设备技术
周慎杰	男	博士研究生	教授	微机械尺寸效应、高效过程装备技术
唐委校	女	博士研究生	教授	振动利用和控制与技术、非线性转子动力学、高效过程装备
彭程	男	博士研究生	教授	流体力学、计算流体力学
刘燕	女	博士研究生	副教授/党支部书记	过程模拟与分析、过程装备安全与风险
杨锋苓	男	博士研究生	副教授/副所长	计算流体力学、流体搅拌混合、过程设备分析与优化
曹阳	男	博士研究生	副研究员	两相流技术、计算流体力学
王贵超	男	博士研究生	副研究员	高精度多相流实验测量、颗粒解析的直接数值模拟
孙逊	男	博士研究生	副研究员	流体力学、计算流体力学、优化设计、水力空化反应器及应用
姬丽	女	博士研究生	副研究员	颗粒分选、计算流体力学、流体机械优化设计
曲延鹏	男	博士研究生	讲师/系副主任	超临界流体技术、过程装备安全工程、压缩机节能技术
王卫国	男	硕士研究生	讲师	计算机模拟与优化控制、过程系统的机理与软测量
魏雪松	男	博士研究生	助理研究员	对转式潮流能水轮机内流机理、计算流体力学、多目标优化
刘竞婷	女	博士研究生	助理研究员	流体噪声控制与应用、多相流、减振降噪
玄晓旭	女	博士研究生	助理研究员	CO_2 的资源化利用、氢能的利用、纳米材料合成

三、研究方向

失效与安全服役理论和技术方向：主要开展与过程设备安全服役理论与技术相关的失效分析、风险分析、安全评定、寿命预测、腐蚀与防护的理论与技术研究和工程应用。

过程设备高效技术研究方向：主要围绕高效过程设备、生物质能源利用及过程设备的数值模拟、虚拟现实过程仿真技术等方面开展相关理论、应用技术及高效设备开发研究。

　　流体机械动态特性及优化技术方向:围绕流体振动利用技术、过程装备动态优化理论与工程应用方法,开展过程设备及管线系统振动抑制、故障诊断及远程在线监控研究。

　　流体机械与控制技术方向:研究流体机械稳态与瞬态流体力学理论,流体机械的数值模拟及结构优化,旋转机械动态性能、动态优化及控制,在役流体机械状态检测与故障诊断。

2020 年 10 月,过控所教师参加中国工程热物理学会主办的学术会议

2016 年 9 月,研究所教师与 2016 级硕士研究生合影

四、研究条件

研究所在科学研究条件建设方面,具有自己的专业特色。拥有一些国内外先进的设备系统和仪器,主要包括应力应变探针系统、常规应力环测试系统、PIV 测试系统、振动测试系统、超临界流体萃取装置、短程分子蒸馏装置、电磁振动试验台、空化射流试验台、X 射线应力分析仪、数据采集分析仪、激光多普勒测试仪、电子万能材料试验机等。

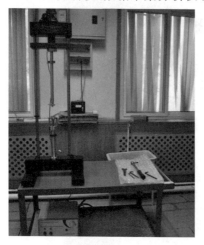
应力应变探针系统

应力环测试系统

五、标志性成果

2014 年,项目成果"层板包扎高压容器剩余寿命评估技术与应用"获得山东省人民政府科技进步奖二等奖。

近五年来,研究所承担了多项国家级、省部级课题及企业横向课题,其中国家"863"项目 2 项、"973"项目 3 项、国家基金 16 项、省部级课题 20 余项、大中型企业 160 余项。获省部级奖 10 余项,发表学术论文 600 余篇。

第七节　现代工业设计研究所

1993 年由教育部批准设立工业设计专业,经过两年的筹备,1995 年开始招收普通工业设计专业理科生,1996 年从制图教研室独立,设立了工业设计教研室,1998 年开始招收工业设计专业艺术类学生。2001 年随新山东大学的专业合并调整,在工业设计教研室基础上设立了现代工业设计研究所和工业设计系。2003 年获山东省首个一级学科设计艺术学硕士授予权,2010 年获工程硕士授予权,2012 年艺术类工业设计专业更名为产品设计专业,并获博士授予权和设立博士后流动站,是国内工业设计办学较早、水平较高的院校之一。2020 年,产品设计专业获批国家级一流本科专业建设点,形成了艺工融合、创新发展的特色,为交叉学科的发展探索出了一条新道路。目前,本学科拥有产品设计(艺术类)本科专业、设计学(一级学科)硕士点、工业设计工程专业硕士点和工业设计博士点,是国内为数不多的、拥有完整设计人才培养体系的高校。

发展历程

一、获奖情况

教学获奖:

2004 年,《工业设计专业特色教学体系改革与实践》,山东省教学成果二等奖。

2007 年,产品设计创新与开发,山东省精品课程。

2009 年,设计制图,山东省精品课程。

2017 年,人人爱设计,国家精品在线开放课程。

2018 年,工业设计史,国家级混合式一流课程。

2018 年,艺术类在线课程开放式建设、共享式教学的改革与创新,山东省教学成果一等奖。

2018 年,"课赛结合 iCAN+iSTAR 任务驱动"创新工程实践慕客空间协同育人新模式,教育部高等教育国家级教学成果奖二等奖。

2018 年,设计创意生活,国家精品在线开放课程。

2020 年,工业设计史,国家级混合式一流课程。

教材获奖:

2005 年,《工业设计工程基础Ⅰ材料及加工技术基础》,高等教育出版社,"十一五"国家级规划教材,山东省级优秀教材。

2005 年,《产品设计快速表现》,国防工业出版社,山东省优秀软科学二等奖。

2006 年,《产品设计》,国防工业出版社,山东省高校优秀教材一等奖。

2007 年,《设计概论》,国防工业出版社,山东省社科成果三等奖。

2009 年,《设计美学》,湖北美术出版社,山东省文化厅人文艺术优秀成果奖。

2011 年,《人机界面设计》,山东大学出版社,"十一五"国家级规划教材。

2017 年,《工业设计史》,高等教育出版社,普通高等学校艺术学科新形态重点规划教材,2020 年山东省高等教育优秀教材。

出版教材:

2005 年,《工业设计工程基础Ⅰ材料及加工技术基础》,高等教育出版社;《产品设计快速表现》,国防工业出版社。

2006 年,《产品设计》《设计制图》《设计管理》,国防工业出版社。

2007 年,《CI 设计》《设计概论》,国防工业出版社。

2009 年,《设计美学》,湖北美术出版社;《色彩静物临摹范本》,上海美术出版社。

2011 年,《人机界面设计》,山东大学出版社。

2014 年,《包装装潢设计》,国防工业出版社。

2015 年,《交互设计》,国防工业出版社。

2017 年,《工业设计史》,高等教育出版社。

教材出版

二、教师队伍及研究方向

截至 2021 年,在职专任教师 14 人、实验员 1 人,其中教授 5 人、副教授 4 人。在专任老师中,博士 11 人、在读博士 2 人。赵英新教授和刘和山教授先后担任教育部工业设计教学指导委员会委员。目前,研究所拥有包括产品设计、交互设计、品牌战略、交通工具设计、传统文化转换设计等在内的多个教学团队,形成了产品、交互和文创三个主要的研究方向。教师队伍学术造诣高,目前已有省级教学名师 1 人,承担国家和省部级社科基金 10 项,获国家级二等和省级一等教学成果奖各 1 项。

教师情况

姓名	性别	职称/职务	学位	研究方向
刘和山	男	教授	博士	产品创新理论与实践
王震亚	男	教授	博士	工业设计理论与方法
范志君	男	副教授/支部书记、副所长	博士	智能康复与适老化设计
解孝峰	男	讲师	博士在读	交通工具设计
王艳东	女	讲师/支部副书记	博士	产品创新设计
郝松	女	讲师	博士	智能汽车人机交互研究、儿童产品开发与可用性研究
刘燕	女	教授/系主任	博士	人机交互、交互设计
宋方昊	男	教授/所长、学科负责人	博士	人机交互、交互设计
闫东宁	女	助理研究员/副所长	博士	用户研究与交互设计

姓名	性别	职称/职务	学位	研究方向
王金军	男	教授	硕士	企业形象设计、产品设计、室内设计
张晓晴	女	副教授	博士	视觉传达设计、传统形态的现代转换
张纪群	男	副教授	博士	日用产品创意设计、文化 & 旅游商品创意产品设计、品牌战略 & 企业文化研究、视觉传达设计
李建中	男	副教授	博士在读	生活产品设计及智能化研究、文创产品设计与研究
鹿宽	男	讲师	博士	文创产品设计研究、中国画理论与实践研究

三、对外交流与合作

研究所大力加强与国内外高校与研究机构的合作与交流，与美国亚利桑那州立大学、美国加州大学、中国台湾高雄大学、中国台湾清华大学、新加坡国立大学、韩国高丽大学、日本熊本大学等几十所高校与研究机构建立了合作关系。

与众多企业建立合作关系，在服务社会方面成绩斐然。近年来，与新加坡 Beyonlab 集团、意大利 IMA 集团、北汽福田、新华医疗、轻骑、小鸭、海尔、海信、新北洋等企业合作，开发新产品 100 余项，创造了良好的经济效益。

研究所现为教育部工业设计教学指导委员会委员单位、中国机械教育协会工业设计教学指导委员会委员单位、中国工业设计协会常务理事单位、中国机械工程学会工业设计分会理事单位、中国图学会计算机辅助设计委员会委员单位、山东省美术设计家协会副主席单位、济南市工业设计学会副主席单位、山东工程图学会工业设计分会主任单位。

第八节　数字化技术研究所

数字化技术研究所的前身为原山东工学院机械系制图教研室，2000 年 7 月原山东工业大学并入山东大学，随后改名为山东大学机械工程学院数字化技术研究所。几十年来，研究生在教学及科研上都取得了丰硕的成果，为国家和社会培养了众多学子。

一、学位点建设

在学科建设方面，20 世纪 80 年代后期研究所被国务院学位委员会授予工程图学硕士研究生学位授予点，1995 年设立了工业设计本科专业，2014 年被授予了机械产品数字化设计博士学位及硕士学位授予点，2018 年设立了智能制造工程系，新建智能制造"新工科"专业，2019 年夏季正式招生。数字化技术研究所负责智能制造专业的建设工作。

二、研究队伍

数字化技术研究所拥有一支年龄、学历、知识和学科结构较合理的教师队伍。现有教师 16 名,其中教授 5 人、副教授 8 人、讲师及助理研究员 3 人;博士生导师 4 人,硕士生导师 14 人。教师中具有博士学位的有 11 人,具有国外学术背景的有 6 人,山东大学齐鲁学者有 2 人。

研究所在教学方面有着精益求精、教书育人的优良传统。被原山东工业大学长期授予教学信得过单位。教师中先后被授予山东省教学名师 1 人、山东工业大学教学名师 2 人、山东大学教学名师 2 人、山东大学青年教学能手 4 人、享受国务院特殊津贴 1 人。

近年来,研究所在科研领域有了突破性的进展。先后主持国家自然科学基金项目、国家重点研发计划、山东省自然科学基金项目、山东省科技攻关项目多项,企业研发项目多项,累计纵横向科研经费 900 余万元。获得山东省科学技术进步奖三等奖 2 项。发表学术论文 400 余篇,其中 SCI、EI 收录 200 余篇,授权国家发明专利 30 余项。

数字化技术研究所队伍一览表

姓名	性别	学历/学位	职称/职务	研究方向
刘日良	男	研究生/博士	教授/所长	数控加工与智能制造
张敏	女	研究生/博士	副教授/支部书记	增材制造技术
周咏辉	男	研究生/博士	副教授/系主任	高速切削机理及刀具
廖希亮	男	研究生/博士	教授	数字化设计与仿真技术
袁泉	男	研究生/博士	教授	数字化设计与仿真技术
刘继凯	男	研究生/博士	教授	增材制造及结构拓扑优化
韩泉泉	男	研究生/博士	教授	增材制造技术
苑国强	男	研究生/硕士	副教授	数字化设计与仿真技术
张明	男	研究生/硕士	副教授	数字化设计与仿真技术
吴凤芳	女	研究生/博士	副教授	表面工程与技术
于慧君	女	研究生/硕士	副教授	表面工程与技术
赵晓峰	男	研究生/博士	副教授	复杂曲面数字化设计与制造
谢玉东	男	研究生/博士	副教授	海洋装备与制造
刘素萍	女	研究生/硕士	讲师	高速切削刀具材料
薛强	男	研究生/硕士	讲师	高速切削刀具材料
李取浩	男	研究生/博士	助理研究员	增材制造及结构拓扑优化

三、研究方向

研究所主要研究方向包括智能数控加工技术、增材制造技术、新能源装备及产品成形模拟与数字化制造技术。

1. 智能数控加工技术

智能数控加工技术主要研究数控编程与数控加工系统的集成与互操作技术,STEP-NC 制造系统的基本理论和关键技术,规划、加工、检测一体的闭环数控加工技术,复杂产品和曲面类零件的高效数控加工方法及专用设备,以及面向特殊产品和工艺的计算机辅助设计和制造技术。

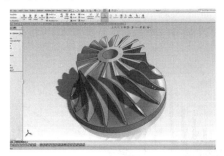

复杂曲面(叶轮、螺杆等)的数字化建模及数控加工

薄壁件数字化建模—工艺规划与数控编程—动力学仿真分析—加工实验及在线监测

2. 增材制造技术

增材制造技术主要研究增材制造高效工艺仿真、增减材复合制造智能工序规划、面向增材制造的结构拓扑优化算法以及高性能金属材料激光增材制造科学与技术,探索增减材复合制造技术在轻量化模具、阀体等复杂零件加工上的应用及性能优势。

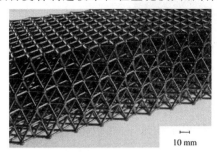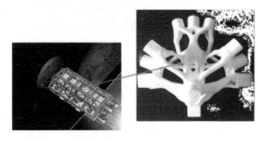

点阵结构性能等效及优化设计　　　　卫星桁架接头设计

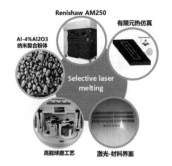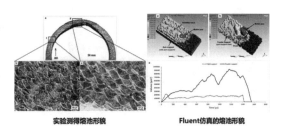

激光增材制造铝基复合材料研究　　　增材制造过程中熔池动力学仿真

3. 新能源装备与机器人研究

新能源装备与机器人研究主要研究新能源装备的设计与制造技术，包括海洋装备与海洋能的开发利用技术，高性能核电阀门、水下石油和燃气钻采设备与驱动器的集成化、轻量化、高可靠性等设计方法，传动系统的非线性振动、冲击、能量等影响的机理与本质特性研究。

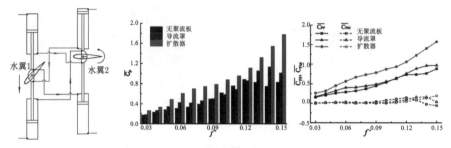

双水翼耦合联动潮流能发电研究　　　　发电功率随振荡频率变化趋势

六自由度机器人

4. 产品成形模拟与数字化制造技术

产品成形模拟与数字化制造技术主要研究复杂产品的计算机辅助设计、分析、制造和仿真技术，包括复杂曲面类零件的构形、计算和数控加工技术，材料成形质量和工模具寿命的影响因素及其作用机理研究，云制造技术等。

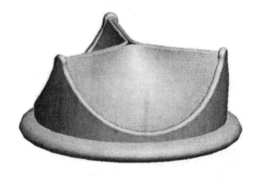

生物瓣膜三维实体造型

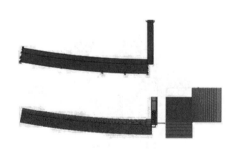

难加工材料铣削模拟

四、研究条件

研究所实验室有激光选区熔化成形设备、高速混合器、激振器系统及试验台、高精度光固化 3D 打印机、金属磁流体发电实验装置、大型控制阀综合实验平台、钢厂废煤气循环发电气稳系统、新型潮流能发电系统、显微维氏硬度计、金相显微镜等科研设备,为开展科研工作与培养学生提供了保障。

学生参加各类科创比赛

五、标志性成果

研究所教师承担的工程制图课程为山东省精品建设课程,机械制图课程为山东大学名牌课程。先后编写讲义 15 部,编写出版教材 20 多部。其中获得省级优秀教材 1 部,入选教育部国家级规划教材 1 部。获教育部教学优秀成果二等奖 1 项,山东省优秀教学成果一等奖 2 项、二等奖 1 项,校级优秀教学成果奖多项。获山东省机械工业科技进步奖一等奖 1 项,山东省高等学校优秀科研成果奖一等奖 1 项、二等奖 1 项。

讲义与教材

第二章 系概况

第一节 制造科学与工程系

2001年1月，随新山东大学专业合并调整，原山东工业大学环境与化工工程学院相关专业调整并入机械工程学院，学院设立了机械制造工程系和机械设计工程系2个系。2004年学院进一步完善系所设置，成立了制造工程系，并于2008年调整为制造科学与工程系，下设机械制造及其自动化、CAD/CAM、机电工程3个研究所。设有机械工程博士后流动站；机械工程一级学科博士点；机械制造及其自动化、机械电子工程、机械制造工业工程3个二级学科博士点和先进制造工程博士点；机械制造及其自动化、机械电子工程、机械制造工业工程3个硕士点；机械工程、工业工程2个专业硕士点。本科专业机械制造及其自动化是国家重点学科、国家"211工程"和"985工程"重点建设学科及山东省重点学科，分别于2006年和2008年被评为山东省品牌专业和国家特色专业，2010年获批第一批卓越工程师教育培养计划。已经建立起"学士—硕士—博士—博士后"的完整人才培养体系。拥有高效洁净机械制造教育部重点实验室，以及精密制造技术与装备、CAD 2个省级重点实验室。2008年机械基础教学实验室被评为国家级机械基础实验教学示范中心，2012年教育部批准建设山东大学—山东临工集团国家级工程实践教育中心。2019年，山东大学本科专业优化调整后，原过程装备与控制工程专业、车辆工程专业和工业工程专业并入机械设计制造及其自动化专业。2020年，获批航空超精密加工、医学植入体增材制造、智能网联汽车三个微专业。

一、本科专业设置

机械设计制造及其自动化专业（大类）培养掌握宽厚的基础理论、扎实的专业基本知识和基本技能，在工程科学、技术方面具有较强的综合创新意识、独立工作能力和团队精神，胜任机电产品的设计制造、研究开发、营销管理等方面的工作和跨学科的合作任务，具备较高的文化素质、良好的职业道德的高级专业人才。

宽厚的基础理论主要体现在具有机械工程领域所需的相关数学、物理、化学、力学等自然科学知识，以及电工、电子、热工、材料学等工程基础知识。

扎实的专业基本知识和基本技能主要体现在掌握从事机械工程技术工作所需要的基本理论和专业知识,了解本专业领域与学科的发展现状、前沿和趋势;掌握本专业在机电产品设计、分析、优化、制造及工程实施等方面的基本科学研究方法和技术手段,具备基本的分析和解决工程问题能力。

综合创新意识体现在学生不仅要具备基础和专业知识及实践能力,而且还要具备人文社会科学素养以及资料搜集、文献检索等运用现代信息技术获取相关信息能力。具有创新的态度和意识,掌握基本的创新方法,能够综合运用所学知识,进行创新性的设计、开发和工程应用研究。

独立工作能力和团队精神主要表现在能够运用所学知识,利用相关资源独立开展工作,分析和解决问题,有大局意识、组织管理能力、表达能力和人际交往能力,具备协作精神和服务精神,在团队中发挥作用。

较高的文化素质、良好的职业道德体现在要具有人文社会科学素养、社会责任感,要具备良好的工程职业道德。

另外,要求学生具有不断学习和适应发展的能力,具有国际视野和跨文化的交流、竞争与合作的能力。

制造科学与工程系的机械设计制造及其自动化专业(大类)下设置七个专业模块方向和三个微专业。

机械制造及其自动化:培养可以综合应用现代机械设计和制造理论、计算机技术、自动化理论进行新产品开发和制造,实践能力、应用能力强的高级工程技术人才;具备科学研究和开发能力的高级研究人才;既精通专业知识,又精通经营管理的高级管理人才。

机械设计及其自动化:培养掌握现代机械设计和制造的基本理论和方法,从事新型机械的研究、开发、试验的高等工程技术人才。毕业生既能掌握传统的机械设计方法,又能掌握计算机应用为主的现代设计方法;既能根据现场需要设计性能良好的机械装置,又能根据市场情况进行面向产品的计算机辅助设计。

机械电子工程:培养具备多学科的专业知识,能从事综合性设计、制造与研发工作的高等工程技术人才。毕业生既具备机械设计制造方面的基础理论和专业知识,同时又具备电气控制、信息处理和计算机应用方面的实际技能。毕业后能够从事机电产品的设计制造、新产品的研发、机电设备的检测和技术管理工作。

工业工程:培养兼具工程技术、企业管理、人文社科等方面的知识和技能,具有较好的外语和计算机能力,能够胜任制造、能源、交通、服务、商业、教育、IT业等一切需要靠复杂系统提供服务的盈利性组织和服务性机构的运营管理,可从事生产、服务系统的规划、设计、评价、创新等工作的高级专门人才。

过程装备与控制工程:培养可以综合应用现代机械设计和增材制造理论、计算机技术、自动化技术进行增材制造工艺与装备的开发和制造,实践能力、应用能力强的高级工程技术人才;具备科学研究和开发能力的高级研究人才;既精通专业知识,又精通经营管理的高级管理人才。

车辆工程:培养具备多学科基本理论知识,具有工程实践能力和创新意识,能够使用先进的计算机辅助技术,在车辆工程领域从事产品的设计开发、生产制造、试验检测、技术管理和应用研究等工作,具备高度的社会责任感、良好的文化素养、开阔的国际视野、个性与人格健全发展的高素质创新型工程技术人才。

卓越工程师培养计划:培养掌握宽厚的基础理论、扎实的专业基本知识和基本技能,在工程科学、技术方面具有较强的综合实践能力、独立工作能力和团队精神,胜任机械产品的设计制造、研究开发、生产系统及工程技术管理等方面的工作和跨学科的合作任务,具备较高的文化素质、良好的职业道德的高级专业人才。

航空超精密加工微专业:培养掌握航空超精密加工方面的基本理论和基本知识,接收从事航空超精密加工领域研究与应用的基本训练,具有从事加工工艺设计、制造、技术开发、科学研究、生产组织和管理等方面工作的基本能力。

医学植入体增材制造微专业:培养具备机械工程、医学工程和材料工程等方面的知识,能从事技术开发、生产技术与经营管理以及工程科学研究等方面的高素质复合型创新型人才。

智能网联汽车微专业:培养系统掌握智能网联汽车相关的基础理论、专门知识和基本技能,能从事智能网联汽车领域从事产品的设计开发、生产制造、试验检测、技术管理和应用研究等工作的高素质复合型创新型人才。

二、教学计划

1.机械设计制造及其自动化专业培养方案(080202,2020 年版)

(1)专业简介

机械设计制造及其自动化专业包含机械制造及其自动化、机械设计及其自动化、机械电子工程、工业工程、过程装备与控制工程、车辆工程六个专业方向和卓越工程师班、国际化教学实验班。

本专业始于 1926 年,是国家级特色专业和第一批实施卓越工程师教育培养计划的专业,2007 年就通过了国际工程教育专业认证,具有自己的学科优势和特色。

学院师资力量雄厚,拥有 3 个国家级实验实践教学平台和 1 个教育部重点实验室,已建立了"学士—硕士—博士—博士后"的完整人才培养体系。设有奖学金和助学金为主的经济资助体系。建立了机械工程大学生创新平台和几十个学生社会实践基地,先后与 10 余所国外知名高校签订了联合培养协议,与国际顶尖企业集团联合定向培养本科生,开设了全英文本科班。

本专业生源稳定良好,覆盖全国 31 个省、市、自治区,入校后允许学生二次选择专业。利用"三跨四经历"培养模式拓展学生视野,通过暑期学校、实践活动、竞赛平台营造良好的求学氛围。

毕业生具备较强的社会竞争力,受到用人单位的欢迎,就业形势良好,拥有推荐免试攻读研究生和国外继续深造机会,许多毕业生已成为机械及相关行业的管理者、创业者和企业家。

专业各方向分流时间为第三学期。

(2)培养目标

面向国家和区域经济社会发展需求、面向机械科技发展前沿,结合山东大学"致力于培养最优秀的本科生"人才培养总体目标,坚持"宽口径、厚基础、促交叉、重创新"的人才培养理念,培养系统掌握机械工程相关的基础理论、专门知识和基本技能,具有从事机械工程领域设计制造、科技开发、工程应用及经济管理等方面的工作能力,具有高度的社会责任感、良好的文化素养、宽厚的专业基础、开阔的国际视野,富有创新创业精神和能力,具备团队精神,个性与人格健全发展的高素质创新型人才。

(3)毕业要求

机械设计制造及其自动化专业学生主要学习机械科学与工程方面的基本理论和基本知识,接受从事机械领域研究与应用的基本训练,具有从事机械产品设计、制造、技术开发、科学研究、生产组织和管理等方面工作的基本能力。

机械设计制造及其自动化专业学生的毕业要求及其指标点分解为:

①能够将数学、自然科学、机械工程基础知识和机械设计制造及其自动化专业的基本理论等知识用于解决复杂机械工程问题。

指标点1.1:能够运用数学、自然科学的基本概念和知识解决复杂机械工程问题。

指标点1.2:能够将机械工程的基础知识和机械设计制造及其自动化的基本理论用于解决复杂机械工程问题。

②具有系统、完整的机械设计、机械制造与机电液控制工程训练及实践经历,能够应用数学、自然科学、机械工程基础知识和机械设计制造及其自动化专业等基本原理,识别、表达并通过文献研究正确分析复杂机械工程问题。

指标点2.1:能够将数学、自然科学的基本概念和知识运用到解决复杂机械工程问题的表达和描述。

指标点2.2:能够针对一个复杂系统或者过程选择一种数学模型,并达到适当的精度要求。

指标点2.3:能够对于模型的正确性进行严谨的推理,并能够给出合理解。

指标点2.4:能够从数学与自然科学的角度对复杂工程问题的解决方案进行分析并改进。

③能够设计和实施复杂机械工程问题的解决方案,具有综合运用理论、技术手段和工具进行机械设计、机械制造及机电液控制的能力;具有对新技术、新工艺和新产品进行设计、研究和开发的能力,并能够体现创新意识,考虑社会、健康、安全、法律、文化以及环境等因素。

指标点3.1:能够设计和实施复杂机械工程问题的解决方案。

指标点3.2:具有综合运用理论、技术手段和工具进行机械设计、机械制造及机电液控制的能力。

指标点 3.3：具有对新技术、新工艺和新产品进行设计、研究和开发的能力。

指标点 3.4：能够在解决机械工程问题的过程中，体现创新意识。

指标点 3.5：能够在解决机械工程问题的过程中，综合考虑社会、健康、安全、法律、文化以及环境等因素。

④具有追求创新的意识，能够综合利用科学原理进行实验设计，并对实验结果进行有效分析。

指标点 4.1：具有追求创新意识，能够综合利用自然科学及机械工程的基本原理进行实验设计。

指标点 4.2：能够综合利用自然科学及机械工程的基本知识对实验结果进行有效分析。

⑤能够针对复杂工程问题，开发、选择与使用恰当的技术、资源、现代工程工具和信息技术工具，包括对复杂工程问题的预测与模拟，并能够理解其局限性。

指标点 5.1：针对复杂机械工程问题，能够选择和使用恰当的技术、工具和资源，对复杂工程问题进行预测和模拟。

指标点 5.2：能够针对复杂机械工程问题的预测与模拟要求开发或设计相关工具。

指标点 5.3：能够了解当前技术、资源及相关工具的局限性。

⑥能够基于工程相关背景知识进行合理分析，评价专业工程实践和复杂工程问题解决方案对社会、健康、安全、法律以及文化的影响，并理解应承担的责任。

指标点 6.1：能够评价专业工程实践和复杂工程问题解决方案对社会、健康、安全、法律以及文化的影响。

指标点 6.2：能够理解专业工程实践和复杂工程问题解决方案对社会、健康、安全、法律以及文化应承担的责任。

⑦了解与机械专业相关的职业和行业的生产、设计、研究与开发、环境保护和可持续发展等方面的方针、政策和法律、法规，具有资源意识、环境意识、人本意识，能正确认识工程对于客观世界和社会的影响。

指标点 7.1：了解与机械专业相关的职业和行业的生产、设计、研究与开发、环境保护和可持续发展等方面的方针、政策和法律、法规。

指标点 7.2：具有资源意识、环境意识、人本意识，能了解机械工程实践与可持续发展的关系及影响。

指标点 7.3：能综合考虑经济、环境、法律、安全、健康、伦理等因素对工程的制约。

⑧具有人文社会科学素养、社会责任感，能够在机械工程实践中理解并遵守工程职业道德和规范，履行责任。指标点 8.1：具有人文社会科学素养、社会责任感。

指标点 8.2：能够在工程实践中理解并遵守工程职业道德和规范，履行责任。

⑨具有一定的组织管理能力、人际交往能力和团队协作能力，能够在多学科背景下

的团队中承担个体、团队成员以及负责人的角色。

指标点 9.1：具有一定的组织管理能力。

指标点 9.2：具有一定的人际交往能力以及团队协作能力，能够在多学科背景下的团队中承担个体、团队成员以及负责人的角色。

⑩具有较强的表达能力，能够就机械工业复杂工程问题与业界同行及社会公众进行有效沟通和交流，包括撰写报告和设计文稿、陈述发言、清晰表达或回应指令，并具备一定的国际视野，能够在跨文化背景下进行沟通和交流。

指标点 10.1：具有较强的表达能力，能够就机械工业复杂工程问题与业界同行及社会公众进行有效沟通和交流，包括撰写报告和设计文稿、陈述发言、清晰表达或回应指令。

指标点 10.2：具备一定的国际视野，能够在跨文化背景下就复杂工程问题进行有效沟通和交流。

⑪具有从事机械工程工作所需要的经济和管理知识和能力。

指标点 11.1：具有从事机械工程工作所需要的经济和管理知识。

指标点 11.2：具有从事机械工程工作所需要的经济和管理能力。

⑫具有自主学习和终身学习的意识，有不断学习和适应发展的能力。

指标点 12.1：具有自主学习和终身学习的意识。

指标点 12.2：具有不断学习和适应发展的能力。

（4）核心课程设置

高等数学、线性代数、概率论与数理统计、复变函数与积分变换、计算方法、数学建模、大学物理、大学化学、理论力学、材料力学、工程流体力学、热工学、电工及电子学、机械制图与 CAD、机械原理、机械设计、机械制造基础、控制工程基础、工程测试技术、微机原理与应用、人工智能等。

（5）主要实践性教学环节（含主要专业实验）

主要实践性教学环节包括制图综合训练、工程训练（机械）、工程训练（电子）、工程训练（专业）等训练环节，机械工程基础实验、专业实验、综合创新实验，及课程内实验，认识实习、生产实习、毕业实习等实习环节，机械原理课程设计、机械设计课程设计、专业课程设计及毕业论文（设计）。

（6）毕业学分

180 学分。

（7）标准学制

4 年。允许最长修业年限，6 年。

（8）授予学位

工学学士。

（9）各类课程学时学分比例

各类课程学时学分比例

课程性质			课程类别		学分		学时		占总学分百分比（%）	
专业培养计划	必修课	通识教育必修课程	理论教学		24		384		13.33	
			实验教学	课内实验课程	1		32		0.56	
				独立设置实验课程	0	31	0	720	0	17.22
			实践教学	课内实践课程	2		176		1.11	
				独立设置实践课程	4		128		2.22	
		学科平台基础课程	理论教学		35.31		565		19.62	
			实验教学	课内实验课程	0.69		22		0.38	
				独立设置实验课程	1	41	32	747	0.56	22.78
			实践教学	课内实践课程	0		0		0	
				独立设置实践课程	4		128		2.22	
		专业必修课程	理论教学		26.88		430		14.93	
			实验教学	课内实验课程	1.12		36		0.62	
				独立设置实验课程	2	48	64	1106	1.11	26.66
			实践教学	课内实践课程	0		0		0	
				独立设置实践课程	18		576		10	
	选修课	专业选修课程	理论教学		20		320		11.11	
			实验教学	课内实验课程	0		0		0	
				独立设置实验课程	3	28	96	576	1.67	15.56
			实践教学	课内实践课程	0		0		0	
				独立设置实践课程	5		160		2.78	
		通识教育核心课程	理论教学		10		160		5.56	
			实验教学	课内实验课程	0		0		0	
				独立设置实验课程	0	10	0	160	0	5.56
			实践教学	课内实践课程	0		0		0	
				独立设置实践课程	0		0		0	
		通识教育选修课程			2	2	32	32	1.11	1.11
专业培养计划学分合计					160		3341		88.89	
重点提升计划			理论教学		5.5		152		3.06	
			实验教学	课内实验课程	0		0		0	
				独立设置实验课程	0	8	0	264	0	4.45
			实践教学	课内实践课程	0.5		16		0.28	
				独立设置实践课程	2		96		1.11	
创新实践计划			理论教学		0				0	
			实验教学	课内实验课程	0				0	
				独立设置实验课程	0	4			0	2.22
			实践教学	课内实践课程	0				0	
				独立设置实践课程	4				2.22	

续表

课程类别		课程名称				理论教学	0				0		

拓展培养计划	实验教学	课内实验课程	0	8		0	4.44
		独立设置实验课程	0			0	
	实践教学	课内实践课程	0			0	
		独立设置实践课程	8			4.44	
毕业要求总合计			180		3605		100

注：专业选修课程只需填写最低修业要求学分与学时数据。

（10）机械设计制造及其自动化专业课程设置及学时分配表

机械设计制造及其自动化专业课程设置及学时分配表

课程类别	课程号/课程组	课程名称	学分数	总学时	总学时分配				考核方式	开设学期	备注
					课内教学	实验教学	实践教学	实践周数			
通识教育必修课程	sd02810450	毛泽东思想和中国特色社会主义理论体系概论	5	96	64		32		考试	1～6	第6学期
	sd02810460	中国近现代史纲要	3	64	32		32		考试	1～6	第1学期
	sd02810380	思想道德修养与法律基础	3	48	48				考试	1～6	第2学期
	sd02810350	马克思主义基本原理概论	3	48	48				考试	1～6	第4学期
	00070	大学英语分级课组	4	120	64		56		考试	1～2	课外56学时
		大学英语提高课组	4	120	64		56		考试	3～4	课外56学时
	sd01611810	计算思维	3	64	32	32			考试	1～2	第1学期
	sd02910630	体育（1）	1	32			32		考查	1	
	sd02910640	体育（2）	1	32			32		考查	2	
	sd02910650	体育（3）	1	32			32		考查	3	
	sd02910660	体育（4）	1	32			32		考查	4	
	sd06910010	军事理论	2	32	32				考试	1～2	第1学期
	sd02810390	当代世界经济与政治（双语）	2	32	32				考查	1～4	选修
		小　计	31	720	384	32	304	0			课外112学时
通识教育核心课程	00051	国学修养课程模块	2	32	32					1～6	任选2学分
	00052	创新创业课程模块	2	32	32					1～6	任选2学分
	00053	艺术审美课程模块	2	32	32					1～6	任选2学分
	00054（00056）	人文学科（或科学技术）课程模块	2	32	32					1～6	任选2学分
	00055（00057）	社会科学（或信息社会）课程模块	2	32	32					1～6	任选2学分
		小　计	10	160	160	0	0	0			
通识教育选修课程	00090	通识教育选修课程组	2	32	32					1～6	任选2学分
		小　计	2	32	32	0	0	0			

			编号	课程名称	学分	学时	讲课	实验	上机/实践	周数	考核	学期	备注
学科平台基础课程			sd00920120	高等数学（1）	5	80	80				考试	1	
			sd00920130	高等数学（2）	5	80	80				考试	2	
			sd00920060	线性代数	2	32	32				考试	3	
			sd00920010	概率论与数理统计	2	32	32				考试	3	
			sd00920040	复变函数与积分变换	2	32	32				考试	4	
			sd00922370	计算方法	2	32	32				考试	5	
			sd01621920	Mathematical Modeling	2	32	32				考试	4	
			sd01020140	大学物理	4	64	64				考试	2	
			sd01020030	大学物理实验 I	1	32		32			考查	3	
			sd01120020	大学化学 II	2	32	32				考试	2	
			sd02021410	理论力学	3	48	48				考试	3	
			sd02032530	材料力学	3	51	45	6			考试	3	
			sd01921340	电工及电子学（1）	2	36	28	8			考试	3	
			sd01931320	电工及电子学（2）	2	36	28	8			考试	4	
			sd07030280	工程训练（机械）	3	96			96	3	考查	3	
			sd07030300	工程训练（电子）	1	32			32	1	考查	3	
				小　计	41	747	565	54	128	4			
专业教育课程	专业基础课程		sd01632600	新生研讨课	1	32			32		考查	1	
			sd01632680	机械制图与 CAD(1)	3	48	48				考试	1	
			sd01632720	机械制图与 CAD(2)	2	32	32				考试	2	
			sd01632100	工程流体力学	2	32	32				考试	4	
			sd01821020	热工学 I（工程热力学+传热学）	2	32	32				考试	4	
			sd01632460	制图综合训练	1	32			32	1	考查	2	课外 1 周
			sd01631940	机械工程基础实验	2	64			64	0	考查	5	
				小　计	13	272	144	0	128	1			
	专业必修课程	专业核心课程	sd01620740	机械原理	3	52	44	8			考试	3	
			sd01620670	机械设计	3.5	60	52	8			考试	4	
			sd01621930	机械制造基础 I	2	32	32				考试	4	
			sd01633120	机械制造基础 II	2.5	40	40				考试	5	
			sd01633200	控制工程基础	2	34	30	4			考试	5	
			sd01633100	工程测试技术	2	36	28	8			考试	5	
			sd01632340	微机原理与应用	2	36	28	8			考试	5	
			sd01632630	人工智能	2	32	32				考试	5	
			sd01630750	机械原理课程设计	1	32			32	1	考查	3	
			sd01630720	机械设计课程设计	3	96			96	3	考查	4	
			sd01631200	认识实习	1	32			32	1	考查	3	
			sd01631420	生产实习	2	64			64	2	考查	6	课外 1 周
			sd01630160	毕业实习	1	32			32	1	考查	8	课外 1 周
			sd01632470	毕业论文（设计）	8	256			256	8	考查	8	课外 10 周
				小　计	35	834	286	36	512	16			

续表

	代码	课程名称	学分	总学时					考核方式	学期	备注
专业选修课程	专业限选课程	16021	机械制造及其自动化方向限选模块								
		sd01631010	气动与液压技术	2	32	32				考试	5	
		sd01633130	金属切削原理与刀具	2	32	32				考试	5	
		Sd01632370	现代制造装备设计	2	32	32				考试	5	
		sd01631460	数控技术	2	32	32				考试	6	
		sd01633090	机械制造工艺与夹具	2	32	32				考试	6	
		sd01632381	先进制造技术（双语）	2	32	32				考试	6	
		sd01631810	专业课程设计	3	96			96	3	考查	6	课外1周
		sd01631950	专业实验	2	64		64			考查	6	
		sd01631960	综合创新实验	1	32		32			考查	7	课外32
		sd01632980	工程训练（专业）	2	64			64	2	考查	7	课外1周
		小　计		20	448	192	96	160	5			
		16022	机械设计及其自动化方向限选模块								
		sd01631540	现代设计方法	3	48	48				考试	5	
		sd01632970	CAD与TRIZ理论与技术	3	48	48				考试	5	
		sd01630730	机械系统设计	2	32	32				考试	6	
		sd01631690	制造业信息化技术	2	32	32				考试	6	
		sd01632381	先进制造技术（双语）	2	32	32				考试	6	
		sd01631810	专业课程设计	3	96			96	3	考查	6	课外1周
		sd01631950	专业实验	2	64		64			考查	6	
		sd01631960	综合创新实验	1	32		32			考查	7	课外32
		sd01632980	工程训练（专业）	2	64			64	2	考查	7	课外1周
		小　计		20	448	192	96	160	5			
		16023	机械电子工程方向限选模块								
		sd01631010	气动与液压技术	2	32	32				考试	5	
		sd01630610	机电传动控制	2	32	32				考试	5	
		sd01630760	机械振动与控制	2	32	32				考试	5	
		sd01633290	机电伺服控制系统设计	2	32	32				考试	6	
		sd01633300	机电一体化机械系统设计	2	32	32				考试	6	
		sd01632230	机电系统先进技术及案例分析	2	32	32				考试	6	
		sd01631810	专业课程设计	3	96			96	3	考查	6	课外1周
		sd01631950	专业实验	2	64		64			考查	6	
		sd01631960	综合创新实验	1	32		32			考查	7	课外32
		sd01632980	工程训练（专业）	2	64			64	2	考查	7	课外1周
		小　计		20	448	192	96	160	5			
		16024	工业工程方向限选模块								
		sd01633140	运筹学	2	32	32				考试	5	
		sd01633150	人因工程	2	32	32				考试	5	
		sd01631700	质量管理与控制	2	32	32				考试	5	
		sd01631390	设施规划与物流分析	2	32	32				考试	6	
		sd01631690	制造业信息化技术	2	32	32				考试	6	
		sd01631410	生产计划与控制	2	32	32				考试	6	

续表

sd01631810	专业课程设计	3	96			96	3	考查	6	课外1周
sd01631950	专业实验	2	64		64			考查	6	
sd01631960	综合创新实验	1	32		32			考查	7	课外32
sd01632980	工程训练（专业）	2	64			64	2	考查	7	课外1周
	小　计	20	448	192	96	160	5			
16025		过程装备与控制工程方向限选模块								
sd01632550	化工原理	3	48	48				考试	5	
sd01630480	过程流体机械	3	48	48				考试	5	
sd01633000	过程设备设计	4	64	64				考试	6	
sd01632130	过程自动化及仪表	2	32	32				考试	6	
sd01631810	专业课程设计	3	96			96	3	考查	6	课外1周
sd01631950	专业实验	2	64		64			考查	6	
sd01631960	综合创新实验	1	32		32			考查	7	课外32
sd01632980	工程训练（专业）	2	64			64	2	考查	7	课外1周
	小　计	20	448	192	96	160	5			
16026		车辆工程方向限选模块								
sd01633160	汽车构造	3.5	56	56				考试	5	
sd01631040	汽车发动机原理	2	32	32				考试	5	
sd01631930	汽车理论	2.5	40	40				考试	6	
sd01631110	汽车设计	2	32	32				考试	6	
sd01632000	汽车试验学	2	32	32				考试	6	
sd01631810	专业课程设计	3	96			96	3	考查	6	课外1周
sd01631950	专业实验	2	64		64			考查	6	
sd01631960	综合创新实验	1	32		32			考查	7	课外32
sd01632980	工程训练（专业）	2	64			64	2	考查	5	课外1周
	小　计	20	448	192	96	160	5			
16027		卓越工程师班限选模块								
sd01631010	气动与液压技术	2	32	32				考试	5	
sd01633130	金属切削原理与刀具	2	32	32				考试	5	
Sd01632370	现代制造装备设计	2	32	32				考试	5	
sd01631460	数控技术	2	32	32				考试	6	
sd01630810	机械制造工艺与夹具	2	32	32				考试	6	
sd01632381	先进制造技术（双语）	2	32	32				考试	6	
sd01631810	专业课程设计	3	96			96	3	考查	6	课外1周
sd01631950	专业实验	2	64		64			考查	6	
sd01631960	综合创新实验	1	32		32			考查	7	课外32
sd01632980	工程训练（专业）	2	64			64	2	考查	7	课外1周
	小　计	20	448	192	96	160	5			
16028		国际化教学实验班限选模块								
sd01631010	气动与液压技术	2	32	32				考试	5	
sd01630610	机电传动控制	2	32	32				考试	5	
sd01630760	机械振动与控制	2	32	32				考试	5	
sd01633290	机电伺服控制系统设计	2	32	32				考试	6	

	sd01633300	机电一体化机械系统设计	2	32	32				考试	6	
	sd01632230	机电系统前沿技术	2	32	32				考试	6	
	sd01631810	专业课程设计	3	96			96	3	考查	6	课外 1 周
	sd01631950	专业实验	2	64		64			考查	6	
	sd01631960	综合创新实验	1	32		32			考查	7	课外 32
	sd01632980	工程训练（专业）	2	64			64	2	考查	7	课外 1 周
		小　计	20	448	192	96	160	5			
专业任选课程	sd01630020	CAD/CAM/CAE 技术	2	32	32				考查	7	
	sd01630040	Design for Manufacture	2	32	32				考查	7	
	sd01630050	Manufacturing Process Technology	2	32	32				考查	7	
	sd01630060	MATLAB 编程与应用	2	32	32				考查	7	
	sd01630280	单片机应用系统设计	2	32	32				考查	7	
	sd01630300	电器与可编程序控制器	2	32	32				考查	7	
	sd01632310	粉体工程与机械	2	32	32				考查	5	
	sd01630330	高效与精密加工技术	2	32	32				考查	7	
	sd01630370	工程经济学	2	32	32				考查	5	
	sd01630430	工业工程	2	32	32				考查	7	
	sd01632060	供应链管理	2	32	32				考查	7	
	sd01630490	过程设备安全技术	2	32	32				考查	7	
	sd01630500	过程设备焊接结构	2	32	32				考查	7	
	sd01632260	过程设备振动与控制	2	32	32				考查	7	
	sd01632440	过程装备成套技术	2	32	32				考查	7	
	sd01632280	过程装备与控制工程进展	2	32	32				考查	7	
	sd01630580	过程装备制造技术	2	32	32				考查	7	
	sd01630600	机电产品的实例分析与设计	2	32	32				考查	7	
	sd01630640	机器人概论	2	32	32				考查	5	
	sd01630830	机械综合实验与创新设计	2	32	32				考查	7	
	sd01630850	计算机高级程序设计	2	32	32				考查	7	
	sd01630880	技术创新(TRIZ)原理与方法	2	32	32				考查	7	
	sd01632180	精益生产	2	32	32				考查	7	
	sd01630960	模具设计与制造	2	32	32				考查	7	
	sd01631000	企业管理	2	32	32				考查	7	
	sd01632570	汽车车身结构与空气动力学设计	2	32	32				考查	7	
	sd01631030	汽车电子技术	2	32	32				考查	7	
	sd01633180	汽车节能技术	2	32	32				考查	7	
	sd01631100	汽车人机工程学	2	32	32				考查	7	
	sd01632530	汽车振动与噪声	2	32	32				考查	5	
	sd01631140	汽车制造工艺学	2	32	32				考查	7	
	sd01631450	生产系统建模与仿真	2	32	32				考查	7	
	sd01631480	特种加工	2	32	32				考查	7	
	sd01631520	系统工程导论	2	32	32				考查	5	

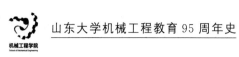

续表

	sd01631560	项目管理	2	32	32				考查	7	
	sd01633310	新能源汽车	2	32	32				考查	7	
	sd01632140	新兴过程工业与装备	2	32	32				考查	5	
	sd01631600	液压与液力传动	2	32	32				考查	7	
	sd01631630	有限元分析	2	32	32				考查	5	
	sd01632290	状态监测与故障诊断	2	32	32				考查	7	
		研究生先修课（1）	2	32	32				考查	8	
		研究生先修课（2）	2	32	32				考查	8	
	小 计		8	128	128	0	0	0			任选8学分
	合计		160	3341	1891	218	1232	26			
重点提升计划	sd02810580	习近平新时代中国特色社会主义思想概论	2	32	32				考查	6	
	sd09010070	形势与政策（1）	0	16	16				考查	1	
	sd09010080	形势与政策（2）	0.5	16	16				考查	2	
	sd09010090	形势与政策（3）	0	16	16				考查	3	
	sd09010100	形势与政策（4）	0.5	16	16				考查	4	
	sd09010110	形势与政策（5）	0	16	16				考查	5	
	sd09010120	形势与政策（6）	1	24	8		16		考查	6	
	sd06910050	军事技能	2	96			96	3	考查	1	
	sd07810220	大学生心理健康教育	2	32	32				考查	1	
	小 计		8	264	152	0	112	3			
创新实践计划	00058	稷下创新讲堂	2						考查		合计修满4学分即可
	00059	齐鲁创业讲堂	2						考查		
		创新实践项目（成果）	2						考查		
	小 计		4								
拓展培养计划		主题教育	1						考查		必修
		学术活动	1						考查		必修
		身心健康	1						考查		选修
		文化艺术	1						考查		选修
		研究创新	1						考查		必修
		就业创业	1						考查		选修
		社会实践	2						考查		必修
		志愿服务	1						考查		必修
		社会工作	1						考查		选修
		社团经历	1						考查		选修
	小 计		8								必修6选修2
	合计		180	3605	2043	218	1344	29			

(11)课程(项目)与毕业要求对应关系表

课程(项目)与毕业要求对应关系表

课程(项目)名称 ＼ 毕业要求	1	2	3	4	5	6	7	8	9	10	11	12
毛泽东思想和中国特色社会主义理论体系概论							H					
中国近现代史纲要			M			H						
大学生心理健康教育								H				
思想道德修养与法律基础			M			M		H				
马克思主义基本原理概论							H					
习近平新时代中国特色社会主义思想概论						M						H
大学英语										H		
体育								H	M			
军事理论								M	H			
形势与政策						H	M					
国学修养课程模块			M									H
创新创业课程模块			M						H			
艺术审美课程模块			M									H
人文学科（或科学技术）课程模块			H									M
社会科学（或信息社会）课程模块			M								H	
通识教育选修课程组								H				
当代世界经济与政治(双语)										H		M
高等数学	H	M										
线性代数	H	M										
概率论与数理统计	H	M										
复变函数与积分变换	H	M										
计算方法	M	M			H							
Mathematical Modeling		H										
大学物理	H	M										

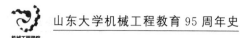
续表

课程（项目）名称＼毕业要求	1	2	3	4	5	6	7	8	9	10	11	12
大学物理实验 I	M			H								
大学化学 II	H	M										
计算思维	M				H							
机械制图与 CAD	H		M		M					M		
理论力学	H											
材料力学	H											
电工及电子学	H											
工程流体力学	H											
热工学 I（工程热力学＋传热学）	H											
新生研讨课										M		H
机械原理	M		H									
机械设计	M		H									
机械制造基础	H		M									
控制工程基础	H	M	M									
工程测试技术	H				M							
微机原理与应用			M		H							
人工智能			M		H							
专业限选课程	M	M	H									
专业任选课程	M		M								M	
军事技能								H	H			
创新实践计划		M	H	M								
拓展培养计划			H					H				M
制图综合训练					H							
工程训练（机械）					H							
工程训练（电子）					H							
工程训练（专业）				H	M							

续表

课程（项目）名称　＼　毕业要求	1	2	3	4	5	6	7	8	9	10	11	12
认识实习							H					
生产实习			M			H	M	H				
毕业实习						M	H					
机械工程基础实验				H								
专业实验				H								
综合创新实验			H	H								
机械原理课程设计				H								
机械设计课程设计				H								
专业课程设计				H						M		
毕业论文（设计）				H	H					M		

注：对应相关度请分别填写"H""M""L"。

（12）大学英语课程设置及学时分配表

大学英语课程设置及学时分配表

类别	课组号	课程号	课程名称	学分数	总学时	总学时分配 课内教学	总学时分配 实践教学	开设学期	备注
大学英语课组		sd03110010	大学基础英语（1）	2	60	32	28	1	新生根据入学英语分级考试结果，分别选修相应课程
		sd03110020	大学基础英语（2）	2	60	32	28	2	
			大学基础英语（3）	2	60	32	28	3	
			大学基础英语（4）	2	60	32	28	4	
		sd03110030	大学综合英语（1）	2	60	32	28	1	
		sd03110040	大学综合英语（2）	2	60	32	28	2	
		sd03110050	通用学术英语（1）	2	60	32	28	1	
		sd03110060	通用学术英语（2）	2	60	32	28	2	

续表

类别	课组号	课程号	课程名称	学分数	总学时	总学时分配		开设学期	备注
						课内教学	实践教学		
大学英语课组			英语提高课程	4	120	64	56	3～4	每个学期任选 2 学分的提高类课程
应修小计				8	240	128	112		课外自主学习 112 学时

注:英文版参照中文版格式单独制作。

2.航空超精密加工微专业培养方案(2020 年版)

(1)专业简介

山东大学航空超精密加工微专业依托机械工程学院。学院拥有机械工程一级学科博士点、8 个二级学科博士点、8 个二级学科硕士点及 4 个工程硕士点。其师资所依托的机械设计制造及其自动化专业是全国首批国家级一流本科专业、全国首批通过国际工程教育认证专业、全国首批卓越工程师教育培养专业、全国首批国家级特色专业。

精密及超精密加工技术是机械制造业中最重要的部分之一,不仅直接影响尖端技术和国防工业的发展,而且还影响机械产品的精度和表面质量,世界各国都将它作为先进制造技术中优先发展的内容。

航空超精密加工专业方向师资力量雄厚,拥有一支年龄结构、学缘结构、知识结构合理,思想素质好、学术造诣深、科研实力强的教师队伍。专业方向科研平台建设成效显著,拥有高效洁净机械制造教育部重点实验室、国家级机械基础实验教学示范中心、高速切削加工与刀具中心和快速制造国家工程研究中心。

航空超精密加工专业主要研究我国航空精密和超精密加工技术的基本理论、加工工艺、加工设备、检测测量技术及环境技术等,在产品需求牵引下,不断发展,在航天领域具有广阔的应用前景。

本微专业旨在培养学生掌握航空超精密加工方面的基本理论和基本知识,接受从事航空超精密加工领域研究与应用的基本训练,具有从事加工工艺设计、制造、技术开发、科学研究、生产组织和管理等方面工作的基本能力。

(2)课程设置

课程的设置具有高阶性、交叉性和挑战性,能够有效地使学生提高专业素养以及就业所需的基本技能。总学分为 16 学分,其中必修课程为 12 学分,选修课程为 4 学分,采用线上线下混合授课模式。

课程设置

课程体系	课程号	课程名称	课程类别	学分	总学时	理论学时	实验学时	实践学时	实践周数	考核方式	课程分类	课程性质	授课语种	开课学期	教学方式
必修课程		超精密加工与特种加工技术	专业限选	2	32	32	0	0	0	考查	理论	必修		春季	线上线下混合
		航空制造技术概论	专业限选	2	32	32	0	0	0	考查	理论	必修		春季	线上线下混合
		飞行器结构设计与制造工艺	专业限选	2	40	24	16	0	0	考查	课内实验课程	必修		春季	线上线下混合
		工程测试技术	专业限选	2	32	32	0	0	0	考查	理论	必修		秋季	线上线下混合
		航天用特殊材料加工技术	专业限选	2	32	32	0	0	0	考查	理论	必修		秋季	线上线下混合
		现代制造工艺基础	专业限选	2	32	32	0	0	0	考查	理论	必修		秋季	线上线下混合
		小计		12	200	184	16	0	0						

课程体系	课程号	课程名称	课程类别	学分	总学时	理论学时	实验学时	实践学时	实践周数	考核方式	课程分类	课程性质	授课语种	开课学期	教学方式
选修课程		机械振动与控制	专业任选	2	32	32	0	0	0		理论	选修			
		CAD/CAM/CAE 一体化制造技术	专业任选	2	32	32	0	0	0		理论	选修			
		超精密加工技术与设备	专业任选	2	32	32	0	0	0		理论	选修			
		微细加工技术	专业任选	2	32	32	0	0	0		理论	选修			
		小计		8	128	128	0	0	0						

（3）师资力量

从学校爱岗敬业、团结协作、拼搏奉献、学术造诣高、教学经验丰富的优秀博士生导师、教授等中青年教师中选聘一批组成高水平的教学梯队来承担课程教学，同时邀请国内航空及超精密领域的业内专家进行授课。

（4）教学安排

本微专业围绕超精密加工制造领域，凝练开设了一系列课程，使学生能够通过灵活、系统的培养，掌握航空超精密加工方面的基本理论和基本知识，接受从事航空超精密加工领域研究与应用的基本训练，具有从事加工工艺设计、制造、技术开发、科学研究、生产组织和管理等方面工作的基本能力，具有高度的社会责任感、良好的文化素养、宽厚的专业基础、开阔的国际视野，富有创新创业精神和能力，具备团队精神，成为个性与人格健全发展的高素质创新型人才。

项目单独编班组织教学，每学期安排 4～6 个学分的课程，在第 5 学期、第 6 学期和暑期进行。授课方式为在线教学，教师使用远程直播互动教室或在线教学平台进行网络直播授课，同时借助学校课程中心平台和中国大学慕课等资源开展混合式教学。定期举办线下相关交流或实践活动。第一期微专业计划于 2020 年 9 月开课。

（5）学费

本微专业学费执行学校相关规定，根据学分收取。

（6）学制、成绩及证书

本微专业课程修读时间为 2～3 学期。成绩单独管理，不计入主修专业成绩单。完成全部课程、修满学分的同学可获得学校颁发的航空超精密加工微专业证书。

（7）招生对象及要求

面向机械工程学院、控制科学与工程学院及材料科学与工程学院三个工科学院及物理学院、数学学院的本科生进行招生，在第 5 学期进行选拔，限制专业人数规模，保证培养质量。首期招生人数在 15 人左右。具体报名条件如下：

①对航空超精密加工的学习有兴趣或有志在该领域从事工作。

②主修专业成绩良好，学有余力。

③综合素质高，具有较强的沟通能力、学习能力及团队合作精神。

（8）班级管理

项目将为参加微专业班的学生配备班主任，全程指导学生的学习和职业规划。

3.医学植入体增材制造微专业培养方案（2020 年版）

（1）专业简介

山东大学医学植入体增材制造微专业依托机械工程学院。学院拥有机械工程一级学科博士点、8 个二级学科博士点、8 个二级学科硕士点及 4 个工程硕士点。其师资所依托的机械设计制造及其自动化专业是全国首批国家级一流本科专业、全国首批通过国际工程教育认证专业、全国首批卓越工程师教育培养专业、全国首批国家级特色专业。医学植入体增材制造微专业可满足医学上对口腔、骨骼修复和移植的个性化需求，集工艺过程、制造技术、控制工程于一体，涵盖多学科的交叉渗透性专业，在生物医用材料领域的增材制造技术中占据重要地位。

医学植入体增材制造微专业师资力量雄厚，拥有一支年龄结构、学缘结构、知识结构合理，思想素质好、学术造诣深、科研实力强的教师队伍。专业旨在培养具备机械工程、医学工程和材料工程等方面的知识，能从事技术开发、生产技术与经营管理以及工程科学研究等方面的高级工程技术人才。

医学植入体增材制造微专业探索了医工学科交叉的新方式，深入研究增材制造在医学领域的应用，在器官移植、骨骼、口腔、外科和皮肤领域具有很大的应用前景。

（2）课程设置

围绕医工学科交叉的核心，设计和打造一批涉及增材制造技能与医学技能等相关课程，实施探究式、讨论式和案例式等教学方法，体现课程的高阶性、交叉性和挑战度。总学分不低于 16 学分，其中必修课程 12 学分，选修课程 4 学分，采用线上线下混合授课模式。

课程设置

课程体系	课程号	课程名称	课程类别	学分	总学时	理论学时	实验学时	实践学时	实践周数	考核方式	课程分类	课程性质	授课语种	开课学期	教学方式
必修课程		检验分析仪器	专业限选	2	32	32	0	0	0	考查	理论	必修		春季	线上线下混合
		医用传感器及图像处理	专业限选	2	32	32	0	0	0	考查	理论	必修		春季	线下集中授课
		医用材料与增材制造新工艺	专业限选	2	32	32	0	0	0	考查	理论	必修		春季	线下集中授课
		临床工程学	专业限选	2	32	32	0	0	0	考查	理论	必修		秋季	线下集中授课
		CAD/CAE/CAM一体化制造技术	专业限选	2	32	32	0	0	0	考查	理论	必修		秋季	线上线下混合
		现代制造工艺基础	专业限选	2	48	16	32	0	0	考查	课内实验课程	必修		秋季	线上线下混合
		小计		12	208	176	32	0	0						

续表

课程体系	课程号	课程名称	课程类别	学分	总学时	理论学时	实验学时	实践学时	实践周数	考核方式	课程分类	课程性质	授课语种	开课学期	教学方式
选修课程		骨科形态与诊断学		2	32	32	0	0	0		理论	选修			
		口腔医学		2	32	32	0	0	0		理论	选修			
		快速原型技术及其应用		2	32	32	0	0	0		理论	选修			
		医学影像仪器及原理		2	32	32	0	0	0		理论	选修			
		小计		8	128	128	0	0	0						

（3）师资力量

从学校爱岗敬业、团结协作、拼搏奉献、学术造诣高、教学经验丰富的优秀博士生导师、教授等中青年教师中选聘一批组成高水平的教学梯队来承担课程教学,同时邀请国内医学领域的业内专家进行授课。

（4）教学安排

本微专业围绕医学增材制造领域,以项目牵引,凝练开设了一系列课程,构建学生的知识能力体系,使学生能够通过灵活、系统的培养,在医学增材制造领域具备一定的专业素养和行业从业能力,课程的设置具有高阶性、交叉性和挑战性,能够有效地使学生提高专业素养以及就业所需的基本技能。

本微专业单独编班组织教学,每学期安排 4～6 个学分的课程,在第 5 学期、第 6 学期和暑期进行。授课方式为在线教学,教师使用远程直播互动教室或在线教学平台进行网络直播授课,同时借助学校课程中心平台和中国大学慕课等资源开展混合式教学。结业项目采用线上线下指导,定期举办线下相关交流或实践活动。本微专业于 2020 年暑期招生,2021 年春季学期开课。

（5）学费

本微专业学费执行学校相关规定,根据学分收取。

（6）学制、成绩及证书

本微专业课程修读时间为 3 学期。成绩单独管理,不计入主修专业成绩单。完成全部课程、修满学分的同学可获得学校颁发的医学植入体增材制造微专业证书。

（7）招生对象及要求

面向机械工程学院、控制科学与工程学院及材料科学与工程学院三个工科学院及口腔医学院、临床医学院的本科生进行招生,在大三上学期进行选拔,限制专业人数规模,保证培养质量。首期招生人数在 15 人左右。具体报名条件如下:

①对医学植入体增材制造的学习有兴趣或有志在该领域从事工作。

②主修专业成绩良好,学有余力。

③综合素质高,具有较强的沟通能力、学习能力及团队合作精神。

(8)班级管理

为选修微专业的学生配备班主任和学业导师,全程指导学生的学习和职业规划。

4.智能网联汽车微专业(2020 年版)

(1)专业简介

山东大学智能网联汽车微专业依托机械工程学院。学院拥有机械工程一级学科博士点、8 个二级学科博士点、8 个二级学科硕士点及 4 个工程硕士点。其中车辆工程专业模块是机械设计制造及其自动化专业的六个专业模块方向之一,具有硕士学位、博士学位授予权。生源稳定良好,设有奖学金和助学金为主的经济资助体系。利用"三跨四经历"培养模式拓展学生视野,通过暑期学校、实践活动、竞赛平台营造良好的求学氛围。就业形势良好,拥有推荐免试攻读研究生和国外继续深造机会。

智能网联汽车微专业师资主要依托山东大学车辆工程研究所,其办学历史悠久,最早可追溯到 1949 年山东工学院自动车工程系汽车拖拉机专业。为适应新时期我国汽车产业迅猛发展的需求,1993 年山东大学动力工程系重新设立车辆工程专业,1998 年按照教育部专业规划,车辆工程专业调整到机械工程学院。现有专任专业基础课和专业课教师 23 人,具有博士学位教师 18 人。智能网联汽车微专业以机械工程学科为基础,以车辆工程专业模块为依托,以项目牵引,凝练核心课程,构建知识能力体系,强调本科生科研实践能力与综合素质的培养特色,面向国家汽车强国战略需求和国际汽车工程科技前沿,培养社会紧缺的智能网联汽车领域工程科技人才和管理人才。

(2)培养目标

面向国家和区域汽车产业发展战略、面向智能网联汽车发展前沿,结合山东大学"致力于培养最优秀的本科生"人才培养总体目标,坚持"宽口径、厚基础、促交叉、重创新"的人才培养理念,培养系统掌握智能网联汽车相关的基础理论、专门知识和基本技能,能够在智能网联汽车领域从事产品的设计开发、生产制造、试验检测、技术管理和应用研究等工作,具有高度的社会责任感、良好的文化素养、宽厚的专业基础、开阔的国际视野,富有创新创业精神和能力,具备团队精神,个性与人格健全发展的高素质创新型人才。

(3)课程设置

围绕智能网联汽车领域人才核心素养和创新性人才综合能力,设计和打造一批包含车辆工程理论、无人驾驶、数据共融、智能算法相关课程,以项目牵引构建学生的知识能力体系,实施探究式、讨论式和案例式等教学方法,体现课程的高阶性、交叉性和挑战度。本微专业结业要求不低于 13 学分,其中包括 4 门核心必修课程 9 个学分,选修 4 个学分。

课程设置

课程类别	课程名称	学分	备注
必修课程	汽车构造	3	
	汽车理论	2	
	汽车创新设计	2	
	智能网联汽车概论	2	
	小计	9	
选修课程	无人驾驶车辆理论与设计	2	至少任选2门
	智能汽车模型预测控制	2	
	物联网与大数据	2	
	人工智能	2	
	小计	4	
合计		13	

（4）师资力量

从学校爱岗敬业、团结协作、拼搏奉献、学术造诣高、教学经验丰富的优秀博士生导师、教授等中青年教师中选聘一批组成高水平的教学梯队来承担课程教学，同时邀请知名汽车企业专家进行授课。

（5）教学安排

项目单独编班组织教学，每学期安排4～6个学分的课程，在第5学期、第6学期和暑期进行。授课方式为在线教学，教师使用远程直播互动教室或在线教学平台进行网络直播授课，同时借助学校课程中心平台和中国大学慕课等资源开展混合式教学。结业项目采用线上线下指导，定期举办线下相关交流或实践活动。

本微专业于2020年暑期招生，2021年春季学期开课。

（6）学费

本微专业学费执行学校相关规定，根据学分收取。

（7）毕业证书

本微专业修读年限为2～3个学期（含暑假）。成绩单独管理，不计入主修专业成绩单。完成全部课程、修满学分的同学可获得学校颁发的智能网联汽车微专业证书。

（8）招生对象及要求

面向机械学院、控制学院、能动学院、计算机学院、软件学院等的全日制本科生招生，首期招生人数在15人左右。具体报名条件如下：

①对智能网联汽车领域的学习有兴趣或有志在该领域从事工作。

②主修专业成绩良好，学有余力。

③综合素质高，具有较强的沟通能力、学习能力及团队合作精神。

（9）班级管理

为参加微专业班的学生配备班主任和学业导师，全程指导学生的学习和职业规划。

三、课程、教材建设

实行课程负责人制,鼓励教师积极探索并创新教学模式,改革传统的教学方法。画法几何及机械制图课程建立了教学用电子模型库,采用模型、黑板图、课堂讨论、课件相结合的教学方法;针对当前学生实践教学环节薄弱、动手能力差的实际问题,实施了机械设计、机械原理课程教学体系的综合改革,将课程设计与课堂教学全程融合,激发学生的学习兴趣和热情,提升课程的整体教学效果;液压与气压传动、机电一体化系统设计将科研成果融入教学内容,其中《液压与气压传动》教材被评为"十二五"国家级规划教材。2020 年,《单片机原理与应用》《液压与气压传动》《电气控制及可编程序控制器》3 部教材获评山东省高等教育优秀教材,超高速切削加工虚拟仿真实验获首批国家级一流课程认定。2019 年,超高速切削加工虚拟仿真实验获批省一流课程,机械设计制造及自动化专业获批国家级一流本科专业建设点,机械设计制造及自动化专业顺利通过第 4 次国际工程教育认证,获得有效期 6 年认证。

四、教学研究

在多年的教学实践中,制造科学与工程系形成了一套科学的、严格的、规范的、完善的教学管理制度,全方位、多角度对各种教学活动实行全覆盖管理和全程监控,颁布了系列教学管理文件。为了促进教学研究的深入和教学质量的提高,山东大学每年投入 500 万左右,资助 200~300 项教研项目,制造科学与工程系每年可获得 10 项左右,用于支持教学方法创新与教学内容革新。近几年,随着教学改革工作力度加大,获批教研立项逐年增多,2019 年获校级立项教研课题 21 项,2020 年获校级立项教研课题 30 项、校级国际化课程建设项目立项 34 项。

通过本科课程中心平台,推进课程库建设。制造科学与工程系 60% 以上课程实现教学大纲与教学日历的网络化管理,充分发挥网络课程对教学内容和教学方法改革的促进作用,解决多校区办学优质资源共享困难等难题。重视本科教材建设,近年出版多部高水平教材,《液压与气压传动》教材获评国家级精品教材。鼓励教学团队建设,提高教学水平和人才培养质量。

加强通识教育核心课和选修课建设,近年制造科学与工程系开出全校通识课 4 门。为了适应专业国际化的需要,大力建设全英语、双语教育课程建设,本专业已开设机械零件、机械原理等 6 门双语课。制造科学与工程系为卓越工程师培养计划试点专业,获得国家专业综合改革项目支持,继续加强凝练专业特色。依托山东大学的国际特色专业建设构建,推进本专业的国际化建设。

推行本科课程"公开教学"。坚持"以学生为本"的理念,倡导启发性、示范性、培养性、互动性和研究性教学。通过"公开教学",不断提高教师,特别是青年教师的讲课技能和业务水平;强化教师与学生、教师与教师之间的交流与沟通,促进教师之间开展教学法研究,及时总结教学经验,相互提高;推进教学内容、教学方法和手段的改革,不断完善课堂教学质量监控体系;

发挥教师在教学工作中的主导地位,调动学生的学习积极性和主动性,进而提高教学效果。2019 年,"新工科人才创新实践能力培养模式的探索与实践"和"产学合作、协同育人——打造产学深度融合的机械类人才新型培养模式"获校级教学成果一等奖。

五、师资引进与培养

拥有一支年龄结构、学缘结构、知识结构合理,思想素质好、学术造诣深、科研实力强的教师队伍。先后引进了中国工程院院士、西安交通大学卢秉恒教授和中国工程院院士、浙江大学谭建荣教授为双聘院士。引进了国家"万人计划"科技领军人才、科技部中青年科技创新领军人才、国家海外青年特聘专家闫鹏教授,"泰山学者"李苏教授、李瑞川教授;培育了教育部"长江学者"、国家杰出青年科学基金获得者黄传真教授、刘战强教授,"泰山学者"邓建新教授、李剑峰教授,他们在国内外机械设计制造及其自动化领域都享有很高的学术声誉。引进了外籍教师 Prof. Philip Mathew、Prof. Ningsheng Feng、Prof. Andrew Kurdila 等,常年为本科生、研究生开设全英文课程。以教育部新世纪优秀人才支持计划入选者万熠教授、邹斌教授等为代表的青年教师正脱颖而出。近几年引进青年教师近 30 人。这支实力雄厚的教师队伍为学院的教学、科研及各项工作的开展提供了强有力的保障。

第二节　工业设计系

我校工业设计专业成立于 1993 年,1995 年开始招收普通理科生,1998 年开始招收艺术类考生,是国内办学较早、水平较高的高校,并形成了艺术与工程并重的特色,为交叉学科的发展探索出了一条新思路。2005 年因此获得山东省教学成果二等奖。

按照教育部 2012 年本科专业目录要求,原工业设计专业(080303)按招生生源不同分为两个专业,即工学机械类下属的工业设计专业和新增艺术学设计类下属的产品设计专业。本学科拥有设计学(一级学科)硕士点、工业设计工程硕士点和工业设计博士点,是国内为数不多的、拥有完整设计人才培养体系的高校。

一、本科专业设置

工业设计系开设产品设计专业。本专业是山东大学最早的艺术设计类本科专业。1995 年设立本专业,2003 年获批山东省首个一级学科设计艺术学硕士授予权,2010 年获批工业设计工程硕士授予权,2012 年获批工业设计二级学科博士授予权和博士后流动站,是国内为数不多的、具备高水平设计研究人才完整培养体系的高校。本专业充分发挥设计学与机械工程学科的交叉优势,实现艺术表达与产品功能相融合,"造型设计＋机械原理＋功能分析"的系统化产品设计研究。此外,在学生培养过程中加强产学研合作,充分利用专业交叉的学术优势和比较优势,竞教协同并屡获佳绩,发挥了创新教育引领作用;并对部分优秀学生实行本硕博贯通培养,发挥学术资源优势。本专业定位为建设国内顶尖、国际一流水平的本科专业。

本专业发挥机械工程学科优势,秉持艺工融合、专业交叉的特色发展理念,培养面向国际设计前沿,引领产品设计潮流的创新型、国际化高端设计人才。及时进行课堂和实验教学改革、课程重构和再造、培养模式改革。

专业交叉、艺工融合:充分发挥设计学与机械工程学科交叉优势,艺术和机械、概念和功能、美学和科学的完美融合是该专业的最大特色。在"造型设计＋机械原理＋功能分析"的系统化产品设计中完成知识体系的深度融合。

贯通培养、创新发展:具有设计艺术学硕士、工程硕士、二级学科博士授予权和博士后流动站,对优秀学生实行本硕博贯通培养,利用专业交叉的学术优势,发挥创新教育的引领作用。

产教协同、需求发展:本专业拥有国家级校企实践教学基地,具备产学研教合作平台支撑,与用人单位紧密合作,人才培养契合行业发展需求,学生就业率高。

二、教学计划

产品设计专业培养方案(130504,2020 年版)具体情况如下:

1.专业简介

本专业生源稳定良好,招生覆盖全国 31 个省、市、自治区,入校后允许学生二次选择专业。利用"三跨四经历"培养模式拓展学生视野,通过暑期学校、实践活动、竞赛平台营造良好的求学氛围。

2.培养目标

面向国际设计艺术前沿和社会发展需求,培育德才兼备,具有扎实的产品设计基础理论和专业知识,具有人文社会科学、自然科学、工程技术等学科基础知识,具有跨领域产品设计开发能力、创新能力和国际视野等综合素养,能在企事业单位、专业设计研发部门、科研单位从事以产品创新为重点的设计、开发、科研或管理等工作,掌握产品设计策划、设计实践、设计理论、设计管理及相关工程学科交叉领域理论与技术,服务于国家战略性新兴产业的复合型领军人才。

3.毕业要求

本专业要求学生应具有一定的设计创新能力,具备综合运用所学知识,分析和解决工业产品造型设计过程中遇到的研究、开发、设计问题的能力,能清晰地表达设计思想,熟悉产品设计的程序与方法,能在综合把握产品的功能、材料、结构、外观、加工工艺、内部机构和市场需求诸要素的基础上对产品进行合理的改进性设计和开发性设计。本专业还要求学生具备较强的设计表现能力,能用草图、图纸、模型、效果图和计算机图形技术生动、准确地表达设计意图,掌握基本的摄影技能;熟练掌握多种设计软件,熟悉材料及加工工艺;具备综合运用所学知识进行设计开发产品的能力。具体来说,本专业毕业生应具有以下几方面的修养、知识和能力:

毕业要求1:品德修养。具有坚定正确的政治方向、良好的思想品德和健全的人格,热爱祖国,热爱人民,拥护中国共产党领导;具有科学品质、人文修养、艺术品味、职业素养和进取精神;关注文化发展,具有社会责任感和公益意识;能够传承和传播中华优秀传统文化;了解国情、民情、社情,自觉践行社会主义核心价值观。

毕业要求2:学科知识。具有人文社会科学素养,具备从事产品设计工作所需的基础知识、专业知识和专业技能,如设计理论基础、设计表现基础、人机工程、设计方法学、设计材料及加工工艺等;了解产品设计学科的历史、国内外现状、前沿动态,以及行业的发展趋势;具有设计理论、设计美学等人文社会科学素养。

毕业要求3:应用能力。能够综合运用相关知识和技能,分析和解决产品设计过程中遇到的复杂问题,提出相应的设计方案,具有对新技术、新工艺、新产品和新设备进行设计、研究和开发的初步能力,并对设计方案可能的经济、环境、安全、健康、伦理等社会影响进行分析。

毕业要求4:创新能力。具有逻辑思维能力、批判意识和创新精神,掌握基本的创新方法,能够运用本学科的研究思路和方法组织开展调查和研究,能够发现、辨析、质疑、评价本专业及相关领域的现象和问题,形成个人的判断和见解。

毕业要求5:信息能力。能够熟练使用文献检索、资料查询的技术和工具;具有运用现代信息技术搜集、获取相关信息并进行分类、归纳整理的能力;能够使用信息技术解决本专业领域实际问题。

毕业要求6:沟通表达。具有较强的沟通表达能力,能够使用准确规范的语言文字,逻辑清晰地表达观点,能够与同行和社会公众进行有效沟通,传播相关专业知识。

毕业要求7:团队合作。具有较强的组织、管理能力、人际交往能力以及团队协作能力,能够与团队成员和谐相处,在团队活动中发挥积极作用。

毕业要求8:国际视野。理解和尊重世界文化的差异性和多样性,具有较开阔的国际化视野,了解国际动态,关注本专业领域的全球重大问题,具有开展国际交流与合作的能力,能够传播中华优秀传统文化。

毕业要求9:学习发展。具有自我规划、自我管理、自主学习和终身学习的正确认识和学习能力,能够通过不断学习,适应社会和个人高层次、可持续发展的需要。

4.核心课程设置

设计概论、设计美学、设计工程基础、设计制造基础、模型设计与制作、工业设计史、产品设计软件应用、创造学、设计图表现技法、设计心理学、设计材料与工艺、人机工程学、版式设计、标志与字体设计、交互设计、产品设计程序与方法、产品设计创新与开发、包装装潢设计、CI设计、设计管理等。

5.主要实践性教学环节(含主要专业实验)

本专业主要实践性教学环节包括设计素描、设计色彩、造型基础、设计速写、形态设计、工程训练等实践训练,模型设计与制作、印刷设计等实验课程,设计考察、毕业实习等实习课程,专题设计、毕业设计等设计环节。

6.毕业学分

170学分。

7.标准学制

4 年。允许最长修业年限,6 年。

8.授予学位

艺术学学士。

9.各类课程学时学分比例

各类课程学时学分比例

课程性质			课程类别		学分		学时		占总学分百分比（%）	
专业培养计划	必修课	通识教育必修课程	理论教学		24	31	384	608	14.12	18.24
			实验教学	课内实验课程	1		32		0.59	
				独立设置实验课程	0		0		0	
			实践教学	课内实践课程	2		64		1.18	
				独立设置实践课程	4		128		2.35	
		学科平台基础课程	理论教学		25	29	400	528	14.71	17.06
			实验教学	课内实验课程	0		0		0	
				独立设置实验课程	0		0		0	
			实践教学	课内实践课程	0		0		0	
				独立设置实践课程	4		128		2.35	
		专业必修课程	理论教学		42	53	672	1024	24.71	31.18
			实验教学	课内实验课程	0		0		0	
				独立设置实验课程	0		0		0	
			实践教学	课内实践课程	0		0		0	
				独立设置实践课程	11		352		6.47	
	选修课	专业选修课程	理论教学		21	25	336	464	12.35	20.59
			实验教学	课内实验课程	0		0		0	
				独立设置实验课程	0		0		0	
			实践教学	课内实践课程	0		0		0	
				独立设置实践课程	4		128		2.35	
		通识教育核心课程	理论教学		10	10	160	160	5.88	
			实验教学	课内实验课程	0		0		0	
				独立设置实验课程	0		0		0	
			实践教学	课内实践课程	0		0		0	
				独立设置实践课程	0		0		0	
		通识教育选修课程			2	2	32	32	1.18	1.18
	专业培养计划合计				150		2816		88.24	

续表

重点提升计划		理论教学	5.5		152		3.2	
	实验教学	课内实验课程	0	8	0	264	0	4.71
		独立设置实验课程	0		0		0	
	实践教学	课内实践课程	0.5		16		0.3	
		独立设置实践课程	2		96		1.2	
创新实践计划		理论教学	0				0	
	实验教学	课内实验课程	0	4			0	2.35
		独立设置实验课程	0				0	
	实践教学	课内实践课程	0				0	
		独立设置实践课程	4				2.4	
拓展培养计划		理论教学	0				0	
	实验教学	课内实验课程	0	8			0	4.71
		独立设置实验课程	0				0	
	实践教学	课内实践课程	0				0	
		独立设置实践课程	8				4.7	
毕业要求总合计			170		3080		100	

注：专业选修课程只需填写最低修业要求学分与学时数据。

10.产品设计专业课程设置及学时分配表

产品设计专业课程设置及学时分配表

课程类别	课程号/课程组	课程名称	学分数	总学时	总学时分配				考核方式	开设学期	备注
					课内教学	实验教学	实践教学	实践周数			
专业培养计划 / 通识教育必修课程	sd02810450	毛泽东思想和中国特色社会主义理论体系概论	5	96	64		32		考试	1～6	
	sd02810380	思想道德修养与法律基础	3	48	48				考试	1～6	
	sd02810350	马克思主义基本原理概论	3	48	48				考试	1～6	
	sd02810460	中国近现代史纲要	3	64	32		32		考试	1～6	
	sd02810390	当代世界经济与政治	2	32	32				考查	1～4	选修
	00070	大学英语课程组	8	240	128		112		考试	1～2	课外112学时
	sd02910630	体育（1）	1	32			32		考查	1	
	sd02910640	体育（2）	1	32			32		考查	2	
	sd02910650	体育（3）	1	32			32		考查	3	
	sd02910660	体育（4）	1	32			32		考查	4	
	sd01611810	计算思维	3	64	32	32			考试	1～2	
	sd06910010	军事理论	2	32	32				考试	1～2	
		小计	31	720	384	32	304				
通识教育核心课程	00051	国学修养课程模块	2	32	32					1～6	任选2学分
	00052	创新创业课程模块	2	32	32					1～6	任选2学分
	00053	艺术审美课程模块	2	32	32					1～6	任选2学分
	00054（00056）	人文学科（或科学技术）课程模块	2	32	32					1～6	任选2学分
	00055（00057）	社会科学（或信息社会）课程模块	2	32	32					1～6	任选2学分
		小计	10	160	160						

通识教育选修课程	00090	通识教育选修课程组	2	32	32				1～8	任选 2 学分
		小计	2	32	32					
学科平台基础课程	sd01621870	设计素描	3	48	48	0	0	0	考查	1	
	sd01621880	设计色彩	3	48	48	0	0	0	考查	2	
	sd01621650	造型基础	3	48	48	0	0	0	考查	2	
	sd01621890	设计速写	3	48	48	0	0	0	考查	2	
	sd01621570	形态设计	3	48	48	0	0	0	考查	3	
	sd01621230	设计概论	1	16	16	0	0	0	考查	1	
	sd01621300	设计美学	2	32	32	0	0	0	考试	2	
	sd01621900	设计制图	3	48	48	0	0	0	考试	1	
	sd01631240	设计工程基础	2	32	32	0	0	0	考试	2	
	sd01631380	设计制造基础	2	32	32	0	0	0	考试	3	
	sd07030280	工程训练	3	96	0	0	96	3	考查	3	
	sd07030300	工程训练(电子)	1	32	0	0	32	1	考查	3	
		小计	29	528	400	0	128	4			
专业教育课程	专业必修课程	专业基础课程	sd01632920	新生研讨课	1	32	0	0	32	0	考查	1	
			sd01630970	模型设计与制作	3	48	48	0	0	0	考查	5	
			sd01630440	工业设计史	2	32	32	0	0	0	考查	1	
			sd01632900	产品设计软件应用	3	48	48	0	0	0	考查	3	
			sd01630260	创造学	2	32	32	0	0	0	考查	4	
			sd01631340	设计图表现技法	3	48	48	0	0	0	考查	4	
			sd01631350	设计心理学	2	32	32	0	0	0	考查	3	
			sd01631220	设计材料与工艺	3	48	48	0	0	0	考查	5	
			sd01631180	人机工程学	3	48	48	0	0	0	考试	4	
			sd01632400	版式设计	3	48	48	0	0	0	考查	5	
			sd01632090	交互设计	3	48	48	0	0	0	考查	6	
			小 计	28	464	432	0	32	0			
		专业核心课程	sd01630190	标志与字体设计	3	48	48	0	0	0	考查	5	
			sd01632860	产品设计程序与方法	3	48	48	0	0	0	考查	5	
			sd01632880	产品设计创新与开发	3	48	48	0	0	0	考查	6	
			sd01632870	包装装潢设计	3	48	48	0	0	0	考查	7	
			sd01632890	CI 设计	3	48	48	0	0	0	考查	7	
			sd01630160	毕业实习	2	64	0	0	64	2	考查	8	
			sd01632470	毕业论文(设计)	8	256	0	0	256	8	考查	8	
			小 计	25	560	240	0	320	10			
	专业选修课程	专业限选课程	sd01631250	设计管理	2	32	32	0	0	0	考查	7	
			sd02733530	市场调查	2	32	32	0	0	0	考查	6	
			sd01631500	图形创意	3	48	48	0	0	0	考查	4	
			sd01630980	品牌设计与策划	2	32	32	0	0	0	考查	5	
			sd01630220	产品设计理念与实践	3	48	48	0	0	0	考查	7	
			sd01631260	设计考察 1	1	32	0	0	32	1	考查	2	
			sd01631270	设计考察 2	1	32	0	0	32	1	考查	4	

		sd01631280	设计考察3	1	32	0	0	32	1	考查	5	
		sd01631290	设计考察4	1	32	0	0	32	1	考查	6	
		sd01631750	专题设计1	1	16	16	0	0	0	考查	3	
		sd01631760	专题设计2	1	16	16	0	0	0	考查	4	
		sd01631770	专题设计3	1	16	16	0	0	0	考查	5	
		sd01631780	专题设计4	1	16	16	0	0	0	考查	6	
		小 计		20	384	256	0	128	4			
	专业任选课程	sd01632620	VR技术应用与实践	1	16	16	0	0	0	考查	7	
		sd01632950	Arduino技术应用与实践	1	16	16	0	0	0	考查	7	
		sd01632630	人工智能	2	32	32	0	0	0	考试	7	
		sd01630070	Pro/e三维造型与应用	2	32	32	0	0	0	考查	6	
		sd01631720	中西方美术史	2	32	32	0	0	0	考查	3	
		sd01630230	产品摄影	2	32	32	0	0	0	考查	6	
		sd01631610	印刷概论	2	32	32	0	0	0	考查	7	
		小 计		5	80	80						
	专业培养计划合计			150	2816	1984	32	800	18			
重点提升计划		sd02810580	习近平新时代中国特色社会主义思想概论	2	32	32				考查	6	
		sd09010070	形势与政策（1）	0	16	16				考查	1	
		sd09010080	形势与政策（2）	0.5	16	16				考查	2	
		sd09010090	形势与政策（3）	0	16	16				考查	3	
		sd09010100	形势与政策（4）	0.5	16	16				考查	4	
		sd09010110	形势与政策（5）	0	16	16				考查	5	
		sd09010120	形势与政策（6）	1	24	8		16		考查	6	
		sd06910050	军事技能	2	96	0		96	3	考查	1	
		sd07810220	大学生心理健康教育	2	32	32				考查	1	
		小 计		8	264	152		112	3			
创新实践计划		00058	稷下创新讲堂	2						考查	1~8	合计修满4学分即可
		00059	齐鲁创业讲堂	2						考查	1~8	
		00060	创新实践项目（成果）	2						考查	1~8	
		小 计		4								
拓展培养计划			主题教育	1						考查	1~8	必修
			学术活动	1						考查	1~8	必修
			身心健康	1						考查	1~8	选修
			文化艺术	1						考查	1~8	选修
			研究创新	1						考查	1~8	必修
			就业创业	1						考查	1~8	选修
			社会实践	2						考查	1~8	必修
			志愿服务	1						考查	1~8	必修
			社会工作	1						考查	1~8	选修
			社团经历	1						考查	1~8	选修
		小 计		8								必修5选修3
合 计				170	3080	2136	32	912	21			

11.课程(项目)与毕业要求对应关系表

课程(项目)与毕业要求对应关系表

课程名称	品德修养	学科知识	应用能力	创新能力	信息能力	沟通表达	团队合作	国际视野	学习发展
毛泽东思想和中国特色社会主义理论体系概论	H								M
当代世界经济与政治								H	M
中国近现代史纲要		H	L						
思想道德修养与法律基础	H	M							
马克思主义基本原理概论	H		M					M	
大学英语分级课组						H			M
大学英语提高课组						H			M
计算思维			H						
体育(1)~(4)							H		
军事理论							H	M	
国学修养课程模块						H			M
创新创业课程模块				H			L	L	
艺术审美课程模块									H
人文学科(或科学技术)课程模块	H								
社会科学(或信息社会)课程模块		H							
通识教育选修课程组									H
设计素描		M	H	M					L
设计色彩		M	H	M					L
造型基础		M		H		M			
设计速写		M	H	M					L

续表

课程名称	品德修养	学科知识	应用能力	创新能力	信息能力	沟通表达	团队合作	国际视野	学习发展
形态设计		M		H					
设计概论		H	M					L	
设计美学		H	M					L	
设计制图		H	M						
设计工程基础		M	H						
设计制造基础		M	H						
工程训练			H	M					
工程训练（电子）			H	M					
新生研讨课		H	M			L	M		
模型设计与制作			H	M					L
工业设计史		H			M			L	
产品设计软件应用		M	H						
创造学		M	M	H			L		
设计图表现技法		H	M	M		L			
设计心理学		H	M		L	M			
设计材料与工艺		M	H	M					
人机工程学		H	M						L
版式设计		H	M	M					
交互设计			H	M	M				
标志与字体设计		M	H	M					
产品设计程序与方法			H	M				M	L
产品设计创新与开发			H	M				M	L
包装装潢设计		M	H	M	L			L	
CI 设计		M	H	M	L			L	
毕业实习			H			M	M		
毕业论文（设计）	L	M	H	H	M	M		L	M
设计管理		H	M		M				

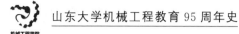

续表

课程名称	品德修养	学科知识	应用能力	创新能力	信息能力	沟通表达	团队合作	国际视野	学习发展
市场调查		M			H	M	L		
图形创意		M	M	H	M				
品牌设计与策划			H	M	M			M	
产品设计理念与实践			H	M	M				
设计考察 1~4					H		M		M
专题设计 1~4			M	H	M		L		
VR 技术应用与实践			H	M					
Arduino 技术应用与实践			H	M					
人工智能			H	M					
Pro/e 三维造型与应用		M	H						
中西方美术史		H			M				L
产品摄影		M	H						
印刷概论		M	H	M					
习近平新时代中国特色社会主义思想概论	H							M	M
形势与政策(1)~(6)					M			H	
军事技能	M						H		
大学生心理健康教育	H								M
创新实践计划				H	M				
拓展培养计划	M						L		H

注:对应相关度请分别填写"H""M""L"。

12.大学英语课程设置及学时分配表

大学英语课程设置及学时分配表

类别	课组号	课程号	课程名称	学分数	总学时	总学时分配		开设学期	备注
						课内教学	实践教学		
大学英语课组	00070	sd03110010	大学基础英语(1)	2	88	32	56	1	新生根据入学英语分级考试结果,分别选修相应课程
		sd03110020	大学基础英语(2)	2	88	32	56	2	
		sd03110030	大学综合英语(1)	2	88	32	56	1	
		sd03110040	大学综合英语(2)	2	88	32	56	2	
		sd03110050	通用学术英语(1)	2	88	32	56	1	
		sd03110060	通用学术英语(2)	2	88	32	56	2	
			英语提高课程	4	128	128		3~4	每个学期任选2学分的提高类课程
			应修小计	8	304	192	112		自主学习112学时

三、课程、教材建设

本系重视课程建设和教材建设,近年来也取得了多项课程、教材建设成果。2017年,人人爱设计获首届国家精品在线课程;2018年,设计创意生活获国家精品在线课程,选课人数已超过50万人次。2018~2019年,3门课程分别获得优秀思政课三等奖。撰写了16部教材,其中国家级规划教材3部,2部获山东省高校优秀教材一等奖。

主要取得的成果如下:

2005年,《工业设计工程基础Ⅰ材料及加工技术基础》,"十一五"国家级规划教材;《产品设计快速表现》,国防工业出版社。

2006年,《产品设计》,国防工业出版社,山东省高校优秀教材一等奖;《工业设计工基础Ⅰ材料及加工技术基础》,山东省级优秀教材;《设计制图》,国防工业出版社。

2007 年,《CI 设计》,国防工业出版社;《设计概论》,国防工业出版社,山东省社科成果三等奖。

2009 年,《设计美学》,湖北美术出版社,21 世纪高等院校艺术设计专业通用教材,山东省文化厅人文艺术优秀成果奖;《设计管理》,高等院校工业设计专业通用教材;《色彩静物临摹范本》,上海美术出版社。

2011 年,《人机界面设计》,山东大学出版社,全国高校"十一五"规划教材。

2014 年,《包装装潢设计》,国防工业出版社。

2015 年,《交互设计》,国防工业出版社。

2017 年,《工业设计史》,高等教育出版社,普通高等学校艺术学科新形态重点规划教材。

2020 年,人人爱设计、设计创意生活、工业设计史三门课程获首批国家级一流课程认定。

四、教学研究

围绕一流人才,以学生为中心,以产出为导向,对教学人才培养模式、教学内容、教学模式、教学条件进行了全面改革,主要开展了以下工作:

完善教学管理机制,改革教育教学理念,构建协同创新人才培养方式。科学规范的教学管理制度,保证了教育理念及时更新、教学工作持续改进。以"宽口径、厚基础、新文科+新工科"思路提升培养方案,构建课程体系。实行目标导向性分类培养,坚持产学研赛结合,发挥"新文科"与"新工科"交叉跨界优势,深化产教融合,进行以项目式教学为主体的创新设计教育模式改革。

实施培养方案和课程体系重构与再造工程,加强人工智能等新兴科学内容的课程建设和教学。专业课程按照 1(经典理论):1(专业前沿新理论):1(案例)的模式修订,推进专业现代化建设。

建立教研项目支撑和课程提升计划,及时更新教学内容和教学方法。依托国家级、省部级、校级、院级四级教研项目立项,构建了多维度、立体化、交叉型课程改革体系,探讨新型教学模式和人才培养模式,建设学生综合指导体系。先后获国家级精品课程 2 门、省级精品课程 2 门。课程提升计划的实施提高了课程品质,推出了一批精品课程,培养了多名教学名师。

课堂教学采用小班制、研讨式、线上线下混合式教学,强调过程考核,突出实践能力、批判性思维、创新能力培养。

拓展第一课堂,从大一实行本科生导师制全覆盖,学生可提前进入科研实验室,推行科教融合培养机制,依托科创竞赛平台进行竞教结合培养。在大三阶段实施本硕联动计划,为本科生提供提前接触学术、参与科研的机会,提升学生的研究视野,培养科研能力。

加强第二课堂和第二校园拓展性学习。近三年,学生参加各种设计竞赛获奖 200 余次,申请国家实用新型专利、外观设计专利 100 多项。到兄弟院校交流的学生占总数的 10%,其中海外交流生比例达到 5%。先后与海尔、海信、山东重工等 50 余家企业开展合作,落实产教融合培养机制。

培养了深圳越疆科技机械臂设计者、全国十佳设计师、山东省五一劳动奖章获得者等一批优秀毕业生。

获得山东省教学成果二等奖 2 项(2004 年、2014 年)。2016 年 1 月 9 日,由全国高等学校教学研究中心、爱课程网主办的中国大学 MOOC2015 年度工作研讨会在北京召开,学院王震亚教授介绍了 MOOC 的建设经验。2020 年,产品设计专业获批国家级一流本科专业建设点。

五、师资引进与培养

截至 2021 年,在职专任教师 14 人、实验员 1 人,其中教授 5 人、副教授 4 人。在专任老师中,博士 11 人、在读博士 2 人。赵英新教授和刘和山教授先后担任教育部工业设计教学指导委员会委员。目前,拥有包括产品设计、交互设计、品牌战略、交通工具设计、传统文化转换设计等在内的多个教学团。教师队伍学术造诣高,目前已有省级教学名师 1 人,承担国家和省部级社科基金 10 项,获国家级二等和省级一等教学成果奖各 1 项。王震亚教授获评山东省高等学校教学名师。

职称结构

项目	高级	中级	初级及以下
总数	9	4	0
所占比例(%)	64	36	0

学历结构

项目	研究生	本科	专科及以下
总数	14	0	0
所占比例(%)	100	0	0

学位结构

项目	博士	硕士	其他
总数	11	3	0
所占比例(%)	78	22	0

年龄结构

项目	34 岁及以下	35～50 岁	51 岁及以上
总数	0	12	2
所占比例(%)	0	86	14

第三节　智能制造系

为适应"新工科"建设需要,2018 年 5 月学院设立了智能制造系,下设数字化技术研究所和机械设计理论研究所。针对智能制造需求,学院自 2014 年起就在机械设计制造及其自动化专业中布局增材制造专业方向,2018 年学院在机械设计制造及其自动化专业 2017 级和 2018 级中开设了智能制造工程"新工科"试验班,下设智能制造和共融机器人两个方向。2018 年,山东大学向教育部备案申请并获批建设智能制造工程专业,2019 年,智能制造工程专业正式招生。

一、本科专业设置

智能制造工程专业始建于机械设计制造及其自动化国家级特色专业。本专业生源稳定良好,覆盖全国 31 个省、市、自治区,入校后允许学生二次选择专业。利用"三跨四经历"培养模式拓展学生视野,通过暑期学校、实践活动、竞赛平台营造良好的求学氛围。毕业生具备较强的社会竞争力,受到用人单位的欢迎,就业形势良好,拥有推荐免试攻读研究生和国外继续深造机会。

面向国家智能制造战略、国家和区域经济社会发展需求,面向重大基础与应用基础研究、变革性技术、战略性高技术、战略性新兴产业,面向"中国特色、世界一流"的建设目标,应对以新技术、新产业、新业态和新模式为特征的新经济的挑战,本专业坚持"宽口径、厚基础、强实践、重创新"的人才培养理念,培养能综合应用智能制造理论、人工智能、现代机械设计方法、计算机技术、信息技术进行智能制造相关产品及系统的设计制造、科学研究、经营管理等工作,具有较强的综合创新意识、独立工作能力和团队精神,具有高度的社会责任感、良好的文化素养、宽厚的专业基础、开阔的国际视野、个性与人格健全发展的高素质创新型智能制造"新工科"人才。

智能制造工程专业包含智能制造和共融机器人两个专业模块方向。

智能制造:旨在培养能解决智能制造领域的复杂工程问题,掌握宽厚的基础理论、扎实的专业知识和基本技能的新型复合型创新人才。

共融机器人:旨在培养能解决制造系统中共融机器人等智能装备领域的复杂工程问题,掌握宽厚的基础理论、扎实的专业知识和基本技能的新型复合型创新人才。

二、培养计划

自 2018 年在机械设计制造及其自动化专业 2017 级和 2018 级中开设了智能制造工程"新工科"试验班,学院先后制订了针对 2017 级实验班、2018 级实验班和 2019 级智能制造工程专业的培养计划,2019 年又根据学校培养方案综合改革要求,制订了 2020 版培养方案。

对学生进行通识教育课程培养,充分实现学生的素质教育培养和创新、创业教育教学。新的培养计划要求学生主要学习自然科学和工程技术方面的基本理论和基本知识,接受从事智能制造工程专业所需要的基本训练,具备从事工程设计、科学研究、技术开发、人才培养和经营管理等工作的基本能力。该培养计划包含的必修核心课程有高等数学、线性代数、概率论与数理统计、复变函数与积分变换、大学物理、大学化学、理论力学、材料力学、热力学、机械制图与CAD、机械设计Ⅱ、控制工程基础、物联网与大数据、智能检测技术、智能制造工艺、人工智能、智能控制系统、智能制造装备与设计、机电传动控制、制造系统的感知与决策、智能生产系统、机器视觉与模式识别、机器人学、工程经济学等。主要实践性教学环节(含主要专业实验)有认识实习、制图综合训练、工程训练(机械)、工程训练(电子)、工程训练(专业)、生产实习、毕业实习、毕业设计等实习实践环节;控制工程基础、智能检测技术、智能制造工艺、微机原理与应用、传动控制技术、制造执行系统与实践、机器人系统综合实践、机器人系统综合实践等课程实验与综合实验。

1.智能制造工程专业培养方案(080213T,2020年版)

(1)专业简介

智能制造工程专业包含智能制造和共融机器人两个专业方向模块。智能制造工程专业2019年正式招生,该专业始建于机械设计制造及其自动化国家级特色专业。学院师资力量雄厚,拥有3个国家级实验实践教学平台和1个教育部重点实验室,已建立了"学士—硕士—博士—博士后"的完整人才培养体系。本专业生源稳定良好,覆盖全国31个省、市、自治区,入校后允许学生二次选择专业。毕业生具备较强的社会竞争力,受到用人单位的欢迎,就业形势良好,拥有推荐免试攻读研究生和国外继续深造机会。

(2)培养目标

面向国家智能制造战略、国家和区域经济社会发展需求、面向重大基础与应用基础研究、变革性技术、战略性高技术、战略性新兴产业,面向"中国特色、世界一流"的建设目标,应对以新技术、新产业、新业态和新模式为特征的新经济的挑战,坚持"宽口径、厚基础、强实践、重创新"的人才培养理念,培养能综合应用智能制造理论、人工智能、现代机械设计方法、计算机技术、信息技术进行智能制造相关产品及系统的设计制造、科学研究、经营管理等工作,解决智能制造领域的复杂工程问题,掌握宽厚的基础理论、扎实的专业知识和基本技能,具有较强的综合创新意识、独立工作能力和团队精神,具有高度社会责任感、良好的文化素养、宽厚的专业基础、开阔的国际视野、个性与人格健全发展的高素质创新型智能制造新工科人才。

(3)培养(毕业)要求

本专业学生主要学习机械科学与智能制造相关产品及系统的设计制造方面的基本理论和基本知识,接受从事智能制造领域研究与应用的基本训练,具备面向工程实践,发现、分析、解决智能制造领域的复杂工程问题能力,并具有国际化视野,具有从事智能制造相关产品及系统的设计制造、科学研究、经营管理等方面工作的基本能力。

①能够将数学、自然科学、工程基础和专业知识用于解决智能制造工程领域的复杂工程问题。

指标点1.1:能够运用数学、自然科学的基本概念和知识解决复杂智能制造工程问题。

指标点1.2:能够将智能制造工程的基础知识和基本理论用于解决复杂智能制造工程问题。

②能够应用数学、自然科学和工程科学的基本原理，识别、表达并通过文献研究分析智能制造领域的复杂工程问题，以获得有效结论。

指标点 2.1：能够将数学、自然科学的基本概念和知识运用到解决复杂智能制造工程问题的表达和描述。

指标点 2.2：能够针对一个复杂系统或者过程选择一种数学模型，并达到适当的精度要求。

指标点 2.3：能够对于模型的正确性进行严谨的推理，并能够给出合理解。

指标点 2.4：能够从数学与自然科学的角度对复杂工程问题的解决方案进行分析并改进。

③能够设计针对智能制造领域的复杂工程问题的解决方案，设计满足特定需求的软硬件系统或智能制造工艺流程，并能够在设计与开发中体现创新意识，并考虑社会、健康安全、法律、文化以及环境等因素。

指标点 3.1：能够设计和实施复杂智能制造工程问题的解决方案。

指标点 3.2：具有综合运用理论、技术手段和工具进行智能制造装备设计、制造及机电液控制的能力。

指标点 3.3：具有对新技术、新工艺和新产品进行设计、研究和开发的能力。

指标点 3.4：能够在解决智能制造工程问题的过程中，体现创新意识。

指标点 3.5：能够在解决智能制造工程问题的过程中，综合考虑社会、健康、安全、法律、文化以及环境等因素。

④能够基于科学原理并采用科学方法对智能制造领域的复杂工程问题进行研究，包括设计产品、控制、分析与解释说明，并能通过信息综合得到合理有效的结论。

指标点 4.1：具有追求创新意识，能够综合利用自然科学及智能制造工程的基本原理进行实验设计。

指标点 4.2：能够综合利用自然科学及智能制造工程的基本知识对实验结果进行有效分析。

⑤能够针对智能制造领域的复杂工程问题，开发、选择与使用恰当的技术、资源、现代工程工具和信息技术工具，包括对复杂工程问题的预测与模拟，并能够理解其局限性。

指标点 5.1：了解和掌握智能制造工程领域常用技术、资源、现代工程工具和信息技术工具的使用原理和方法，并理解其局限性。

指标点 5.2：选择和使用恰当的技术、工具和资源，对复杂工程问题进行预测和模拟。

指标点 5.3：能够针对复杂智能制造工程问题的预测与模拟要求开发或设计相关工具。

⑥能够基于工程相关背景知识进行合理解释和分析，评价专业工程方案对社会、健康、安全、法律以及文化的影响，并理解应承担的后果。

指标点 6.1：能够评价智能制造工程实践和复杂工程问题解决方案对社会、健康、安全、法律以及文化的影响。

指标点 6.2：能够理解智能制造工程实践和复杂工程问题解决方案对社会、健康、安全、法律以及文化应承担的责任。

⑦了解与智能制造专业相关的职业和行业的生产、设计、研究与开发、环境保护和可

持续发展等方面的方针、政策和法律、法规,具有资源意识、环境意识、人本意识,能正确认识和评价智能制造工程实践对于客观世界和社会的影响。

指标点7.1:了解与智能制造专业相关的职业和行业的生产、设计、研究与开发、环境保护和可持续发展等方面的方针、政策和法律、法规。

指标点7.2:具有资源意识、环境意识、人本意识,能了解智能制造工程实践与可持续发展的关系及影响。

指标点7.3:能综合考虑经济、环境、法律、安全、健康、伦理等因素对工程的制约。

⑧具有人文社会科学素养、社会责任感,能够在工程实践中理解并遵守工程职业道德和规范,履行责任。

指标点8.1:具有人文社会科学素养、社会责任感。

指标点8.2:能够在工程实践中理解并遵守工程职业道德和规范,履行责任。

⑨能够在多学科背景下的团队中承担个体、团队成员以及负责人的角色。

指标点9.1:具有一定的组织管理能力。

指标点9.2:具有一定的人际交往能力以及团队协作能力,能够在多学科背景下的团队中承担个体、团队成员以及负责人的角色。

⑩具有较强的表达能力,能够就智能制造工业复杂工程问题与业界同行及社会公众进行有效沟通和交流,包括撰写报告和设计文稿、陈述发言、清晰表达或回应指令;具备一定的国际视野,能够在跨文化背景下进行沟通和交流。

指标点10.1:具有较强的表达能力,能够就智能制造工业复杂工程问题与业界同行及社会公众进行有效沟通和交流,包括撰写报告和设计文稿、陈述发言、清晰表达或回应指令。

指标点10.2:具备一定的国际视野,能够在跨文化背景下就复杂工程问题进行有效沟通和交流。

⑪理解并掌握智能制造工程管理原理与经济决策方法,并能在多学科环境中应用。

指标点11.1:理解并掌握智能制造工程相关的工程管理原理与经济决策方法。

指标点11.2:能够在多学科环境下,在智能制造工程设计开发解决方案的过程中,运用工程管理原理与经济决策方法。

⑫具有自主学习和终身学习的意识,具有不断学习和适应发展的能力。

指标点12.1:具有自主学习和终身学习的意识。

指标点12.2:具有不断学习和适应发展的能力。

(4)学制

4年。

(5)学时与学分

总学时:180学分,其中专业必修和选修160学分,重点提升计划、创新实践计划和拓展培养计划20学分。

(6)修业年限

4年。

(7)授予学位

工学学士。

(8)各类课程学时比例

各类课程学时比例

课程性质	课程类别			学分		学时		占总学分百分比（%）	
必修课	通识教育必修课程		理论教学	24	31	384	608	13.33	17.22
		实验教学	课内实验课程	1		32		0.56	
			独立设置实验课程						
		实践教学	课内实践课程	2		64		1.11	
			独立设置实践课程	4		128		2.22	
	学科平台基础课程		理论教学	35.31	41	565	747	19.62	22.78
		实验教学	课内实验课程	0.69		22		0.38	
			独立设置实验课程	1		32		0.56	
		实践教学	课内实践课程						
			独立设置实践课程	4		128		2.22	
	专业必修课程		理论教学	26.88	48	430	1106	14.93	26.66
		实验教学	课内实验课程	1.12		36		0.62	
			独立设置实验课程	2		64		1.11	
		实践教学	课内实践课程						
			独立设置实践课程	18		576		10	
选修课	专业选修课程		理论教学	20	28	320	576	11.11	15.56
		实验教学	课内实验课程						
			独立设置实验课程	3		96		1.67	
		实践教学	课内实践课程						
			独立设置实践课程	5		160		2.78	
	通识教育核心课程		理论教学	10	10	160	160	5.56	5.56
		实验教学	课内实验课程						
			独立设置实验课程						
		实践教学	课内实践课程						
			独立设置实践课程						
	通识教育选修课程			2	2	32	32	1.11	1.11
毕业要求总合计				160		3229		88.89	

（9）课程设置清单

智能制造工程专业课程设置及学时分配表

课程类别	课程号/课程组	课程名称	学分数	总学时	总学时分配				考核方式	开设学期	备注
					课内教学	实验教学	实践教学	实践周数			
通识教育必修课程	sd02810450	毛泽东思想和中国特色社会主义理论体系概论	5	96	64		32		考试	1～6	
	sd02810380	思想道德修养与法律基础	3	48	48				考试	1～6	
	sd02810350	马克思主义基本原理概论	3	48	48				考试	1～6	
	sd02810460	中国近现代史纲要	3	64	32		32		考试	1～6	
	sd02810390	当代世界经济与政治	2	32	32				考试	1～4	选修
	00070	大学英语课程组	8	240	128		112		考试	1～4	课外112学时
	sd02910630	体育（1）	1	32			32		考试	1	
	sd02910640	体育（2）	1	32			32		考试	2	
	sd02910650	体育（3）	1	32			32		考试	3	
	sd02910660	体育（4）	1	32			32		考试	4	
	sd01611810	计算思维	3	64	32	32			考试	1	
	sd06910010	军事理论	2	32	32				考试	1～2	
		小　计	31	720	384	32	304				
通识教育核心课程	00051	国学修养课程模块	2	32	32					1～6	任选2学分
	00052	创新创业课程模块	2	32	32					1～6	任选2学分
	00053	艺术审美课程模块	2	32	32					1～6	任选2学分
	00054（00056）	人文学科（或自然科学）课程模块	2	32	32					1～6	任选2学分
	00055（00057）	社会科学（或工程技术）课程模块	2	32	32					1～6	任选2学分
		小计	10	160	160						
通识教育选修课程	00090	通识教育选修课程组	2	32	32					1～8	任选2学分
		小计	2	32	32						
学科平台基础课程	sd00920120	高等数学（1）	5	80	80				考试	1	
	sd00920130	高等数学（2）	5	80	80				考试	2	
	sd01120020	大学化学Ⅱ	2	32	32				考试	2	
	sd00920010	概率论与数理统计	2	32	32				考试	3	
	sd00920040	复变函数与积分变换	2	32	32				考试	4	
	sd00922370	计算方法	2	32	32				考试	4	
		Mathematical Modeling	2	32					考试	4	国际学分
	sd01020140	大学物理	4	64	64				考试	2	
	sd01020030	大学物理实验Ⅰ	1	32		32			考查	3	
	sd02021410	理论力学	3	48	48				考试	3	
	sd00920060	线性代数	2	32	32				考试	2	
		材料力学	3	51	25	6			考试	3	
		电工及电子学（1）	2	36	28	8			考试	3	
		电工及电子学（2）	2	36	28	8			考试	4	
	sd07030300	工程训练（电子）	1	32			32	1	考查	3	
	sd07030280	工程训练（机械）	3	96			96	3	考查	3	
		小计	41	747	565	54	128	4			

类别			课程代码	课程名称	学分	学时	讲课	实验	上机	实践	周数	考核方式	开课学期	备注
专业教育课程	专业必修课程	专业基础课程	sd01632600	新生研讨课	1	32				32			1	
			sd01632680	机械制图与 CAD（1）	3	50	46	4				考试	1	
			sd01632720	机械制图与 CAD（2）	2	36	32	4				考试	2	
			sd01821020	热工学 I（工程热力学+传热学）	2	32	32					考试	4	
			sd01632630	人工智能	2	32	32					考试	5	
			sd01632460	制图综合训练	1	32				32	1	考查	2	
			sd01631940	机械工程基础实验	2	64				64		考查	5	
				小计	13	272	144	0		128	1			
				机械设计 II（1）	3	52	44	8				考试	3	
				机械设计 II（2）	3.5	60	52	8				考试	4	
				机械制造基础（1）	2	32	32					考试	4	
				机械制造基础（2）	2.5	40	49					考试	6	
			sd01632030	控制工程基础	2	34	30	4				考试	5	
			sd01632710	智能检测技术	2	36	28	8				考试	5	
			sd01632340	微机原理与应用	2	36	28	8				考试	5	
			sd01632700	物联网与大数据	2	32						考试	5	
			sd01630750	机械设计 II 原理实践	1	32				32	1	考查	3	
			sd01630720	机械设计 II 设计实践	3	96				96	3	考查	4	
			sd01631200	认识实习	1	32				32	1	考查	3	
			sd01631420	生产实习	2	64				64	2	考查	6	课外 1 周
			sd01630160	毕业实习	1	32				32	1	考查	8	课外 1 周
			sd01632470	毕业论文（设计）	8	256				256	8	考查	8	课外 10 周
				小计	35	834	286	36		512	16			
	专业选修课程	专业限选课程		"智能制造"模块										
			sd01632690	传动控制技术	3	48	48					考试	5	
			sd01632740	智能制造装备设计	2	32	32					考试	6	
			sd01632750	智能制造工艺与系统	3	48	48					考试	6	
			sd01632790	智能控制系统	2	32						考查	6	
				制造系统的感知与决策	2	32	32					考试	6	
			sd01631950	专业实验	2	64				64		考查	6	
			sd01631800	专业课程设计	3	96				96	3	考查	7	课外 1 周
				制造执行系统与实践	3	80	16			64		考查	7	
				小计	20	432	206			224	3			
				"共融机器人"模块										
			sd01632690	传动控制技术	3	48	48					考试	5	
			sd01632740	智能制造装备设计	2	32	32					考试	6	
			sd01632750	智能制造工艺与系统	3	48	48					考试	6	
			sd01632790	智能控制系统	2	32						考查	6	

续表

	课程代码	课程名称	学分	总学时	讲课	实验	上机	设计	考核方式	开课学期	备注
	sd01632070	机械人动力学基础	2	32	32				考查	6	
	sd01631950	专业实验	2	64			64				
	sd01631800	专业课程设计	3	96			96	3	考查	7	课外1周
		机器人系统综合实践	3	80	16		64		考查	7	
		小计	20	432	206		224	3			
专业任选课程	sd01632730	机器人学	2	32	32				考试	7	
	sd01630020	CAD/CAM/CAE 技术	2	32	32				考查	7	
	sd01630600	机电产品的实例分析与设计	2	36	28	8			考查	7	
		增材制造结构拓扑优化	2	32	32				考查	7	
	sd01631630	有限元分析	2	35	29		6		考查	6	
	sd01630850	计算机高级程序设计	2	40	24		16		考查	6	
	sd01630060	MATLAB 编程与应用	2	38	26		12		考查	6	
	sd01632810	网络编程技术	2	32					考查	7	
	sd01630300	电器与可编程序控制器	2	36	28	8			考查	7	
	sd01630280	单片机应用系统设计	2	36	28	8			考查	7	
	sd01632320	机电一体化机械系统设计	2	36	28	8			考查	7	
	sd01630830	机械综合实验与创新设计	2	48	16	32			考查	6	
	sd01631540	现代设计方法	2	32	32				考查	7	
	sd01632760	机器视觉与模式识别	2	36	28	8			考查	7	
	sd01632350	增材制造工艺与材料	2	32	32				考查	6	
	0163305410	制造业信息化技术	2	36	28	8			考查	6	
	sd01631450	生产系统建模与仿真	2	48	16	0	32		考查	7	
	sd01632770	智能系统与智慧工厂	2	32	32				考查	6	
	sd01632390	快速原型制造原理与设备	2	32	24	8			考查	7	
	sd01630370	工程经济学	2	32	32				考查	7	
	sd01630430	工业工程	2	32	32				考查	7	
	sd01631000	企业管理	2	32	32				考查	7	
	sd01630050	Manufacturing Process Technology	2	32	32				考查	7	
	sd01630040	Design for Manufacture	2	32	32				考查	7	
	sd01632381	先进制造技术（双语）	2	32	32				考查	6	
	sd01632620	VR 技术应用与实践	1	32			32		考查	7	
		小计	8/55								
重点提升计划		习近平新时代中国特色社会主义思想概论	2	32						6	
	sd09010070	形势与政策（1）	0	16	16				考试	1	
	sd09010080	形势与政策（2）	0.5	16	16				考试	2	
	sd09010090	形势与政策（3）	0	16	16				考试	3	

续表

类别	课程代码	课程名称	学分	学时	讲课	实验	上机	实践	考核方式	学期	备注
	sd09010100	形势与政策（4）	0.5	16	16				考查	4	
	sd09010110	形势与政策（5）	0	16	16				考试	5	
	sd09010120	形势与政策（6）	1	24	8			16	考查	6	
		军事技能（原军训）	2	96				96 ³		1	
		大学生心理健康教育	2	32						1	
		小计	8	264	88			112 ³			
创新实践计划	00058	稷下创新讲堂	2	32	32					1～6	合计修满 4 学分即可
	00059	齐鲁创业讲堂	2	32	32					1～6	
		创业实践项目（成果）									
		小计	4								
拓展培养计划		主题教育	1						考查		必修
		学术活动	1						考查		必修
		身心健康	1						考查		选修
		文化艺术	1						考查		选修
		研究创新	1						考查		必修
		就业创业	1						考查		选修
		社会实践	2						考查		必修
		志愿服务	1						考查		必修
		社会工作	1						考查		选修
		社团经历	1						考查		选修
		小计	8								必修 6 选修 2
		合计	180								

三、课程、教材建设

从学科和专业发展来看，课程成为连接学科和专业的桥梁，教材进一步成为课程和教学内容的基本载体，既反映了学科体系中知识结构的完整性，又呈现出专业领域内所需要的技术技能。将传统教材与现代化信息技术（如三维建模、仿真、虚拟现实等）相结合，新编《画法几何及机械制图（3D 版）》教材。将三维 CAD 技术与工程图学教学有机融合，新建机械制图与 CAD 课程，建立了教学用电子模型库，课堂教学中采用教学课件、三维模型构建、黑板图、课堂研讨、小组学习相结合的现代教学方法。在智慧树平台建设了机械制图大学慕课，丰富了网络学习资源，实现了学生实时学习、教师与学生实时互动。

为增强学生实践能力，实施了机械设计、机械原理课程教学体系的综合改革，将课程设计与课堂教学全程融合，激发学生的学习兴趣和热情，提升课程的整体教学效果。液压与气压传动、机电一体化系统设计将科研成果融入教学内容，其中，教材《液压与气压传动》被评为"十二五"国家级规划教材。

国家级机械基础实验示范中心在不断完善智能制造实验平台硬件建设的基础上，深入开展实验教学改革研究和实践。新开设智能装备综合实、VR 技术应用与实践、机器人设计与制作和基于 Python 的人工智能入门 4 门独立实验课程，为智能制造专业的实践教学提供了有利支撑。

四、教学改革

鼓励教师积极探索并创新教学模式,改革传统的教学方法。

1.建立项目牵引的课程提升计划

依托国家级、省部级、校级、院级等四级教研项目立项,构建多维度、立体化、交叉型课程改革体系,创新人才培养模式,建立学生综合指导体系。先后获国家级精品课程2门、省级精品课程2门。计划的实施提高了课程品质,推出了一批精品课程,培养了多名教学名师。开展线上线下相结合的混合式课程教学改革,小班化教学、研究式教学,促进师生交流,学习成效显著。

2.实施培养方案和课程体系重构与再造工程

完善交叉学科课程平台建设,实施培养方案和课程体系重构与再造工程,课程大纲按照1(经典理论):1(前沿理论):1(案例)的模式进行重新修订,编撰了《画法几何及机械制图(3D版)》《液压与气压传动》等15部教材,其中国家级规划教材9部,2部获山东省高校优秀教材一等奖。加强在线课程建设,建设了机械制图、互换性与几何测量等10门在线课程(智慧树)。近年来,新建专业课程20门,其中已建成18门,2门在建中。

新建课程清单

序号	新建课程名称
1	物联网与大数据
2	人工智能
3	机械制图与CAD
4	智能检测技术
5	智能制造工艺与系统
6	智能制造装备设计
7	传动控制技术
8	机器人学
9	数字化设计与制造
10	增材制造结构拓扑优化方法
11	机器视觉与模式识别
12	智能控制系统
13	智能系统与智慧工厂
14	网络编程技术
15	智能装备综合实验
16	综合创新实验(智能制造方向)

序号	新建课程名称
17	制图综合训练（更新了训练内容）
18	制造系统的感知与决策
19	制造执行系统与实践（在建）
20	机器人系统综合实践（在建）

3.构建立体化实践与创新能力培养机制

以融合为顶层目标，自上而下，逐步提高工程教育系统各个层次的融合。本着"需求重构、本硕打通、夯实基础"的原则，按照"产业需求→工程实际→项目方向→研究领域"的逻辑顺序设计培养方案，以导学、自学和项目研究为主。实施本硕联动计划，为本科生提供接触学术、参与科研的机会，提升学生的研究视野，培养科研能力，激发学生的学习兴趣和潜能。

创新设计训练和本科生导师制相结合，设计项目前移，使学生提前介入项目，提高学生运用知识的能力，随着项目不断深入，优秀的项目推荐参加竞赛，符合要求的项目最终可作为毕业设计题目在毕业设计阶段继续完善。2019 年，本专业学生获得各类竞赛奖励 33 项，其中国家级奖励 2 项，省部级奖励 12 项。

加强第二课堂和第二校园拓展性学习过程的管理。依托山大临工研究院等校企合作科研机构落实产教融合培养机制，增强和提升学生的实践和创新能力。

五、师资引进与培养

拥有一支年龄结构、学缘结构、知识结构合理，思想素质好、学术造诣深、科研实力强的教师队伍。智能制造系（数字化技术研究所、机械设计理论研究所）共有教师 28 人，其中教授 10 人，副教授 15 人，讲师 3 人，具有博士学位 24 人。积极引进优秀青年人才，近 4 年引进具有国内内外知名高校博士学位的教师 5 人，其中 2 人直接获评山东大学齐鲁学者。

附录

附录一　机械工程学院校友理事会及教育基金会名单

山东大学机械工程学院校友会第一届理事会会长、副会长、秘书长名单

会　长

黄传真

副会长（以姓氏笔画为序）

王立新	王兆连	王志中	王哲堂	仇道滨	刘志峰
考敏华	李剑峰	李瑞川	张恭运	轩福贞	董　刚

秘书长

刘　琰

山东大学机械工程学院校友会第一届理事会常务理事名单

（以姓氏笔画为序）

丁大伟	于光生	万　熠	马晓彬	王立新	王　伟
王兆连	王志中	王　勇	王哲堂	王　滕	王园伟
王效岳	王清文	仇道滨	冯尚飞	宁　兵	吕　伟
朱桂英	朱耀明	考敏华	刘长安	刘成良	刘志峰
刘和山	刘战强	刘浩华	刘　琰	许崇海	孙　平
孙如军	孙颜涛	李方义	李剑峰	李瑞川	轩福贞
张　凯	张　波	张　健	张进生	张树生	张恭运
杨志宏	杨继坤	邴召荣	宋　昊	陈宁宁	陈时光
陈清奎	周慎杰	赵长友	赵正旭	赵存宏	郝国生
郝宝鹏	姜启升	秦余重	贾　涛	贾存栋	徐国强
殷文平	高　峰	黄　波	曹树坤	崇学文	黄传真
梁　霞	隋富生	韩怀胜	董　刚	谢宗法	潘国栋
霍志璞	魏明涛				

山东大学机械工程教育基金第一届理事会理事长、副理事长、秘书长名单

理事长

黄传真

副理事长（以姓氏笔画为序）

于波涛	王兆宇	王志中	仇道滨	付崇文	考敏华
李永华	陈清奎	姜卫东	梁　霞	魏明涛	

秘书长

刘　琰

山东大学机械工程教育基金第一届理事会常务理事名单

（以姓氏笔画为序）

丁大伟	于波涛	仇道滨	马晓彬	王兆宇	王兆连
王会章	王志中	王哲堂	王清文	付崇文	冯尚飞
考敏华	任盛华	刘少丰	刘和山	刘培超	刘　琰
孙　平	孙颜涛	李永华	邴兆荣	吴建军	张　义
张进生	张　镇	陈颂英	陈清奎	杨继坤	罗　映
姜卫东	姜启升	荣保华	贾　涛	顾长青	高　峰
黄传真	崔远驰	梁新伟	梁　霞	韩怀胜	董明睿
谢宗法	魏明涛				

山东大学机械工程学院校友班级理事

本科生

2013 **届**

曹　巍	蔺江鹏	姚帅帅	赵　斌	张　伟	张募群
王成钊	宋　晨	宋　戈	刘　波	王　鹏	刘　斌
代宁宁	陈　鑫	高广森	宋　骞	刘　鹏	韩　甦
王海洋	王海婷	王　涛	金剑峰		

2014 **届**

张　琪	王　滕	郭　鹏	高常青	李文琪	闫　鑫
林　宝	侯世庆	王日华	范仁斌	刘　昊	李锡洋
刘梦歌					

2015 **届**

陈时光	王　博	郭晓阳	吴　奇	史新波	刘　浩
王　康	樊　兴	韩　超	孙琪建		

2016 **届**

胡志远	侯　鑫	杨宏祥	袁　瑞	刘浩华	李亚飞

袁佶鹏	王一凡	褚皓宇	马　强	王杰鹏

2017 届

柳旭阳	曹鸿鹏	杨　坤	高河山	唐钧剑	陈　志
张凤娇	宋　煜	延　鸣	李祥庆	陈志杰	赵鼎堂
李顺鑫	周瑶君				

2018 届

桂　林	李炳豪	胡向义	张　晓	王怡兆	苏治国
孙凯强	陈　嵛	秦　宇	于俊甫	尹晓毅	安　浩
李文庆	曾维敏	丁守岭	王忠诚	季静远	段宏达
李旭东	傅子佳	吕锦婷			

2019 届

周丽莎	郭子毓	辛培阳	吴纪宏	李罡毅	马兆叶
张新煜	张晓亮	洪若馨	朱俊达	吴明宇	纪冒丞
张文泽	李　港	王明政	常昊政	邹凡星	王珍珍

2020 届

亓文豪	明恒强	赵　宇	刘　洁	黄琪琪	徐婧蕾
张光超	房科峰	高旭初	王洪扬	纪振冰	王长磊
贾友龙	齐颖杰	刘丰铭	张　扬	季　金	陈敏森
王佳楠	卜元媛	超　越	朱传辉		

2021 届

刘忠轶	赵博通	李　夏	赵一铭	严　禹	王子健
谷　源	朱志颖	周　琦	隋仲阳	蒿玉鹏	屈梁成
陈德仪	方　洋	盖梦欣			

研究生

2013 届

高　彪	范晓辉	樊现行	焦寿峰	李端松	汤　杰
陈　俭	李　浩	吴　泽			

2014 届

彭建军	赵国强	刘　洋	徐宝腾	刘华贺	王玉松
潘松光	王家寅	吕国锴	高新彪	刘　璐	

2015 届

温皓白	韩庆宇	彭　程	张金琪	赵同亮	赵　凯
姜芙林	赵国龙	肖永康	韩飞鸿	刘广凯	满　佳
田宪华	赵彦华	李宝聚			

2016 届

刘伟虔	刘国威	路宇哲	潘向宁	郭　康	谭启涛

闫 帅	张 义	赵 斌	陈跃彪	刘亚男	

2017 届

李 瑞	刘 燚	杨胜尧	申炳申	李 孟	王晓锦
石文浩	杨 炎	闫 鑫			

2018 届

苏腾龙	孙 灵	张名扬	郭恒栋	邹雪倩	谢 麒
许 浩	薛 钢	王德海			

2019 届

李 振	潘聚义	张锐杰	柳云鹤	于 哲	房素素
孙一航	李美婷	王雪彤	唐志斌		

2020 届

付祥松	高 菲	李金银	刘 昊	刘 佳	马晓宾
孟祥宇	牛兆勇	任仲豪	汪 越	魏连兴	张桂义

2021 届

姜胜林	孙凯强	张 晓	柳 越	巩超光	张 路
韩 康	张聂强	刘富远	徐绘云	孙哲飞	王小娟
赵金富					

附录二 历届学生名单和毕业合影

本专科生名单

1955 届(266 人)

机制 52(40 人)

田 桐	司鸿楠	朱鹤皋	朱正郎	沈春霖	沈耀增
余正乔	芮卉纲	周频东	施勋美(女)	俞从荣	高兰英(女)
郭顺洪	莊德华	华荣发	程德霖	程镛盤	褚友竹
赵瑶辉	于尚信	王明和	毛仁昌	朱礼达	李家瑜
李培深	李锦文	吴惠彬	沈嘉琪	房守庆	哈长森
马 引	徐 灏	徐延曾	凌守邦	秦振鹗	秦瑞璋
张桐森	张福森	强树棠	刘惠林		

热处理 52(21 人)

鲍咸宗	朱棠芝	胡 群	徐树基	张为信	曹观雲
黄金舜	裘伟甬	鲁宏良	严国荣	李承德	李磐石
余益吾	沈家喆	金长发	姚庆国	范荣春	徐匡立
张琦恩	莊 夒	陈楚康			

热处理 53(82 人)

薛 方	王井冽	王松朋	王邦治	方国雄	孔副榴(女)
石福占	朱志学	曲世信	阮之纮	李增光	李国量
何国宝	朱贤琪	沙鸿烈	沈祖德	沈稻孙	吴中杰
吴永熙	吴楚湘	吴国辉	武维扬	宛志宏	季求忠
周祖怡	林纲传	林丽华(女)	金丕绩	夏际元	陶汉利
姚佩兰(女)	摇铭泽	马肇福	徐 升	徐六彀	徐守纲
许根全	许奎官	郭升湖	郭剑仁	陆其南	陆善才
陆汉昌	陆 冠	陈九辉	陈以梵	张立远	张光远
张作华(女)	张世达	张善道	张温智	黄中韦	黄国俊
黄严正	黄建洪	黄庆祥	冯永长	冯祖英	汤美珠(女)
扬全昆	黄士颖	叶宗正	赵家培	赵贤正	熊经武

蔡玉德	潘廷赐	潘贤庆	撒世和	郑明瑾	刘思霈
刘瑞亭	刘积樑	薛忠宝	戴健行	谢世昌	谢联辉
罗 张(女)	顾传鑫	龚松滋	顾 权		

金专二甲(61 人)

丁绍强	王采岳	朱明常	李正顺	汪志勇	吴克峻
吴鼎文	吴秉正	林王凯	林佩根	季之治	金 荘
胡传序	姚根祥	徐泽梁	徐恩溶	徐雨辰	唐振瀛
高进福	庄振春	张文华	张友义	张盛岩	张梅瑛(女)
张庆瑜	奚金方	陈根祥	陈 堉	陈孝崴	陈洪年
陈念尧	陈隆灏	辜向荣	过美龄(女)	黄向贤	陆继培
曹秀英(女)	程善礼	黄渭铭	杨志沂	杨存良	杨万信
华树桃	葛文亮	欧阳荣锷	赵立荣	赵阶萃	叶关善
巩锡云	蒋启迪	钱文燊	钱会友	应君德	谢燮搋
韩其任	颜佩玉(女)	龚荫溥	徐宏俊	郑茂青	陈克仁
叶 森					

金专二乙(62 人)

尤 发	尹 连	王一涵	王中孚	王欣荣	王昭志
王长春	史美往	史万铨	白杜懋	朱长生	宋康廷
李文尧	李敦信	李云生	吴乃盛	吴建平	谷先知
周琪华	金克定	林锡荣	是勋彰	胡 帆(女)	胡钦祺
施祖美(女)	徐同寅	徐宗尧	徐学伦	徐锦福	袁孟虬
柴志祥	唐钟祺	孙全兴	孙兰萍	翁书寿	屠传义
张戈宝	张少勇	张益楼	张桂贞(女)	张庆德	陆亦非
陆健国	黄宝根	陈福秀(女)	毕厚彦	焦新之	须振淮
华其和	葛孝萱	解树仁	闻德龄	刘庆华	蔡宪坤
卢昌旦	钟尹甫	钱德桢	罗智云	金建新	刘焰樵
罗治文	金国权				

1956 届(293 人)

机械系机制 52(32 人)

王学精	仇启源	宋孔杰	宋健男	沈永秋	李玉臣
李维焜	俞定尧	洪秀治(女)	袁之霖	马治成	曹光午
陈方荣	张才鸿	张玉明	陆长炎	黄学志	孙祥和
焦福镕	杨成仁	董元沅	赵野平	刘永镒	丁云璋
方景明	吴秀清(女)	周吉人	房延佑	马霞仁	廉 昭
蔡子骞	刘荣基				

机械系热处理 52(29 人)

王庚瑜	王炳杨	孔令刚	朱怀章	吴　忠	胡以明
夏文高	倪曾益	唐明亮	陈　琪	陈谋立	喻怀仁
程韦德	刘桂林	戴剑民	王蟾芬(女)	吴葆廉	李自康
李志根	李遇昌	周福林	金振亚	俞连岑(女)	莫镜初
虞侨琪	赵　源	谭泽培	周振华	周允杰	

机械系金属切削加工(专修科)金专 52.1～5 班(131 人)

王溯源	史树莲(女)	吴法智	宋鼎文	周天骐	林朝宗
芮传艺	郁欣成	时孟春	陈家圣	陈家静	汤永芳
叶正文	邓百里	谢济洲	颜关伟	唐振瀛	宋康廷
是勋彰	王培基	宋文芳(女)	林连江	唐振如	唐健秋
黄庭华	翟恒祥	周琪华	王琥玉	王毓忠	沈　芬(女)
季之治	周学海	徐志昭(女)	张筱春	陈超群	诸建中
卢子元	金　荘	袁孟虬	朱祖涵(女)	沈则尼	武元照
纪庆印	殷海康	黄政文	蔡罗敏	严万恒	党兴明
陈　堷	华树桃	王中孚	吴秉正	丁禄生	王珍玲
吴连富	徐福高	陈锡强	叶大潮	罗法鑫	胡传序
张文华	王维新	王荣森	朱伯泉	朱菊美(女)	邵长庚
邱果良	徐镇源	唐铭达	倪宏杰	黄　通	许正昌
施文娟(女)	赵承寿	顾　贤	应君德	吴建平	孙全兴
王品良	王国铨	孔德澄	李永贵	金祖光	邱智明
姚守诚	张兰英	许启芳	程云楼	杨林法	万毓强
翟贵诚	翟洪春	汪志勇	林王凯	徐同寅	丁有芬(女)
邱忠强	施良英	柴树铭	张振麟	陈汉哲	黄金维
练美和	罗中始	徐永铭	王桂真(女)	白锡九	谢继雄
安庆华	孙绪宗	夏富根	张永光	许培椿	钱德桢
王荣光	方鸿乾	李家驯	李执钰	吴虎雷	吴炳书
张生陞	陈精达	黄有福	陆　平	康泰泉	陈根祥
陆继培	王一涵	张戈宝	吕家富	刘庆霖	

机械系金属热处理(专修科)热专 52.1～3 班(101 人)

王志昌	支道浤	江昌洪	吴建平	何益玲(女)	余天恩
金鹤龄	邵瑞英(女)	杭永铃	俞建茂	徐新初	秦济仲
张文添	张正经	张梅福	陈九镇	陈宏范	陈夔尧
郭永霞(女)	郭素云(女)	陆庆珍(女)	杨玉福	潘家树	颜仁明
谢燮撰	方国雄	宛志宏	许奎官	刘瑞亭	马丽君(女)
秦素琴(女)	饶普生	杨恩华(女)	罗益民	王洪胜	白　星
朱华忠	吴本贵	吴宣玲(女)	吴岚方(女)	周志杰	周爱光(女)

金建国	金运涛	邵学渊	芮传平	胡义祥	袁振明
张盛华	张开宁	张景荣	张济堂	陈翔	黄厚芳(女)
郭诚熊	盛克宽	程国安	赵伯奇	刘成贵	衡友潮
薛宜群(女)	陈洪年	叶关墱	王长春	周锦才	黄庆祥
陆大成	林传骦	王季涵	王承基	成公允	李圣恩
李廉州	沈达	沈锦如	俞舫舲	柏斯森	孙秋宝
秦汝秋	宫介同	张荣顺	陈萍	陈昀勤	陈淦泉
陈健生	黄建安	黄兰瑛(女)	康泰伟	汤人文	汤道坤
甯少华(女)	杨甘棠	赵祖明	蔡敬谦	王邦治	曲世信
李国星	沈祖德	吴中杰	陆善才	邓福荣	

1957 届(146 人)

机械系(8 人)

| 陈荫孙 | 王宗伋 | 毛振芳 | 管诚 | 秦子儒 | 吴兴建 |
| 周庆泰 | 张立武 | | | | |

机械系机械制造工艺专业(3 人)

李大济　　潘宗美　　卢景辉

机械系铸工专科(79 人)

丁树森	朱炳贤	李六官	吴炳麟	吴建康	吴秉德
邵心声	周云泉	林建华	胡生良	姚祚复	俞育文
施炳健	唐志龙	张靖东	陈式仪	陈福林	黄天威
陆茂南	邹东海	叶来根	刘海棠	诸仲坚	缪敖大
魏念椿	缪濬	王祥珍(女)	王剑华	王礼忠	王鑫棋
朱育才	李慧芳(女)	汪松廷	谷禾	胡芳(女)	段云方(女)
柳森国	徐洪欣	马洪清	耿正和	张钧陶	陈理安
陈磐石	黄惠良	莊细荣	汤义忠	杨锦中(女)	赵荣昌
潘子祥	蒋真为	戴伶俐(女)	穆福鑫	苏息君(女)	毛明熙
仇国民	朱伟文	吴明升	吴乃和	沈柏桥	周钺生
金吉林	胡湘泉	姜锡朋	徐始华	凌汉光	孙永庆
张庙福	陈文瑞	许心谟	陆楷诒	陆凤池	梅志舟
章绎	邹雷声	叶秦骅	潘伟	臧文贤	薛树德
李万年					

机械制造系(1 人)

倪克煌

普通机器制造(55 人)

| 林曒 | 金问乾 | 徐琦 | 徐俊英(女) | 许汉文 | 许发樾 |

陈良才	陆行伟	陆新民	张宪春	黄成俊	黄婉如(女)
彭立德	贾忠皋	万家仁	郑是瑜	郑渭华	郑树端
刘卫华	罗怿群	顾晨昕	姚思民	穆清仙	林俊雄
陈启宇	鲁传芳	郑经翰	于宏瑁	方国兰	方陆峯
王怀骞	朱银寿	胡如度	倪根生	徐荫森	鹿春光
马鼎斌	陈其山	陆伯兴	黄爽凯	温兆海	汤金生
杨文雷	杨宝森	叶　菁	叶国维	虞炳照	廖培坤
巩秀长	蔡碧城	蒋式昕	刘文祥	刘振民	刘德清
郑忠明					

1958 届(140 人)

机械系制 54.1～4 班(107 人)

王　鑫	王昭正	吴季安	汪祖洪	林家聪	胡宇平
胡寄莹	姜文湖	姚康德	张廷玺	张振德	陈荷生
屠炳卫	葛云柏	蒋怀青(女)	钟天恩	归福坤	王有全
李纯飞	汪钟(女)	俞莲如	施孟贵	徐少民	陈新民
郑正华	谢庭元	顾孟志	王绪民	胡仁都	方笃文
田志仁	朱可强	李居河	周正洪	周光杰	洪凤珠
黄奕川	王亚林	王国树	徐耀辉	高付德	张耀荣
陈俊英	詹倩英(女)	赵福瑶	赵业斌	刘钦第	戴履意(女)
罗连乾	苏芳盛	刘美中	贺云庆(女)	周长裕	朱网峻
吴湘筹(女)	沈启源	何亚南	武昌法	孙继峻	倪承荣
陈九鼎	陈淦卿	陈懋岱	陈严华(女)	杨邦洲	刘家琦
刘燕亭	郑钟鉴	钟德皋	谭祖舜	王云峰	吴镜平
纪谦德	邬礼铭	惠琴秀(女)	叶斐鹏	潘雨生	韩德建
黄汝英	唐宝灿	柴建榕(女)	张永生	黄奕振	杨芬华
赵达龄	寿大桢	谢松寿	方宏诜	毛　奇	吴寿发
汪建英(女)	金世樱	徐邦球	徐清容	秦悌钧	黄文廉
章思炎	唐程嵩	赵渭洁(女)	钱纪春	魏继德	顾丽中
李岐方	汪孝思	章宇城	楼宇新	管遵恭	

机械系动力专业发 54.1 班(33 人)

王成萱	毛素银(女)	李　振	李宗民	吴杰云	何雨宸
何闻铮	周炳龙	周黎萍	林景慎	胡敏民	姜玉德
徐　生(女)	徐　荣	祝恩多(女)	宫惠义	张曼云(女)	陈启亮
黄一飞	冯锡娟(女)	程贵和	汤建平	杨富英	杨锦松
赵华芳(女)	郑宝山	郑怀琦	蒋　茗	黎朝纲	罗德安
严嘉良	张云社	尹树嵩			

1959 届(271 人)

机械工程系机械制造工艺专业(190 人)

周新福	韩天赐	刘昌仓	叶汝林	甄淑芳(女)	杨伟之
杨建和	冯 正	庄汝刚	陈萱藩	张宗强	夏继琛
徐 达	孟振海	阮孟荣	何忠行	沈 真(女)	沈秉秀(女)
吴鸿猷	吴雪梅(女)	李 斌	李延岑	朱祖文	朱保钧
王云岫	王尚楷	王玉道	王关增	刘元钰	孙学昆
马凤岐	薛 美	刘光祖	荣中兴	虞幼奂(女)	杨学良
陈德祺	陈锐芬(女)	陈玉麟	黄慧良	黄骏逸(女)	张凤楼
张小鸠	夏清泰	马惠莲(女)	徐希明	徐永欢	胡柏南
吴方正	朱福尘	朱金舟	王家燕(女)	王金鹏	王有莘
丁忠贵	潘国明	刘锦文	赵凤亭	万君业	杨 靖
贺碧玉(女)	商希明	崔焕亭	陈政声	张润生	张苏才
张希垫	宫诚恩	高克起	孙凝志	茅振华	范治清(女)
宋丽娴(女)	朱殿礼	曲智忠	王德明	王顺天	王志国
王公民	于世济	郑启鸿	赵元达	尚甯生	董绍济
顾笃性(女)	萧善求	蒋宏林	董惠民	杨寿祥	汤一龙
程九如(女)	盛鸿业	崔立本	许冬生	陆继超	陈匡华
张志大	张元白	徐念德	金敏洁(女)	周增威	周志圣
吕永福	曲和臣	王守广	金培玉(女)	符锡琦	李振钟
韩 曜	刘殿亭	刘锡东	刘淑芳(女)	赵基贤	陶智然
崔贵年	崔和庆	庄绪航	陆 进	许国璋	张正太
孙树龄	徐汉勤	徐桂美(女)	范寄鲁	卓恺子	林纪洋
吴继禹	李淑娟(女)	李玉昌	朱朝水	王俊明	王淮柱
何祖诚	逯卫华	魏 霞	卢兴钧	鲁德亮	刘法岐
赵元吉	詹慎威	麻然江	陆祖培	陈修兴	张健兵
张训义	张希霖(女)	张均珮	张世瑾	唐齐飞	马金忠
孙明岳	俎秀芳(女)	孟庆续	林赐民	沈义明	李树诚
李成真	李代芳	朱澄超	冉祥云	王亚美(女)	王兆良
章保民	黄佑熊	陈庆圻	苏介祺	蔡伯谦	程泽民
盛明珠(女)	陈维保	张茂贵	张玉田	邵建民	王克昌
李雪樵	徐先芸	潘瑞华	杨曾兴	张石基	孙企忠
丛巧滋	杨国防	陈绪仁	张国全	高天寿	徐嗣鑫
徐元铠	金世友	周文山	李庶谟		

机械工程系金属学及热处理车间设备专业(79 人)

陈俊治	严岱年	丛铭泉	楼楠金	乐瑞蒂(女)	刘廷芬
刘光耀	刘玉梵	冯腾趣	曹云娣	陈凤池(女)	陈玉群(女)
张忠勇	高舜英(女)	马福本	孙月芳(女)	邵国强	周健坤
周兆瑜	谷崇权	吕绍尧	成国强	王居恒	王蓉霞(女)
王世联	于建刚	栾复信	关兰杰	穆永瑞	贺洪铨
阴法关	康正玲(女)	崔镇东	郭冠善	黄济元	陈淑良
陈建夏	陈林根	张文举	秦元文	孙升业	徐庆华
徐金门	岳丰祥	李荣桂	李汝生	朱保养	尹邦彦
王康勇	王秀英(女)	王中玉	于宝法	丁日助	杨光远
冯晓犁	严维新	魏广德	滕安乐	赵青轩	杨流星
冯慎田	毕耜原	郭淑金(女)	黄象颜	张鸿圆	张清河
耿法仉	孙德瞻	孙绪绅	孙敦冉	侯宝华	汪春岐
宋和本	朱宝典	由思生	王景成	王智濳	王天佑
于继聪					

普通机器制造类(1 人)

周鸿庆

普通机械制造(1 人)

萧相徽

1960 届(714 人)

机械系(382 人)

丁国珍(女)	王德武	方修善	江如庆	李彰荣	吴根法
汪金龙	汪育正	周　涣	孟宪亮	姜广田	俞德元
夏振鲁	张　新	张元嘉	陈福耒	陈富生	黄世坚
黄泉英(女)	许钟杰	郭金泉	刘英民	刘东山	慕芳逸
卢镇锐	王一德	王东兴	王培炎	王锡铨	王天善
孔庆镶	田树英	吴继周	汪国兴	沈保诚	周玉轩(女)
周庆莲(女)	胡　虹	姚忠德	侯继珮	洪植衡	徐广信
孙清志	张思雄	黄冀业	许国光	汤道修	杨兆华
凤元红(女)	刘世雄	郑思伟	蒋继文	韩人定	杨家澜
王玉浩	王志达	王梦熊	王学智	李锡源	吴才金
沈国本	何家铿	邵才英	姚鹏年	徐曰明	张玉蓉(女)
张邦琛	黄卿树	汤宗成	杨翼群	葛建中	赵学贤
赵焕箕	叶芳华(女)	叶家鋆	滕士敏	樊炳钰	韩德济
聂嗣俭	王德学	安木兰(女)	吴孝顺	宋明义	林松义
林柏琛(女)	林开瑞	张松坡	张金如	张福德	陈仁立

陈文辉	黄大清	莊良洁	焦馥杰	童先永	邬兆杨
黄毓生	刘光中	刘长风	潘乐辉	卢洪昶	钟咸丰
魏祥金	颜纯智	瞿志芳(女)	王明伯	王真英(女)	王钦忠
王嘉骏	艾兆亮	李乃昌	吴洵樑	林汉英	邱汉泉
胡耀棠	俞永兴	凌叙川	陈寿举	黄欣豪	黄诗意
杨福文	董法超	董润卿	赵祖福	刘仲文	刘昌华(女)
蒋济民	樊鸿彦	乐秀伦	谢家祥	顾侯烟	丁文祖
王　琦(女)	关会宗	宋力文	吴金发	姚香熙	徐武俊
徐振齐	马士民	张士举	张攸生	陈　策	徐国威
陈凤钧(女)	郭登科	陶中秋	莫嗣宗	杨延华	葛文騄
翟凤元	熊治富	刘大燊	刘彩霞(女)	蔡经杰	聂宗仁
龚仲华	黄益谦	王华东	李清芳(女)	于映华	王达昌
吴美荣	宋炳文	吕文禹	林元盛	林碧霞(女)	林趣棣
徐天桃	夏玉乾	张　劢	张明虢	张道生	张莲萍(女)
陈仁杰	陈庆棠	李灿碧	陈宝康	黄振荣	黄绍芹
黄声钧	许大冲	杨纯美(女)	杨振鹏	郑有章	郑祚钦(女)
崔宪义	薛　震	吴静文(女)	郭云龙	唐宝善	于爱蓉(女)
王景章	石广岳	朱家云	朱赋安	沈菲菲(女)	林琦(女)
邱　蛟	邱寅生	季伯林	杭芹松	姚克勤	姚清芳(女)
施启疆	张梦熊	陈德乾	陈维标	章鼎湘	赵　汪
蒋允文	蔡志挺	蔡季芳	钱素瑾(女)	戴政瑜	孙凤鸣
赵奎山	王文高	王妮妮(女)	王贞文	李新民	吴教忠
沈荣棠	周镇棠	邱正寿	俞贤芳(女)	徐长贵	徐德源
徐静华	马金良	桂德文	席世涓(女)	张惠五	廉继范
叶孝思	叶树年	郑义树	蔡尚敏	罗家骅	王惠广
蔡由栽	李长伦	王笑卿(女)	王哲宾	王焕敏	王福成
李丕义	沈宗发	林鼎文	金如棵	姚国文	袁守灿
张式诏	张云霞(女)	陈功敏	许万源	郭新民	陆志伟
陆义侠(女)	程玉珍	彭其凤	万柳青	詹燕南(女)	楚应龄
蔡冰梅(女)	蔡宗规	谢祝萱	方彩娟(女)	王基祥	王淑梅(女)
王豫安	曲爱桢(女)	李自强	李秋月(女)	宋云鹏	林建中
洪贵来	徐志新	孙建章	殷本才	张大樑	陈松春
陈国璋	陈树义	崔修平	鹿蔼苓(女)	盛大银	茹叔良
程建诚	贺贵康	曾　文	叶锦青	蒋正行	钱鸿钧
战安乐	钮玉林	刘吉恩	刘吉恩	丁德仁	王开玉
任保康	李昭如	吴成山	吕光起	吕慧英(女)	邵美毅
施绍斌	南坚毅	高维卿	奚林根	黄和如	张秀南(女)
张德源	庄添全	费维岩	惠俊良	杨昌正	赵　馥(女)

赵世忠	赵云生	叶　刚	刘亚纶	郑菁青(女)	郑淑霞(女)
顾培中	林　雄	蓝实衔	于古钧	井恩才	毛步云
李振廷	金国镛	胡希纯	俞惠芬(女)	段　霖	宣永麟
徐奇宝	孙道甡	马新日	陈　虬	陈　靖	陈学正
陈耀波	许惟通	常宝辉(女)	汤顺章	杨法富	刘必忠
卢先荣	缪俊福	糜鹤生	李程英(女)	李贞绪(女)	丁文芳
周起鹤	王克裾	方江山	方凤鸣(女)	朱子钦	朱南云
朱鸿珍	江庆辉	李素彬	吴经纬	东传儒	袁洪诞
秦青庆	张　义	张明火	陈　陵	陈雯倩(女)	黄朝铨
许天成	杨才球	杨树人	杨苏望	廖清伏	刘志英(女)
黎作仁	蒋楚书	庞立增	牟作义		

机械制造系机械制造工艺(213人)

王松坡	成福根	李乐堂	吴宏炳	沈宝霞(女)	周礼(女)
周广津	林　奇	徐明晖	徐龙平	孙志诚	孙晨光
耿锡华	盛云珠(女)	张立平	张益明	陶璧新(女)	赵承昌
赵逢喜	刘　兴	刘希杰	刘相浩	刘宝忠	薛文璋
蓝国宾	顾志明	陈道科	曲志慧(女)	田文轩	卢振华(女)
张万亨	袁德昌	杜兴文	于立福	王宗武	王国璋
朱汉生	吴宗义	吴长衡	杜金生	林福泽	金通林
胡　秀(女)	张世寰	张宗明	张静渊	陈　植	郭金銮
程智熹	华莉珍(女)	葛纹仪(女)	傅习礼	杨祖板	杨银花(女)
赵纪标	郑　文	潘廷斌	罗宗岱	时吉启	孔昭信
米振泉	刘德侠(女)	张显才	李彦文	吴　沅	沈和根
车旺雯(女)	宗峻崚	孟桐乡	孙景远	孙锡茂	唐保华
张海宝	张清元	陈可迪(女)	陈筹宗	黄德塘	许学煜
郭立瑞	崔祖兴	陶祖勋	葛秋贵	杨毓山	刘恩辉
谢　泰	聂宗仁	江求智	杨鸣钧	李兴德	孙鸿东
张月英	周少珊	章浩铨	刘颖哲(女)	王　珹	王　兴
王秀瑛(女)	王洪洲	朱金麟	沐育寿	周元璋	周增葵
胡明如	胡梓备	相东禄	马纪椿	马建华(女)	唐民镛
秦家聪	张成言	陈公学(女)	陈国兴	黄锦玉	冯彩亭
杨衍珠	葛德华	赵宝铨	刘廷栋	郑茂赏	蔡富凤
薛才广	萧传钦	顾振家	张德群	田公大	骆炳耀
李中民	王金彩	王庭梓(樟)	王鸿祥	史国琴(女)	李锦海
周廷彦	林起孝	俞鸿礼	孙守疆	马永泰	桑雅芳(女)
张祖隆	张经陆	陈景明	黄永瑶	曹淑玉	傅庆余
郑海林	蔡由钏	钱鸿鑫	魏长贵	饶怡顺	顾德明(女)
薛再卿	华贻芳	沈伯良	龙绍铭	王家聚	李傅滋

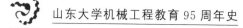

陆奇贤	王汾水	王金土	王雅利	成勤生	李光鼐
宋克东	佘兆荣	武芝松	胡宝兴	马祥彬	倪承沛
张侯英	陈立兴	陈振基	陈培川	杨　明	刘兆华
刘俊民	朱嘉盈	梁绍第	高瑞臣	许志锐	吴聚勋
宋晓云(女)	张锡佑	程家璋	陈治镖	朱基樑	朱鹤群
李梅桂	沈彐莉(女)	汪铭璋	余守泉	徐土寿	夏侯林
张天麟	张星驰	张增宝	张培江	陈本兴	陈瑞曦
陈圣坚	陈锡臣	黄学芫	刘蕴芝(女)	郑石珠(女)	乐鑫源
薛泉兴	魏克楚	赵崇毅	于竹泉	姚复庆	崔承河
杨瑞波	魏作义	陈瑞生			

机械制造系金属压力加工及机器(119 人)

丁康民	王湧潮	王忠良	王延丰	史钟毅	吴定楚
吴金生	宋守义	沈为惠(女)	邢佰元	林佩治(女)	孟庆丰
范道坦	孙灿玉	涂礼棠	凌兆华	凌嘉良	张翠珠(女)
张银珠(女)	张先觉	张惕安	陈　煜	黄萍瑞	费世尧
赵镇寰	郑迪民	诸文才	罗开金	顾仁良	丁爱康
王颂德	李永吉	李寿椿	李景标	沈新德	何声传
余明亮	金　垌	花岳顺	唐舜华(女)	凌月丽(女)	张精远
张兴申	陈明煌	陈新泽	陈启镇	庄家栋	杨守模
邹惠民	赵金凤(女)	刘文全	郑伯夷	卫秋富	谢海杰
魏美玲(女)	顾中伟	边丕海	张丁堂	王明文	朱鑫根
李浩古	吴光腾	汪伯铭	周光龙	金福生	范坤泰
殷善元	凌国华	张仁定	张奉亚	张冠海	张春瀛
郭兴铭	庄品芝(女)	程辰溪(女)	杨权芳	杨柏操	杨文娴(女)
贾金山	齐光才	刘文芳	蒋小平(女)	卢德明	蓝奎耀
颜廷璞	罗宗杰	颜敬善	王毓沉	孔祥群	甘明德
李金玉(女)	李珠新	李元龙	吴珍志	杜增麟	佘金来
周　昕	林素风(女)	金望复	哈成祥	都纪良	张中海
张佰兴	张佩英(女)	张茂林	陈天民	陈湘帆	陈墨村
陈慕兰(女)	陈耀伟	郭家有	曾自若	雷茂长	刘心宽
刘玉德	蒋克勤	龚端熙	范德正	王清池	

1961 届(527 人)

机械系(36 人)

徐丽珠(女)	田舍山	白连俊	朱文和	沃心芳(女)	王泽民
申云山	李忠三	林荣国	邵秀珍(女)	张郉代	陈文舫(女)
汪天僖	梁亚曼(女)	张文舟	李景延	俞洵白	单清琴(女)

王志诚	谭俊荣	徐元根	张永远	黄素华(女)	李敏新
林文华	孙肇珉(女)	苏建光	顾维新	王松格	季学平
俞世坊	徐飞雄	从树彬	赵兴礼	张　焌	张益民

机械制造工艺系(4 人)

| 盖一学 | 孙克节 | 黄尚存 | 王传芳 | | |

机械制造系(335 人)

温本贤	于花泽(女)	王王礼	王安之	王崇良	王德茂
王善俊	王继水	方宗文	吴学勤	宋志清(女)	周汉魁
陈翠兰(女)	隋启荣	路美夏	刘述庸	刘源清	盧乃元
苏永璞	刘洪岐	王永岱	戎维明	李子刚	吴修范(女)
孙孟成	张明廉	陈诗福	郭永池	郭春沼	曹宗尧
刘惠仁	齐修本	薛荣甫	魏德盛	纪淑清(女)	罗洪章
毕环庶	王长钧	王连云	方秀琴(女)	米初帆	曲振迟
李松柏	李恒和	吴如聪	宋承基	汪鹤岑	柳文彬(女)
柯清辉	马忠理	夏　鼎	夏同林	翁思永	张为忠
陈望其	陈谟开	黄绍文	黄节修	陆金祥	钟启兴
杨兴泰	刘桢锵	蔡修文	应奇周	龚　刚	王良琦
王良琦	刘建宏	丁冠英(女)	尹绍和	朱钧钧	李传华
吕延华	周景泰	上官明钟	范培德	施子亭	柯巧昊(女)
徐学成	马建熏	高文绪	陈祥九	奚静川	黄睦旺
陆正海	陆永昌	陆秉能	曹承国	庄志海	杨福绥
邹凤岐	万金根	管亚中	严建书	杨成祖	王廷松
王立春	王志英	仇万炘	宋振亚	贝裕华	吴友田
周金全	胡荣华	封紫芳(女)	袁桂钫	马恒超	张水宝
张宝烽	张瑞厚	陈守中	陈修本	陈长杰	曹学诗
陈兴泉	陆心龙	冯志刚	曾宪威	杨凯士	邹芝泉
赵树立	刘朝雪	郑京材	阙祯煊	陈祖吉	石天成
张元娥(女)	吴菁苹	王孙羽	王关荣	李文诗	吴仲畦
吕宗惠	阮雪影(女)	冷鹏搏	邱鹏元	周克俊	耿仁轩
张维熙	陈生友	陈克低	陈华馨	陈龙玉	凌伟宫
童顺庆	赵华芝(女)	裴水荣	廖汉松	郑国富	蔡　鹤
蔡主功	鲍顕芳	韩贻协	谭俊荣	潘成玉	张织庭
顾惠敏(女)	胡培顺	王允明	王新荣	于勤文	王本寿
王继儒	王普全	尹新珀	周庆平	严　昭	周中兴
郁锡坤	徐杰民	余德元	徐金麟	张承志	张富训
黄伯廉	汤金城	杨若谷	贾大鹏	戴有年	封树柽
孙寿松	张育本	张远亚	张书斗	陈正福	陆景贤

崔永华	刘树山	魏振勇	苏士铭	颜承柱	丁培嵩
王志元	王洪贤	石永顺	成玉芝(女)	何希桐	金云海
徐明林	马骅	张文骞	张荣贵	陈伯湘	陈明奋
陈庆湜	黄桂芝(女)	曹希纲	杨忠成	杨冠伟	叶承焜
刘世兴	刘忠国	蔡庆泰	潘基深	戴立章	龚海兴
张振波	杨初文	李素心	顾金娣(女)	邵森泽	王敏阁
丁元清	王银章	朱岐南	宋国文	李明全	金民强
徐寿源	马馨钧	翁锡添	张子庆	张林宝	张承森
张兴梅(女)	张时道	张统钰	崔雁真(女)	黄文光	黄承谟
程玉宪	程诗闹	杨如锣	董克镛	赵文贤	刘宝林
蒋林秀(女)	怀志荣	栾正信	程兆良	华宰钧	刘志亮
赵志国	潘道壹	王汝均	王玲昌	史希陶	朱映荣
李尚荣	吴世业	金根林	季水木	宗景泰	胡忠成(女)
孙培福	马信才	宫本善	张君福	张学明	陈伯春
黄大文	许德宪	贾怀琮	刘万禄	蒋衍芙	郝如渠
项世典	潘玉明	王赤茶(女)	王清秀	尹可平	朱渭水
李裕	李中柱	李文彦	吴国樑	吴鼎涛	林鑫
竺亚珍(女)	姜振宝	徐智	徐学明	孙铁蓉(女)	高国樑
奚京耆	张耀良	崔万礼	程继祥	杨为慈	詹光晶
赵中林	叶秀舜	潘凤羽	钱声明	薛纪忠	史贤彬
任斯玉	吴汉其	吴荣海	周道祯(女)	周国新	於传章
查棣华	孙鸿烈	马永洲	张伯年	张定夷	张寿英(女)
陈绍智	陈莹莹(女)	陈国富	黄小丽(女)	陶建华	程福康
邹振兴	邹伟成	温桂生	赵沛选	刘盛华	蒋学富
潘书生	顾陶然	应存智	范根发	官汝正	

机械制造系金属切割机床及工具(65 人)

丁桂贞(女)	王尚文	王云昇	朱隆祥	李心藻	李曰羲
李学海	李腾水	宋华荣	邢范亮	武迨德	胡宗仁
咸景熙	孙林庹	张秉忠	秦福鍊	陈克勇	陈昇光
陈雪珍(女)	黄兆贤	郭清源	陆守德	梁梦海	杨家镛
杨兴华	葛俊	刘华真	刘传喜	蒋委学	楼尊虎
穆嘉珍(女)	赵宗明	姜艳双(女)	丁羲照	王佩	王集悟
王寿芳	毛金桃	曲修嘉	李再勤	李洪信	李春竹
李鸿安	沈枡枡(女)	何诚基	林作灼	姚家瑞	孙守朴
倪士崇	席仔蒸(女)	殷毓君(女)	张金荣	许经番	陆家祥
陆惠洲	赵吕恒	赵淑箴(女)	郑洪礼	郑德秋	潘月佔
钱民全	钱肇基	顾强	汤秀傑	于德廉	

机械制造系金属压力加工及机器(64人)

王润卿	王龙程	朱仁傑	李厚增	李建曾	宋義方
杜振愷	林祥科	林凤城	胡长江	姜父珩	纪 明
孙正先	孙好作	孙德敏(女)	袁东明	倪嘉富	张家瑞
张辉邦	黄文忠	杨丕恩	董奎德	楮思麟	赵炳耀
管恩灼	刘清池	刘德畯	裴殿恒	郑效忠	叶梓龙
王淑玲(女)	丁志诚	丁棱光	王友春	仇方曜	尹超亮
李鸿钦	吴文傑	吴炳兴	何子良	余志新	金富勒
胡溥芳	洪介鳞	高延武	张仁娣(女)	张志山	张生有
张新海	陈琢如	黄品達	黄守信	董秋现(女)	谈一申
杨洪泉	喻福成	叶继武	刘学参	刘传鑫	苏启明
顾月华(女)	殷義傑	庞志昇	于度泽(女)		

机制系(22人)

何言伊	王庭群	卜宪修	王钦峯	李照桂	吕心怡
初乐全	周春生	周庆郁	耿玉林	王文明	王可成
李开传	马春熙	刘幼昕(女)	潘 福	徐志基	杨成祖
王建级	任英杰	包德兴	王志华(女)		

制造工艺与机器(1人)

段银峰

1962届(77人)

机械制造系机械制造工艺专业(77人)

王青田	王维俭	石福臻	朱世久	吴珍珍(女)	邵明泰
胡成丰	马善武	夏泽荣	张作泰	陈元法	陈守仁
许华寅	闫恒诂	杨洪斌	业得意(女)	刘实岭	刘从保
郑保铠	戴顺之	魏宝山	苏允谦	于仁翠(女)	孔祥旭
李文成	李延云	吕福阳	周燕(女)	夏兴漠	张聿英
曹谋云	梁 相	崔瑞发	崔泽生	刘士奎	戴洪利
项永洁	王秉强	王华宝	田葆林	金士器	武陈庆
孙竹宝(女)	张信终	陈佩成	陈树兰(女)	黄聿珍	赵永森
刘恒昌	王维典	王树箴	王宝珮	尹炳兰(女)	曲乐凡(女)
李来印	马仁森	张俊生	傅金明	傅兴德	褚文良
赵光云	刘 斌	蒋根海	邓宝俊	褚逸尘	韩在学
蓝孝述	徐君一	袁光隆	付同颢	张继孟	单亦富
宝利才	刘杞锡	余继武	金昌欣	耿毓魁	

1963 届（109 人）

第一机械系机制工艺专业（1 人）

顾芝祥

机械系机械制造工艺专业（7 人）

王玉亭（女）	陈振珀	魏五安	张鸿初	盛德芸	贺守瑞
郑瑞文（女）					

机械制造系机械制造工艺专业（37 人）

时维训	黄孝康	王秀兰（女）	孔烈忠	王沛书	朱文东
傅占贵	赵锡斌	王骏韦	吕振忠	张书才	刘春生
于兴隆	蒋仁泉	颜无清	司光夏	朱雷红	李玉高
余绍惠	丁士菊（女）	石振山	沈 明	吕学华	张伯良
张朝昇	张东群	陈炳章	傅承悦	贾明信	荣效洁（女）
刘桂荣（女）	刘佩熏	刘清先	刘荟源	郑铁城	缪仲英（女）
戴宗圣					

机械制造系内燃机专业（28 人）

曲江修	于立穗	王乃公	王化岑	王崇阶	王肇聚
王晓陆	王保琳	尹岱峰	李德昌	吴廷圣	宋奎萃
杀兴尤	邵敬耀	岳恩笑	尚师谨	胡元亭	爱惠斌
袁志德	袁锡路	陈允昌	傅华龙	杨绵绵（女）	邹家楣（女）
赵吉盛	赵如芸	刘正寅	鄞光坤		

机制系机制工艺专业（1 人）

杨德秋

机制系金属切削机床及刀具（35 人）

周德馨	邱春富	徐兆其	孙学浦	张延纯	张振泽
张敦站	张荣祥	庄永富	赵玉胜	宁维孝	刘 超
刘新章	刘庆贵	魏道孔	王穗玉	李秀羲	李桂荣
李振峰	李嘉昌	周裕东	周廉忠	林桂亭	孙兆海
马及昌	夏汝菊（女）	喻士宏	刘文信	韩希模	谭相芝（女）
罗光财	袁信盛	陈广琳	盛家宝	崇学礼	

1964 届（329 人）

机械制造系机械制造工艺及其设备（226 人）

王延录	王炳南	田永梅	房延德	姜少甫	徐东禄
马毓甲	荆华正	张振钦	郭怀铭	邹辉恩	解焕民
刘秀芝（女）	刁培祥	王如松	王和顺	朱 巽	姜瑞娥（女）

柳玉琢	徐堃铎(女)	郝思先	梁耀星	傅培尧	刘宝珍
郑庆桢	卢元香(女)	王立典	李长栋	孙文瑶	高茂富
杨瑞节	刘国洋	滕清义	孙惟正	尹芝三	孙世铭
于延康	于宪芳(女)	王淦远	王烽厚	王继喜	李永新
李世铨	吴春英	宋古文	杜延海	祁盛连	徐云琛(女)
张天亮	张连宗	陈绍贤	陈知民	杨光耀	杨超云
杨洁身	滕龙儒	钟天信	庞明伦	关成虎	王清江
岳喜丕	张　镒	黄岳令	于正祠	王凌东	王绍珠
王集柽	王健镶(女)	亓＊中	史常勤	李本恕	李绍岩
李书炎	李毓桂(女)	吴僖瑶	吕桂英(女)	吕裔德	周健英(女)
孟宪昌	马逢亮	宫兆礼	张润生	陆文达	刘同恩
刘凤台	杨洪太	钱　浩	赖积兴	萧兴坦	王亚东
朱德敏	刘保成	王端兰(女)	李恩德	李象增	徐文玉
孙希稷	张德桂	赵新时	于＊芳	王汝训	王昌玉
王林奎	王瑞熙	司殿文	聿＊	田信之	李玉美(女)
李传义	李嘉芳	李宝年	李＊芳(女)	吕继欣	邱淑珍(女)
段钦瑜	徐爱邦	孔凯宗	高德祥	夏玺年	张有春
毕宜文	杨庆泉	赵中燕(女)	刘明远	丁汝超	丁亦怀
王月升	仝清刚	李嘉民	周连中	姜同义	徐铭章
孙升同	孙健民	孙业骏	袁绪芝	张本男(女)	张书林
张广＊	郭连津	梁文信(女)	崔美楹(女)	章锦鸣	康　健
赵秉生	钟光武	王兆奎	王秀珍(女)	李训英(女)	王绍武
王授恺	周方谟	张洪安	乐嘉华	于春宜	王守臣
王衍琨	王继荣	尹燕方	曲德宝	吕文宪	吕金玉
姜德贞(女)	孙新林	孙淑德(女)	殷国甫	张　照	张延广
黄根发	许家宽	毕秀珍(女)	鹿道昭	程＊庄	叶兆舟
魏和琳(女)	聂延祥	罗椿年	苏建迎	陈培芹	潘如麟
张慧玉	丁宗曾	司梦光	桑宽容	王永彬	曲光华
李静珠	柴尚德	郭丕忠	刘勇先	王世汉	李忠朋
姜梧基	范本立	张铁豪	丁玉民	于趾浦	史秀美(女)
李鸿恩	孟繁斌	赵鼎贤	何洪奎	李文栋	张昭纬
毕良玉	赵洪基	刘福兴	胡鹤鸣	郭长根	杨敏泰
郑尔厚	丛培轩	牟春阳	梁忠明	刘清春	刘福元
王荣材	孙世雁(女)	张桂芬(女)	赵宾礼	王月德	司素云(女)
周北伟	戚贵富	商金川	潘云生		

机械制造系金属切削机床及刀具(45人)

王仁明	王长仪	李照寰	李运武	宋秀桂(女)	汪荫栋
孙广惠	孙锡义	祝修龙	柴丽红(女)	张光辉	许德盛

梁绍柏	杨金生	杨忠宝	赵宁启	刘润浦	郑　家
颜承敏	颜鹏翔	苏殿经	王柏诚	尹继瑶	田丽敏(女)
李培德	宋学言	孙淑敏(女)	孙维章	秦凤琴(女)	张肇蓉(女)
曹金幸	陶营昌	郑清涛	蔡绍琚	路精轩	李　芝(女)
孙崇纾	张万顺	张韶纯	刘善明	栾正淑(女)	王传新
李维寿	徐德育	张振谋			

机械制造系内燃机专业(58 人)

于泽学	王元桐	王胜义	王维生(女)	王镇铮	孔令恩
李　震	李　善(女)	李汝善	李迎新(女)	李振忠	宋傅俊
宋法宝	徐本川	孙善民	张闻逸	陈　超	陈小复
陈绍忠	程体箴	杨大鹏	杨玉琼	赵延堂	刘耀锡
郑兰武	潘科第	潘洪甫	王振基	丁殿丰	王有义
王延东	王书庆	王树基	王鸿霖	牛青萍	李昭林
李德荣	宋立源	沈婉如(女)	周晓龙	岳　政	祁茂衫
徐岫霞(女)	张宗兰	张庆安	杨士明	褚玠善	赵光庭
刘友林	刘本让	刘福亭	刘德华	潘金安	綦敦泉
钱佩英(女)	萧占峻	关竞成	陈　奎		

1965 届(338 人)

第一机械系(102 人)

李东钧	牛玉珍(女)	徐海光	于凤善	于宝秀(女)	王贞信
王长英	王德成	王永清	宋文凯	宋家民	沈炳根
吕佃昭	杜鸿文	林毓诚	孟宪斌	侯天奎	纪树乔
孙灿禹	孙传仁	孙　盛	张忠厚	张秉皆	张伟栋
陈方浩	曹光茂	阴玉苍	提明华(女)	刘其祥	于丙辛
王厚仁	孔乐岳	江临城	吴天胜	宋彦忱	吕朝芳(女)
谷源华(女)	林景玉(女)	孙　明	孙荣焕	原守棠	张振友
张云娟(女)	郭永礼(女)	郭桂美(女)	程玉柱	葛伟君	赵玉琴(女)
赵登西	赵堂卦	刘继文	闫春芳	谢寅堂	薛洪家
孙作棋	邹增大	蔡礼新	战家奎	王广振	孔八原
田万和	李金聚	李芸英(女)	吴继忠	宋瑞山	辛中才
邵延＊	孟庆桂	孙昭作	张永伯	张林山	张培梓
陈炳沣	程咸福	甄维善	赵萍(女)	赵英华(女)	刘兆生
刘连元	戴向乐	于清泉	王永鑫	王集智	王孔河
王文斯	王正娥(女)	王忠杰	井锡九	李傅炎	李凤华
李汉淮	宋庆祖	孙孟全	夏昇山	殷庆君	曹脉运
董开云	赵成贵	刘忠仁	刘金榜	卢美英(女)	鞠庆珉

第一机械系 133 专业(4 人)

王先常　　　　肖郝才　　　　贾秀芳　　　　蔡宝玉

第一机械系 145 专业(1 人)

牟学峰

第一机械系机床设计专业(44 人)

闫世凤(女)	王仁美	王志高	王泰阳	白 杰	由守德
李希文	吴洪＊(辉)	吴莲溪(女)	侯慎岑	马长魁	张吉祥
张桂喜	张福明	陈立常	崔连山	冯文全	赵 然
刘道钦	刘树新(女)	郑光佐	潘焕昌	闫宗英	丁志君(女)
王建国	王崇智	吕明严	余守芝	邢希珠	宗瑞敬
姚衍兴	孙 钊	孙兴礼	马永疆	高华川	唐春明
张向好	张祖璟	张培英(女)	宿光才	葛培章	刘金月
刘东照	谭桂芳(女)				

第一机械系机械制造工艺及其设备专业(70 人)

王守泰	矫福启	姜积中	高长福	崔兴岳	渠广义
廉德林	周庆銮	徐乃善	袁训亮	张瑞康	汤吕常
穆明珠	林焕盛	丁秀英(女)	朱鸿继	曲敬君	李锦普
徐 达	马述祥	高四美	张淑贞(女)	张蕴珍(女)	乔延聚
楚彦敏(女)	赵俊禄	赵清馨	刘克明	刘效友	郑锦山
薛世喜	矫培山	韩俊杰	袭著财	于万仁	于风美(女)
王安印	王锡晏	王彦登	李久立	邵长鑫	徐太丰
孙炳照	秦德基	柴庆芝	张长福	盛世成	贾锡春
刘堃茂(女)	王香芸(女)	王新庚	毛元勋	曲培福	李尚荣
李法孝	李维森	邵立训	徐顺泰	康中厫	张君和
张传都	陈法远	郭世德	陆兴道	常继芳	冯相海
刘玉杰	闫福长	嵇焕兴	黄咸宝		

第一机械系金属学及热处理车间设备专业(38 人)

刁秀兰	于家洪	王世道	毛淑芳	史家厚	朱新胜
李本学	李荫杰	杜守云(女)	邱文坤	孙承玉	唐述礼
张祥裕	曹传曾	贺从顺	贾文顺	解振轩	赵永清
刘淦溪	刘桂香	刘兴羲	刘庆梁	邓洪孝	韩效德
于文模	王祥泰	孔翠荣(女)	李明仁	李河润	李继秋
尚历城	孙韫湛	张洪捷(女)	张鹤亭	贾淑英(女)	刘福增
刘法顺	卢兆亮				

第一机械系金属压力加工工艺及设备专业(45 人)

于亦魁	王淑娟(女)	安其忠	吴仕荣(女)	周德明	孟宪孔
侯铁山	徐振东	徐照若	陈正生	许日泽	毕庶安
邹大绥	赵相太	翟淑祥	刘文通	龙 军	王昌明
王春生	王春武	王崇惠	李同群	徐兴旺	林树政
庄丽苓(女)	康纯信	王 倩(女)	李宗祥	张所留	陈立章
程墨君	翟原裕	崔英翠(女)	刘守法	刘廷芝	安玉莲(女)
李启义	苑保寅	凌政书	张玉梅	张宝璋	许恩范
付丙民	刘作武	鲍桂云(女)			

第一机械系制图专业(20 人)

于源澳	王以忠	初存德	明贵修	张文凤	张成锐
陈光毅	陈桂元	黄丽媛	曹维新	杨吉文	庞殿星
刘毓先	付林生	孙佑海	谭永业	杜玉华(女)	陈化英(女)
杨继顺	崔怀钦				

第一机械系铸造工艺及设备专业(3 人)

王韵琴(女)	陈吉安	刘法远

第一机械系铸造专业(1 人)

张铭岐

机械制造系(2 人)

盛佩珍	鲁宗山

机械制造系机械设计工艺及其设备专业(5 人)

邹定铿	王秉亮	王玉芝	刘增梅(女)	曲学团

机械制造系金属切削机床及刀具专业(3 人)

王淑茭(女)	尚万华(女)	汪晶莹(女)

1966 届(88 人)

机械 1 班(44 人)

王恩水	王淑华(女)	王庆珉	吉桂琴(女)	仲 光	李全生
李秀艳(女)	李英林(女)	李长英	李国贤	李瑞卿	李树莲
宋德谦	位吉同	辛再忠	凤 树	孙建国	孙殿善
孙景伟	马圣吉	张志斌(女)	张金海	张福胜	张双秋
徐承虹	郭常林	高傅兰	杨士明	赵仁良	赵甲绩
刘玉彩(女)	刘书军	蔡锦章	阎篡玉	戴文治	王淑清(干)
蓝明德(干)	王 捷	庄玉瑞	王丕元	孙伟华(女)	王同章
吕金志	邢继虎(干)				

机械 2 班(44 人)

于芙蓉(女)	王洪儒	王 树	王椿年(女)	王兰英(女)	尹安祖
李平先	李逢春	李维恭	李继徽(侨)	林治森	林清云
胡凤香(女)	胡义凤(女)	纪学斌	徐志业	孙本忠	孙世铎
孙淑武	孙树彬	高贵德	张立明	张玉臣	张成全
张遂生	陈思堂	许兴邦	乔振东	贾洪文(女)	董 萍(女)
赵心凤	刘靖国	刘庆华	蔡约礼	张锡平	刘凤珍
王盛禄(干)	于国杰	米振洋	董世兰(女)	周明君	王玉芝(女)
曲学团	韩俊杰				

1967 届(97 人)

机械 1 班(48 人)

于祺文	王立道	王世圣	王念平	王崇和	王华一(女)
朱兰凤	曲文莲(女)	李文照	李同君	李承俭	李保珠
李万修	李福英	李凤周	宋世忠	何兴鲁	车子正
周允福	姜亦荣	范目允	范聚田	孙连栋	孙景业
马树坤	高国武	袁 广	张迎祥	张宪陛	崔召杰
华 文	杨律昌	杨绍元	董开先	赵基脱	齐华廷
刘 静	刘奎振	阎金铭	谭志祥	谭金花(女)	董兴德(女)
黄顺利	严洪才	刘 冬	初长均	于锡学	刘建福

机械 2 班(49 人)

于交运	王宜金	王保全	王培兴	王琦业	王绪忠
王经远	王学武	牛方勇	朱世明	李昭坤	李振水
李耀荣	宋成训	吕良训	吕则沛	周元正	林经训
孟纪毓仕	孙迎志	孙伯松	孙延庆	马世敏	马洪太
马蕴芳(女)	唐作福	许建飞	郭贤亭	曹继元	梁明义
崔学正	国玉远	杨博兰(女)	董效民	刘 世	刘希民
刘广信	刘铁生	郑锡君(女)	邓这学	士 俭	钟兴忠
韩继刚	魏朝岭	金建民(女)	张荣亮	杨明选	宗锡武

1968 届(92 人)

机械 1 班(46 人)

王世钦	王作忠	王品三	王恒义	王鸿年	王怀生
王宝环	牟金魁	牟善保	李丕训	李明德	李振宗
李淑铭(女)	吕寻平	吕学成	杜文华	杜金芝	汪荣法
具同斗	周乎乎(女)	邵宪琴(女)	胡以华(女)	孙占玉	袁文勇
袁洪香	秦如岗	连承清	张 镇	张仁庭	张金来

陈清梅	许年芳(女)	郭惠平(女)	崔明智	冯吉汉	程傅烈
傅清林	杨福尧	赵留生	刘玉琴(女)	韩景梅	魏明德
颜廷贵	籍瞬伶	冯岷	单交瑾		

机械 2 班(46 人)

于钦志	于学东	王乃正	王月均	王巧莲(女)	王可显
王卓林	王明泰	王 生	田淑胜	左兴武	甘志莹
曲春辉	李建国	李基银	李傅正	吴清芬(女)	吴德泰
朱成恩	杜连佐	杜书淳	谷傅林	岳秉文	胡秀印
姜文义	侯怀亮	孙绍森	马日政	禹功鑫(女)	袁敦怀
张 美(女)	张元兴	张春美(女)	陈洪林	陈桂林	杨桂芳(女)
杨郑生	隗寿康	赵大凯	赵清敏	赵锦洲	权素英(女)
戴金亭	康云凤(女)	郭克祥	苗岐鸣(女)		

1969 届(92 人)

机械 1 班(46 人)

王信远	王家水	王开川	朱其京	任炳礼	李乃清
李存慧(女)	吴绍允	宋学忠	邵玉臣	姜尚进	孙冬梅(女)
孙运迎	孙德智	高玉华(女)	高铭辉	张永乐	张秀琴(女)
郭宪莲(女)	陆继生	庄惠方	崔宗孝	阴聚生	程甲生
程兴兰(女)	曹宪尝	景奉尚	云金香(女)	贾克理	褚宏山
赵良臣	赵相堂	赵桂娟(女)	刘元美(女)	刘自柯	刘占国
刘浩民	刘万贤	刘润启	蒋继总	藏凤全	钱凤选
阎学明	燕洪顺	乐九理	孔繁真(女)		

机械 2 班(46 人)

王元东	王兆坤	王述臣	王卿聚	王敦生	王爱玉(女)
支傅顺	田智诚	左绪生	曲建鼎	李乃光	李永实
李鸿彩	李显亭	吕成发	吕乐源	周锦丽(女)	林相来
门忠兰(女)	孙秀珍(女)	孙学增	高钦典	时玉芹(女)	索新民
张世君	张孝义	张秀莲(女)	张俊忠	张素真(女)	张敦祥
张福良	张增光	陈守田	曹盛春	梁淑芸(女)	国汝山
冯玉皆	邹惟贵	赵冠启	赵学方	刘延坡	刘金队
刘树花(女)	慕永忠	卢承银(女)	韩敬堂		

1970 届(159 人)

机械 1 班(40 人)

王成玉	王光成	王淑兰(女)	王荣光	孔广友	牛兴义
李春祥	李恕谱	李庆信	吴玉梅(女)	宋保堂	周志江
林钧锡	林宝光	姚文庸	苗春沧	徐勤忠	徐兴德
孙久明	孙松运	马傅升	袁善泉	马金荣(女)	张登嵩
陈庆海	程玉兰(女)	单衍义	彭茂业	杨奉元	杨家泽
董文启	解继德	齐修仁	刘光明	刘同华	刘圣舜
郑兴城	蔚连亭	薛洪美(女)	庞怀水		

机械 2 班(40 人)

王德成	王锡云(女)	曲同训	李　清	李忠孝	李长印
李彦美	李义先	李凤英(女)	李兰基	杜志言	沙启礼
林玉华(女)	柏梅生	孙玉成	孙任元	孙承祥	孙进兴
孙望曙	孙学俊	秦汝江	郝友栋	郝国庆	张孔强
张西华	张志山	张佃增	张振生	张书和	张伟祥
曹立月	曹桂莲(女)	曹瑞云(女)	杨玉明	董承乾	刘玉荣(女)
刘长禄	韩宝兴	丛汉滋	苏桂芝		

机械 3 班(40 人)

王友礼	王法存	王尧春	王开礼	王新民	王学明
孔凡俊	白秀民	李士森	李居库	李春夏	李洪福
武兴铮	孟宪启	范东成	孙满堂	马明太	袁尚良
张家铜	张象德	张耀荣	陈切彬	陈洪之	郭奎昌
崔林祥	舒华祥	杨春芝(女)	贾宏修	万淑敏(女)	逯世民
赵允英(女)	赵廷荣(女)	叶真顺	郑天章	钱洪祥	阎林平
霍以琳	韩玉华	韩法英(女)	苏庆法		

机械 4 班(39 人)

于汇娟(女)	王世君	王西安	王志卫	王东桂	王洪庆
王惠卿	孔宪友	史云宗	朱玉珍(女)	曲乐仁	李世荣
李祥兰(女)	周吉平	胡长本	徐忠亮	高傅龙	宫勤芳
荀建华	张兆元	张宗忍	张宗春	张润滋	陈然生
黄来政	郭少清	梁瑞林	乔声普	杨仁香(女)	杨学华
董耀庆	赵爱业	刘仲龙	刘洪海	滕学林	迟忠盛
丛日香(女)	聂廷林	类迎禄			

1971 级(175 人)

机械 1 班(44 人)

王玉华(女)	王华伦	杜维辉	王建荷(女)	王淑可(老工人班)	
王淑贞(女)	孔庆明	史新民	艾修礼	张广梅(女)	
张叩娅(工人班)	张桂华(女)	张素菊(女)	李俊杰	李保华
李玉仁	李节芳(女)	杜秀芹(女)	宋培欣	祁洪起	杜国建
毕建良	王义兰(女)	戚杜英(女)	徐田修	陈柴富	杨殿芬
周玉清	杨思济	许淑银(女)	许志坤(女)	高永绪	谭秀悌
崔日明	载德勤(工人班)		曹毕屏(女)	耿义发	钟经礼
刘传义	谭晓阳	王恒书	阎风芙(女)	栾世荣(女)	初均德

机械 2 班(44 人)

王德芝(女)	王云书	从佩兰(女)	刘子香(女)	张延梅(女)	张宝弟
张庆磊	龙克山	张秀梅(女)	范宝兰(女)	李瑞笃(工人班)	
李明春	李国栋	李金标	吴潭香(女)	汪明霞(女)	王明新
冯仁山(工人班)		郝义远	孙其顺	唐永善	高瑞琴(女)
赵秀兰(女)	杨希明	杨庆云	杨同宗(女)	杨路然	蒋效林
张宜荣(女)	钟云晴(女)	孟庆春	韩 萍(女)	董志宏	崔维庆
韩正民	姜 伟(女、老工人班)		董立德	秦惠芳(女)	李文岑
高广东	杨希武	梁为元(工人班)		孙进学	周瑞宝

机械 3 班(43 人)

于荣芹(女)	万信善	刘培玉	王荣华(女)	王清云(女)	刘长宽
刘占寿	綦修春	田永力	张茂轩	马国珍(女)	张金贵
张海军	孙桂章	李银生	李美花(女)	李庆华(女)	李淑媛(女)
李爱民(女)	李相保	李广萍(女)	李 洪	阎国运(女)	陈玉宝
孙乃坤	孙德本	赵日东	赵秀云(女)	贾风荣(女)	高主芳
宫玉良	张德平	晁代刚	都现英(女)	支利民(女)	黄银秀
宋金海	杨福鑫	刘文京	方立法	张淑珍(女)	常永泉
孙兆睦					

机械 4 班(44 人)

王 和	宋文兴	王忠良	刘叔寅	全瑞智(女)	刘玉芝(女)
刘福芹(女)	苑家良	孔祥须	张友才	张立国(女)	张锡玲(女)
李明鹤	李泽庆	刘新岐	李开先	王秀珍(女)	宋存财
宋葆英(女)	任 勇	韩广聚	管长云	刘桂兰(女)	冯爱华
孙培先	岳喜宝	杨桂兰(女)	韩国敏	蒋秀青	郭范士
郭秋芳(女)	郭恒芝	路洪银	耿立柱	吕庆鸾(女)	隋风森
韩成聚	郭 林	庞文石	钟德智	李炳娥(女)	李中芬(女)

张爱军　　　　曲文智

1972 级(76 人)

机械 1 班(43 人)

于光喜	马　敏	王卫国	王立善	王永泉	王应玲
王宝沛	王建民	王忠礼	乔立民	曲爱民(女)	刘少英
衣桂胜	李运生	宋长芝	李志强	李燕燕(女)	陈桂英(女)
吕颖远	郑宪常	杨延波	杨德峰	张秀华(女)	张征敏(女)
张培玉(女)	张善义	周长水	周桂莲(女)	季文华(女)	赵秋英
季本林	郭维芳	郭新娥(女)	高邦杰	管爱群(女)	盖志军
黄宣熙	黄剑波	常保华	常德功	韩云安	焦若男(女)
满郭敏					

机械 2 班(33 人)

万玉风(女)	马泉喜	董书艺	方建军	雷金兰(女)	王成珊
王希惠(女)	王　冲	王　林	王延波(女)	王树平(女)	王德云(女)
孙桂芹(女)	卢宗福	刘钰培	孙艳波	宋　芹(女)	李永法(女)
李东升	李志军	李建成	陈宝成	陈瑞华(女)	吕志坚
杨兆友	张志强	康少松	曹庆军	方纪英(女)	董伟华(女)
韩立成	傅景水	王广山			

1973 级(62 人)

机制 1 班(30 人)

马鲁平	贺洛农	王荣斌	邓英华	宁　舒(女)	冯遵成
刘　鹏	李红旗	毕建鲁	苏淑英(女)	阮希安(女)	李新春
陈贵廷	吴筑修	郑新华	张兰君	杨爱夏(女)	张　军
张建华	张新华	赵　平(女)	胡有志	王秀珍(女)	高永刚
崔广杰	谢茹华	韩华山	焦文刚	蒋爱华(女)	魏群力

机制 2 班(31 人)

马学梅	王军生(女)	王克利	王荣栓	冯中慧(女)	石连堂
石　勤(女)	刘允江	刘永良	刘建华(女)	刘淑珍(女)	孙纯孝
李绍玲(女)	李爱华(女)	李鲁伯	陈长生	陈协文	杨培东
张云霄(女)	张立志	张　宇	张　铮	周治业	祝庆华
姜宗军	段华东	耿建茵	程绪春	傅建华	冀淑英(女)
魏　民					

1974 级(78 人)

机制 1 班(39 人)

马　杰(女)	王　英(女)	王广华	王栋樑	王桂兰(女)	邓秀文

刘 琪	刘金龙	刘仁庆	刘青江	左言球	丛潍生
邢学海	朱晓光	陈爱华(女)	李世珍	李恒山	苏坤永
单建军	张玉昌	张运华(女)	林玉琛	林明广	周荣珍(女)
胡建新	胡顺密	侯仰海	赵 林	赵英新	徐永平
骆树楹	唐建立	姬国庆	曹忠良	曹 琳(女)	崔厚生
彭友田	潘政强	潘潍华(女)			

机制 2 班(39 人)

丁慧云(女)	王乃钊	王志中	王恩亮	王淑云(女)	王慧敏(女)
刘 祥	刘荣华(女)	冯平生	申保卫	卢 海	朱崇君
邢天增	李培仁	李福远	李宗刚	李金英(女)	苏祥娟(女)
卢文建(女)	杨筱泉	杨绪利	陈曙光	陈至诚	佟文法
岳彩国	张荣江	张 慧	段其胜	侯宪秀	赵书荣
赵红旗	乐可新	章锡新	韩宪明	韩凯鸽(女)	程 磊(女)
惠海斌	靳学明	蔡志甦			

1975 级(70 人)

机制 1 班(35 人)

王卫平	王立兴	王庆源	王连和	王越峰(女)	田荣安
曲凤华(女)	朱吉顺	孙乐峰	吴建文(女)	李 羽	李茂祥
李思忍	陈 杰(女)	杨 涛	杨新义	初 敏(女)	周景来
张文华	张圣英(女)	张秀荣(女)	张祖明	张 晖	张爱国
赵红旂	赵国三	侯增军	徐占元	韩 宏	韩瑞莲(女)
姜克助	郭旭光	柴振阳	程永新(女)	程 瑛(女)	

机制 2 班(35 人)

丁立卓(女)	于光华(女)	于爱娜(女)	王子平	王中豫	王东辉
王鲜阳(女)	孔宪兰(女)	庄广荣(女)	庄明政	刘玉真(女)	刘亦光
阮金华	毕学成	邢怀勇	宋文涛	肖 贞(女)	李吉鹏
李景书	张 浩	张 峰	侯建国	赵良庆	赵绪才
赵德明	段松林	徐光荣	都兴恩	郭兆刚	郭爱武(女)
耿迎新	韩宪新	黄素芳(女)	葛立群	焦肇霖	

1976 级(79 人)

机制 1 班(39 人)

丁卫平	王文武	王长青	王金凤(女)	王学敏(女)	王福俭
亓善坤	田保平	石根国	刘继文	刘 萍(女)	刘盛春
刘滨亭	孙立宪	孙申娜(女)	曲家祥	朱一宁(女)	任胜利

宋　敏	李玉珍(女)	李建伟	李秋江	李曙光	陈少华(女)
吴瑞文	张　力	张鲁明	孟召和	周以泉	姜丕智
茹法明	殷炳来	徐久明	康志民(女)	盛宏岭	彭修玉
韩兆海	傅成华	蒋继民			

机制 2 班(40 人)

王　广	王永义	王永慧	王进平	王君湘	王　毅
尹志成	石清生	边永强	刘继忠	刘　敏(女)	许永平(女)
孙　方(女)	沈昌培	宋　云(女)	宋　寿	宋明锋	杜建俊
杜金忠	杜德信	李玉梅(女)	李学文	李建新	李继龙
吴隆杰	郑贵明(女)	杨华民	张守华	张国坚	张明忠
张普生	赵炳华	高　敏(女)	陆　萍(女)	陶月梅(女)	徐德源
唐永昇	曹　军	崔棣章	蔡明正		

1977 级(251 人)

机制 1 班(56 人)

于名华	于纪春	马龙民	王　谦	王明新	王岩岭
王泺民	王殿勋	江　谆(女)	江幼吾	刘文伯	刘长胜
刘振永	邢志伟	邢跃华	纪循菊(女)	曲本敏	李　军
李自力	吴建光	吴爱华	吴俊亮	时建民	何　峰
张济建	张俊岭	张晓利(女)	张晓洲(女)	张智光	姜洪鸣
郭树岗	秦苏东	贾应贤	夏霄明(女)	徐兴来	隋永建
谢周银	董　杰	董　波	窦克琪	李和平	陈　明
丁志刚	卜庆江	马洪祥	王洪军	王国法	王海贤
王成义	从培彦	冯新生	田孝卿	刘兴国	刘秀芹(女)
刘杏立	巩守柳				

机制 2 班(56 人)

王　林	王　莱(女)	王伟明	王洪琳(女)	王铁岩	王启山
亓汝石	石宝成	孔宪武	申长江	刘九先	刘长安
庄　鸣	许甫民	孙为民	孙龙泉	李志勇(女)	李康宁
李凯岭	邵洪生	吴建新	程建辉	郑法瑞	林清福
林勇祥	杨懋忠	张久伟	张桂云(女)	张钦璞	周德琨
岑　聪	姜路一	赵夫伦	赵正旭	赵爱国	耿西军
秦顺利	徐永汉	黄胜永	鲍怀富	解建华	滕冠军
孙宝原	侯晓林	黄　滇(女)	孙传瑜(女)	任怀文	宋　林
杜立民	李　建	李玉亭	李远见	李景龙	李爱芝(女)
武尚春	林英贤				

机制 3 班(39 人)

马忠礼	王 健	王成荣	王国会	王树英(女)	左秀芝(女)
刘玉华	刘军营	许仲彦	孙海滨	严 济	李日升
李玉方	李东风	李雁翔(女)	陈之栋	陈世超	吴志方
何象华	杨延新	张学森	张金如	张志奎	张祖鉴
张绪曾	孟繁孝	周 慧(女)	姜 杰	姜子山	胡义刚
余忠起	恋世江	倪 超	徐延东	徐树秋	聂成林
黄克正	董英会(女)	焦勇力			

内燃机 1 班(58 人)

鲍晓峰	蔡少娌(女)	蔡孝斌	曹孔胜	陈正旦	程铁士
迟焕祥	冯学景	高春刚	高东顺	郭爱华(女)	韩曙光(女)
黄 华	姜 明	晋亚民	鞠奕钢	寇作敏(女)	李 宁
李维安	刘国林	刘 玲(女)	刘 鸣	刘荣德	刘书元
刘云岗	刘争光(女)	吕一丹(女)	马须奇	彭化强	秦建平
尚其深	孙爱华(女)	孙重启	田 军	田 林	王道奎
王瑞芳(女)	王 伟	王 星	王永理	相昆健	相瑞利
相贞教	徐 林	徐 伟	严立勃	杨立广	游云升
张恩国	张 放	张进忠	张立柱	张 涛	张文祥
张学存	张学旭	张宜人	赵宪云		

内燃机 2 班(42 人)

卞锡文	陈崇利	陈革新	陈乃灼	陈其越	程克河
崔会保	杜广生	高红歌	胡克义	接 磊	康 强
兰 专(女)	李朝禄	李言清	李 越	李振芳(女)	林基超
陆 辰	路秀美(女)	吕国强	马永昌	宁华廷	庞双芹
齐立中	乔元信	邵淑玲(女)	石兆栋	孙凤谦	田 杰
田尚林	王联荣	王明华	王守玉	王锡强	王 憎(女)
吴 琼(女)	吴 伟	姚恩泉	郑桂立	周立平	朱亚东

1978 级(325 人)

机制 1 班(44 人)

于 涛	于敬明	王世清	王成忠	王丽娟(女)	王延伟
王国强	王素玉(女)	王爱军	王清华	吉玉倩	刘一萍(女)
刘华敏	刘宪亮	刘敬东	江兆洲	邱 萍(女)	庞云胜
苏汉生	李兆前	汪宗泉	谷明明	迟建新	辛登江
张传民	张延钢	张柱军	张耀文	林温夫	柳玉宝
董景润	袁训杰	徐金钢	徐德禄	耿尊敏	崔风远
曹威平	程广国	谭维平	魏丕杰	温梦晨	曲本敏

徐元信　　　王成义

机制 2 班(43 人)

万金领	于瑞清	孔　军	王本孝	王延印	王建强
王嫦娟(女)	井厚新	刘乃辉	刘　军	孙　钢	朱广成
吕　伟	关若熹	李卫东	李增华	宋玉杰	汤受忠
邱言欣	邹建斌	邵明明	陈　颖(女)	苏钦东	林礼佐
张志旺	张启麟	张绍君	张淑娟	岳明军	郑明珠
周慎杰	孟艳云(女)	胡子滕	郭泗诚	戚甫磊	曹明通
程　军	韩　琦	蔡　东(女)	谭延伟	李建国	吕毅昌
孙海滨					

机制 3 班(44 人)

丁连敏(女)	于京云	马万杰	马腾华	王　桦	王立新
王英盛	王随莲(女)	王献增	仝保进	刘云龙	刘学军
任希春	孙洪祥	李　克	李言照	李安斌	李高令
李振业	李凤先	宋同贤	杨永胜	杨尊珍	林树杉
周焕生	张　轩	张进生	张蔚波(女)	张瑞先	房殿荣
夏传波	黄振营	崔希海	赵清波	蒋洪珍	谭永顺
谭延明	韩　波	韩永建	戴作强	唐志杰	许祖全
李玉亭	王树英				

机设 1 班(37 人)

王　杰	邓持家	冯鹤年	卢尚举	叶铁生	刘立干
邢连运	孙玉珍(女)	孙华仁	孙良中	向爱宾	李光义
李成林	李世恩	李祥照	李毓功	陈长明	吴尧章
杨明勋	张广永	张永贤	张益寿	张瑞顶	张聚航
周家村	郑玉庆	罗洪钧	姜殿风	赵术升	赵景耀
赵鲁岩	骆行良	候合麟	钮平章	粟振江	屠荣国
翟明绪					

机设 2 班(40 人)

于治高	马万春	马国庆	王天一	王公林	王宇法
王希宽	王泽民	朱学城	朱奎连	田　毅	左文泉
刘宗田	刘建森	刘伟强	孙　勇	孙明礼	孙秀荣(女)
孙凤云(女)	李阿宁	李广志	杜文才(女)	邵令森	牟书科
宋立有	张永升	张道才	张鸿教	杨宝顺	纪鹤鸣
董兆芬(女)	徐广和	夏春如	隋明乐	庄兆胜	赵可敬
赵守云	赵学清	蔡　淼	谭雪瑾(女)		

机设 3 班(38 人)

王金明	王德明	王海艺	王卢东	尹汝秀	刘学刚

孙庆利	李大钧	李宗达	李洪祥	李洪祥	李钦生
李增吉	李义贤	吴光文	吕国良	牟云正	辛希友
宋德增	金志诚	林国庆	张克生	张维仁	张学顺
张学密	张礼亮	杨龙文	徐长运	高振前	殷晓强
党福祥	章德藩	隋奠基	程春友	詹祥亭	赵廷水
赵嘉陵	蒋树范				

内燃机 1 班(40 人)

柴阳光	陈公远	付卫东	郭经孟	姜博渊	孔祥贵
李华军	李树生	李子安	梁金光	刘会义	刘居荣
刘在祥	刘兆民	马衍壮	邵 山	沈思危	宋守亮
唐惠龙	汪 楠	王安江	王 浩	王焕臣	王建文
王力杰	王铭山	王 平	王志明	王自勇	魏学军(女)
闫循英	杨承辉	尹兆王	张 捷	张名言	张维明
张 雯(女)	张兴华	张英时	赵玉春		

内燃机 2 班(39 人)

白玉江	蔡 华	陈现军	董西立	付桂平	高 亮
顾启清	贾象伟	李成舫	李春济	李花东	李宗喜
林 岩	刘爱萍(女)	刘 晓	刘兆成	牟 林	彭 力
司建明	孙爱军	孙东印	孙建厂	孙树功	王从太
王寒波(女)	王建国	王秀山	王裕丰	吴天芳	许景强
薛福民	杨继海	袁 涛	张怀斌	张书生	张新勤
赵瑞安	邹绍君	邹 勇			

1979 级(195 人)

机制 1 班(40 人)

丁正罡	马金奎	马天民	王吉宏	王永忠	王宝柱
王明杰	王传义	卢 伟	任子学	孙成林	孙爱国
孙祥国	刘东平	刘秀军	朱雨麦	李小泉	李吉庆
李卫成	李 欣(女)	李 萍(女)	苏学军	陈清奎	张好田
张建勇	张传远	张绪阳	张 燕(女)	迟京瑞	林 岗
周祥森	杨登平	赵学武	韩云鹏	韩博平	韩立乾
董学风	曹兴常	潘国栋	滕战友		

机制 2 班(40 人)

马洪海	王 勇	王子昌	王尧征	王玄瑜	王连和
孔令伟	冯国会	田良海	史新灿	付志清	付其泉
刘尔刚	宋维国	李从伟	李兆结	邱文平	郑东辉(女)
范子军	苗海光	杨文生	张光磊	张文斋	张安顺

张志俊	张伙祥	金传波	赵云勇	赵希全	郝禧义
侯丙才	郭培全	高合山	高建军	徐厚玖	徐　凤(女)
曹乃珍	葛云峰	路长厚	魏金岭		

机制 3 班(40 人)

丁仲实	王玉军	王宗乾	王赴国	尹克玉	田立俭
刘志民	刘光胜	冯民堂	史德永	许飞宏	李庆喜
李建民	陈玉军	陈玉福	陈存海	肖　彤	吴玉东
吕长芳	苏　琳	庞立富	房强汉	范维勇	林玉臻
杨宝生	张　伟(女)	张公运	张丰海	张令存	张成伟
张圣瀑	张继辉	张殿忠	周建强	荆传平	贾宝良
夏传军	徐国臣	董国良	董　怡(女)		

内燃机 1 班(36 人)

陈根荣	程富民	单增德	冯本海	兰仪章	李民建
刘　钢	刘新波	刘永文	刘志华	吕运江	马　寅
秦效伟	佘洪伟	宋景斌	孙建星	汪涓(女)	王建平
王仁人	王晓东	王粤海	王振钦	王之龙	王志刚
吴广松	吴修江	闫予红(女)	于建清	张福江	张俊宝
张士勇	张树海	郑建新(女)	周建生	周西华	庄龙平

内燃机 2 班(39 人)

柏建亭	车景仁	韩宝明	侯建章	胡宝新	胡会芝
蒋　超	靳宗申	李国栋	李海青	李明永	李乃振
李志君	林德春	刘安国	刘　力	刘卫国	刘永田(女)
孟凡利	任彦领	时名岭	史玉河	宋静波	孙天耳
王爱美(女)	王美臣	王明银	王伟光	王之柱	吴荣彪
西登兆	谢宋法	徐　波	徐长记	尹江三	于增仗
张守学	张兆亮	张志祥			

1980 级(134 人)

机制 1 班(37 人)

丁少军	万丽娟(女)	马　华	马善君	王泽春	邓　平
刘　平	刘建国	孙　敏(女)	朱孝国	朱效敏	宋绍松
李　政	李晓芳	李淑君(女)	陈学品	吴杞强	宫　宏
武风德	苗其元	林克善	张　欣	张广乐	张立平
张同云	周生祥	姜力刚	郝建祥	胡安水	梁立移
夏黎明	徐兴柱	徐德辉	黄香亭	程韶光	鲁其宝
陈玉军					

机制 2 班(36 人)

丁昌俊	王建文	王洪青	冯 伟	刘 莉(女)	刘元河
刘兆玉	刘建同	孙宝书	孙宗亮	孙洪普	曲忠海
朱志远	牟德武	李 玲(女)	李普军	邹玉杰	官增寿
林治洋	杨平贤	张立顺	张进生	张宝泉	和法斗
姜日山	姜军生	侯 勇	侯志坚	袁国兴	徐培云
焦安范	曹怀华	谭方平	潘 青	潘玉国	许飞宏

机设(25 人)

于静懿	丛 琳	包 良	孙 华	孙 悦	孙 蓓
安艳秋	李 诺	李沛华	李晓萍	陈立序	寿景伟
张卧波	张笑荷	段立新	袁建平	崔 莉	程 英
虞 林	薛孔懿	蒲一江	管廷芳	管延华	潘世忠
潘庆益					

内燃机(36 人)

常英杰	陈进升	陈太法	戴永明	范喜国	丰钡君
冯明志	高 强	韩起翔	韩吉平	郝明深	纪永秋
冷爱光	刘爱民	刘海峰	刘鹏飞	吕新毅	宁方正
曲云山	莘立新	盛 坚	孙玉玲(女)	滕春生	王基文
王 路	王书海	王文民	王勇青	王岳峰	杨列兵
于洛年	虞建青	张福南	张 敬(女)	张泮春	郑维明

1981 级(145 人)

机制 1 班(31 人)

于 波	于慧君(女)	马明海	王文中	王仁斌	王宏志
尹 涛	石培智	叶 滕(女)	刘京昌	刘成良	刘守斌
巩同海	孙生卫	任树凯	牟建强	李晨生	陈文高
陈传贵	陈耀龙	吕 毅	吕宗杲	苗傲霜	张玉森
张守辉	姜建平	赵康玉	彭玉方	程显辉	甄丽红(女)
薛 毅					

机制 2 班(30 人)

门 兴	于志云	王 健	王 耀	毛维顺	刘 一(女)
刘占亮	刘培臣	闫召庆	孙 岩	孙树民	朱永义
朱继生	宋锡财	杜绍光	李剑锋	李增学	孟建锋(女)
杨 军	杨为清	张玉田	张业敏	张传敬	郝留起
韩宝华	贾春遐	聂 军	隋庆华	葛培琪	魏绍良

机专(50 人)

于良云	门洪强	王永昌	王汉斌	王星源	王爱军

王维乐	王博武	孙竹林	石启明	刘　忠	刘　强
刘　博	朱卫国	许文德	刘永飞	安秀士	曲建茂
刘继雪	刘德跃	宋庆林	李学文	吕　来	李笑忠
陈常玉	李敬章	李新文	卓孔军	张加法	张玉武
张玉玺	张立新	张邦坤	张守泉	张志荣	郑恒利
张洪东	周培军	苗德华	胡昆业	赵绪洪	贾文秀
韩利民	袁国平	侯洪科	栾贻诺	贾振印	崔友堂
程清元	谭少华				

内燃机(34 人)

常志远	刁淑华(女)	郭公和	胡长忠	寇德俊	李庆文
李小国	林成先	刘瑞祥	牟宗桂	乔倍起	史红岩
宋建国	隋政先	孙德山	孙风松	孙雪成	唐居年
滕玉成	王宝安	王桂荃	王克任	魏洪义	肖福明
徐立国	张公雷	张国波	张卫东	张秀慧(女)	赵国兴
赵建平	郑忠才	周经伟	朱东方		

1982 级(178 人)

机制 1 班(45 人)

丁金友	于力夫	于光生	马依群	王　志	王立东
王龙滨	王国强	王晓燕(女)	由子勇	申元庆	刘　清
刘大宝	刘艳青(女)	孙立宏(女)	孙国胜	孙德江	曲鲁滨
仲　杰	任第君	宋　强(女)	李义德	何　力	郑乐畅
武希波	林丰考	林建波	张　会	罗　鹏	呼世龙
周东泉	周世胜	周美秀(女)	姜人好	姜应亭	赵立杰
郝　利	郭衍友	高爱建	栾吉航	夏榆滨	殷培斌
黄克兴	谭先理	张玉森			

机制 2 班(45 人)

于思波	于　强	于崇麒	马德安	王　一	王　伟
王克玉	仇吉令	史　勇	刘　宁(女)	刘效敏	邢学山
孙文国	孙永青	孙明慧	任　军	李登君	肖恒东
邱化亮	林　澎	林永琦	林永平	杨永芹	杨振江
杨培智	张　明	张道伟	张尊微	姜　宽	姜丰裕
姜国锋	姜衍更	赵光富	胡兆平	胡佳玉	侯明亮
高炳金	高华德	高柄标	阎英莉(女)	鹿洪荣	程　胜
程　强(女)	程远忠	管　泉			

机师(41 人)

丁洪松	于占青(女)	于光明	王　军	王克禄	王宗宝

王春方	王效泽	王增龙	邓永传	刘 兵	刘书忠
刘永胜	刘启林	许光臻(女)	孙反修	纪法东	李 磊
李方臣	李华宾	李继才	邵长友	陈周海	吕恒智
何海波	杨德慈	张兴军	张正洲	张登方	张善雨
周光军	周庆华	赵占辉	赵长友	姚天佑	郭文政
盖旭昌	隋汉辉	曾范东	彭观明	董克峰	

内燃机(47 人)

曹春起	陈学明	初金强	苳 哲	范开玉	高增坤
管廷芳	管延华	郭卫选	韩文庚	韩祥升	黄克杰
姜仁旭	姜晓燕(女)	李济平	李树新	李万俊	马鸿祥
潘庆益	潘世忠	蒲一江	齐洪军	任福龙	尚俊毅
宋胜忠	孙东海	孙夕金	田立志	王 进	王木忠
王秀林	王振山	吴建国	夏凌涛	邢 昱	徐洪亮
徐建威	许英姿(女)	杨 超	张 泉	张士志	张永泉
张振忠	张志锋	赵德厚	赵友信	周二川	

1983 级(182 人)

机制 1 班(45 人)

于建波	于晓光(女)	马海富	王永亮	王华群	王晓东
王康元	孔 强	刘云明	刘成极	刘贵中	许华峰
宋化存	苏玉焕(女)	李连军	李艳青(女)	肖旭光	吴亚兰(女)
何子堂	况保华	迟智香	欧阳云	林 平	张 磊
张 莹	张杰先	姜 彪	赵玉林	赵其昌	侯祥森
郭 锋	高树德	高贵方	高晨光	唐光杰	梁志勇
韩玉环(女)	贾秀杰	逄忠全	曹允桢	隋兆海	谢经安
詹立新	翟 鹏	翟秀菊(女)			

机制 2 班(47 人)

马汉稳	王吉顺	王传功	王明冈	王明丽(女)	王维洪
王德志	王海涛	孙 芹(女)	孙学义	吉 前	朱桂英(女)
任重远	纪 涛	宋舰艇	杜建刚	李 鑫	邵周臣
陈安刚	陈志鹏	邹 涛	单宝坤	张 生	张 忠
张兆武	张锡明	周 浩	岳志强	姜中武	赵豪志
胡 原(女)	高会芳(女)	高德隆	梁汝强	袁宗亮	韩新民
夏修吉	徐 尉	徐奎春	渠秀云(女)	董文泳	解晓东
谭同山	谭荣亮	赵庆忠	于志群	曹书生	

机师(40 人)

丁连岭	于景之	马 军(留)	王 清	王术亭	王志常

王宗洲	冯显英	石庆文(女)	刘 刚	刘力军(女)	刘桂玉
巩 雷	孙振强	任宏波	宋 峰	宋亦刚	李世伟
李思文	陈志生	吕智勇	林照清(女)	张 敏	张书华
张秀青(女)	姜乃春	赵旭盛	赵怀兴	胡少飞	段开吉
郭 辉	韩志刚	耿相军(女)	徐庆江	崔玉祥	谢永刚(留)
董慧明	路英平	甄洪流	蔺洪杰		

内燃机(50人)

艾景明	蔡传勇	蔡翠雪	董琦福	董旭兵	杜存志
高云辉	韩其明	韩 伟	姜韶明(女)	矫九五	李巍旗
李玉国	梁科生	刘洪昌	刘志霞	柳尧习	陆 勇
马千里	马云东	庞子忠	彭 程	商学省	宋宝童
宋家亮	汪 雷	王传杰	王光礼	王建学	王进华
王兰江	王 强	王世惠	王秀叶	王玉江	王 媛(女)
王悦奎	徐振兴	徐忠富	许传国	许学庆	薛贤铭
杨玉娥(女)	杨志月	袁新久	张纪元	张宗林	赵会祥
周 洲	朱 彬				

1984级(212人)

机制1班(49人)

王 宏	王志平	王志民	王晓林	王德平	尹世宝
邓富伟	石 磊	龙宝仓	史连凯	史安玲	刘大鹏
刘庆亮	刘军俊	刘国成	刘若林	刘秋月(女)	庄新伟
考敏花(女)	李庆全	李端祥	陈玉忠	吴维云	卢 俊
邹立勇	杨仁江	张 波	张 雷	张文生	张因福
张晓青(女)	范振松	苟举宽	闻发刚	姜玉华	赵守福
赵志强	郭学银	高丽霞(女)	袁久福	贾世东	徐志刚
戚霄峰	崔 松	蒋 勇	程守鹏	谭全芹(女)	韩文进
武泽华					

制机2班(48人)

王文明	王永彬	王正太	王守河	王远忠	王全福
王相安	丰 雷	倪立堂	冯廷鹏	田陆军	丛敏滋
任立人	刘长付	刘庆玉	刘全法	刘景西	刘越华
孙成通	吕 鹏	朱华忠	汤海山	苏秀华(女)	严志永
李 猛	李孝杰	肖际生	肖淑莲(女)	林培河	杨 才
杨雪青(女)	张海英(女)	洪大伟	赵纪森	胡 涛	郭洪升
高玉新	袁纪列	袁保忠	贾元军	殷昭官	徐怀英(女)
黄传真	韩龙义	程 云	程学国	焦长玉	窦洪光

机师(42 人)

门延奎	于彬芝	于翠芳(女)	文富荣	王爱芹(女)	王桂玮(女)
孔 敏	龙素丽(女)	包泽湖	刘连英(女)	刘贺斌	刘高起
任守莹	杜洪香(女)	庞守美(女)	陈秀良	陈祖坤	苏梅卿
郑富泉	武玉贞	林同信	张 力	张 丽(女)	张 丽(女)
张树生	张玉霞	宫俊义	赵宝伟	赵爱香(女)	钟宝华
袁敦宾	贾利民	耿桂芝(女)	尉作尧	黄善恩	韩维华
赛自涛	管春寿	腾桂萍(女)	薛 伟	谢永刚	马 军

机设(34 人)

丁 峰(女)	于和春	于培军	马向民	卫 毅	王坤元
王临东	刘兆香	刘昌华	刘洪喜	刘新华(女)	刘增文
孙成勤	孙富荣	李 进	李文军	李文国	李建国
李思泉	张玉华	张西鸿	武长征	罗冬梅(女)	姜传安
胡育宏	信永航	梁桂庆	耿安阶	夏荣伟	程 军
程 铈	葛增斌	董建强	薛 峰		

制专(自费走读)(39 人)

丁少群	于 宁(女)	文 健	王 荣(女)	王 健	王曙钟
王春明	卢 萍(女)	边章洪	丛 森(女)	刘 娟(女)	刘玉珍(女)
刘勇亮	阳家丽(女)	毕玉林	朱 杏(女)	宋 宾	陈 进
陈 亮	何力明(女)	杨 勇	范 旭	娄晓红(女)	赵 欣
胡 渊	郭建伟	高若靖	梁杜娟(女)	顾复生	陶玉琪(女)
徐 健	徐建宇	屠 诚	曾乃生(女)	程济芳(女)	褚 军
窦 杰	鲍健梅(女)	滕 康			

1985 级(259 人)

机制 1 班(43 人)

王 松	王龙彬	王志孟	王建丽(女)	王亮德	王秉祥
倪秀永(女)	甘信华	史传贵	付维诺	白焕军	刘京学
刘希开	刘荣善	刘振仁	许怀志	孙 伟	曲京山
牟善春	宋 莉(女)	宋国玉(女)	李荣建	陈 群	房 伟
林韬	杨 民	杨丙锋	张 林	张 强	张海燕(女)
侯红兵	赵 军	赵春艳(女)	柳新平	信 立	郭胜光
高 明	崔凤林	崔剑平	蒋 虎	虞 松	臧菊欣(女)
魏延胜					

机制 2 班(44 人)

于乃义	王 强	王书刚	王同波	王学成	王俊杰

牛新水	田志广	刘　铭	刘百才	刘成功	刘鹏飞
许京武	戎立新	毕建新	朱　红（女）	朱亚琴（女）	伊卫波
牟佩亮	辛志强	苏澜涛	杜其强	李成修	车红兵
李金军	陈　勇	陈启刚	庞恩泉	房继刚	房颜辉
苟进款	张　革	张丽静（女）	张淑霞（女）	罗桂林	周　文
周　涛	赵建伟	荆世法	贺建军	高景胜	韩怀胜
靳庆军	潘东民				

机师(46人)

马宗力	王　伟	王　蕾（女）	王光为	王其国	王洪东
王恩兵	王祖波	王积森	王爱群（女）	刘志强	刘和山
刘勇德	吕　鲲	吕代红（女）	孙庆志	孙国文	孙德奎
邵东波	位玉段	郑　岩	郑绪功	林建兵	杨志梅（女）
张广利	张立民	张守永	张荣高	周　平	岳　波
赵晓磊（女）	钟　山	侯在海	段瑞英（女）	阎　菲（女）	崔景波
温德成	董永刚	董宜利	韩晓阳（女）	韩瑞成	窦秀荣
管益林	林同信	张玉霞	包泽湖		

机设(41人)

于　波	于元明	王　涛	王仁波	王永新	王秀珍（女）
王举国	司庆国	卢修春	史卫东	刘中海	刘连海
孙世强	孙志强	吕　伟	任建敢	任海滨	杜延富
陆　玮（女）	陈向平	吴　民（女）	吴龙昌	吴爱国	庞　红（女）
郑　礼	苑吉忠	杨世梁	张　军	张明华	张忠杰
施　番	姜雪梅（女）	胥克林	钟佩思	郭广乐	贾永明
黄同浩	霍　睿	孙富荣	魏延胜		

化机(40人)

丁瑞生	于治淑	马建光	王洪翱	王东峰	王有良
王泽军	王常文	毛福敏（女）	龙连治	田　伟	刘　斌
刘士龙	刘开峰	刘尚谦	刘明江	朱为众	沈　宇
李　红（女）	李东兵	李增盛	陈令山	邹会成	郑立新
郑凌云（女）	范百文	张同英（女）	张安军	张金平（女）	张清德
张赞琴（女）	宫象修	姜传政	胡　艺（女）	钟　敏	袁宇先
曹庆浚	崔国荣	葛立坚	腾新明		

制专(45人)

马文革	马秋红（女）	毛　杰	刘　洪（女）	刘　新	许　彤
辛　勇	李　勇	李　莉（女）	李世旬（女）	李红梅（女）	李建中
李晓林	杜　澎	邵　华（女）	郑历军	郑涵竹	杨　栋
张　娟（女）	张艺兵（女）	张宝成	张新志	张福建	周　瑛

周　锋	周继军	祝学伟	赵庆强	胡建芳	姚　兰
郭　震	柴伟阳	徐永福	章　杰	章晓红	曹　琪
曹庆奎	韩　君	舒　群	解竹松	薛庆平(女)	魏绍红(女)
王春明	丁少群	张来卿			

1985 级计划内代培生名单(按专业分)(24 人)

机制 1 班(1 人)

白焕军

机制 2 班(6 人)

| 荆世法 | 牛新水 | 韩怀胜 | 田志广 | 王学成 | 周　文 |

机师(1 人)

窦秀荣

机设(9 人)

| 杜廷窗 | 庞　红 | 杨世梁 | 苑吉忠 | 任海滨 | 陈向平 |
| 于　波 | 张明华 | 王秀珍 | | | |

制专(7 人)

| 张福建 | 张宝成 | 祝学伟 | 曹庆奎 | 魏铭红 | 吴　维 |
| 李世昀(女) | | | | | |

1986 级(241 人)

机制(49 人)

丁建伟	马　蕾(女)	王之敬	王东良	王冰山	张金梅(女)
王坚明	王晓刚	王建梅(女)	毛拥政	田祥诺(留)	卢传杰
刘　峰	刘卫红(女)	刘　新	刘建新	衣建纲	孙风国
孙炳兴	宋文芳	苑晓东(留)	吴　冉(女)	吴一民	周　夏
孟庆阁	范　伟	张桂芬(女)	张爱东	周　元	谭维萍(女)
李建勇	金守田	赵文波	胡玉江	胡建国	高　勇
梁　涛	孙长华(留)	耿国卿	徐明森	阎卫平	黄建营(留)
崔晓峰	鲍　英(女)	臧仁峰	戎立新(留)	张　革	席　涛
王增涛					

机师(46 人)

于　欣(女)	于吉良	王卫东	王卫东	王以洪	王立高
王书超	王爱民	申兆童	付　江	刘长全	刘玉诗
刘会发	刘志民	刘常福(留)	许维革	孙　刚	孙文平
孙秀海	孙茂栋	朱永利(留)	朱传敏	宋德才	李　波
李金禄	杜博华	吴学东	吴春霞(女)	林风云	杨本兵

张　军	张卫娜(女)	张希亮	张培育	张建洪	袁　涛
袁　烨	袁荣春	聂士金	耿玉榕(女)	徐世亮	崔劭炜
崇学文	谢　军	魏　敏(女)	刘勇德		

机设(50人)

于爱武(女)	万永刚(留)	马鲁宁	王　萍(女)	王成文	王钧效
邓星云	孔海燕(女)	兰　群	付振鲁	司　义	包景远
成希革	孙　伟	孙　辉	孙佑杰	孙洪文	谷东升
宋正刚	宋吉胜	应　华(女)	李进林	邵　军(女)	陈　凯
单修佑	周　元	杨　涛(女)	杨立平	张兴隆	张美军
赵　强	赵光明	赵桂良	郭高东( )	郭鹏飞	高　伟
高　峰	韩书壮	徐自文	徐艳峰	徐韶辉	阎红军(女)
黄成群(留)	黄爱民	魏寿雷	魏晓冬	于元明	赵春艳
于　波	黄同浩				

化机(39人)

王　军	王　桥	王　强	王克皎	王保亮	牛修存
刘兴堂	宋旭东	汤天泽	李　兵	李　青(女)	李系沛
李承玉	陈　越	陈承文	陈振昌	吴红梅(女)	延　林
林　彬(女)	张荣刚	周丙锋	姜瑞文	赵　伟	赵　澄
赵红光	赵桂娟(女)	赵增强	夏京松	顾秀海	徐祇宏
温　光	童　伟	董　鹏	释　伟	解红卫	蔺跃武
潘海燕(女)	李　勇	李显鹏			

制专(57人)

丁　兵(女)	于忠海	王全新	王东海	王信生	车渝立
尹义和	仇善波	公彦军	田　威	刘　洁(女)	孙国江
刘士选	刘兆杰	刘希胜	刘学仁	刘恒祥	孙春华
曲秀英(女)	朱玉丁	宋建业	李　瑛(女)	李玉敏	李庆星
张国壮(留)	李彦青	李建民	肖吉前	张兆文	杨建红(女)
范圣卿	张　俊	陈国莉(女)	张景泉	李明昆	苗付标
周钦德	赵庆建	姚志善	高志善	张爱玲(女)	郭宇新
高　斌(女)	高志勇	袁群杰	都兴军	徐衍法	徐继军
董桂娟	鲁　阳	谭立明	魏庆福	魏俊义	吴　伟
孟　强	田玉锋	陈衍军			

1987 级(236 人)

机制 1 班(32 人)

于　夫	于子山	于美森(女)	于绍云	王　强	王振平
田联房	刘肖莉(女)	刘祥群	孙承江	邓召朋	华正茂

宋光兴	李 萌	陈济超	吴世强	邹维涛	邱韶峰
房晓东(女)	张永进	张旭东	张建军	张德志	姜守淞
姜良成	赵才文	胥幸合	高庆周	殷建军	蔡雪凌(女)
魏明涛	苑晓东				

机制 2 班(31 人)

马绿洲	王 全	王博录	刘文波	刘风羽	刘轶男
厉 明	孙 涛	宋振涛	邢文国	李 华	李建滨
陈伟栋	吴 斌	吕志杰	林 梅(女)	张 松	张居晋
张崇锋	周 帅	周建第(女)	柳红毅	唐敬群	唐群国
阎 菊(女)	阎玉芹(女)	娄成玉	常俊哲	蒋 武	谭 光
田祥诺					

机设(37 人)

王家水	王军铭	王树铭	冯仁广	刘 瀛	刘建新
刘海波	刘培利	刘康南	刘赞勇	齐登业	孙 强
朱 红(女)	乔文章	沈宝杰	辛 毅	李文秋(女)	李燕刚
邵旭光	单玉峰	杨 峰(女)	杨爱民	杨善福	张 韬
周 亮	赵 松	钟继富	段 辉	逄金波	姬生永
隋信举	彭 岩(女)	董元磊	管殿柱	万永刚	黄成群
陈浩如					

机师(42 人)

于复生	王 斌	王永沂	王明意	王柏景	王俭先
王海强	尹书浩	卢晓霞(女)	田 东	刘少芹(女)	刘月蕾(女)
刘迎春	刘战强	朱明广	牟英君	牟盛勇	苏 栋
李方义	李长岗	陈 琪(女)	陈永志	陈安胜	吴培夏
林金光	杨元明	杨克俊	张军波	张家河	张勤业
郝呈彪	胡学伟	段元革	郭灵光	阎华明	阎道广
葛拥军	褚元娟(女)	藏艳红(女)	戴向国	刘常福	朱永利

化机(37 人)

于普瑞	王 军	王卫国	王京玺	王金光	王春海
邓友强	丛立新	丛培涛	刘 东	曲 卫	朱仰梅(女)
宋 岚(女)	杜宪平	李 兵	李际强	李选亮	邢咏梅(女)
苏长军	苏红岩(女)	花 蕴(女)	郎显川	杨书宝(女)	张英武
周立杰	姜茂强	赵加利	栾兴欣	席 建	徐炳坚
隋富生	董 锋	满建何	谭 雷	王左亚	王旭日
叶德武					

制专(57 人)

娄红薇(女)	于 洁(女)	于 强	方 宁(女)	王广乾	王先涛

王寿先	王利民	邓文青(女)	刘忠亮	刘景涛	刘景莹(女)
许晓峰	邢建云	孙余光	刚 强	周寒梅(女)	李山泉
李文生	李从容	李召彬	李俊莲(女)	苏 晔	苏晓华
何 琳(女)	杨晓勇	张 力	张 东	张秋明	武 卫
周纳新	吴林生	林 莉(女)	台 涛	卜现强	郇庆国
郝兴鹏	赵后卫(女)	赵芳卉(女)	钟吉慨	段维维(女)	郭志军
曹发祥	逯文剑	彭 伟	韩忠新	韩慧丽(女)	焦社杰
解育男	张国壮	王秀丽	戎立新	李新华	王建丽
袁红星	孙宝军	刘和顺			

1988 级(306 人)

机制 1 班(34 人)

于 涛	王金忠	孔令峰	戈四川	申洪山	田树民
刘 健(女)	刘忠春	孙培亮	吴新文	李 宁	李 永
李月荣(女)	李振东	李建华(女)	李淑萍(女)	杜忠良	牟洪波
杨 杰	张 东	张 印	张 军	张进富	高 琦(女)
韩 冰	贾文栋	徐相国	商锡佐	谢关锋	葛月英(女)
景 晖	蔡衍芳(女)	魏 磊	潘国平		

机制 2 班(34 人)

丁文亮	马克春	马国英(女)	王 捷(女)	王立早	王永果
王宝仁	王彩霞(女)	白吉银	冯 林	刘 华	刘 健(女)
刘立新	许崇海	阎仁玉	司维公	孙念权	孙秀红(女)
汪蓉缨(女)	李 兵	李庆森	邱 雷	杨 波	杨伯风(女)
张少强	张宪贡	韩 鲁	孟 熙	胡 杰	席 林
徐国栋	葛丽君(女)	焦 勇	黄建营		

机师(38 人)

卞俊成	王世英(女)	王成涛	王振兴	倪宝培	田洪根
刘其成	许 滨	朱洪涛	任风霞(女)	李 剑	李金刚
李春勤	李显青	陈现锋	陈桂田	张 静(女)	张开芳(女)
张永生	张冰凉	张明经	张建梅(女)	张爱玲(女)	张焕英(女)
孟 娜(女)	孟昭强	尚善敏	岳 峰	高敏堂	柴 琪
徐西松	郭述在	崔 超	崔红霞(女)	韩式国	綦 钧
魏志强	张丽英				

机设(40 人)

丁 磊	丁永勃	于卫平	于建明	王云勇	王连敏(女)
王国伟	王治亮	王京林	王忠华	王思刊	王锦惠(女)
孔 晟	刘 芳(女)	刘开封	刘鲁宁(女)	迟晓刚	安丰亮

杜红岩(女)	吴亚丽(女)	杨 建	张子信	张光福	张伟华(女)
张洪信	张教强	侯夫启	侯宏新	胡正军	周吉刚
高 岑	贾 民	贾如明	徐庆东	曹 岩	矫宇臣
韩会宿	蒋海燕(女)	臧 成	王洪祥		

化机(46 人)

马 勇	马田野	王 蒙	王一平	王子山	王长军
王红国	王进山	王敬富	王福成	冯 峰	史卫权
刘 伟	刘 明	刘 朋	刘立明	刘俊峰	刘瑞玲(女)
许力剑(女)	许加伟	孙允月	朱 玲(女)	朱 浩	朱春芝(女)
任继明	李红梅(女)	李钦军	李晓华(女)	杜亚明	陆继冲
郑宏波	武玉泽	杨运平	张 燕(女)	张文成	张永强
张杰军	罗 文(女)	郝国强	赵奇志(女)	姚允军	郭洪强
韩东安	韩庆东	阚忠胜	王卫军		

机(冷)专(58 人)

王文矿	王宗魁	王 莹(女)	冯延树	付爱梅	池建美(女)
刘 俊(女)	刘怀东	刘效珍	刘峰梅(女)	孙 敏(女)	孙双群
吕向东	朱永彬	宋 爽(女)	单 伟	单德山	杜 征
李风东	李永杰(女)	李奎华	李海生	李桂娟(女)	陈 明
吴天剑(女)	林 辉	杨 杰	杨枫桦(女)	张 涛	张文风(女)
张庆力	张海元	张桂钦	尚 群(女)	姜 明	郑国强
姜岱林	施观洪	赵文洲	赵开学	赵秦莲(女)	赵振师
侯 静(女)	梁 霞(女)	袁 震	阎 昆	黄 强	黄宝飞
黄德祥	曹小璞(女)	崔文斌	谢 华(女)	彭 勇(女)	董 宏(女)
董芙蓉(女)	褚学壮	蒯林红(女)	孙长华		

机制(冷)(53 人)

马东光	马 明	王 凡	王卫利	王玉璟(女)	王欢利
王 利	王素芹(女)	刘卫国	刘军亮	刘春生	刘成琴(女)
刘金竹(女)	刘真玉(女)	任红军	吉宋强	朱明峰(女)	吕洪军
池 盛	杨 蕾	陈云松	吴 永	李光明	李 明
李 政	李素然(女)	吴兴建	吴继奎	陆助瑛(女)	张向东
张连兴	张 鹏	周英杰	周荣新	杨晓峰(女)	季 绪
赵 媞(女)	姚 琪(女)	姜海莹(女)	徐以民	徐 青(女)	袁 杰(女)
郭 青(女)	倪 斐(女)	崔海清	葛保安	傅瑞国	谢 勇
蔡冬梅(女)	窦宏良	颜 雷	丁贵荣	丁 强	

1989 级（238 人）

机制 1 班（39 人）

万秀峰	马金华（女）	王 峰	王卫军	王兆信	王春蕾（女）
王建春	王珍国	牛占林	牛美瑜（女）	刘 涛	刘加永
刘安军	刘淑敏（女）	孙向东	孙森峰	李 伟（女）	李功民
陈小军	陈光亮	林兆伦	杨 勇	杨洪波	张旭东
孟德永	姜培峰	侯志刚	侯良军	段作健	高炳岩
高恩宾	高葵菊（女）	高增春	阎 军	耿玉美（女）	章建军
谭恍恍	藏学民	滕明智			

机制 2 班（38 人）

马爱芹（女）	马照燕（女）	王 涛	王 健	王振斌	冯淑敏（女）
申作军	付新生	刘 崇	刘 群	刘存强	刘安仓
安玉翠（女）	孙立德	孙朝晖（女）	任旭强	李付强	李秋宪
李晓宾	位世波	杨春永	范振涛	张 瑜	张志超
张越东	修全详	秦 彦	耿宪诚	袁 伟	黄 宁
温 薇（女）	韩 晋	韩衍霞（女）	韩翠玉（女）	董景旭	程 琳（女）
程显超	宫昌华				

机师（42 人）

卜凡金	马 征	马春兰（女）	王 磊	王申银	邓福浩
田 军	冯革新	刘 峰	刘荣立	刘海波	刘高尚
成祥红	朱振杰	宋 波	李 炜	李 健	李凤阳
李治海	李振清	陈宏圣	陈录章	杨志宏（女）	张英臣（女）
尚绪强	姜水清（女）	赵红丽（女）	郭 磊	郭永青	高风东
高振乔	高明建	谈世喆	徐化升	梅忠堂	温树国
谢元高	董家华	冀 鹏	刘广涛	杨凡福	赵建勋

机设（40 人）

于海丰	万科洲	马 奇	王文建	王天高	王向阳
王丽娟（女）	王咏梅（女）	刘 刚	刘士华	刘向红（女）	刘爱军
孙文虎	李 军	李文清	李怀岩	肖际伟	肖剑平
陈艾伟	杨福深	张 锋	张月英（女）	张呈雷	张建川
张恒文	姜玉东	柏晓滨	郭永进	高晓山	唐晓刚
栗端军	徐志伟	韩春波	韩晓红（女）	康更录	鲁 冀
裴 彦（女）	翟智勇	崔海波	王 冰		

化机（39 人）

于 明	于 新（女）	马 军	马光杰	马祖伟	王国明

牛　虎	史建波	刘宗侨	刘国涛	刘洪河	孙　歆
孙永明	乔爱武	任远峰	任宗亮	宋洪涛	宋洪梅(女)
李　胜	李国明	轩福贞	陈卫东	陈卫东	房志东
杨玉华	杨春庆	张宝建	张荣华	张登敏	周　成
洪岩美(女)	柳盈淘(女)	郁万平	黄俊华	常春景(女)	崔　海
童继宁	路　立	薛　岩(女)			

制专(40 人)

于　威	于培娥(女)	王　斌	王为民	王童锋	王善傲
尹秀红(女)	卢庆敏	刘　蓓(女)	刘骁勇	孙双民	朱晓力
华正浩	杜洪光	李　勇	李凤楼	李绍军	李树会
李振涛	陈同龙	郑金浩	张　海	张　强	张　斌(女)
张安志	张德军	孟庆良	宫兆东	娄　海	高　鹏
袁　越	徐洪涛	彭立谦	程志才	程志强	蒙金霞(女)
魏　健	魏立军	姚久祥	董希光		

1990 级(271 人)

机制 1 班(51 人)

冯艳霞(女)	杜　军	程士兴	张　锋	赵明环(女)	徐昆明
王耀礼	张旭升	王　钧	孙　杰	刘振泉	袁　野
于大建	冯　艳(女)	李润涛	左俊峰	王　治	王传峰
张士廷	吴增玉	许令峰	黄毅杰(女)	王宏德	王金铃(女)
吴曙明	马广勇	刘建东	汪焉胜	于党波	姜登艳
杨　斌	杨智春	鲍　鑫	王克东	王巨国	武志军
张　辉	孙明强	王　欣	张建伟	张维友	

机制 2 班(42 人)

王希明	贾　强	孙春蕾	刘　敬	付金林	朱孝鹏
张元德	刘　晓	马　军	高峰波	罗汉杰	门修涛
宋爱华(女)	刘增祥	潘加芳(女)	莫　伟	崔玉苹(女)	曹明军
王建军	李栋星	赵松波	刘晓爽	宋洪震	崔　军
薛佩功	邹本阳	解有奎	蔡国勇	张诚文	贾爱美
王京先	杨　波	陈元春	方　强	董先军	范文利
张　干	史先贞	刘素萍(女)	付　刚	原新军	杨仲斌

机设(41 人)

曲维康	邹英华(女)	郭洪利	于广军	逄丰进	张　日
李　艳(女)	王海霞(女)	单连业	张　妮(女)	陈振东	邴召荣
陈乃忠	张　凯	武　明	朱文高	魏永志	朱连孝
赵洪国	栾树山	牛宝振	徐　涛	赵修庆	刘建波

陈书宏	孙继勇	董玉集	陈　宏	崔龙江	陈　蓬(女)
杨宝山	李新可	王　伟	张福东	殷博钦	孙春燕(女)
赵清山	贾日成	朱泽军	李　志	李　琦(女)	

机师(41 人)

董洪坤	王照信	栾　智	王经坤	宋克伟	菅相文
张海生	李晓华(女)	耿新生	张慧红(女)	吕巧娜(女)	王凯军
孙义跃	程显锋	刘明亮	赵宗友	张彦江	张永凯
张孔惠	李万武	胡建波	李顺舸	吴　斌	郭洪军
李荣刚	鞠培贵	李笃杰	赵　烽	李晓莉(女)	付　蓉(女)
燕洪钊	朱安华	高兴超	孙　彬	刘　勇	山云霄
刘兴昌	邵长凤	刘　燕(女)	赵　莉(女)	赵　峰	

化机(45 人)

刘新伟	方　向	刘　娟(女)	刘　源(女)	韩连庆	李西元
刘　江	位全祥	窦传杰	姜文玲(女)	徐迎军	孙洪锐
刘剑雄	王　鉴	李　鹏	韩志先	许　鲁	刘风云(女)
周佩翔	于泓先	郑志勇	吴继章	张　斌	卓德兵
王金杰	刘方波	彭丽华(女)	王恩辉	张　勇	孙玉涛
孙彩云(女)	王　力	兰瑞昌	李　毅	李　勇	吴瑞峰
白相军	方　瀛	柴本银	洪奎峰	周咏辉	王康丽(女)
邢　军	吴宝国	张明辉			

制专 1 班(25 人)

李　艳(女)	宋兴勇	于素梅(女)	王志远	刘显光	王　鹏
张炜庆	荆　杉(女)	马福全	于明伟	陈建章	尹毅然
刘　健	葛振平	张宏溥(女)	王基涛	李　健	郝兰凤(女)
刘英梅(女)	周厚才	朱永坤	王洪明	鲍桂刚	张　晶(女)
张春元					

制专 2 班(26 人)

吴修明	闵　萍(女)	秦苏鹏	王剑炜	李年尧	毕云飞(女)
王翠健(女)	葛庆增	杜群章	崔洪杰	辛华玉	刘江军
李金杰	陈文杰	岳玉英(女)	李运田	李　涛	魏世荣
孙凤华(女)	郑汝星	孙　刚	乔广雨	夏　玲	胡付印
郭　智(女)	张兆乾				

1991 级(260 人)

机制 1 班(45 人)

迟永琳	孙玉国	徐丙坤	李文颖	王　斌	宋　松(女)

褚存礼	李 政	逄 波	王可志	张清萍(女)	戴勋章
雷福斗	任世岩	苏贤峰	马东升	韩 勇	刘 森
许文斌	王学礼	尚 勇	顾仁涛	杨 平	毕永进
刘 忻	潘中永	李 伟	王 锋	王 涛	孙德全
程朝明	陈养厚	李树相	高 峰	陈文镝	孔 青(女)
刘爱凌(女)	杜成刚	张继巍	刘 勇	吕忠敏	齐卫东
张敬越	高 或(女)	王仁成			

机制 2 班(45 人)

贾凤莲(女)	李瀚飞	滕培利	丁 伟	黄长杰	王莉梅(女)
史兴庆	王洪庆	高 峰	江秀华	王采平	李建设
荆 明	王明波	樊 宁	冷长庚	刘连程	时培涛
胡科泉	张洪武	王克车(女)	江海峰	杨志伟	郑德武
张俊政	陈万鹏	李旭东	刘建志	魏元雷	孙晓东
陈兆乾	刘汉勇	杨文贵	张 勇	湛 刚	刘明军
杜宗干	孙 伟	牛其宏	曹文东	张 刚	高子辉(女)
张成利	贾红梅(女)	张立新			

机师(43 人)

滕文建(女)	孙 萍(女)	肖文英(女)	周海廷	李国栋	姜成东
韩 栋	孙玉秋(女)	冯尚飞	戴小燕(女)	丁昌京	耿 林
秦启军	李永芳(女)	黄世家	岳迎春	蒴立华	陈光胜
谭长北	张东生	朱增伟	吴学芹(女)	皮文艳(女)	段孝国
颜 伟	杨希泉	贾永臣	李晓华	刘朝霞(女)	孙庆梅(女)
胡朝霞(女)	任庆香(女)	王培荣	张依凤(女)	张桂花(女)	刘 丽(女)
赵捍东	张 静(女)	石红云(女)	霍志璞	耿新生	刘 燕(女)
孙义跃					

机设(47 人)

于京涛	胡连花(女)	战 巍	吕晓刚	孙德士	王 峰
魏 民	杨淑卿(女)	程 涛	侯志强	郭春生	邵 亮
张云龙	邓海霞(女)	郑 凯	刘秀芳(女)	李玉波	单既国
王志宏(女)	李 罡	周荣滨	项玉成	李滨东	王炳伟
张立群	张纯宪	孙之斌	王晓玲(女)	杨国华	李敬科
李宗婵(女)	唐明盛	沈军营	孙元强	邵奇明	李筱鹏
李建华	陈 坤	赵晨光	房玉华	侯 鑫	宋 辉
王 涛	白月强	贾玉来	朱泽军	李 琦(女)	

化机(41 人)

宋希斌	苟耿生	杨春峰	王连森	董纪民	张 波
方召华	高光才	侯嘉军	相恒法	刘祥奎	林影丽(女)

陈艳秋(女)	赵　东	周仕升	李　彩	曹金亮	林春勇
周保华	张连源	任云生	朱振华	刘长华	陈艳丽(女)
王学宾	蒋国光	舒　涛	张兴涛	卢明辉(女)	孙小燕(女)
于仁真	李德强	李春兵	刘延庆	赵希波	国春凤(女)
汪雪红(女)	刘海兴	李延民	黄　磊	卓德兵	

制专(39人)

任成良	张立志	冯忠强	宋广晖	朱克华	李明村
亓利伟	冯桂花(女)	滕以旭	赵国防	边炳传	赵旭荣
孙金明	鲁成泰	徐　峰	生竹军	公丕锋	宋子良
王新强	段圣红(女)	方文涛(女)	王保奇	刘润涛	徐自如
王彦涛	陈京波	张艳华(女)	姚淑华(女)	高　春	刘开忠
董长江	付林川	李洪芳(女)	吴继禹	陈建勇	王卫东
陈宇鹏	吕　雷	高　蕊(女)			

1992级(253人)

机制1班(44人)

李新军	吕衍华	郭　强	董　健	李　磊	赵金光
朱　军	李　萌	郭虎斌	李树成	李　滨	孙晓钟
刘　波	张　涛	王永前	王光明	冯　桢	蒋裕斌
初世先	李钦泽	陈　东	于　健	王　磊	孙建设
刘继忠	韩　民	宋晓东	王哲堂	王　东	孟令元
周广长	马　勇	杨继坤	逄卫国	路　琪(女)	陈乃键
王宝山	宋庆国	徐　霞(女)	崔宗禹	张朝辉	薛星河
李　刚	马一兵				

机制2班(43人)

王　旭	张　磊	陈绪召	高天明	蔺立元	刘统举
门剑波	刘衍军	王全念	徐　燕(女)	王　磊	李儒海
孟凡刚	邹云峰	张永涛	赵旭光	姜国宁	刘　明
李送军	杨　林	商允才	于　森	赵培进	桂建波
刘宏冬	王　强	于方超	崔元福	马克义	赵慧娟(女)
杨喜文	柴永顺	刘显荣(女)	于卫东	陈峥峰	李民永
韩冬生	张健军	徐　刚	张　兴	陶国刚	刘召利
王化建					

机设(46人)

刘洪涛	姜建平	孙　刚	邵志宇	刘汉伟	李建东
逄　华(女)	陈　彬	孙　鹏	张　芃	郭红广	纪　晓
翟明锋	查黎敏(女)	郭　健	姜亭伯	俞慧亮	王　康

殷淑芳（女）	呙清强	纪 军	曲秀丽（女）	于新波	王 宾
魏毓慧（女）	张永节	刘明波	田红芳（女）	盖玉收	李景山
李洪慈	丁永胜	王衍华	汪 涛	吕 波（女）	丛 青
柳顺宇	王福强	张恩鹏	尹世骏	梁新伟	张宝龙
景家强	张 瑾（女）	肖 全	李明宇		

机师（39 人）

周广超	杜悦斌	高洪峰	薛学刚	刘廷欣	王 静（女）
于明坤（女）	张元强	丁甫春	杨秀梅（女）	王 丽（女）	于庆华
王丽华（女）	纪 平（女）	刘昌英（女）	王汝春	盛海玲（女）	卢新郁
李文娟（女）	段节会（女）	李晓平（女）	杨海峰	李清成	赵廷贵
王学炜	张 梅（女）	郭继泉	司志收	荣俊玲（女）	徐立强

化机（41 人）

徐亚平	魏 强	李建伟	田 景（女）	费志峰	姜 波（女）
李国庆	韩 宁	亚 敏（女）	王传美（女）	任建国	于光伟
满翠华（女）	刘保勇	王学海	邓 玲（女）	曾宪彬	宋 涛
于洪仁	胡海珍（女）	张 华	惠 虎	朱华东	牟 勇
高雁翔	梁俊瑜	刘洪彦（女）	蒋伟春	宋天鹤	王 辰（女）
秦宜奋	李 芳	孟兰芳（女）	吴语思	郭连才	周长秋
刘宪芬（女）	胡安尧	马 建	张明友	朱振华	

制专（40 人）

吴茂成	杨 云	张传明	杨泽祥	方素娥（女）	刘地斌
陈晓玲（女）	孙科书	孟高原	曹宝元	高利军	夏召森
刘志凯	孙永华	岳志斌	刘学工	王丽华（女）	刘存良
吕 健	王建福	张 娟（女）	朱海青	叶 斌	梁 勇
赵小娣（女）	任 勇	王 岩（女）	李海亭	寇清民	刘继敏
刘培胜	宋建峰	朱连运	李群海	李成武	石慧敏
李和恩	葛鲁民	岳宗存	刘 伟		

1993 级（403 人）

机制 1 班（42 人）

王立波	宋福进	范学涛	刘清华	和法忠	张 超
栾进文	李思谦	陈广庆	李海娥（女）	赵 蕾（女）	隋术群
苏 曼（女）	刘保军	季 远	马宪龙	孙京锋	赵 勇
沈 民	张 莹	赵 强	张 宁	胡本锋	曹衍龙
李 伟	孟祥学	耿 志	陈 清（女）	刘崇文	宋曙光
孙 琪	田亚民	牛存智	刁云飞	方东兴	吴晓红（女）
徐淑贞（女）	王 跃	黄建彩	杨园荪	桂建波	陈 东

机制 2 班(44 人)

张永伟	高永昊	陈 波	李希凯	常诗河	孙增智
赵 磊	王向荣(女)	李 岩	王福贵	张 坤	张 栋
王国峰	祝卫国	金正晔	徐建伟	颜承敏(女)	徐亚林
王 勇	孙贵杰	李福强	孙进正	赵 申	王 雨
黄 波	赵 虎	刘 平(女)	王茂虎	蒋 鹏	张太山
李加传	孙明强	何 华	高常青	卢利波	邵行菊(女)
林巧波	曹为午	翁梅珍(女)	饶 华	郭 强	邹云峰
陈绪召	刘宏东				

机师(40 人)

刘炳昌	张新房	杨洪明	于 洁(女)	张克清	柴孟江
王兰忠	矫红英(女)	陈 玫(女)	董成强	曲英杰	刘悦朴
郑立庆	赵兰英(女)	于作功	陈玉岱	刘准先	张林辉
高义海	刘忠臣	朱景星	张 良	冷爱辉(女)	冯延波
薛开建	徐西波	支保军	郝 鹏	毕永红(女)	蔡东军
胡士海	毛雅楠(女)	徐永进	胡 静(女)	周桂荣(女)	王淑霞(女)
田 涛	黄东辉	周正旭	车 琳		

机设(40 人)

张 琦	王守栋	丁 勇	邓加成	袁建毅	王海涛
王增平	尚达江	马玉利	邢爱梅(女)	姜广强	杨兴涛
王海民	李德强	闫现法	姜 军	孙宗臣	邸加国
丛庆堂	刘秋彦(女)	吕松茂	吕永昌	王联韵	梁东明
周永灿	吕 涛	陈丰莲(女)	门大海	樊 华(女)	王 千
王永强	赵迎春	李 杰	张兆阳	许凤迁	王 森
李 震	俞 波	陈 锋	李建生		

机电(39 人)

王 锴	张晓军	苏 炜	马振林	周升光	候宏光
罗淑环(女)	于浩东	李 海	王 刚	董晓岗	马振河
丁兆利	徐志军	林立华	杨永光	王信东	阚兴冲
张立强	胡克强	刘 浩	魏红宝	刘同军	孙钦仕
高 翔	封学平	崔 进	宋贞启	陈好学	温立新
李业岗	郑淑军	李永河	林全海	孟凡虎	王 珣(女)
刘允康	李 琨	吴伟杰			

化机(38 人)

范立振	李洪伟	王正潮	尹国明	唐 恒	王执民
田昭莹	马正柏	孙成新	胡科伟	史玉芳(女)	杨绍军

于 瑶(女)	康 健	盖 华	崔明玉(女)	陈立生	辛梦瑶(女)
李爱华	袁庆全	王洪山	渠 伟(女)	薛鲁强	靳承铀
李向友	肖春祥	张继宁	张 虎	丛绍利	孙荣峰
李亚娟(女)	刘 作	史学华	林樟盛	黄小勇	朱朝京
于晓光	李建伟				

制专 1 班(40 人)

张元良	秦 晓(女)	郭彦龙	杨 宁	王金祥	王志国
张春霞(女)	王振广	于庆涛	王爱芹(女)	冯敬涛	董学章
梁建立	宫焕同	姜云建	郑桂彬	王德荣	姚 莎(女)
孙冬辉	高桂杰	苗延耿	郭绿华(女)	郭 磊	曲其新
高荣兰(女)	张振一	彭世梅(女)	邢怀兵	王淑敏(女)	胡建宁
金 峰	邵海舟	纪英莉(女)	于 芹(女)	黄玉鹏	沈 腾
董海燕	劳景明	马永峰	韩炳强		

制专 2 班(42 人)

王龙江	黄洪波	焦红旗	秦培金	王建华	许义峰
徐从暖	夏春山	赵永欣	李 强	靳志刚	于冬梅(女)
马维新(女)	杨文峰	何茂军	孔祥华	于新光	李秀梅(女)
郭 峰	姜 蓉(女)	李延兵	寻丽敏(女)	耿花香(女)	孙士强
杨海涛	安 国	王 芳(女)	代锡喜	于 波	张焕洲
宋丽宁(女)	张 伟	高金先	房玉雷	王宝忠	刘 洁(女)
郭 永	刘晓青(女)	王仕杰	刘 军	张泽奎	修光华(女)

制专(枣)3 班(41 人)

李仲民	刘 娥(女)	李继波	谢晋民	李 浩	沈 明
马 平	张习全	李正永	贺 钢	陈 欣(女)	李秀国
张兴峰	刘 斌	魏 婷(女)	魏 华	赵序贵	孙守明
孙彦春	王逢时	王开领	许 刚	田仲军	张伟明
朱英仕	王玉伦	张秀菊(女)	邱敬泉	王亚洲	生 涛
张 霞(女)	李冠海	崔振监	吴 永	张 建	佟加启
高守光	吴洪际	孙中文	刘惠斌	王锦程	

车辆专 3 班(37 人)

唐 亮	王建军	王晓云(女)	丛建明	王 涛	王永吉
梁 重	孙德勇	李书奇	张春武	伍源芳(女)	姜言青
李 峰	孟 东	陈庆伟	刘 强	房立刚	侯国栋
韩 庆	刘 健(女)	刘新航	马尊刚	王 灿	刘殿伟
范才华	郭 涛	王胜利	李子牛	谷朝峰	韩文欣(女)
杜以涛	张立国	张书友	谢建波	赵振刚	王 虎
杨玉涛					

1994 级（303 人）

机制 1 班（35 人）

孙鹏飞	吕　明	刘建勇	高秀英（女）	张高峰	耿常才
杜亚宁	宋建功	朱卫东	李兰芹（女）	许守广	邢智君
刘奉霞（女）	孙世超	孙国清（女）	陈巧花（女）	董业民	庄旭河
杨永才	孙　文	周　平	曹　源	吕　磊	王永乐
张　伟	臧　鹏	秦　勇	罗　文	刘中明	康一平
吴洪宝	吴文斌	杨志勇	陈勤彰	沈　民	

机制 2 班（35 人）

金玲娣（女）	张正洋	臧学海	王　恒	赵东方	陈利海
张国强	丁大伟	路立明	徐军民	李　勇	杨永青
朱晓琛	潘太彬	赵　钊	郝向蕾（女）	刘　凯	陈　军
蔡兴文	姜校瑜	王树青	魏俊凡	叶　鹏	成冬梅（女）
张晶磊	徐　军	程国栋	荣保华	金　辉	夏小根
刘细妹（女）	黄秀国	刘　健	赵　申	王福贵	

机设 1 班（29 人）

崔晓峰	赵学刚	刘学深	陈立地	田　勇	纪殿林
唐　杰	董绍良	邢燕冰（女）	高光波	郁浩兵	于仁海
李祥庆	都浩波	齐有锋	孙伟宁（女）	何相亮	杨耀志
李志萍（女）	安德迎	张汝刚	刁玉峰	郑华峰	刘善良
周长青（女）	谢云杰	胡文兵	王　勇	梁东明	

机设 2 班（29 人）

许家辉	刘震宇	陈永龙	毕研新	祁正团	李庆勇
安呈法	李春涛	刘明远	连　港	冷海霞（女）	焦　莉（女）
高　岭	王再兴	李　刚	洪　波	张德栋	王星海
胡海平	李永丽（女）	杨　凯	朱　强	马洪花（女）	马学龙
王　鹏	张　滨	陈亚新	张侣省	王海涛	

机电（45 人）

刘春青	王迎伟	韩　磊（女）	李胜利	张效帮	曹小兵
张志佳	阮永禧	徐燕凌（女）	修洪江	许晓伟	杨智勇
刘建芳	吴俊卿	郭　毅	邢新刚	马一兵	郑连军
潘　炜	安　刚	张进江	董　琳（女）	朱正礼	董　宁（女）
孔凡军	刘金涛	杨　斌	李　超	李振岳	吴　兵
李　凯	王海东	王庆新	郭建庆	翟鲁超	高元栋
于　柱	刘康乐	赵义峰	王亚涵（女）	刘月霞（女）	吕秀娟（女）

吕　青（女）　　王　锴　　　　吴伟杰

化机(36 人)

姜海涛	曹曙光	刘同帅	杨世红（女）	杨　军	杨　丽（女）
张　强	马凤军	赵　科	刘　善	李德东	王海霞（女）
李建斌	孙世锋	马训强	王海鹰（女）	陈希军	牛军川
田国明	张子亮	赵　燕（女）	马永锡	赵东亚	宋文峰
王宗山	姚伟新	周　鲲	李　颖（女）	庄仕进	屠民海
陈光海	张秀云（女）	余建国	廖献荣	李寿生	李建国

制(劳)专(50 人)

高志昂	王建华	刘益同	王大国	王剑海	张　杰
范树德	曹令森	刘方涛	刘希华	王玉泉	邱维方
公茂庆	郭月亭	张本炎	毛学锋	王　前	高　波
于　敏（女）	刘进奎	王治富	魏明华	牛绍莹	何志敏
董祥存	刘成楠	蒋秀香（女）	丁　栋	代存涛	张松道
周建西	王　锐	赵万里	徐呈龙	陈　颖（女）	马霄鹏
陈　旭	张春波	张　健	赵　阳	刘文华	于含增
侯福龙	毕庆梁	王尉国	郭安荣	司　伟	杨继君
李家涛	赵莹光				

车辆专(44 人)

王晓东	王　伟	郭全信	孙备宽	庞洪臣	王承新
鲁学柱	王　建	孙玉禄	刘建增	王海臣	庞茂贞
王有玲（女）	董胜波	李大伟	胡同宁	陈　成	王国合
殷启栋	刘军亮	刘文光	刘传鹏	裴圣霞（女）	白红旭
张　浩	巴振芳	田洪彬	王传功	郭传苍	郭　煜
王　霞（女）	孙村田	王　震	王克超	孙建国	李开梅（女）
孙志强	吴玉为	王　丽（女）	杨玉涛	李东林	王　虎
赵振刚	王胜利				

1995 级(247 人)

机械 1 班(39 人)

张宪东	代宝存	朱做涛	杜兆锋	杨全国	韦京长
王永乐	罗　文	汲永涛	张立军	周长峰	田兆青
刘效林	刘加富	张守章	张海华	庞志刚	巴学梅（女）
刘春晓	于长志	张国刚	冯艳斌	吕玉新	肖国涛
许连兵	张来建	卢　涛	秦国启	马　兵	周　伟
王建贵	王　福	高照中	柴建存	宋树峰	邢飞华
杨士兵	侯增祥	陈加阔			

机械 2 班(36 人)

毕先涛	朱连富	潘为光	陈为国	王立博	孙明京
孙继岭	任洪飞	刘 剑	杜健健	李祥忠	徐文虎
史佩伟	李甲臣	孙乃杰	何明晨	刘彦博	王世亮
王春梅(女)	周士栋	韩言阳	高绍站	孟凡生	陈 冰
张忠传	郑建昕	李学清	彭立武	纪洪伟	王淑玉
李 刚	冯伟利	段洪凯	郭明飞	王秀胜	薛光聪

机械 3 班(33 人)

张增军	王新建	王文波	宋光辉	祝凤山	李爱红(女)
王 峰	郭宗胜	于明荣	王朝义	孙晋明	孟凡敏
李 恒	刘 明	王志刚	薛召军	韩继胜	姚吉灵
徐金勇	高 岭	隋占疆	隋晓波	孟 涛	丁 志
徐 楠(女)	张志涛	姜永杰	高欣江	李锦青	李兴林
王明宪	侯大立	岐治平			

机械 4 班(34 人)

牛宗伟	吕存宝	徐连银	孙忠宪	张治国	左秀青(女)
张 勇	李 勇	王 鹏	刘 鹏	张元利	亓文果
魏兴明	刘桂强	杨文宝	王泽刚	赵 宁	徐庆帮
洪 波	姜文同	刘建胜	赵治国	郜 勇	邹绍光
杜 伟	王海强	陈 强	王传勇	潘红建	冷宗圣
薛 勇	冯泮淑(女)	王凤洋	曹 堃		

机械 5 班(42 人)

王家敏	朱春峰	宿 涛	王中正	刘艳香(女)	杨金勇
李 凯	王新文	王传喜	毕进子	张建宏	徐英锋
李新刚	王海峰	刘 涛	崔 岩	杨 斌	闫长新
朱翠平(女)	孔祥波	何广强	李绍春	郑继周	李晓东
张 峰	魏景伙	李明波	王 蕾(女)	郭毅之	梁 波
孙建松	邢新刚	胡玉景(女)	王寿增	李正华	毕建波
张 斌	苗中华	房彩云(女)	李洪斌	王 凯	许晓伟

工设(25 人)

宁 兵	蔚树峰	刘新波(女)	李普红(女)	吴树峰	原伟兵
刘祥军	范志君	杨 明	李德刚	潘文芳(女)	张继刚
张 明	徐 雷	牟黎伟	亓文强	孙林磊	李月恩
刘 新	常 圣	黄 洁(女)	宋鹏起	查 放	庄德永
关瑞波					

化机(38 人)

刘升平	王明涛	王福银	王丰军	王 刚	宋月娟(女)

矫　健	杨兴华(女)	狄明三	安庆雷	刘真心(女)	赵军宝
刁武德	杜家政	张文波	孙延华	祁　峰	张洪珍(女)
孔改荣(女)	王庆海	王增福	魏朋吉	史建国	沈传宝
崔玉涛	张启华	薛凤芸(女)	牛富聚	王晓燕(女)	程　杰
徐　兵	贺天鹏	孙宗涛	刘　宇	高　超	李　颖(女)
姚伟新	陈光海				

1996 级(204 人)

机械 1 班(35 人)

王维锐	李　磊	段　雷	殷文平	王守阳	赵广浩
郭　勇	户前锋	张洪丽(女)	邢兆海	李　强	王秀利
相恒富	闫　伟	熊建峰	陈　默	张延恒	殷小雷
刘继军	曹　健	綦黎明	张明霞(女)	翟冠民	黄庆州
王　震	张洪良	张兆勇	曹梅红(女)	邱　峰	朱晓丽(女)
李京旺	王善科	孔瑞峰	陈书亮	吕存宝	

机械 2 班(35 人)

李德金	王文波	夏金秀(女)	代　洁(女)	张永涛	李京河
邢彦锋	乔风昌	李忠锋	宋先民	于佃广	石子强
孙元涛	孙启新	常　军	潘绍明	刘晓东	胡志刚
王　芳(女)	张代林	吴昌昆	薛梦华	韩永远	杨　彬
孙松令	杨　波	刘文清	崔维军	闫　鹏	王　东
刘向东	徐国梁	刘　峰	王　晓	刘春晓	

机械 1 班(37 人)

程荣亮	刘　刚	单　诚	玄　刚	赵晓峰	王健峰
林近山	杜连明	王艳艳(女)	刘德亮	尹正凯	张东生
吕繁成	崔登峰	王军龙	王　晨	齐建军	吕晓辉
乔旭东	刘永昌	王　鹏	陈新东	王撰翔	赵昌友
单国锋	赵本河	冯云龙	顾常青	李京旭	孙海刚
张学翠(女)	郭　伟	郭　钧	王月亮	宋鹏起	
高　岭	马立志				

机械 4 班(36 人)

张圣洁	霍　星	张　磊	王义行	吕英波	唐行光
郭克红(女)	刘学涛	郝国生	王　超	宋向辉	王友臣
秦　鹏	荆　刚	张　华	齐印国	田德斌	闫燕青
王万山	苏　峰	李垠埔	张怀宝	任盛华	娄　亮(女)
王新泉	林风禄	薛云娜(女)	张振宇	周扬帆	刘春玺
齐士伟	郭世富	李　杰	吴国栋	吴广健	孟凡生

工设（28 人）

冯舜东	刘永瞻	毕海明	刘　建	李　鹏	孙福良
周意华（女）	郑　恺（女）	王　钢	王　星	王延深	郭天宇
张本臻	邓鲁华	范圣光	黄海波	于克龙	舒　伟（女）
郑兴涛	李长江	王在波	张韶明	孙　鹏	马金林
陈　鹏	李　霞（女）	李　伟（女）	于晓阳		

化机（33 人）

代玉强	张仕刚	焦　磊	徐　扬（女）	梁延刚	程忠峰
高　煊	焦红霞（女）	孙启新	王德山	潘光虎	王红美（女）
王伟力（女）	于海源	陈利朋	陈晓娟（　）	房日国	朱景龙
黄　辉	王　青	陈　松（女）	周　莹　女）	张文姬（女）	孙海涛
宁　丽（女）	李广力	任晓锋（女）	王永芳（女）	胡宗亮	林和健
张　铉	魏绪芬（女）	改博涵			

1997 级（223 人）

机械 1 班（39 人）

李　涛	刘同海	吴化勇	付秀琢（女）	唐　伟	袭荣华（女）
宋　岩（女）	赵秋园	王海霞（女）	吴晓风（女）	尹彦利（女）	范海龙
史汉星	史岩彬	程存峰	刘传永	赵玉伟	高成刚
李乐刚	尤春明	邢国玉	刘德宝	赵　丹	张鲁宁
高仲科	娄树义	张　磊	李悦安	刘卫平	梁吉军
张淑静（女）	吕良敏	王根佳	李保杰	张　珂	马　伟
陈传鹏	高继涛	宁宇迅			

机械 2 班（41 人）

张文芳	郭　然（女）	纪成举	高华圣	初晓飞	孔庆瑞
尹学成	韩光璞	张立强	原祖江	王　赛	王玉江
李元礼	赫宝鹏	丁明秋	刘爱华（女）	韩成龙	庄永宗
于良国	陈　强	王建梅（女）	刘　玮（女）	陈志强	张　炜
王志强	桑东华（女）	纪殿亮	苑黎卿	尹　杰	张守瑞
孙福鹏	金　松	张守娟（女）	樊继德	韩山峰	扈　敏（女）
宋政军	范仕刚	温华新	薛立彤	赵　涛	

机械 3 班（41 人）

田亚强	朱治生	刘加宝	于　飞	戴海宏	李　晓（女）
刘慧慧（女）	张金环（女）	张永虎	王继朋	张立强	王立强
张瑞军	张芒国（女）	吕升轩	王新峰	相克军	栾伟杰
高学芳	闫　鹏	王金川	孙培建	刘素春（女）	张　超

温学明	柴象海	陈炳荣	李延玉(女)	颜灵智	贾思林
张学岩	张 平	肖成志	郭思军	梁凤岐	赵 峰
陈宝星	袁 美(女)	刘 昕	朱 超	刘晓凤(女)	

机械 4 班(44 人)

王晓良	姜 明	杨 磊	于翠平(女)	于德华	赵福永
秦金田	董海滨	赵仁壮	来效良	席海涛	刘 怡(女)
宋合喜	孙大勇	程海宇	李庆雨	桑 勇	张升坤
张 燕(女)	王 锐	郭志刚	翟红岩(女)	孙 南	崔慧勇
孙秀杰	胥玉震	任秀华(女)	于振燕(女)	宋玉伟	刘胜孔
崔爱国	曹晓明	张生安	王 峥	孙世雷	陈振琳
黄绪峰	赵 阳	杨振伟	周 巍	刘 真(女)	张 峰
仲华惟	霍 星				

工设(26 人)

陈立安	谭树坊	陈世栋	谢爱华(女)	陈 康	王浩评(女)
孙 辉	邵 治	梁金魁	尹晓阳(女)	陈 勇	崇 真(女)
李永全	高 峰	刘军昌	陈冬生	康凯华	耿 波(女)
王艳东(女)	蒲文生	刘 敏(女)	程贯兵	李东海	卢 骊
王加强	张照亮				

化机(32 人)

亓 涛	房玉清	魏宝东	王旭东	孙国强	高 静(女)
闫 超	姜 华	王焕章	李 强	齐焕英(女)	袁 涛
刘 峰	马敬博	张文庆	许文达	许军振	薛希龙
吴晓辉	于祥涛	徐志伟	任升峰	于金良	刘兆喜
赵 勇	李林国	张晓洁(女)	姜玉友	李燕平(女)	牛国蕾(女)
刘 岩	王永芳(女)				

1998 级(279 人)

机械 1 班(36 人)

鲁俊峰	吴兴秋	孟 辉	蒋守勇	罗宪军	王 磊
赵永辉	孙 伟	杨全明	邢 锐	杨英林	王志勇
吴 忠	苏 鹏	苑 华	刘国勇	孔大军	乔 华
韩孝军	张伟刚	庞永华	马秋军	于利伟	孙安峰
王 霄	贾庆龙	周 林	舒希勇	杨秀梅(女)	于吉选
王召利	刘继刚	隋洪波	孔祥臻(女)	赵九永	杨丙宪
刘增盛	王 惠	王学礼	裴延峰	李贵阳	李 伟
张建宏	孙 伟	戴海宏			

机械 2 班(45 人)

张大明	赵永涛	徐卫平	范中永	陈宁宁(女)	孙云华
甄希金	王坤学	孙玉峰	刘 帅	臧贻娟(女)	杜丙田
宋建毅	李建波	赵敬伟	聂希颖	王钦明	刘承帅
李志伟	韩 德	高 琳	孟艳华(女)	孙明新	刘永传
盖丽红(女)	李吉阳	胡东亮	张茂峰	李 龙	林晓栋
滕振珍(女)	苏 平	丁 韬	董春杰	王 伟	刘大箐
唐苏州	刘洪方	滕永臻	金 涛	胡 岩	徐赛军
张久楠	朱云河	吴建军			

机械 3 班(44 人)

宋长飞	张志强	牟文英(女)	修海龙	程国梁	曹建峰
王 珉	王艳国	张 良	郑 鹏	顾宗磊	王 兵
王晓鹏	王志刚	王加国	李军峰	王 营	杨义华
侯大力	梁子彬	施阿斌	谢 辉	王铁仁	孙奎峰
崔玉良	陈 宏	李尚智	李 伟	王东胜	路 波
智 勇	韩安民	崔安鹏	孟庆旺	蔡元春	艾艳刚
王 辉	卢润生	孔令国	韩云峰	章增辉	梁景双(女)
何洪柱	于 宁				

机械 4 班(45 人)

周瑞宝	于廷海	贺家运	赵健新	邹晓东	何淑刚
杨现刚	张 军	温晓峰	王海涛	孙尚雷	朱英剑
王 会	王兴洋	石 磊	李永磊	张文刚	赵 建
王永涛	李 杰	张 佳	吴清建	王建涛	于 宁
周 齐	吴焕炜	王世庆	傅景涛	谷长刚	段少丽(女)
刘 兴	孙治海	彭修广	许海波	冯立新	王 鹏
杨 军	范怀志	贾兴波	张孝文	孙传超	蒋晓海
赵灵敏(女)	张 琨(女)	贺 蓓(女)			

工美(15 人)

赵 蕾(女)	李 英(女)	孙 海	李明辉	张 伟	魏 达
毛剑秋(女)	刘国华(女)	刘晓蓓(女)	李雅芹(女)	何春海	张 华(女)
申立金	孙世红(女)	郭 琳(女)			

工设(17 人)

刘鲁东	汪 丽(女)	窦 强	孙 亮	程少阳	方 波
张 杰	周 鑫	王 敏(女)	付 康(女)	王遵兴	祁霄鹏
程云华(女)	张 鹏	刘 艇	李建勇	谢 峰	

汽车(40 人)

张竹林	马士奔	于晓峰	宋美玉(女)	黄洪广	盖炳晓

王　磊	王文宁(女)	任崇高	刘永江	倪守晓	权海涛
严　超	刘　明	邹　雷	刘树军	张春海	王　超
逄晓峰	秦厚明	王　贺	曲正堂	牟方韬	彭伟利
王　敏	王林波	张　伟	史玉健	王金波	宋相明
刘　宁	刘大鹏	李士振	王　帆	刘　宁	梁景宾
曲在超	李培成	马卫华	梁占虎		

化机(37 人)

孟凡勇	肖克峰	殷大尉	齐兆岳	赵万里	陈玉兵
马承业	秦永波	吴振兴	徐向友	孙立梅(女)	郑　亮
杨书军	刘　漫(女)	邢杜庆	矫旭东	田　雷	张雪芹(女)
马桂霞(女)	谢占坤	马　新	程广涛	郑久彬	王艳忠(女)
赵　旭	张宁宁	邵鹏飞	孙乾勇	杨丽霞(女)	赵旭丽(女)
赵　峰	张清彦	韩　伟	王瑞金	张华伟	崔希新
白桂峰					

1999 级(320 人)

机械 1 班(41 人)

韩学彬	冯　晨	孙　波	陈正光	刘建涛	赵学军
周海君(女)	谭健征	侯海栋	李洪贵	于海威	李志琳
王伟正	牛西臣	武维生	刘富强	潘林昌	贺京平
周泰安	于云凯	陶玉娜(女)	贾同山	姚春杰	汤军波
尉矗鹏	邢　晓	贾瑞河	桑　波	杨　昆	姜艳丽(女)
任春宁	李伊健	刘俊会	张　霖	郑建华	周永平
杨　楠	夏旭东	马素超	姜茂廷	林　剑	

机械 2 班(41 人)

张　力	鞠世凯	任学明	皮永峰	陈海广	李　波
付翠玉(女)	许京伟	左　超	刘俊波	崔京朋	刘晓磊
朱振博	杨东军	刘含典	鞠传真	徐玉清	刘海平
仁智才	刘　荣	闫茂富	闫圣波	梁　燕(女)	孙文平
王苏伟(女)	倪健远	刘英才	姜庆海	刘震宇	周善征
李睿颖	黄爱芹(女)	黄启峰	金永波	陈永强	胡玉娟(女)
徐　磊	柳　鸣	麻晓伟(女)	刘珊珊(女)	简　飞	

机械 3 班(42 人)

韩福峰	李学崑	赵文刚	刘春艳(女)	陈成军	裴　安
王中秋	张国成	贾宗云	孟庆波	郭丽娜(女)	杨　涛
刘成祥	马配臣	王春光	李绍文	袁　震	胡天亮
韩继龙	于海鑫	刘文新	王灿运	李作龙	王桂忠

孙垂海	于维朝	张延亮	肖志强	王羡华(女)	刘石磊
张　鹏	张亚飞	韩文飞	张晓凤(女)	吴学涛	朱敬祎
刘　非	王兆福	王保明	刘　欣	刘　涛	孙　伟

机械4班(40人)

包明凯	于国成	邹　勇	闫　龙	蔡玉涛	董家奔
赵　晋	姚力波	石明春	高国良	卢立农	徐淑峰
班　雪(女)	林方军	杨治军	韩新彦	石　巍	王强忠
张　涛	祝凤金	冯东锋	徐敬华	李国鹏	张　艳(女)
周升起	李　晖	白桂恒	刘云龙	潘晓华(女)	王　超
周宏生	刘存山	郝海洋	勾术卫	伍萍萍(女)	赵安明
张文韬	孟祥林	韩吉超	郭　勇		

机械5班(38人)

张　渊	种艳龙	高锡明	陈文娟(女)	代普波	李占涛
臧增为	牛　强	孙　伟	段彩云(女)	杜凤玲(女)	赵　伟
汪　伟	于　磊	杨雁超	张　磊	宋　兴	张华伟
张勤胜	葛　慧(女)	万金平	徐西波	陈江平	朱耀明
赵彦浩	任　伟	谭悦磊	刘灿生	杨永君	谢常春
王洪祥	黄文武	税航伟	韩学学(女)	李昌勋	朱蕴卿
孙　勇	杨加军				

机械6班(39人)

张晓华(女)	姜向伟	王卫国	张广川	王　远	宋　鑫
闫晓燕(女)	谷洪山	荆新超	刘洪涛	王　康	牟树强
张　强	张琪步	于汉震	张　鑫	庄敦宽	李太波
赵　军(女)	张曙光	张善国	史先民	张建启	李　永
冯永达	王寿林	卜相涛	李见成	陈洪雷	颜京营
张善辉(女)	欧阳鹏	李东浪	李　建	刘国君	段诺诺(女)
孙天宇	徐　勇	朱广宁			

过控(40人)

李会明	陈金刚	侯庆乐	吴举民	谢文韬	尉爱丽(女)
王亮亮	耿辉映	陈同蕾(女)	吕伟平(女)	付旭东	刘　博
宋清华	孙　光	薛亮儒	宋植林	张　朋	郭　刚
宗宪亮	王　杰	柳　军	刘振斌	廉成凯	王庆江
隋荣娟(女)	姜　宏(女)	张淑萍(女)	周辉军	王　杰	王黎平
张学超	单洪磊	张玉兵	刘文杰	刘军峰	张　强
刘　军	崔　艳(女)	盖永葆	刘　毅		

工美(17人)

| 王淑红(女) | 吕荣昌 | 高凤艳(女) | 泮西江 | 朱志芳(女) | 任晓辉 |

| 李晓棠(女) | 孔凡超(女) | 李 涛 | 董 敏(女) | 刘 强 | 宋加安 |
| 邵 斌 | 魏丽琰 | 李忠光 | 孔晓飞 | 边 远(女) | |

工设 99(22 人)

李顺立	西文强	宋红毅	胡淑艳(女)	刘炳建	刘 佩(女)
徐亚林	梁 磊	李 永	韩丽芬(女)	单金炜	张志强
白亚琴(女)	李昌浩	杨春凤(女)	刘 刚	戚 彬	金 涛
桑海峰	刘洪秀(女)	陈 檀(女)	郭 珊(女)		

2000 级(378 人)

工美(29 人)

王伟强	邵晓静(女)	王海军	巩小利	王堃泽	南丕雷
蔡 涛	刘大芸(女)	李大林	王伟伟	邓春莉(女)	王相飞(女)
程 玮(女)	张 宁	刘宗平	李璐璐(女)	王永刚	李德胜
霍福伟	毕方伟	张世军	钟敬涛	陈洪云(女)	密淑晓
王高杰	董 刚	赵爱萍(女)	梁辉胜	栗 峰	娄玉鹏

工设(30 人)

邹连锋	李祥荣	徐 德	陈永光	刘志国	张玉建
吴云荣(女)	窦守德	靳士梅(女)	于丽君(女)	丁 剑	张 强
汤晓杰	郑利本	朱小杰	葛 东	李建印	孟 磊
刘帼君(女)	孙冬梅(女)	孙 伟	金庭顺	郑 枫	杨守坤
王 丽(女)	师海涛	陈世安	李来军	刘军春	

机械 1 班(38 人)

孙 勇	聂树林	刘 杰(女)	李玉稳	史功明	张 凯
闫 凯	李 伟	贾继军	井 刚	田洪波	李德江
冯双昌	郭夕栋	赵伟华(女)	王 娅(女)	孙兆冰	吴春香(女)
高书磊	张文辉	张黎明	仲伟成	丁志永	于祥勇
夏 鑫	齐效明	赵元国	徐 胜	崔希君	刘淑菊(女)
黄元秋	高卫民	贾新党	杨伟峰	薛俊富	卢 宇
付艳艳(女)	李 伟				

机械 2 班(39 人)

冯志琦	杨秀建	董礼港	李 宪	高继强	刘西永
任广辉	刘长金	刘宝勤	李孟春	程 晟	姜帅帅
林福帅	王 栋	徐振建	王启梓	赵 邦	刘国华
张继顺	李 燕(女)	曹瑞军	耿艳梅(女)	方合义	林 强
郭瑞广	姜志军	刘保国	刘 勇	李青海	董 坤
薛 明	邸萌萌(女)	罗 映	方 涛	韩晓斌	李 良

刘忠强　　　　李　景(女)　　王　珉

机械 3 班(37 人)

郭　毓	侯敬文	赵法强	徐　伟	张延强	冯德建
董希光	邱　朋	薛建波	范万勋	杜明达	刘　浩
徐绩冬	纪双仁	瞿　伟	鹿宝刚	宋君花(女)	崔光豹
刘祥景(女)	魏　涛	李　岩	许　健	王邦辉	姜　峰
任广法	鞠健伟	苏　春	袁宗欣	方建华	李全来
段瑢瑢(女)	张治国	万　妮(女)	董海波	屠聪玲	金盛吉
王广才					

机械 4 班(37 人)

高洪玉	王吉帅	王绍彬	孙颜涛	郭　鹏	汪心立
宋元磊	高凤春	张义强	张长冲	张　镇	鹿素芬(女)
刘　杰	徐永利	朱爱卫	王海波	张　繁	周　军
周升波	张道建	武善东	姜　超	袁建丽(女)	殷复振
隋　琰(女)	朱　伟	王西涛	丁国栋	徐文文(女)	朱雅君
张　翼	王　强	祝司涛	闫　通	余海瑞	孙立民
陈　辉	钟　杰				

机械 5 班(39 人)

高晓峰	沈宜灿(女)	朱连彬	刘川川	薛洪森	鲁克伟
门　平	王全成	马圣龙	孙克君	王新刚	单　伟
朱冬伟	卞青华	常　清(女)	李　斌	朱　辉	张京正
付继远	轩辕思思(女)	刘　刚	吴利锋	孙　晓(女)	吴修文
张深瑞	魏鑫鑫	张嘉信	张　敏	李兆峰	舒　宁
谢小祥	和俊卿(女)	井胜勇	许曙宏	胡青华	金超然
焦向丽(女)	高玉昌	侯云涛			

机械 6 班(34 人)

孙奎林	贾　艳(女)	陈　凯	江京亮	高修华	王洪波
厉　超	邵子东	申传久	李天涛	陈新记	王景瑞
李宗杰	吴军涛	刘　璐(女)	石　振	张　磊	孙文坛
孙明田	宋　涛	刘克强	孙国强	高玉飞	秦　岩(女)
刘丽萍(女)	吴立强	蒋德才	李晓峰	郭志田	边　娜(女)
聂　飞	方文勇	刘石磊	侯云涛	张　良	田志鹏

过控(30 人)

李佳磊	梁国林	孙海燕(女)	孙　伟	杨锋苓	蒋永翔(女)
许宗锋	曹明见	陈志刚	颜建成	张维肖	于兆阁
郝旭艳(女)	陈　嘉	魏　露	姜蓝航	何春莉(女)	程　亮

韩向瑞	李春峰	崔代艳(女)	陈庸嘉	王 伟	郝 强
张 超	李晓光	万祥宽	李金涛	耿 伟	苏 俏

制职(29 人)

文 建	徐大伟	董传峰	孙晓静(女)	张 鹏	康 超
李长琳(女)	李宝健	徐全振	周辑波	王 盈	李晓琳(女)
李 波	周 奇	李秀成	孟庆晨	郑 冬	郑长如
韩玉峰	孙 凯	张小花(女)	张道蕾	迟恩强	张运仙(女)
张衍磊	孟 菲(女)	李 杨	沈 明	潘 峰	

汽专(36 人)

李洁冰	谢 鹏	马青松	舒 鹏	魏华伟	田 凯
马士俊	周仲兵	王 旭	唐吉国	韩 腾	蒙 坤
郑友强	李茂勇	蒋文广	王延永	张宏伟	张穆华
宋学强	刘 瑾	李 明	孙 宁	胡甲生	陈建平
耿衍峰	孙传国	张 伟	郭 良	亓恩东	刘海军
王建可	宋 训	关书勇	周 健	王乐乐	孙小淋(女)

2001 级(371 人)

工美(25 人)

毕泗林	崔丽国	范培永	高 丽	韩蓓蓓(女)	韩 勇
孔 媚(女)	李国栋	李 霞(女)	刘 芳(女)	刘荣华	栾安生
史晶晶	宋京法	宋哲平	孙施展	万海平(女)	王 娜(女)
王 茜(女)	王文静(女)	王 珍(女)	邢 鹏	杨传印	张 静
张居伟					

工设(28 人)

曹 璐	陈朋飞	龚元鹏	郭玉斌	郝 松(女)	贾红岩
贾晓丽(女)	李文昌	刘 辉(女)	刘丽静(女)	刘 陶	刘 颖(女)
鹿春鹏	邱洪民	曲黎杰	宋叡龄(女)	孙 盟	王向京
王晓伟	吴 猛	徐 剑	张 珩	张 敏	张 平
朱文静(女)	李 斫	纪争惠(女)	李京强		

过控 1 班(30 人)

朱 莉(女)	周淑娟(女)	王军丽(女)	李梦丽(女)	张全明	张 明
张科山	许青竹	徐 岩	李谨佚(女)	杜红霞(女)	邓雪梅(女)
刘 静(女)	王治民	王信龙	王小鹏	宋 飞	沈 彬
庞 锋	刘文樺	李振兴	李宁波	李霖善	李 勃
李贝贝	姜 维	贾 京	何正波	郭 宁	葛亚涛

过控 2 班(31 人)

姚莎莎(女)	徐小萍(女)	王玉青(女)	王 晶(女)	罗中成	王 哲

刘　超	仲　涛	张晋敏	滕书格(女)	邵珊珊(女)	马光艳(女)
吕月霞(女)	叶宗林	徐书根	徐　亮	吴庆蒙	田小卫
姜雪丽(女)	崔蕴芳(女)	刘　明	李　朔	荆亚东	靳　勇
贾海涛	郝君第	郭书涛	郭德国	杜　兵	丁　龙
刁玉琦					

机械 1 班(51 人)

孟雪冬(女)	张　宏(女)	张凤丽(女)	邢　怡(女)	黄振国	李　健
王伟男	朱立鹏	钟朝廷	尚艳丽(女)	刘丽芳(女)	李喜莲(女)
李　敏(女)	赵学清	赵磊磊	张明月	杨　云	闫光强
薛朋余	徐晓东	武雷民	王宪林	王荣臻	田　露
沈庆震	邵　锋	曲道清	彭　彦	牛　超	马　振
马晓彬	刘仲湖	刘绪昌	刘俊强	刘　俊	厉承龙
李治猛	李言军	李小亮	李守江	姜在龙	韩德建
郭　波	杜　磊	崔　奇	程　斐	陈　杰	陈从鹤
柴守勇	曹　伟	毕永生			

机械 2 班(47 人)

王　敏(女)	赵晓旭(女)	王伟华(女)	姜晓丽(女)	邹建华	朱敏佳
朱国强	周瑞海	周海亮	胡晓娜(女)	郭　翠(女)	李　振
周从源	钟炳林	张建方	杨　泉	魏　栋	王玉柱
滕海渤	唐云凯	钱庚一	彭新辉	逄　涛	宁道伟
莫贻贵	刘　忠	刘　煜	刘玉虎	刘　军	李振华
李敬铎	姜良斌	嵇长双	黄鲁蓬	胡首立	胡　凯
郭　辉	宫晓波	冯光波	范兆凯	崔　强	程慧明
陈召国	陈金定	常　超	毕大鹏	宋　杰	

机械 3 班(48 人)

张　茜(女)	徐　燕(女)	牛荣霞(女)	卢　莉(女)	刘　强	庄孝平
朱和明	张其森	张　聘	李梅竹(女)	陈　佳(女)	王丽娟(女)
王丽丽(女)	张　林	袁　东	杨米克	杨华清	杨德锴
闫华伟	武　超	吴少学	温力维	王永波	王晓言
王树杰	王经伟	王建辉	王德刚	谭益松	谭　磊
孙灵宾	乔君尧	慕　亮	刘　剑	刘海宁	刘昌法
刘　贝	林凤启	李克明	李　丹	李春江	柯　良
黄根杰	胡　兵	邓　宁	邓　波	曹中杰	蔡建晓

机械 4 班(42 人)

姜道俭	翟春花(女)	孙仕红(女)	林淑彦(女)	李喜艳(女)	鞠海华(女)
任明江	佟　飞	李　鹏	朱淑亮	朱寒冰	郑　刚
张贤新	张　军	杨国玺	闫建峰	徐志平	徐国栋

魏 明	王文渊	王瑞亮	王立新	王 君	王金江
谭春东	孙海程	潘维东	马 雷	卢鹏程	刘增波
刘 艺	刘江涛	李继刚	贾振朋	黄京鹏	胡耀家
何华伟	傅之风	段 光	陈培元	陈国兴	王海洋

机械 5 班(45 人)

徐晓宇	苑力力(女)	商跃英(女)	刘静静(女)	梁 丽(女)	耿 静(女)
高 燕(女)	邓 超(女)	刘 超	赵 磊	周春雷	张小亮
张 钦	张君亮	张宏泉	张 恒	张保锋	于连邦
杨震宇	杨锁伟	肖守荣	吴勇健	王治华	王文轩
王鹏飞	王明磊	王理鹏	孙孔旭	隋 磊	盛希龙
欧耀勇	马业忠	马斌华	罗士红	路新学	陆鹏程
凌 荣	李远所	李 松	蒋柏斌	姜春银	郭运波
高永堂	丁广龙	常伟杰			

机械 6 班(专升本 24 人)

徐大伟	潘 峰	孙晓静(女)	张 鹏	康 超	王 盈
袁 倩(女)	周 奇	韩国乾	孙 凯	张道蕾	孟 菲(女)
张宏伟	李茂勇	马士俊	周仲兵	舒 朋	张 伟
王延永	蒋文广	宋学强	王 旭	宋 训	胡甲生

留级

姜在龙	范兆凯	刘昌法	闫华伟	张其森	朱寒冰
王建帅	宋 飞				

2002 级(341 人)

工设(23 人)

于洪伟	马 鹏	方建松	王 丽(女)	任 莉(女)	刘 磊
孙明辉	安大地	毕海宁(女)	闫 冉(女)	张 华	张建鑫
张晓梅(女)	李 向(女)	李 政	陆 丽(女)	陈洪涛	周海宾
姜 明	赵大为	赵伟敏(女)	谢宜佳	李 勤	

工美(21 人)

马良飞	王玲玲(女)	王 瑶(女)	任 勇	刘 伟(女)	孙 兵
孙洪田	孙 萍(女)	宋志春(女)	张延明	张德志	张 震
李 乐	李 明	李法亮	李新亚	岳成程	姚传美(女)
黄 真	傅振东	潘萌娟(女)			

机械 1 班(38 人)

马 勋	马新军	孔艳霞(女)	王文斌	王 科	王晓翠(女)
王富明	王 强	王 祺	史振宇(女)	乔 柱	刘晓明

刘焕新	吕书丽(女)	孙　毅	宋　伟	张先芝	张孝峰
张建伟	张晓洁(女)	李桂玉(女)	李艳辉	李　静	杨章青
周延民	周　磊	孟广辉	房玉国	姚立明	姜春德
凌大勇	徐佰温	贾永刚	贾吉祥	郭盟盟	高　强
梁　超	程海军				

机械 2 班(38 人)

于怀彬	马　蒙	尹宜勇	王广芳	王可尊	王园伟
王志伟	王京东	王　慧(女)	邓志勇	田素恒	刘文明
刘长安	刘建设	刘　昂	孙大海	吴光辰	宋亚伟
张成梁	张　明	张幕伟	张　磊	李　伟	李军乐(女)
李　振	李海霞(女)	杨振华	沈旭光	连勇军	邵明亮
庞　博	姚　明	姜　暖(女)	段振兴	徐加成	袁　波
康　靖	盖　春				

机械 3 班(37 人)

丁增滨	于　东	孔　超	王升阳	王　伟	王有东
王　剑	王晓红(女)	王培磊	任红江	刘小岗	刘永林
刘永锋	刘　波	刘　鑫	吕会娟(女)	吕洪雨	孙计伟
孙鹏宇	曲　斌	李恒宗	李　超	杨荣丽(女)	邵云飞
陈宗平	陈敬焕	孟庆国	林　一	赵兴方	赵进彦
赵鹏辉	高菲菲(女)	崔　明	曹玉琳	曹清园(女)	程雅琳(女)
蒋德伟					

机械 4 班(34 人)

马　宁	方大丰	王光佳	王　军	王合军	王学鹏
王　磊	王霄宇	田洪云	任栓伟	刘加强	华正彭
孙国栋	许　芳(女)	张　义	张利建	张新彬	李　彬(女)
杨　晶(女)	汪　娟(女)	邵珠峰	尚　如	郑龙燕	侯永振
侯磊磊	姜文超	徐燕萍(女)	栾景卫	秦兆均	高　松
游斌彬	焦志强	韩绍国	魏　军		

机械 5 班(34 人)

尹　鹏	王利昌	王忠大	王　维	卢国梁	卢　明
刘广忠	刘　佳	刘春辉	刘新学	刘鹏程	邢双君
严思晗	张金戏(女)	张　超	李友福	李晨光	李　强
李　斌	杨　凯	杨春花(女)	杨瑞冬	陈大明	周婷婷(女)
季德生	施　珀	禹长青	郝召丹(女)	徐小杰	聂松涛
梁　伟	梁法云	韩玉鹏	滕群辉		

机械 6 班(31 人)

于振澎	王　猛	王　锋	卢金明	关　键	刘大勇

刘 畅	吴仍茂	张 军	张 利(女)	张振毓	张 普
张 超	张 辉	李尚达	李 翀	李维良	李 翔
杨正明	邵 华	陈明轩	周志伟	屈胜男(女)	郑 辉(女)
赵丕芬(女)	徐立伟	秦敬伟	常 薛(女)	阎旭鹏	覃合运
雷 帅					

机械 7 班(33 人)

于志家	于雪原	孔祥海	王太涛	王 亮	王前进
邓长城	刘仰银	刘延森	刘 宏(女)	刘 峰	刘 莉(女)
孙公磊	何金海	张念喜	张剑波	李义良	李 伟
李 柯	肖安镇	庞文焕(女)	林文涛	郑善龙	胡元及
赵 言	徐 明	高文亮	曾小明	董秋林	韩小刚
窦云峰	翟术坤	薛学朝			

过控 1 班(23 人)

于 超	马 力	孔 帅	王中帅	王 艳(女)	刘 琦(女)
刘 超	刘 燕(女)	孙 丽(女)	汤 辉(女)	张宝意	张 强
张翠勋(女)	李 威	庞 雷	郎丰珲	姜亦涛	赵 伟
徐元凡	徐 涛	袁 晓	袁德香(女)	贾 涛	

过控 2 班(29 人)

于江宏(女)	马晓晖	王风涛	王寿林	王 彦	王 健
王崇高	王 鹏	车万鹏	任永胜	刘小莉(女)	刘伟毅
刘振华	孙珊珊(女)	朱 毅	许 军	许芳芳(女)	邢晓静(女)
别海燕(女)	张 佳(女)	张鹏峰(女)	杨 康	陈雅群(女)	宫文军
郝宗睿	钟本路	项好明	曹 琳(女)	程文涛	

2003 级(329 人)

工美(18 人)

王晓诚(女)	王淑芳(女)	刘 辉	吴庆康	张同梅(女)	张 洁(女)
张海贞(女)	张灏渊(女)	李庆庆(女)	李晓林	李晨昕(女)	李 超(女)
杨晓东	狄玉平(女)	季顺永	赵金华(女)	郭志平	卢姝羽(女)

工设(24 人)

王伟伟(女)	王丽丽(女)	王 坤	王学昆(女)	王 超	王攀石
石建亮	刘方晓	刘泓伶(女)	刘家豪	孙尚宝	纪 鑫
张传晶	张 继(女)	李义娜(女)	郑宝华	赵恒彪	唐 烨
高 雪(女)	黄 强	曾令军	谢传强	谢 超	潘龙清

留级

| 王 强 | 陈培元 | 刘江涛 | 张 军 | 康 靖 | 成书辉 |

郭延茹	韩法初	刘晓东	孙民杰	王 哲	闫学刚
赵尊峰	彭新辉	宋 杰	孙 岳	王 鑫	

机信(35 人)

于英龙	于 浩	王太进	王少杰	王以露	王 良
王磊磊	王黎明	邓 珊(女)	伏阳明	刘 冰	刘 朋
刘 泉	刘晓伟	华永龙	孙运刚	孙 涛	邢玉德
宋术青	张朋元	李 阳	李 轩	李 波	李涛涛
杜付鑫	沈 浩	赵保林	赵善良	徐光龙	徐 亮
桑英豪	秦 凯	曹 瑜(女)	鹿秉柏	魏传宝	

机械 1 班(40 人)

冯夫光	包 琳(女)	叶 欣	刘少丰	刘 恒	吕士侠
朱红军	朱 浩	米文龙	许 超	何文明	宋月涛
张 华	张 凯	张福海	李建宁	李 倩(女)	李 聪
杨 雄	谷朝臣	陈 林	陈 菲(女)	单士朋	林 泉
林浚智	胡宝林	徐 超	秦万国	郭长青	郭 伟
崔孝敬	曹乃亮	梁喜辉	黄顺富	韩文广	韩 勇
鲍长江	熊春健	颜 培	蒋培刚		

机械 2 班(40 人)

丁文山	刁凤超	王云晓	王 明	王 亭	王 斌
冯忠波	乔 磊	任小平(女)	刘 刚	刘建伟	刘 明
刘香川	刘 琳(女)	朱友坤	朱志俊	宋茂新	张 帅
张 永	张永明	李仕明	李建新	李 智	杨志威
周良金	周 明	周 涛	孟庆好	孟 卿	郑 滨
姜玉杰	姜启升	赵 飞	赵泽明	徐 芳(女)	袁 强
焦淑权	鲁海宁	管明扬	王 泰		

机械 3 班(36 人)

马永恒	王会章	王俊龙	韦祚礽	史 军	关 伟
孙朝雷	朱传同	朱孟涛	毕砚庭(女)	闫 柯	宋 戈
张金鹏	张紫平	李国强	杨伟民	邹腾安	林 苟
郑志齐	赵学进	赵树椿	唐艳荣	郭贤伟	钱 庆
顾世川	曹新飞	隋晓杰	黄海波	程祥利	潘永成
顾珂韬	刘月萍(女)	崔冬梅(女)	赛华松	黄 璜	褚克强

机械 4 班(38 人)

于鹏坤	马文杰	王文杰	王圣君	王永健	边祥胜
任尧栋	刘双存	刘 钢	刘 盛	闫 庆	张宗礼
张振果	李 军	李志军	李 佳(女)	李 明	杨奇彪

邱增武	林艺煌	范国起	郑洪杰	姜胜海	宫娜娜(女)
贺超	赵鹏	桑志谦	郭玉富	戚振军	曹红祥
黄忠任	韩兴昌	韩军涛	韩海桥	韩敬兵	潘增辉
穆凯圆	王义朋				

汽专(45 人)

刘长明	杨诚潇	王炜烨	段鹏	王震	葛强
杨彬	张进	索宁	国云星	赵长柱	周波
韩伟	张子镇	于传勇	赵亮	陈增合	朱纪宾
齐延军	杨鲁川	肖仓库	李均	赵玉田	刘晓军
秦泗烈	于光辉	解加旭	张圣进	岳彩军	王宝强
刘志明	闫伟	李星	郭仲宝	康金腾	高书安
李玉鹏	魏兰军	王本松	姜海涛	周福伟	李春艳(女)
杜艳丽(女)	李娜(女)				

过控 1 班(28 人)

马连骥	冯志宏	乔亮	刘曰	刘芳(女)	刘媛(女)
孙慧敏(女)	朱柏林	闫瑞(女)	宋怡(女)	张现利	李书磊
李学卫	李明	杨新振	沈爱群	陈伟	陈华(女)
陈建峰	林宝凤	范永坤	段超	夏宗栋	袁鹏飞
梁广志	蒋庆磊	戴仁杰	魏国君		

过控 2 班(25 人)

卢佳(女)	关海峰	刘伟	刘华东	刘耀东	许慧群
闫峻山	张付军	张伟	张建卫	张洪军	李崇军
李雅娴(女)	杨庆岩	杨灿锋	尚延伟	侯名可	胡东欲
党鹏	徐庆磊	徐熙庆	高小飞	梁士虎	董淳(女)
韩继伟					

2004 级(465 人)

工美 1 班(27 人)

卜银川	陈婷婷(女)	陈晓笛(女)	陈晔(女)	陈莹(女)	崔会娟(女)
党悦然(女)	傅伟	高超	高云洁(女)	韩双(女)	郝琳琳
何霞(女)	扈剑颖(女)	霍霏(女)	纪秀云(女)	蒋虹(女)	孔凡刚
李海增	李君(女)	李柳林(女)	李荣超	李照(女)	梁军
刘国荣	刘洋	罗振铎			

工美 2 班(28 人)

| 牛玉国 | 裴宇辰 | 任峰 | 任乐杭(女) | 宋雪(女) | 隋元元(女) |
| 孙佳茹(女) | 孙媛(女) | 王菲(女) | 王凯华 | 王堃 | 王楠(女) |

王阳宽	王 跃	王 震	吴 波	徐凤芹(女)	徐 倩(女)
徐 芸(女)	薛淑芳(女)	杨 帆(女)	杨万凯	张超君(女)	张国军
张 远	赵志强	邹柯岩	马福浚(女)		

工设(9人)

胡 科	何锦华	李 栋	刘文婷(女)	汪文捷	王 琛(女)
王 虎	张文明	周琪森			

机械1班(43人)

白 亮	包广华	曹国新	曹乾玉	曹志强	车春杰
陈 斌	陈 超	陈 刚	陈红雷	陈 佳	陈 杰
陈 康	陈树江	陈孝旭	陈益广	程绪行	楚树坡
褚福立	褚 凯	邓芳尧	刁常堃	丁 磊	丁 涛
丁同超	董光德	董小宁	杜红光	杜骆铭	范双双(女)
方高宇	方吉辰	冯国成	冯 杰	冯永军	高会涛
郜鹏帅	葛孚栋	葛雷达	葛茂杰	耿 鑫	关 亮
郭长辉					

机械2班(41人)

郭飞强	郭广磊	郭 磊	郭晓婷(女)	韩文宝	蒿云鹏
何继弘	洪宗兵	侯春雨	侯海伟	胡瑞荣(女)	胡三飞
胡晓辉	扈世伟	黄 建	姬 帅	纪合溪	贾广营
蒋瑞秋	解国春	解洪林	靳化振	荆 葛	井舒毅
孔祥超	雷炳平	类延超	李 波	李传宇	李迪萍(女)
李怀兵	李 进	李敬微	李敬有	李 昆	李 猛
李梦奇	李 明	李培伦	李 森	李森林	

机械3班(43人)

李申申	李书胜	李双虎	李 铜	李武斌	李 翔
李小虎	李永超	李志浩	林东升	林冬冬	林洪甲
林鹏飞	林益惠	蔺玉婷(女)	刘陈军	刘东海	刘飞宏
刘 浩	刘 慧(女)	刘建建	刘建康	刘兰兰	刘立飞
刘书瑞	刘璇卿(女)	刘 勇	刘远静	刘苑辉	刘云飞
刘在恒	刘振杰	刘子贤	卢立斌	卢 鹏	鹿海洋
路浩锋	吕海波	吕宏卿	吕晓东	栾胜全	罗汉兵
马 超					

机械4班(41人)

刁光存	张豪杰	马少华	马嵩华(女)	孟凡军	孟国军
缪 成	宁 上	牛青林	潘 莽	潘教艳(女)	裴孝明
蒲红斌	戚兴国	亓振锋	齐庆凯	钱栋伟	秦爱亮

曲大伟	芮铭武	邵泽伟	师广庆	师仰彬	石 磊
石 洋	史 记	史科亮	宋建建	宋 翔	宋照贺
孙红伟	孙 强	孙晓辉	孙晓燕(女)	孙 肖	谭云常
唐 全	唐文成	陶孟寅	滕晓刚	彭志明	

机械 5 班(41 人)

汪海晋	王 晒	王 超	王发凯	王 飞	王贵赓
王华祥	王焕杨	王 慧(女)	王进昌	王俊涛	王 锴
王 垒	王力军	王立伟	王 林	王 龙	王 鹏
王平超	王师普	王世高	王树民	王速飞	王同龙
王 伟	王伟光	王小涛	王 岩(女)	王 雁	王 永(女)
王玉浪	王跃华	王振华	王振明	王志强	王忠涛
王宗瑞	吴成攀	吴 鹏	吴淑峰	肖 聪	

机械 6 班(40 人)

辛兰兰(女)	熊建清	徐国强	徐继罗	徐佳虎	徐少华
徐顺杰	徐 涛	徐香远	许德涛	许 旺	许振丹
薛振涛	闫 海	颜 益	晏志文	杨百铖	杨 明
杨 声	伊纪禄	尹 垒	尹贻强	尤铭铭	于传昌
于宁波	俞 珏	喻迪垚	喻星心	袁保运	袁 彬
袁建华	袁明翰	臧传军	张安俊	张 超	张发亮
张 歌	张 浩	张 辉	张纪礼		

机械 7 班(37 人)

张建成	张金凯	张 晶	张利君	张林松	张 明
张宁宁(女)	张宁宁	张汝波	张 瑞	张 伟	张祥敢
张晓宇	张秀芳(女)	张衍虎	张杨广	张 萱	招瑞丰
赵 峰	赵 侃	赵 鹏	赵其源	赵树伟	赵小波
赵兴虎	赵一君	赵占平	郑 伟	钟宪杰	仲照琳
周小虎	周 振	朱继清	朱敬涛	朱玉杰	祝榕辰
庄 伟					

机械 8 班(专升本 35 人)

蔡明东	陈亮亮	陈衍斌	楚善昌	高振传	胡乃锋
孔庆荣	李建帅	刘爱姣	刘俊刚	刘晓东	鲁齐齐
马刚民	田文旺	王 磊(女)	王 淞	王玉坤	王子勇
邢本驸	徐洋洋	杨安华	于洪亮	苑克喜	张成龙
张化迎	张敬华	张可鑫	张秀磊	郑新起	周长信
金元鹿	权中华	孙民杰	王国栋	张少林	

汽车专(51 人)

蔡明东	蔡 勇	陈亮亮	陈衍斌	楚善昌	樊玉聪

高振传	胡乃锋	孔庆荣	李建帅	李若敏	刘爱姣
刘俊刚	刘琦	刘瑞倩(女)	刘思吉	刘晓东	鲁齐齐
马刚民	马洪磊	史向阳	宋立广	孙曙光	唐洪峰
田文旺	王磊(女)	王淞	王玉坤	王子勇	吴则贵
肖磊	邢本驷	徐洋洋	杨安华	姚录录	于海洋
于洪亮	于晓兵	苑克喜	张彪	张超	张成龙
张化迎	张敬华	张可鑫	张秀磊	赵芳坤	赵振兴
郑新起	周长信	庄宿国			

飞机专(29 人)

陈卫超	戴海琛	董全文	冯相尧	何晓飞(女)	姜妍妍(女)
金元鹿	冷强	林凌云	刘超	刘蕾杰	刘士佳
刘卫东	刘延杰	牟洪亮	权中华	孙洪涛	孙民杰
王国栋	王健懿	王龙飞	谢周林	徐长占	闫长城
于良	臧宜盛	张广凯	张少林	赵强	

留级

张建鑫	刘国荣(女)	刘洋	刘刚	张维智

2005 级(362 人)

工文 1 班(28 人)

白利鹏	陈松(女)	初丽丽(女)	邓伟	费忠涛(女)	胡菲娜(女)
黄炳添	贾真(女)	康姗(女)	赖利权	李浩田	李卉(女)
刘国泰	刘建辉	马连灿(女)	牟嘉锐	卿园园(女)	孙聪
孙艳海	王剑	王兆斌	王子君(女)	辛倩(女)	徐坤龙
徐增强	赵常星	郑爽(女)	邹永慧(女)		

工文 2 班(28 人)

蔡丽丽(女)	陈晓(女)	郭丽丽(女)	李璇(女)	梁文娟(女)	刘学珍(女)
王莉(女)	王珊(女)	魏佳丽(女)	徐玲玲(女)	袁铮(女)	张晶莹(女)
张娜(女)	张旭	张渊(女)	张振勃	卜令国	方凯
李楠	李新落	刘超	刘东升	王首洵	郑岚(女)
李月娥(女)	李文彬	刘峰	刘景伟		

工设(7 人)

兰克良	高增桂	盛晓萍(女)	唐楠(女)	常久龙	贺仲宇
孙宁波					

机械 1 班(52 人)

陈海涛	陈建伟	陈晓晓	初力刚	杜百龙	具大源
李杰	廖波兰	刘国营	刘跃进	卢海涛	马洪明

马友才	孟海涛	潘 腾(女)	亓 勇	齐 明	任晓辰
苏妍颖(女)	唐法伟	王继来	王树典	伍英杰	肖世强
邢栋梁	杨世杰	杨玉林	姚振华	于占超	岳耀立
张海玲	钟小翔	朱 涛	朱雅光	祖 玲(女)	步德才
董福荣	冯 伟	盖业昆	高 猛	郝冠男(女)	李东年
李虎修	刘建强	刘懿沛	鹿园园	罗 俊	马汝颇
马志祥	孟祥敦	石 强	帅雪永		

机械 2 班(51 人)

王炳坤	王 超	王军宁	王树帅	王伟超	向 侠
徐胜磊	许茂林	闫 鹏	早袁浩	张永山	赵瑞川
赵学全	陈伟然	丁秀峰	付晓东	郭云飞	贺安伟
黄思扬	蒋学飞	接钰生	金 涛	金 鑫	李海源
李 磊	刘 斌	刘洪顺	刘俊强	刘 明	任志宏
宋维彬	苏 刚	唐志强	王春友	王冬冬	王林涛
徐文超	姚振威	朱帅帅	邓向记	段军宁	付红军
郭力友	郝 峰	黄贞兵	贾庆旭	姜芙林	孔彦杰(女)
李林亮	李 明	常 海			

机械 3 班(49 人)

刘海军	刘 磊	刘鹏飞	刘 伟	时书明	孙 超
孙志虎	王虎威	王奇文	王灶焰	吴晓枫	徐 宙
岳 凯	张 帆	张 森	赵庆斌	赵 伟	钟绵远
安 峰	敖 宇	曹 鹏	高红广	郝世美	侯乃文
姜国营	焦自伟	李 诚	刘来春	刘文峰	栾 仲
马全超	马善坤	秦海盈	秦有亮	史晓辉	宋翠翠(女)
孙欢文	王启东	王云光	徐金明	姚宝昌	游丽娟(女)
张拂晓	张明旺	张伟伟(女)	郑晓晨	曹阳俊	崔建伟
丁 俊					

机械 4 班(52 人)

郭锦业	韩继超	韩 猛	李祺武	连云崧	刘军壮
刘仁伟	刘 洋	刘悦强	龙洋洋	逢环昌	宋莹莹(女)
孙 博	孙雪杰	王东平	王海松	王 科	项 毅
徐 伟	徐西会	衣玉明	于志强	余永明	袁旭锋
张 凯	张锁宏	张战理	赵国龙	曹荣华	崔海冰
董永旺	葛世祥	康传辉	李文清	李 勇	李 振
刘 畅	沈宝富	王清错	王瑞明	肖如镜	徐 凯
郁 朋	岳士超	张航航	张继存	张家栋	张彦亮
李正伟	张利丹(女)	王 磊	郭 军		

过控(44人)

马海涛	任海波	丁晓晶	胡凡金	孔浩源	李同同
隋鹏飞	吴晓庆	张福润	孙鲁杰	汤 杰	林开强
丁中正	范小飞	龚 浩	刘勇先	雒利君	饶 静(女)
魏英楠	张 强	泮玉生	秦凤云	向 振	徐博文
朱建伟	邓湘华	李世煌	陆 伟	吕文彬	庞文哲
石 强	史晓磊	宋义杰	徐听中	张光耀	宗 阳
白道平	李龙贤	尚晓朋	石 磊	周洪亮	周显龙
禚文强	齐庆凯				

车辆(49人)

孙 岳	王世博	马庆超	张 勤	曹圆圆	丛聪聪
樊征东	郭鹏程	邱小冲	宋永亮	张治强	毕 显
董宝田	高国辉	勾俊杰	郭英明	刘全政	刘铁柱
王永峰	韦泽鸿	吴南洋	肖 俭	杨庆虎	张 振
邹 卫	李建平	李 制	马菖宏	施智炜	王永凯
俞网尉	张 瞰	张念坤	常晓东	姜俊金	李 刚
李壮运(女)	梁建冬	林勇毅	王 飞	王 鑫	张志勇
陈述刚	房文晋	付鹏远	宋 沉	杨明东	邢 洋
杨 志					

2006级(387人)

车辆(50人)

牛 群	孟祥斌	白建忠	毕国瑞	柴振华	陈国强
陈 俭	董兴盛	窦玲元	杜江毅	段良春	段樽坤
付文彬	高德利	郭 林	郝春银	胡小龙	贾海涛
江发华	姜雄丰	金煜华	康海波	赖飞龙	龙海港
陆长春	吕世林	吕永亮	罗斯特	孟栋栋	裘柯阳
石梦竹(女)	宋一峰	孙 敏	汤志龙	田 旭	王洪强
王 凯	王欣盛	魏 凯	温星亮	吴长坡	徐建辉
徐文超	杨 桢	于 昆	翟卫东	张新强	周 浩
朱南京	杨永利				

工文1班(27人)

陈晓洁(女)	贾坤玲(女)	李 宁(女)	马咪咪(女)	宋娜娜(女)	宋倩倩(女)
刘 玮	刘晓东	孙 武	孙新芳(女)	万 晓(女)	王冠军(女)
王云龙	吴宇英(女)	武丽娜(女)	谢红军	谢 建	辛娜娜(女)
杨伟瑜(女)	张 凯	赵静文(女)	魏子翔	陈福杰	方 宇
侯言进	李 江	林辉辉			

工文 2 班(27 人)

柴慧娟(女)	李　珍(女)	陈　露(女)	张龙菲(女)	高　睿(女)	王洪霞(女)
宋　文(女)	劳　峰	李兵兵	李日鹏	李　鑫	刘　东
牟新玲(女)	秦绪洋	邱晓川	孙　振	位文山	姚鹏亮
张　亚(女)	郑　森	钟　勇	邹荣洁(女)	焦玉亮	曹杰峰
陈　浩	成　凯	胡晓辉			

过控(41 人)

赵志龙	常　峰	陈　彪	陈　诚	程海涛	杜　福
樊　驰	冯　涛	关　键	郭　冰(女)	何礼贵	孔方刚
李佳瑞	李　越(女)	梁宏彪	廖清安	刘　博	刘满意
刘　牛	刘仁治	孙永杰	王　超	王　超	王贵超
王士博	王　越	徐松岩	闫　程	颜维龙	殷孟华
于　洋	曾文华	翟璐璐(女)	张海涛	张华峰	张　林
张　鹏	张腾飞	张　余(女)	卓必森	邹治聪	

机械 1 班(46 人)

马安营	曹　磊	王玉良	朱鑫冰(女)	安瑞君	毕晓超
毕研亮	蔡玉帅	曹长驱	曹桂荣	陈昌敏	陈　超
陈　辰	陈成峰	陈关关	陈　光	陈伟材	闫　丹(女)
程　鹏	崔　刚	崔国新	崔中凯	戴孝琪	丁　捷
董一翔	杜国琛	杜加云	杜　江	杜　奎	段金龙
范晨飞	冯　岩	高　鹏	高　涛	葛怀金	葛文超
龚耀富	郭晓东	郭耀星	国　坤	韩　兵	贺康淼
侯澄钧	黄文锋	蹇常明	许　霞(女)		

机械 2 班(49 人)

姜国璠	姜文军	姜忠辉	蒋科强	焦方坤	焦寿峰
解　斌	解祥龙	雷东升	李　春	李　村	李端松
李海洋	李　浩	李　晶	李　可	李良杰	李　猛
李鹏勃	李世斌	李双星	李　涛	李文斌	李　勇
李振华	李忠田	梁世杰	林永根	刘崇锐	刘大东
刘冠男	刘国军	刘　杰	刘敬坤	刘　凯	刘澜涛
刘力学	刘　彤	刘晓龙	刘亚兵	鹿　迎	吕永青
栾尚鹏	马炳强	马力超	马石磊	孟凡松	孟庆忠
邢誉腾					

机械 3 班(49 人)

孟　振	苗志坤	明传波	倪书豪	潘国骞	潘　磊
骈其强	亓桂杰	强　明	乔绪申	秦顺顺	秦余重

邱　振	冉　东	任虎存	沈利平	沈少峰	盛若愚
时华栋(女)	宋文龙	宋站雨	宋志远	苏有民	隋小松
孙光辉	孙克争	孙　胜	谭国良	谭洪奎	谭善锋
田圣林	田宪华	田学攀	汪永坚	王　成	王传英
王大振	王　东	王光存	王　浩	王　辉	王龙飞
王培起	王松松	王　甜	王　伟	王相宇	王晓龙
王秀丽(女)					

机械4班(46人)

王有亮	王振凤(女)	王振中	王　震	王　志	翁　锐
邬玉刚	吴才森	吴洪晓	吴　茂	肖　坤	邢广振
邢柳溪	徐　建	徐　垒	徐庆钟	徐　荣	徐新东
徐英鹏	许金龙	许树辉	薛海波	薛庆华	闫召宪
燕朋博	杨成虎	杨　乐	杨晓东	杨晓君	杨志勇
姚世龙	于红丞	袁　平	岳书林	张奔奔	张　波
张登峰	张海峰	张　晋	张　凯	张奎升	张　鹏
张述炎	张小奇(女)	张　亚	张艳伟		

机械5班(52人)

代均珂	方业周	符世忠	高　伟	郝　鹤	李　晨
李　浩	李　庆	李　炎	林　松	马腾飞	沈洁锋
石瑞虎	宋伟杰	苏　翔	孙　超	唐　立(女)	王福增
隗　波	吴开喜	吴明超	肖　磊	辛一博	颜　伟
于海峰	于　伟	臧润涛	张　超	张承立	张国辉
张树科	张永坤	张玉雷	张　岳	张宗明	赵恩宇
赵建林	赵　宁	赵曰瑞	郑冬冬	郑　路	郑　强
周均勇	朱红丽(女)	朱　鹏	智少磊	杨桂姐	苏　刘
刘腾举	姜　亮	桑永振	赵　营		

2007级(374人)

车辆(49人)

常明超	崔若飞	代启瑞	丁卫金	冯立锦	光江波
郭志军	韩庆宇	何　果	洪　翔	华文君	纪员升
揭佳丽(女)	康龙波	李海明	李昆朋	刘传跃	刘振中
鲁守卿	吕起越	罗　毅	慕仁宝	皮　浩	朴德权
祁　杰	乔　磊	邱洪健	任永强	邵利伟	史春光
王川川	王　贵	吴志林	徐浩浩	徐　松	徐　震
杨文国	于　洋	俞云飞	袁　民	张广朋	张　磊
张　权	张玉龙	赵海云	赵学红(女)	郑德广	周伟伟

宋　佳

工设(15 人)

曹　倩(女)	党雪艳(女)	韩曰乔(女)	黄　慧(女)	魏梦蝶(女)	杨广娟(女)
杨　蕾(女)	姜明辉	刘　杰	陆林斌	夏　超	周慧玲(女)
范煜州	龚瑾宇	关乃鹏	郝明月	何彬彬	

工文 1 班(27 人)

陈思颖(女)	冯　凤(女)	胡　炫(女)	黄　琴(女)	姜　莹(女)	刘　欢(女)
李莉莉(女)	黄　寒	荆　刚	李树恒	李英琦(女)	廖余清
刘近荣(女)	刘丽娟(女)	刘　璐(女)	刘师龙	刘永安	鲁蓓蓓(女)
吕　磊	钱　俊	沈梦婷(女)	陈东辉	陈敬先	杜　林
付　鑫	耿开乾	胡文斌			

工文 2 班(27 人)

苏婧婧(女)	孙　丹(女)	孙　凤(女)	王飞娅(女)	王开红(女)	王　璐(女)
王目井	魏光帅	魏建军	吴志文	邢瑞贵	徐文凤
许焕焕(女)	尹启金	尹文文(女)	于晓娜(女)	张大正	张　卉(女)
赵婧婧(女)	赵亚伟(女)	周丽娜(女)	周　琳(女)	朱洪强	朱振山
赵　凯	孙延超	王海宁			

过控(35 人)

程　野	董　龙	杜　波	房　硕	高　翔	葛茂洲
宫金宏	郭冠宇	侯宗瑾	胡　磊	胡　涛	黄文华
贾胜龙	雷宇光	李长金	李华康	李志伟	梁金龙
刘长鑫	刘荣寅	刘一凡	卢静文	马祥超	庞　建
戚大新	任廷成	唐海波	王　帆	王林博	王玉松
曾　参	张光云	张　骏	张青訾	超　锋	

机械 1 班(46 人)

安学慧	鲍明志	毕胜洁	李朝旺	蔡君辉	蔡玉伟
蔡元收	陈艾超	陈光炬	陈士利	陈晓惺	陈玉亭
陈　真	程　洁(女)	崔久龙	代勋伟	戴佳宇	丁　乔
董永坤	董玉玺	杜成兵	段振杰	范亮亮	范庆香(女)
范文强	方　园	房九州	冯克祥	付　朋	高新彪
高云龙	葛顺鑫	耿　麒	宫兴隆	龚宝龙	顾永丰
管凯凯	管振飞	郭丹芳(女)	郭广涛	郭洪华	韩亚飞
贺　春	姜　楠	姜统统	曹润生		

机械 2 班(45 人)

施　展	梁健星	李晓庚	张　磊	胡效明	胡振华
纪配胜	纪晓志	姜晓杰	靳　东	孔庆祥	赖　鹏(女)

郎需林	冷同同(女)	李长杰	李　诚	李　光	李华杰
李　坤	李来维	李　乐	李鲁辉	李　强	李姗姗(女)
李守磊	李双玉	李　爽	李显政	李晔琦	李　玉(女)
李云龙	李志伟	梁　佳	林　若	林载誉	刘潺潺
刘　纯	刘翠军	刘　栋	刘桂锋	刘海洋	刘洪林
刘计斌	孙书仁	王红亚			

机械3班(46人)

单　原(女)	刘柯楠	刘　龙	刘　明	刘培超	刘相国
刘晓阳	刘　昕	刘　洋	刘玉龙	刘治安	柳宗余
卢　彬	逯建伟	吕国锴	马海腾	马汉学	马鸿龙
马　康	米永振	苗小亮	明　慧(女)	念龙生	聂　龙
宁召歌	潘亚林	逄珊珊(女)	裴连涛	彭宗云	齐　全
齐文涛	任广乐	沙元鹏	佘　蒙	盛建涛	石春亮
石洁琼(女)	史　超	司　森	宋建龙	宋志刚	孙春双
孙慧洁(女)	孙进琳	董　娜(女)	冯圆智		

机械4班(46人)

赵　丽(女)	明爱珍(女)	孙建国	孙　鹏	孙世露	孙　韬
孙先宁	孙中兴	唐彦兵	唐　玥(女)	陶国灿	田士涛
王保乐	王　兵	王　渤	王　栋	王飞飞	王冠宇
王浩宇	王家寅	王建俊	王健健	王　雷	王留锋
王龙晖	王　明	王　琪	王　赛	王仕航	王　涛
王　腾	王　伟(女)	王　魏	王显瑞	王晓彬	王晓龙
王　耀	王　勇	王玉帅	王　源	王　月	王月朋
王云龙	王增俊	姚益平	李永政		

机械5班(49人)

王哲琳	王宗诚	韦璐明	吴昊锋	吴荣亮	吴小廷
谢进木	辛国崇	徐宝腾	徐　浩	徐　凯	薛德森
薛　源	颜明琛	杨　帆	杨　伟	杨　熠	杨玉龙
杨志博	叶　婷	易仁慧	尹逊帅	余美兰(女)	禹化兵
臧瑞龙	张宏宇	张　坤	张　明	张秀丽(女)	张　义
章仙凡	赵　滨	赵国强	赵　鹏	赵　彦	赵子龙
仲崇发	周长安	周　乾	周　腾	朱本正	邹　锐
钟　晴(女)	安　凯	王忠华	王　尧	宋逢勇	贾继莹
王念川					

2008 级(390 人)

车辆(59 人)

何俊达	刘治安	毕雷凯	曹嘉航	曹 进	陈启鹏
崔由美(女)	董桂武	封 杰	葛俊辉	郭丁逢	侯光街(女)
侯友坤	黄伟涛	季小刚	姜旺坤	孔令强	李海江
李佳毅(女)	李兰旭	李 伦	李 睿	李文昊(女)	刘彩红(女)
刘旭晨	马志和	任保龙	任绍文	任晓辉	荣 康
邵照宇	孙 伟	唐亚洲	田 野	仝洲际	王财煌
王成浩	王光余	王建国	王 健	王 亮	王 明
魏雪峰	徐凤来	闫瑞杰	于 帅	展文涛	张 鹏
张 岩	张 准	苑海振	高远金	方守伟	贾 牧
刘 辉	牧 葵	王庆山	岳 炯	周 璞	

工设(19 人)

蔡 青(女)	曹 琦(女)	陈 曦(女)	高 方(女)	高燕红(女)	刘廷廷(女)
许逸尘(女)	张蓉蓉(女)	赵安宁(女)	罗珊珊(女)	毛 伟	王庆功
王志辉	谢元鹏	朱 歆(女)	张 杉(女)	郭 康	李海旺
刘 康					

工文 1 班(25 人)

崔燕燕(女)	高旻玥(女)	高 贤(女)	黄雅平(女)	孔翠翠(女)	刘小慧(女)
罗 歆(女)	孔令广	类兴臣	李金兴	李 进	李 强
李永建	李远昭	梁 爽(女)	刘 彬	刘 千	马 霞(女)
潘 波	邱士桂(女)	潘晓东	步长胜	陈同涛	何玉水
黄有生					

工文 2 班(26 人)

邵欣欣(女)	申倩倩(女)	隋 琳(女)	王蒙蒙(女)	王少菲(女)	王文波(女)
吴美华(女)	肖永康	邢文文(女)	胥 晶(女)	徐 鹏	徐廷廷(女)
徐莞倩(女)	徐 征	曾 慧(女)	王 涵	申洪文	吴联凡
张 超	张翠翠(女)	张建兵	张 涛	张 鑫	张 振
朱凤英(女)	朱甲旺				

过控(42 人)

黄 橙	陈付波	陈 康	崔远驰	高玉东	郭保红
贺登宇	季优优	金国剑	兰 洋	李 斌	李子峰
刘 强	钱 豪	苏成功	王朝辉	王海建	王培东
王 硕	王学文	王永华	王友涛	王允帅	魏东亮
魏海洋	魏 巍	温皓白	吴超伦	吴 俊	杨君海

杨　阳	袁金平	张　嵩	张　祥	赵云殿	郑成龙
种　强	周鼎立	朱晓明	邹江磊	汪　斌	安笑辉

机械1班(54人)

兰　斌	曹成真	曹家赫	巢中飞	陈大为	陈福谦
陈康鹏	陈　晓	陈子萌	崔天龙	董启伟	段志辉
范文峰	方　婕(女)	冯明白	盖江涛	甘振宇	高　路
高　帅	高兴超	宫　磊	宫　野	宫兆超	管　峰
郭　琦	郭树霞(女)	郝　洋	何　俊	贺　蒙	洪静波
胡东东	胡艳兵	黄朝岳	黄登鹏	黄　琨	黄　涛
黄天琪	纪　雪(女)	纪延飞	贾春晖	贾鸿吉	贾恰恰
姜　超	蒋永强	金宗明	荆访锦	孔凡阳	孔令宝
赖金鹏	曾印平	顾张祺	程晓真	范智滕	苟建军

机械2班(55人)

沙英才	余　盛	兰　宇(女)	李　昶	李成龙	李成伟
李国彦(女)	李海峰	李　辉	李力文	李梦天	李佩佩
李秋野	李晓骁	李新泉	李修震	李　雪(女)	李运广
李召生	李正伟	梁　军	梁　倩(女)	梁　骁	梁泽光
刘　斌	刘　兵	刘　兵	刘博峰	刘　策	刘菲菲(女)
刘广凯	刘广新	刘　林	刘　鹏	刘　帅	刘　伟
刘相论	刘晓龙	刘振国	龙诗东	楼志毅	卢忠民
吕玉峰	罗安治	罗文岳	马丰年	马　丽(女)	满　佳
毛泽兵	孟凡提	孟令霄	孟　强	张　骞	雷明泉
刘志川					

机械3班(52人)

孟庆尧	牛　峰	庞　宇	裴光辉	裴　鹏	彭　程
彭衍科	戚祯祥	乔恒稳(女)	秦晓群	邱坤华	曲　宇
屈驰飞	宋　昊	孙　康	孙艳琪	唐立森	唐在光
田相楠	涂韫晶(女)	王宝军	王　超	王春雪(女)	王福霖
王海蛟	王海瀛(女)	王　浩	王泓晖	王　磊	王乃飞
王奇文	王文莉(女)	王伍腾	王亚男(女)	王玉马	王云飞
王泽民	王振岭	卫　美	魏光升	魏　瀛	魏志杰
翁　焰	巫丹洋	吴震宇	肖振全	江　昆	周帮鹏
王　润	向　杨	马继存	苏常伟		

机械4班(56人)

谢圣江	辛云飞	徐　冲	徐　聪(女)	徐锦然	薛　健
闫建伟	杨　浩	杨进殿	杨黎丽(女)	杨　文	叶　新
印成田	于　洋	余　权	袁　梦	张成鹏	张国华

张 涵	张家瑞	张 军	张培荣	张升升	张舜禹
张 望	张照良	张志冲	章 波	赵 冠	赵光喜
赵国臣	赵弘盛	赵建永	赵 龙	赵同亮	郑传栋
郑一豪	郑志同	钟艳鹏	周洪伟	周 霖	周龙加
周明祥	周声旺	周 兴	周中雨	朱洪祥	朱全吉
朱晓龙	王 栋	冯少川	王 驰	王冬冬	程 熙
王有龙	崔海涛				

2009 级（402 人）

车辆（40 人）

沈灵元	李亚文	唐培杰	蒋邦水	陈 杰	陈明健
崔 哲	邓念伦	邓显宸	丁吉民	付国峰	高广森
郭占杰	韩金键	胡俊俊	蒋高振	李海龙	李建华
李小蕊（女）	马成云	石双鹏	宋 骞	宋子森	谭启涛
汤振方	王伟超	王卫红	王晓瑶	吴文斌	杨成龙
杨明慧	张 波	张德贵	张 炯	张竣琪	张曼玉（女）
朱文杰	邹孝飞	田 汉	陈 昭（女）		

工设（20 人）

韦丽珍（女）	鲍慧翡（女）	焦敬博（女）	马素平（女）	寿维娜（女）	王庆玲（女）
王瑞瑞（女）	王羽佳（女）	徐 敏	杨 兵	杨丛丛（女）	杨秋洁（女）
张铭伟	周 佩（女）	董志若	戴 鹏	金剑峰	李亚恒
马晓磊	王 涛				

工文 1 班（25 人）

窦玉姣（女）	樊 荣（女）	桂筱睿（女）	韩丕仙（女）	韩 甦（女）	胡雁榕（女）
姜秀秀（女）	孔蕊蕊（女）	李国强	李 佳（女）	李庆跃	李 蓁（女）
连艺君（女）	廖昌叶	陈小龙	白光芬	曹继印	陈 飞
林齐超	刘佳林	刘 鹏	刘瑞灵（女）	刘晓慧（女）	齐亚青（女）
全志运					

工文 2 班（26 人）

魏 聘（女）	魏媛媛（女）	吴玉兰（女）	夏 晖（女）	宗倩倩（女）	王艺璇（女）
冯裕东	苏荣耀	王海婷（女）	王海洋	王 萍（女）	王杨杨（女）
王 莹（女）	王玉婷（女）	魏鲁振	徐祥瀚	薛梦茹	严少茹（女）
杨必武	张效强	张雁杰	赵楚贤（女）	郑文萍（女）	钟宜景
周胜振	朱 彬				

工业工程（22 人）

| 陈 鹏 | 崔荣祥 | 董明睿 | 黄伟昭 | 刘 波 | 卢旭阳 |

罗成志	马　祥	马忠武	乔　阳	秦赵辉	屈鹏飞
邵冬冬	沈小康	宋　戈	谭　渊	滕　月	万　奎
王宏愿	吴小玲（女）	许文博	张　军		

过控(38 人)

傅斌杰	韦同岭	李　刚	商东昌	孙广斌	奚豪君
吕仁中	白晓云	陈　鑫	陈　银	代宁宁	韩攀峰
贺　云	胡芳荣	蒋本雄	金　平	鞠永书	李福安
李　璐（女）	刘　康	刘雪孟	柳贝贝	卢林高	马德彪
马永方	王茂源	王秦越	王瑞岩	王　曦	辛文超
杨善存	张海良	张泰瑞	赵　凡	郑　锋	钟允攀
周吉祥	陈　光				

机电(46 人)

彭志辉	徐　杰	安勇成	白学森	包绍宇	曹瑞珉
陈　乐	陈　帅	陈远洋	邓鸿飞	丁澎盛	方　贺
耿兴飞	胡赢政	黄俊杰	李　圣	刘　城	刘富娟（女）
刘振强	刘自超	石琦玉	史孝伟	苏海北	隋俊朋
田文欢（女）	王小平	王晓峰	王　尧	郗　鹏	徐红光
许周斌	尹燕刚	于子超	袁汝蛟	张国庆	张海斌
张募群	张　鹏	张　伟	张晓东	张玉娟（女）	赵圣杰
仲　斐	朱金波	许克如	叶瑛歆（女）		

机设(39 人)

查望华	陈　勋	谌文孟	初君伟	冯　昊	韩灼华
黄凤跃	黄琦琦	姜　超	柯阳虹（女）	李富强	李　山
李新林	刘持旺	刘峰瑞	刘新海	路宇哲	罗玄海
马　赫	马旭东	孟　敏	潘松松	饶　茜（女）	沈浩天
宋　晨	宋建伟	孙佳炜	王成钊	王洪全	吴达远
肖　齐	徐怀朋	张　刚	张敬斌	张凌峰	张潇雅（女）
张兴华	周银华	翁　焕			

卓越(44 人)

陈　挺	陈跃彪	韩吉伟	胡　健	胡莹宾	黄庆概
姜振喜	康凯灿	李　超	刘海峰	刘伟虔	刘亚男
刘运东	陆　洋	王晨光	王成龙	王　鹏	王文强
武怀宇	熊文涛	徐　鹏	徐勤杰	杨云云	翟鲁鑫
张传昌	张佃灿	张鹏鹏	张庆俊	周鹏飞	朱德宇
朱敏强	李小龙	于亚群（女）	邢举学	姜亚永	李凯玥（女）
刘　斌	孟　昊	孙玉琼（女）	白利娟（女）	韩亮亮	赵　丹（女）
赵梦娇（女）	黄奕乔				

机制 1 班(45 人)

陈 强	安 成	毕任驰(女)	毕亚兰(女)	边明明	蔡 猛
曹 巍	崔鑫磊	董荣光	杜建男	盖培洪	高 阳
宫 峰	海 源	韩西龙	郝云晓	何嘉豪	侯现敏
胡建伟	胡 劲	江国栋	库 溢	郎海波	李 超
李 欢	李加平	李鹏俊	李乔博	李 哲	李宗强
廉双好(女)	林庆强	蔺江鹏	刘国梁	刘文成	刘小华
刘小龙	刘晓楠	刘 阳	刘真真(女)	马春全	孟 昊
裴彦华(女)	韩伟涛	斯松涛			

机制 2 班(47 人)

肖 伟	王 川	张 志	李 庆	刘晨光	亓敦启
秦 硕	苏言昌	苏子文	隋显凤(女)	孙明明	孙营辉
陶 武	王帅帅	王岩涛	王兆新	魏冬娜(女)	魏增强
温科信	吴玲芳(女)	吴伟东	邢陆丰	徐 杰	徐文汗
许茂华	许志鹏	薛 钢	杨 钢	姚帅帅	于东东
于景露	岳鸿志	曾桂容(女)	张 健	张少康	张 薇(女)
张 振	赵 闯	赵军纪	郑元太	朱政豪	赵 斌
周泽慧	王 谦	李 晶	赵晨光	骆彦均	

2010 级(364 人)

机械卓越 1 班(24 人)

柴正国	高常青	郭 鹏	李丹华	李培亮	李润强
李志深	刘晓楠	刘亚运	刘 洋	孙华霄	唐 戬
佟 鑫	王 阔	王 全	谢瑞明	臧淑华(女)	周宇飞
张 洁	侯 壮	宋 彬	申 昊	汤志斌	陈建强

机械卓越 2 班(29 人)

陈 帅	白广贺	石文浩	苏学彬	田瑞占	王昌省
王 进	王绍堂	王叶枫	魏天婷(女)	徐 顺	闫振国
杨启杰	尹晓彤	于冬洋	张 聪	张 健	张经纬
张荣祥	赵 永	朱 兵	郝玉研	魏 炜	殷若兰(女)
范维康	李佳霖(女)	胡 豹	桑志昕	田 川	

机制(56 人)

高 健	李华龙	肖路路	赵清晴	毕衍杰	程高飞
邓文达	丁林森	董树国	傅国东	扈宏伟	黄 朴
贾 盛	金 鑫	李 丰	李 磊	李占岑	刘 杰
刘珂杭	刘伟龙	刘 兴	罗士友	马鹏磊	苗 涛

苗志一	齐彦博	库辛未	孙小磊	孙彦强	万英和
王柄淇	王凤旭	王宏卫	王俊洪	王沛志	王世林
王腾飞	王腾兴	王滕	许佳蔚（女）	姚阳	于家伟
张璐（女）	张琪	张少群	张晓斐	庄少林	冯海学
李伟	贾瑞	靳一帆	柳志	齐海亭	王斌
赵琳波	赵梦森				

机设（45人）

宫嘉伟	李淑敏（女）	蔡亚超	陈飞	邓淑斌	丁亮
段世豪	高恽麟	顾金伟	韩波	何星（女）	胡鹏
李文琪	刘鸿强	刘坤	罗开江	毛俊	倪鹤鹏
戚厚羿	邱先帅	曲浩波	冉巍	王吉庆	王平
王向阳	王洋	吴欣桐	夏晓杰（女）	肖鹏	徐文良
闫鑫	殷腾飞	于涛	俞少华	袁同同	张福亮
张国安	张金鑫	张立龙	张术臣	张一	张召恒
陈欢	王伟	于浩			

机电（64人）

王家鹏	曹逢雨	常承基	代鹤	董进波	董精华
杜汉良	范肖玉（女）	房增亮	谷年令	郭欢欢	侯世庆
姬万山	蒋传魁	李华超	李力川	李琳琳（女）	李鑫
李熠琨	李雨典	李子健	林宝	刘超	刘凤卓
刘京鹏	刘鹏飞	刘亚运	明鲁南	倪帆	邵明超
宋来睿	宋现强	孙文斌	田昆	王代翠（女）	王光恩
王昊	王军	王俊	王志彪	吴航	吴文昊
武智强	熊炜	徐满	许超	许海涛	颜智城
殷鹏	余德友	张海波	张芃茏	张腾	张振
赵凯	赵龙	赵晓东	周家伟	周罗彬	朱光
朱雷	吕小川	张隽	仲维燕（女）		

工业工程（24人）

肖风训	安成飞	鲍争争	陈玉辉	何讯超	黄海飞
井彦娜（女）	李钦	李翔	刘叶兴	楼尚祥	罗淞阳
茅奕哲	曲凤玉（女）	申炳申	宋来鹏	王辉	王日华
王毅	余勇涛	郑天阳（女）	周瑞夫	田润东	张荣鹏

车辆（36人）

李信	邢千里	徐智善	王佳豪	陈佳男	崔建超
崔亮	黄坚材	金勇忠	李洪朋	李京	李少辉
李涛	李翔	刘昊	刘孟竺	刘洋	刘玉坤
刘哲元	缪威	苏锦磊	唐文轩	田瑛	王碧天

王利伟	王晓锦	王 昭(女)	薛吉更	杨在强	张国新
张 错	张天新	张振启	杨 栋	蒋 伟	李 浩
孙 都	杨 强	张林栋			

过控(27 人)

陈 豹	丁学伟	范仁斌	华垚强	李 杨	娄 淼
路庆阳	马腾飞	彭 涛	钱 昱	乔 鹏	桑 双
石佳昊	宋佳纹	王吉亮	王胜德	王太阳	徐京莉
杨 炎	杨英杰	余邦志	余明养	臧运顺	张国新
张 坤	张永成	赵 阳			

工文 1 班(26 人)

边建霞(女)	陈 伟	成 郴	方思圆(女)	巩汉祥	郭亚超
何 栋	何正阳	黄河源	黄 云(女)	蒋亚峰(女)	靳倩倩(女)
荆丽媛(女)	雷帅帅	李 超	李晨曦(女)	李建豪	李 凯
李 抗(女)	李 龙	李 孟(女)	李 润(女)	李锡洋	廖吉英(女)
刘羽佳(女)	王 乐(女)				

工文 2 班(27 人)

黄 斌	李 姗(女)	刘大为	刘磊磊	刘梦歌(女)	刘 蔚(女)
卢秋燕(女)	栾安琪(女)	马龙龙	毛可惠(女)	庞 坤	盛爱强
王浩强	王 璐	吴方凯	徐 丹(女)	徐武汉	许 辉(女)
张 敏(女)	张 然(女)	张少鸿	张泽宇	郑淋淋(女)	郑少川
周 蒙	朱绍奇	竺丹青(女)			

2011 级(335 人)

机械卓越 1 班(25 人)

张占磊	马振国	赵健业	郝常宏	张益明	郑佳强
田晨晨	续文浩	蒋维健	杜润本	王 博	余天啸
王 标	刘显成	朱永波	万震宇	付永强	王 伟
王发鹏	陈彦伟	柳云鹤	史浩天	徐宜才	沙 舟
王一鸣					

机械卓越 2 班(26 人)

陈冠宇	车鸿臣	郇 新(女)	王再龙	胡瑞泽	高存远
李 刚	马海鑫	田 炜	康 建	代泽增	石银超
王瑞豪	冯健雄	刘子燊	陈 攀	周锡峰	孟立伟
许鹏飞	李 坤	易群林	曾世琛	洪张滔	徐鑫炎
王家朗	孙中洲				

机制(49 人)

韩章辉	刘佳彬	刘易坤	罗　凯	宋武华	赵延强
周洪遵	孙文栋	张　晗	梁晓亮	张　顺	王宾骆
潘心冰	都　涛	赵泽辉	郑开元	王昌杰	王少凡
陈时光	夏丰贵	谢宝莹(女)	郭天旭	高　波	张培月
贺　铎	陈　虎	董　波	刘科显	李子杨	王　晨
张　鹏	蔡道光	杨　赫	刘馥榕	孙　灏	吴　川
邵敬楠	徐建德	张　昊	冯淑敏(女)	徐孝坤	沈云奔
朱　鹏	周　晶	童俊伟	汪军建	简祖宝	吕宗善
侯笑雅					

机设(44 人)

刘安顿	马　赛	刘庆坤	李树锋(女)	曹　潇(女)	丁洪鹏
董　昊	王朝辉	贾广彪	徐孟飞	田敬国	张肖男
李　凡	孙　文	崔炳伟	马晓康	王泓皓	楚海传
苑承燕	李瑞祥	杨　正	毕世升	王　帅	潘鹏鹏
徐华磊	韩通根	何宇伟	张名扬	张艳明	张　凯
于春顺	王炳钧	金　逸	卢　超	吴　奇	王小方
陆　铨	莫春晖	卫　星(女)	李胜东	胡家诚	许增辉
金　强	白　冰				

机电(52 人)

宋宇晗	范少魁	刘海滨	朱松森	洪克勤	郭晓阳
马金磊	侯法涛	李　锴	刘方超	杜金波	王佳遥
崔国凯	洪志攀	赵连方	刘　赞	李　超	张永福
于东超	张志朋	刘　鹏	燕盼弟	张焕强	张　杰(女)
于凯航	张　政	徐立朋	张洪滔	徐　涛	付廷强
叶　超	贾晓东	和焕斌	杨尚泽	赵凤明	杨晓博
章　洁(女)	柯得军	周志松	孙庆宇	孔维明	刘　东
李海舸	李炳燃	张加平	吴艳杨	王竟宇	任淏宇
毛　钰(女)	刘　超	陈　彬	赵　举		

工业工程(24 人)

李　恺	赖传灿	张明东	张伟志	胡昊宗	陈洪凯
宋才伟	王　鹏	张锐杰	许　浩	史新波	潘永军
蒋洪贺	沈卫东	胡庆宝	金久暄	金光锡	孟云竹(女)
陈昭骏	马　修	何思娇(女)	马　洁(女)	袁　月(女)	丁梁锋

过控(25 人)

陈先昆	凌家顺	孙士丹	赵安邦	王　康	孙志远
王敬哲	梁鑫鑫	陈　阳	顾德鹏	李　帅	李福鹏
王崇兴	杜佳益	刘志勇	鲍永康	赵德国	郑　健
陈武强	毕英明	惠东林	董华奇	宋　伟	谢永鹏

马明庆

车辆(31 人)

任 超	申云技	孙诒岳	王浩杰	许嘉怀	庄金伟
郝树新	肖亚群(女)	郭辰杰	张桂林	李晨光	张祎巽
崔振华	杭 超	张腾飞	臧鑫运	周继陈	孙 琪(女)
田 恒	刘 浩	曹宇康	周 强	丁 宇	钟佳旺
支罗丹	赵士宜	梁天宇	马 伟	蔡 杰	陈方敏
乔文彪					

工设 1 班(25 人)

乔茜茜(女)	李一鸣	李卓尔(女)	袁 航(女)	林 莹(女)	赵凯琪(女)
李奕慧(女)	许德建	郑 毅	罗永含(女)	马 辉(女)	郭立波
王意翔	崔玉轩	卞 敏(女)	樊 兴	龚月娥(女)	李 晰(女)
陈舒琪(女)	邱 余(女)	刘慧璐(女)	黄 蕾(女)	孔凡敏(女)	张梦嫣(女)
黄金铭(女)					

工设 2 班(34 人)

赵晓利(女)	尚 微(女)	罗启敏(女)	潘晨辉(女)	李 萌(女)	彭 倩(女)
王 会(女)	温群英(女)	逯龙龙	韩 超	李先易(女)	鞠建坤
李 港	刘冠男	李春丽(女)	苏坤典	韩嘉璇(女)	鲍银刚
方星宇(女)	朱程飞	史哲梦(女)	林佳欣(女)	王 菲(女)	张梦娇(女)
柏 静(女)	张 辽	李 莹(女)	邵瀚瑶(女)	刘兴达	孙 莹(女)
刘 鸽(女)	魏尧祥	杨春柱	孙琪建		

2012 级(373 人)

机械卓越 1 班(21 人)

范文慧(女)	刘奥林	吕淳丰	孟凡凯	齐 冲	孙浩刚
王国亮	王杰鹏	王 尧	王中达	张德超	高宇鹏
高 建	韩 林	黄烈斌	季宇杰	李鹏飞	李 洋
刘国华	吕沃耘	牛佳慧(女)			

机械卓越 2 班(19 人)

丁梦昭(女)	李 泽	梅 骥	邱志浩	孙蓬勃	谭 立
颜 格	张 晨	朱先伟	李刘睿	薛宝珠	施梦宇
王 龙	熊宇霆	张国全	张立保	赵金富	钟 秋(女)
朱再平					

机制(67 人)

孟 昌	刘 浩	王一琪	刘 鑫	鲁元林	卡他尼

常　义	安选伟	陈　健	陈理想	成　宸	程　笑
褚皓宇	丁传仓	韩明智	和群正	黄佳佳	李　阅
梁　旭	刘　飞	刘　萌	刘　曜	卢炜炜	路宜霖
马　强	任　冰	任　珂	任向勇	撒韫洁	时风勇
苏炳一	孙一航	唐　琛（女）	陶思学	滕茂波	王高峰
王　奇	王远夫	魏　鑫	魏英辉	吴得宝	吴敬晗
徐光明	杨　斌	杨　浩	姚元灿	张吉廷	张　腾
赵　伟	郑钧元	郑英策	周　壮	朱家豪	朱文丹（女）
朱月月（女）	祝　磊	刘　凯	张硕谟	王儒阳	朱建强
李燕飞	刘　鑫	苗海玉	许致坤	李文琴	史恒飞
唐友财					

机设（36 人）

刘怡舟	陈　响	陈　潇	成昌龙	高　润	郭毅超
黄智卫	金宗学	孔垂慈	李连龙	刘浩华	刘文滨
刘兴尚	刘延飞	罗　斐	钱中天	沈　浩	田　磊
王艳芸（女）	王一鸣	徐华晖	徐　杰	许　祺	严宏如
杨　于	杨宇峰	于丛洋	张　杰	赵权兵	赵志辉
周宁康	袁兴健	邢齐轩	黄晓飞	熊　蒙	杨炽明

机电（65 人）

柯文芳	冷　搏	王兆宇	曹士杰	陈宝麟	陈佳兴
陈齐志	陈　道	褚理想	崔华晨	代晓波	董波文
董广鹏	方　琪	方　哲	高鸿志	高继生	高文斌
葛云皓	龚天宇	郝韩斌	胡一涵（女）	虎永福	黄双远
黄自鹏	菅　行	蒋　淦	康　悦（女）	李　程	李　聪（女）
李海宁（女）	李兴旺	吕宇翔	潘　博	任志文	尚皓宇
孙成涛	王　超	王　琛	王焕文	王睿哲	王文涛
王晓鹏	王艳超	王一凡	向　锋	徐维超	颜超超
杨　东	虞一帆	袁佶鹏	翟　鑫	张博文	张夫印
张小康	张泽众	张志名	赵　凯	朱宏伟	白志猛
张晟辉	段本超	华　特	辛　昊	丁祥孟	

工业工程（33 人）

邵锡鹏	赵晟旻	曹鹏林	曹　勇	柴　劭	陈　炬
方　兴	郭汝蕾	侯　鑫	李大成	刘懋圻	栾新英（女）
莫　曲（女）	彭　亮	任维波	唐　成	王　茂	王彦波
王涌泉	魏玉波	闫栋梁	闫庆贺	于承鑫	于　淼（女）
原兴国	臧志刚	张　雄	张志浩	赵家悌	朱志伟
丁鹏辉	何　雯（女）	姚瑞恒			

过控(36 人)

黄洁晖	荣 岩	张 路	潘海涛	高 振	吕辛卯
白伟波	韩军义	胡基石	康 佳	李长峰	李 点
李亚飞	李钊昆	鲁帅其	鹿 康	马 振	潘聚义
申川川	宋文刚	田显伟	万冬冬	万 军	王 康
向前飞	于 村	于海燕(女)	张文奇	赵思宇	郑灿奇
郑卫强	邢浩田	何乾坤	刘成功	刘 欢	娄秋凤(女)
夏 壮	杨 斌				

车辆(41 人)

郑焕伟	王茂垚	吴炯明	冯文强	卜 杨	丁 迪
丁 风	姜佳明	李多强	李金鑫	李沛轩	李晓良
刘 旺	马桂子	邵国栋	宋俊良	宋启龙	孙娜娜(女)
孙湘楠	孙彦森	徐 乐	于德水	袁 瑞	张洪铵
张瑞增	张银刚	张 岳	赵先琦	郑正中	钟少云
何 鑫	张丽媛(女)	曹玉夺	刘德健	鲁勇骋	牛 宁
钱汉成	孙开培	孙玉栋	王登文	张 翊	

工设 1 班(25 人)

艾钱钱(女)	曹 硕	丁博文	董 超	董晓(女)	窦亚飞(女)
巩龙臣	何婧怡(女)	洪诗莹(女)	胡思思(女)	胡志远	蒋广建
金泽明	康倩(女)	李梦达(女)	李双仪(女)	李祯(女)	吕欣梅(女)
罗莎(女)	马 超	满孝曼(女)	莫文娇(女)	邱洁(女)	史春静(女)
涂雨峰(女)					

工设 2 班(23 人)

王琛(女)	王佳琦(女)	王淑贤(女)	王思慧(女)	王小凤(女)	辛华鹏
徐子兰(女)	杨宏祥	杨 磊	杨胜剀	杨云侠(女)	应思璐(女)
余 莹(女)	俞 静(女)	张 婕(女)	张文平	张 扬(女)	张 震
张志坚	赵 娜(女)	赵越明(女)	周晓敏(女)	周 雁(女)	

工设 3 班(5 人)

林泽涵	李 龙	王冠华	王雪彤(女)	刘 鹏

2013 级(328 人)

机械卓越班(40 人)

毕瀚文	曹宇霆	曹 泽	曾招景	陈泽雨	陈 志
杜吉德	谷 阳	郭凤祥	郝彭帅	侯少杰	侯志强
黄浩杰	黄 伟	黄 鑫	金力成	李博志	李伟涛
李志彤	刘 淇	栾广昌	米古月	牟际腾	宋 妍(女)

孙国栋	汤正义	唐 斌	唐钧剑	唐晓武	汪庚立
王芃杰	王 鑫	王音淞	魏 浩	徐大森	燕 晗
张 成	张文森	张 欣	邹士鑫		

机制(56 人)

毕景厚	程剑英	褚忠涛	丁健泽	丁鲁琦	高迎东
高永强	宫绍文	宫衍民	顾 锋	顾 磊	管焕琪
何 硕	黄宇欣	李安馨(女)	李白泥(女)	李康宁	李庆超
李洋洋	林科全	刘 昊	刘文强	刘文学	龙贵民
吕传硕	麦景达	潘瑞鹏	乔迁录	宋南俊	孙兴涛
王 成	王浩江	王天一	王宣辉	王一鸣	吴 悠
辛本礼	熊文韬	张保财	张 恒	张 瑾(女)	张 军
张明阳	张万财	张小凡	张毅群	张振伟	赵保璇
赵鼎堂	赵国博	赵 仑	赵张鹏	周培法	周 彤
朱 国	宗文科				

机电(53 人)

卞军晖	曹士杰	高士朋	洪晓林	黄俊诚	孔天相
雷 洋	李 健	李金银	李鲁豫	李 芝(女)	梁 雪
刘 斌	刘 斐	刘 磊	刘亮亮	柳旭阳	吕昌洋
吕 磊	马时雨	牟 伟	欧旨城	潘家豪	彭海涛
秦子杰	任 旭	沙少博	孙海宁	孙鹏程	谭嗣昱
汪 越	王光耀	王加哲	王绍臣	王闻杰	王子怡(女)
翁超鹏	夏钲骅	姚运昕	尹贻生	臧瑜真	张广峰
张康杰(女)	张立强	张 明	张明方	张绍文	张艺馨(女)
张翼之(女)	赵 路	钟 山	周成功	周旭龙	

机设(35 人)

白元仑	曹鸿鹏	陈露萌(女)	陈伟锦	陈自彬	党安理
顾晓怡(女)	姜靖翔	姜钦元	孔令哲	李洪超	李锦军
李文祥	刘鹏志	刘玮洁(女)	刘希琛	吕宪良	马 柯
马学斌	任卫浩	史 鑫	宋 科	韦祥志	肖建良
谢少明	许明志	鄢 胜	杨炳鑫	杨兆宇	张 豪
张文龙	赵 杰	赵玲芳(女)	赵 青	周会芳(女)	

工业工程(29 人)

柴 晔	党林强	高河山	韩要昌	胡宏伟	李丽霞(女)
李露瑶	廖怡娜	刘亚平	刘 洋	马高健	马 艳(女)
穆玉国	潘 波	沈佳涛	孙 毅	田志坤	王成正
王海龙	王汗青	王建禹	王 萌(女)	文艺霖	杨 坤
姚春旭	余 溶(女)	袁梁宇	赵仲秋	周耀青	

过控(30 人)

陈广南	曹亮亮	刘东程	程家有	丁明鹏	韩泽祯
何海锋	李 飞	李卓良	刘昊博	刘 佳	刘 涛
刘自亮	鲁 柱	潘学堂	秦曹阳	任文章	任仲豪
司林旗	宋 煜	孙娜娜(女)	陶彦兵	王楚尘	王伟正
王晓亮	王鑫豪	相龙昊	辛修坤	于士杰	周建辉

车辆(36 人)

蔡洪炜	雷 根	曹竹清(女)	陈志杰	关明正	贾向军
李 豪	李科男	李文丕	李祥庆	林佳旭	刘向臻
刘亚龙	刘岳侠	路 宽	马晓阳	全振荣	孙合宾
孙元鹏	王 飞	王 凯	尹光磊	尤 浩	张栗槐
张 帅	邹震宇	明 珠	李智敏(女)	桑志国	刘奇奇
覃雄燕	颜 盼	杨渊泽	张 杰	严维招	郑焕伟

工设 1 班(19 人)

陈钦瞻	党 芹(女)	韩 帅	康 霄	李 根	李顺鑫
刘 畅(女)	刘 颜(女)	孟颖鑫(女)	术云凤(女)	孙雨卉(女)	王 嵩
颜素君(女)	袁 晓(女)	张 涵(女)	张 震	张子璇(女)	周 滨
周瑶君(女)					

工设 2 班(19 人)

薄亚楠(女)	房萌萌(女)	冯俊通	季 风	孔铭坤	李钦彪
马洪迅	苏文豪	孙艺璇(女)	王冬阳(女)	王 岩	王 震(女)
吴 琼(女)	徐晓亚(女)	薛 毅(女)	张斌斌	张凤娇(女)	张桂义
朱 柯(女)					

工设 3 班(11 人)

曾鹏飞	邓疆明	胡雯彧(女)	李 准	石厚琦	隋梦宇(女)
徐晨烨(女)	延 鸣(女)	殷 锟(女)	苑家育	张 琳(女)	

2014 级(348 人)

机械卓越班(38 人)

常梅乐	董亚赟	葛文超	桂 林	霍金星	江奕玮
蒋博希	李炳豪	李 燊	李 涛	李雪健	李亚东
林洪振	刘高朋	刘施展	柳 越	罗明宇	罗 星
梅 宇	裴晴晴	佘晨飞	宋雪阳	孙佳琦	田 雨
王 鑫	吴 誉	武洵德	肖永朋	邢 璐	徐苏玮
严仲杰	姚文昊	张涵玉	张 昊	张 帅	张栩铮
赵宇伦	周 政				

机制(39 人)

白云鹤	曹士杰	陈　彪	陈　浩	陈　帅	陈　倬
储著元	丁海涛	符　瑞	高佳庆	高　进	耿丽明(女)
谷文婷(女)	谷　雄	郭万民	郝业飞	何子健	贺　琛
胡向义	金力成	黎乾龙	牛宇生	平昊征	邵军彦
史文博	孙鹏程	孙雨彤(女)	王谷君	王向阳	王新宇
王鑫华	吴梦杰	夏睿恒	徐亚飞	闫文凯	张东东
张钧凯	张　晓	周金海			

机电(38 人)

毕佳鹏	陈光远	晨　旭	仇丽茹	储驻港	冯雪庆
高庆华	高宇杰	葛　健	巩超光	顾书祯	黄杨宗
姜　涛	孔　鑫	兰孝健	李　崇	李化贤	李　兰
李学兵	李　永	刘　畅	明　阳	钱佳卫	苏炳旭
苏治国	孙博文	孙培杰	汪　帅	王　康	王　宁
王日锐	王怡兆	胥新宇	徐轲支	张瑞龙	赵　赟
朱成豪	邹益刚				

机设(37 人)

陈敏燕	陈　崭	褚云飞	丁　旭	董文杰	段宇鹏
范夕龙	高海林	高　航	侯登峰	侯世玉	侯秀彬
姜海顺	姜　泉	李胜超	李世勇	李文杰	林　钦
刘　骁	秦开仲	沈吴越	孙凯强	孙小东	王俊伟
王　凯	王凯峰	王亚龙	王子豪	夏志远	肖林杰
谢陈彬	徐冰洁	颜少卿	于明志	张　路	张绍举
周　建					

工业工程(35 人)

崔文奇	崔翔宇	杜登煌	范良超	高余敏	郭向阳
韩林君	李　帆	李慧娟	李　垚	刘洪波	刘化亭
刘环宇	梅华超	秦　宇	沙海明	时元勋	宋书彬
苏　赓	隋祥强	孙欣萌	覃　潮	汪沛丰	汪　言
王高尚	徐龙统	徐淑辰	徐　扬	于俊甫	翟培军
张　锟	张凌航	张守祥	张兴艺	朱文玉	

机械国际班(20 人)

丁　宁	段宏达	高钰智	季静远	李国英	刘云清
邵　阳	苏文键	陶新杰	王贵鹏	王明芳	王馨怡
温镇升	吴　刚	谢东瀚	俞海亮	翟梦生	张聂强
张鑫智	郑建璋				

机械增材制造班(33 人)

陈立安	丁守岭	方得圆	郭守珍	黄新龙	康 雪
李光旭	李先焱	梁云飞	刘安琪	马佳盛	马 杰
马生祥	毛 遂	潘邵飞	彭 烁	秦垛燊	秦建恒
宋希宁	唐少博	王 顺	王晓春	王忠诚	吴新宇
谢世炽	闫梦甜	闫世基	游雙羽	张梦蝶	张其敏
张 栓	赵 云	朱康逸			

过控(32 人)

昂俊超	曾维敏	曾正江	冯志华	付燕楠	黄家政
姬 冠	蒋晨雨	李清玉	李松岭	李文庆	刘子潇
吕潇丽	彭家平	彭家平	秦 赟	任凯明	舒俊俊
唐荣彬	王 恒	王化平	王义宏	魏 涛	吴扬长
邢成浩	徐浩笠	颜肖潇	颜小健	张海波	张青良
郑 侃	朱世祯				

车辆(34 人)

安 浩	晁 旭	陈开贤	陈 爽	陈彦霓	丁晞哲
段学宝	葛云博	巩亚楠	韩 康	姜兴申	靳博豪
鞠程赟	李 昊	李 华	刘 畅	刘呈龙	刘凯祥
刘 钟	罗胜杰	庞 博	苏 波	孙再胜	王光栋
王业阳	邬周志	许开思	姚 磊	尹晓毅	袁颖超
张德政	张晋群	朱倩君	邹月涛		

产品设计(38 人)

曹 悦	曾林宇	陈英杰	崔 莲	戴泽众	董皓月
傅子佳	管文豪	蒋晓婷	康晓桐	李光欣	李史豪
李旭东	栾嘉晨	吕锦婷	马绪莹	彭书容	瞿秦汉
桑 灏	尚一男	隋知言	王春强	王红卫	王佳嫒
王 青	王舒蕊	王思宇	吴丹颖	肖瑶天	谢婉婧
谢祖涵	许文静	闫语珂	杨昊婕	于明嘉	张笑影
张 颖	张智睿				

工业设计(4 人)

谭淑方	熊智文	张冬瑶	卓锦缘

2015 级(301 人)

机械卓越班(30 人)

代孜尧	高俊杰	侯奕宣(女)	胡健睿	纪昊辰	李传政
李纯阳	李 威	李政辉	李紫齐	刘学森	龙俊熹

马国轩	申洪达	孙翔宇	孙　溢	邰凤阳	田欣雨(女)
王纪文	王　睿	王盛源	王志超	吴永杰	徐怀安
杨　贺	于小洛	张世波	张亚康	张志慧	周昊天

机制(36人)

卜　凡	陈云昊	崔新耀	冯金瑶	葛人杰	何志康
纪晓晨	李和霖(女)	李佳峰	李鹏程	李　雪(女)	李振宇
梁宏伟	刘忠强	马兴瑞	屈一飞	孙泰宇	唐贤康
童汉森	汪　武	王宸宇	王　磊	王勇斐	吴敬理
吴明宇	武萍萍(女)	徐坤坤	闫翔超	张　骁	赵志强
赵梓贺	郑维克	钟　华	朱俊达	朱铁爽	左常晓

机电(33人)

丁银龙	葛文祺	韩一波	何婉盈(女)	贺闻涛	黄嘉伟
黄永猛	靳道鹏	李　畅	李　港	李凯林	梁健强
马成文	马兆叶	苗　壮	孙凯旺	孙　祥	唐若钦
王家源	王赛欣(女)	王文聪	王　鑫	王　轩	叶新来
张好达	张胜博	张　涛	张文斌	张　希	张　悦
张云翔	郑　鹏	訾敬伟			

机设(31人)

江　超	蒋嘉文	兰加磊	李博博	李成麟	李海坤
连宪辉	刘家风	刘　洋	刘月辰	卢后洪	孙旭峰
汪婷(女)	王建青	王俊凯	王　雷	王明政	王　鹏
王胜连	王惟可	王一男	王瑜亮	魏忠凯	谢东栋
许海洋	姚文启	于新勇	袁　昊	张　乐	赵　阳
植　华					

工业工程(30人)

卞添翼	陈　冬	陈　健	陈森辉	单守洪	董巧玲(女)
郭晨杰	和佳桃(女)	黄　飞	黄金铭	纪冒丞	李浩正
李仁棠	李婷玉(女)	李幸林	刘春龙	刘昊东	刘银康
柳　淳	马立强	秦伟杰	宋　震	王旭鹏	王一涵(女)
王泽锋	吴弘毅	忻　杰	杨旭(女)	张文泽	周宇昇

机械国际班(22人)

白智诚	和向元	黎　健	李鹏帅	刘苏莹(女)	路天庆
马宇轩	裴祖臻	宋　超	陶新杰	田子瑞	王西蒙
吴纪宏	辛旻汛	辛培阳	许海亮	许珺阳(女)	杨　挺
张涵玉	张泽坤	赵　军	周　勇		

机械增材制造班(20 人)

陈立安	陈昱桦	丁宏健	丁兆驿	封佳兵(女)	冯蔚然
付 亮	洪 颖(女)	黄新龙	李罡毅	李光伟	李泽鑫
梁云飞	刘建伟	石 浩	宋远鑫	许祥宇	薛祥儒
闫 玮	张爱爱(女)				

过控(27 人)

昂俊超	曾 恋	邓兆飞	甘新宇	郭奉琪	郭志琛
焦宗欣	李净凛	梁钊瑜	刘 帅	刘鑫源	刘 尧
苏清华	王义宏	吴 槟	谢程远	徐 周	许 业
颜小健	杨 洋	余方旗	张介夫	张晓亮	张新煜
张倚铭	郑 涛	朱文德			

车辆(31 人)

阿 洁(女)	毕研凯	常昊政	杜梓浩	范嘉辉	姜学智
柯泽锋	李金慧(女)	李 阳	李忠银	刘航宇	刘济铭
刘 宁	刘守河	罗广源	罗运松	马清涛	南 旺
潘龙叶(女)	彭志腾	孙 震	王晨浩	王默雷	王天民
王维金	肖翔宇	杨金龙	张超凡	张宏鹏	张 璞
周 聪					

产设 1 班(17 人)

陈海芸(女)	陈子卓(女)	郭子毓(女)	李 嶺	李 洋(女)	李易儒(女)
林申玉(女)	彭开智(女)	邱 雪(女)	渠 泉(女)	史梦雪(女)	孙飞翔
唐淑娴(女)	田长理	吴文奕(女)	赵志勇	周丽莎(女)	

产设 2 班(18 人)

高业勤(女)	顾黎明	郭 婧(女)	李章菱(女)	林 沁(女)	刘亚男(女)
马丹红(女)	潘 乐(女)	戚绪梦(女)	任倬欧(女)	宋天宇	王 静(女)
王珍珍(女)	吴 瑞(女)	张新秀(女)	赵贺一(女)	仲晶晶(女)	邹凡星

工设班(6 人)

陈星宇(女)	何崇杰	洪若馨(女)	黄欢欢(女)	吴 稳	周 园(女)

2016 级(312 人)

机械卓越班(39 人)

边乐鹏	陈国鹏	陈增涛	段岳飞	付云飞	高若翔
韩 帅	郝 虎	季玮琛	贾涵泽	姜晓峰	蓝心航
李佳萌(女)	李鑫德	李苂宗	刘德霖	刘力源	明恒强
潘成行	亓文豪	任金超	沈铃锋	宋祥一	孙大虎
孙 鹏	王成龙	王健旭	王乐冲	王 松	魏呈祥

徐　彬	杨天泽	杨　寅	杨长远	叶　震	由墨森
张广浩	张逸飞	张子豪			

机制(28 人)

陈光宇	葛英尚	郭培哲	郭　旭	何立群	纪振冰
贾　喆	康为民	李留昭	刘　洋	牟伦锐	秦永辉
石贤雨	时公水	汪义博	王金刚	王永通	王长磊
王子昊	吴付旺	严雪松	杨旭浩	翟强强	张宝星
张林涛(女)	赵长浩	周嘉斌	周　睿		

机电(30 人)

鲍　冲	边　越	超　越	单　舵	刁　文	胡　玮
李奇洲	李彦甫	李志强	梁文博	刘国帅	罗江涛
苗庆龙	时　帅	斯土古乐	孙凯宾	谭娅玲	王建军
王鹏飞	王艳青	魏存跃	杨德俊	杨云鹏	叶炳灿
游炜彬	张　鑫	郑　帅	钟驭才	周　帅	朱传辉

机设(34 人)

白云峰	包晓宇	陈苍雏	陈林顿	陈智章	程鑫宇
崔凯越(女)	邓红星	范涛涛	高旭初	宫运钊	韩　凯
侯铭轩	吉文博	井永泽	黎徽霖	李　磊	李文燊
李子明	刘晨阳	刘世博	刘永涛	罗　啸	田始威
王　超	王洪扬	徐甜甜(女)	杨宏辉	张　劲	张　良
张　鹏	张仁义	张　旭	张泽琨		

工业工程(29 人)

陈　波	董友翔	段智玉	韩　逍	郝旭焱	黄晓晴
黄致玮	来雨辰	李　铮	刘　洁(女)	刘俊良	马博文
孟凡超	南泓宇(女)	彭思贤	王会和	王嘉睿	王　蒙
王孟尧	王　欣	卫雨靖(女)	吴明凯	武文洁(女)	谢　卫
杨志鹏	张昌昊	张　攀	张　昕	赵　宇	

机械国际班(19 人)

崔传祎	丁男希	方应红	郭茂林	姜浩宇	金若尘
李　鑫	李亚宁	刘丰铭	米鹏程	魏一华	武世轩
徐定民	于之恺	余文灿	张涵玉	张扬(女)	张　政
赵　辉					

机械增材制造班(22 人)

陈铎豪	陈景宇	陈敏森	高　乾	高　涛	高伟睿
季　金	刘健鑫	路锦杰	马家寅	滕迪旺	王浩冉
王晓春	王咏浩	魏　凯	吴钦锋	杨昌华	郁兴才

| 张俊杰 | 张明杰 | 赵海洲 | 朱宏鹏 | | |

过控(30 人)

陈鹏臣	陈宇鑫	程全中	房科峰	冯浩宇	古杰康
郭伯茂	胡孟亭	晋浩泽	康明明	郎泽斌	李 诚
李瀚宇	厉彦亮	蒙述波	那逸威	彭鹤文	宋桂贤
宋英帅	魏立勋	薛翔峰	荀佳乐	杨 勇	殷胜滔
岳昭沅	张光超	张海成	赵寂雅(女)	赵君晓	周 驰

车辆(30 人)

陈 健	封加杰	郭一尘	贺云鹏	贾巨川	贾友龙
孔令君	孔 羽	刘 浩	柳炳任	裴志远	齐颖杰
任兴海	申 宇	孙雪松	田树禄	王国锋	王学尧
韦泽川	吴 迪(女)	吴佳乐	熊语文	徐文奇	杨淏浚
张 超	张龙盛	张子安	赵栋良	赵国栋	郑玉龙

产设 1 班(18 人)

杜凯瑞(女)	方 祺	胡思诗(女)	李述碧	李 璇(女)	李雨欣(女)
林雨婷(女)	刘 铭	刘琦琦(女)	刘效余(女)	刘云磊	上官世宝
史晓霖	宋尹婕(女)	徐婧蕾(女)	许 珂	颜晓婷(女)	云 显

产设 2 班(19 人)

蔡成毅	曹 健	陈 曦(女)	付 浩	高子涵(女)	龚君浩
韩 晴(女)	黄琪琪(女)	梁钰爽(女)	宋章仪(女)	田沐鑫(女)	王迎莉(女)
杨可心(女)	于 航	袁华卿	张安琪(女)	张剑烽	张奢潆(女)
周常浩					

工设班(14 人)

卜元媛(女)	陈家琛	郭永宁(女)	黄 然(女)	江 沆(女)	梅绍元
邱常立(女)	宋文楷	汪珊珊(女)	王佳楠	余 虎	张诗翌(女)
赵红梅(女)	赵 耀				

2017 级(280 人)

机械卓越班(28 人)

崔青浩	丁 文	郭佳霖	郭峻彤	郭树标	矫立坤
李家骐	李远哲	刘广旭	卢业忠	曲秦昊	曲玉虎
时雨松	韦效椋	吴天明	徐彦刚	严 禹	杨诗颖
殷鹏旭	应华杰	袁小东	张昌鹏	张天天	张文博
张永琪	张云彭	赵一铭	郑云祥		

机制(22人)

常 昊	陈建博	陈培源	戴靖钧	盖梦欣	郭洪森
郭雨轩	廖浩南	路文钰	屈梁成	石 壮	王陈寅
王俊杰	王睿杰	王 勇	徐 岩	杨 森	张思琦
张 松	张曦诺	郑柏浩	朱学东		

机电(23人)

晁先阔	陈 卓	程 童	付 周	谷 源	何 晶
黄俊杰	黄雨西	李国盛	李志强	刘保辉	刘元志
马腾飞	毛建鹏	齐天飞	尚俊豪	王世昌	吴伟宏
臧 杰	张 凡	张 涛	朱志颖	左振元	

机设(26人)

毕新杰	蔡孝锦	蔡泽康	陈卫士	陈应会	杜印之
郭宇峰	贺钦涛	李亭山	李延恒	李正昊	刘忠轶
吕思悦	孟祥宇	钱金旭	宋 明	孙 锐	王 飞
王瑞思	姚金辉	袁志祎	张 帆	张 晗	张一术
张子繁	邹玮浩				

工业工程(24人)

陈小虎	董嘉璇	范飞飞	方 洋	李定豪	李明雄
李旭辉	梁 骐	刘 阳	刘裕山	孟轩宇	冉垂湘
任国昊	宋 敏	王鹏琰	夏长明	许立伟	旭 阳
杨荐平	杨思琪	姚治中	禹镇桂	张 晗	朱佳莹

智能制造(20人)

阿克尼亚孜	安小康	戴易呈	蒿玉鹏	孔 哲	刘 岩
陆继烈	曲泳鑫	孙海林	陶 臻	田卫晴	王圣旗
王孝文	王一凡	魏志豪	吴佳才	吴 涛	张 钢
张桐瑞	郑伟洁				

机器人(19人)

陈磊杰	樊丰晨	耿志新	管恒越	胡振汉	刘桂蕾
刘焕喜	罗海瑄	骆昱尧	沈 冬	隋仲阳	汤一凡
王乾镔	魏晓宇	张广森	张鑫光	周秋乐	邹 航
邹 阳					

机械国际班(20人)

窦 拓	韩永鹏	蒋励之	李坤於	李兰雪	李文杰
梁培文	马吉庆	聂瑞函	钱 年	田 飞	汪 涛
王 跃	王子仪	王子毅	吴广彦	张超远	张雪峰
周 琦	周书龙				

过控(31人)

安久洋	陈德仪	陈振楠	丁博智	杜 震	冯金浩
胡萌瑶	简英杰	匡梦萱	李 强	李叙明	李元奇
马英翔	欧 超	钱鹏飞	沙铁恩·木拉提		尚义恒
宋志铭	孙玺彪	王采瑞	王海涛	王 远	王泽宁
吾那孜别克·阿扎提别克	闫 江	杨 磊	张天浩	赵北辰
赵浩杰	赵 飘	赵泽圣			

车辆(33人)

曾 珺	陈彦铭	程 凯	窦文政	范仲杰	高 翔
韩帅帅	何天浩	和新龙	黄忠伟	李 夏	李延兴
梁少春	刘汝鹏	刘照平	卢渊俊	倪汝克	潘新天
彭俊捷	宋元琦	孙 毅	谭乃瑄	王天翔	王云锋
肖 雄	叶今禄	袁鹏程	张凯戈	张业林	张志焕
赵博通	周溱焱	朱海斌			

产设(34人)

丁嘉琦	丁雅娴	杜建涛	杜竹茜	冯奕杰	谷奎瑞
黄嘉怡	黄煊乔	姜立宏	居文娟	李浩洋	李 希
李懿竹	李志成	廉博杰	刘 晨	刘咏琳	刘煜璠
卢庆钰	乔 治	苏 畅	苏熙之	孙国兴	孙小林
汪淑涵	王恩泰	王子健	吴旭鹏	于晓莉	于晓雨
袁秋慧	赵博凡	郑志敏	周航宇		

博士研究生名单

1987 级(1人)

机械制造(1人)

萧 虹(女)

1988 级(4人)

机械制造(4人)

李兆前	张建华	黄克正	张承瑞

1991 级(2人)

机械制造(2人)

黄传真	牟建强

1992 级(2 人)

机械制造(2 人)

邓建新　　　窦秀荣

1993 级(2 人)

机械制造(2 人)

熊冶平(女)　路长厚

1994 级(5 人)

机械制造(5 人)

耿遵敏　　　周以齐　　　罗冬梅(女)　王　勇　　　张　强

1995 级(7 人)

机械制造(7 人)

许崇海　　　赵　军　　　周建强　　　冯显英　　　朱传敏　　　徐志刚
霍　睿

1996 级(5 人)

机械制造(5 人)

霍孟友　　　李德军　　　王积森　　　冯德振　　　毛映红(女)

1997 级(4 人)

机械制造(4 人)

于复生　　　陈元春　　　宋现春　　　温德成

1998 级(7 人)

机械制造及其自动化(7 人)

张东亮　　　张勤俭　　　孙玉国　　　张　涛　　　樊　宁　　　孙建国
李旭东

1999 级(8 人)

机械制造及其自动化(8 人)

王永国　　　张勤河　　　张洪才　　　王爱群(女)　曹树坤　　　高　伟

宋世学　　　　刘福田

2000 级（10 人）

机械制造及其自动化（10 人）

何　林	牛军川	王遵彤	王　恒	冯益华	张蔚波（女）
裴著燕（女）	王经坤	郑　波	杨志宏（女）		

2001 级（21 人）

机制（8 人）

张　松	唐委校（女）	周　军	丁泽良	刘含莲（女）	郭培全
孙　静（女）	王燕涛	霍志璞	赵建勋	姜兆亮	崔焕勇
王　霖（女）	刘日良	曹建海	李国平	孙玲玲（女）	牛宗伟

机设（3 人）

郭术义	张冠敏	刘云岗

2002 级（21 人）

机制（12 人）

王素玉（女）	吕志杰	曹同坤	王随莲（女）	孟剑锋（女）	王玉玲（女）
杨俊茹（女）	陈淑江	李洪斌	武洪恩	李　丽（女）	张希华

机设（9 人）

王　潍	徐　楠（女）	杜文静（女）	陈洪武	杨　波（女）	冷学礼
邱　燕（女）	王彦明	王　凯			

2003 级（37 人）

机制（9 人）

胡玉景（女）	万　熠	相克俊	周咏辉	刘莉莉（女）	杨学锋
冯衍霞（女）	邹　斌	查黎敏（女）	黄　波	孙家坤	李学勇
张　涛	王宪伦	薛云娜（女）	陈秀生	蒋瑞金	任升峰
孟　娜（女）					

机设（18 人）

史岩彬	王胜春（女）	王世峰	辛公明	张树生	张　磊
高长青	王艳东（女）	张　勇	王永征	刘正刚	邵　莉（女）
武国栋	陈中合	赵　东	张　强	陈莲芳（女）	单国骏（女）

2004 级（42 人）

机制（25 人）

付秀丽（女）	潘永智	郑继周	孙军龙	刘建华（女）	吴凤芳（女）
侯志坚	朱洪涛	刘炳强	谷美林（女）	方 斌	陈 建
路 冬（女）	贾秀杰	赵长友	黄巍岭（女）	刘文平	刘 煜
唐志涛	孔祥臻（女）	陈正洪（女）	袁 泉	徐明刚	张洪丽（女）
刘长霞（女）					

机电（6 人）

马金奎	李建美（女）	翟 鹏	刘加永	胡效东	杨红娟（女）

机设（10 人）

贺庆强	云和明	王学栋	赵忠超	杨金勇	尚 勇
刘丽萍（女）	刘世英	闫 超	聂志峰		

车辆（1 人）

姜洪奎

2005 级（41 人）

机制（17 人）

薛 强	王晓琴（女）	员冬玲（女）	赵金龙	车翠莲（女）	王 惠（女）
陈建岭	王中秋	张善辉（女）	王桂从（女）	郎伟锋	汤爱君（女）
锁小红（女）	李兆文（女）	闫 鹏	白文峰	韩式国	

机电（9 人）

潘 伟	刘学忠	李晓军	胡天亮	赵晓峰	闫 龙
徐晓东	刘 杰（女）	陈成军			

机设（12 人）

张丽丽（女）	成 健	闫法义	张建华	李长江	李沛刚
任怀伟	宋明大	崔玉良	王 杰	苏树朋	孔胜利

车辆（3 人）

张佐营	葛荣雨	路玉峰

2006 级（31 人）

机制（14 人）

宋清华	杨发展	李友生	成红梅（女）	李全来	周 军
姜 峰	刘 辉（女）	轩辕思思（女）	吴继华（女）	张士军	曹梅红（女）
董春杰	李艳征				

机电(16 人)

丁凤华(女)	杨 莹(女)	张建川	宋怀波	谭俊哲	方建华

机设(5 人)

程延海	闫玉芹(女)	王日君	高玉飞	高 清

车辆(2 人)

许向荣(女)	杨秀建

过程装备工程(2 人)

刘 健(女)	柴本银

机电产品创新设计与虚拟制造(2 人)

刘 刚	焦培刚

2007 级(32 人)

机制(18 人)

刘 超	刘维民	李 彬	宋文龙	李普红(女)	费玉环(女)
刘增文	崇学文	皇攀凌(女)	王晓伟	范志君	邵 芳(女)
苏国胜	谢玉东	李 艳(女)	杨士岭	宋新玉(女)	李月恩

机电(8 人)

付振山	管志光	邱化冬	隋文涛	李 鹏	綦声波
杨 林	沈 磊				

机设(1 人)

祝凤山

过程装备工程(5 人)

崔好选	徐书根	曲延鹏	杨锋苓	赵俊峰

2008 级(35 人)

机制(18 人)

乔 阳	刘爱华(女)	张 辉	郝 松(女)	周婷婷(女)	郭安福
何 勇	高中军	刘玉梅(女)	刘鲁宁(女)	史振宇(女)	曹 芳(女)
张月蓉(女)	王震亚	沈学会(女)	张政梅	曹清园(女)	李桂玉(女)

机电(7 人)

张成梁	李 蕾(女)	丁信忠	陈 为	赵 珅	王 科
王 丽(女)				

机设(5 人)

孙宏宇	宿艳彩(女)	张 莹(女)	付秀琢(女)	刘祖良

车辆(3 人)

吴亚兰(女)　　　荣学文　　　　　朱淑亮

过程装备工程(2 人)

李梦丽(女)　　　栾德玉

2009 级(32 人)

车辆(1 人)

李彦凤(女)

过程装备工程(3 人)

刘华东　　　　　王明禄　　　　　吴化勇

机电(7 人)

程祥利　　　　王保平　　　　李　永　　　周淑霞(女)　　牟世刚　　　　卢国梁

王丽丽(女)

机设(4 人)

闫　柯　　　　毕文波　　　　杜连明　　　高立营

机制(15 人)

赵学进　　　　颜　培　　　　宋　戈　　　徐　亮　　　杜　劲　　　郑光明

李　智　　　　王　珉　　　　张宗阳　　　宋金鹏　　　王　祯(女)　安延涛

张　涛　　　　常伟杰　　　　陈继文

制信(2 人)

王黎明　　　　杨奇彪

2010 级(36 人)

机制(17 人)

崔晓斌　　　　吉春辉　　　　李安海　　　刘子夜　　　孙玉晶(女)　王宝林

吴　泽　　　　刘继刚　　　　侯荣国　　　刘　玥(女)　仪　维　　　张克国

王均刚　　　　衣明东　　　　任秀华(女)　王　涛　　　张　超

机电(6 人)

姬　帅　　　　李武斌　　　　王永强　　　董全成　　　王昊鹏　　　卢纪丽(女)

机设(4 人)

郭飞强　　　　江京亮　　　　杨廷毅　　　白　雪(女)

车辆(1 人)

李云霞(女)

制信(2 人)

贾　鹏(女)　　李建勇

过程装备工程(5 人)

吕宏卿　　　　常　峰　　　　隋荣娟(女)　　王贵超　　　　王卫国

虚拟制造(1 人)

张玉伟

2011 级(33 人)

仲照琳	尤振环	连云崧	赵国龙	殷增斌	孙　蛟
姜　芙	王　兵	黄晓明	黄启林	黄爱芹(女)	陈照强
彭建军	王　飞	韩德建	陈晓晓	王　东	杨静芳(女)
王　伟	金　辉	梁　鹏	李国勇	孙好春	李东年
盖　超	张　良	张竹林	张万枝	伍英杰	张　明
吕英波	郭　阳	陈彦钊			

2012 级(35 人)

郭　冰(女)	张静婕(女)	白晓兰(女)	李春玲(女)	丛晓妍(女)	周莎莎(女)
迟　峰	张世顺	李国超	李士鹏	吕　哲	盛若愚
苏　翔	田宪华	王高琦	王光存	王相宇	邢佑强
许树辉	赵彦华	徐庆钟	刘　盾	张　涵	尹纪财
白硕玮	吴光永	王福增	张　鹏	于　刚	李长松
王德祥	张　敏	季家东	殷复鹏	肖克峰	

2013 级(31 人)

机制(17 人)

蔡玉奎	胡洋洋	李　岩	李作丽(女)	刘子武	孙　芹(女)
陶国灿	汪海晋	王龙晖	杨　东	张丽娜(女)	张　璞
张　庆	张　蕊(女)	张　义	赵　斌	赵　滨	

机电(5 人)

陈　超　　　　程晓林　　　　王　清　　　　王庆东　　　　于翰文

机设(2 人)

段德荣　　　　刘庆玉

化工过程机械(3 人)

李安庆　　　　李龙敬　　　　王鹏飞

先进制造(3 人)

荣伯松　　　　师艳平　　　　赵晋荣

制造系统信息工程(1 人)

徐荣振

2014 级(31 人)

机制(13 人)

冯少川	黄为民	季文彬	李 刚	栾晓娜(女)	倪秀英(女)
任小平(女)	苏 瑞	王 伟(女)	张克栋	张培荣	张 伟
朱兆聚					

机电(7 人)

杜付鑫	鞠晓君(女)	李 瑞	刘鹏博	王泓晖	张登辉
张永涛					

机设(2 人)

刘腾云　　谭 磊

化工过程机械(1 人)

齐 鲁

车辆(1 人)

赵 磊

先进制造(3 人)

董丰波　　侯 波　　孙 军

工业设计(1 人)

卜令国

机械制造工业工程(3 人)

纪 雪(女)　　李国彦(女)　　周丽蓉(女)

2015 级(33 人)

机制(17 人)

陈 辉	段 冉	葛梦然(女)	宫 峰	刘国梁	路来骁
孟 荣	孙 光	王情情(女)	薛 钢	张爱荣(女)	张 恒
张 健	张泰瑞	赵 斌	赵 建	Su Li	

机电(5 人)

黄 冉	梁西昌	鲁帅帅	韦成龙	叶瑛歆(女)

机设(4 人)

高 翔	李宗强	王 侃	杨璐慧(女)

化工过程机械(1 人)

付广洋

先进制造(2 人)

曾 滔　　　周金强

工业设计(1 人)

韩 甦(女)

机械制造工业工程(3 人)

鹿海洋　　　王 耿　　　殷 振

2016 级(31 人)

机制(18 人)

董配玉(女)	郝广超	华 杨	李斌训	刘宪福	刘亚运
骆伟超	马鹏磊	牛金涛	孙加林	王 兴(女)	邢宏宇
徐龙华	姚 阳	云 昊	张 茹(女)	赵 丽(女)	周长安

机电(7 人)

| 陈 宁 | 刘朋川 | 倪鹤鹏 | 任志文 | 王兆国 | 赵佳佳 |

AHMED，KHUBAB

机设(2 人)

王沛志　　　朱 光

机械产品数字化设计(1 人)

刘新锋

化工过程机械(1 人)

孙发玉

先进制造(1 人)

周扬帆

机械制造工业工程(1 人)

张传伟

2017 级(33 人)

机制(18 人)

陈栾霞(女)	丁兆磊	鞠军伟	李学木	梁晓亮	马福浚(女)
潘春阳	汤正义	王桂杰	王仁伟	王旭超	王一顺
王 真	夏 岩	尹瀛月	张振中		
赵艳哲(女)	SAAD WAQAR				

机电(6 人)

代成刚　　　彭伟利　　　沙元鹏　　　　孙玉玺　　　　魏永利　　　　张庆怡

机设(3 人)

黄钰华　　　李　龙　　　刘知辉

化工过程机械(3 人)

李　飞　　　李娟娟(女)　相龙昊

先进制造(1 人)

丁　泽

工业设计(1 人)

陈嘉琦(女)

机械制造工业工程(1 人)

聂延艳(女)

工程博士研究生名单

2012 级(2 人)

迟　锋　　　张世顺

2013 级(3 人)

师艳平　　　赵晋荣　　　荣伯松

全日制硕士研究生名单

1978 级(22 人)

王建昕　　　包　钢　　　孙　胜　　　李忠民　　　李国安　　　陈仲玮
陈树勋　　　余　强　　　郑益公　　　张基华　　　张德恩　　　施　建
祖振凯　　　郝滨海　　　胡秉仁　　　高振东　　　钱宇白　　　殷金海
崔广杰　　　韩延安　　　路新春　　　葛　革

1979 级(14 人)

马鹤庆　　　王　欣　　　田胜利　　　刘历夏　　　乔谊正　　　李　麟
林化春　　　杨沛然　　　陈仁富　　　胡西广　　　郭世泰　　　赵志民
曾芳涛　　　谭大凯

1980 级(11 人)

刚守堂　　　萧　虹　　　孙懋琛　　　许伯彦　　　叶以富　　　张金珉

| 边秀房 | 赵　程 | 李亚江 | 马万珍 | 孙　立 |

1982 级 (15 人)

李兆前	安鲁陵	姜博渊	陆　辰	高　键	孙东升
解春雷	衣春海	孙昌年	李昌年	李　澎	赵宪佳
张　键	肖维荣	王利秋

1983 级 (28 人)

朱仲力	夏传波	岳明君	刘云岗	程　勇	胡少宏
李传厚	敖　青(女)	张德生	周　虹(女)	刘茂华	赵光伦
翟慎秋	黄小金	耿浩然	田长文	栾兆文	潘贞存
王连成	刘存芳	张　涛	刘伯强	马恒捷	王存祥
赵建夫	王　白	隋青美(女)	杨连喜

1984 级 (49 人)

王　莱(女)	耿遵敏	黄克正	程　军	陈　林	刘信平
李　煜	谢宗法	常英杰	邱舒民	徐　涛	周若仪(女)
程晓敏	郭晓军(女)	郭小钢	阎怀英	徐晓菱	于化顺
刘永坤	辛明德	张京传	刘启家	邓天泉	黄少东
潘继滨	王卫国	许建国	赵婷婷(女)	许洪强	池志远
张琴舜	董居忠	历吉文	陈剑锋	徐丙垠	宋东辉
陈宝明	杨　军	郭　伟	王建国	左海林	武庆明
李　嘉	吴亚军	符影杰	李新运	盖　强	徐伯庆
王建民

1985 级 (32 人)

第一机械系(32 人)

牟建强	赵　华	王兆辉	张承瑞	路张厚	张延钢
侯晓林	杨　军	徐建东	王锡平	熊冶平(女)	冯维明
王　勇	蒋瑞金	孙家林	刘　鸣	刘培晨	田良海
刘守斌	刘涌泉	张蔚波(女)	巴　天	张玉娥(女)	葛培琪
周慎杰	梁宋湘	吴筱坚	张伯宏	张吉光	刘运春
孙景州	宋　林

1986 级（23 人）

机械制造（23 人）

张元玺	阎宝贵	孙永青	刘延俊	宋现春	胡毅刚
陈世超	林建波	王国强	王效岳	李继才	王德云（女）
姜力刚	刘　清	刘海平	谢东明	陈景福	刘春峰
黄香亭	张春雷	凌学勤	何俏伟	张　鹏	

1987 级（11 人）

机械制造（9 人）

邓建新	马金奎	张兆臣	李剑峰	李建民	刘志峰
黄常静（女）	王　慧（女）	樊炳辉			

机械学（2 人）

孟剑峰（女）	曲宝建

1988 级（25 人）

机械制造（21 人）

于慧君（女）	黄传真	周建强	马　桦	郑福全	刘景西
王宏志	谭全芹（女）	侯志坚	王金军	夏榆滨	唐　伟
罗东梅（女）	周长伦	韩云鹏	郭衍友	刘喜星	王兴如
张　凯	陶金珏	王金军			

机械学（4 人）

王善坡	单国骏（女）	郭　青	张　准

1989 级（21 人）

机械制造（18 人）

李　磊	温德成	虞　松	昃向博	贾秀杰	冯显英
张　佳	钟佩思	姜雪梅（女）	霍　睿	张忠杰	孙　华（女）
高晓军	张爱平（女）	姜建平	高华德	许怀志	王积森

机械学（3 人）

赵力航	杜培文	窦秀荣

1990 级（16 人）

机械制造（14 人）

刘鹏程	徐志刚	张　强	唐光杰	高　峰	朱传敏

| 王　忠 | 刘玉军 | 刘泽深 | 赵常友 | 韩继曼(女) | 张公升 |
| 王　瑜 | 赵　军 | | | | |

机械学(2 人)

| 王均效 | 王　晶(女) |

1991 级(15 人)

机械制造(13 人)

单玉峰	管殿柱	李方义	王爱群(女)	刘常福	戴向国
张　松	周　平	王举国	马宗利	刘战强	田联房
相克俊					

机械学(2 人)

| 高　伟 | 马绿洲 |

1992 级(15 人)

机械制造(14 人)

刘其成	王锦惠(女)	宋一兵	张永清(女)	杨　杰	曹　岩
高　琦(女)	杨俊茹(女)	许崇海	杨　建	袁　泉	黄德虎
林风云	张勤河				

机械学(1 人)

| 张　阁 |

1993 级(23 人)

机械制造(21 人)

侯志刚	郭永进	王思刊	柏晓滨	杨志宏(女)	赵红丽(女)
牛美瑜(女)	肖际伟	谈世哲	高明建	徐志伟	袁　伟
滕明智	李　炜	刘加永	林茂琼(女)	李远晖(女)	孙建国
董靖华	韩延坤	牛清涛			

机械学(2 人)

| 胥学峰 | 王　磊 |

1994 级(24 人)

机械学(3 人)

| 张善鹏 | 郑明刚 | 张明勤 |

机械制造(21 人)

| 孙　蕾(女) | 徐　峰 | 张　涛 | 于复生 | 张　玮 | 刘日良 |

邹东金	张洪信	王忠华	赵建勋	刘兴昌	鞠培贵
张海生	王经坤	单连业	鲁成岩	刘晓爽	方 向
李 志	陈元春	苑国强			

1995 级(37 人)

机械学(5 人)

王中华	王新荣	于 浩	逄 波	沈军营

机械制造(32 人)

王 莹(女)	王丽梅(女)	李旭东	孙玉国	王 锋	魏元雷
王志宏(女)	樊 宁	陈文镝	侯 鑫	陈艳秋(女)	吕志杰
黄 斌	申卫国	张恒文	王振兴	陈淑江	冯衍霞(女)
褚遵利	张 良	宋言伟	董爱梅(女)	霍志璞	郑 凯
王积永	董明晓(女)	刘和山	张 明	孙 杰	王宝友
牟英君	迟永琳				

1996 级(31 人)

机械学(4 人)

安艳秋(女)	胡 斌	张卫民	刘延庆

机械制造(27 人)

张在美(女)	张 芃	查黎敏(女)	纪 琳(女)	孙 刚	崔增纲
李增勇	赵建才	刘 煜	张 涛	张 兴	彭冬梅(女)
刘继忠	秦月霞(女)	徐俊刚	殷昌贵	李景山	赵 莉(女)
于爱泳	刘元峰	蓝公华	闫成新	张树生	刘小健(女)
赵慧娟(女)	丁甫春	杨 林			

1997 级(18 人)

机械学(2 人)

徐建伟	苗雨顺

机械制造(13 人)

赵 蕾(女)	王 珣(女)	陈广庆	苏达士	刘宇奇	王永国
高常青	孙宗臣	单东日	李建美(女)	罗淑环	杨春亮
宋 强	王玉玲(女)	隋富生			

振动、冲击、噪声(1 人)

高洪芬(女)

1998 级(37 人)

机械设计及理论(13 人)

陈利海	刘文平	魏军英(女)	景 璟(女)	田质胜	吕 冰
尹忠慰	崔晓军	应 华(女)	武志军	赵海晖	牛军川
刘玉友					

机械制造及其自动化(24 人)

秦 勇	王 恒	徐燕凌(女)	张建新	董业民	曹 源
赵吉宾	李荣刚	王莉娟(女)	王晓琴(女)	潘太彬	张进江
朱正礼	姜兆亮	耿常才	张文强	黄雪梅(女)	孙 静(女)
曹家宝	王 霖(女)	周 军	李沛刚	谭台哲	张建川

1999 级(37 人)

机械制造及其自动化(18 人)

张 蕾(女)	郭建芬(女)	毕进子	王海强	牛宗伟	赵 宁
祝凤山	栾 智	史佩伟	郭明飞	彭立武	徐 楠(女)
王春梅(女)	李兆文(女)	张 峰	田兆青	王胜春(女)	张 静(女)

机械电子工程(12 人)

潘 伟	杨 波(女)	隋晓波	李正华	李洪斌	许晓伟
王 蕾(女)	刘艳香(女)	王新文	魏景伙	张艳青	王桂芹(女)

机械设计及理论(7 人)

宋光辉	徐英锋	郭毅之	亓文果	莫正波(女)	周咏辉
王克琦					

2000 级(10 人)

机械制造及其自动化(10 人)

何 林	牛军川	王遵彤	王 恒	冯益华	张蔚波(女)
裴著燕(女)	王经坤	郑 波	杨志宏(女)		

2001 级(70 人)

机制(25 人)

仲华惟	李庆雨	王 锐	苏国胜	王春生	袁 涛
陈秀生	胡志刚	柴象海	朱治生	杨学锋	任升峰
王宪伦	于丰业	邹 斌	王新峰	黄 波	任秀华(女)
胡玉景(女)	员冬玲(女)	赵秀华(女)	王海霞(女)	王朝霞(女)	张月蓉(女)
付秀丽(女)					

机电(30 人)

吕良敏	桑 勇	王胜力	王 千	荆 刚	宋政君
赵 珅	陈建岭	张元才	王金川	肖成志	丁 华
徐进强	李京河	石柏成	宋建功	郭忠新	张立强
胡效东	孙树峰	王全景	玄冠涛	亓军祥	陈 建
战 胜	李巧云(女)	付秀琢(女)	刘 怡(女)	梁 磊(女)	杨红娟(女)

机设(13 人)

史岩彬	刘爱华(女)	王艳东(女)	成 健	汪宗兵	张克国
周海涛	张长强	翟鲁超	王玉栋	姜元平	姜洪奎
张 磊	高名旺	贾 雁(女)			

车辆工程(1 人)

陈 欣

化机(1 人)

许文达

2002 级(118 人)

机制(37 人)

孟艳华(女)	孔祥臻(女)	薛德余	李宏祥	姚淑卿(女)	田立芝(女)
甄希金	张芒国(女)	王学礼	孟 辉	彭修广	赵敬伟
戴海宏	肖海峰	张 超	李作丽(女)	刘军华	李 杨(女)
孙军龙	刘建华(女)	路 冬(女)	徐明刚	王 慧(女)	唐志涛
刘炳强	张长霞(女)	丁代存	滕以生	谷美林(女)	黄巍岭(女)
潘永智	陈 东	蔡兰荣(女)	郑继周	郜 勇	徐立强
杜宏伟					

机电(43 人)

孙 伟	陈 宏	陈宁宁(女)	于军华	尚新娟(女)	张新杰(女)
胡 岩	李悦安	李 龙	高 峰	赵 华(女)	吴 健
田 峰	于文鹏	张立文	张光远	刘 剑	朱新军
刘宪伟	刘 杰	杨天雪	马永力	张 营	付振山
仪 维	闫法义	李秀勇	李海涛	张延波	王 涛
刘 焱	周 锐	胡立明	李 泉	赵家博	李建心
贾存栋	黄宝香(女)	胡晓鹏(女)	曲丽丽(女)	李春玲(女)	姜娉娉(女)
张 莹(女)					

机设(26 人)

王 珉	孙安锋	程云华(女)	沈学会(女)	高仲科	时维元
晁鲁强	杨金勇	徐秀花(女)	苗中华	孙启新	张卫锋

王丽丽(女)	于奎刚	张玉伟	苏树朋	李长江	史慧丽(女)
韩玉铭	李普红(女)	顾宗磊	程方启	周智峰	蔡红英(女)
田 蕴(女)	刘剑平(女)				

车辆(4人)

| 张竹林 | 刘树军 | 王 敏 | 何立淮 |

化机(8人)

| 肖克峰 | 吴化勇 | 冀翠莲(女) | 段少丽(女) | 崔玉良 | 赵永辉 |
| 孙明新 | 吕书臣 | | | | |

2003级(89人)

机制(31人)

段彩云(女)	牛 强	张琪步	张善辉(女)	刘洪涛	王中秋
陈成军	胡天亮	赵金龙	孙 洁	宗宪亮	丁明伟
周善征	白桂恒	王桂从(女)	李艳征	姚 磊	白文峰
王日君(女)	闫 龙	赵 杰	候荣国	赵学军	翟霄雁(女)
刘 芬(女)	万玉成	张良智	臧贻娟(女)	王学哲	毕文波
苏永琳(女)					

机电(29人)

王卫国	王灿运	柳全才	高 清	徐淑峰	褚良敏
杜华飞	祝凤金	武维生	田华利	郝庆涛	张旭升
赵 振	葛荣雨	卢新郁	张群峰	刘传刚	张政梅
胡玉兵	焦培刚	陆学峰	任长志	郭丽娜(女)	岳少剑(女)
张俊玲(女)	徐瑞霞(女)	尹 萍(女)	刘 莉(女)	刘晓慧(女)	

机设(21人)

孔胜利	吴兰萍(女)	杨加军	金 涛	徐京伟	孟庆波
包明凯	林 昇	张丽丽(女)	魏磊磊	王 杰	桑 波
景丽萍	张之稳	张建华	刘加富	王 忠	滕佳华(女)
任怀伟	张新美(女)	程延海			

车辆(3人)

| 朱耀明 | 尹国明 | 马丰伟 |

化机(5人)

| 陈同蕾(女) | 隋荣娟(女) | 宋清华 | 王卫国 | 姚小静(女) |

2004级(98人)

设计艺术学(7人)

| 孙冬梅(女) | 吴云荣(女) | 周坤鹏 | 邹连锋 | 舒 伟(女) | 范志军 |

毛剑秋（女）

机制（32 人）

周　军	汪心立	钟金豹	朱冬伟	吴军涛	邵子东
郭　鹏	姜　峰	石　磊	杨大鹏	亓茂富	孟祥涛
李友生	郝　竞	董春杰	王永利	张京正	李全来
李光业	张　鹏	刘增文	于　刚	丁林曜	曹瑞军
方文勇	李天涛	牛　敏（女）	张　磊	黄乐建	赵伟华（女）
王　娅（女）	轩辕思思（女）				

机电（30 人）

刘　璐（女）	吴春香（女）	张道建	陈　凯	方建华	宋怀波
徐　伟	厉　超	单　伟	赵　邦	李德江	黄燕云（女）
宋　噶	王来华	颜　涛	刘培梅（女）	张　刚	邱　朋
李　岩	王延刚	孙宜田	刘　浩	王新刚	蒋德才
崔　艳（女）	高书磊	马炳波	孙晓燕（女）	巩晓莹（女）	胡　滨

机设（16 人）

边　娜（女）	刘克强	高玉飞	李　斌	石　振	李　升
鹿素芬（女）	江京亮	宁纪翠（女）	张亚旭	张　明	靳　杰
李　婕（女）	刘国华	孙兆兵	张　渊		

车辆（7 人）

杨秀建	张长冲	罗福祎	刘保国	林清国	金文斌（女）
郭夕栋					

化机（5 人）

李春峰	杨锋苓	颜建成	蒋永翔（女）	邢晓伟

2005 级（127 人）

设计艺术学（25 人）

王莹莹（女）	刘　辉（女）	郝　松（女）	宋叡岭（女）	赵秋芳（女）	贾伟玲（女）
徐　鹏（女）	许　磊	王晓伟	于程生（女）	窦立亚（女）	孙从丽（女）
张志强	汪海波	张夕军	杨茂生	李　健	马学良
刘　航（女）	徐晓莉（女）	刘有贤	李　晨	吴　猛	朱运昊
张　敏					

机制（34 人）

肖守荣	姜良斌	徐国栋	王荣臻	耿　静（女）	张建方
张凤丽（女）	马朝阳	谢玉东	王新林	李　彬	赵荣齐
臧学海	徐志平	刘　然	王　辉	闫建峰	郭　波
韩德建	刘丽芳（女）	杨　云	李青海	徐海涛	冯　浩

| 王敬曾 | 袁 杰 | 刘玉梅(女) | 宋文龙 | 李甜甜(女) | 宋新玉(女) |
| 李 艳(女) | 杨中国 | 袁训亮 | 鞠修勇 | | |

机电(30 人)

夏 鑫	王文渊	李 鹏	杨 泉	林淑彦(女)	郭运波
常 清(女)	颜京磊	马业忠	张 莲(女)	陈文广	胡 凯
谭 磊	王晓明	孙祥峰	张 林	王 松	路立军
闫茂富	毕大鹏	刘祖良	任明江	朱 伟	苏润峰
刘晓风(女)	杨广磊	申立艳(女)	李 冉	丁海峰(女)	王静静(女)

机设(14 人)

张 茜(女)	王金江	吴勇健	柯 良	胡首立	王 伟
李绍杰	邓 波	邹爱敏(女)	王理鹏	申树云	房 楠
鹿胜玉	韩克江				

车辆(7 人)

| 李振华 | 朱淑亮 | 刘长城 | 卢 莉(女) | 梁银魁 | 杨志合 |
| 吴伟朋 | | | | | |

制信(6 人)

| 宋 坤 | 鞠海华(女) | 慕 亮 | 刘红梅(女) | 杨德锴 | 胡福文 |

化机(11 人)

| 谢文韬 | 李梦丽(女) | 王小鹏 | 徐书根 | 崔蕴芳(女) | 腾书格(女) |
| 李 勃 | 杜 兵 | 李贝贝 | 靳 勇 | 郭德国 | |

2006 级(129 人)

设计艺术学(28 人)

赵伟敏(女)	刘 伟(女)	张 红(女)	张婧文(女)	宋尹淋	毕海宁(女)
张露胜	李 倩(女)	陈萌婕(女)	刘 磊	周 鼎	梁丽伟(女)
谢宜佳	李建勇	孙旭东(女)	于建新	王 娜(女)	王 坤
张 静(女)	王 蒙	侯绚绚(女)	赵 俞(女)	殷 丹(女)	梁莹莹(女)
郝利青	王晓静(女)	方建松	魏丽琰		

机制(36 人)

徐文文(女)	李桂玉(女)	周婷婷(女)	曹清园(女)	郑春英(女)	赵丕芬(女)
于利伟	韩 冰	崔 萍	牟 涛	王培磊	贾永刚
姜亦涛	阎旭鹏	程文涛	史振宇(女)	张明涛	侯永振
杨振华	张孝峰	王 亮	乔 阳	张 路	季德生
张 辉	段振兴	李晨光	新 伟	黄景雄	刘继刚
聂 瑞	黄雪红(女)	张 凯	郭安福	尚翠霞(女)	付明明

机电(31 人)

卢国梁	张成梁	刘焕新	曲　斌	李　翔	赵兴方
王　科	郭　振	王可尊	何金海	周　克	邢双君
赵　言	徐　镇	赵振华	李尚达	姜文超	徐元凡
王　磊	谢殿强	王瑞鹏	白从凯	彭作明	丁信忠
冯　婧(女)	李　蕾(女)	邢晓静(女)	张玉静(女)	朱　毅(女)	李海霞(女)
李　娜(女)					

机设(12 人)

马家杰	孙　强	张海龙	赵慧利(女)	刘长安	王　锋
张先芝	李永明	贾振飞	高建辉(女)	程晓琳	洪　明

车辆(10 人)

李云霞(女)	邓志勇	孔　超	赵艳妍(女)	刘春辉	高菲菲(女)
彭伟利	代世勋	刘树臣	李志波		

制信(6 人)

王晓翠(女)	郭盟盟	杨　晶(女)	穆　慧(女)	程海军	胡国梁

车辆(6 人)

张　强	张翠勋(女)	庞　雷	孙珊珊(女)	刘　琦(女)	刘　燕(女)

2007 级(125 人)

设计艺术学(20 人)

宋　萍(女)	高　雪(女)	王晓诚(女)	康　慧(女)	焦广霞(女)	谭　磊(女)
王善涛	国　颖(女)	房启晓	余荷萍(女)	张　继(女)	刘　超
杜宝磊	明文文(女)	张文林	任　凯	杨春凤(女)	戴阳阳
谢建闯	李　乐				

机制(38 人)

张紫平	赵学进	潘永成	颜　培	宋　戈	马　勋
朱传同	徐　亮	刘　阳	谢东朋	臧　军	苑荣华
杜　劲	郑光明	王　维	许国军	张曙光	赵树椿
李　智	王　鑫	鲁海宁	申兆亮	周建涛	尹天津
汤志源	章　伟	田　刚	刘　刚	梁长记	刘　钢
杨　哲	张万宾	许家源	周有欣(女)	李军乐(女)	刘月萍(女)
任小平(女)	程雅琳(女)				

机电(28 人)

刘　艺	李　宁	易奇昌	赛华松	梁喜辉	程祥利
姜启升	戚振军	张金鹏	王保平	钱　庆	包汉刚

李　永	马　瑞	熊　俊	沈兆飞	王　伟	冯志宏
梁广志	李曰阳	杜付鑫	曹　彬	冷传基	陈菲(女)
张东平(女)	徐　芳(女)	周淑霞(女)	杨　蕾(女)		

机设(15 人)

胡宝林	闫　柯	张振果	宋术青	张　波	褚衍强
贺东溥	于文舟	吴云玉	贾　剑	王丽丽(女)	刘泓伶(女)
高　莹(女)	刘　超(女)	陈晓青(女)			

车辆(9 人)

| 赵　飞 | 韩兴昌 | 顾柯韬 | 任宁宁 | 王朝阳 | 柏　青(女) |
| 马希利 | 陈　荣 | 王　岩(女) | | | |

制信(9 人)

| 王黎明 | 沈　浩 | 包　琳(女) | 杨奇彪 | 李　阳 | 高　娜(女) |
| 宫文军 | 焦文学 | 张卫帅 | | | |

化机(6 人)

| 徐熙庆 | 刘华东 | 王　伟 | 杨新振 | 卢佳(女) | 刘冠一 |

2008 级(131 人)

设计艺术(19 人)

陈婷婷(女)	丛晓研(女)	党悦然(女)	耿　娜(女)	黄　维	纪秀云(女)
蒋　虹(女)	李　栋	柳　卫	马福浚(女)	马雅娟(女)	牛玉国
尚　凯	王　虎	徐凤芹(女)	杨守坤	于晓晖(女)	张雨滋
朱艳秋(女)					

机制(46 人)

曹成铭	陈　振	程亚洲	崔晓斌	丁同超	杜明龙
高　胜	高文进	葛茂杰	关　伟	韩克利	郝传海
郝建领	吉春辉	纪合溪	解洪林	孔　鹏	李安海
李建军	刘　兵	刘文超	刘　勇	刘子夜	鲁成瑞
鹿海洋	罗汉兵	桑志谦	邵泽伟	王宝林	王园伟
王志军	吴春虎	吴淑峰	吴　泽	战　凯	赵兴虎
赵兴利	赵云峰	朱小辉	朱晓丽(女)	陈雅群(女)	单金凤(女)
贾　鹏(女)	宋亚卿(女)	孙玉晶(女)	王晓静(女)		

机电(27 人)

董宝军	杜骆铭	郭竞杰	韩文科	扈世伟	姬　帅
李大伟	李武斌	刘远静	吕海波	沈庆崇	苏泽潭
孙效禹	汪胜钢	王怡然	王永强	晏志文	张汝波
张晓东	周　振	朱柏林	李雪亭(女)	马玉婷(女)	王　岩(女)

杨静芳(女)　　张　霞(女)　　张秀芳(女)

机设(16人)

包广华	杜红光	郭飞强	姜玉杰	李传宇	刘兴龙
吕　祥	张洪波	张晓宇	朱继清	朱玉杰	郭晓婷(女)
胡瑞荣(女)	刘兰兰(女)	朱海燕(女)	王　慧(女)		

车辆(7人)

方吉辰	秦　磊	任锴胜	孙晓辉	田洪越	王树梁
张亮亮					

制信(10人)

陈登冲	陈孝旭	付　涛	刘飞宏	刘璇卿(女)	邱增武
吴彦荣	尹　垒	张祥敢	朱志俊		

化机(6人)

楚树坡	解富超	吕宏卿	宋照贺	尤铭铭	张　明

2009级(172人)

设计艺术(12人)

卜令国	陈　晓(女)	胡菲娜(女)	刘学珍(女)	张　娜(女)	于珈怡(女)
石会慧(女)	孙传祥	张　凯	袁福建	吴　波	张　丹(女)

机制(52人)

刘　琳(女)	张　营	郑　伟	陈晓晓	孔彦杰(女)	刘来春
龙洋洋	魏　凯	许茂林	赵国龙	朱　涛	王发凯
岳士超	崔海冰	李虎修	邢栋梁	庄新强	孙　超
张　帆	姜芙林	付红军	刘全政	张伟伟(女)	苏研颖(女)
亓　婷(女)	马洪明	连云崧	王启东	张春幸(女)	张入仁(女)
张善永	殷增斌	尉学华	高　干	徐同江	张中东
颜连涛	吕　禹(女)	田汝坤	柳竹青	陈露露	于文凯
郝　宁	王泽明	张海明	黄启林	吕宏刚	彭建军
高　飞	林　琪(女)	宋夕超	李　涛		

机电(26人)

辛兰兰(女)	曹荣华	窦青青(女)	李东年	刘国营	徐　凯
肖如镜	郭吉术	吕克明	孔令敏(女)	齐　明	李吉栋
刘　伟	丁　勇	原田田(女)	王　强	王焕云(女)	宋建义
曹　石	梁　鹏	王学玲(女)	孙　娟(女)	张　磊	张新杰
类延超	张相明				

机设(17人)

李　洋	冯　盟	李　蒙	李　超	陈建伟	李　磊

| 刘 明 | 马汝颀 | 孟海涛 | 石 强 | 温爱伟(女) | 盖 超 |
| 王维振 | 袁方方(女) | 封百涛 | 崔 凯 | 张金泽 | |

车辆(8 人)

| 罗志刚 | 姜俊金 | 李建平 | 张 勤 | 孙 岳 | 曹 骞 |
| 刘菲菲(女) | 王战根 | | | | |

制信(12 人)

| 何 洋 | 孟祥华 | 仲照琳 | 余 丰 | 黄国安 | 刘军壮 |
| 马善坤 | 伍英杰 | 郑晓晨 | 张 刚 | 刘仁伟 | 王 东 |

化机(8 人)

| 茅俊杰 | 胡凡金 | 孔浩源 | 石 磊 | 周洪亮 | 石 强 |
| 鞠华伟 | 胥志勇 | | | | |

机械工程(32 人)

王通君	裴志强	吴晓庆	赵 梅(女)	董宝田	李元彧
师广庆	程 波	杨夫彬	王军华	金庆鑫	徐小磊
孙振来	曾海霞(女)	王绥远	贾文鹏	刘 园	潘兴东
梁天将	张代聪	刘静静(女)	孙福来	尹 涛	郭浩男
张晓辉	吴 聪(女)	常记莽	姜 宇	陈基伟	申晓霞(女)
勾俊杰	郝 兵				

工业工程(5 人)

| 申正年 | 郝学艳(女) | 桑 帅 | 杜兵兵(女) | 厉红霞(女) | |

2010 级(164 人)

设计艺术(10 人)

| 陈福杰 | 程 洪 | 范晓辉 | 高 莹(女) | 侯晓蕊(女) | 刘彬彬(女) |
| 刘 华(女) | 马咪咪(女) | 宋 文(女) | 王 盼(女) | | |

机制(44 人)

陈全旺	陈扬扬	崔宇清	董永旺	付天骄(女)	高 彪
郝世美	侯 飞	靳 赛	李 刚	李国超	李士鹏
刘 兵	吕绍瑜(女)	吕 哲	牛文欢	亓华龙	任虎存
盛若愚	苏 翔	孙兴旺	田宪华	王高琦	王光存
王坤坤(女)	王平超	王相宇	王泽宁	王 志	邢佑强
许树辉	薛庆华	杨统春	杨晓东	于海滨	张 鹏
张树科	张延良	张杨广	赵厚伟	赵 岩(女)	赵彦华
朱连双	邹林涛				

机电(29 人)

| 丁 捷 | 杜 鹏 | 程 高 | 仁 福 | 管延峰 | 焦锋利 |

靖相顺	李　浩	李铁峰	马少华	孙纯坡	王焕杨
王　金	谢金华	许太强	薛　松	于　刚	于　戈
于　跃	张华伟	张　岳	赵连防	周　宽	左翠鹏
李　丽(女)	李美玲(女)	司致丹(女)	张　硕(女)	张小奇(女)	

机设(16 人)

毕玉超	曹国新	常加富	高　群	李长龙	李端松
李坤朋	刘庆磊	马海波	邱　健	王德祥	王培起
杨　峰	张建龙	张清阁	张　亚		

车辆(7 人)

陈　俭	陈克伟	贾德民	罗斯特	强　超	石梦竹(女)
喻星心					

制信(13 人)

樊现行	贺玉岭	黄志海	焦寿峰	刘涛涛	吕永青
马石磊	裴信超	徐记友	张富生	张家栋	赵联一
周海亚					

化机(7 人)

郭　冰(女)	李国帅	刘恩孝	毛永炜	汤　杰	吴印博
张　超					

机械工程(32 人)

崔　瑜(女)	崔中凯	韩亚男(女)	贾　超	姜衍猛	蒋青松
李　晨(女)	李田田	李忠田	刘丽媛(女)	路青青(女)	任爱美(女)
时华栋(女)	孙克争	孙元元(女)	谭洪奎	王大振	王　东
王福增	王松松	徐庆钟	徐新东	杨成虎	杨飞虎
阴　冰	岳兴利	张艳伟	赵庆超	周洪莹	陈国强
孙　柯	徐文超				

工业工程(7 人)

李　华	刘　伟	秦顺顺	任万明	王秀丽(女)	席永利
徐西会					

2011 级(158 人)

科学学位(112 人)

机械制造及其自动化(38 人)

蔡玉奎	程宏伟	董　颖(女)	封　慧(女)	冯秀亭(女)	龚宝龙
靳　东	李　乐	李　玉(女)	刘　漫	刘明增	刘庆玉
刘　洋	刘召龙	刘子武	马鸿龙	陶国灿	汪海晋
王　干	王龙晖	王　鹏	吴远晨	夏　峰	闫光远

岳中波　　　张　阁　　　张丽娜(女)　　张　庆　　　张　蕊(女)　　张　义
张忠伟　　　赵　斌　　　赵　滨　　　赵国强　　　赵加帮　　　周辉军
周长安　　　邹长斌

机械电子工程(25人)

白　儒　　　韩泉泉　　　汲　振　　　孔祥涛　　　冷同同(女)　　李金瑞(女)
李姗姗(女)　李仕义　　　刘金帅　　　刘喻明　　　马向伟　　　孟　贝
庞晓柯　　　石洪蕾(女)　宋洪宁　　　孙书仁　　　仝红艳(女)　王建俊
王　清　　　武玉松　　　徐宝腾　　　徐俊凯　　　薛彦冰　　　于翰文
张青青(女)

机械设计及理论(15人)

蔡元收　　　柴雅聪(女)　陈　宁　　　焦　扬　　　孔德政　　　孔庆祥
郎需林　　　李　勇　　　刘华贺　　　任　阳　　　史振兴　　　宋　磊
詹　沛　　　张彤辉　　　张振京

车辆工程(6人)

崔若飞　　　高　阳　　　赫燕鹏　　　姜广梅(女)　宋淑贞(女)　周伟伟

制造系统信息工程(9人)

孛朝旺　　　高新彪　　　郝庆栋　　　李先鹏　　　李　岩　　　李自香(女)
刘　伟　　　徐荣振　　　张国霞(女)

化工过程机械(8人)

曾兆强　　　胡　涛　　　李安庆　　　李龙敬　　　王　贺　　　王鹏飞
王玉松　　　张立亮

设计艺术(11人)

姜　鑫(女)　刘近荣(女)　刘　璐(女)　潘松光　　　孙　婕(女)　汤亚丽(女)
魏梦蝶(女)　杨　萌(女)　赵婧婧(女)　赵亚伟(女)　周慧玲(女)

专业学位(46人)

机械工程(29人)

曹雁超　　　陈生平　　　陈　艳(女)　范亮亮　　　冯继凯　　　葛顺鑫
葛衍冉　　　郭冠宇　　　洪礼康　　　李守磊　　　刘潺潺　　　刘计斌
刘金龙　　　刘培超　　　逯建伟　　　牛庆良　　　商显栋　　　盛　伟
田　欣(女)　王家寅　　　王林博　　　王晓彬　　　王晓龙　　　王志望
吴小廷　　　薛　源　　　张延彬　　　赵鑫鑫　　　赵　彦

车辆工程(4人)

卢立倩(女)　孙常林　　　王晓乐　　　于　洋

工业工程(8人)

管凯凯　　　黄　旭　　　纪芹芹(女)　姜占光　　　吕国错　　　王浩宇

王淑娟（女）　　于　慧（女）

工业设计工程(5 人)

黄　慧（女）　　李　云（女）　　厉志成　　　　鲁蓓蓓（女）　　任熹培

2012 级（156 人）

科学学位

机械制造及其自动化(40 人)

刘　帅	王　伟（女）	陈福谦	冯少川	赵同亮	荆访锦
刘　鹏	闫续范	张培荣	苏　瑞	胡东东	贾兴民
鞠军伟	毕中炜	朱兆聚	张婉清（女）	冯　升	门　博
于　鑫	史存伟	王　勇	赵艳哲（女）	袁贝贝	邵为宪
张洪山	赵　凯	张克栋	李键辉	季文彬	王乾俸
王永波	高焕焕（女）	孙国艳（女）	郭全杰	秦文真	许　东
于　超	李　刚	张国栋	张林青		

机械电子工程(23 人)

刘鹏飞	王泓晖	彭　程	王文莉（女）	刘鹏博	盖　涛
李淑颖（女）	黄　炎	王乃飞	米永振	吕昕晖（女）	崔兴可
李　瑞	侯明江	于世杰	张金琪（女）	张　倩（女）	周生良
张永涛	崔新凯	王新颖	张彦杰	黄　思（女）	

机械设计及理论(16 人)

郑建华	丁　栋	江民圣	郑传栋	王海蛟	梁　骁
杨进殿	刘培培（女）	蔡莉莉（女）	刘雪飞（女）	吕兆川	张　霞（女）
王利梅（女）	范鹏飞	朱宁波	杨　帅		

车辆工程(8 人)

李雪映	韩庆宇	孙　伟	高远金	崔由美（女）	刘　鑫
王永会（女）	周亚梅（女）				

制造系统信息工程(9 人)

赵莉莉（女）	李国彦（女）	纪　雪（女）	陈柳青	李宝聚	王利平（女）
程　妍（女）	周丽蓉（女）	谭　磊			

化工过程机械(7 人)

李　勇	汪　斌	苏成功	温皓白	安笑辉	刘春武
李文珂					

设计学(6 人)

肖永康	陈　曦（女）	任怡霖（女）	李亚飞（女）	栾春晔（女）	韩飞鸿

专业学位

机械工程(29 人)

刘义辉	曾印平	郑成龙	陈大为	张志冲	杨　浩
刘广凯	余　盛	宫兆超	贺　蒙	董启伟	黄天琪
宋　昊	满　佳	油建彪	李　卫	王怀超	王程霖
聂延艳(女)	朱彦防	张德辉	陈风超	刘翠平(女)	车　通
朱海光	王　琼(女)	杨文豪	马开良	霍洪超	

车辆工程(4 人)

李文昊(女)	杨明月(女)	谢文龙	黄　硕

工业工程(9 人)

郭　琦	孟　强	王云飞	李　辰(女)	陈鸿倩(女)	陈　艳(女)
王　乐	闫绪国	李　硕			

工业设计工程(5 人)

张　涛	崔燕燕(女)	赵安宁(女)	张明明(女)	宁　静(女)

2013 级(160 人)

化工过程机械(7 人)

樊丽博(女)	靳　凯	鞠岗岗	马双双(女)	杨成明	张泰瑞
钟允攀					

机械电子工程(21 人)

陈跃彪	杜志元	房欣欣(女)	顾雯雯(女)	黄　冉	刘　磊
刘亚男	刘自超	卢　丹(女)	马　卓	宋爱伟	孙玉琼(女)
王　振	徐佰温	尹燕刚	禹清华	张道坤	张　胜
张　伟	郑亚鹏	仲　斐			

车辆工程(12 人)

黄玉珍(女)	李小蕊(女)	张曼玉(女)	闫　帅	刘　斌	谭启涛
吕国敏	孙冲冲	杨　帅	张　炯	张　烁	郑　洲

工业工程(13 人)

郭　丁	郭妥当	李　静(女)	李其胜	刘兴睿	秦赵辉
曲倩雯(女)	邵　蒙	王文文(女)	王亚政	王一凡	杨子江
张　军					

工业设计工程(5 人)

郭　康	李　男(女)	唐利霞(女)	王艺璇(女)	周　佩(女)

机械工程(41 人)

蔡高丽(女)	曹　阳	陈　光	陈　银	董　萱	方　贺

冯冬冬	海　源	韩吉伟	韩祥程	贾红帅	姜　超
姜振喜	李法双	李凯玥(女)	李　哲	刘　骜	刘　坤
刘伟虔	刘运东	鲁俊杰	吕志伟	马永方	孟　昊
潘和林	任祥祥	任重义	田文欢(女)	王　鹏	王瑞岩
王文强	武怀宇	熊文涛	徐文汗	姚帅帅	叶鲁浩
于秀芳(女)	张　潇(女)	赵世霞(女)	郑　路	周晓婷(女)	

机械设计及理论(14 人)

陈　阳	邓振宇	董蓬莱	李宗强	刘国威	刘乃军
鲁开胜	路宇哲	毛业兵	任文龙	佘寻峰	王春玉(女)
赵　斌	周青阳				

机械制造及其自动化(34 人)

白利娟(女)	陈　勋	高　鹏	葛梦然(女)	宫　峰	寇兆军
李丽红(女)	梁西昌	刘国梁	刘庆龙	陆培川	路来骁
孟　荣	潘向宁(女)	秦　闯	宋珊珊(女)	隋显凤(女)	王　侃
王情情(女)	王银涛	夏飞虎	邢举学	徐国强	徐开涛
徐培利	薛　钢	叶瑛歆(女)	岳鸿志	张晨旭	张成良
张　恒	张　健	赵　建	赵天明		

设计学(5 人)

韩　甦(女)	李海旺	王彦军	王　莹(女)	杨　茜(女)

制造系统信息工程(8 人)

陈晓璐(女)	金　湖	李景丽(女)	吕鹤婷(女)	沈小康	王成钊
徐　廷(女)	张爱荣(女)				

2014 级(132 人)

科学学位(71 人)

机械制造及其自动化(27 人)

仇　政	方金岩	葛健煜	郭　茂	郭　鹏	姜　超
寇彦芸(女)	李铁刚	李玉超	刘海宾	刘　涛	刘亚男
罗华清	吕　盈(女)	马　超	邱正师	石文浩	田　茹(女)
王昌省	王大伟	王　良	王明宇	王　滕	魏清月(女)
张庚楠(女)	赵文明	庄　鹏			

机械电子工程(15 人)

范文涛	李庆冬	李云龙	梁晨晨(女)	刘云鹏	卢松松
罗彦铭	庞建伟	齐　全	陶　亮	王志东	闫　鑫
张敬涛	张　鹏	赵　凯			

机械设计及理论(6 人)

| 董红建 | 刘知辉 | 王安民 | 王　斌 | 杨胜尧 | 周一群 |

车辆工程(5 人)

| 黄玉珍(女) | 李　涛 | 刘会胜 | 王　卫 | 王晓锦 |

化工过程机械(4 人)

| 乔　鹏 | 冉绍辉 | 石佳昊 | 尹晓燕(女) |

设计学(3 人)

| 刘梦歌(女) | 刘羽佳(女) | 唐　杰(女) |

机械产品数字化设计(3 人)

| 金　钊 | 申炳申 | 臧淑华(女) |

机械制造工业工程(8 人)

| 常　江 | 丁　峰 | 何讯超 | 黄贺福 | 李新月(女) | 刘　燚 |
| 王　昊 | 郑林彬 |

专业学位(60 人)

机械工程(39 人)

车宇飞	陈　帅	仇丽新	高常青	高永岗	韩　猛
黄凤跃	黄长明	贾　瑞	靳一帆	李华超	李　楠
李润强	李熠琨	林　宝	刘　贝	刘俊奇	刘　洋
刘永超	吕小川	秦　明	田　川	王利明	王起硕
王　谦	王胜德	武智强	闫振国	杨　炎	张福亮
张国安	张　坤	张立龙	张募群	张萍萍(女)	张荣祥
张　一	郑龙伟	仲维燕(女)

车辆工程(9 人)

| 程中娜(女) | 董德浩 | 李　娜(女) | 庞记明 | 王宏愿 | 王　全 |
| 徐兴硕 | 于家伟 | 郑　剑 |

工业工程(5 人)

| 李　超 | 李　翔 | 王碧天 | 王冠峰 | 许立伟 |

工业设计工程(7 人)

| 陈梦丽(女) | 贾　璇(女) | 李　孟(女) | 毛可惠(女) | 申红艳(女) | 夏润雨 |
| 张茹茹(女) |

2015 级(158 人)

科学学位(77 人)

机械制造及其自动化(28 人)

陈冠宇	陈　攀	丁洪鹏	丁梁锋	付江焜	葛　月(女)
胡瑞泽	冀　敏	贾海峰	李　刚	李明爽	刘　凯
刘科显	刘　力	孟祥旗	潘鹏鹏	汤红杰	陶海旺
王　标	王桂森	王　鹏	许鹏飞	杨明斌	张名扬
张　帅	张　翔	钟　鑫	AZIZ UI HASSAN MOHSAN		

机械电子工程(15 人)

崔家兴	高　桢	蒋　杜	李宝超	李　昊	鹿呈志
权稳稳(女)	王德海	王伟科	徐　欣	于　晨	张　磊
朱永波	CH ASAD ABBAS		MUHAMMAD UMAIR		

机械设计及理论(7 人)

程谟力	董延颖(女)	汪琦皓	魏鹏鹏	徐英强(女)	郑良辰
周　洋					

车辆工程(4 人)

陈　飞	刘治安	齐亚州	王金山

机械产品数字化设计(5 人)

刘家奇	唐　丹(女)	王春晓(女)	王善涛	王志超

化工过程机械(7 人)

高一夫	牛俊男	苏腾龙	汪　超	王冬琦	王润堃
王　尚(女)					

机械制造工业工程(8 人)

边佩翔	董国振	杜际雨	高建荣(女)	王诗雅(女)	谢　麒
许　浩	朱卓悦(女)				

设计学(3 人)

黄金铭(女)	潘　路(女)	赵晓利(女)

专业学位(81 人)

机械工程(58 人)

卜庆强	陈文华	陈晓涛	丁龙威	高　伟	官明超
郭盼盼(女)	侯秋林(女)	侯云鹤	胡吉博	惠庆志	李建明
李　雄	刘灿宇	刘　春	刘　锦	刘文韬(女)	刘　潇
刘　学	罗崇岳	马高远	孟祥陆(女)	孟小峰	孟　哲(女)

倪鑫易	聂琳涛	石 凡	孙菲菲(女)	田海丹(女)	王 冲
王从宏	王 鼎	王贵松	王佳伟	王俊超	王 帅
吴康辉(女)	吴远太	闫 开	姚 瑞	臧 健	翟科栋
湛青坡	张丹丹(女)	张 广	张 健	张培强	张 涛
张旭韬	张振京	张子群	章 程	赵阳周	甄天辉
郑 印	周立明	周晓磊(女)	邹雪倩(女)		

车辆工程(7 人)

| 刘 杉(女) | 孙 琪(女) | 孙婷婷(女) | 王少坤 | 徐功铖 | 张国新 |
| 张开宇 | | | | | |

工业工程(10 人)

| 高 旭 | 郭恒栋 | 孔 琳(女) | 李潇潇(女) | 刘 阳 | 王绪昌 |
| 吴 斌 | 徐 婕(女) | 张百年 | 张忠阁 | | |

工业设计工程(6 人)

| 丁佳一(女) | 刘晓娜(女) | 潘晨辉(女) | 邵瀚瑶(女) | 孙 灵 | 张义文 |

2016 级(147 人)

科学学位(81 人)

机械制造及其自动化(28 人)

陈 杰	陈时光	陈 涛	侯冠明	侯 鑫	黄贤通
李璐丽(女)	李仕浩	刘 笑	吕沃耘	牛佳慧(女)	彭扬翔
任 冰	桑 迪	孙蓬勃	孙一航	田 昆	万志坚
王 伟	魏 鑫	吴得宝	于 毅	袁佶鹏	张立保
张珊珊(女)	赵 峰	朱家豪	朱文丹(女)		

机械电子工程(14 人)

高鸿志	高文斌	谷雨橦(女)	景来钊	李创业	柳云鹤
吕宇翔	马晓源	杨 艳	于 哲	张 迪	张建敏
王 欣(女)	薛思阳				

机械设计及理论(8 人)

| 蔡晨需 | 李新颖 | 汤又衡 | 王 波 | 王德京 | 王嘉伟 |
| 王亚飞 | 于 洋 | | | | |

车辆工程(5 人)

| 陈晓晓(女) | 房素素(女) | 付文超 | 何 鑫 | 牛 宁 | |

机械产品数字化设计(5 人)

| 韩陆依 | 李巾杰(女) | 孙德鹏 | 王 超 | 朱宏伟 | |

机械制造工业工程(9人)

陈 帅	刘浩华	邱钦宇	邵祖光	田再浩	杨得玉
臧志刚	张锐杰	周群海			

化工过程机械(7人)

程吉锐	贾俊楠(女)	李美婷(女)	刘 宇	万冬冬	袁淑英(女)
聂凡茹(女)					

设计学(5人)

洪诗莹(女)	满孝曼(女)	王雪彤(女)	周雁(女)	王佳琦(女)

专业学位(66人)

机械工程(47人)

班传奇	卜 杨	曹 凯	曾世琛	程 锐	丁志彤
窦 蒙(女)	杜宜聪	甘海宏	高 建	韩双玲(女)	蒋东东
金成山	李广伦	李 振	刘方全	刘汉唐	刘婧文(女)
刘伟昊	吕荣基	毛晓雯(女)	潘聚义	潘 睿	彭 鑫
漆 焱	瞿德浩	商建通	沈 琦	孙文政	唐鑫鑫
王 鹏	王 强	王书达	王 腾	王 瑜	王 震
王作山	闫本正	杨 斌	杨 烨	喻 超	张贵梁
赵守东	赵 阳(女)	周民法	朱先萌(女)	邹 刚	

车辆工程(5人)

房佩鸽(女)	侯力文(女)	霍聪聪(女)	刘中正	魏枫展

工业工程(10人)

曹 勇	巩高铄	顾承超	李 龙	路 阳	聂玉龙
王 琛	王艳芸(女)	王涌泉	燕同同		

工业设计工程(4人)

冯 坚	胡志远	唐志斌	朱贵慧

2017 级(196人)

科学学位(72人)

机械制造及其自动化(26人)

陈庆伟	陈 志	崔 鹏	代 康	丁建华	范 珂
郭凤祥	郭景超	黄 鑫	冷 可(女)	黎明河	李晓君
刘 昊	刘 辉	刘文强	刘彦茗	马学斌	潘家豪
王 硕	王 昭	辛本礼	辛宗霈	张保财	张文龙
周培法	HAFIZ KHIZER BIN TALIB				

机械电子工程(10 人)

孔天相	李金银	梁 雪	邵星翰	孙渊博	汪 越
王世英	俞植馨	岳宗仰	赵仲秋		

机械设计及理论(7 人)

李红双(女)	李聚才	刘子豪	马晓宾	沈国栋	姚振扬
郑楚夕(女)					

车辆工程(4 人)

单兴华	练 晨	王国栋	吴优优

机械产品数字化设计(4 人)

丰佳铭	刘杏铭(女)	孙 虎	吴 冰(女)

机械制造工业工程(8 人)

高 菲(女)	李博志	李民东	刘欣玥(女)	马 艳(女)	苏开远
唐法帅	朱建峰				

化工过程机械(6 人)

郭 超	刘 佳	刘 欣	鲁树珍(女)	任仲豪	原晨岩(女)

设计学(7 人)

董可然(女)	董 雪(女)	胡雯彧(女)	李钦彪	王秉帅	张 琳(女)
周瑶君(女)					

专业学位(124 人)

机械工程(85 人)

陈 超	陈 晨	陈 佳(女)	陈家兴	陈 蕾	陈清华(女)
丁明鹏	董佑浩	范 博	房智祥	付祥松	高洪印
高祥林	葛德俊	宫衍民	侯嘉瑞	黄俊诚	蒋永航
李海龙	李 龙	李南宜	李文祥	李 鑫	李政誉
刘加岭	鲁 洋	梅 飞	孟翔宇	牛兆勇	任纪颖(女)
任 旭	舒 雨	司卫卫	宋世平	宋伟田	宋绪浩
苏高照	孙 婕(女)	孙鹏程	孙青松	谭业成	田海东
田金鑫	田莉莉(女)	王 刚	王公成	王海涛	王浩光
王 辉	王凯强	王明佳	王绍臣	王抒予	王晓峰
王永祥	王云飞	王 哲	韦梦圆(女)	文 新	巫永琳
吴晓敏(女)	吴一飞	武晓栋	夏新苗(女)	谢 奥	谢 乾
邢 浩	徐 萌	徐永攀	许 良	杨浩锦	杨少华(女)
姚龙旭	于法冒	虞益彪	张贺楠	张可为	张亮亮
张 明	张明方	张晓宇	张振华	赵佳琦(女)	赵 时
郑鹏伟					

车辆工程(9 人)

段庆礨	范柏旺	范佳城	厉青峰	刘鹏业	王文龙
徐长续	翟维东	张　川			

工业工程(15 人)

崔金凤(女)	谷新平	景志强	李　佳(女)	李先飞	刘华羽(女)
刘志颖(女)	马庆营	杨　枫	赵　敬(女)	韩亚群(女)	孙　旭
唐　奇	王森森	魏连兴			

工业设计工程(15 人)

程永杰	方　灏	葛宗玉	郭建晓(女)	胡起瑞	李亚明
梁庭博	刘蒲瑜(女)	牛嵩云(女)	魏国栋	吴　琼(女)	吴瑞南
谢志飞	张桂义	张由佳			

2018 级(185 人)

科学学位(74 人)

机械制造及其自动化(30 人)

唱佳林	邸　浩	丁守岭	房玉杰	霍金星	蒋森河
阚　平	李轶尚	刘安琪(女)	刘化强	刘晓艳(女)	刘玉博
刘泽辉	刘自若	柳　越(女)	卢佳佳	罗　川	罗　星
欧阳丛森	宋文刚	孙佳毅	王　腾	王忠诚	吴闻昊
吴　悠	易仁义	于　浩	于明志	张　晓	张　赟

机械电子工程(15 人)

陈光远	邓　权	高宇杰	巩超光	兰孝健	李学兵
李渊博	刘　畅	钱佳卫	谢朝阳	邢广鑫	徐鸣睿
詹　烁	张　路	HUMA HAFEEZ(女)			

机械设计及理论(7 人)

陈自彬	贾睿昊	姜胜林	刘　明	蒲天钊	杨金帅
张晨政					

车辆工程(4 人)

成梓楠	韩　康	李　华	张晋群

化工过程机械(3 人)

陈晓航	刘剑术	秦　赟

机械产品数字化设计(2 人)

吕　凯	薛超义

机械制造工业工程(7 人)

李露瑶	秦开仲	时元勋	孙凯强	汪　言	于俊甫

张兴艺

设计学(6人)

蒋晓婷(女)	解晓娇(女)	王舒蕊(女)	徐绘云(女)	张聂强	左亚雪(女)

专业学位(111人)

机械工程(67人)

曹斌	陈立新	陈子旭	段宁民	段显丰	冯唯(女)
高帆(女)	耿影(女)	郭姣(女)	韩天雨(女)	何剑汇	侯正金
胡斌	姜佳明	鞠昆廷	李传栋	李鹏	李鹏飞
李松岭	李岳泰	刘斌	刘昊	刘文金	刘玉浩
吕豪剑	吕明航	马明亮	彭椿皓	乔凯	邱文磊
宋凯乐	宋亚男(女)	孙超	孙春生	孙嘉珩	孙齐东
孙哲飞	王得晨	王俊成	王立源	王庆伟	王小娟(女)
王鑫锋	王亚强	王壹帆	王应珂	王子豪	文双
伍杰	肖志菲	熊胜	徐冰洁	徐长风	闫先冲
杨威(女)	尹昂	尹佑康	袁鹏	袁田	昝卓良
张善国	张帅	张艺琳(女)	张悦(女)	赵言锋	钟威
周扬					

车辆工程(8人)

陈虹任	陈爽	陈文鑫	刘富远	刘钟	王先进
王梓鉴	张坤				

工业工程(8人)

常艳茹(女)	董舒豪	付岩	刘静(女)	冉学举	王璐璐(女)
王营	王蕴馨(女)				

工业设计工程(28人)

付文婕(女)	葛梦雪(女)	葛如洪	骆雨生	任碧雅(女)	杨潇
张行健(女)	郭佳(女)	郝心	李晨阳	李湘琼(女)	廖敏艳(女)
刘之平	任媛(女)	石佳磊	宋绍清	孙观(女)	王宾
王刚	王振武	王子林	于冬	臧家彬	张梦(女)
张世伟	张竹茜(女)	郑亦冰	周广燕(女)		

高校教师研究生名单(83人)

2004级(8人)

李华(女)	李文	齐风升	王立芳(女)	王平	王再兴
张风军(女)	赵晓巍(女)				

2005 级(31 人)

刘素萍(女)	刘　影(女)	刘志香(女)	戚　宁(女)	管　文(女)	贺云花(女)
李明辉	李兴凯	桑曙光	史建国	史振萍(女)	宋　强(女)
苏建国	陈　营	杜国臣	范振河	耿效华	孙振强
王长春	王红敏(女)	王兰忠	王卫东	王震亚	杨海波
杨龙波	杨振宇	袁　驰(女)	张军波	张　鹏	周　燕(女)
朱振杰					

2006 级(19 人)

陈陆华(女)	于金伟(女)	赵　琳(女)	马洪新	吴长忠	马建春(女)
孙如军	刘晓蓓(女)	高兴超	孙焕光	王培荣	金　乐
隋向东	赵　梅(女)	杨洪兰(女)	李　刚	麻常选	王尧杰
朱秀梅(女)					

2007 级(14 人)

李绍华(女)	刘淑慧(女)	郑要权	张淑娟(女)	李希朝	侯兰香(女)
陈月凤(女)	卜祥安	赵菲菲(女)	郑　枫	张晓军(女)	李　轩
田莉莉(女)	孙玉芹(女)				

2008 级(11 人)

叶　彬	魏彦波	张立振	陆晓星(女)	张　青	李晓芳(女)
杨振虎	罗　映	夏宇敬(女)	冯艳红(女)	常　立	

同等学力研究生名单(97 人)

2001 级(38 人)

杜庆国	肖恩忠	谢云叶	曹庆俊	王震亚	丁　忠
陈红康	徐　冬	马海健	韩德伟	温效朔	刘秉亮
王长春	姜乃春	刘永胜	伦冠德	陈　营	尚绪强
耿效华	范文利	柴　琪	王广勇	王　泉	张　青
张春山	黄　伟	杜国臣	张　鹏	田希亮	宋洪梅(女)
张华红(女)	郭丽君(女)	胡玲凤(女)	刘素萍(女)	吴春丽(女)	袁　驰(女)
马爱芹(女)	刘　云(女)				

2002 级(40 人)

丁　良	张善永	李　震	段建军	荣爱军	韩式国
路　坤(女)	王文明	王正博	王　旭(女)	王艳芳(女)	艾菊兰(女)
刘鲁宁(女)	吕巧娜(女)	庄　竞(女)	李　艳(女)	薛　岩(女)	张明彩
王延松	冷长庚	刁玉贵	梁明柱	于朝霞(女)	亓兴华
王培琳	史建国	刘　建(女)	刘　锋	刘　新	邬　颖(女)

冷永杰	张振东	李 立	孟昭强	庞继伟	钟庆华
郭 成	郭 鹏	管 文(女)	薛彦登男		

2003 级(6 人)

王金明	孟 颖(女)	张安利	李月恩	李淑萍(女)	金 乐

2004 级(7 人)

刘江臣	顾仁涛	闵 鹏	卜绍先	王连文	王飞鹏
都志民					

2005 级(4 人)

高 琛(女)	张志海	李晓芳(女)	陈陆华(女)

2007 级(2 人)

金 妍(女)	刘 强

2018 级(1 人)

李祥龙

工程硕士研究生名单(247 人)

2001 级(30 人)

刘建军	赵 峰	李 涛	王亮德	曹庆俊	姜天信
孙文虎	佟玉斌	李洪刚	刘 钢	刘向暖	刘玉山
任云波	杨为清	姜军生	张 清	张 峰	房强汉
张士军	史锦屏(女)	庞守美(女)	郝美玲(女)	杨建华(女)	栗慧倾(女)
田玉梅(女)	陶立英(女)	邱璐璐(女)	丛 林(女)	张玉杰(女)	王继梅(女)

2002 级(29 人)

邵 芳(女)	陈海玲(女)	屈凡碧	孙利波	王善田	庄允朋
杨小波	张启发	牟晓红(女)	张耀文	谢万平	陆明霞(女)
范文礼	郝云飞	窦坦明	马作贞(女)	陈淑玉	谭业锋
曹春华(女)	贾永臣	张冬梅(女)	郭 程	孔德芳(女)	仲为武
杨光萍(女)	张翔宇	于 翔(女)	韩广军	巩曰泰	

2003 级、2004 级(48 人)

翟国锋	李念君	范文峰	马呈新	刘永建	田兴凯
李旭生	李功民	毛向阳	刘传波	朱利民	张宝国
蔡 巍	王洪民	乔桂国	贾红梅(女)	张文利	石 峰
李凯岭	于旭光	张屹林	于利民	高 飞	许 刚
陈海鹏	张立新	赵旭东	徐 冬	王泽刚	韩爱民
项庆敏	刘 军	纪有军	董德刚	于树洪	姜殿昌

袁真德	闫汝辉	董　宏(女)	赵寿庆	马　燕(女)	赵秋红(女)
杨晓玲(女)	马琨哲(女)	翟克芬(女)	纪伟晶(女)	吴风丽(女)	张杰函(女)

2005 级(11 人)

王世亮	王宏元	宋玉厚	王冬梅(女)	高新亮	郭勋德
王晓磊	许　晨(女)	刘长勇	肖宏川	姜武杰	

2006 级(19 人)

李新军	王玉梅(女)	赵庆明	高　琛(女)	谷正刚	李加朋
尚绪强	山云宵	何翠珍(女)	柳建峰	李玉林	孟凡秋
时明军	屈召富	张　波	杨培华	尹清忠	周　梅(女)

2007 级(20 人)

金　涛	胡　静(女)	刘光峰	刘胜勇	韩　强	孙玉峰
王菲菲(女)	崔剑平	李　军	史家迎	刘树明	曲星霖
李鹏飞	马爱芹(女)	李　谦	于　宁	都志民	张志海
郭建庆	何　萌				

2008 级(22 人)

唐明明(女)	吴树梁	胡庆峰	孟祥兵	耿艳梅(女)	段　晓
王　永	宋建毅	王　峰	索宝丽(女)	樊增彬	万　敏(女)
藏邦海	任慧丽(女)	李　庆	范卫华(女)	李贞卿	刘建红(女)
秦　桦(女)	赵培法	徐平伟			

2009 级(51 人)

边祥民	陈　静(女)	程　鑫	崔继永	崔兴渊	杜　滨
杜明达	范存超	冯蓬勃	高彬彬	郭瑞栋	郝江炜
蒋丽丽(女)	李　冰	李长永	李　超	李建江	林凡波
刘爱民	刘会英(女)	刘　佳	罗宪君	马东霞(女)	马化吉
孟　磊(女)	倪文彬	聂建钦	盛大银	孙国庆	孙正宪
唐　旭	王俊杰	王　盟	王书建	王玉玲(女)	武香菊(女)
谢英来	熊玉力	刘念波	徐建新	闫向东	杨庆华
杨庆明	于祥勇	张海峰	张建永	张　奇	张　勇
支保均	周亚军	朱春芝(女)			

2010 级(17 人)

褚邦伟	辛红亮	路　毅	李　嘉	刘宪坤	李　亮
张　勇	翟　明	王鹏飞	刘　楷	刘延利	徐周原
王振东	郑龙燕(女)	纪红云(女)	郭婷婷(女)	程继坤(女)	

注:因历史等原因,部分学生名单有误或缺失。

本专科生毕业合影

1951 届毕业合影

1952 届毕业合影

机械制造工艺 1953 届毕业合影

机械制造工艺 1955 届毕业合影

机械制造工艺 1958 届 1～4 班毕业合影

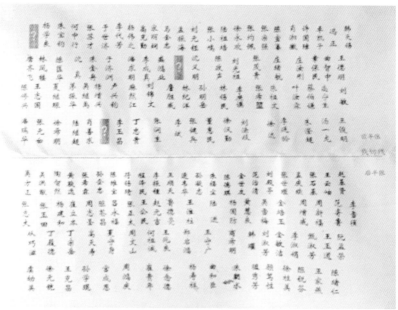

1959 届毕业合影及对应名单

机 1964 届合影

制 1964 届 5 班毕业合影

制 1965 届 1 班毕业合影

制 1970 届 2 班毕业合影

夜大 1970 届毕业合影

机制 1971 级 2 班毕业二十周年合影

机制 1972 级 1 班毕业合影

机制 1972 级 2 班毕业合影

机制 1973 级 1 班毕业合影

机制 1973 级 2 班毕业合影

机制 1974 级 1 班毕业合影

机制 1974 级 2 班毕业合影

机制 1975 级 1 班毕业合影

机制 1975 级 2 班毕业合影

机制 1976 级 2 班毕业合影

机制 1977 级 1 班毕业合影

机制 1977 级 2 班毕业合影

机制 1977 级 3 班毕业合影

机制 1978 级 1 班毕业合影

机制 1978 级 2 班毕业合影

机制 1978 级 3 班毕业合影

机制 1979 级 1 班毕业合影

机制 1979 级 2 班毕业合影

机制 1979 级 3 班毕业合影

机制 1980 级 1 班毕业合影

机制 1980 级 2 班毕业合影

机制 1981 级 1 班毕业合影

机制 1981 级 2 班毕业合影

机制 1982 级 1 班毕业合影

机制 1982 级 2 班毕业合影

机师 1982 级毕业合影

机制 1983 级 1 班毕业合影

机制 1983 级 2 班毕业合影

机师 1983 级毕业合影

机制 1984 级 1 班毕业合影

机制 1984 级 2 班毕业合影

机设 1984 级毕业合影

机师 1984 级毕业合影

机制 1985 级 1 班毕业合影

机制 1985 级 2 班毕业合影

机设 1985 级毕业合影

机师 1985 级毕业合影

化机 1985 级毕业合影

机制 1986 级毕业合影

机设 1986 级毕业合影

机师 1986 级毕业合影

化机 1986 级毕业合影

机制 1987 级 1、2 班毕业合影

机设 1987 级毕业合影

机师 1987 级毕业合影

机制 1988 级 1 班毕业合影

机制 1988 级 2 班毕业合影

机设 1988 级毕业合影

机师 1988 级毕业合影

机制 1989 级 1、2 班毕业合影

机设 1989 级毕业合影

机师 1989 级毕业合影

化机 1989 级毕业合影

机制 1990 级 1 班毕业合影

机制 1990 级 2 班毕业合影

机设 1990 级毕业合影

机师 1990 级毕业合影

机制 1991 级 1、2 班毕业合影

机设 1991 级毕业合影

机师 1991 级毕业合影

化机 1991 级毕业十周年合影

1992 级毕业合影

机制 1993 级 1 班毕业合影

机制 1993 级 2 班毕业合影

机设 1993 级毕业合影

机电 1993 级毕业合影

机师 1993 级毕业合影

1994 级毕业合影

化机 1994 级男生合影

1995 级毕业合影

1996 级毕业合影

化机 1996 级毕业合影

1997 级毕业合影

1998 级毕业合影

1999 级毕业合影

2000级毕业合影

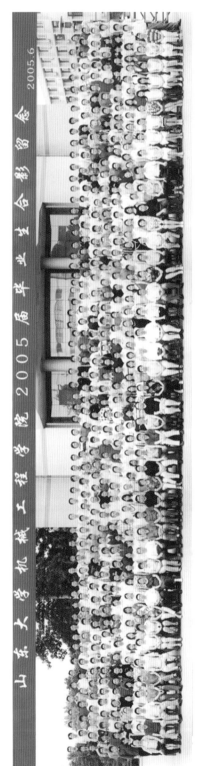

2001级毕业合影

2002级毕业合影

2003级毕业合影

2004级毕业合影

2005级毕业合影

2006级毕业合影

2007级毕业合影

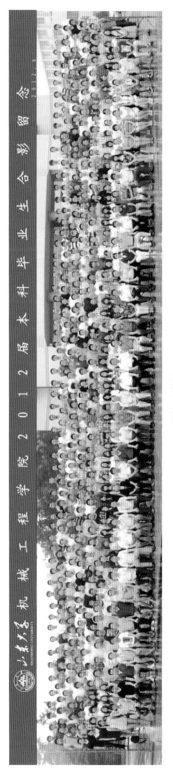

2008级毕业合影

2009级毕业合影

2010级毕业合影

2011级毕业合影

2012级毕业合影

2013级毕业合影

2014级毕业合影

2015级毕业合影

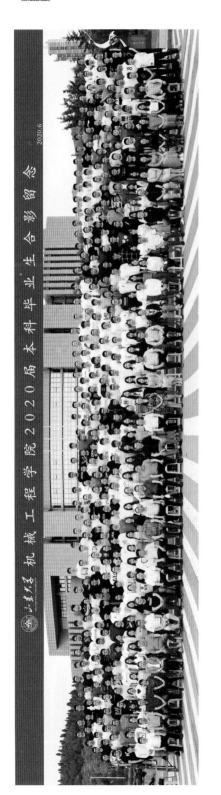

2016级毕业合影

2017级毕业合影

研究生毕业合影

1985 届研究生毕业合影

1991 届研究生毕业合影

2002 届研究生毕业合影

2004 届研究生毕业合影

2006 届机制研究生毕业合影

2006 届机设研究生毕业合影

2007 届研究生毕业合影

2008 届研究生毕业合影

2009 届机电研究生毕业合影

2010届研究生毕业合影

2011届研究生毕业合影

2012届研究生毕业合影

2013届研究生毕业合影

2014届研究生毕业合影

2015届研究生毕业合影

2016届研究生毕业合影

2017届研究生毕业合影

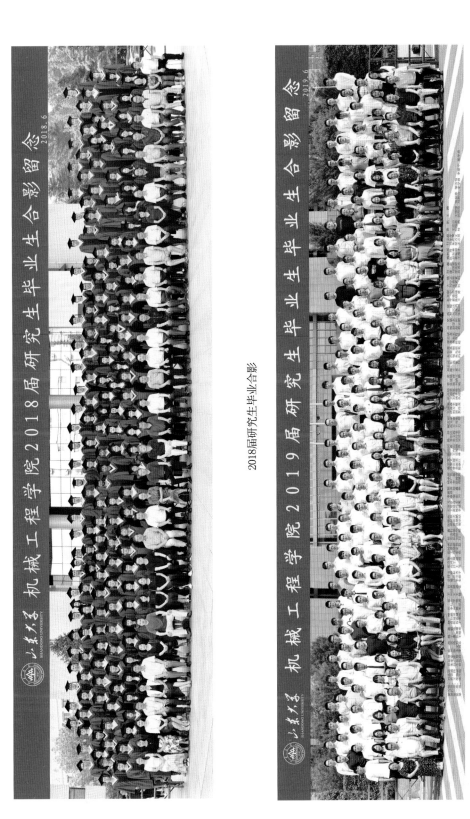

2018届研究生毕业合影

2019届研究生毕业合影

2020届研究生毕业合影

2021届研究生毕业合影

注:部分毕业合影缺失。

附录三 《山东大学机械工程教育90周年史》摘编

山东大学机械工程教育

90 周年史

刘 琰 吕 伟 贾存栋 主编

山东大学出版社

图书在版编目(CIP)数据

山东大学机械工程教育 90 周年史/刘琰,吕伟,贾
存栋主编.—济南:山东大学出版社,2016.9
ISBN 978-7-5607-5641-7

Ⅰ.①山… Ⅱ.①刘… ②吕… ③贾… Ⅲ.①机械工
程—高等教育—教育史—山东 Ⅳ.①TH-4

中国版本图书馆 CIP 数据核字(2016)第 240966 号

责任编辑:李 港
封面设计:张 荔

出版发行:山东大学出版社
        社 址 山东省济南市山大南路 20 号
        邮 编 250100
        电 话 市场部(0531)88364466
经 销:山东省新华书店
印 刷:山东德州新华印务有限公司
规 格:787 毫米×1092 毫米 1/16 58 插页
        27.25 印张 664.8 千字
版 次:2016 年 9 月第 1 版
印 次:2016 年 9 月第 1 次印刷
定 价:90.00 元

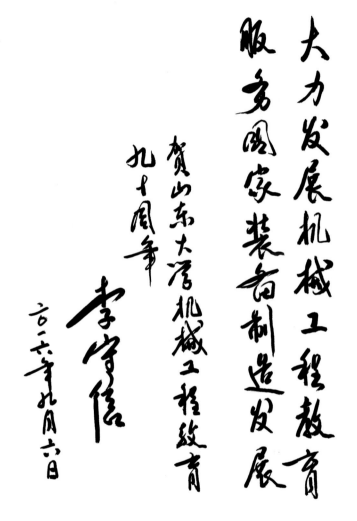

山东大学党委书记李守信为机械工程教育 90 周年题词

努力把机械工程学科
建成一流学科

张荣 2016.9.9

山东大学校长张荣为机械工程教育 90 周年题词

《山东大学机械工程教育 90 周年史》

编委会

顾　　问	艾　兴　　田志仁　　张洪安　　韩　　宏
	王梦珠　　秦惠芳　　潘国栋　　李剑峰
	王中豫
主　　任	黄传真　　仇道滨
副 主 任	刘　琰　吕　伟　贾存栋
委　　员	（以姓氏笔画为序）

万　熠	王　勇	王忠山	王爱群
王增才	王震亚	仇道滨	毕文波
吕　伟	朱征军	朱振杰	刘　玥
刘　琰	刘　璐	刘和山	李方义
李建勇	李增勇	杨志宏	宋小霞
宋清华	陈颂英	孟剑锋	赵　军
胡玉翠	姜兆亮	贾存栋	高　琦
黄传真	廖希亮	魏　宏	

编写组成员

主　　审	黄传真	仇道滨			
主　　编	刘　琰	吕　伟	贾存栋		
副 主 编	刘　玥	李建勇	宋小霞	魏　宏	
	胡玉翠				

编写成员　（以姓氏笔画为序）

万　熠	王　勇	王忠山	王爱群
王增才	王震亚	仇道滨	毕文波
吕　伟	朱征军	朱振杰	刘　玥
刘　琰	刘　璐	刘和山	李方义
李建勇	李增勇	杨志宏	宋小霞
宋清华	陈颂英	孟剑锋	赵　军
胡玉翠	姜兆亮	贾存栋	高　琦
黄传真	廖希亮	魏　宏	

序　言

　　山东大学机械工程学院坐落在美丽的泉城济南千佛山脚下。

　　机械工程教育有着悠久而辉煌的历史，最早可以追溯到 1912 年成立的山东公立工业专门学校。1914 年，官立山东大学堂停办，相关教师、学生和财产转入山东公立工业专门学校。山东公立工业专门学校的办学宗旨是培养具有高等知识和技能并能从事相关工作的人才，专科部设立了机织科，预科部设立了金工科，开设了机械工程学大意、机纺机械、制图学等课程，为山东大学机械工程教育学科的设立奠定了坚实的基础。1926 年，山东公立工业等 6 所专门学校合并重新组建省立山东大学，正式设立了机械系，开启了山东大学机械工程教育的先河。1949 年 11 月，山东省立工业专科学校成立，1951 年 7 月更名为"山东工学院"，1983 年 9 月更名为"山东工业大学"，设立机械工程系，系主任是陈翼文。1952 年，教育部对全国高等院校进行了院系调整，山东大学机械工程系的师资、设备、学生整体调入山东工学院机械工程系，这时的机械工程系大师云集，内燃机专家丁履德、力学专家刘先志等都在此任教，这也是山东大学机械工程学院的前身。今天的机械工程学院是 2000 年 7 月由原山东大学、山东医科大学、山东工业大学合并成立新山东大学后设立的，是山东大学具有代表性和基础性的工科学院之一。现任院长是教育部"长江学者"特聘教授、国家杰出青年科学基金获得者、博士生导师、著名高速高效精密加工和刀具专家黄传真教授，党委书记是仇道滨教授。

　　20 世纪 90 年代以来，机械工程学院植根于中国机械工业发展、装备制造业振兴和中国经济迅速崛起的沃土，始终保持积极、开放的态势，在学科建设、人才培养、科学研究、师资队伍建设和社会服务等方面都取得了突出的成绩。综合办学实力和核心竞争力不断增强，办学质量和为国家、区域服务的能力逐渐提高，国内影响力和国际知名度明显提升，形成了自己的学科优势和特色：机械制造及其自动化是国家重点学科，机械制造及其自动化、机械电子工程、机械设计及理论、过程装备与控制工程、工业设计等学科均达到国内一流水平。

　　学院师资力量雄厚。拥有一支年龄结构、学缘结构、知识结构合理，思想素质好、学术造诣深、科研实力强的教师队伍。目前，全院在职教职工 160 人，其中教师 120 人，有中国工程院院士 3 人（含双聘 2 人）。我长期从事切削加工研究，于 1999 年荣幸当选为中国工程院院士，先后任中国机械工业金属切削刀具技术协会名誉理事长、中国刀协切削先进技术研究会名誉理事长，在切削加工和刀具材料、超硬材料加工和复杂曲面加工等领域取得了一定的成绩。中国工程院院士、机械制造与自动化领域著名专家、西安交通大学卢秉恒教授,中国工程院院士、机械设计及理论领域著名专家、浙江大学谭建荣教授,受聘学院双聘院士。中组部国家"千人计划"学者王军教授、梅敬成教授,教育部"长江学者"、国家杰出青年科学基金获得者黄传真教授,教育部"长江学者"赵正旭教授,国家杰出青年科学基金获得者、"泰山学者"刘战强教授,中组部国家"青年千人计划"学者闫鹏教授、"泰山学者"邓建新教授、李剑峰教授、李苏教授、李瑞川教授等在国内外机械设计制造及其自动化领域都享有很高的学术声誉。外籍教师 Prof. Philip Mathew,Prof. Ningsheng Feng,Prof. Andrew Kurdila 等受聘学院,常年为本科生、研究生开设全英文课程。以教育部"新世纪优秀人才支持计划"入选者赵军教授、张勤河教授、万熠副教授、邹斌副教授等为代表的青年教师正脱颖而出。这支实力雄厚的教师队伍为学院的教学、科研及各项工作的开展提供了强有力的师资保障。

学院人才培养特色鲜明。学院已建立起"学士—硕士—博士—博士后"的完整人才培养体系,现有 1 个机械工程博士后流动站,1 个机械工程一级学科博士点,8 个二级学科博士点及先进制造工程博士点,8 个二级学科硕士点及机械工程、工业工程、车辆工程、工业设计工程等 4 个工程硕士点,机械设计制造及其自动化、车辆工程、过程装备与控制工程、工业设计 4 个本科专业。建立了机械工程大学生创新平台和 20 余个学生社会实践基地,先后与澳大利亚新南威尔士大学、美国弗吉尼亚理工大学签订了联合培养协议,与韩国斗山集团、德国采埃孚集团、广东核电集团等联合定向培养本科生,开设了全英文本科班。机械设计制造及其自动化是国家特色专业,也是首批进行"卓越工程师"培养和通过国际工程教育专业认证的专业。学院毕业生具备较强的社会竞争力,受到用人单位的欢迎,许多毕业生已成为机械及相关行业的管理者、创业者和企业家。培养了国家安监总局副局长李兆前,山东省副省长王随莲,教育部"长江学者"特聘教授赵正旭、刘成良、轩福贞,山东临工工程机械有限公司董事长王志中,山东豪迈科技股份有限公司董事长张恭运等一大批杰出校友。目前,学院在校本科生 1600 余人、研究生 700 余人,博士后在站人员 30 余人。

学院科学研究成果斐然。近五年来,完成了包括"973""863"、国家科技支撑计划、国家科技重大专项等科研项目 500 多项。出版了一批高水平的专著和教材,在国内外著名学术刊物上发表论文共计 2000 多篇,获得国家发明奖、科技进步奖等国家级、省部级奖励 40 多项。学院非常重视校企、校地合作与交流,先后与江苏省赣榆县、山东省沂水县等 10 余个县市区,合肥通用机械研究院、中国航天科技集团、广东核电集团、山推股份、山东临工、山东五征等 20 余家科研院所、知名企业建立了全面合作关系,建立了山大五征机械研究院、山大海汇机械工程研究院、山大永华研究中心等 10 余个校企合作研究机构,近三年共获得科研经费超过 1.5 亿元。学院的许多研究成果已经广泛应用于"蛟龙号"、大洋科考船、"歼 10"、航空发动机、大飞机等高端装备制造和研究领域。我主导的高效切削加工研究、王军教授主导的水射流加工研究、黄传真教授主导的陶瓷刀具研究已处于世界领先水平,多年来在这三个研究领域发表 SCI 论文的数量和他引率一直国际排名第一。刘战强教授长期从事切削加工理论与刀具技术的研究,证明了切削加工领域"哥德巴赫猜想"——高速切削温度规律曲线的存在条件,为切削加工与刀具技术的理论研究指明了新的方向。董玉平教授的生物质热解气化技术研究填补了国内外空白,具有开创性的影响。刘延俊教授的漂浮式液压海浪发电装备研究,开创了海洋能利用的新领域。李剑峰教授团队的绿色制造与再制造技术已经应用于国家西气东输工程。葛培琪教授的换热器内流体诱导振动研究成果已经应用于诺贝尔奖获得者丁肇中教授的 AMS 太空探测项目。李苏教授研发的一站式核电仪控产品已经应用于国内外 20 多家核电站。王威强教授的承压设备安全服役和失效分析理论研究和应用在国内外产生了重要影响。张建华教授的高效精密加工技术及数控装备研究,路长厚教授的机电系统的检测、诊断与控制研究,邓建新教授的高效切削加工研究,张承瑞教授的机电控制基础理论和应用技术研究,周慎杰教授的复杂机械装备数值模拟方法与计算机辅助工程技术研究,王勇教授的机械动力学研究,周以齐教授的机械系统动力学研究,林明星教授的机电一体化研究,王增才教授的车辆工程研究,赵军教授的高速切削加工技术及数控刀具技术研究,张勤河教授的非传统加工技术及设备研究,冯显英教授的智能检测与数控技术研究,张进生教授的石材加工技术与装备研究,唐委校教授的高效过程装备与控制技术研究,孙杰教授的难加工材料高速切削机理研究,高琦教授的产品数据管理 PDM 研究,张松教授的高效切削机理及表面完整性研究,闫鹏教授的超精密机电一体化系统研究,李方义教授的绿色设计与绿色制造研究也都形成了自己的特色和优势。

学院平台建设成效显著。机械工程学科是国家"211 工程"及"985 工程"重点建设学科。机械制造及其自动化是国家重点学科,机械电子工程、机械设计及理论和化工过程机械是山东省重点学科。学院拥有高效洁净机械制造教育部重点实验室、国家级机械基础实验教学示范中心、国家级数字化设计与制造虚拟仿真实验教学中心、快速制造国家工程研究中心山东大学增材制造研究中心和山大临工国家级工程实践教育中心。学院设有 4 个系、8 个研究所。建设了精密制造技术与装备、CAD 2 个省级重点实验室,建设了高效切削加工、特种设备安全、生物质能源、CAD、石材、冶金设备数字化等 6 个省级工程技术中心,建设了山东省工业设计中心、现代高效刀具系统及其智能装备协同创新中心和 10 余个校级研究中心。学院拥有基本满足从本科教学到博士生培养及科研所需要的各类高精尖科研实验仪器和设备,设备总值近亿元。

百年沧桑,弦歌不辍。振兴机械,强国梦想。在新的历史起点,学院将直面挑战、抢抓机遇,坚持走科学发展、内涵发展、特色发展之路,全面实施质量工程,瞄准国家重大战略需求,大力推进国际化,为建成国内一流、国际知名的机械工程学院而努力奋斗!

2016 年 9 月 1 日

后　记

2021 年是山东大学机械工程系成立 95 周年,恰逢山东大学建校 120 周年,为进一步传承学院传统,凝练学院精神,凝聚师生力量,汇聚校友智慧,经机械工程学院党政联席会议研究决定,编写出版《山东大学机械工程教育 95 周年史》一书,并成立了由机械工程学院党委书记刘杰、常务副院长万熠任主任委员的编委会。

编委会考虑到山东大学机械工程教育的演变历史,将《山东大学机械工程教育 95 周年史》在 2016 年出版的《山东大学机械工程教育 90 周年史》的基础上进行编写。全书共三篇。第一篇为机械工程教育大事记,第二篇为机械工程教育发展史,第三篇为系所概况。文后为附录,即机械工程学院校友理事会及教育基金会名单、历届学生名单和毕业合影及《山东大学机械工程教育 90 周年史》摘编。

《山东大学机械工程教育 95 周年史》对 2016 年出版的《山东大学机械工程教育 90 周年史》有关内容进行了校对修订、补充和续写。其中,第一篇机械工程教育大事记部分续写了 2016 年 8 月至 2021 年 8 月机械工程教育大事,由刘玥、宋清华、朱洪涛、马毓轩、王忠山、杨鑫哲、李天泽等执笔编写修订;第二篇机械工程教育发展史中的第二章的改革开放初期、山东工业大学时期部分内容进行了更新,第三章的体制机制、师资队伍、人才培养、学科发展、科学研究、条件建设、国际交流与合作、在职教育、党建与思想政治工作等九节内容进行了修订和续写,由刘玥、贾存栋、姚鹏、宋清华、朱洪涛、王忠山、马丽林等执笔编写修订;第三篇系所概况进行了修订,由朱洪涛、吕伟、史振宇、周咏辉、刘燕(工设)、李学勇、刘文平、王黎明、张敏、李燕乐、刘燕(过控)、范志君、杜付鑫、薛强、宋小霞、沈楠等执笔编写修订。本书补充了近五年来学院的有关照片,新增了 1955～1965 届、2017～2021 届毕业生名单和毕业合影,补充了校友理事会、教育基金会名单及校友班级理事名单,由王忠山、宋小霞、袁凯、吕巧娜、张柏寒等收集整理。

为订正史实,充实资料,编写人员多次到山东大学档案馆查阅资料。山东大学档案馆馆长史永志等同志为本书史料的查阅做了大量工作。此外,本书的编写还得到了山东大学各有关职能部门的大力协助和支持,在此一并表示感谢。

在编写过程中,编委会得到了学院教师的大力支持和帮助,对书稿提出了宝贵意见。王中豫、刘长安、苑国强、陈芝、沈楠、韩伟、任小平、刘和山、李建勇、刘盾等热诚地提供资料、线索,本科生周志恒、齐英豪、孙洪涛、武磊、杨子洁、颜利华、周晶昆、陈雨彤、张龙臻等参与了文字校对、排版等工作,在此谨致谢忱。

由黄传真、仇道滨同志主审出版的《山东大学机械工程教育 90 周年史》为本书的编写出版奠定了坚实的基础,衷心感谢《山东大学机械工程教育 90 周年史》全体编写组成员。

刘玥、吕伟、贾存栋、宋清华、姚鹏、朱洪涛、王忠山等参加了相关内容的统稿工作。全书由刘杰、万熠主审。由于时间紧迫,任务繁重,再加上编写者水平所限,书中难免存在错漏不妥之处,敬请广大读者批评指正,以备修订。

《山东大学机械工程教育 95 周年史》编委会

2021 年 9 月 1 日